전자계산기
기능사 필기

시대에듀

합격에 윙크[Win-Q]하다

Win-Q
[전자계산기기능사] 필기

Always with you

사람이 길에서 우연하게 만나거나 함께 살아가는 것만이 인연은 아니라고 생각합니다.
책을 펴내는 출판사와 그 책을 읽는 독자의 만남도 소중한 인연입니다.
시대에듀는 항상 독자의 마음을 헤아리기 위해 노력하고 있습니다.
늘 독자와 함께하겠습니다.

자격증 • 공무원 • 금융/보험 • 면허증 • 언어/외국어 • 검정고시/독학사 • 기업체/취업
이 시대의 모든 합격! 시대에듀에서 합격하세요!
www.youtube.com → 시대에듀 → 구독

PREFACE 머리말

전자계산기 분야의 전문가를 향한 첫 발걸음!

컴퓨터는 현대사회의 필수불가결한 요소로 받아들여질 만큼 중요한 역할을 하고 있으며 대중화되고 있습니다. 이와 비례해서 컴퓨터 하드웨어의 고장으로 인한 경제적 손실이 증대하고 있어 전자회로와 기계적인 장치로 구성되어 있는 하드웨어를 신속하게 정비할 수 있는 기능인력의 양성이 필요하게 되어 자격제도가 제정되었습니다.

전자계산기기능사는 컴퓨터 보급과 이용의 확산으로 다양한 하드웨어 프로그램 개발뿐만 아니라 하드웨어 분야의 유지, 보수, 관리 업무를 담당할 공인된 능력을 소유한 전문인력으로, 소프트웨어 분야와 인터넷 개발 및 제작에 관한 지식을 겸비한 기능 업무를 수행합니다.

윙크(Win-Q) 시리즈는 PART 01 핵심이론과 PART 02 과년도 + 최근 기출복원문제로 구성되었습니다. PART 01은 과거에 치러 왔던 기출문제의 Keyword를 철저하게 분석하고, 반복 출제되는 문제를 추려낸 뒤 그에 따른 빈출문제를 수록하여 유사한 형태의 문제는 반드시 맞힐 수 있게 하였고, PART 02에서는 과년도 + 최근 기출복원문제를 수록하여 최근에 출제되고 있는 새로운 유형의 문제에 대비할 수 있게 하였습니다. 본서를 참고하여 윙크 시리즈가 수험 준비생들에게 '합격비법노트'로서 함께하는 수험서로 자리 잡길 바랍니다. 수험생 여러분들의 건승을 진심으로 기원합니다.

끝으로 이 책의 출간을 제안해 주시고 도움을 주신 시대에듀 회장님과 편집부 직원분들, 박창학 선생님 그리고 항상 용기와 격려를 아끼지 않는 남편과 두 딸에게 진심으로 감사의 마음을 전합니다.

편저자 이복자

시험안내

개요
컴퓨터 하드웨어의 고장으로 인한 경제적 손실이 증대하고 있어 전자회로와 기계적인 장치로 구성되어 있는 하드웨어를 신속하게 정비할 수 있는 기능인력의 양성이 필요하게 되어 자격제도를 제정하였다.

진로 및 전망
컴퓨터 제조회사, 정보처리업체, 컴퓨터시스템 개발업체, 전자계산기 생산업체 및 판매업체, 전자계산기의 주변장치 개발업체에 취업하거나 그 외 데이터 통신을 운영하는 기업체 및 공공기관 등에 취업할 수 있다.

시험일정

구 분	필기원서접수 (인터넷)	필기시험	필기합격 (예정자)발표	실기원서접수	실기시험	최종 합격자 발표일
제1회	1월 초순	1월 하순	1월 하순	2월 초순	3월 중순	4월 초순
제2회	3월 중순	3월 하순	4월 중순	4월 하순	6월 초순	6월 하순
제4회	8월 하순	9월 초순	9월 하순	9월 하순	11월 초순	12월 초순

※ 상기 시험일정은 시행처의 사정에 따라 변경될 수 있으니, www.q-net.or.kr에서 확인하시기 바랍니다.

시험요강
❶ 시행처 : 한국산업인력공단
❷ 시험과목
 ㉠ 필기 : 1. 전기전자공학 2. 전자계산기 구조 3. 프로그래밍 일반 4. 디지털공학
 ㉡ 실기 : 전자계산기 구성회로의 조립, 조정 및 수리작업
❸ 검정방법
 ㉠ 필기 : 객관식 60문항(1시간)
 ㉡ 실기 : 작업형(4시간 정도)
❹ 합격기준 : 필기, 실기 각각 100점 만점에 60점 이상

검정현황

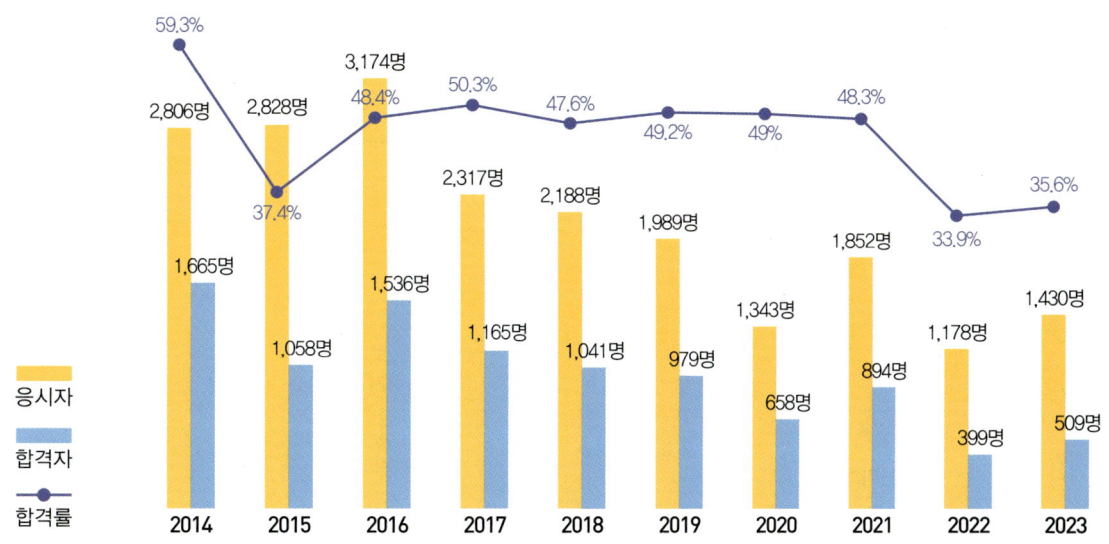

필기시험

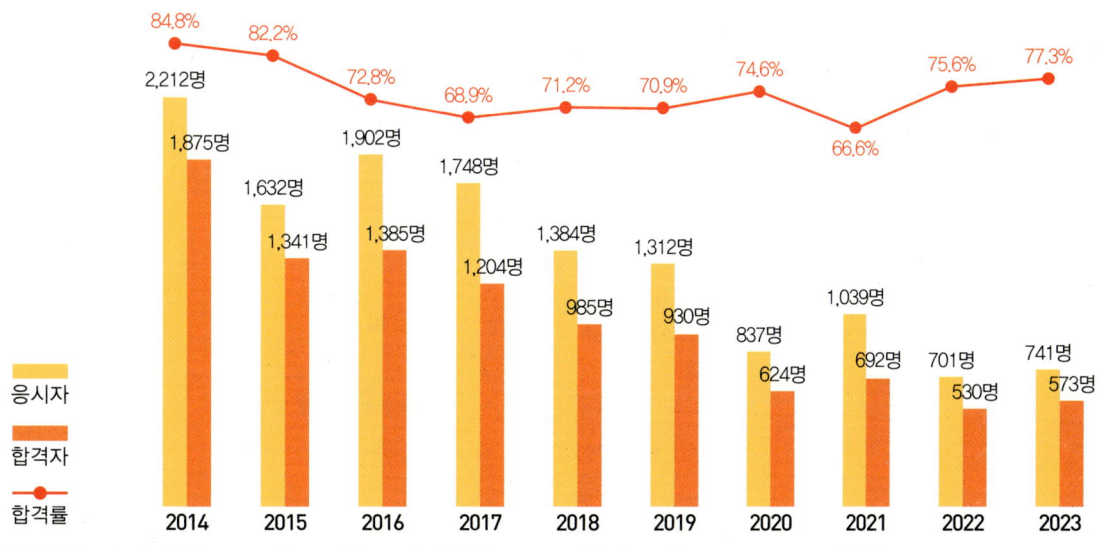

실기시험

시험안내

출제기준

필기과목명	주요항목	세부항목	세세항목	
전기전자공학 · 전자계산기 구조 · 프로그래밍 일반 · 디지털공학	직 · 교류회로	직류회로	• 직 · 병렬회로 • 회로망 해석의 정리, 응용	
		교류회로	• 교류회로 해석 및 표시법, 계산의 기초	
	전원회로의 기본	전원회로	• 정류회로 • 정전압 전원회로	• 평활회로
	각종 증폭회로	증폭회로	• 각종 증폭회로	• 연산 증폭회로
	발진 및 펄스회로	발진 및 변 · 복조회로	• 발진회로 • 변 · 복조회로	
		펄스회로	• 펄스 발생의 기본 • 펄스응용회로의 기본 • 멀티바이브레이터회로	
	논리회로	조합논리회로	• 수의 진법 및 코드화 • 기본 조합논리회로	
		순서논리회로	• 기본 플립플롭 동작	
	반도체	반도체의 개요	• 반도체의 종류 • 반도체의 재료	• 반도체의 성질 • 전자의 개념
		반도체 소자	• 다이오드 • BJT • FET • 특수반도체소자(광전소자, 사이리스터 등)	
		집적회로	• 집적회로의 개념 • 집적회로의 종류	
	컴퓨터구조	컴퓨터구조 일반	• 컴퓨터의 기본적 내부구조 • CPU의 구성	
		명령어(Instruction)와 지정 방식	• 연산자 • 주소 지정 방식 • 명령어의 형식	
		입력과 출력	• 입출력에 필요한 기능	
		컴퓨터의 구성망	• 데이터 전송방식	• 터미널 구성
	수의 진법과 코드화	수의 진법과 연산	• 진법	• 2진 연산
		수의 코드화	• 수치코드	• 오류정정코드

필기과목명	주요항목	세부항목	세세항목	
전기전자공학 · 전자계산기 구조 · 프로그래밍 일반 · 디지털공학	불 대수	불 대수의 성질	• 불 대수 정리 • 드모르간의 법칙 • 불 대수에 의한 논리식의 간소화 • 카르노 도표에 의한 논리식의 간소화	
	플립플롭회로	플립플롭 종류와 기본동작	• RS 플립플롭, JK 플립플롭 • T 플립플롭, D 플립플롭 • 기타 플립플롭의 응용	
	기본적인 논리회로	논리게이트의 종류와 기본동작	• AND, OR, NOT 게이트 • NAND, NOR, EX-OR 게이트 • 기타 기본 게이트의 응용	
	조합논리회로	각종 조합논리회로	• 가산기, 감산기 • 멀티플렉서, 디멀티플렉서	• 인코더, 디코더 • 기타 조합논리회로
	순서논리회로	각종 카운터회로의 기초	• 비동기식 카운터 • 동기식 카운터	
		순서논리회로의 기초	• 순서논리회로의 설계기초 • 시프트 레지스터	• 디지털계수 응용회로 • 기타 레지스터
	프로그래밍 일반	프로그래밍언어의 개요	• 프로그래밍언어의 기초 • 프로그래밍언어의 발전과정 • 프로그래밍언어 처리기	
		프로그래밍 기법	• 프로그래밍 절차 • 프로그램 설계 • 구조적 프로그래밍 • 프로그램의 구현과 검사 • 프로그램의 문서화	
	시스템프로그램	시스템프로그램 일반	• 시스템프로그램의 기초 • 응용프로그램의 기초	

출제비율

전기전자공학	전자계산기 구조	프로그래밍 일반	디지털공학
17%	33%	17%	33%

Win-Q [전자계산기기능사] 필기

CBT 응시 요령

기능사 종목 전면 CBT 시행에 따른
CBT 완전 정복!

"CBT 가상 체험 서비스 제공"
한국산업인력공단
(http://www.q-net.or.kr) 참고

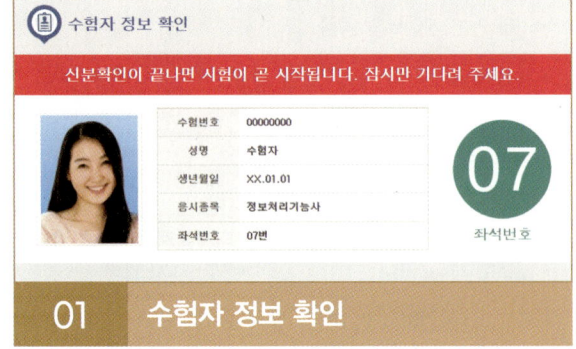

01 수험자 정보 확인

시험장 감독위원이 컴퓨터에 나온 수험자 정보와 신분증이 일치하는지를 확인하는 단계입니다. 수험번호, 성명, 생년월일, 응시종목, 좌석번호를 확인합니다.

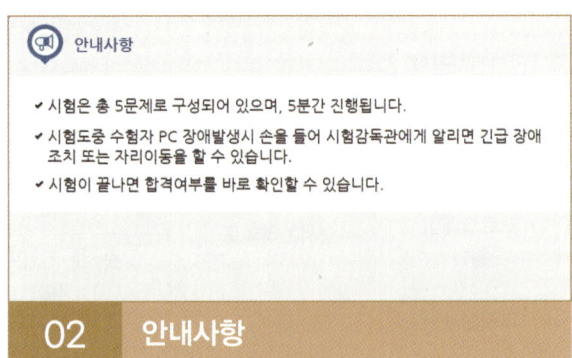

02 안내사항

시험에 관한 안내사항을 확인합니다.

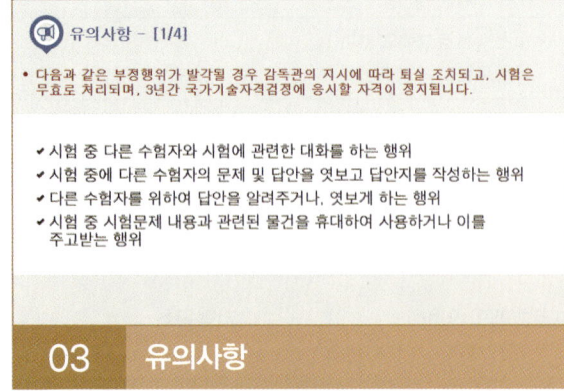

03 유의사항

부정행위에 관한 유의사항이므로 꼼꼼히 확인합니다.

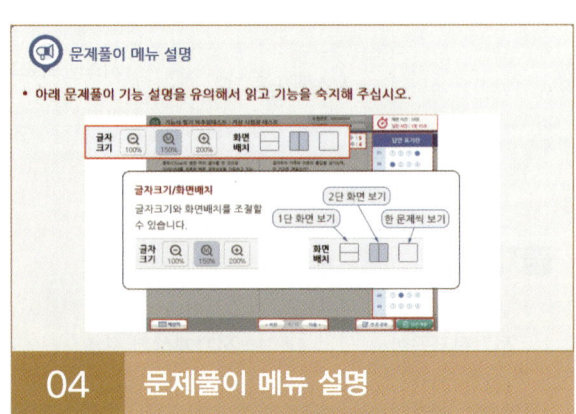

04 문제풀이 메뉴 설명

문제풀이 메뉴의 기능에 관한 설명을 유의해서 읽고 기능을 숙지해 주세요.

CBT GUIDE
합격의 공식 Formula of pass | 시대에듀 www.sdedu.co.kr

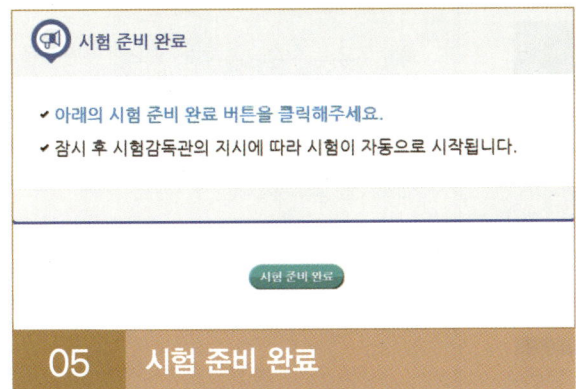

05 시험 준비 완료

시험 안내사항 및 문제풀이 연습까지 모두 마친 수험자는 시험 준비 완료 버튼을 클릭한 후 잠시 대기합니다.

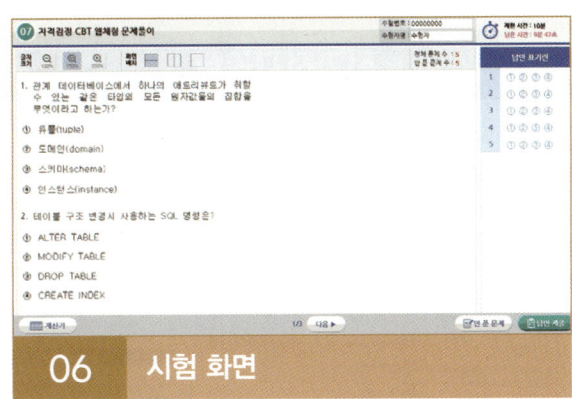

06 시험 화면

시험 화면이 뜨면 수험번호와 수험자명을 확인하고, 글자크기 및 화면배치를 조절한 후 시험을 시작합니다.

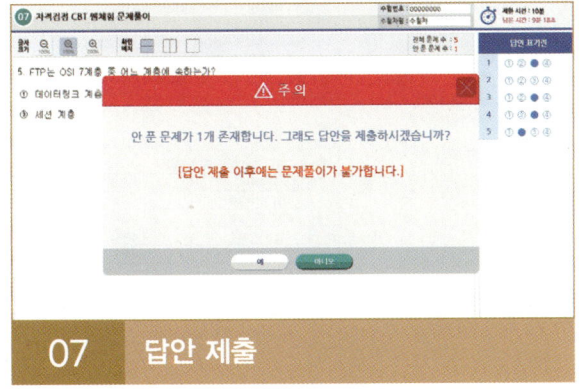

07 답안 제출

[답안 제출] 버튼을 클릭하면 답안 제출 승인 알림창이 나옵니다. 시험을 마치려면 [예] 버튼을 클릭하고 시험을 계속 진행하려면 [아니오] 버튼을 클릭하면 됩니다. 답안 제출은 실수 방지를 위해 두 번의 확인 과정을 거칩니다. [예] 버튼을 누르면 답안 제출이 완료되며 득점 및 합격여부 등을 확인할 수 있습니다.

CBT 완전 정복 Tip

내 시험에만 집중할 것
CBT 시험은 같은 고사장이라도 각기 다른 시험이 진행되고 있으니 자신의 시험에만 집중하면 됩니다.

이상이 있을 경우 조용히 손을 들 것
컴퓨터로 진행되는 시험이기 때문에 프로그램상의 문제가 있을 수 있습니다. 이때 조용히 손을 들어 감독관에게 문제점을 알리며, 큰 소리를 내는 등 다른 사람에게 피해를 주는 일이 없도록 합니다.

연습 용지를 요청할 것
응시자의 요청에 한해 연습 용지를 제공하고 있습니다. 필요시 연습 용지를 요청하며 미리 시험에 관련된 내용을 적어놓지 않도록 합니다. 연습 용지는 시험이 종료되면 회수되므로 들고 나가지 않도록 유의합니다.

답안 제출은 신중하게 할 것
답안은 제한 시간 내에 언제든 제출할 수 있지만 한 번 제출하게 되면 더 이상의 문제풀이가 불가합니다. 안 푼 문제가 있는지 또는 맞게 표기하였는지 다시 한 번 확인합니다.

구성 및 특징

핵심이론

필수적으로 학습해야 하는 중요한 이론들을 각 과목별로 분류하여 수록하였습니다.
시험과 관계없는 두꺼운 기본서의 복잡한 이론은 이제 그만! 시험에 꼭 나오는 이론을 중심으로 효과적으로 공부하십시오.

10년간 자주 출제된 문제

출제기준을 중심으로 출제 빈도가 높은 기출문제와 필수적으로 풀어보아야 할 문제를 핵심이론당 1~2문제씩 선정했습니다. 각 문제마다 핵심을 찌르는 명쾌한 해설이 수록되어 있습니다.

STRUCTURES

합격의 공식 Formula of pass | 시대에듀 www.sdedu.co.kr

과년도 기출문제

지금까지 출제된 과년도 기출문제를 수록하였습니다. 각 문제에는 자세한 해설이 추가되어 핵심이론만으로는 아쉬운 내용을 보충 학습하고 출제경향의 변화를 확인할 수 있습니다.

최근 기출복원문제

최근에 출제된 기출문제를 복원하여 가장 최신의 출제경향을 파악하고 새롭게 출제된 문제의 유형을 익혀 처음 보는 문제들도 모두 맞힐 수 있도록 하였습니다.

최신 기출문제 출제경향

Win-Q [전자계산기기능사] 필기

2021년 1회

- 키르히호프의 제1법칙, 수정발진기, 트랜지스터 동작 특성, 적분회로, 왜율, 맥동률, 부궤환 증폭기 특성
- PCM 변조, 인터럽트 입출력방식의 처리방법, 입출력장치의 역할, 병렬 전송, 부동 소수점 표현, 상태 레지스터, 음수 표현방법
- 그레이코드 변환, 프로그램 카운터, 시프트 연산, 자료 구조의 구성단계, 가비지 컬렉션, 인터럽트, 문자 자료 표현방법, ASCII 코드
- 운영체제의 역할, 파스트리, 구조적 프로그램, 운영체제의 분류, 스케줄링기법, BNF 표기법, C언어 데이터 형식, C언어의 문자 출력 함수, 순서도 역할, 프로그램 언어가 갖추어야 할 조건
- 계수회로, D 플립플롭, 반가산기, 논리식, 동기형 16진수 계수기, 시프트 레지스터, 플립플롭 종류
- 전감산기, 3-상태 버퍼, 멀티플렉서, 2진수를 10진수 변환, 단안정 멀티바이브레이터, 불 대수, T 플립플롭, 동기식 5진 계수기, 동기식 9진 계수기

2022년 1회

- 정현파 발진기, 변조도, 충격계수, 시정수, 동상신호제거비, 이상적인 연산증폭기, 단상 전파정류회로
- 상대 주소지정방식, 누산기, 프로그램 카운터, 제어장치의 역할, 버스의 종류, RAM, 마이크로 동작
- 스택, 셀렉터 채널, 소프트웨어에 의한 우선순위, 간접주소지정방식, 명령어 형식, 인출 사이클, 핸드셰이킹, 병렬 전송방식, MPU, 마이크로오퍼레이션
- 어셈블리어, 프로그래밍 언어의 선정 기준, BNF 표기법, 운영체제의 평가 기준, 문자열 출력함수, 변수, 프로그램 언어의 수행 순서, 기억장치 배치 전략, 프로그램 문서화, 시분할처리시스템
- 반가산기, 2진수를 8진수로 변환, JK 플립플롭, 16진수를 2진수로 변환, EBCDIC 코드, 불 대수를 사용하는 목적, 논리식, 전가산기
- 마스터-슬레이브 플립플롭, 메모리 접근 순서, 멀티바이브레이터의 종류, 쌍안정 멀티바이브레이터, 래치(Latch)회로, 2진수를 16진수로 변환, 카운터, 플립플롭의 개수, 디멀티플렉서, 시프트 레지스터

2021년 2회

- 단측파대 통신, 주파수 대역폭, 시정수, 다이오드 직렬연결, 바이어스 모드, 변조지수, PN접합 다이오드
- 명령어 인출, 버퍼, 근거리 통신망, 순차 접근 저장매체, OR회로, 디코더회로, 메모리맵 입출력 방식, 입출력 명령, 신호 대 잡음비
- 중앙처리장치, 스택, 페이지 교체 알고리즘, FIFO 구조, 명령어 레지스터, 3초과 코드, BCD코드, 누산기, 해밍코드
- UNIX 운영체제, 교착 상태, 인터프리터, 데이터베이스 목적, C언어 산술 연산자, 프로그래밍 작업 시 문서화, 링커, 소프트웨어 개발과정, 선행처리, 프로그램 언어의 수행 순서
- 버퍼, XNOR 게이트, NOR 게이트, 16진수 변환, 비교기, 전달지연시간, 그레이코드를 2진수로 변환, 디멀티플렉서
- RS 플립플롭, 비동기형 카운터, 여기표, 카르노 도표, 패리티 검사기, 4비트 홀수패리티 검사기, 래치회로, 조합논리회로

2022년 2회

- 컨덕턴스, 펄스 변조, 접합 전계효과 트랜지스터, 트랜지스터 동작 특성, 위상천이(이상형) 발진회로, 반파정류의 역내전압, 전류의 유효분, 비안정 멀티바이브레이터, 수정 발진회로, 정전용량
- ASCII 코드, 폴링, 1의 보수, 약식 주소, CDMA, 프로토콜, LSI 회로, 회선 교환방식, X-NOR 회로
- STORE, 보(Baud), 큐(Queue), TTL, 그레이 코드, 운영체제, 프로그램의 처리과정 순서, 기억장치 배치 전략, 마이크로 동작
- C언어 데이터 형식, 프로그래밍 언어의 구문 요소, 예약어, 워킹 셋, 순서도의 역할, Debugging, 상수, 구조적 프로그래밍, 고급언어의 특징
- 논리회로의 출력, NAND 게이트, T 플립플롭, 디코더, 불 대수 기본 정리, 보수로 표현하는 이유, 상태표, 동기형 계수기
- 반감산기, 불 대수 기본법칙, 플립플롭의 2진 상태, XNOR, 링 계수기, 2진수를 10진수로 변환, 비안정 멀티바이브레이터, T 플립플롭, D 플립플롭

TENDENCY OF QUESTIONS

합격의 공식 Formula of pass | 시대에듀 www.sdedu.co.kr

2023년 1회
- 정류방식별 맥동률, 전류증폭률, 발열량, 키르히호프의 법칙, 되먹임 증폭도, 오프셋 전압, 피어스 BC형 발진회로, 빈 브리지형 발진기, 주파수 변조, 충격계수
- T 플립플롭, NOR 회로, 레지스터, 순서논리회로, 4단 연결한 2진 하향 계수기, D 플립플롭, 시프트 레지스터, XNOR 회로, 전감산기, 회로의 논리식
- 디코더, 그레이 코드, 금지회로, 진법 변환, 카르노맵 최소항, 멀티플렉서, 누산기, 카르노맵 간략화, AND 게이트, 불 대수식
- HRN, 컴파일러, 기억 클래스의 종류, 순서도의 역할, 어셈블리어, 순서도, 컴파일러, C언어, 프로그램 언어가 갖추어야 할 요건, 문제 분석 단계
- 프로그램 카운터, 마이크로프로세서, RISC, 상대 주소지정방식, 간접 주소지정방식, 캐시 메모리, Fetch Cycle, 입출력시스템의 제어, 셀렉터 채널, 인터럽트
- 로더의 기능, 버스, 어드레스, 다지점 방식, 다원 접속방식, 3-주소 명령, 전송속도의 단위, 직렬(Serial) 전송, 인터럽트 입출력 방식의 처리방법, 버퍼 레지스터

2023년 2회
- 리미터 회로, 클램핑 회로, 서미스터, 컬렉터 접지 증폭회로의 특징, 전류증폭률, 쌍안정 멀티바이브레이터, 증폭회로의 안정도, 부궤환 증폭기의 특징, 적분기회로, Y결선의 선간전압
- 2진수의 연산, 해밍코드, 조합논리회로 설계 순서, JK 플립플롭, 디지털 시스템의 특징, 6진 계수기를 만들기 위한 플립플롭의 수, 조합논리회로, RS 플립플롭, 출력 주파수, 3초과 코드
- 불 논리식, 트리거, 논리식의 최소화, 그레이 코드, 논리회로의 출력, AND 게이트, 멀티플렉서, 음수를 나타내는 표현방식, D 플립플롭, 인터럽트 마스크
- 기억 클래스의 종류, 이스케이프 시퀀스, 워킹 셋, 교착 상태 발생의 필요충분조건, 인터프리터 방식, C언어의 자료형, 프로그램처리, 링커, 반복문, 문서화의 목적
- MOVE 연산, 약식 주소 표현방식, 디코더, 중앙처리장치, 부동소수점 표현방식, 메모리 버퍼 레지스터, 이항연산자, DMA, 즉시 주소 지정방식, 16진수 변환
- 토큰 패싱, 일괄(Batch)처리시스템, 반이중 통신방식, 레지스터, 연산장치, 메모리맵 입출력 방식, 자기보수코드, 오버플로 조건, 마이크로 동작, UVEPROM

2024년 1회
- 저항 양단의 전압, 합성 저항, 전력, 교류의 최댓값, 펄스의 반복 주파수, 맥동률, 평활회로, 전자에너지, 증폭기의 잡음지수, 저주파 증폭기의 부궤환 특징
- 로테이트, 2진수의 시프트, 연산회로, 제어 신호 발생기, 최대 클록 주파수가 높은 논리 소자, 메인보드의 인터페이스 방식, 캐시 기억장치, 비동기 전송 방식, 간접 주소지정방식, 버퍼 레지스터
- 전자 태그, ASCII코드, 상대번지 모드, 논리연산, 입출력 명령, 해독기, STACK, 점프(JUMP)동작, CPU, 인스트럭션의 구성
- 로더의 기능, 순서도, 프로그램 언어가 갖추어야 할 요건, 프로그래밍 언어의 구문 요소, 구조적 프로그래밍 특징, 클래스, BNF기호, 기계어, 번역기의 종류, 어셈블리어
- NAND 진리표, 마스터 슬레이브 플립플롭, 상태표의 구성, 논리식의 최소화, 반가산기, 동기식 5진계수기, 플립플롭의 종류, 레지스터, 동기형 16진수 계수기, JK 플립플롭
- 비동기형 카운터, 그레이 코드, 쌍안정 멀티바이브레이터, 여기표, 2진수를 10진수 변환, D 플립플롭, 카르노도에서의 임의 상태, 드모르간의 정리, 배타적-NOR

2024년 2회
- 이상적인 연산증폭기, 도선에 흐르는 전류, 컨덕턴스, 미분회로, 수정 발진기, 적분회로의 출력파형, 클램핑 회로, 전압 안정회로, 전계효과 트랜지스터
- 3주소 명령 형식, 스택, 부동 소수점 형식, 산술 연산, 해밍코드, 그레이 코드, 주기억장치의 번지수, 다중 처리 시스템, 집적회로, 8진수를 2진수로 변환
- 레지스터 전송 언어, 인덱스 레지스터, 직접 번지 지정, AND연산, BCD코드, 해독기, 멀티플렉서, MPU, 병렬 전송 방식, 디버깅
- 고급언어, 프로그램 언어의 수행 순서, 크로스 컴파일러, 시스템 프로그래밍 언어, 운영체제의 목적, 스케줄링 목적, 파스트리, 프로그래밍 절차, C언어 서술자, 교착상태
- 비교기, 동기식 9진 카운터, 논리식의 결과값, 4비트 홀수패리티 검사기, 회로의 출력식, 메모리 접근 및 처리 속도, 시프트 레지스터, 인코더, JK 플립플롭
- 동기식 카운터, 4진 리플 계수기, 10진 카운터, 전가산기, 카르노 도표 논리함수, BCD코드, 레지스터 마이크로 명령, OR게이트, 논리식의 간소화, 병렬 가산기

Win-Q [전자계산기기능사] 필기
D-20 스터디 플래너

20일 완성!

D-20
시험안내 및
빨간키 훑어보기

D-19
★ CHAPTER 01
전기전자공학
1. 직·교류회로 ~
2. 전원회로의 기본

D-18
★ CHAPTER 01
전기전자공학
3. 각종 증폭회로

D-17
★ CHAPTER 01
전기전자공학
4. 발진 및 펄스회로 ~
5. 반도체

D-16
★ CHAPTER 02
전자계산기 구조
1. 컴퓨터 구조

D-15
★ CHAPTER 03
프로그래밍 일반
1. 프로그래밍 일반

D-14
★ CHAPTER 03
프로그래밍 일반
2. 시스템프로그램

D-13
★ CHAPTER 04
디지털공학
1. 수의 진법과 코드화 ~
3. 플립플롭회로

D-12
★ CHAPTER 04
디지털공학
4. 기본적인 논리회로 ~
5. 조합논리회로

D-11
★ CHAPTER 04
디지털공학
6. 순서논리회로

D-10
2012~2013년
과년도 기출문제 풀이

D-9
2014~2015년
과년도 기출문제 풀이

D-8
2016년
과년도 기출문제 풀이

D-7
2017~2018년
과년도 기출복원문제 풀이

D-6
2019~2020년
과년도 기출복원문제 풀이

D-5
2021년
과년도 기출복원문제 풀이

D-4
2022년
과년도 기출복원문제 풀이

D-3
2023년
과년도 기출복원문제 풀이

D-2
2024년
최근 기출복원문제 풀이

D-1
기출복원문제 오답정리
및 복습

합격 수기

윙크 책으로 2주 동안 공부하고 합격했습니다.

앞에 이론 내용이 있는데 아는 부분이 좀 있던 터라 공부하는데 어렵진 않았습니다. 근데 모르셔도 맘 잡고 공부하시면 충분히 합격하실 수 있습니다. 저는 집에서는 너무 공부가 안되서 집 근처에 있는 도서관에서 하루에 3~4시간 정도 공부했습니다. 앞에 3일은 이론을 보고 그 이후 10일은 기출문제를 풀었는데 풀다 보니 2014년 기출문제를 풀 때는 어느 정도 문제에 대한 감이 왔습니다. 혹시 내용을 아예 모르시는 분은 앞에 이론부분을 한 이틀 정도만 더 보고 문제 풀어보면 좋을 듯합니다. 그리고 시험 당일에는 빨간키를 보면서 핵심이론들을 공부했습니다. 이 정도 공부했더니 몇 개 못풀긴 했지만 커트라인 근처는 아니고 무난한 점수로 합격했습니다. 너무 어렵게 생각하지 마시고 열심히 하시면 붙을 거라 생각합니다.

2021년 전자계산기기능사 합격자

이렇게 합격수기를 쓰게 되어서 기쁩니다!

저는 앞에 빨간키부터 순서대로 공부했는데, 이론을 별로 안보고 문제 위주로 공부하시는 분들과는 다르게 앞에 이론부터 꼼꼼히 공부했습니다. 중간과정을 건너뛰면 공부하는데 어려움이 있을 것 같은 생각이 들어서 그랬나봐요. 다들 공부하는 방법은 다르지만 혹시 참고가 될지도 몰라서 몇 자 적어봅니다. 공부기간은 약 한 달 정도 되구요. 이론을 약 2주 조금 안되게 한 열흘 정도? 공부하고, 나머지 기간 동안 기출문제를 공부했습니다. 기출문제 공부할 때는 처음 2011년 기출문제부터 시간 재면서 풀었구요. 풀면서 답을 찾지 못했던 문제는 따로 체크를 해놓고 그 문제만 따로 공부했습니다. 그렇게 하면서 점점 점수도 오르고 풀이도 점점 수월해졌는데 뭔가 뿌듯했습니다. 시험 날에는 시험장에 좀 일찍 가서 빨간키와 기출문제 중에 몰랐던 것들을 쭉 훑어보는 시간을 가졌습니다. 고득점으로 합격했는데 운좋게 찍은 것도 좀 맞았나 봅니다. 주저리주저리 썼는데 조금이라도 도움이 되셨으면 좋겠네요. 준비하시는 분들 다들 좋은 결과 있기를 바랍니다.

2022년 전자계산기기능사 합격자

이 책의 목차

빨리보는 간단한 키워드

PART 01 | 핵심이론

CHAPTER 01	전기전자공학	002
CHAPTER 02	전자계산기 구조	039
CHAPTER 03	프로그래밍 일반	056
CHAPTER 04	디지털공학	074

PART 02 | 과년도 + 최근 기출복원문제

2012년	과년도 기출문제	098
2013년	과년도 기출문제	142
2014년	과년도 기출문제	185
2015년	과년도 기출문제	229
2016년	과년도 기출문제	273
2017년	과년도 기출복원문제	302
2018년	과년도 기출복원문제	331
2019년	과년도 기출복원문제	359
2020년	과년도 기출복원문제	385
2021년	과년도 기출복원문제	413
2022년	과년도 기출복원문제	441
2023년	과년도 기출복원문제	467
2024년	최근 기출복원문제	494

빨리보는 간단한 키워드

빨간키

#합격비법 핵심 요약집　　#최다 빈출키워드　　#시험장 필수 아이템

CHAPTER 01 전기전자공학

■ **옴의 법칙** : 도체에 흐르는 전류(I)는 저항(R)에 반비례하고 전압(V)에 비례한다.

$$I = \frac{V}{R}[\text{A}], \quad V = I \cdot R[\text{V}], \quad R = \frac{V}{I}[\Omega]$$

■ **직렬 회로의 합성저항** : 각 저항의 합과 같다.

$$R_T = R_1 + R_2 + R_3[\Omega]$$

$$R_1 = R_2 = \cdots = R_n \text{ 일 때 } R_T = nR[\Omega]$$

■ **병렬접속의 합성저항**
- 2개 이상의 저항을 한 방향으로 접속하는 것
- 각 저항의 역수의 합의 역수 $R = \dfrac{1}{\dfrac{1}{R_1} + \dfrac{1}{R_2} + \dfrac{1}{R_3}} = \dfrac{R_1 R_2 R_3}{R_1 R_2 + R_2 R_3 + R_3 R_1}[\Omega]$

■ **전력(Electric Power)**

$$P = \frac{W}{t} = \frac{VIt}{t} = VI = V\left(\frac{V}{R}\right) = \frac{V^2}{R}[\text{W}]$$

■ **전력량**
- 옴의 법칙 $V = IR$에서 $W = H = I^2 Rt = VIt[\text{J}]$
- $P = VI = I^2 R = \dfrac{V^2}{R}[\text{W}]$ 마력 : $1[\text{HP}] = 746[\text{W}] \fallingdotseq 0.75[\text{kW}]$

■ 줄의 법칙(Joule's Law)

$H = 0.24 I^2 Rt [\text{cal}]$ $(1[\text{J}] = 0.24[\text{cal}])$

$H = cm(T - T_0)[\text{cal}]$

- c : 비열
- m : 질량[g]
- T_0 : 상승 전의 온도[℃]
- T : 상승 후의 온도[℃]

■ 키르히호프의 법칙

- 키르히호프의 제1법칙(전류법칙)

  회로의 접속점(Node)에서 볼 때, 접속점에 흘러 들어오는 전류의 합은 흘러 나가는 전류의 합과 같다.

  Σ 유입전류 = Σ 유출전류

- 키르히호프의 제2법칙(전압법칙)

  회로망 중의 임의의 폐회로 내에서 일주 방향에 따른 전압강하의 합은 기전력의 합과 같다.

  Σ 기전력 = Σ 전압강하

■ 순시값 : $v = V_m \sin\theta [\text{V}] = V_m \sin\omega t [\text{V}]$

- v : 코일에 발생하는 전압[V]
- θ : 자기 중심축과 코일이 이루는 각도 $\theta = \omega t [\text{rad}]$

■ 실횻값(Effective Value)

- 교류와 같은 일을 하는 직류의 값으로 표현
- 사인파 전류에서 최댓값($I_m[\text{A}]$)의 약 0.707배이다.
- $I = \dfrac{I_m}{\sqrt{2}} \fallingdotseq 0.707 I_m [\text{A}]$, $v = V_m \sin\omega t = \sqrt{2}\, V \sin\omega t [\text{V}]$

■ 평균값 : 1주기 동안의 평균으로 사인파의 경우 대칭으로 1주기의 평균은 0이다.

■ 사인파 : $\dfrac{1}{2}$ 주기의 평균으로 평균값을 구한다.

평균값 $V_a = \dfrac{2}{\pi} V_m \fallingdotseq 0.637 V_m [\text{V}]$

- **최댓값** : 순시값 중에서 가장 큰 값(V_m, I_m)

- **주파수, 주기, 위상차, 각속도**

  - 주파수(Frequency) : $f = \dfrac{1}{T}[\text{Hz}]$
  - 주기(Period) : $T = \dfrac{1}{f}[\text{sec}]$
  - 위상각(θ) : $v = V_m \sin(\omega t + \theta)[\text{V}]$에서 θ를 위상 또는 위상각이라 한다.
  - 위상차(ϕ) : 앞선 위상(ϕ_1)에서 뒤진 위상(ϕ_2)의 상대적인 위치의 차이이다.
  - 각속도(ω) : 1초 동안에 회전한 각도로 $\omega = 2\pi f[\text{rad/sec}]$

- **파형률과 파고율**

  - 파형률 $= \dfrac{\text{실횻값}}{\text{평균값}} = \dfrac{0.707 V_m}{0.637 V_m} \fallingdotseq 1.11$
  - 파고율 $= \dfrac{\text{최댓값}}{\text{실횻값}} = \dfrac{V_m}{0.707 V_m} \fallingdotseq 1.414$

- **전압 변동률**

  - 부하 전류의 변화에 따른 직류 출력 전압의 변화 정도
  - $\varepsilon = \dfrac{V - V_0}{V_0} \times 100[\%]$
    - V : 무부하 시 직류 전압
    - V_0 : 전부하 시 직류 전압

- **맥동률**

  - 직류(전압) 전류 속에 포함되는 교류 성분의 정도
  - $\gamma = \dfrac{\text{출력파형에 포함된 교류분의 실횻값}}{\text{출력 파형의 평균값(직류성분)}} \quad \therefore \gamma = \dfrac{\Delta V}{V_d} \times 100[\%]$

[정류방식에 따른 맥동률, 맥동주파수]

정류방식	맥동률	맥동주파수
단상 반파정류	121[%]	60[Hz]
단상 전파정류	48[%]	120[Hz]
3상 반파정류	19[%]	180[Hz]
3상 전파정류	4.2[%]	360[Hz]

▌ 반파 정류회로

- 전류 파형의 직류 성분 또는 평균값 : $I_{dc} = \dfrac{I_m}{\pi}$

- 정류 전류 : $i = \dfrac{V_m}{r_p + R_L}\sin\omega t$ (단, r_p : D의 순방향 저항)

- 최댓값 : $I_m = \dfrac{V_m}{r_p + R_L}$

- 전류 파형의 실횻값 : $I_{rms} = \dfrac{I_m}{2}$

- 맥동률 : $\gamma = \sqrt{F^2 - 1} = 1.21$

- 정류기의 효율 : $\eta = \dfrac{40.6}{\left(1 + \dfrac{r_p}{R_L}\right)}[\%]$

- 반파 정류회로의 최대 효율은 40.6[%]이다.
- 맥동률 : 1.21(전류의 평균값에 대한 실횻값의 비 $F = 1.57$이다(F : 파형률))

▌ 전파 정류회로

- 평균값 : $I_{dc} = \dfrac{2I_m}{\pi} = \dfrac{2V_m}{\pi(r_p + R_L)^2}$

- 전파 정류의 평균값 또는 직류값 : $I_{dc} = \dfrac{2I_m}{\pi}$

- 전류 파형의 실횻값 : $I_{rms} = \dfrac{I_m}{\sqrt{2}}$

- 맥동률 : $\gamma = \sqrt{F^2 - 1} = 0.482$

- 정류기의 효율 : $\eta = \dfrac{81.2}{1 + \dfrac{r_p}{R_L}}[\%]$

- 정류 효율은 반파 정류 회로의 2배이며, 이론적으로 최대 81.2[%]이다.

콘덴서 연결

- 직렬연결

  콘덴서의 직렬 접속 합성정전용량 $C = \dfrac{Q}{V} = \dfrac{1}{\dfrac{1}{C_1} + \dfrac{1}{C_2} + \dfrac{1}{C_3}}[\text{F}]$

- 병렬연결

  콘덴서의 병렬 접속 합성정전용량 $C = \dfrac{Q}{V} = C_1 + C_2 + C_3 [\text{F}]$

정류기의 평활회로

평활회로는 정류회로에 접속하여 정류 전류 중의 맥동분을 경감하는 작용을 하는 회로로 저역 통과 여파기를 사용한다.

전자에너지

- 코일에 전류가 흐르면 코일 주위에 자기장을 발생시켜 전자에너지를 저장한다.
- $W = L\dfrac{I}{T} \times \dfrac{I}{2} \times T = \dfrac{1}{2}LI^2 [\text{J}]$

컬렉터 전류 : $I_C = \beta I_B + (1+\beta)I$

베이스 전류 : $I_B = \dfrac{V_{CC} - V_{BE}}{R_B}$ (단, $V_{BE} \simeq 0.3\,V(\geq),\ 0.7\,V(Si)$)

왜 율

왜파가 정현파에 비해서 어느 정도 일그러져 있는가를 나타내는 것이다. 왜율 k는 기본파에 대하여 고조파가 포함되어 있는 비율에 따라서 다음 식과 같이 정한다.

$k = \dfrac{\sqrt{A_2^2 + A_3^2}}{A_1} \times 100 [\%]$

- A_1 : 기본파의 전압 또는 전류의 실횻값
- A_2 : 제2고조파의 전압 또는 전류의 실횻값
- A_3 : 제3고조파의 전압 또는 전류의 실횻값

■ 이 득

$G = 10\log_{10}A_p \,[\text{dB}]$ (여기서, A_p : 전력증폭도)

$G = 20\log_{10}A_v \,[\text{dB}]$ (여기서, A_v : 전압증폭도)

$G = 20\log_{10}A_i \,[\text{dB}]$ (여기서, A_i : 전류증폭도)

■ 되먹임 증폭도

$$A_f = \frac{V_2}{V_1} = \frac{A}{1+A\beta}$$

A : 되먹임이 없을 때의 증폭도

β : 되먹임계수

■ 부궤환증폭기(Negative Feedback Amplifier)
- 출력 일부를 역상으로 입력에 되돌려 비교함으로써 출력을 제어할 수 있게 한 증폭기

■ 부궤환증폭기의 특징
- 주파수 특성이 양호하고 안정도가 좋다.
- 부하의 변동이나 전원 전압의 변동에 증폭도가 안정하다.
- 증폭 회로 내부에서 발생 출력에 나타나는 잡음과 왜곡은 $\dfrac{A_0}{1+\beta A_0}$ 로 감소한다.
- 입력 임피던스는 증가하고 출력 임피던스는 낮아진다.
- 대역폭을 넓힐 수 있다.
- 이득이 다소 저하된다.

■ 이상적인 연산증폭기의 특성
- 전압 이득 A_v가 무한대이다($A_v = \infty$).
- 입력 저항 R_i이 무한대이다($R_i = \infty$).
- 출력 저항 R_0이 0이고($R_0 = 0$), 오프셋(Offset)이 0이다.
- 대역폭이 무한대($BW = \infty$)이고, 지연 응답(Response Delay) = 0이다.

▍ 연산증폭기의 정확도를 높이기 위한 조건

- 큰 증폭도와 좋은 안정도가 필요하다.
- 많은 양의 음되먹임을 안정하게 걸 수 있어야 한다.
- 좋은 차단 특성을 가져야 한다.
- 특정 주파수에서 주파수 보상회로를 사용한다.

▍ 연산증폭기의 구성

- 직렬 차동증폭기를 사용하여 구성한다.
- 되먹임에 대한 안정도를 높이기 위해 특정 주파수에서 주파수 보상 회로를 사용한다.

▍ 연산증폭기 입력 오프셋 전압(Input Offset Current Drift)

이상적인 OP-AMP는 입력에 0[V]가 인가되면 출력에 0[V]가 나온다. 그러나 실제의 OP-AMP는 입력이 인가되지 않아도 출력에 직류 전압이 나타난다. 차동출력을 0[V]가 되도록 하기 위하여 입력 단자 사이에 걸어주는 전압이다.

▍ 푸시풀 증폭 회로의 특징

- 동작점을 차단점(0바이어스) 부근에 잡아 출력을 크게 할 수 있다.
- 효율은 비교적 높다(B급의 경우 효율은 78.5[%]이나 실제로는 50~60[%] 정도이다).
- B급 푸시풀에서는 직류 바이어스 전류가 매우 작아도 되고 입력이 없을 때 컬렉터 손실이 작아 큰 출력을 낼 수 있다.
- 짝수(우수) 고조파 성분이 상쇄되므로 출력 증폭단에 많이 쓰인다.
- 출력의 일그러짐이 없으나, 특유의 크로스 오버(Cross Over) 일그러짐이 발생한다.
- 전원의 험(Hum)이 출력측에 나타나지 않는다.

▍ 적분회로

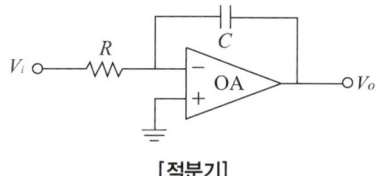

[적분기]

▌ 미분회로

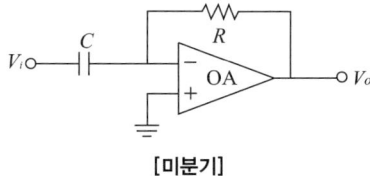

[미분기]

▌ 동위상 신호 제거비(CMRR ; Common Mode Rejection Ratio)

$$\mathrm{CMRR} = \frac{차동\ 이득}{동위상\ 이득}$$

▌ 수정발진회로의 특징
- 수정 진동자의 Q가 높아 보통 1,000~10,000 정도이고 안정도가 높다(10^{-5} 정도).
- 압전효과가 있다.
- 발진 주파수는 수정편의 두께에 반비례한다.
- 수정 진동자는 기계적, 물리적으로 강하다.
- 발진 조건을 만족하는 유도성 주파수 범위가 매우 좁다.
- 수정편에 항온조 등을 이용하므로 주위 온도의 영향이 적다.

▌ 수정발진회로의 종류

피어스 BE(Pierce B-E)발진기, 피어스 BC(Pierce B-C)발진기

▌ 빈 브리지형(Wien-bridge) 발진기
- 브리지형 RC 발진 회로에서의 발진 주파수 $f_0 = \dfrac{1}{2\pi\sqrt{R_1 R_2 C_1 C_2}}[\mathrm{Hz}]$
- $R_1 = R_2 = R$이고 $C_1 = C_2 = C$이면 $f_0 = \dfrac{1}{2\pi RC}[\mathrm{Hz}]$

▌ **변조도** : 반송파의 진폭 V_c와 신호파의 진폭 V_s에 의해 정해지며, V_s와 V_c의 비

$$m = \frac{V_s}{V_c} \ \ 또는\ \ m = \frac{V_{\max} - V_{\min}}{V_{\max} + V_{\min}}$$

▌ 변조지수

주파수 편이 $\triangle f_c$와 주파수 f_s의 비 $m_f = \dfrac{\triangle f_c}{f_s}$

▌ 디지털 변조 방식의 형태

- ASK(Amplitude Shift Keying) : 디지털 신호(1,0)의 정보 내용에 따라 반송파의 진폭을 변화시키는 방식으로, 2진 데이터가 1이면 반송파를 송출하고 0이면 송출하지 않는다.
- FSK(Frequency Shift Keying) : 디지털 신호(1,0)에 따라 반송파의 주파수를 변화시키는 방식으로 전송 속도가 비교적 저속에 이용되며, 협대역이면서 잡음에 강한 모뎀의 전송방식에 이용되는 변조 방식
- PSK(Phase Shift Keying) : 디지털 신호(1,0)의 정보 내용에 따라 반송파의 위상을 변화시키는 방식으로 2진 PSK(BPSK), 4진 PSK(QPSK), 8진 PSK(8-ary PSK) 등이 있다.
- QAM(Quadrature Amplitude Modulation) : 2개의 채널이 독립되도록 한 것이며, 디지털 신호의 전송 효율 향상, 대역폭의 효율적 이용, 낮은 에러율, 복조의 용이성을 얻기 위해 ASK와 PSK의 결합방식으로 APK(Amplitude Phase Keying)방식이라고도 한다.

▌ 충격 계수(Duty Factor)

- 펄스파가 얼마나 날카로운가를 나타내는 수치
- $D = \dfrac{\text{펄스폭}(\tau)}{\text{펄스반복주기}(T)}$

▌ 오버슈트(Overshoot)

상승 파형에서 이상적 펄스파의 진폭 V보다 높은 부분의 높이 a를 말하며, 이 양은 $\left(\dfrac{a}{V}\right) \times 100[\%]$로 나타낸다.

▌ 링잉(b, Ringing)

펄스의 상승 부분에서 진동의 정도를 말하며, 높은 주파수 성분에 공진하기 때문에 생기는 것이다.

▌ 시정수(시상수)

- $t = \tau = RC$에서 C의 전압 v_c는

$$v_c = V\left(1 - \dfrac{1}{\varepsilon}\right) \fallingdotseq V(1 - 0.368) \fallingdotseq 0.632\,V[\text{V}]$$

■ 비안정 멀티바이브레이터(Astable Multivibrator) : 회로에 전원이 공급되면 구형파의 발진이 이루어지는 회로

■ 단안정 멀티바이브레이터(Monostable Multivibrator) : 자체 발진의 능력은 없으나 외부의 트리거 펄스 입력이 공급될 때마다 하나의 구형파를 출력하는 회로

■ 쌍안정 멀티바이브레이터(Bistable Multivibrator) : 안정 상태를 유지하며 외부의 트리거 펄스 입력이 두 개 공급될 때마다 하나의 구형파를 출력하는 회로로 일반적으로 플립플롭회로라 한다.

■ N형 반도체 : 과잉전자(Excess Electron)에 의해서 전기 전도가 이루어지는 불순물 반도체
  • 도너(Donor) : N형 반도체를 만들기 위한 불순물 원소(Sb, As, P, Pb)

■ P형 반도체 : 정공에 의해서 전기 전도가 이루어지는 불순물 반도체
  • 억셉터(Accepter) : P형 반도체를 만들기 위한 불순물 원소(In(인듐), B(붕소), Al(알루미늄), Ga(갈륨))

■ 제너(정전압) 다이오드(Zener Diode)

  • 제너 항복을 응용한 정전압 소자로 합금 또는 확산법으로 만든 실리콘 접합 다이오드로 전압을 일정하게 유지하는 정전압회로에 사용
  • 재료의 배합에 따라 1[V]에서 1,000[V] 정도까지의 제너 전압(V_E)이 결정된다.

■ 터널 다이오드(Tunnel Diode, 에사키 다이오드)

  • 불순물 농도를 매우 크게 하면 부성 저항 특성을 나타낸다.
  • 마이크로파대의 발진, 증폭, 전자계산기의 고속 스위칭 소자로 사용한다.
  • 저 잡음, 큰 전력을 얻을 수 없다.

▌ 서미스터(Thermistor)

- 온도에 따라 저항값이 변화하는 소자로 음(-)의 온도계수를 가짐
- 저항 온도 변화의 보상, 전력계, 자동제어, 온도계 등에 사용

▌ 트랜지스터 동작 특성

- 포화영역 : 스위치동작-ON
- 활성영역 : 트랜지스터 증폭
- 차단영역 : 스위치동작-OFF
- 항복영역 : 트랜지스터 파괴

▌ FET의 특징

- 외부로부터의 복사의 영향을 덜 받는다.
- 전류는 다수 캐리어에 의해서 운반된다.
- 입력 임피던스가 매우 높다.
- 잡음이 적다.
- 열적으로 안정하다.
- 유니폴라 트랜지스터이다.
- 드레인전류가 0에서 Offset 전압을 나타내지 않는다. 따라서 우수한 신호 초퍼(Chopper)로서 사용될 수 있다.

▌ 다이액(DIAC) 또는 SSS

실리콘 대칭형 스위치, 교류 회로의 전류 제어, 조명 조정 장치, 온도 조정 장치 등에 사용한다.

▌ 단일 접합 트랜지스터(UJT)

더블베이스 다이오드라고도 하며, 저주파 및 중간 주파수 범위의 스위칭 소자, SCR의 게이트 펄스 발생, 타이머 등에 사용한다.

CHAPTER 02 전자계산기 구조

- **중앙처리장치(CPU ; Central Processing Unit)** : 연산장치와 제어장치로 구분
  - 연산장치(ALU) : 기억된 프로그램이나 데이터를 꺼내어 산술 연산이나 논리 연산을 실행한다.
  - 제어장치 : 프로그램의 명령을 하나씩 읽고 해석하여, 모든 장치의 동작을 지시하고 감독·통제하는 기능이다.

- **누산기(Accumulator)** : 연산장치의 중심 레지스터로 산술 및 논리 연산의 결과를 임시로 기억한다.

- **상태 레지스터(Status Register)** : 연산의 결과에서 자리올림(Carry)이나 오버플로(Overflow) 발생과 인터럽트 신호 등의 상태를 기억한다.

- **프로그램 카운터(Program Counter)** : 다음에 실행될 명령어가 저장된 주기억장치의 주소를 저장한다.

- **순차 접근 저장 매체(SASD)** : 자기 테이프

- **임의 접근 저장 매체(DASD)** : 자기 디스크, CD-ROM, 하드 디스크, 자기 코어, 자기 드럼

- **버스의 종류** : 어드레스 버스(Address Bus), 데이터 버스(Data Bus), 제어 버스(Control Bus)

- **인스트럭션(Instruction)**
  - 연산자(Operation Code, OP 코드)와 주소(Operand) 부분으로 구성
  - 연산자(Operation Code, OP 코드) : 인스트럭션의 형식, 연산자 및 자료의 종류를 나타낸다.
  - 주소(Operand) 부분 : 자료의 주소를 구하는데 필요한 정보 및 명령의 순서를 나타낸다.

■ 자료의 접근 방법에 따른 주소 지정 방식

- 즉시 주소 지정(Immediate Addressing Mode) : 명령어 내에 실제 데이터를 가지고 있는 명령어 형식
- 직접 주소 지정(Direct Addressing Mode) : 명령어의 Operand 부분이 실제 데이터의 주소인 명령어 형식
- 간접 주소 지정(Indirect Addressing Mode) : 명령어의 Operand가 가리키는 곳에 실제 데이터의 주소가 있는 명령어 형식
- 인덱스 주소 지정(Indexed Addressing Mode) : 명령어의 Operand 부분과 Index Register의 값이 더해진 곳에 실제 데이터를 가지고 있는 명령어 형식
- 상대 주소 지정(Relative Addressing Mode) : 프로그램 카운터(PC)와 명령어의 Operand가 더해진 곳에 실제 데이터를 가지고 있는 명령어 형식
- 레지스터 주소 지정(Register Addressing Mode) : 직접 주소 지정 방식과 유사하다. 차이점은 오퍼랜드 필드가 메인 메모리의 주소가 아닌 레지스터를 참조한다는 점이다.

■ 0-주소 명령(0-Address Instruction)

- Operand 없이 OP Code만으로 구성되는 명령어 형식
- Stack을 이용하여 연산을 수행
- 0-주소 명령으로 프로그램을 작성하면 프로그램의 길이가 길어질 수 있다.
- 연산 데이터의 위치와 결과의 입력 위치가 결정되어 있어 주소를 필요로 하지 않는다.
- 대표적인 0-주소 명령어 : PUSH, POP
- 스택(Stack)
  - 임시 데이터의 저장이나 서브루틴의 호출에서 사용
  - 연속되게 자료를 저장
  - 한쪽 끝에서만 자료를 삽입하거나 삭제할 수 있는 구조
  - 스택영역은 내부 데이터 메모리에 위치
  - 후입선출방식(LIFO ; Last In First Out)
  - 0-주소 지정에 이용

■ 2-주소 명령(2-Address Instruction)

- OP Code와 2개의 Operand로 구성되는 명령어 형식
- 연산결과를 위한 Operand 1개와 입력자료를 위한 Operand 1개로 구성
- 가장 일반적인 연산의 형태
- 연산 후 입력 자료의 값이 변화함
- Operand1은 연산 후 결과값이 저장되는 레지스터

3-주소 명령(3-Address Instruction)
- OP Code와 3개의 Operand로 구성되는 명령어 형식
- 연산결과를 위한 Operand 1개와 입력자료를 위한 Operand 2개로 구성
- 연산 후 입력자료의 값이 보존된다.
- Operand1은 연산 후 결과값이 저장되는 레지스터
- Operand2와 Operand3은 연산을 위한 입력자료가 저장되는 레지스터
- 명령어의 수행시간이 가장 길다.
- 프로그램의 길이는 가장 짧다.

명령 사이클(Instruction Cycle)
- 인출 사이클(Fetch Cycle)
  - 주기억장치로부터 수행할 명령어를 CPU로 가져오는 단계
  - 하나의 명령을 수행한 후 다음 명령을 메인 메모리에서 CPU로 꺼내오는 단계
- 간접 사이클(Indirect Cycle)
  - 명령어의 Operand가 간접주소로 지정이 된 경우 유효주소를 계산하기 위해 주기억장치에 접근하는 단계
  - 결국에는 명령의 실행을 위해 Execute Cycle로 진행됨
- 실행 사이클(Execute Cycle)
  - 명령의 해독결과 이에 해당하는 타이밍 및 제어신호를 순차적으로 발생시켜 실제로 명령어를 실행하는 단계
  - 명령실행이 완료되면 다시 Fetch Cycle로 진행됨
- 인터럽트 사이클(Interrupt Cycle)
  - 인터럽트 발생 시 인터럽트 처리를 위한 단계
  - 인터럽트에 대한 처리가 완료되면 Fetch Cycle로 진행됨

마이크로 동작 : 시프트(Shift), 카운트(Count), 클리어(Clear), 로드(Load)

DMA(Direct Memory Access)에 의한 입출력
DMA 장치는 데이터를 전송할 때 CPU와 독립된 채널(Channel)을 구성하여 메모리와 입출력 기기들 사이에서 직접 데이터를 주고받을 수 있도록 제어하는 회로

▌ 채널(Channel)
- 자료의 빠른 처리를 위해 주기억장치와 입출력장치 사이에 설치하는 장치이다.
- 처리 속도가 빠른 CPU와 속도가 느린 입출력장치 사이의 속도 차이로 인한 작업의 낭비를 줄여 준다.

▌ 인터럽트(Interrupt)
- 프로그램이 수행되고 있는 동안에 어떤 조건이 발생하여 수행 중인 프로그램을 일시적으로 중지시키게 만드는 조건이나 사건의 발생
- 다른 프로그램이 수행되는 동안 여러 개의 사건을 처리할 수 있는 메커니즘
- 인터럽트가 발생하면 마이크로 컨트롤러는 현재 수행 중인 프로그램을 일시 중단하고, 인터럽트 처리를 위한 프로그램을 수행한 후에 다시 원래의 프로그램으로 복귀

▌ 인터럽트 종류
- 하드웨어 인터럽트
  - 정전·전원 이상 인터럽트
  - 기계고장 인터럽트
  - 외부 인터럽트
  - 입출력 인터럽트
- 소프트웨어 인터럽트
  - 프로그램 인터럽트
  - SVC 인터럽트

▌ 인터럽트 우선순위를 판별하는 방법
- 소프트웨어에 의한 우선순위(폴링(Polling) 방식)
- 하드웨어에 의한 우선순위(데이지 체인(Daisy-chain) 우선순위, 병렬(Parallel) 우선순위)

▌ 통신 방식
- 단방향(Simplex) 통신 방식 : 한쪽 방향으로만 데이터를 전송할 수 있는 방식
- 반이중(Half Duplex) 통신 방식 : 데이터를 양쪽 방향으로 전송할 수 있으나 동시에 양쪽 방향으로 전송할 수는 없으며, 한 순간에 어느 한쪽 방향으로만 데이터를 전송할 수 있는 방식
- 전이중(Full Duplex) 통신 방식 : 접속된 두 장치 사이에서 동시에 양방향으로 데이터의 흐름을 가능하게 하는 방식으로, 상호 데이터 전송이 자유롭다.

토폴로지(Topology) 형태

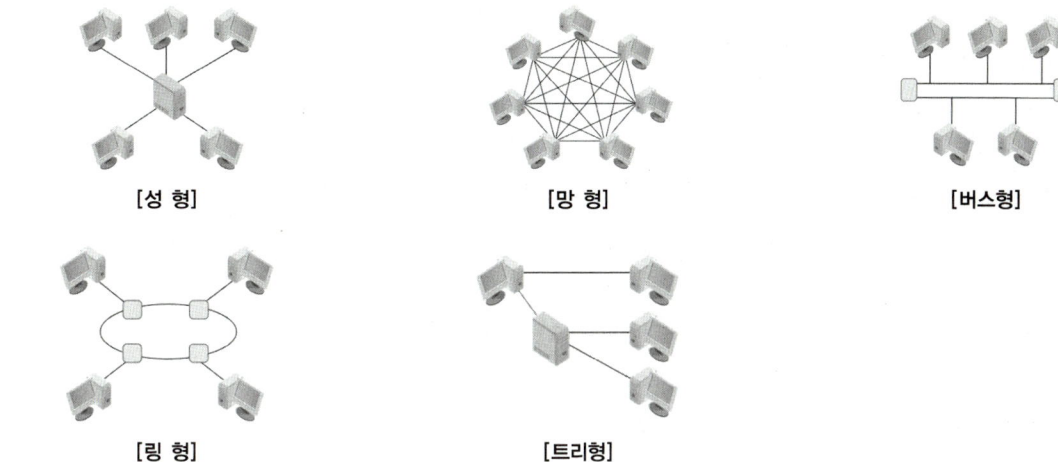

[성 형]　　　　　[망 형]　　　　　[버스형]

[링 형]　　　　　[트리형]

게이트의 소비전력

게이트	소비전력
CMOS	0.01[mW]
DTL	8[mW]
TTL	10[mW]
RTL	12[mW]

게이트의 클록 주파수

게이트	지연시간
ECL	2[nsec]
TTL	10[nsec]
MOS	100[nsec]
CMOS	500[nsec]

■ 비트 → 바이트 → 워드 → 항목(Item) → 레코드 → 파일 → 데이터베이스의 순이다.

BCD(Binary Coded Decimal) 코드

- BCD 코드는 0부터 9까지의 10진 숫자에 4비트 2진수를 대응시킨 것이다.
- 각 자리는 8, 4, 2, 1의 무게를 가지므로 8421 코드라고도 한다.

- **고정 소수점(Fixed Point) 표현 방식** : 부호화 절댓값 표현, 1의 보수 표현, 2의 보수 표현

- **부동 소수점(Floating Point) 표현 방식**
  - 한 개의 부호 비트, 지수부(Exponent Part), 가수부(Mantissa Part)로 구성
  - 소수점을 포함한 실수도 표현 가능
  - 정규화(Normalization) : 소수점의 위치를 정해진 위치로 이동하는 과정
  - 과학, 공학, 수학적인 응용면에서 주로 사용

- **단항 연산자** : NOT, COMPLEMENT, SHIFT, ROTATE, MOVE

- **이항 연산자** : 사칙연산, AND, OR, XOR(EX-OR), XNOR

- **로테이트(Rotate)** : 시프트와 비슷한 연산으로 밀려나온 비트가 다시 반대편 끝으로 들어가 사용되는 연산으로서, 문자의 위치변환에 주로 사용된다.

- **AND** : 비수치 데이터 중에서 필요 없는 일부의 비트 또는 문자를 지워 버리고 나머지 비트만을 가지고 처리하기 위해 사용되는 연산이다.

- **마스크(Mask)** : AND 연산을 이용하여 다른 비트 패턴 중에 있는 특정 비트의 정보를 변경하거나 리셋(Reset)하기 위한 문자나 비트 패턴을 의미한다.

- **OR** : AND와는 반대의 연산을 행하는 것으로 2개의 데이터를 섞을 때(문자의 삽입 등) 사용하는 연산이다.

CHAPTER 03 프로그래밍 일반

▌ 기계어(Machine Language)
- 초창기의 컴퓨터프로그래밍은 기계어에 의해 작성되고 처리되었다.
- 컴퓨터의 전기적 회로에 의해 직접적으로 해석되어 실행되는 언어이다.
- 컴퓨터 자원을 효율적으로 활용한다.
- 언어 자체가 복잡하고 어렵다.
- 프로그래밍 시간이 많이 걸리고 에러가 많다.
- 호환성이 없다.
- 2진수를 사용하여 데이터를 표현한다.
- 프로그램의 실행 속도가 빠르다.

▌ 어셈블리어(Assembly Language)
- 복잡한 기계어를 대체하는 프로그래밍 수단으로 사용한다.
- 기계어의 명령들을 알기 쉬운 기호로 표시하여 사용한다.
- 프로그램의 수행시간이 빠르다.
- 주기억장치를 매우 효율적으로 이용할 수 있다.
- 프로그래밍 언어 상호 간의 호환성이 없다.
- 어셈블러(Assembler)에 의한 번역 과정이 필요하므로 처리 속도가 느리다.

▌ 고급언어(High Level Language)
- 사람이 이해하기 쉬운 자연어에 가깝게 만들어진 언어이다.
- 프로그래밍하기 쉽고 생산성이 높다.
- 컴퓨터와 관계없이 독립적으로 프로그램을 만들 수 있다.
- 기계어로 변환하기 위해 번역하는 과정을 거친다.
- 기종에 관계없이 공통적으로 사용한다.

▌ 고급언어(High Level Language)의 종류
베이직(BASIC), FORTRAN, COBOL, PASCAL, C언어, LISP

▌ 번역기의 종류 : 어셈블러(Assembler), 컴파일러(Compiler), 인터프리터(Interpreter)

▌ 로더의 기능 : 할당(Allocation), 연결(Linking), 재배치(Relocation), 적재(Loading)

▌ 프로그램 언어의 수행순서
원시(Source)P/G → 번역(컴파일러) → 목적(Object) P/G 생성 → 링커 → 로더 → 실행

▌ 문제 분석
- 프로그램에 의하여 해결해야 할 문제를 명확히 정의한다.
- 문제를 해결하기 위한 여러 가지 방법을 비교, 분석한다.
- 최선의 방법을 결정한다.
- 입력 데이터와 출력 정보 및 프로그래밍에 소요되는 비용이나 기간 등에 대한 조사, 분석, 경제적 혹은 능률적인 측면에서의 타당성을 검토한다.

▌ 순서도의 역할
- 프로그램 작성의 직접적인 자료가 된다.
- 업무의 내용과 프로그램을 쉽게 이해할 수 있고, 다른 사람에게 전달이 쉽다.
- 프로그램의 정확성 여부를 판단하는 자료가 되며, 오류가 발생하였을 때 그 원인을 찾아 수정하기가 쉽다.
- 프로그램의 논리적인 체계 및 처리 내용을 쉽게 파악할 수 있다.
- 프로그래밍 언어에 관계없이 공통으로 사용할 수 있다.

▌ 문서화 : 프로그램의 운영에 필요한 사항을 문서로써 정리하여 기록하는 작업이다.

▌ 문서화를 통하여 얻어지는 효과
- 프로그램의 개발 목적 및 과정을 표준화한다.
- 효율적인 작업이 이루어지게 한다.
- 프로그램의 유지 보수를 쉽게 한다.
- 개발과정에서의 추가 및 변경에 따른 혼란을 줄일 수 있다.

▎ 프로그래밍 언어의 선정 기준
- 프로그래머가 그 언어를 이해하고 사용할 수 있어야 한다.
- 어느 컴퓨터에나 쉽게 설치될 수 있는 언어이어야 한다.
- 프로그래밍의 효율성이 고려되어야 한다.
- 응용 목적에 맞는 언어이어야 한다.
- 프로그래머 개인의 선호에 적합해야 한다.

▎ 프로그램 언어가 갖추어야 할 요건
- 프로그래밍 언어는 단순 명료하고 통일성을 가져야 한다.
- 프로그래밍 언어의 구조가 체계적이어야 한다.
- 응용 문제에 자연스럽게 적용할 수 있어야 한다.
- 확장성이 있어야 한다.
- 효율적이어야 한다.
- 외부적인 지원이 가능해야 한다.

▎ 구조적 프로그래밍 특징
- 프로그램의 이해가 쉽고 디버깅 작업이 쉽다.
- 계층적 설계를 한다.
- 블록이라는 단위를 이용하여 프로그램을 작성한다.
- Goto 문법의 사용을 금지한다.
- 제한된 제어구조만을 이용한다.
- 순차 구조(Sequence), 반복 구조(Repetition), 선택 구조(Selection)가 있다.
- 특정 프로그램 내에서 하나의 시작점을 갖는 함수는 반드시 하나의 종료점을 갖는다.
- 프로그램을 읽기 쉽고 수정하기가 용이하다.

▎ 구조적 프로그래밍 기본 순서 제어구조
- 순차 구조 : 순차적으로 수행
- 반복 구조 : 조건을 만족할 때까지 반복(For문, While문, Do-while문)
- 선택(조건, 다중 택일) 구조 : 두 가지 이상의 명령문 중에서 선택
  - 두 가지의 수행 경로에 있는 일련의 문장들 중 하나가 선택(If문)
  - 두 가지 이상 중에서 선택(Case문, 계산형 Goto문, Switch문)

■ 객체지향 기법의 구성요소
객체(Object), 애트리뷰트(Attribute), 메소드(Method), 클래스(Class), 메시지(Message)

■ 객체지향 기법의 주요 기본 원칙
캡슐화, 정보 은닉, 상속성, 추상화, 다형성

■ BNF 표기법 : 배커스-나우어 형식(Backus-Naur Form)의 약어로, 구문(Syntax) 형식을 정의하는 가장 보편적인 표기법

::=	정의 기호
|	선택 기호
〈 〉	Non Terminal 기호(재정의될 기호)

■ 파스트리(Parse Tree)
- 고급언어로 작성된 프로그램을 구문 분석하여 파서에 의하여 생성되는 결과물로서, 각각의 문법구조에 따라 트리 형태로 구성한 것
- 구문 분석기가 처리한 문장에 대해 그 문장의 구조를 트리 형태로 표현한 것
- 루트 노드(정의된 문법의 시작 심벌), 중간 노드(비단말 심벌), 단말 노드(단말 심벌)로 구성

■ 운영체제의 목적
- 처리능력(Throughput) 향상
- 반환 시간(Turn Around Time)의 단축
- 사용가능도(Availability) 향상
- 신뢰도(Reliability) 향상

■ 운영체제의 평가 기준 : 처리능력, 반환 시간, 사용가능도, 신뢰도

■ 스케줄링 목적
- 공정한 스케줄링
- 처리량 극대화
- 응답 시간 최소화
- 반환 시간 예측 가능

- 균형 있는 자원 사용
- 응답 시간과 자원 이용 간의 조화
- 실행의 무한 연기 배제
- 우선순위제를 실시
- 바람직한 동작을 보이는 프로세스에게 더 좋은 서비스를 제공

▌ 스케줄링 기법

종 류	방 법	특 징	비 고
라운드 로빈	FCFS 방식의 변형으로 일정한 시간을 부여하는 방법	• 시분할 방식에 효과적 • 할당 시간이 크면 FCFS와 동일 • 할당 시간이 작으면 문맥교환이 자주 발생	선 점
SRT	수행 도중 나머지 수행시간이 적은 작업을 우선적으로 처리하는 방법	처리는 SJF와 같으나 이론적으로 가장 작은 대기 시간이 걸림	선 점
MLQ	서로 다른 작업을 각각의 큐에서 타임 슬라이스로 처리	각각의 큐는 독자적인 스케줄링 알고리즘을 사용	선 점
MFQ	하나의 준비 상태 큐를 통해서 여러 개의 피드백 큐를 걸쳐 일을 처리	CPU와 I/O 장치의 효율을 높일 수 있음	선 점
우선순위	우선순위를 할당해 우선순위가 높은 순서대로 처리하는 방법	• 정적 우선순위 • 동적 우선순위	비선점
기한부	프로세스가 주어진 시간 내에 작업이 끝나게 계획하는 방법	마감시간을 계산해야 하므로 막대한 오버헤드와 복잡성이 발생	비선점
FCFS	작업이 시스템에 들어온 순서대로 수행하는 방법	• 대화형에 부적합 • 간단하고 공평함 • 반응 속도를 예측 가능	비선점
SJF	수행 시간이 적은 작업을 우선적으로 처리하는 방법	작은 작업에 유리하고 큰 작업은 시간이 많이 걸림	비선점
HRN	실행 시간이 긴 프로세스에 불리한 SJF 기법을 보완한 방법	우선순위 = (대기시간 + 서비스시간)/서비스시간	비선점

▌ 페이지 교체 알고리즘

- NUR(Not Used Recently) : 최근에 사용하지 않은 페이지를 교체하는 기법
- LFU(Least Frequently Used) : 사용 횟수가 가장 적은 페이지를 교체하는 기법
- LRU(Least Recently Used) : 최근에 가장 오랫동안 사용하지 않은 페이지를 교체하는 기법
- FIFO(First-In First-Out) : 가장 먼저 들여온 페이지를 먼저 교체시키는 방법(주기억장치 내에 가장 오래 있었던 페이지를 교체)

기억장치 배치 전략

- 최초 적합 전략(First Fit Strategy) : 프로그램이나 데이터가 들어갈 수 있는 크기의 빈 영역 중에서 첫번째 분할 영역에 배치시키는 방법
- 최적 적합 전략(Best Fit Strategy) : 프로그램이나 데이터가 들어갈 수 있는 크기의 빈 영역 중에서 단편화를 가장 작게 남기는 분할 영역에 배치시키는 방법
- 최악 적합 전략(Worst Fit Strategy) : 프로그램이나 데이터가 들어갈 수 있는 크기의 빈 영역 중에서 단편화를 가장 많이 남기는 분할 영역에 배치시키는 방법

자료 처리 시스템

- 시분할 처리 시스템(Time Sharing System) : CPU가 여러 작업들을 각 사용자에게 각각 짧은 시간으로 나누어 연속적으로 처리하는 시스템
- 실시간 처리 시스템(Real Time System) : 데이터 발생 지역에 설치된 단말기를 이용하여 데이터 발생과 동시에 입력시키며 중앙의 컴퓨터는 여러 단말기에서 전송되어 온 데이터를 즉시 처리 후 그 결과를 해당 단말기로 보내주는 시스템
- 일괄 처리 시스템(Batch Processing System) : 자료를 일정 기간 동안 또는 일정한 분량이 될 때까지 모아 두었다가 한꺼번에 처리하는 방식
- 다중 처리 시스템(Multiprocessing System) : 여러 개의 CPU를 설치하여 각각 해당업무를 처리할 수 있는 시스템
- 분산 처리 시스템(Distributed System) : 중앙에 설치된 대형 시스템이 아니라 데이터가 발생하는 각 부서에 하나씩 컴퓨터 시스템을 설치하여 직접 처리하는 시스템

교착상태(Deadlocks) 해결기법 : 교착상태 예방, 교착상태 회피, 교착상태 탐지

C언어의 특징

- 시스템 프로그래밍 언어
- 함수 언어
- 강한 이식성
- 풍부한 자료형 지원
- 다양한 제어문 지원
- 표준 라이브러리 함수 지원
- 포인터 변수
- 시스템 프로그래밍 언어로 적합

▌ C언어의 자료형

의 미	데이터 유형	크기(Byte)
정수형	int	2
	long	4
실수형	float	4
	double	8
문자형	char	1

▌ C언어의 문자 출력함수

- getchar( ) 함수 : 키보드로부터 한 번에 한 문자씩 읽어 들여, 그 문자에 해당하는 ASCII 코드의 값을 정수형으로 선언된 변수에 할당하는 함수
- putchar( ) 함수 : 화면에 한 문자씩 출력하는 함수
- gets( ) 함수 : 키보드로부터 문자열을 읽어 들여 문자열 포인터가 가리키는 장소에 기억시키며, 그 포인터를 되돌려 주는 함수
- puts( ) 함수 : 문자열을 화면으로 출력하는 함수

▌ 기억 클래스(Storage Class) 종류

- 자동 변수(Automatic Variable) : 함수나 그 함수 내의 블록 안에서 선언되는 변수
- 정적 변수(Static Variable) : 선언된 함수 또는 해당 블록 내에서만 사용 가능
- 외부 변수(External Variable) : 함수의 외부에 기억 클래스 없이 정의되고 어떤 함수라도 참조할 수 있는 전역 변수(Global Variable)
- 레지스터 변수(Register Variable) : 함수 내에서 정의되고 해당 함수 내에서만 사용이 가능한 변수

▌ 이스케이프 시퀀스(Escape Sequence)

시퀀스	의 미
\a	경보(ANSI C)
\b	백스페이스
\f	폼 피드(Form Feed)
\n	개행(New Line)
\r	캐리지 리턴(Carriage Return)
\t	수평 탭
\v	수직 탭
\\	백슬래시(\)

CHAPTER 04 디지털 공학

▌ 1의 보수

0을 1로, 1을 0으로 변환하여 얻는다.
예) 101의 보수는 → 010

▌ 2의 보수

1의 보수에다 1을 더하여 구한다(2의 보수 = 1의 보수 + 1).

▌ 3초과 코드(Excess-3 BCD Code)

- BCD 코드 + 3(0011)을 더하여 만든 코드($3_{(10)} = 0011_{(2)}$)
- 비가중치(Unweighted Code), 자기 보수 코드
- 3초과 코드는 비트마다 일정한 값을 갖지 않는다.
- 연산동작이 쉽게 이루어지는 특징이 있는 코드
- BCD 코드의 단점인 산술 연산을 보다 쉽게 한 것

▌ 그레이 코드(Gray Code)

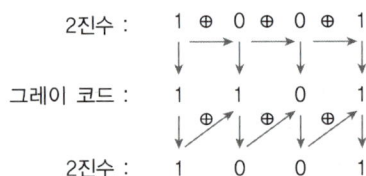

ASCII 코드(American Standard Code for Information Interchange)
- ASCII 코드의 7개의 데이터 비트로 한 문자를 표시하는 데 3개의 존 비트와 4개의 디지트 비트로 구성
- ASCII 코드의 비트 번호는 오른쪽에서 왼쪽으로 부여
- 통신 제어용 및 마이크로 컴퓨터의 기본 코드로 사용
- $2^7 = 128$개의 서로 다른 문자를 표현
- ASCII-8 코드 : 7비트 ASCII에 착오 검색을 위해 사용되는 패리티(Parity) 비트를 부가한 8비트 코드

해밍 코드(Hamming Code)
- 오류 검출 후 자동적으로 정정해 주는 코드
- 1비트의 단일 오류만 교정
- 데이터 비트 외에 오류 검출 및 교정을 위한 잉여 비트가 많이 필요

불 대수의 기본 정리
- $A + 0 = A$
- $A + \overline{A} = 1$
- $A + A = A$
- $A + 1 = 1$
- $A \cdot 1 = A$
- $A \cdot \overline{A} = 0$
- $A \cdot A = A$
- $A \cdot 0 = 0$

카르노 도법에 의한 최소화
- 논리 회로의 논리식을 간소화하는 것을 최소화(Minimization)라 한다.
- 불 대수의 정리 및 법칙을 이용하여 최소화하는 방법이다.
- 논리식이 비교적 단순할 때 사용한다.
- 논리식에 해당되는 부분을 카르노 도표에 '1'을 쓰고, 그 밖에는 '0'을 쓴다.
- 최소항이 1인 인접된 항을 가능하면 16개, 8개, 4개, 2개 순으로 그룹을 형성한다.
- 다른 원과 중복된 '1'의 원이 있으면 이것은 삭제한다.
- 원으로 묶어진 부분에서 변화되지 않은 변수만을 불 대수로 쓴다.
- 변수의 개수가 n일 경우 2n개의 사각형들로 구성한다.

JK 플립플롭

- RS 플립플롭에서 R = S = 1의 경우 동작이 불확실한 상태로 되는데, RS 플립플롭에서 Q를 R로, $\overline{Q}$를 S로 되먹임시켜 불확실한 상태가 없도록 한 회로이다.
- 레이싱(Racing) 현상을 피하기 위한 것이 마스터-슬레이브 JK-FF이다.

J K	Q_{n+1}
0 0	Q_n
0 1	0
1 0	1
1 1	$\overline{Q_n}$

D 플립플롭

클록형 RS 플립플롭 또는 JK 플립플롭을 변형시킨 것으로, 데이터 입력신호 D가 그대로 출력 Q에 전달되는 특성으로 데이터의 일시적인 보존이나 디지털 신호의 지연 등에 이용된다.

입 력		출 력
C	D	Q_{n+1}
0	X	Q_n
1	1	1
1	0	0

T 플립플롭

- JK 플립플롭의 입력 J 및 K를 서로 묶어서 하나의 데이터로 입력한다.
- 클록 펄스가 가해질 때마다 출력 상태가 반전하는 토글(Toggle) 또는 스위칭 작용을 하므로 계수기(Counter)에 사용된다.

T	Q_{n+1}
0	Q_n
1	$\overline{Q_n}$

논리게이트의 종류

명 칭	기 호	함수식	진리표	명 칭	기 호	함수식	진리표
AND	A,B → AND	$X = AB$	A B / X 0 0 / 0 0 1 / 0 1 0 / 0 1 1 / 1	NAND	A,B → NAND	$X = (AB)'$	A B / X 0 0 / 1 0 1 / 1 1 0 / 1 1 1 / 0
OR	A,B → OR	$X = A + B$	A B / X 0 0 / 0 0 1 / 1 1 0 / 1 1 1 / 1	NOR	A,B → NOR	$X = (A+B)'$	A B / X 0 0 / 1 0 1 / 0 1 0 / 0 1 1 / 0
NOT	A → NOT	$X = A'$	A / X 0 / 1 1 / 0	XOR	A,B → XOR	$X = (A \oplus B)$	A B / X 0 0 / 0 0 1 / 1 1 0 / 1 1 1 / 0
Buffer	A → Buffer	$X = A$	A / X 0 / 0 1 / 1	XNOR	A,B → XNOR	$X = (A \odot B)$	A B / X 0 0 / 1 0 1 / 0 1 0 / 0 1 1 / 1

반가산기(Half-adder)

- 2개의 2진수와 A와 B를 더한 합(Sum) S와 자리올림 수(Carry) C를 얻는 회로
- 배타 논리합 회로와 논리곱 회로로 구성된다.

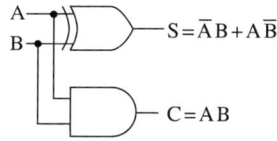

$S = \overline{A}B + A\overline{B}$

$C = AB$

■ 전가산기(Full-adder)
- 2진수 가산을 완전히 하기 위해 아래 자리로부터의 자리올림 입력도 함께 더할 수 있는 기능을 갖게 만든 가산기이다.
- 2개의 반가산기와 1개의 논리합 회로를 연결하여 구성한다.
- 두 개의 입력 이외에 한 개의 캐리를 3입력으로 1개의 캐리(C)와 1개의 합(S)을 출력하는 회로이다.
- 논리식

$S = (A \oplus B) \oplus C$

$C = (A \oplus B) \cdot C + AB$

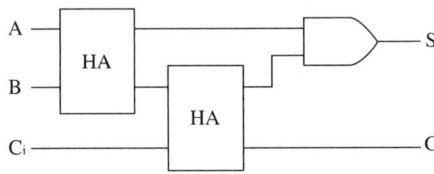

■ 인코더(Encoder, 부호기)
- 숫자나 문자 등의 10진수 입력을 2진수로 변환하는 회로로 OR게이트로 구성된다.
- n개의 비트로 구성되는 코드는 최대 2n개의 서로 다른 정보를 나타낼 수 있으므로 인코더는 2n개 이하의 입력과 n개의 출력을 가진다.

■ 디코더(Decoder, 해독기)
- 입력 단자에 가해지는 부호화된 2진 데이터를 그에 해당하는 10진수로 변환하여 해독하는 조합 논리회로로 출력은 AND 게이트로 구성된다.
- n개의 입력과 m개의 출력을 가지는 n×m 디코더 : 입력에 가해지는 N비트 코드를 해독하여 그 값에 따라 m개의 출력 중에서 특정한 하나의 출력을 '1'로 하고 나머지 출력들은 '0'으로 만든다.

■ 멀티플렉서(Multiplexer)
- 2개 이상의 입력 중에서 필요로 하는 신호를 외부로부터의 선택 기호에 의해 1개만 선택하여, 출력 신호로 꺼낼 수 있는 기능을 가진 조합 논리 회로이다.
- 게이트를 사용하여 구성하는 멀티플렉서는 2n개의 입력선과 입력 선택을 위한 n개의 선택선 및 하나의 출력선을 가지며, 이 선택선에 가하는 비트 조합에 따라 입력 중의 하나가 선택된다.

▌ 디멀티플렉서(Demultiplexer)
- 한 신호원으로부터의 데이터를 제어 입력에 의해 여러 개의 출력단 중에서 선택된 출력단에 출력하는 회로이다.
- 1×2^n 디멀티플렉서는 하나의 입력과 2^n개의 출력선 중에서 하나를 선택하기 위한 n개의 선택선을 가진다.

▌ 조합논리회로 설계 순서
- 입력과 출력 조건에 적합한 진리표를 작성한다.
- 진리표를 가지고 카르노 도표를 작성한다.
- 간소화된 논리식을 구한다.
- 논리식을 기본 게이트로 구성한다.

▌ 비동기식(Asynchronous Type) 카운터
- 플립플롭의 입력으로는 클록 펄스와 앞단의 출력이 차례로 연결되어 있어 상태가 동시에 변하지 않고 순차적으로 변한다. 리플 계수기라고도 한다.
- 각 단을 통과할 때마다 지연시간이 누적되므로 고속 카운터에는 부적당하다.
- 매우 높은 주파수에는 부적당, 비트수가 많은 카운터에는 부적합하다.
- 회로가 간단해서 작은 규모의 계기 회로에 적당하다.
- 플립플롭들은 동일 클록에 변하지 않고, 한 플립플롭의 출력이 다른 플립플롭의 클록으로 동작하기 때문에 지연시간이 길어지게 된다.
- 시스템의 상태는 모든 플립플롭의 전이가 완료될 때까지 결정되지 않는다.

▌ 동기식(Synchronous Type) 카운터
- 계수 회로에 쓰이는 모든 플립플롭에 클록 펄스를 동시에 공급하며 출력 상태가 동시에 변화한다.
- 클록 펄스가 없을 때 가해진 압력 펄스에 대해서는 각각의 플립플롭이 동작하지 않는다.
- 동작속도가 고속으로 이루어진다.
- 설계가 쉽고 규칙적이다.
- 제어 신호가 플립플롭의 입력으로 된다.
- 회로가 복잡하고 큰 시스템에 사용된다.
- 클록 발진기가 별도로 필요하고 지연시간에 관계없다.
- 병렬 계수기(Parallel Counter)라고도 한다.

▌ 동기식 순서회로를 설계하는 방식
- 클록 신호에 대한 각 플립플롭의 상태 변화(클록 이전 상태와 클록 이후 상태)를 표로 작성한다.
- 클록 신호에 대한 변화를 일으킬 수 있도록 플립플롭의 제어 신호(JK)를 결정한다.
- 플립플롭의 제어 신호 카르노도를 이용하여 단순화한다.

▌ 레지스터
- 레지스터(Register) : 2진 데이터를 일시 저장하는데 적합한 2진 기억 소자들의 집합이며, 1개의 플립플롭은 2진 데이터의 1비트를 저장할 수 있는 기억 소자의 역할을 하므로 레지스터는 플립플롭의 집합이라 할 수 있다.
- 일반적으로 입출력의 기능을 바꾸어 오른쪽으로 시프트하거나 왼쪽으로 시프트할 수 있도록 하는데, 이와 같은 것을 범용 레지스터라고 한다.
- 시프트 레지스터(Shift Register)
  - 2진수를 직렬로 1비트씩 차례로 입력시키면 레지스터가 기억하고 있는 데이터를 오른쪽 또는 왼쪽으로 한 자리씩 이동(Shift)시킬 수 있는 레지스터이다.
  - 직렬 시프트 레지스터에 역되먹임시켜 구성한 것으로, 동작 상태가 주기적이며, 출력 파형이 플립플롭을 시프트해 간다.
- 직렬(Serial) 시프트 레지스터 : 2진수의 1비트를 기억할 수 있는 플립플롭 여러 개를 직렬로 연결한 것이다.
- 병렬(Parallel) 시프트 레지스터
  - 레지스터의 모든 비트를 클록 펄스에 의해 새로운 데이터(입력 데이터)로 동시에 바꾸어 로드해 주는 시프트 레지스터이다.
  - 각 비트의 플립플롭은 완전히 독립되어 있으므로 입력 신호가 동시에 들어가면 그에 따라 출력 상태가 동시에 나타난다.
- 링 계수기(Ring Counter) : 시프트 레지스터의 출력을 입력 쪽에 되먹임시킴으로써 펄스가 가해지는 한 같은 2진수가 레지스터 내부에서 순환하도록 만든 것이며 환상 카운터(Circulating Register)라고도 한다.

교육은 우리 자신의 무지를 점차 발견해 가는 과정이다.

- 윌 듀란트 -

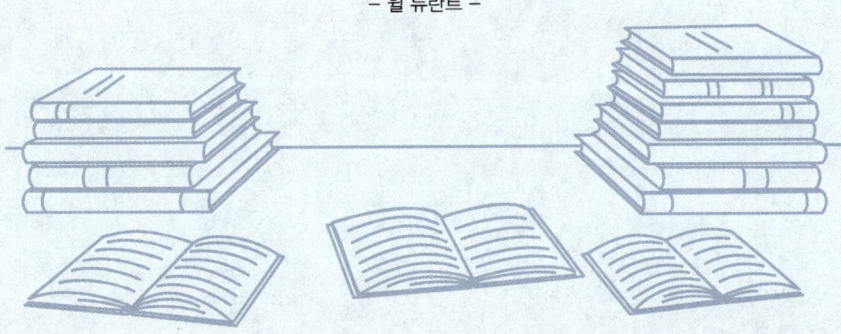

CHAPTER 01	전기전자공학	✓ 회독 CHECK 1 2 3
CHAPTER 02	전자계산기 구조	✓ 회독 CHECK 1 2 3
CHAPTER 03	프로그래밍 일반	✓ 회독 CHECK 1 2 3
CHAPTER 04	디지털공학	✓ 회독 CHECK 1 2 3

PART 01

핵심이론

#출제 포인트 분석　　#자주 출제된 문제　　#합격 보장 필수이론

CHAPTER 01 전기전자공학

제1절 직·교류회로

1-1. 직류회로

핵심이론 01 회로의 전압, 저항, 전류

(1) 전 압

회로 내에 전기적인 압력으로 전류가 흐를 때 이 전기적인 압력을 전압(Voltage) 또는 전위차라 한다(볼트, [V]로 표시, $V = \dfrac{W}{Q}$[V], $W = VQ$[J]).

- Q : 전기량[C]
- W : 전기가 한 일(에너지)[J]

(2) 저 항

전류의 흐름을 방해하는 작용이다(옴(Ohm), [Ω]로 표시, $R = \dfrac{V}{I}$[Ω]).

(3) 전 류

단위 시간에 이동한 전기량으로 나타낸다
(암페어(Ampere), [A]로 표시, $I = \dfrac{Q}{t}$[A]).

- t[sec] : 시간(초)
- Q[C] : 전기량

(4) 옴의 법칙

도체에 흐르는 전류(I)는 저항(R)에 반비례하고 전압(V)에 비례한다.

$I = \dfrac{V}{R}$[A], $V = I \cdot R$[V], $R = \dfrac{V}{I}$[Ω]

(5) 컨덕턴스(Conductance)

저항의 역수로서 전류가 흐르기 쉬운 정도를 나타내며, 단위로는 지멘스(Siemens[S]), 또는 모(Mho[℧] 또는 [Ω^{-1}])를 사용한다.

$G = \dfrac{1}{R}$[℧]이므로

$G = \dfrac{I}{V}$[℧], $V = \dfrac{I}{G}$[V], $I = GV$[A]

10년간 자주 출제된 문제

1-1. 20[kΩ] 저항 양 단자에 100[V]를 인가했을 때 흐르는 전류는?
① 1[mA] ② 5[mA]
③ 10[mA] ④ 20[mA]

1-2. 어떤 도선의 단면을 1분 동안에 30[C]의 전하가 이동하였다면 이때 흐른 전류는 몇 [A]인가?
① 0.1[A] ② 0.3[A]
③ 0.5[A] ④ 3[A]

1-3. 저항을 R이라고 하면 컨덕턴스 G[℧]는 어떻게 표현되는가?
① R^2 ② R
③ $\dfrac{1}{R^2}$ ④ $\dfrac{1}{R}$

|해설|

1-1

$V = IR$, $I = \dfrac{V}{R} = \dfrac{100}{20 \times 10^3} = 0.005$[A] = 5[mA]

1-2

$I = \dfrac{Q}{t} = \dfrac{30}{1 \times 60} = 0.5$[A]

1-3

컨덕턴스 $G = \dfrac{1}{R}$[℧]

정답 1-1 ② 1-2 ③ 1-3 ④

핵심이론 02 | 직·병렬회로

(1) 직렬접속

① 직렬접속의 합성저항
   ㉠ 여러 개의 저항을 하나로 합한 저항이다.
   ㉡ 등가저항이라 한다.

② 직렬회로의 합성저항 : 각 저항의 합과 같다.
   $R_T = R_1 + R_2 + R_3 [\Omega]$
   $R_1 = R_2 = \cdots = R_n$ 일 때 $R_T = nR [\Omega]$
   (n : 저항의 개수, R : 저항 하나의 값)

③ 전류는 $I = \dfrac{V}{R_0}[A]$, $I = \dfrac{V_1}{R_1}[A]$, $I = \dfrac{V_2}{R_2}[A]$,
   $I = \dfrac{V_3}{R_3}[A]$

④ 전압은 각 저항에서 전압강하의 합과 같다.
   $V = IR_0 [V]$
   ㉠ $V_1 = IR_1 [V] = \dfrac{R_1}{R_0} V [V]$

   $V_2 = IR_2 [V] = \dfrac{R_2}{R_0} V [V]$

   $V_3 = IR_3 [V] = \dfrac{R_3}{R_0} V [V]$

   ㉡ $V = V_1 + V_2 + V_3 [V]$ 이다.

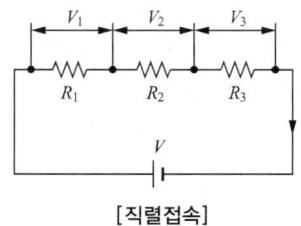

[직렬접속]

(2) 병렬접속

① 병렬접속의 합성저항
   ㉠ 2개 이상의 저항을 한 방향으로 접속하는 것이다.
   ㉡ 각 저항의 역수의 합의 역수이다.

   $R = \dfrac{1}{\dfrac{1}{R_1} + \dfrac{1}{R_2} + \dfrac{1}{R_3}}$

   $= \dfrac{R_1 R_2 R_3}{R_1 R_2 + R_2 R_3 + R_3 R_1} [\Omega]$

② 합성저항은 $R_0 = \dfrac{R_1 R_2}{R_1 + R_2} [\Omega]$,
   $R_1 = R_2 = \cdots = R_n$ 일 때 $R_0 = \dfrac{R}{n} [\Omega]$

③ 전압은 $V = IR_0 [V]$, $V = I_1 R_1 [V]$, $V = I_2 R_2 [V]$

④ 전류는 각 전류의 합이고, 전류의 분배는 각 저항에 반비례한다.
   $I = \dfrac{V}{R_0}[A]$, $I_1 = \dfrac{V}{R_1}[A] = \dfrac{R_0}{R_1} I [A]$,

   $I_2 = \dfrac{V}{R_2}[A] = \dfrac{R_0}{R_2} I [A]$

   $I = I_1 + I_2 [A]$ 이다.

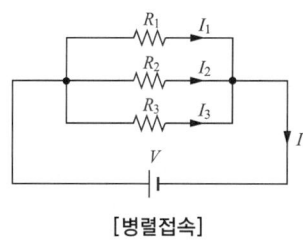

[병렬접속]

(3) 직·병렬접속

① 직·병렬회로 합성저항

병렬접속의 합성저항을 구한 뒤 직렬접속한 것으로 보고 직렬접속의 합성저항을 구한다.

② 합성저항은 $R_0 = R_1 + \dfrac{R_2 R_3}{R_2 + R_3}[\Omega]$

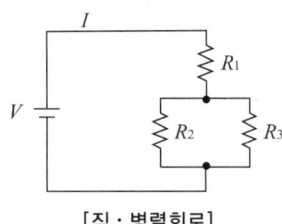

[직·병렬회로]

10년간 자주 출제된 문제

$2[\Omega]$의 저항 3개와 $6[\Omega]$의 저항 2개를 모두 직렬로 연결하였을 때 합성저항은?

① $6[\Omega]$
② $18[\Omega]$
③ $30[\Omega]$
④ $38[\Omega]$

|해설|

직렬접속의 합성저항
$R_T = R_1 + R_2 + R_3 [\Omega]$
$R_1 = R_2 = \cdots = R_n$ 일 때 $R_T = nR[\Omega]$
(n : 저항의 개수, R : 저항 하나의 값)
$R_T = 2 \times 3 + 6 \times 2 = 18[\Omega]$

정답 ②

핵심이론 03 | 전력, 전력량, 줄의 법칙

(1) 전력(Electric Power)

① 단위 시간에 얼마만큼 비율로 일을 하는지, 전력량을 소비하는가를 계산한다.

② 1초 동안 사용한 전력량이다(와트(Watt), [W]로 표시, 1[W] = 1[J/s]).

③ 일정시간(t[s]) 동안 W[J]의 일을 한 경우

$$P = \dfrac{W}{t} = \dfrac{VIt}{t} = VI = (IR)I$$
$$= I^2 R = V\left(\dfrac{V}{R}\right) = \dfrac{V^2}{R}[\text{W}]$$

(2) 전력량

① 열에너지(H[J])는 전원의 전기적인 에너지(W[J])에서 공급된 것이다.

② 전기적인 에너지(W[J])는 신호의 주기(T[sec]) 동안의 전력량(전기가 한 일)

③ 옴의 법칙 $V = IR$에서 $W = H = I^2 Rt = VIt$[J]

④ $P = VI = I^2 R = \dfrac{V^2}{R}[\text{W}]$

마력 : $1[\text{HP}] = 746[\text{W}] \fallingdotseq 0.75[\text{kW}]$

(3) 줄의 법칙(Joule's Law)

① 저항 ($R[\Omega]$)에 전류(I[A])가 t[sec] 동안 흘렀을 때 발생하는 열량 H[J]

$H = 0.24 I^2 Rt$[cal] (1[J] = 0.24[cal])

$H = cm(T - T_0)$[cal]

c : 비열

m : 질량[g]

T_0 : 상승 전의 온도[℃]

T : 상승 후의 온도[℃]

② 열에너지(H[J])

전류(I[A])가 저항(R[Ω])이 있는 도체에 일정시간 (t[sec]) 동안 흐를 때 발생($H = I^2Rt$[J])

③ 1[cal]는 4.186[J]이므로

$$H = \frac{I^2Rt}{4.186} ≒ 0.24I^2Rt \text{[cal]}$$

$$1\text{[kWh]} = 3.6 \times 10^6 \text{[J]} = \text{[W·sec]}$$

10년간 자주 출제된 문제

3-1. 전력에 대한 설명으로 옳은 것은?
① 전류에 의해서 단위 시간에 이루어지는 힘의 양을 말한다.
② 전류에 의해서 단위 시간에 이루어지는 열량의 양을 말한다.
③ 전류에 의해서 단위 시간에 이루어지는 전하의 양을 말한다.
④ 전류에 의해서 단위 시간에 이루어지는 일의 양, 즉 일의 공률을 말한다.

3-2. 100[Ω]의 저항에 10[A]의 전류를 1분간 흐르게 하였을 때의 발열량은?
① 35[kcal] ② 72[kcal]
③ 144[kcal] ④ 288[kcal]

|해설|

3-1
전력이란 단위 시간 동안에 전기가 한 일의 양이다.

3-2
저항(R[Ω])에 전류(I[A])가 t[sec] 동안 흘렀을 때 발생하는 열량 H[J]은
$H = 0.24 I^2 Rt$[cal](1[J] = 0.24[cal])
$= 0.24 \times 10^2 \times 100 \times 60$
$= 144,000$[cal]
$= 144$[kcal]

정답 3-1 ④ 3-2 ③

핵심이론 04 | 회로망 해석의 정리, 응용

(1) 중첩의 원리
2개 이상의 전원을 가진 회로에서 어떤 지점의 전압이나 전류는 그 지점의 전압이나 전류의 합과 같다.

(2) 키르히호프의 법칙

① 키르히호프의 제1법칙(전류법칙)

회로의 접속점(Node)에서 볼 때, 접속점에 흘러 들어오는 전류의 합은 흘러 나가는 전류의 합과 같다.

∑ 유입전류 = ∑ 유출전류

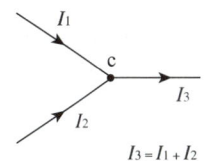

[키르히호프의 제1법칙]

② 키르히호프의 제2법칙(전압법칙)

회로망 중의 임의의 폐회로 내에서 일주 방향에 따른 전압강하의 합은 기전력의 합과 같다.

∑ 기전력 = ∑ 전압강하

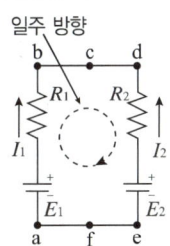

[키르히호프의 제2법칙]

$$E_1 - E_2 = R_1 I_1 - R_2 I_2$$

10년간 자주 출제된 문제

다음 설명과 가장 관련 깊은 것은?

"한 폐회로 내에서 전압상승과 전압강하의 대수합은 영이다."

① 테브냉의 정리
② 노턴의 정리
③ 키르히호프의 법칙
④ 패러데이의 법칙

|해설|

키르히호프의 법칙
- 키르히호프의 제1법칙 : 회로의 접속점(Node)에서 볼 때, 접속점에 흘러 들어오는 전류의 합은 흘러 나가는 전류의 합과 같다(∑유입전류 = ∑유출전류).
- 키르히호프의 제2법칙 : 임의의 폐회로에서 기전력의 총 합은 회로 소자에서 발생하는 전압강하의 총 합과 같다(∑기전력 = ∑전압강하).

정답 ③

1-2. 교류회로

핵심이론 01 교류회로 해석 및 표시법, 계산의 기초

(1) 사인파 교류

① 교류는 크기와 방향이 시간의 흐름에 따라 변하며 사인파 교류가 기본 파형이다.

② 순시값 : $v = V_m \sin\theta [V] = V_m \sin\omega t [V]$
  v : 코일에 발생하는 전압[V]
  θ : 자기 중심축과 코일이 이루는 각도 $\theta = \omega t [rad]$

③ 실횻값(Effective Value)
  ㉠ 교류와 같은 일을 하는 직류의 값으로 표현한다.
  ㉡ 사인파 전류에서 최댓값($I_m[A]$)의 약 0.707배이다.
  ㉢ $I = \dfrac{I_m}{\sqrt{2}} \fallingdotseq 0.707 I_m [A]$,
  $v = V_m \sin\omega t = \sqrt{2} V \sin\omega t [V]$

④ 평균값 : 1주기 동안의 평균으로 사인파의 경우 대칭으로 1주기의 평균은 0이다.

⑤ 사인파 : $\dfrac{1}{2}$ 주기의 평균으로 평균값을 구한다.
  평균값 $V_a = \dfrac{2}{\pi} V_m \fallingdotseq 0.637 V_m [V]$

⑥ 사인파 교류의 실횻값 : 평균값의 1.11배

⑦ 최댓값 : 순시값 중에서 가장 큰 값(V_m, I_m)

⑧ 피크-피크 값(Peak-to-peak Value) : 양(+)의 최댓값과 음(-)의 최댓값 사이의 값(V_{pp}, I_{pp})

(2) 주파수, 주기, 위상차

① 주파수(Frequency)
  ㉠ 1초 동안에 발생하는 사이클의 수[Hz]
  ㉡ $f = \dfrac{1}{T}[Hz]$, 여기서 T : 주기[sec]

② 주기(Period)
  ㉠ 1[Hz] 동안 걸리는 시간
  ㉡ $T = \dfrac{1}{f}[sec]$

③ 위상각(θ) : $v = V_m \sin(\omega t + \theta)[\mathrm{V}]$에서 θ를 위상 또는 위상각이라 한다.

④ 위상차(ϕ) : 앞선 위상(ϕ_1)에서 뒤진 위상(ϕ_2)의 상대적인 위치의 차이이다.

⑤ 각속도(ω) : 1초 동안에 회전한 각도로
$$\omega = 2\pi f [\mathrm{rad/sec}]$$

(3) 평균값, 실횻값

① 평균값(V_a, I_a) : 교류의 (+) 또는 (−)의 반주기의 순시값의 평균값
$$V_a = \frac{2}{\pi} V_m \fallingdotseq 0.637 V_m$$

② 실횻값(V, I) : 저항에 직류를 가했을 때와 교류를 가했을 때의 전력량이 각각 같았을 때
$$실횻값 = \sqrt{\frac{1}{T}\int_0^T (순시값)^2 dt}$$
$$V = \frac{V_m}{\sqrt{2}} \fallingdotseq 0.707 V_m$$

(4) 파형률과 파고율

① 파형률 $= \dfrac{실횻값}{평균값} = \dfrac{0.707 V_m}{0.637 V_m} \fallingdotseq 1.11$

② 파고율 $= \dfrac{최댓값}{실횻값} = \dfrac{V_m}{0.707 V_m} \fallingdotseq 1.414$

10년간 자주 출제된 문제

1-1. 가정용 전등선의 전압이 실횻값으로 100[V]일 때 이 교류의 최댓값은?

① 약 110[V]
② 약 121[V]
③ 약 130[V]
④ 약 141[V]

1-2. 펄스폭이 0.2초, 반복주기가 0.5초일 때 펄스의 반복 주파수는 몇 [Hz]인가?

① 0.5[Hz]
② 1[Hz]
③ 2[Hz]
④ 4[Hz]

|해설|

1-1

실횻값 $V = \dfrac{V_m}{\sqrt{2}}$

최댓값 $V_m = \sqrt{2} \cdot 100[\mathrm{V}] \fallingdotseq 141[\mathrm{V}]$

1-2

$f = \dfrac{1}{T}[\mathrm{Hz}]$ (T : 주기[sec])

$f = \dfrac{1}{0.5} = 2[\mathrm{Hz}]$

정답 1-1 ④ 1-2 ③

제2절 전원회로의 기본

2-1. 전원회로

핵심이론 01 정류회로

(1) 정류회로의 특성

① 전압 변동률
  ㉠ 부하 전류의 변화에 따른 직류 출력 전압의 변화 정도이다.
  ㉡ $\varepsilon = \dfrac{V - V_0}{V_0} \times 100[\%]$

   V : 무부하 시 직류 전압
   V_0 : 전부하 시 직류 전압

② 맥동률
  ㉠ 직류(전압) 전류 속에 포함되는 교류 성분의 정도이다.
  ㉡ $\gamma = \dfrac{\text{출력파형에 포함된 교류분의 실횻값}}{\text{출력파형의 평균값(직류성분)}}$

  ∴ $\gamma = \dfrac{\Delta V}{V_d} \times 100[\%]$

[정류 방식에 따른 맥동률, 맥동주파수]

정류방식	맥동률	맥동주파수
단상 반파정류	121[%]	60[Hz]
단상 전파정류	48[%]	120[Hz]
3상 반파정류	19[%]	180[Hz]
3상 전파정류	4.2[%]	360[Hz]

③ 정류 효율
  ㉠ 직류 출력 전력에 대한 교류 입력 전력의 비이다.
  ㉡ $\eta = \dfrac{\text{부하에 전달되는 직류출력전력}}{\text{교류입력전력}} \times 100[\%]$

10년간 자주 출제된 문제

1-1. 다음 중 맥동률이 가장 작은 정류방식은?
① 단상 전파정류 ② 3상 전파정류
③ 단상 반파정류 ④ 3상 반파정류

1-2. 정류회로에서 직류전압이 100[V]이고 리플전압이 0.2[V]이었다. 이 회로의 맥동률은 몇 [%]인가?
① 0.2[%] ② 0.3[%]
③ 0.5[%] ④ 0.8[%]

|해설|

1-1
맥동률 : 직류(전압) 전류 속에 포함되는 교류 성분의 정도

정류방식	맥동률
단상 반파정류	121[%]
단상 전파정류	48[%]
3상 반파정류	19[%]
3상 전파정류	4.2[%]

1-2
$\gamma = \dfrac{\text{출력파형에 포함된 교류분의 실횻값}}{\text{출력파형의 평균값(직류성분)}}$

∴ $\gamma = \dfrac{\Delta V}{V_d} \times 100 = \dfrac{0.2}{100} \times 100 = 0.2[\%]$

정답 1-1 ② 1-2 ①

핵심이론 02 | 반파, 전파, 브리지 정류회로

(1) 반파 정류회로

① 전류 파형의 직류 성분 또는 평균값 $I_{dc} = \dfrac{I_m}{\pi}$

② 정류 전류

$i = \dfrac{V_m}{r_p + R_L} \sin\omega t$ (단, r_p : D의 순방향 저항)

③ 최댓값 $I_m = \dfrac{V_m}{r_p + R_L}$

④ 전류 파형의 실횻값 $I_{rms} = \dfrac{I_m}{2}$

⑤ 맥동률 $\gamma = \sqrt{F^2 - 1} = 1.21$

⑥ 정류기의 효율 $\eta = \dfrac{40.6}{\left(1 + \dfrac{r_p}{R_L}\right)}[\%]$

⑦ 반파 정류회로의 최대 효율은 40.6[%]이다.

⑧ 맥동률 : 1.21(전류의 평균값에 대한 실횻값의 비 F = 1.57이다(F : 파형률))

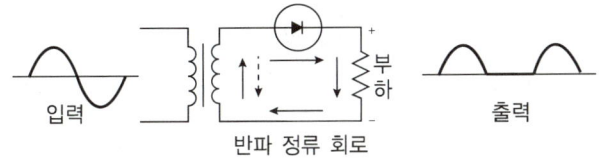

반파 정류 회로

(2) 전파 정류회로

① 평균값 $I_{dc} = \dfrac{2I_m}{\pi} = \dfrac{2V_m}{\pi(r_p + R_L)^2}$

② 전파 정류의 평균값 또는 직류값 $I_{dc} = \dfrac{2I_m}{\pi}$

③ 전류 파형의 실횻값 $I_{rms} = \dfrac{I_m}{\sqrt{2}}$

④ 맥동률 $\gamma = \sqrt{F^2 - 1} = 0.482$

⑤ 정류기의 효율 $\eta = \dfrac{81.2}{1 + \dfrac{r_p}{R_L}}[\%]$

⑥ 정류 효율은 반파 정류회로의 2배이며, 이론적으로 최대 81.2[%]이다.

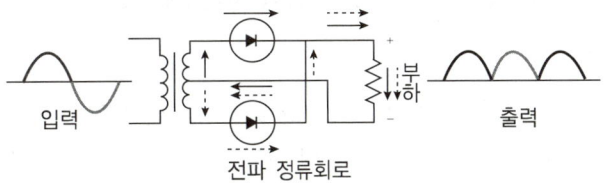

전파 정류회로

(3) 브리지 정류회로

① 전파 정류회로의 일종으로, 다이오드 4개를 브리지 모양으로 접속하여 정류하는 회로이다. 중간 탭이 있는 트랜스를 사용하지 않아도 된다.

② 장점 : 소형 변압기를 사용할 수 있고 각 다이오드의 최대 역전압비는 작다(전파 전류회로의 1/2이다). 고압 정류회로에 적합하다.

③ 단점 : 정류 효율이 낮고, 많은 다이오드가 필요하므로 값이 비싸다.

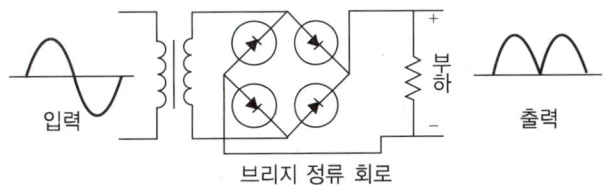

브리지 정류 회로

10년간 자주 출제된 문제

단상 전파정류회로의 이론상 최대 정류 효율은?

① 12.1[%] ② 40.6[%]
③ 48.2[%] ④ 81.2[%]

|해설|

정류 효율은 반파 정류회로의 2배이며, 이론적으로 최대 81.2[%]이다.

정답 ④

2-2. 평활회로

핵심이론 01 | 유도성, 용량성 평활회로, 인덕턴스

(1) 유도성 평활회로

① 초크 입력 여파기 : 초크 코일(Choke Coil)에 흐르는 전류가 급격히 변화할 때, 이 전류의 반대 방향으로 저지하는 힘에 의해 부하 전류가 평탄하게 된다.

② 맥동률은 인덕턴스에 반비례하며, 부하 저항 R_L이 적을수록, 즉 부하 전류가 클수록 맥동률은 작아진다.

(2) 용량성(콘덴서) 평활회로

① 맥동률 $\gamma = \dfrac{T}{2\sqrt{3}\,R_L C} = 1.21$

전류 파형의 직류 성분 또는 평균값 $I_{dc} = \dfrac{I_m}{\pi}$

② 맥동률은 인덕턴스에 반비례하며, 부하 저항 R_L 또는 콘덴서 C가 증가할수록 감소되므로 용량이 큰 콘덴서는 맥동률을 낮게 하는 데 사용된다.

③ 콘덴서 연결

㉠ 직렬연결 : 콘덴서의 직렬 접속 합성정전용량
$$C = \dfrac{Q}{V} = \dfrac{1}{\dfrac{1}{C_1} + \dfrac{1}{C_2} + \dfrac{1}{C_3}}[\text{F}]$$

㉡ 병렬연결 : 콘덴서의 병렬 접속 합성정전용량
$$C = \dfrac{Q}{V} = C_1 + C_2 + C_3\,[\text{F}]$$

④ 콘덴서 용량을 증가시키는 방법

㉠ 서로 마주 보는 면적(A)이 넓도록 한다.
㉡ 극판 간격(l)을 작게 한다.
㉢ 적층형이나 두루마리형으로 만든다.
㉣ 콘덴서 소자를 병렬로 연결한다.
㉤ 극판 간에 넣는 유전체를 비유전율(ε_r)이 큰 것으로 한다.

(3) 정류기의 평활회로

평활회로는 정류 회로에 접속하여 정류 전류 중의 맥동분을 경감하는 작용을 하는 회로로 저역 통과 여파기를 사용한다.

(4) 인덕턴스(Inductance)

① 인덕턴스 : 코일에 전류가 흐르면 자속을 만들고 자기 에너지를 축적하는 양이다.

㉠ 자체 인덕턴스 $L = \dfrac{N\phi}{I}[\text{H}]$

㉡ 상호 인덕턴스 $K = \dfrac{M}{\sqrt{L_1 L_2}}$ (단, $0 \leq K \leq 1$),
$M = K\sqrt{L_1 \cdot L_2}\,[\text{H}]$

② 인덕턴스의 접속

접속 방법	회로도	합성 인덕턴스
가동 접속 : 동일한 방향으로 접속	(회로도)	$L_0 = L_1 + L_2 + 2M[\text{H}]$
차동 접속 : 반대 방향으로 접속	(회로도)	$L_0 = L_1 + L_2 - 2M[\text{H}]$

③ 전자에너지

㉠ 코일에 전류가 흐르면 코일 주위에 자기장을 발생시켜 전자에너지를 저장한다.

㉡ $W = L\dfrac{I}{T} \times \dfrac{I}{2} \times T = \dfrac{1}{2}LI^2[\text{J}]$

10년간 자주 출제된 문제

1-1. 정류기의 평활회로는 어느 것에 속하는가?
① 고역 통과 여파기
② 대역 통과 여파기
③ 저역 통과 여파기
④ 대역 소거 여파기

1-2. 자체 인덕턴스가 10[H]인 코일에 1[A]의 전류가 흐를 때 저장되는 에너지는?
① 1[J]   ② 5[J]
③ 10[J] ④ 20[J]

|해설|

1-1
정류기의 평활회로
평활회로는 정류회로에 접속하여 정류 전류 중의 맥동분을 경감하는 작용을 하는 회로로 저역 통과 여파기를 사용한다.

1-2
전자에너지
• 코일에 전류가 흐르면 코일 주위에 자기장을 발생시켜 전자에너지를 저장
• $W = L\dfrac{I}{T} \times \dfrac{I}{2} \times T = \dfrac{1}{2}LI^2[J] = \dfrac{1}{2} \times 10 \times 1^2 = 5[J]$

정답 1-1 ③ 1-2 ②

제3절 각종 증폭회로

3-1. 증폭회로

핵심이론 01 각종 증폭회로

(1) 베이스 접지(고정 바이어스)

① 동작점이 온도에 따라 변동되고 안정도가 나쁜 결점이 있고, 회로의 구성은 간단하지만 현재는 거의 사용하지 않는다.

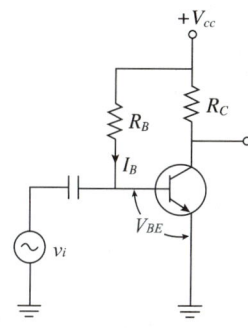

[고정 바이어스]

② 컬렉터 전류 : $I_C = \beta I_B + (1+\beta)I$

③ 베이스 전류 : $I_B = \dfrac{V_{CC} - V_{BE}}{R_B}$

 (단, $V_{BE} \simeq 0.3V(\geq), 0.7V(Si)$)

④ 안정 계수 : $S = \dfrac{\triangle I_C}{\triangle I_{C0}} = (1+\beta)$

⑤ 안정 계수(S) : 바이어스 회로의 안정화 정도로 S가 작을수록 안정도가 좋다.

(2) 이미터 접지(전류 궤환 바이어스)

① 온도 변화에 따른 안정을 기하기 위해 R_E에 의한 전류 되먹임이 되도록 한 것으로 증폭기 동작이 안정하여 널리 쓰인다.

② 회로의 안정 계수

$$S = \frac{(1+\beta)\left(\frac{R_1 R_2}{R_1 + R_2} + R_E\right)}{\frac{R_1 R_2}{R_1 + R_2} + (1+\beta)R_E} = (1+\beta)\frac{1-\alpha}{1+\beta+\alpha}$$

③ α가 작아지면 S가 거의 β에 관계없이 되며, R_E가 클수록, $\frac{R_1 R_2}{R_1 + R_2}$가 작을수록 동작점은 안정된다.

(3) 컬렉터-베이스 접지(전압 되먹임(궤환) 바이어스)

① 컬렉터-베이스 바이어스라고도 하며 온도 상승으로 인한 컬렉터의 전류 증가를 상쇄시키기 위하여 컬렉터와 베이스 사이에 R_F를 접속하여 전압 되먹임이 되도록 하였다.

② $V_{CC} = (I_C + I_B)R_C + R_F I_B + V_{BE} + R_E(I_C + I_B)$

$$S = \frac{\Delta I_C}{\Delta I_{C0}} = \frac{(1+\beta)(R_C + R_F + R_E)}{R_F + (1+\beta)R_C + (1+\beta)R_E}$$

(4) 진폭 일그러짐

① 트랜지스터에서 입력 전압의 과대, 동작점의 부적당에 의해 동작 범위가 특성 곡선의 비직선 부분을 포함하기 때문에 발생하는 일그러짐이다.

② 왜 율

왜파가 정현파에 비해서 어느 정도 일그러져 있는가를 나타내는 것. 왜율 k는 기본파에 대하여 고조파가 포함되어 있는 비율에 따라서 다음 식과 같이 정한다.

$$k = \frac{\sqrt{A_2^2 + A_3^2}}{A_1} \times 100[\%]$$

- A_1 : 기본파의 전압 또는 전류의 실횻값
- A_2 : 제2고조파의 전압 또는 전류의 실횻값
- A_3 : 제3고조파의 전압 또는 전류의 실횻값

(5) 주파수 일그러짐

주파수에 따른 증폭도가 달라 발생하는 일그러짐으로 증폭 회로 내에 포함된 L, C 소자의 리액턴스가 주파수에 따라 달라진다.

(6) 위상 일그러짐

입력 전압에 포함된 다른 주파수 사이의 위상 관계가 출력에서 다르게 나타나서 발생하는 일그러짐이다.

(7) 잡음 특성

① **진공관 잡음** : 산탄 잡음과 플리커 잡음이 있다.

② **트랜지스터 잡음** : 진공관 잡음보다 크며, 주파수가 높아지면 감소하는 경향이 있다.

③ **열 잡음**(잡음 전압의 실횻값 : $e = 2\sqrt{KTBR}\,[\text{V}]$)

K : 볼츠만 상수($1.38 \times 10^{23}[\text{J/K}]$)

T : 절대온도$[\text{K}]\,(273 + t[\text{℃}])$

B : 주파수대역폭$[\text{Hz}]$

R : 저항$[\Omega]$

④ **잡음 지수**(F)

$$= \frac{\text{입력에서의 신호 전압}(S_i)\text{과 잡음 전압}(N_i)\text{의 비}}{\text{출력에서의 신호 전압}(S_o)\text{과 잡음 전압}(N_o)\text{의 비}}$$

※ 잡음 지수(F)가 1이 되는 것이 이상적이다.

10년간 자주 출제된 문제

1-1. 다음 회로에서 베이스전류 I_B는?(단 V_{CC} = 6[V], V_{BE} = 0.6[V], R_C = 2[kΩ], R_B = 100[kΩ]이다)

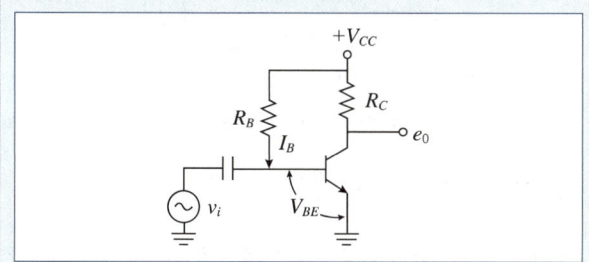

① 27[μA]   ② 36[μA]
③ 54[μA]   ④ 60[μA]

1-2. 증폭기의 잡음 지수가 어떤 값을 가질 때 가장 이상적인가?

① 0   ② 1
③ 100   ④ 무한대

1-3. 저주파 증폭기의 출력 기본파 전압이 50[V], 제2고조파 전압이 4[V], 제3고조파 전압이 3[V]인 경우 왜율은 몇 [%]인가?

① 5[%]   ② 10[%]
③ 15[%]   ④ 20[%]

|해설|

1-1
베이스 전류
$$I_B = \frac{V_{CC} - V_{BE}}{R_B} = \frac{6-0.6}{100} = 0.054[\text{mA}] = 54[\mu\text{A}]$$

1-2
잡음 지수(F)가 1이 되는 것이 이상적이다.

1-3
왜 율
왜파가 정현파에 비해서 어느 정도 일그러져 있는가를 나타내는 것이다. 왜율 k는 기본파에 대하여 고조파가 포함되어 있는 비율에 따라서 다음 식과 같이 정한다.
$$k = \frac{\sqrt{A_2^2 + A_3^2}}{A_1} \times 100[\%]$$

- A_1 : 기본파의 전압 또는 전류의 실횻값
- A_2 : 제2고조파의 전압 또는 전류의 실횻값
- A_3 : 제3고조파의 전압 또는 전류의 실횻값

왜율 $k = \frac{\sqrt{A_2^2 + A_3^2}}{A_1} \times 100 = \frac{\sqrt{4^2 + 3^2}}{50} \times 100 = 10[\%]$

정답 1-1 ③   1-2 ②   1-3 ②

핵심이론 02 | 연산증폭회로

(1) 증폭도

① 트랜지스터 증폭회로의 증폭도는 출력 신호에 대한 입력 신호의 비로 [dB]로 표시하며, 이를 대수화하는 것이 이득이다.

$$G = 20\log_{10}A \,[\text{dB}]$$

② 증폭도 : $A_p = \dfrac{\text{출력 신호 전력}(P_o)}{\text{입력 신호 전력}(P_i)}$

※ 다단 직렬 증폭기의 종합 증폭도

$$A_o = A_1 \cdot A_2 \cdot A_3 \cdots A_n \,[\text{배}]$$

③ 이득 : $G = 10\log_{10}A_p \,[\text{dB}]$ (A_p : 전력증폭도)

$G = 20\log_{10}A_v \,[\text{dB}]$ (A_v : 전압증폭도)

$G = 20\log_{10}A_i \,[\text{dB}]$ (A_i : 전류증폭도)

※ 다단 직렬 증폭기의 종합 이득 :

$$G_0 = G_1 + G_2 + G_3 \cdots + G_n \,[\text{dB}]$$

④ 증폭기 효율 $\eta = \dfrac{\text{교류출력}(P_o)}{\text{교류입력}(P_i)} \times 100 \,[\%]$

> **더 알아보기**
> 증폭기의 효율
> - A급 : 50[%]
> - B급 : 78.5[%] 이하
> - AB급 : 70[%] 이상
> - C급 : 78.5[%] 이상

(2) 되먹임(Feedback) 증폭 회로

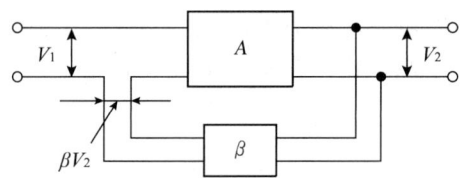

[되먹임 증폭의 계통도]

① 되먹임 증폭도 $A_f = \dfrac{V_2}{V_1} = \dfrac{A}{1+A\beta}$

- A : 되먹임이 없을 때의 증폭도
- β : 되먹임계수

② β가 양수이면 $A_f > A$로 양되먹임, 음수이면 $A_f < A$가 되어 음되먹임이 된다.

③ $|1-A\beta| > 1$일 때 $A_f < A$: 부궤환(음되먹임)

$|1-A\beta| < 1$일 때 $A_f > A$: 정궤환(양되먹임)

$|A\beta| = 1$일 때 $A_f = \infty$: 발진한다.

④ 증폭도와 내부 잡음, 파형 일그러짐이 감소한다.

⑤ 주파수 특성이 개선되며, 대역폭이 넓어진다.

⑥ 회로 동작이 안정되며, 임피던스가 변화한다.

(3) 전압 궤환회로

① 출력 전압의 일부 또는 전부를 입력 쪽으로 되먹임하는 방식으로, 병렬 궤환이라고도 한다.

② 되먹임 전압 : $V_f = \dfrac{R_1}{R_1+R_2} V_o$

③ 되먹임 계수 : $\beta = \dfrac{V_f}{V_o} = \dfrac{R_1}{R_1+R_2}$

④ 전압 증폭도 : $A_f \fallingdotseq \dfrac{1}{\beta} = \dfrac{R_1+R_2}{R_1}$

⑤ 임피던스 : 입력 임피던스는 높아지고, 출력 임피던스는 낮아진다.

(4) 전류 궤환회로

① 출력 전류의 일부 또는 전부를 입력 쪽으로 되먹임하는 방식이다.

② 되먹임 계수 $\beta = \dfrac{I_f}{I_o} = \dfrac{R_{e2}}{R_{e2}+R'}$

③ 전류 증폭도 $A_{if} \approx \dfrac{1}{\beta} = \dfrac{R_{e2}+R'}{R_{e2}}$

④ 임피던스 : 입력 임피던스는 낮아지고, 출력 임피던스는 높아진다.

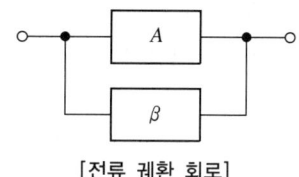

[전류 궤환 회로]

(5) 부궤환증폭기(Negative Feedback Amplifier)

① 출력 일부를 역상으로 입력에 되돌려 비교함으로써 출력을 제어할 수 있게 한 증폭기이다.

② 부궤환증폭기 기본구성

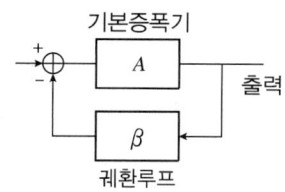

$A_f = \dfrac{A}{1+A\beta}$

A_f : 폐쇄루프이득(Closed-loop Gain) 또는 전체이득

A : 개방루프이득(Open-loop Gain)

β : 궤환율(Feedback Factor)

$A\beta$: 루프이득(Loop Gain)

$1+A\beta$: 궤환량(Amount of Feedback)

③ 부궤환증폭기의 특징

㉠ 주파수 특성이 양호하고 안정도가 좋다.

㉡ 부하의 변동이나 전원 전압의 변동에 증폭도가 안정하다.

㉢ 증폭 회로 내부에서 발생 출력에 나타나는 잡음과 왜곡은 $\dfrac{A_0}{1+\beta A_0}$ 로 감소한다.

㉣ 입력 임피던스는 증가하고 출력 임피던스는 낮아진다.

㉤ 대역폭을 넓힐 수 있다.

㉥ 이득이 다소 저하된다.

10년간 자주 출제된 문제

2-1. 어떤 증폭기에서 입력전압이 1[mV]일 때 출력전압이 1[V]이었다면 이 증폭기의 전압이득은?

① 20[dB]　　② 40[dB]
③ 60[dB]　　④ 80[dB]

2-2. 어떤 증폭기에서 궤환이 없을 때 이득이 100이다. 궤환율 0.01의 부궤환을 걸면 이 증폭기의 이득은?

① 15　　② 20
③ 25　　④ 50

2-3. 저주파 증폭기에서 음되먹임을 걸면 되먹임을 걸지 않을 때에 비하여 어떻게 되는가?

① 전압이득이 커진다.
② 주파수 통과대역이 좁아진다.
③ 주파수 통과대역이 넓어진다.
④ 파형이 일그러진다.

|해설|

2-1

$G = 20\log_{10} A_v [dB] = 20\log_{10} \dfrac{1}{1 \times 10^{-3}} = 20\log_{10} 10^3 = 20 \times 3$
$= 60[dB]$

2-2

되먹임 증폭도 $A_f = \dfrac{V_2}{V_1} = \dfrac{A}{1+A\beta} = \dfrac{100}{1+(100 \times 0.01)} = 50$

2-3

저주파 증폭기의 부궤환 특징
- 주파수 특성이 양호하고 안정도가 좋다.
- 부하의 변동이나 전원 전압의 변동에도 증폭도가 안정하다.
- 증폭 회로 내부에서 발생 출력에 나타나는 잡음과 왜곡은 $\dfrac{A_0}{1+\beta A_0}$ 로 감소한다.
- 입력 임피던스는 증가하고 출력 임피던스는 낮아진다.
- 대역폭을 넓힐 수 있다.
- 이득이 다소 저하된다.

정답 2-1 ③　2-2 ④　2-3 ③

핵심이론 03 | 연산증폭기의 특성

(1) 연산증폭기의 특성

① 특 성

직류로부터 특정한 주파수 범위 사이에서 되먹임 증폭기를 이용하여 일정한 연산을 할 수 있도록 한 직류 증폭기이다.

② 이상적인 연산증폭기의 특성
　㉠ 전압 이득 A_v가 무한대이다($A_v = \infty$).
　㉡ 입력 저항 R_i이 무한대이다($R_i = \infty$).
　㉢ 출력 저항 R_0이 0이고($R_0 = 0$), 오프셋(Offset)이 0이다.
　㉣ 대역폭이 무한대($BW = \infty$)이고, 지연 응답(Response Delay) = 0이다.

③ 연산증폭기의 정확도를 높이기 위한 조건
　㉠ 큰 증폭도와 좋은 안정도가 필요하다.
　㉡ 많은 양의 음되먹임을 안정하게 걸 수 있어야 한다.
　㉢ 좋은 차단 특성을 가져야 한다.
　㉣ 특정 주파수에서 주파수 보상회로를 사용한다.

④ 연산증폭기의 구성
　㉠ 직렬 차동증폭기를 사용하여 구성한다.
　㉡ 되먹임에 대한 안정도를 높이기 위해 특정 주파수에서 주파수 보상 회로를 사용한다.

(2) 연산증폭기 입력 오프셋 전압(Input Offset Current Drift)

이상적인 OP-AMP는 입력에 0[V]가 인가되면 출력에 0[V]가 나온다. 그러나 실제의 OP-AMP는 입력이 인가되지 않아도 출력에 직류 전압이 나타난다. 차동출력을 0[V]가 되도록 하기 위하여 입력 단자 사이에 걸어주는 전압이다.

(3) 푸시풀 증폭회로의 특징

① 동작점을 차단점(0바이어스) 부근에 잡아 출력을 크

게 할 수 있다.
② 효율은 비교적 높다(B급의 경우 효율은 78.5[%]이나 실제로는 50~60[%] 정도이다).
③ B급 푸시풀에서는 직류 바이어스 전류가 매우 작아도 되고 입력이 없을 때 컬렉터 손실이 작아 큰 출력을 낼 수 있다.
④ 짝수(우수) 고조파 성분이 상쇄되므로 출력 증폭단에 많이 쓰인다.
⑤ 출력의 일그러짐이 없으나, 특유의 크로스 오버(Cross Over) 일그러짐이 발생한다.
⑥ 전원의 험(Hum)이 출력측에 나타나지 않는다.

10년간 자주 출제된 문제

3-1. 이상적인 연산증폭기의 특징에 대한 설명으로 틀린 것은?
① 주파수 대역폭이 무한대이다.
② 입력 임피던스가 무한대이다.
③ 오픈 루프 전압이득이 무한대이다.
④ 온도에 대한 드리프트(Drift)의 영향이 크다.

3-2. 연산증폭기의 입력 오프셋 전압에 대한 설명으로 가장 적합한 것은?
① 차동출력을 0[V]가 되도록 하기 위하여 입력단자 사이에 걸어주는 전압이다.
② 출력전압이 무한대가 되게 하기 위하여 입력단자 사이에 걸어주는 전압이다.
③ 출력전압과 입력전압이 같게 될 때의 증폭기의 입력전압이다.
④ 두 입력단자가 접지되었을 때 출력단자 사이에 나타나는 직류전압의 차이다.

3-3. 연산증폭기의 설명 중 옳지 않은 것은?
① 직렬 차동증폭기를 사용하여 구성한다.
② 연산의 정확도를 높이기 위해 낮은 증폭도가 필요하다.
③ 차동증폭기에서 TR특성의 불일치로 출력에 드리프트가 생긴다.
④ 직류에서 특정 주파수 사이의 되먹임 증폭기를 구성, 일정한 연산을 할 수 있도록 한 직류 증폭기이다.

|해설|

3-1
이상적인 연산증폭기의 특징
• 전압 이득 A_v가 무한대이다($A_v = \infty$).
• 입력 저항 R_i이 무한대이다($R_i = \infty$).
• 출력 저항 R_0이 0이고($R_0 = 0$), 오프셋(Offset)이 0이다.
• 대역폭이 무한대($BW = \infty$)이고, 지연 응답(Response Delay) = 0이다.

3-2
연산증폭기 입력 오프셋 전압(Input Offset Current Drift)
이상적인 OP-AMP는 입력에 0[V]가 인가되면 출력에 0[V]가 나온다. 그러나 실제의 OP-AMP는 입력이 인가되지 않아도 출력에 직류 전압이 나타난다. 차동출력을 0[V]가 되도록 하기 위하여 입력단자 사이에 걸어주는 전압이다.

3-3
연산증폭기의 정확도를 높이기 위한 조건
• 큰 증폭도와 좋은 안정도가 필요하다.
• 많은 양의 음되먹임을 안정하게 걸 수 있어야 한다.
• 좋은 차단 특성을 가져야 한다.

정답 3-1 ④ 3-2 ① 3-3 ②

핵심이론 04 | 적분회로, 미분회로, 차동증폭기

(1) 적분회로

① $V_o = -\dfrac{Z_f}{Z_i} = -\dfrac{\left(\dfrac{1}{j\omega C}\right)}{R_1} V_i = -\dfrac{1}{RC}\int V_i dt$

② 출력 전압이 입력 전압의 적분값에 비례한다.

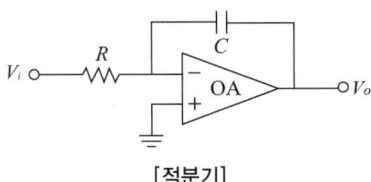

[적분기]

(2) 미분회로

① $V_o = -\dfrac{Z_f}{Z_1} V_i = -\dfrac{R}{\left(\dfrac{1}{j\omega C}\right)} V_i = -CR\dfrac{d}{dt} V_i$

② 출력 전압이 입력 전압의 미분값에 비례한다.

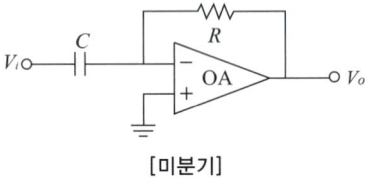

[미분기]

(3) 차동증폭기(Differential Amplifier)

① 2개의 입력 단자에 가해진 2개의 신호차를 증폭하여 출력하는 회로이다.

② 동위상 신호 제거비(CMRR ; Common Mode Rejection Ratio)

  ㉠ $\text{CMRR} = \dfrac{\text{차동 이득}}{\text{동위상 이득}}$

  ㉡ 동위상 신호 제거비가 클수록 우수한 차동 특성을 나타낸다.

③ 차동증폭회로의 특징

  ㉠ 직류 증폭이 가능하며 직선성이 좋다.
  ㉡ 온도에 대하여 안정하다.
  ㉢ 전원 전압의 변동에도 안정하다.

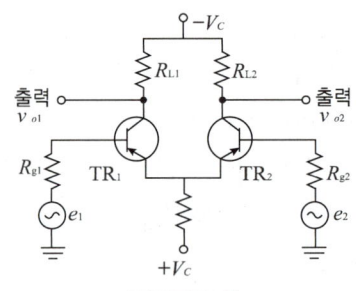

[차동증폭기]

10년간 자주 출제된 문제

4-1. 그림과 같은 회로의 명칭은?

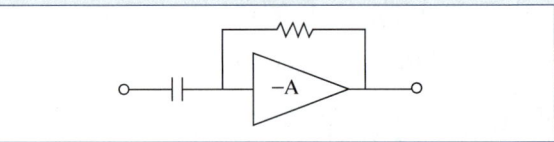

① 슈미트 트리거 회로 ② 미분회로
③ 적분회로 ④ 비교회로

4-2. 차동증폭기의 동상신호제거비(CMRR)에 대한 설명으로 가장 적합한 것은?

① CMRR이 클수록 차동증폭기 성능이 좋다.
② 동상신호이득이 클수록 CMRR이 증대한다.
③ 차동신호이득이 작을수록 CMRR이 증대한다.
④ CMRR이 크면 차동증폭기의 잡음 출력이 크다.

|해설|

4-1
출력 전압이 입력 전압의 미분값에 비례한다.

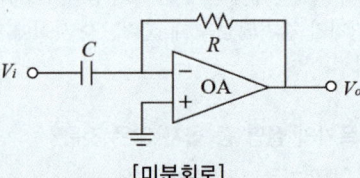

[미분회로]

4-2
$\text{CMRR} = \dfrac{\text{차동 이득}}{\text{동위상 이득}}$

동상신호제거비(CMRR)가 클수록 우수한 차동 특성을 나타낸다.

정답 4-1 ② 4-2 ①

제4절 발진 및 펄스회로

4-1. 발진 및 변·복조회로

핵심이론 01 수정발진회로

(1) 수정발진회로

① 진동자의 직렬 공진 주파수 : $f_0 = \dfrac{1}{2\pi\sqrt{L_0 C_0}}\,[\mathrm{Hz}]$

② 병렬 공진 주파수 : $f_\infty = \dfrac{1}{2\pi\sqrt{L\left(\dfrac{C_1 \cdot C_0}{C_1 + C_0}\right)}}\,[\mathrm{Hz}]$

③ 압전 현상을 이용한 것으로 직렬 공진 주파수(f_0)와 병렬 공진 주파수(f_∞) 사이에는 주파수의 범위가 대단히 좁으며 이 사이의 유도성을 이용하여 안정된 발진을 한다($f_0 < f < f_\infty$).

(2) 수정발진회로의 특징

① 수정 진동자의 Q가 높아 보통 1,000~10,000 정도이고 안정도가 높다(10^{-5} 정도).
② 압전효과가 있다.
③ 발진 주파수는 수정편의 두께에 반비례한다.
④ 수정 진동자는 기계적, 물리적으로 강하다.
⑤ 발진 조건을 만족하는 유도성 주파수 범위가 매우 좁다.
⑥ 수정편에 항온조 등을 이용하므로 주위 온도의 영향이 적다.

(3) 수정발진회로의 종류

① 피어스 BE(Pierce B-E)발진기
　㉠ 수정 진동자가 이미터와 베이스 사이에 존재한다.
　㉡ 하틀리 발진회로와 유사하다.
　㉢ CE에 의한 궤환형 발진회로이다.
　㉣ 공진 주파수를 발진 주파수보다 높게 하여 유도성이 되도록 조정한다.

② 피어스 BC(Pierce B-C)발진기
　㉠ 수정 진동자가 컬렉터와 베이스 사이에 존재한다.
　㉡ 콜피츠 발진회로와 유사 - 무조정 발진회로이다.

10년간 자주 출제된 문제

1-1. 다음 중 압전 효과를 이용한 발진기는?
① LC 발진기　　② RC 발진기
③ 수정발진기　　④ 레이저 발진기

1-2. 수정발진회로의 특징으로 틀린 것은?
① 수정 진동자의 Q가 높기 때문에 주파수 안정도가 높다.
② 수정 진동자는 기계적, 물리적으로 강하다.
③ 발진 조건을 만족하는 유도성 주파수 범위가 매우 좁다.
④ 주위 온도의 영향에 매우 민감하다.

1-3. 피어스 BC형 발진회로의 구성은 어떤 발진회로와 비슷한가?
① 이상형 발진회로　　② 하틀레이 발진회로
③ 빈브리지 발진회로　　④ 콜피츠 발진회로

|해설|

1-1
수정발진기
압전 현상을 이용한 것으로 직렬 공진 주파수(f_0)와 병렬 공진 주파수(f_∞) 사이에는 주파수의 범위가 대단히 좁으며 이 사이의 유도성을 이용하여 안정된 발진을 한다($f_0 < f < f_\infty$).

1-2
수정발진회로의 특징
- 수정 진동자의 Q가 높아 보통 1,000~10,000 정도이고 안정도가 높다(10^{-5} 정도).
- 압전효과가 있다.
- 발진 주파수는 수정편의 두께에 반비례한다.
- 수정 진동자는 기계적, 물리적으로 강하다.
- 발진 조건을 만족하는 유도성 주파수 범위가 매우 좁다.
- 수정편에 항온조 등을 이용하므로 주위 온도의 영향이 적다.

1-3
피어스 BC(Pierce B-C)발진기
- 수정 진동자가 컬렉터와 베이스 사이에 존재
- 콜피츠 발진회로와 유사

정답 1-1 ③　1-2 ④　1-3 ④

핵심이론 02 | RC 발진회로

(1) RC 발진회로
① 되먹임 회로를 구성하기 위해 저항(R)과 커패시터(C)를 핵심소자로 사용한 발진기이다.
② 저주파 특성이 우수하다.

(2) RC 발진회로 종류
① 이상형(Phase-shift)발진기
   ㉠ 저항과 콘덴서를 조합시킨 이상 회로에 의해서 출력 전압을 동상(同相)으로 입력측에 궤환시켜서 발진을 시키는 것이다.
   ㉡ 이상형 RC 발진회로에서의 발진 주파수
   $$f_0 = \frac{1}{2\pi\sqrt{6}\,RC}[\text{Hz}]$$
   ㉢ 구조가 간단하고, 주파수 안정도가 LC 발진기보다 높다.
② 빈 브리지형(Wien-bridge)발진기
   ㉠ 발진 주파수가 안정하고, 파형 일그러짐이 적으며 정현파에 가까운 발진 파형이 얻어지므로 저주파 발진기에 사용된다.
   ㉡ 브리지형 RC 발진회로에서의 발진 주파수
   $$f_0 = \frac{1}{2\pi\sqrt{R_1 R_2 C_1 C_2}}[\text{Hz}]$$
   ㉢ $R_1 = R_2 = R$이고 $C_1 = C_2 = C$이면
   $$f_0 = \frac{1}{2\pi RC}[\text{Hz}]$$

10년간 자주 출제된 문제

다음 중 저주파 정현파 발진기로 주로 사용되는 것은?
① 빈 브리지 발진회로
② LC 발진회로
③ 수정발진회로
④ 멀티바이브레이터

|해설|

빈 브리지형(Wien-bridge)발진기
발진 주파수가 안정하고, 파형 일그러짐이 적으며 정현파에 가까운 발진 파형이 얻어지므로 저주파 발진기에 사용된다.

정답 ①

4-2. 변·복조회로

핵심이론 01 | 아날로그 변·복조회로

(1) 변조(Modulation)

① 고주파에 저주파 신호를 포함시키는 과정이다.
② 변조된 방송파(고주파)를 피변조파, 반송파에 가하는 신호를 변조파(저주파)라 한다.

(2) 진폭 변조(AM ; Amplitude Modulation)

① 반송파의 진폭을 신호파의 진폭에 따라 변하게 하는 방법이다.
② 변조도 : 반송파의 진폭 V_c와 신호파의 진폭 V_s에 의해 정해지며, V_s와 V_c의 비

$$m = \frac{V_s}{V_c} \text{ 또는 } m = \frac{V_{\max} - V_{\min}}{V_{\max} + V_{\min}}$$

③ $m = 1$일 때는 100[%] 변조, $m > 1$이면 변조신호가 심각하게 왜곡된다.
④ $m = 1$일 때 반송파의 점유 전력은 전전력의 $\frac{2}{3}$이며, 나머지 $\frac{1}{3}$의 전력이 상·하 양측파가 점유하는 전력이 된다.

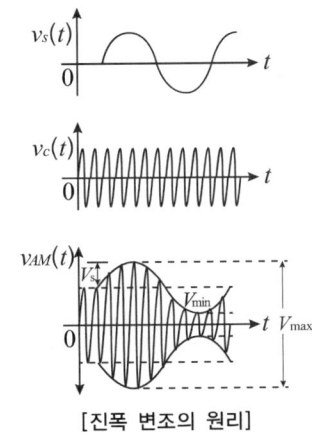

[진폭 변조의 원리]

⑤ 진폭 변조회로의 종류
  ㉠ 컬렉터 변조회로
    • 신호파를 컬렉터에 가하고 반송파를 입력하는 동시에 컬렉터-이미터 간에 입력신호를 가해 변조하는 방식이다.
    • 직선성이 우수하고 100[%] 변조될 수 있으나 큰 변조 전력을 필요로 한다.
  ㉡ 베이스 변조회로
    • 이미터 접지 트랜지스터의 베이스에 신호파를 가하여 변조하는 방식이다.
    • 변조 신호의 전력이 작아도 된다.
    • 출력이 컬렉터 변조의 1/4로 효율이 나쁘다.
    • 출력에 불필요한 고조파 성분이 포함되어 일그러짐이 컬렉터 변조회로보다 크다.
  ㉢ 이미터 변조회로
    • 능동 소자의 어떤 전극 전압을 신호파에 따라 변화시키더라도 변조를 시키는 방식이다.
    • 컬렉터 변조회로와 비슷하게 매우 큰 변조 전력이 요구된다.
    • 직선성이 좋다.

(3) 주파수 변조(FM ; Frequency Modulation)

① 반송파의 주파수 변화를 신호파의 진폭에 비례시키는 변조 방식이다.
② 최대 주파수 편이 : 반송 주파수 f_c를 중심으로 변조에 의한 최대 주파수 변화분(FM 방송 $\triangle f_c = \pm 75[\text{kHz}]$, TV 음성 $\triangle f_c = \pm 25[\text{kHz}]$)
③ 변조지수 : 주파수 편이 $\triangle f_c$와 주파수 f_s의 비

$$m_f = \frac{\triangle f_c}{f_s}$$

④ 실용적 주파수 대역폭
$$B = 2f_s(m_f + 1) = 2(\triangle f_c + f_s)$$

(4) 위상 변조(PM ; Phase Modulation)

정보 신호의 특성에 따라 반송파의 위상을 변화시키는 변조 방식이다.

(5) 진폭 복조(검파)회로

① 직선 복조회로 : 다이오드의 전압 전류에서의 직선 부분을 이용하도록 입력 전압을 충분히 크게 하여 복조하는 회로이다.
② 제곱 복조회로 : 비직선 부분의 제곱 특성을 이용하는 방식으로 진폭이 작은 진폭 변조파의 복조에 사용된다.

10년간 자주 출제된 문제

1-1. 신호주파수가 4[kHz], 최대 주파수 편이가 16[kHz]이면 변조지수는?

① 0.25
② 0.5
③ 4
④ 16

1-2. 진폭 변조와 비교하여 주파수 변조에 대한 설명으로 가장 적합하지 않은 것은?

① 신호대 잡음비가 좋다.
② 반향(Echo)영향이 많아진다.
③ 초단파 통신에 적합하다.
④ 점유주파수 대역폭이 넓다.

1-3. 진폭 변조에서 변조된 파형의 최댓값 전압이 35[V]이고 최솟값 전압이 5[V]일 때 변조도는?

① 0.60
② 0.65
③ 0.70
④ 0.75

|해설|

1-1
변조지수
주파수 편이 $\triangle f_c$와 주파수 f_s의 비
$$m_f = \frac{\triangle f_c}{f_s} = \frac{16}{4} = 4$$

1-2
진폭 변조(AM ; Amplitude Modulation)
• 전파의 진폭을 변화시키는 방법
• 회로가 간단
• 비용이 적게 드는 반면 전력 효율이 떨어짐
• 잡음에 약하다.

주파수 변조
• 진폭은 변하지 않고 필요에 따라 주파수만을 변화시키는 방법
• 피변조파의 진폭을 미리 일정하게 만들어 송신
• 잡음에 강하다.
• 광대역의 주파수대가 필요
• 음악이나 무선 마이크 등에 주로 사용
• 에코(Echo), 간섭, 페이딩의 영향이 작다.
• 주로 초단파(VHF)대의 FM방송에 사용된다.

1-3
변조도
반송파의 진폭 V_c와 신호파의 진폭 V_s에 의해 정해지며, V_s와 V_c의 비
$$m = \frac{V_s}{V_c} \text{ 또는 } m = \frac{V_{\max} - V_{\min}}{V_{\max} + V_{\min}} = \frac{35-5}{35+5} = 0.75$$

정답 1-1 ③ 1-2 ② 1-3 ④

핵심이론 02 | 펄스 변조

(1) 펄스 변조(Pulse Modulation)방식

① 펄스 진폭 변조(PAM) : 신호 레벨에 따라 펄스의 진폭을 변화
② 펄스폭 변조(PWM) : 신호 레벨에 따라 펄스 폭을 변화
③ 펄스 위상 변조(PPM) : 신호 레벨에 따라 펄스의 위상을 변화
④ 펄스 수 변조(PNM) : 신호 레벨에 따라 펄스 수를 변화
⑤ 펄스 부호 변조(PCM) : 신호 레벨에 따라 펄스 열의 유무를 변화

(2) 펄스 변조의 원리

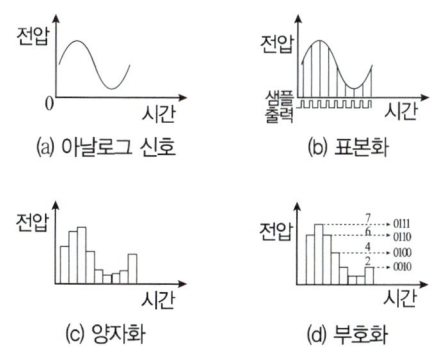

(a) 아날로그 신호 (b) 표본화
(c) 양자화 (d) 부호화

① 표본화
 ㉠ 아날로그 신호로부터 일정시간 간격(T)으로 표본값을 추출한다.
 ㉡ 표본화정리(나이퀴스트 정리) : 추출해야 할 표본은 아날로그 신호의 최고 주파수의 2배 이상 추출한다.

② 양자화
 ㉠ 표본화된 신호의 크기를 정량화된 값으로 단순화하는 과정이다.
 ㉡ 신호의 크기를 미리 정한 임의의 값 중 어느 한 값으로 대체시키는 과정이다.

③ 부호화
 양자화된 신호의 값을 0과 1의 디지털 값으로 바꿔주는 과정이다.

10년간 자주 출제된 문제

펄스 변조 중 정보 신호에 따라 펄스의 유무를 변화시키는 방식은?

① PCM ② PWM
③ PAM ④ PNM

|해설|

펄스 변조(Pulse Modulation)방식
- 펄스 진폭 변조(PAM) : 신호 레벨에 따라 펄스의 진폭을 변화
- 펄스폭 변조(PWM) : 신호 레벨에 따라 펄스 폭을 변화
- 펄스 위상 변조(PPM) : 신호 레벨에 따라 펄스의 위상을 변화
- 펄스 수 변조(PNM) : 신호 레벨에 따라 펄스 수를 변화
- 펄스 부호 변조(PCM) : 신호 레벨에 따라 펄스 열의 유무를 변화

정답 ①

| 핵심이론 03 | 디지털 변조회로

(1) 디지털 신호(Digital Signal)에 의해서 반송파를 변조한 것이다.

(2) 반송파의 진폭, 주파수 및 위상을 데이터 비트(1,0)에 따라 변화시키는 것이다.
① 2진변조(Binary Modulation) 방식 : 2개의 이산적인 상태를 사용하는 변조 방식이다.
② 다원 변조(Multilevel Modulation) 방식 : 다수의 비트를 동시에 전송하기 위하여 다수의 이산적 상태를 사용하는 변조 방식이다.

(3) 디지털 변조 방식의 형태
① ASK(Amplitude Shift Keying) : 디지털 신호(1,0)의 정보 내용에 따라 반송파의 진폭을 변화시키는 방식으로, 2진 데이터가 1이면 반송파를 송출하고 0이면 송출하지 않는다.
② FSK(Frequency Shift Keying) : 디지털 신호(1,0)에 따라 반송파의 주파수를 변화시키는 방식으로 전송 속도가 비교적 저속에 이용되며, 협대역이면서 잡음에 강한 모뎀의 전송방식에 이용되는 변조 방식이다.
③ PSK(Phase Shift Keying) : 디지털 신호(1,0)의 정보 내용에 따라 반송파의 위상을 변화시키는 방식으로 2진 PSK(BPSK), 4진 PSK(QPSK), 8진 PSK(8-ary PSK) 등이 있다.
④ QAM(Quadrature Amplitude Modulation) : 2개의 채널이 독립되도록 한 것이며, 디지털 신호의 전송 효율 향상, 대역폭의 효율적 이용, 낮은 에러율, 복조의 용이성을 얻기 위해 ASK와 PSK의 결합방식으로 APK(Amplitude Phase Keying)방식이라고도 한다.

10년간 자주 출제된 문제

다음 중 디지털 변조 방식이 아닌 것은?
① AM
② FSK
③ PSK
④ ASK

|해설|

디지털 변조 방식
- ASK(Amplitude Shift Keying)
- FSK(Frequency Shift Keying)
- PSK(Phase Shift Keying)
- QAM(Quadrature Amplitude Modulation)

정답 ①

4-3. 펄스회로

핵심이론 01 | 펄스 발생의 기본

(1) 펄스 파형

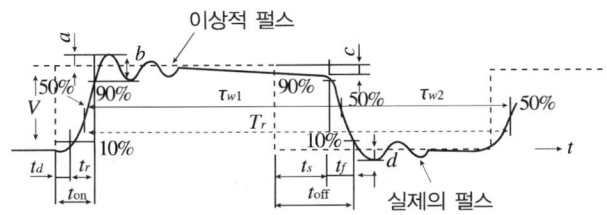

[실제의 펄스 파형]

① 짧은 시간에 전압 또는 전류의 진폭이 사인파와는 다르게 급격히 변화하는 파형을 펄스(Pulse)라 한다.

② 충격 계수(Duty Factor)
  ㉠ 펄스파가 얼마나 날카로운가를 나타내는 수치
  ㉡ $D = \dfrac{\text{펄스폭}(\tau)}{\text{펄스 반복 주기}(T)}$

(2) 상승 시간(t_r, Rise Time)

진폭 V의 10[%]에서 90[%]까지 상승하는 데 걸리는 시간

(3) 지연 시간(t_d, Delay Time)

이상적 펄스의 상승 시각으로부터 진폭의 10[%]까지 이르는 실제의 펄스 시간

(4) 하강 시간(t_f, Fall Time)

실제의 펄스가 이상적 펄스의 진폭 V의 90[%]에서 10[%]까지 내려가는 데 걸리는 시간

(5) 축적 시간(t_s, Storage Time)

이상적 펄스의 하강 시각에서 실제의 펄스가 V의 90[%]가 되기까지의 시간

(6) 펄스폭(τ_w, Pulse Width)

펄스의 파형이 상승 및 하강의 진폭 V의 50[%]가 되는 구간의 시간

(7) 오버슈트(Overshoot)

상승 파형에서 이상적 펄스파의 진폭 V보다 높은 부분의 높이 a를 말하며, 이 양은 $\left(\dfrac{a}{V}\right) \times 100[\%]$로 나타낸다.

(8) 언더슈트(Undershoot)

하강 파형에서 이상적 펄스파의 기준 레벨보다 아래 부분의 높이 d를 말하며 이 양은 $\left(\dfrac{d}{V}\right) \times 100[\%]$로 나타낸다.

(9) 턴 온 시간(t_{on}, Turn-on Time)

① 이상적 펄스의 상승 시각에서 V의 90[%]까지 상승하는 시간
② 턴 온 시간(t_{on}) = 지연 시간(t_d) + 상승 시간(t_r)

(10) 턴 오프 시간(t_{off}, Turn-off Time)

① 이상적 펄스의 하강 시각에서 V의 10[%]까지 하강하는 시간
② 턴 오프 시간(t_{off}) = 축적 시간(t_s) + 하강 시간(t_r)

(11) 새그(s, Sag)

① 내려가는 부분의 정도로서 낮은 주파수 성분이나 직류분이 잘 통하지 않기 때문에 생기는 것이다.
② 새그 $s = \dfrac{S}{A} \times 100[\%]$

(12) 링잉(b, Ringing)

펄스의 상승 부분에서 진동의 정도를 말하며, 높은 주파수 성분에 공진하기 때문에 생기는 것이다.

(13) 시정수(시상수)

① $t = \tau = RC$에서 C의 전압 v_c는

$$v_c = V\left(1 - \frac{1}{\varepsilon}\right) ≒ V(1 - 0.368) ≒ 0.632 V[V]$$

② 전원 전압의 약 63.2[%]에 도달하는 데 걸리는 시간 $\tau = RC[\sec]$가 시상수이다.

③ 방전의 경우는 전원 전압의 약 36.8[%]가 된다.

④ 상승 시간

$t_r = t_2 - t_1 = (2.3 - 0.1)RC = 2.2RC[\sec]$

⑤ 시간의 변화에 대한 일정한 기준 값이다.

⑥ 이 값을 회로의 시정수 또는 시상수(Time Constant)라 한다.

⑦ 시정수의 정의는 지수함수의 지수부의 절댓값을 1로 만드는 값이다.

10년간 자주 출제된 문제

1-1. 다음 그림은 펄스 파형을 나타낸 것이다. 그림에서 높이 a를 무엇이라 하는가?

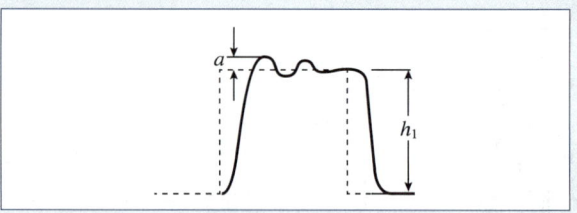

① 언더슈트　　② 스파이크
③ 오버슈트　　④ 새 그

1-2. 펄스폭이 10[μs]이고, 주파수가 1[kHz]일 때 충격 계수(Duty Factor)는?

① 1　　　　② 0.1
③ 0.01　　　④ 0.001

1-3. 저항과 콘덴서로 구성된 RC 직렬회로의 시정수 τ는?

① $\tau = RC$　　② $\tau = \dfrac{R}{C}$

③ $\tau = \dfrac{C}{R}$　　④ $\tau = \dfrac{1}{RC}$

|해설|

1-1

오버슈트(Overshoot)
상승 파형에서 이상적 펄스파의 진폭 V보다 높은 부분의 높이 a를 말한다.

1-2

충격 계수 : 펄스파가 얼마나 날카로운가를 나타내는 수치

$D = \dfrac{\text{펄스폭}(\tau)}{\text{펄스 반복 주기}(T)}$, $T = \dfrac{1}{f}$ 이므로,

$D = \dfrac{10 \times 10^{-6}}{\dfrac{1}{1 \times 10^3}} = 10 \times 10^{-3} = 0.01$

1-3

시정수
- 시간의 변화에 대한 일정한 기준 값
- 이 값을 회로의 시정수 또는 시상수(Time Constant)라 한다.
- 시정수의 정의는 지수함수의 지수부의 절댓값을 1로 만드는 값이다.
- $\tau = RC$

정답 1-1 ③　1-2 ③　1-3 ①

핵심이론 02 | 미·적분회로

(1) 미분회로

직사각형파로부터 폭이 좁은 트리거(Trigger) 펄스를 얻는 데 쓰인다.

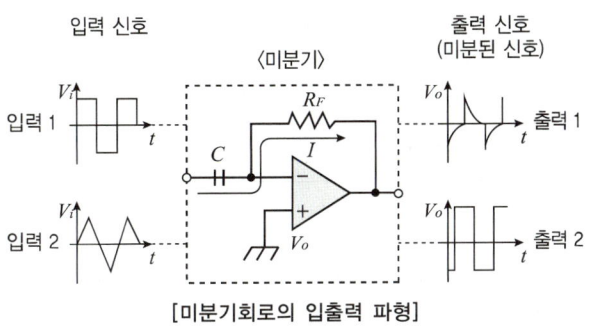

[미분기회로의 입출력 파형]

(2) 적분회로

시간에 비례하는 전압(또는 전류) 파형, 즉 톱니모양의 삼각파 신호를 발생하거나 신호를 지연시키는 회로에 쓰인다.

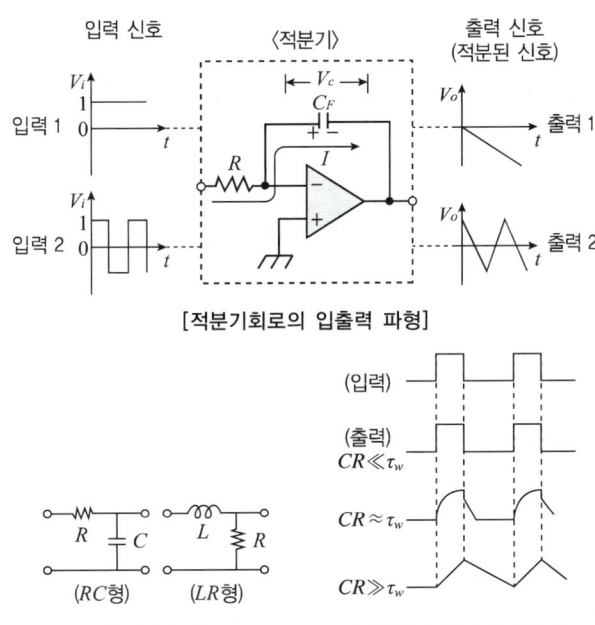

[적분기회로의 입출력 파형]

[적분회로]   [적분회로의 출력 파형]

10년간 자주 출제된 문제

2-1. 그림의 회로에서 시상수가 $CR \ll \tau_w$ 인 경우, 출력파형은 어떻게 나타나는가?

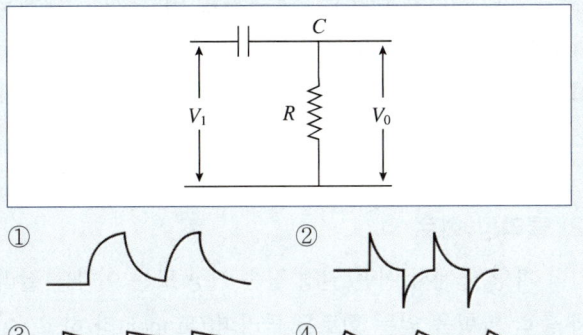

2-2. 적분회로의 입력에 구형파를 가할 때 출력파형은?(단, 시정수(CR)는 입력 구형파의 펄스폭(τ)에 비해 매우 크다)

① 정현파　② 삼각파
③ 구형파　④ 톱니파

|해설|

2-1

미분회로

콘덴서의 충전·방전 즉, RC 직렬회로의 과도현상을 이용하여 출력단에서 입력전압의 미분파형을 얻을 수 있는 회로로 구형파의 입력신호로부터 펄스형태의 신호를 만들 때 사용한다.

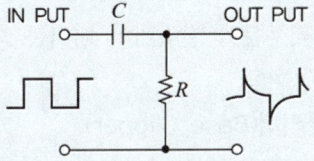

2-2

적분회로는 시간에 비례하는 전압(또는 전류) 파형, 즉 톱니모양의 삼각파 신호를 발생하거나 신호를 지연시키는 회로에 쓰인다.

정답 2-1 ②　2-2 ②

핵심이론 03 | 펄스 응용 회로의 기본

(1) 클램핑 회로

입력 신호의 (+) 또는 (−)의 피크를 어느 기준 레벨로 바꾸어 고정시키는 회로를 클램핑 회로, 또는 클램퍼(Clamper)라 한다. 이 회로가 직류분을 재생하는 목적에 쓰일 때에는 직류분 재생 회로라고도 한다.

(2) 클리핑 회로

입력 파형 중에서 어떤 일정 진폭 이상 또는 이하를 잘라낸 출력 파형을 얻는 회로를 클리퍼(Clipper)라 하고, 이 작용을 클리핑이라 한다.

입력 파형의 (+) 피크를 0[V]레벨로 클램핑 하는 회로		
입력 파형의 (−) 피크를 0[V]레벨로 클램핑 하는 회로		
입력 파형의 (−) 피크를 V[V]레벨로 클램핑 하는 회로		

(3) 피크 클리퍼(Peak Clipper)

정(+) 방향으로 어떤 레벨이 되지 않도록 하기 위하여 입력 파형의 윗부분을 잘라내어 버리는 회로이다.

(4) 베이스 클리퍼(Base Clipper)

부(−) 방향으로 어떤 레벨 이하가 되지 않도록 하기 위하여 입력 파형의 아랫부분을 잘라내어 버리는 회로이다.

구 분	피크 클리퍼	베이스 클리퍼
특 징	입력 파형의 윗부분을 잘라내는 회로	입력 파형의 아랫부분을 잘라내는 회로
입출력 조건	$v_i < V_a$일 때 $v_o = v_i$ $v_i < V_B$일 때 $v_o = v_B$	$v_i < V_B$일 때 $v_o = v_B$ $v_i < V_o$일 때 $v_o = v_i$
병렬형 클리핑 회로		
직렬형 클리핑 회로		

(5) 리미터(Limiter) 회로
진폭을 제한하는 회로로서 피크 클리퍼와 베이스 클리퍼를 결합하여 입력 파형의 위아래를 잘라 버린 회로이다.

(6) 슬라이서(Slicer)
클리핑 레벨의 위 레벨과 아래 레벨 사이의 간격을 좁게 하여 입력 파형의 어느 부분을 잘라내는 회로이다.

10년간 자주 출제된 문제

3-1. 입력신호의 정(+), 부(-)의 피크(Peak)를 어느 기준레벨로 바꾸어 고정시키는 회로는?

① 클리핑 회로(Clipping Circuit)
② 비교 회로(Comparing Circuit)
③ 클램핑 회로(Clamping Circuit)
④ 리미터 회로(Limiter Circuit)

3-2. 기준레벨보다 높은 부분을 평탄하게 하는 회로는?

① 게이트 회로   ② 미분회로
③ 적분회로   ④ 리미터 회로

|해설|

3-1
입력 신호의 (+) 또는 (-)의 피크를 어느 기준 레벨로 바꾸어 고정시키는 회로를 클램핑 회로, 또는 클램퍼(Clamper)라 한다. 이 회로가 직류분을 재생하는 목적에 쓰일 때에는 직류분 재생 회로라고도 한다.

3-2
리미터(Limiter) 회로
진폭을 제한하는 회로로서 피크 클리퍼와 베이스 클리퍼를 결합하여 입력 파형의 위아래를 잘라 버린 회로

정답 3-1 ③ 3-2 ④

핵심이론 04 | 멀티바이브레이터 회로

(1) 비안정 멀티바이브레이터(Astable Multivibrator)

① 멀티바이브레이터는 2단 비동조 증폭 회로를 100[%] 정궤환을 걸어준 직사각형 발진기이다.

② TR_1이 ON일 때 TR_2는 OFF이고, TR_1이 OFF일 때 TR_2는 ON이 되는 2개의 준안정 상태(일시적 안정 상태)가 있어, 이것이 일정한 주기로 되풀이된다.

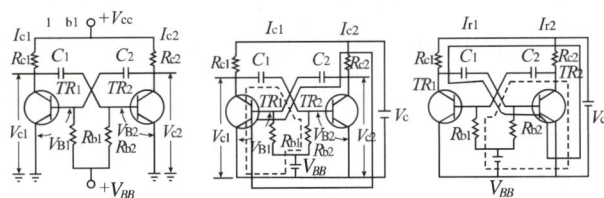

[비안정 멀티바이브레이터의 동작]

③ 2개의 AC 결합 상태로 되어 있다.

④ 반복 주기와 반복 주파수
 ㉠ 반복 주기
 $$T_r \risingdotseq 0.7(C_1 R_{b2} + C_2 R_{b1})[\sec]$$
 ㉡ 반복 주파수
 $$f = \frac{1}{T_r} = \frac{1}{0.7(C_1 R_{b2} + C_2 R_{b1})}[\mathrm{Hz}]$$

(2) 단안정 멀티바이브레이터(Monostable Multivibrator)

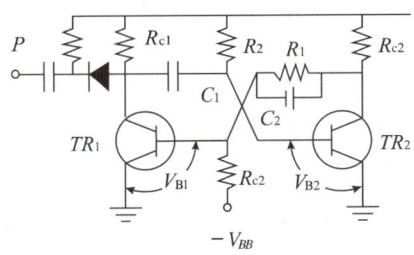

[단안정 멀티바이브레이터]

① 하나의 안정 상태와 하나의 준안정 상태를 가지며, 외부로부터 (-)의 트리거 펄스를 가하면 안정 상태에서 준안정 상태로 되었다가 어느 일정 시간 경과 후 다시 안정 상태로 돌아오는 동작을 한다.

② 반복 주기 : $T_r \risingdotseq 0.7 R_2 C_1 [\sec]$

③ 콘덴서 C_2의 역할 : C_2는 가속(Speed-up) 콘덴서로서 스위칭 속도를 빠르게 하며, 동작을 정확하게 하는 동작을 한다.
④ AC 결합과 DC 결합 상태로 되어 있다.

(3) 쌍안정 멀티바이브레이터(Bistable Multivibrator)
① 처음 어느 한쪽의 트랜지스터가 ON이면 다른 쪽의 트랜지스터는 OFF의 안정 상태로 되었다가, 트리거 펄스가 가하면 다른 안정 상태로 반전되는 동작을 한다.
② 입력 트리거 펄스 2개마다 1개의 출력 펄스를 얻어낼 수 있으므로, 분주기나 계산기, 계수 기억 회로, 2진 계수 회로 등에 사용된다.
③ 가속(Speed-up) 콘덴서는 2개이고, 2개의 DC 결합으로 되어 있다.

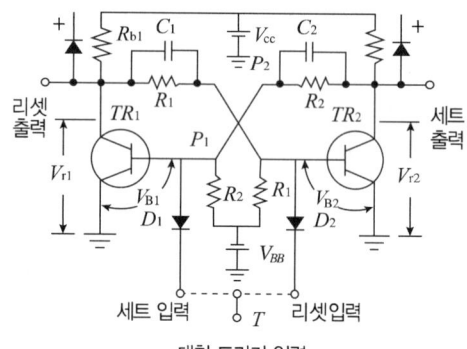

[쌍안정 멀티바이브레이터]

(4) 블로킹(Blocking) 발진회로
① 1개의 트랜지스터와 변압기에 의해 정궤환 회로를 구성하여 펄스를 발생한다.
② 발진회로의 펄스폭은 변압기의 1차 코일의 인덕턴스 L_1에 의해 주로 결정되며, 반복 주기는 시상수 R_bC에 의해 결정된다.
③ 특징으로는 펄스의 상승, 하강이 예민하고, 폭이 좁은 펄스를 얻을 수 있으며, 큰 전류를 쉽게 발생시킬 수 있다.

(5) 부트스트랩(Boot-strap) 회로(톱니파 발생회로)
① 다음 그림의 (a)와 같이 회로를 구성하여 그림 (b)의 구형파 입력 신호 전압을 가하면 베이스가 (+)로 되어 OFF가 되고, 베이스가 0 전위가 되면 ON이 된다.
② C는 TR이 OFF일 때 R을 통하여 전원으로부터 충전되며, TR이 ON이 될 때 전하를 방전하여 그림 (b)와 같은 톱니파형을 얻을 수 있다.

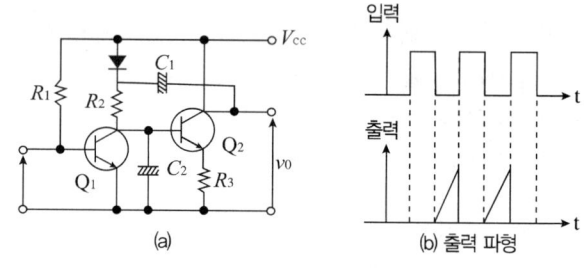

[톱니파 발생회로]

10년간 자주 출제된 문제

4-1. 회로의 안정 상태에 따른 멀티바이브레이터의 종류가 아닌 것은?
① 비안정 멀티바이브레이터
② 주파수 안정 멀티바이브레이터
③ 단안정 멀티바이브레이터
④ 쌍안정 멀티바이브레이터

4-2. 안정된 상태가 없는 회로이며, 직사각형파 발생회로 또는 시간 발생기로 사용되는 회로는?
① 플립플롭
② 비안정 멀티바이브레이터
③ 쌍안정 멀티바이브레이터
④ 단안정 멀티바이브레이터

|해설|

4-1
① 비안정 멀티바이브레이터(Astable Multivibrator) : 회로에 전원이 공급되면 구형파의 발진이 이루어지는 회로
③ 단안정 멀티바이브레이터(Monostable Multivibrator) : 자체 발진의 능력은 없으나 외부의 트리거 펄스 입력이 공급될 때마다 하나의 구형파를 출력하는 회로
④ 쌍안정 멀티바이브레이터(Bistable Multivibrator) : 안정 상태를 유지하며 외부의 트리거 펄스 입력이 두 개 공급될 때마다 하나의 구형파를 출력하는 회로로 일반적으로 플립플롭회로라 한다.

4-2
비안정 멀티바이브레이터(Astable Multivibrator)
• 안정된 상태가 없는 회로
• 회로에 전원이 공급되면 구형파의 발진이 이루어지는 회로
• 세트(Set) 상태와 리셋(Reset) 상태를 번갈아 가면서 변환시키는 발진회로

정답 4-1 ② 4-2 ②

제5절 반도체

5-1. 반도체의 개요

핵심이론 01 | 반도체의 종류

(1) 진성반도체(Intrinsic Semiconductor)
① 불순물이 전혀 섞이지 않은 반도체이다.
② 한가지의 원소로만 이루어진 반도체이다.
③ Si 결정, Ge 결정(14족원소)으로만 이루어진 반도체이다.

(2) 불순물 반도체(Extrinsic Semiconductor)
① N형 반도체 : 과잉전자(Excess Electron)에 의해서 전기 전도가 이루어지는 불순물 반도체이다.
  ㉠ 도너(Donor) : N형 반도체를 만들기 위한 불순물 원소(Sb(안티몬), As(비소), P(인), Pb(납))이다.
② P형 반도체 : 정공에 의해서 전기 전도가 이루어지는 불순물 반도체이다.
  ㉠ 억셉터(Accepter) : P형 반도체를 만들기 위한 불순물 원소(In(인듐), B(붕소), Al(알루미늄), Ga(갈륨))이다.

10년간 자주 출제된 문제

다음 중 P형 반도체를 만드는 불순물 원소는?
① 붕소(B)
② 인(P)
③ 비소(As)
④ 안티몬(Sb)

|해설|

P형 반도체
• 순수한 반도체물질에 불순물을 첨가하여 정공(Hole)이 증가하게 만든 것
• P형 반도체를 만드는 불순물 : In(인듐), B(붕소), Al(알루미늄), Ga(갈륨)

정답 ①

| 핵심이론 02 | 반도체의 성질 및 재료

(1) 반도체의 성질
① 절대 온도 0[K]에서는 절연체이며 상온에서 절연물과 도체의 중간 성질이다.
② 불순물의 농도가 증가하면 도전율은 커지고 고유 저항은 감소한다.
③ 부(-)의 온도 계수를 가지며, 광전 효과가 크고 열 운동을 한다.
④ 자계에 의한 고유 저항의 변화가 크며 홀 효과가 있다.
⑤ 반도체의 재료로는 실리콘(Si), 게르마늄(Ge), 갈륨-비소화합물(GaAs) 그리고 이외에도 여러 가지가 있으나 실리콘(Si)을 가장 많이 사용한다.

(2) 진성 반도체
불순물이 전혀 섞이지 않은 반도체(실리콘(Si)이나 게르마늄(Ge))이다.

(3) 불순물 반도체
진성 반도체의 단결정에 3족이나 5족의 불순물을 섞어 전도성을 증가시킨 반도체 첨가 불순물에 따라 N형과 P형으로 구분한다.

구 분	N형 반도체	P형 반도체
첨가 불순물	5족 원소 : As(비소), Sb(안티몬), P(인), Bi(비스무트) 등	3족 원소 : In(인듐), Ga(갈륨), B(붕소), Al(알루미늄) 등
명 칭	도너(Doner)	억셉터(Accepter)
반송자	과잉 전자	정공
특 징	• 다수 반송자 : 전자 • 소수 반송자 : 정공	• 다수 반송자 : 정공 • 소수 반송자 : 전자

10년간 자주 출제된 문제

다음 중 반도체의 재료로 가장 많이 사용되는 것은?
① He ② Fe
③ Cr ④ Si

|해설|
반도체의 재료로는 실리콘(Si), 게르마늄(Ge), 갈륨-비소화합물(GaAs) 등이 있으나, 실리콘(Si)이 가장 많이 사용된다.

정답 ④

5-2. 반도체 소자

핵심이론 01 | 다이오드

(1) 다이오드의 특성

① 교류를 직류로 변환하는 대표적인 정류소자이다.
② 이상적인 다이오드는 순방향 전압에는 단선과 같고, 역방향 전압에는 단락과 같다.
③ Ge 다이오드 : 순방향 전압 0.2[V] 이상 가해야 도통한다.
④ Si 다이오드 : 순방향 전압 0.6[V] 이상 가해야 도통한다.
⑤ 다이오드 직렬연결 : 내압 증가 → (과전압으로부터 보호)
⑥ 다이오드 병렬연결 : 허용 전류 증가 → (과전류로부터 보호)

(2) 정류작용

전압의 방향에 따라 전류를 흐르게 하거나 못 흐르게 하는 작용이다.

(3) 제너(정전압) 다이오드(Zener Diode)

① 제너 항복을 응용한 정전압 소자로 합금 또는 확산법으로 만든 실리콘 접합 다이오드로 전압을 일정하게 유지하는 정전압회로에 사용한다.
② 재료의 배합에 따라 1[V]에서 1,000[V] 정도까지의 제너 전압(V_E)이 결정된다.

(4) 터널 다이오드(Tunnel Diode, 에사키 다이오드)

① 불순물 농도를 매우 크게 하면 부성 저항 특성을 나타낸다.
② 마이크로파대의 발진, 증폭, 전자계산기의 고속 스위칭 소자로 사용한다.
③ 저 잡음, 큰 전력을 얻을 수 없다.

(5) 서미스터(Thermistor)

① 온도에 따라 저항값이 변화하는 소자로 음(−)의 온도계수를 가진다.
② 저항 온도 변화의 보상, 전력계, 자동제어, 온도계 등에 사용한다.

(6) 배리스터(Varistor)

① 인가전압에 의하여 저항이 크게 변화하는 소자이다.
② 회로보호용으로 사용한다.
③ 고압 송전 피뢰기, 전차기와 통신기기의 불꽃 잡음의 흡수한다.

(7) 가변 용량 다이오드(Varactor Diode)

① PN 접합 다이오드의 공간 전하 용량이 양단에 가해지는 역방향 전압에 따라 광범위하게 변화되는 특성을 이용한 소자이다.
② 수신기의 동조회로, 주파수 변조회로에 사용한다.

10년간 자주 출제된 문제

1-1. 온도에 따라서 저항값이 변화하는 소자로서 일반적으로 소형이며 가격이 저렴하고, 일반적으로 120[℃] 정도 이하인 곳에서 널리 사용되는 것은?
① 열전대
② 포토다이오드
③ 서미스터
④ 포토트랜지스터

1-2. 제너 다이오드를 사용하는 회로는?
① 검파회로
② 고압 정류회로
③ 고주파 발진회로
④ 전압 안정회로

|해설|

1-1
서미스터 : 온도에 따라 저항값이 변화하는 소자로 음(-)의 온도계수를 가진다.

1-2
제너(정전압) 다이오드
제너 항복을 응용한 정전압 소자로 합금 또는 확산법으로 만든 실리콘 접합 다이오드로, 전압을 일정하게 유지하는 정전압회로에 사용한다.

정답 1-1 ③ 1-2 ④

핵심이론 02 | 트랜지스터

(1) 트랜지스터의 구조
① 이미터(E) : 전류의 반송자를 주입
② 컬렉터(C) : 반송자를 모으는 전극
③ 베이스(B) : 주입된 반송자를 제어전류 공급

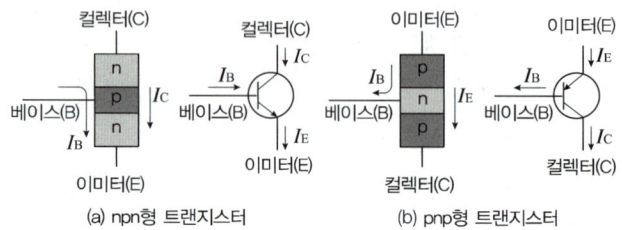

[트랜지스터의 구조와 기호 및 전류 방향]

(2) 트랜지스터의 동작
이미터와 베이스는 순방향, 베이스와 컬렉터 사이에 역방향 전압을 가하면 전류가 흐르게 된다.

(3) 트랜지스터 동작 특성
① 포화영역 : 스위치동작-ON
② 활성영역 : 트랜지스터 증폭
③ 차단영역 : 스위치동작-OFF
④ 항복영역 : 트랜지스터 파괴

(4) 베이스 접지 때의 전류 증폭률 $\alpha(h_{fb})$와 이미터 접지 때의 전류 증폭률 $\beta(h_{fe})$ 관계

$$\alpha = \frac{\beta}{1-\beta}, \quad \beta = \frac{\alpha}{1-\alpha}$$

10년간 자주 출제된 문제

트랜지스터가 정상적으로 증폭작용을 하는 영역은?

① 활성영역
② 포화영역
③ 차단영역
④ 역포화영역

|해설|

트랜지스터 동작 특성
- 포화영역 : 스위치동작-ON
- 활성영역 : 트랜지스터 증폭
- 차단영역 : 스위치동작-OFF
- 항복영역 : 트랜지스터 파괴

정답 ①

핵심이론 03 | 전계효과 트랜지스터(FET)

(1) 전계효과 트랜지스터(FET)
다수 캐리어를 게이트 전극에 의해 정전적으로 제어하여 5극 진공관과 유사한 특성을 갖도록 한 3극 제어소자이다.

(2) FET의 종류

① 접합형 FET : N형 실리콘 반도체에 P층을 확산시키고 양단에 알루미늄 전극을 붙여 소스와 드레인, P층을 게이트 전극으로 구성한 것이다.

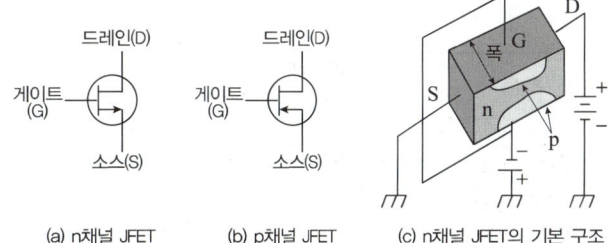

[접합형 전기장 효과 트랜지스터(JFET)의 회로 기호와 구조]

② MOS형 FET : 금속(M)과 반도체(S) 사이에 규소 산화물(O) 등 매우 얇은 절연층을 끼워서 만든 것이다.

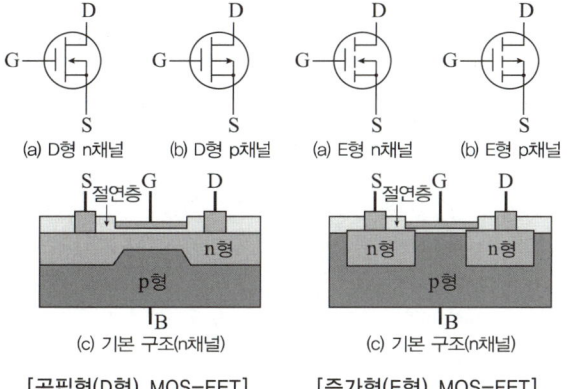

[공핍형(D형) MOS-FET]   [증가형(E형) MOS-FET]

(3) FET의 특징

① 외부로부터의 복사의 영향을 덜 받는다.
② 전류는 다수 캐리어에 의해서 운반된다.
③ 입력 임피던스가 매우 높다.
④ 잡음이 적다.
⑤ 열적으로 안정하다.
⑥ 유니폴라 트랜지스터이다.
⑦ 드레인전류가 0에서 Offset 전압을 나타내지 않는다. 따라서 우수한 신호 초퍼(Chopper)로서 사용될 수 있다.

(4) FET와 BJT의 비교

구 분	제어 방식	반송자 특징	전극 (단자)	응 용	입력 저항
양극성 접합 트랜지스터(BJT)	전 류	양극성	E, B, C	증폭 스위치	높 음
전기장 효과 트랜지스터(FET)	전 압	단극성	G, S, D	증폭 스위치	매우 높음

10년간 자주 출제된 문제

3-1. 다음 중 전계효과 트랜지스터의 설명으로 옳지 않은 것은?
① 전압제어형 소자이다.
② 고주파 증폭 또는 고속 스위치로 사용한다.
③ 유니폴라 트랜지스터라고도 한다.
④ 오프셋 전압, 전류가 적어서 우수한 초퍼회로로 사용된다.

3-2. 접합 전계효과 트랜지스터(JFET)에서 3단자의 명칭으로 틀린 것은?
① 베이스   ② 게이트
③ 드레인   ④ 소 스

|해설|

3-1
전계효과 트랜지스터(FET)의 특징
• 외부로부터의 복사의 영향을 덜 받는다.
• 전류는 다수 캐리어에 의해서 운반된다.
• 입력 임피던스가 매우 높다.
• 잡음이 적다.
• 열적으로 안정하다.
• 유니폴라 트랜지스터이다.
• 드레인전류가 0에서 Offset 전압을 나타내지 않는다. 따라서 우수한 신호 초퍼(Chopper)로서 사용될 수 있다.

3-2
• 접합 전계효과 트랜지스터(JFET) : N형 실리콘 반도체에 P층을 확산시키고 양단에 알루미늄 전극을 붙여 소스와 드레인, P층을 게이트 전극으로 구성한 것
• 접합 전계효과 트랜지스터(JFET) 회로 기호
※ 핵심이론 03-(2)-① 접합형 FET 그림 (a), (b) 참조

정답 3-1 ② 3-2 ①

핵심이론 04 | 특수반도체소자

(1) PNPN 소자
전압-전류 특성은 부성저항 특성이 얻어지고 전자계산기 등에 사용한다.

(2) 실리콘 제어 정류기(SCR)
① 3단자 단방향성 소자이다.
② 큰 역전압이나 큰 전류에도 잘 견디며 대전류의 정류가 가능하다.
③ 대전력 제어, 모터 속도 제어, 온도 조절, 정류기 등에 사용한다.

(3) 다이액(DIAC) 또는 SSS
실리콘 대칭형 스위치, 교류 회로의 전류 제어, 조명 조정 장치, 온도 조정 장치 등에 사용한다.

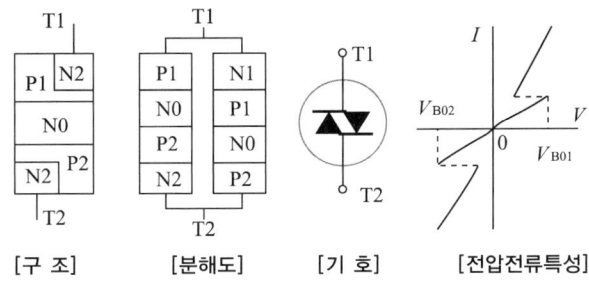

[구 조]　[분해도]　[기 호]　[전압전류특성]

(4) 트라이액(TRIAC)
두 개의 SCR을 역병렬로 연결시킨 것으로 교류 전력의 위상 제어 등에 사용한다.

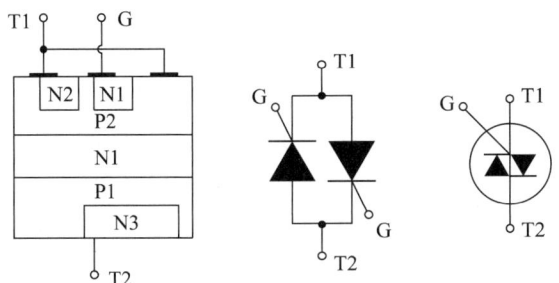

(5) 단일 접합 트랜지스터(UJT)
더블베이스 다이오드라고도 하며, 저주파 및 중간 주파수 범위의 스위칭 소자, SCR의 게이트 펄스 발생, 타이머 등에 사용한다.

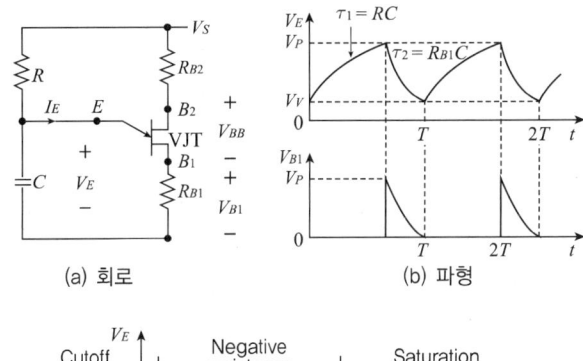

(a) 회로　　(b) 파형

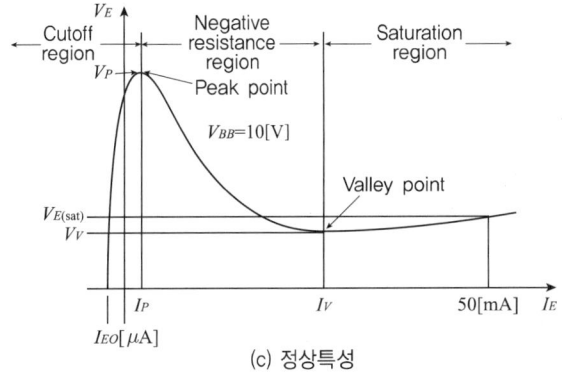

(c) 정상특성

(6) 광전 소자
광전 소자는 빛과 전기적 신호를 상호 변환하는 반도체 소자로서, 수광 소자와 발광 소자, 그리고 수광 소자와 발광 소자를 결합하여 한 개의 소자로 만든 광결합 소자가 있다.

[주요 반도체 광전 소자]

구 분	광전 소자
수광 소자	광도전체, 포토 다이오드, 포토트랜지스터, 태양전지
발광 소자	발광 다이오드(LED), 레이저 다이오드(LD), 고체 레이저
광결합 소자	포토아이솔레이터(Photo-isolator), 포토인터럽터(Photo-interrupter)
촬상 소자	이미지 센서, CCD(Charge Coupled Device)

10년간 자주 출제된 문제

다음과 같은 $V-I$ 특성을 나타내는 스위칭 소자는?

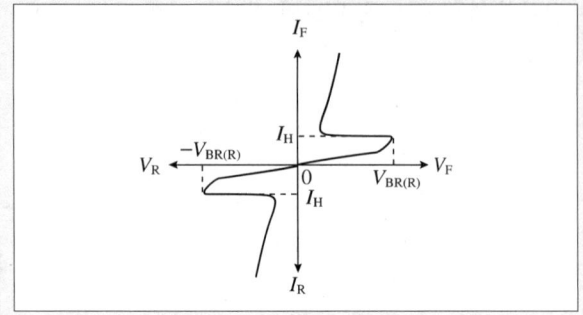

① SCR 　　② UJT
③ 터널 다이오드　④ DIAC

|해설|

다이액(DIAC)

다이액은 반도체층이 병렬로 반대 방향으로 결합되어 있어서 어떤 방향으로도 트리거 할 수 있는 2단소자이다. 즉, 양방향성 소자이다.

정답 ④

CHAPTER 02 전자계산기 구조

제1절 컴퓨터 구조

1-1. 컴퓨터의 구조 일반

핵심이론 01 컴퓨터의 기본적 내부구조

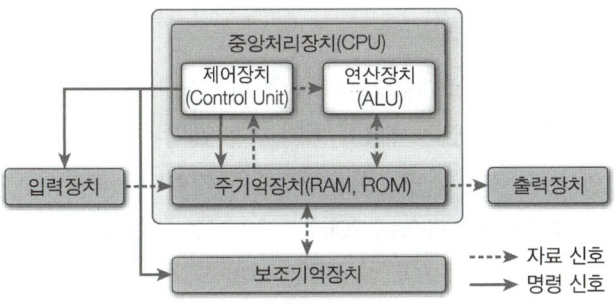

(1) 입력장치
프로그램과 자료(Data)들이 입력장치를 통하여 컴퓨터 내에서 처리될 수 있도록 전달한다.

(2) 중앙처리장치(CPU ; Central Processing Unit)
연산장치와 제어장치로 구분한다.
① 제어장치 : 각 장치 사이의 흐름을 감독, 마이크로동작(Micro Operation)이 순서적으로 일어나게 하기 위하여 필요하다.
② 연산장치 : 산술논리장치(ALU)와 자료처리 연산 등을 실행한다.

(3) 출력장치
처리된 결과를 사용자가 원하는 형태로 볼 수 있게 하는 장치이다.

(4) 기억장치
실행한 프로그램과 여러 자료들을 저장 보관하는 장치이다. 주기억장치와 보조기억장치로 구분한다.

10년간 자주 출제된 문제

명령을 수행하는 연산기와 레지스터, 이들에 의해 명령이 수행되도록 제어하는 제어기, 장치 상호간에 신호의 전달을 위한 신호 회선인 내부 버스로 구성되어 있으며, 기억장치에 있는 명령어를 해독하여 실행하는 것은?

① 모니터　　　　② 어셈블러
③ CPU　　　　　④ 컴파일러

|해설|

중앙처리장치(CPU ; Central Processing Unit)
컴퓨터에서 데이터를 처리하는 가장 중요한 부분으로서 명령어의 인출과 해석, 데이터의 인출, 처리 및 저장 등을 수행

정답 ③

핵심이론 02 | CPU의 구성

(1) 중앙처리장치의 기능
① 자료의 연산, 비교 등의 처리를 제어한다.
② 컴퓨터 명령어를 해독하고 실행하는 장치이다.
③ 컴퓨터에서 사람의 두뇌와 같은 역할이다.
④ 제어장치, 연산, 제어, 기억 기능으로 구성된다.

(2) 중앙처리장치의 구성
① 중앙처리장치는 제어장치, 산술연산장치, 주기억장치로 이루어진다.
② 기억장치는 입력장치로 읽어들인 데이터나 프로그램, 중간 결과 및 처리된 결과를 기억하는 기능으로서 레지스터(Register)인 플립플롭(Flip-Flop)이나 래치(Latch)로 구성된다.
③ 연산 기능을 하는 장치(ALU)는 기억된 프로그램이나 데이터를 꺼내어 산술 연산이나 논리 연산을 실행한다.
④ 전달 기능의 장치는 버스(Bus)를 이용하여 연산기로 입출력되며 내부버스와 외부버스로 이루어진다.
⑤ 제어 기능은 프로그램의 명령을 하나씩 읽고 해석하여, 모든 장치의 동작을 지시하고 감독·통제하는 기능이다.

(3) 레지스터의 기능
① 연산용 레지스터(Arithmetic Register)와 인덱스 레지스터 프로그램에 의해 레지스터의 내용을 바꿀 수 있다.
② 명령 레지스터(Instruction Register) : 프로그램에 의해 레지스터의 내용을 바꿀 수는 없지만 프로그램 실행 시 제어의 기능을 한다. 명령부(OP-code)와 번지부(Operand)로 구성된다.
③ 프로그램 번지 레지스터(Program Address Register) : 저장된 자료나 자료의 번지를 읽을 때 그 번지를 임시로 저장한다.
④ 명령 계수기(Instruction Counter) : 명령 실행 시 1씩 증가하여 다음에 실행할 명령의 번지를 기억한다.
⑤ 누산기(Accumulator) : 연산장치의 중심 레지스터로 산술 및 논리 연산의 결과를 임시로 기억한다.
⑥ 상태 레지스터(Status Register) : 연산의 결과에서 자리올림(Carry)이나 오버플로(Overflow) 발생과 인터럽트 신호 등의 상태를 기억한다.
⑦ 프로그램 카운터(Program Counter) : 다음에 실행될 명령어가 저장된 주기억장치의 주소를 저장한다.

(4) 주기억장치
① ROM(Read Only Memory) : 비소멸성의 기억소자로 저장되어 있는 내용을 꺼낼 수는 있으나, 새로운 데이터를 저장할 수 없는 반도체 소자이다.
② 마스크 ROM(Mask ROM) : 제조과정에서 내용을 미리 기억시킨 곳으로 사용자는 어떤 경우에도 그 내용을 바꿀 수 없다.
③ PROM(Programmable ROM) : 제조 후 사용자가 비교적 간단한 방법으로 ROM의 내용을 써 넣을 수 있도록 제작된 반도체 소자이다.
④ EPROM(Erasable PROM) : PROM을 개량한 소자로서, 자외선이나 높은 전압으로 그 내용을 지워서 다시 사용할 수 있다.
⑤ RAM(Random Access Memory) : 저장한 번지의 내용을 인출하거나 새로운 데이터를 저장할 수 있으나, 전원이 꺼지면 내용이 소멸된다.
⑥ 정적 RAM(Static RAM) : 플립플롭으로 구성되어, 속도가 빠르다.
⑦ 동적 RAM(Dynamic RAM) : 단위 기억 비트당 가격이 저렴하고 접적도가 높으나 일정 시간이 지나면 Refresh 작업이 필요하다.

(5) 보조기억장치

① 외부 기억장치로, 주기억장치의 용량 부족을 보충하기 위해 사용한다.
② **자기 드럼장치** : 표면에 자성체를 도금한 금속 원통을 일정한 속도로 회전시켜서 그 주변에 설치된 자기 헤드(Head)에 의해 자성면에 데이터를 기록한다.
③ **자기 디스크장치** : 알루미늄 합금 표면에 자성체를 입힌 원판(레코드의 판과 비슷)으로 고속으로 회전하는 원판의 표면에 자기 헤드에 의해 데이터가 기록된다.
④ **자기 테이프장치** : 순차 처리만 하는 보조기억장치로 중간 결과를 기록하거나 대량의 자료를 반영구적으로 보존할 때 사용한다.
⑤ **순차 접근 저장 매체(SASD)** : 자기 테이프
⑥ **임의 접근 저장 매체(DASD)** : 자기 디스크, CD-ROM, 하드 디스크, 자기 코어, 자기 드럼

10년간 자주 출제된 문제

2-1. 연산장치의 구성 중 초기에 연산될 데이터의 보관장소로 사용되며 연산 후에는 산술 및 논리 연산의 결과를 일시적으로 보관하는 것은?

① Status Register ② Accumulator
③ Data Register   ④ Complementary

2-2. 주소의 개념이 거의 사용되지 않는 보조기억장치로서, 순서에 의해서만 접근하는 기억장치(SASD)는 무엇인가?

① Magnetic Tape   ② Magnetic Core
③ Magnetic Disk   ④ Random Access Memory

2-3. 기억장치에 기억된 명령(Instruction)이 기억된 순서대로 중앙처리장치에서 실행될 수 있도록 그 주소를 지정해 주는 레지스터는?

① 누산기(Accumulator)
② 스택 포인터(Stack Pointer)
③ 프로그램 카운터(Program Counter)
④ 명령 레지스터(Instruction Register)

|해설|

2-1
누산기(Accumulator)
• CPU 내에서 계산의 중간 결과를 저장하는 레지스터
• 연산 장치의 중심 레지스터로 산술 및 논리 연산의 결과를 임시로 기억

2-2
자기 테이프 장치(Magnetic Tape)는 순차 처리만 하는 보조기억장치로 중간 결과를 기록하거나 대량의 자료를 반영구적으로 보존할 때 사용하며 순차 접근 저장 매체(SASD)이고, 자기 디스크, CD-ROM, 자기 코어, 하드 디스크, 자기 디스크는 임의의 액세스 기억장치이다.

2-3
③ 프로그램 카운터(Program Counter) : 다음에 실행될 명령어가 저장된 주기억장치의 주소를 저장
① 누산기(Accumulator) : CPU 내에서 계산의 중간 결과를 저장하는 레지스터
② 스택 포인터(Stack Pointer) : 주기억장치 스택의 데이터 삽입과 삭제가 이루어지는 주소를 저장
④ 명령 레지스터(Instruction Register) : 현재 실행 중인 명령어를 저장

정답 2-1 ② 2-2 ① 2-3 ③

| 핵심이론 03 | 마이크로프로세서의 버스

(1) 마이크로프로세서의 버스
CPU와 외부메모리나 입출력 장치 사이에 버스로 접속되는 구조이며, 버스는 디지털 회로에서 동일한 기능을 수행하는 많은 신호선들의 집단이다.

(2) 버스의 종류
① 어드레스 버스(Address Bus) : CPU가 외부에 있는 메모리나 I/O들의 번지를 지정하는데 사용하는 단방향 버스이다. 버스선의 수는 최대로 사용가능한 메모리의 용량이나 입출력장치의 수를 결정한다.

② 데이터 버스(Data Bus) : CPU가 외부에 있는 메모리나 I/O들과 데이터를 주고받는 데 사용하는 양방향 버스이다. 버스선의 수는 마이크로프로세서의 워드 길이와 같으며 성능을 결정하는 중요한 요소이다.

③ 제어 버스(Control Bus) : CPU가 수행 중인 작업의 종류나 상태를 메모리나 입출력 기기에게 알려주는 출력 신호와, 외부에서 마이크로프로세서 기능은 제어신호에 의해 크게 좌우된다.

10년간 자주 출제된 문제

중앙처리장치에서 사용하고 있는 버스의 형태에 해당되지 않는 것은?
① Data Bus
② System Bus
③ Address Bus
④ Control Bus

|해설|

버스의 종류
- 어드레스 버스(Address Bus) : CPU가 외부에 있는 메모리나 I/O들의 번지를 지정하는데 사용하는 단방향 버스이다. 버스선의 수는 최대로 사용가능한 메모리의 용량이나 입출력장치의 수를 결정한다.
- 데이터 버스(Data Bus) : CPU가 외부에 있는 메모리나 I/O들과 데이터를 주고받는데 사용하는 양방향 버스이다. 버스선의 수는 마이크로프로세서의 워드 길이와 같으며 성능을 결정하는 중요한 요소이다.
- 제어 버스(Control Bus) : CPU가 수행 중인 작업의 종류나 상태를 메모리나 입출력 기기에게 알려주는 출력 신호와, 외부에서 마이크로프로세서 기능은 제어신호에 의해 크게 좌우된다.

정답 ②

1-2. 명령어(Instruction)와 지정방식

핵심이론 01 | 연산자

(1) 인스트럭션(Instruction)

① 연산자(Operation Code, OP 코드)와 주소(Operand) 부분으로 구성된다.

② 연산자(Operation Code, OP 코드) : 인스트럭션의 형식, 연산자 및 자료의 종류를 나타낸다.

③ 주소(Operand) 부분 : 자료의 주소를 구하는 데 필요한 정보 및 명령의 순서를 나타낸다.

(2) 연산자의 기능

① 함수 연산 기능(Functional Operation) : 하나의 기본적인 컴퓨터 기능을 수행하는 연산 기능으로서, 산술 연산과 논리 연산을 포함한다.

② 전달 기능(Transfer Operation) : 한 기억 장소 또는 기억 매체로부터 다른 곳으로 정보를 이동시키는 기능으로서, 기록 본사, 전달, 교환 등이다.

③ 제어 기능(Control Operation) : 프로그램의 수행 순서를 프로그래머의 의도에 따라 변경시키는 기능으로서, 조건 분기와 무조건 분기가 있다.

④ 입출력 기능(Input/Output Operation) : 입력 데이터를 입력 장치를 통해 받아들이거나, 연산의 결과를 출결 장치를 통해 출력하는 기능이다.

10년간 자주 출제된 문제

프로그램은 일의 처리순서를 기술한 명령의 집합이다. 각 명령은 어떻게 구성되어 있는가?

① 연산자와 오퍼랜드
② 명령코드와 실행 프로그램
③ 오퍼랜드와 제어 프로그램
④ 오퍼랜드와 목적 프로그램

|해설|

인스트럭션(Instruction)
- 연산자(Operation Code, OP 코드)와 주소(Operand) 부분으로 구성
- 연산자(Operation Code, OP 코드) : 인스트럭션의 형식, 연산자 및 자료의 종류를 나타낸다.
- 주소(Operand) 부분 : 자료의 주소를 구하는 데 필요한 정보 및 명령의 순서를 나타낸다.

정답 ①

핵심이론 02 | 주소 지정 방식

(1) 주소 지정 방식의 개념
① 자료의 접근 방법이나 주소의 표현 방식 등의 여러 방법이 있으며, 실제의 컴퓨터에서는 용도별로 여러 주소 지정 방식을 섞어서 사용한다.
② 주소 표현의 효율성이 있다.
③ 주소 공간과 기억 공간을 독립한다.
④ 사용하기 편리하다.

(2) 자료의 접근 방법에 따른 주소 지정 방식
① 즉시 주소 지정(Immediate Addressing Mode) : 명령어 내에 실제 데이터를 가지고 있는 명령어 형식
② 직접 주소 지정(Direct Addressing Mode) : 명령어의 Operand 부분이 실제 데이터의 주소인 명령어 형식
③ 간접 주소 지정(Indirect Addressing Mode) : 명령어의 Operand가 가리키는 곳에 실제 데이터의 주소가 있는 명령어 형식
④ 인덱스 주소 지정(Indexed Addressing Mode) : 명령어의 Operand 부분과 Index Register의 값이 더해진 곳에 실제 데이터를 가지고 있는 명령어 형식
⑤ 상대 주소 지정(Relative Addressing Mode) : 프로그램 카운터(PC)와 명령어의 Operand가 더해진 곳에 실제 데이터를 가지고 있는 명령어 형식
⑥ 레지스터 주소 지정 방식(Register Addressing Mode) : 직접 주소 지정 방식과 유사하다. 차이점은 오퍼랜드 필드가 메인 메모리의 주소가 아닌 레지스터를 참조한다는 점이다.

(3) 주소 표현 방식에 따른 주소 지정 방식
① 완전 주소 : 정보가 주소이든 데이터이든 그 기억된 장소에 직접 사상시킬 수 있는 완전한 주로소서, 가장 많은 비트 수가 필요하다.
② 약식 주소 : 주소의 일부를 생략한 주소로, 계산에 의한 주소 지정 방식에 속한다.
③ 생략 주소 : 주소를 구체적으로 나타내지 않아도 원하는 정보가 기억된 것을 알 수 있을 경우에 사용되는 주소로서, 인스트럭션의 길이를 단축할 수 있다.
④ 자료 자신 주소 : 즉시 주소 지정 방식의 형태이다.

10년간 자주 출제된 문제

2-1. 다음 주소 지정 방식 중 속도가 가장 빠른 것은?
① Immediate Addressing
② Direct Addressing
③ Indirect Addressing
④ Indexed Addressing

2-2. 주소 지정 방식 중에서 명령어가 현재 오퍼랜드에 표현된 값이 실제 데이터가 기억된 주소가 아니고, 그곳에 기억된 내용이 실제의 데이터 주소인 방식은?
① 직접 주소 지정 방식(Direct Addressing)
② 상대 주소 지정 방식(Relative Addressing)
③ 간접 주소 지정 방식(Indirect Addressing)
④ 즉시 주소 지정 방식(Immediate Addressing)

|해설|
2-1
주소 지정 방식 중 속도가 가장 빠른 순
즉시(Immediate) > 직접(Direct) > 간접(Indirect) > 인덱스(Indexed)

2-2
자료의 접근 방법에 따른 주소 지정 방식
- 직접 주소 지정(Direct Addressing Mode) : 명령어의 Operand 부분이 실제 데이터의 주소인 명령어 형식
- 상대 주소 지정(Relative Addressing Mode) : 프로그램 카운터(PC)와 명령어의 Operand가 더해진 곳에 실제 데이터를 가지고 있는 명령어 형식
- 간접 주소 지정(Indirect Addressing Mode) : 명령어의 Operand가 가리키는 곳에 실제 데이터의 주소가 있는 명령어 형식
- 즉시 주소 지정(Immediate Addressing Mode) : 명령어 내에 실제 데이터를 가지고 있는 명령어 형식

정답 2-1 ① 2-2 ③

핵심이론 03 │ 인스트럭션의 형식

(1) 0-주소 명령(0-Address Instruction)

① Operand 없이 OP Code만으로 구성되는 명령어 형식이다.

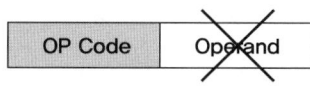

② Stack을 이용하여 연산을 수행한다.
③ 0-주소 명령으로 프로그램을 작성하면 프로그램의 길이가 길어질 수 있다.
④ 연산 데이터의 위치와 결과의 입력 위치가 결정되어 있어 주소를 필요로 하지 않는다.
⑤ 대표적인 0-주소 명령어 : PUSH, POP
⑥ 스택(Stack)
　㉠ 임시 데이터의 저장이나 서브루틴의 호출에서 사용한다.
　㉡ 연속되게 자료를 저장한다.
　㉢ 한쪽 끝에서만 자료를 삽입하거나 삭제할 수 있는 구조이다.
　㉣ 스택영역은 내부 데이터 메모리에 위치한다.
　㉤ 후입선출방식(LIFO ; Last-In First-Out)
　㉥ 0-주소 지정에 이용한다.

(2) 1-주소 명령(1-Address Instruction)

① OP-Code와 1개의 Operand로 구성되는 명령어 형식이다.

| OP Code | Operand 1 |

② 누산기(Accumulator)를 이용하여 연산을 수행한다.

(3) 2-주소 명령(2-Address Instruction)

① OP Code와 2개의 Operand로 구성되는 명령어 형식이다.
② 연산결과를 위한 Operand 1개와 입력자료를 위한 Operand 1개로 구성된다.

| OP Code | Operand 1 | Operand 2 |

③ 가장 일반적인 연산의 형태이다.
④ 연산 후 입력 자료의 값이 변한다.
⑤ Operand1은 연산 후 결과값이 저장되는 레지스터이다.

(4) 3-주소 명령(3-Address Instruction)

① OP Code와 3개의 Operand로 구성되는 명령어 형식이다.
② 연산결과를 위한 Operand 1개와 입력자료를 위한 Operand 2개로 구성된다.

| OP Code | Operand 1 | Operand 2 | Operand 3 |

③ 연산 후 입력자료의 값이 보존된다.
④ Operand1은 연산 후 결과값이 저장되는 레지스터
⑤ Operand2와 Operand3은 연산을 위한 입력자료가 저장되는 레지스터
⑥ 명령어의 수행시간이 가장 길다.
⑦ 프로그램의 길이는 가장 짧다.

10년간 자주 출제된 문제

3-1. 컴퓨터 메모리의 스택영역을 이용하여 연산을 실행하는 경우로서 명령어에는 연산자 부분만 존재하고 오퍼랜드 부분이 없는 것은?

① 1 주소 명령어
② 2 주소 명령어
③ 3 주소 명령어
④ 0 주소 명령어

3-2. 연산 후 입력 자료가 보존되고 프로그램의 길이를 짧게 할 수 있다는 장점은 있으나 명령 수행시간이 많이 걸리는 주소 지정 방식은?

① 0 주소 명령 형식
② 1 주소 명령 형식
③ 2 주소 명령 형식
④ 3 주소 명령 형식

3-3. 프로그램 수행 중 서브루틴으로 돌입할 때 프로그램의 리턴 번지(Return Address)의 수를 LIFO(Last-In First-Out) 기술로 메모리의 일부에 저장한다. 이 메모리와 가장 밀접한 자료 구조는?

① 큐
② 트리
③ 스택
④ 그래프

|해설|

3-1
0-주소 명령(0-Address Instruction)
- Operand 없이 OP Code만으로 구성되는 명령어 형식이다.

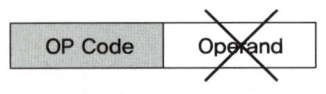

- Stack을 이용하여 연산을 수행한다.
- 0-주소 명령으로 프로그램을 작성하면 프로그램의 길이가 길어질 수 있다.
- 연산 데이터의 위치와 결과의 입력 위치가 결정되어 있어 주소를 필요로 하지 않는다.
- 대표적인 0-주소 명령어 : PUSH, POP

3-2
3-주소 명령(3-Address Instruction)
- OP Code와 3개의 Operand로 구성되는 명령어 형식이다.
- 연산결과를 위한 Operand 1개와 입력자료를 위한 Operand 2개로 구성된다.

| OP Code | Operand 1 | Operand 2 | Operand 3 |

- 연산 후 입력자료의 값이 보존된다.
- Operand1은 연산 후 결과 값이 저장되는 레지스터이다.
- Operand2와 Operand3은 연산을 위한 입력자료가 저장되는 레지스터이다.
- 명령어의 수행시간이 가장 길다.
- 프로그램의 길이는 가장 짧다.

3-3
스택(Stack)
- 임시 데이터의 저장이나 서브루틴의 호출에서 사용
- 연속되게 자료를 저장
- 한쪽 끝에서만 자료를 삽입하거나 삭제할 수 있는 구조
- 스택영역은 내부 데이터 메모리에 위치
- 후입선출방식(LIFO ; Last-In First-Out)
- 0-주소 지정에 이용

정답 3-1 ④ 3-2 ④ 3-3 ③

핵심이론 04 | 명령어 수행 및 마이크로 동작

(1) 명령 사이클(Instruction Cycle)

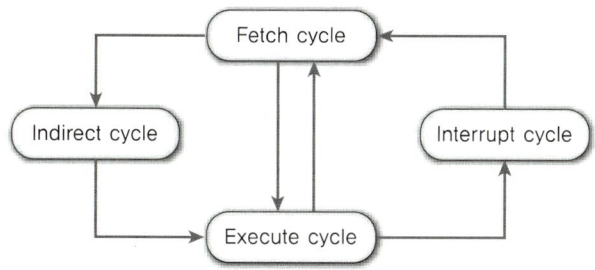

① 인출 사이클(Fetch Cycle)
  ㉠ 주기억장치로부터 수행할 명령어를 CPU로 가져오는 단계이다.
  ㉡ 하나의 명령을 수행한 후 다음 명령을 메인 메모리에서 CPU로 꺼내오는 단계이다.
② 간접 사이클(Indirect Cycle)
  ㉠ 명령어의 Operand가 간접주소로 지정이 된 경우 유효주소를 계산하기 위해 주기억장치에 접근하는 단계이다.
  ㉡ 결국에는 명령의 실행을 위해 Execute Cycle로 진행된다.
③ 실행 사이클(Execute Cycle)
  ㉠ 명령의 해독 결과 이에 해당하는 타이밍 및 제어신호를 순차적으로 발생시켜 실제로 명령어를 실행하는 단계이다.
  ㉡ 명령실행이 완료되면 다시 Fetch Cycle로 진행된다.
④ 인터럽트 사이클(Interrupt Cycle)
  ㉠ 인터럽트 발생 시 인터럽트 처리를 위한 단계이다.
  ㉡ 인터럽트에 대한 처리가 완료되면 Fetch Cycle로 진행된다.

(2) 마이크로 동작

① 레지스터에 저장된 데이터를 갖고서 실행되는 일련의 동작이다.
② 하나의 클록펄스 동안에 실행되는 기본적인 동작이다.
③ 시프트(Shift), 카운트(Count), 클리어(Clear), 로드(Load)

10년간 자주 출제된 문제

4-1. 주기억장치로부터 명령어를 읽어서 중앙처리장치로 가져오는 사이클은?
① Fetch Cycle
② Indirect Cycle
③ Execute Cycle
④ Interrupt Cycle

4-2. 레지스터에 저장된 데이터를 가지고 하나의 클록펄스 동안에 실행되는 기본적인 동작을 마이크로 동작이라고 한다. 다음 중 마이크로 동작이 아닌 것은?
① 시프트(Shift)
② 카운트(Count)
③ 클리어(Clear)
④ 인터럽트(Interrupt)

|해설|
4-1
인출 사이클(Fetch Cycle)
• 주기억장치로부터 수행할 명령어를 CPU로 가져오는 단계
• 하나의 명령을 수행한 후 다음 명령을 메인 메모리에서 CPU로 꺼내오는 단계

4-2
마이크로 동작
• 레지스터에 저장된 데이터를 갖고서 실행되는 일련의 동작
• 하나의 클록펄스 동안에 실행되는 기본적인 동작
• 시프트(Shift), 카운트(Count), 클리어(Clear), 로드(Load)

정답 4-1 ① 4-2 ④

1-3. 입력과 출력

핵심이론 01 | 입출력에 필요한 기능

(1) 입출력에 필요한 기능

① 하드웨어적 기능
  ㉠ 기억 장치와 입출력 장치 사이의 데이터 전달을 위한 송수신 회선
  ㉡ 동작상의 차이점을 보완하는 하드웨어 요소

② 소프트웨어적 기능
  입출력이 행해지도록 프로그램을 하는데 사용되는 인스트럭션

③ 입출력 동작의 제어는 항상 CPU에 의해 실행

(2) 입출력 시스템의 제어

① CPU에 의한 입출력
  ㉠ 입출력 과정에서 CPU가 모든 명령을 수행하는 방식이다.
  ㉡ 프로그램에 의한 입출력과 인터럽트 처리에 의한 입출력이 있다.

② 프로그램에 의한 입출력
  CPU가 데이터의 입출력 및 전송 가능 여부를 계속해서 프로그램에 의해 입출력 장치의 인터페이스를 감시하는 장치이다.

③ 인터럽트 처리 방식에 의한 입출력
  ㉠ 입출력 기기의 준비나 동작이 완료되는 것을 입출력 제어 프로그램에 의해 확인한 후 입출력하는 방법이다.
  ㉡ 대기 루프(Waiting Loop) 방식이라고도 한다.

④ DMA(Direct Memory Access)에 의한 입출력
  DMA 장치는 데이터를 전송할 때 CPU와 독립된 채널(Channel)을 구성하여 메모리와 입출력 기기들 사이에서 직접 데이터를 주고받을 수 있도록 제어하는 회로이다.

⑤ 채널에 의한 입출력
  ㉠ 채널은 CPU 대신에 입출력 조작을 거의 독립적으로 실행하는 장치이다.
  ㉡ CPU는 입출력 조작으로부터 벗어나 다른 연산 작업을 계속 할 수 있다.

⑥ 미니 컴퓨터(Mini Computer) : 입출력 및 직접 기억 장치 접근(DMA)방법 등을 사용한다.

⑦ 대형 컴퓨터 : 채널(Channel)을 이용한 입출력 방식을 사용한다.

10년간 자주 출제된 문제

1-1. 입출력 제어 방식에 해당하지 않는 것은?
① 인터페이스 방식
② 채널에 의한 방식
③ DMA 방식
④ 중앙처리장치에 의한 방식

1-2. 중앙처리장치로부터 입출력 지시를 받으면 직접 주기억 장치에 접근하여 데이터를 꺼내어 출력하거나 입력한 데이터를 기억시킬 수 있고, 입출력에 관한 모든 동작을 자율적으로 수행하는 입출력 제어 방식은?
① 프로그램 제어방식
② 인터럽트 방식
③ DMA 방식
④ 채널 방식

| 해설 |

1-1

입출력 시스템의 제어
- CPU에 의한 입출력
  - 입출력 과정에서 CPU가 모든 명령을 수행하는 방식이다.
  - 프로그램에 의한 입출력과 인터럽트 처리에 의한 입출력이 있다.
- 프로그램에 의한 입출력 : CPU가 데이터의 입출력 및 전송 가능 여부를 계속해서 프로그램에 의해 입출력 장치의 인터페이스를 감시하는 장치이다.
- 인터럽트 처리 방식에 의한 입출력
  - 입출력 기기의 준비나 동작이 완료되는 것을 입출력 제어 프로그램에 의해 확인한 후 입출력하는 방법이다.
  - 대기 루프(Waiting Loop) 방식이라고도 한다.
- DMA(Direct Memory Access)에 의한 입출력 : DMA 장치는 데이터를 전송할 때 CPU와 독립된 채널(Channel)을 구성하여 메모리와 입출력 기기들 사이에서 직접 데이터를 주고받을 수 있도록 제어하는 회로이다.
- 채널에 의한 입출력
  - 채널은 CPU 대신에 입출력 조작을 거의 독립적으로 실행하는 장치
  - CPU는 입출력 조작으로부터 벗어나 다른 연산 작업을 계속할 수 있다.
- 미니 컴퓨터(Mini Computer) : 입출력 및 직접 기억 장치 접근(DMA)방법 등을 사용한다.
- 대형 컴퓨터 : 채널(Channel)을 이용한 입출력 방식을 사용한다.

정답 1-1 ① 1-2 ③

| 핵심이론 02 | 채널(Channel)

(1) 채널(Channel)
① 자료의 빠른 처리를 위해 주기억장치와 입출력 장치 사이에 설치하는 장치이다.
② 처리 속도가 빠른 CPU와 속도가 느린 입출력 장치 사이의 속도 차이로 인한 작업의 낭비를 줄여준다.

(2) 전용 채널
① 특정한 입출력 제어 장치에 채널의 기능을 삽입시킨 것이다.
② 확장성과 유연성이 낮다.

(3) 고정 채널
① 입출력 장치마다 채널을 독립시킨 것이다.
② 확장성과 유연성이 높다.

(4) 실렉터 채널(Selector Channel)
① 입출력 동작이 개시되어 종료까지 하나의 입출력 장치를 사용하는 채널이다.
② Block 단위의 전송이 이루어진다.
③ 디스크와 같은 고속 장치에서 사용한다.

(5) 멀티플렉서 채널(Multiplexer Channel)
① 다수의 입출력 장치 사이의 속도 차이로 인한 작업의 낭비를 줄여 준다.

(6) 블록 멀티플렉서 채널(Block Multiplexer Channel)
① 멀티플렉서 채널과 실렉터 채널의 양면을 복합한 것이다.
② 다수의 고속도 장치를 연결할 수 있다.

10년간 자주 출제된 문제

하나의 채널이 고속 입출력 장치를 하나씩 순차적으로 관리하며, 블록(Block) 단위로 전송하는 채널은?

① 사이클 채널(Cycle Channel)
② 실렉터 채널(Selector Channel)
③ 멀티플렉서 채널(Multiplexer Channel)
④ 블록 멀티플렉서 채널(Block Multiplexer Channel)

|해설|

실렉터 채널(Selector Channel)
- 입출력 동작이 개시되어 종료까지 하나의 입출력 장치를 사용하는 채널이다.
- Block 단위의 전송이 이루어진다.
- 디스크와 같은 고속 장치에서 사용한다.

정답 ②

핵심이론 03 | 인터럽트(Interrupt)

(1) 인터럽트(Interrupt)

① 프로그램이 수행되고 있는 동안에 어떤 조건이 발생하여 수행 중인 프로그램을 일시적으로 중지시키게 만드는 조건이나 사건의 발생
② 다른 프로그램이 수행되는 동안 여러 개의 사건을 처리할 수 있는 메커니즘
③ 인터럽트가 발생하면 마이크로 컨트롤러는 현재 수행 중인 프로그램을 일시 중단하고, 인터럽트 처리를 위한 프로그램을 수행한 후에 다시 원래의 프로그램으로 복귀

(2) 인터럽트 처리순서

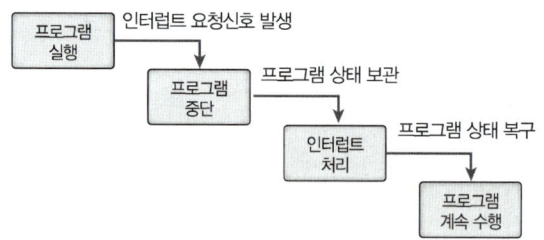

(3) 인터럽트 종류

① 하드웨어 인터럽트
  ㉠ 정전・전원 이상 인터럽트
  ㉡ 기계고장 인터럽트
  ㉢ 외부 인터럽트
  ㉣ 입출력 인터럽트
② 소프트웨어 인터럽트
  ㉠ 프로그램 인터럽트
  ㉡ SVC 인터럽트

(4) 인터럽트 우선순위를 판별하는 방법

① 소프트웨어에 의한 우선순위
  ㉠ 폴링(Polling) 방식이라 한다.
  ㉡ 별도의 하드웨어가 필요없으므로 경제적이다.
  ㉢ 인터럽트 요청 장치의 패널에 시간이 많이 걸리므로 반응 속도가 느리다.
  ㉣ 우선순위의 변경이 간단하다.

② 하드웨어에 의한 우선순위
  ㉠ 데이지 체인(Dasy-chain) 우선순위 : 인터럽트를 발생시키는 모든 장치들을 직렬로 연결하여 가장 가까이 연결된 장치가 가장 높은 우선순위를 가지며, 맨 마지막에 연결되어 있는 장치가 가장 낮은 우선순위를 가지고 동작하는 직렬 우선 순위방식이다.
  ㉡ 병렬(Parallel) 우선순위 : 각 장치의 인터럽트 요청에 따라 인터럽트를 발생한 것부터 체크하여 우선순위를 결정하는 방식으로 레지스터의 비트 위치에 따라 우선순위가 결정된다.

(5) 인터럽트 마스크

① 인터럽트가 발생하였을 때 요구를 받아들일지 여부를 검토하고 실행을 지정하는 것이다.
② 지정을 세트할 때 어떤 장치에서의 인터럽트도 받지 않는 것을 표시하는 것이다.

10년간 자주 출제된 문제

3-1. 프로그램을 실행하는 도중에 예기치 않은 상황이 발생할 경우, 현재 실행 중인 작업을 즉시 중단하고 발생된 상황을 우선 처리한 후 실행 중이던 작업으로 복귀하여 계속 처리하는 것을 무엇이라고 하는가?

① 명령 실행
② 간접 단계
③ 명령 인출
④ 인터럽트

3-2. 소프트웨어(Software)에 의한 우선순위(Priority) 체제에 관한 설명 중 옳지 않은 것은?

① 폴링 방법이라고 한다.
② 별도의 하드웨어가 필요 없으므로 경제적이다.
③ 인터럽트 요청 장치의 패널에 시간이 많이 걸리므로 반응속도가 느리다.
④ 하드웨어 우선순위 체제에 비해 우선순위의 변경이 매우 복잡하다.

|해설|

3-2
소프트웨어에 의한 우선순위
- 폴링(Polling) 방식이라 한다.
- 별도의 하드웨어가 필요 없으므로 경제적이다.
- 인터럽트 요청 장치의 패널에 시간이 많이 걸리므로 반응 속도가 느리다.
- 우선순위의 변경이 간단하다.

정답 3-1 ④ 3-2 ④

1-4. 컴퓨터의 구성망

핵심이론 01 | 데이터 전송 방식

(1) 통신 방식

① 단방향(Simplex) 통신 방식 : 한쪽 방향으로만 데이터를 전송할 수 있는 방식이다.

② 반이중(Half Duplex) 통신 방식 : 데이터를 양쪽 방향으로 전송할 수 있으나 동시에 양쪽 방향으로 전송할 수는 없으며, 한 순간에 어느 한쪽 방향으로만 데이터를 전송할 수 있는 방식이다.

③ 전이중(Full Duplex) 통신 방식 : 접속된 두 장치 사이에서 동시에 양방향으로 데이터의 흐름을 가능하게 하는 방식으로, 상호 데이터 전송이 자유롭다.

(2) 전송 방식

① 직렬(Serial) 전송

  하나의 문자 정보를 나타내는 데이터 비트를 직렬로 나열한 후 하나의 통신 회선을 사용하여 1비트씩 순차적으로 전송하는 방식이다.

② 병렬(Parallel) 전송
  ㉠ 복수의 비트를 합쳐 블록 버퍼를 이용하여 한번에 전송한다.
  ㉡ 스트로브(Strobe) 신호를 사용하여 문자와 문자 사이의 간격을 식별한다.
  ㉢ 컴퓨터와 주변 기기 사이의 연결에 사용한다.

③ 비동기(Asynchronous) 전송
  ㉠ 한 번에 한 문자 데이터씩 전송하는 방식이다.
  ㉡ 조보식 또는 스타트 스톱(Start Stop) 방식이라고도 한다.

④ 동기(Synchronous) 전송
  ㉠ 한 문자 단위가 아닌 미리 정해진 만큼의 문자열을 구성하여 일시에 전송하는 방식이다.
  ㉡ 비트 동기, 문자 동기, 프레임 동기 방식이 있다.

(3) 전송 속도

① bps(bit/s) : 1초당 전송되는 비트수로, 부호를 구성하고 있는 비트가 1초 동안에 얼마나 전송되는가를 나타내는 데이터 신호 속도이다.

② 보(baud) : 매 초당의 신호 변환 또는 상태 변환 수이다.

③ 변조 속도 : 신호의 변조 과정에서 1초 동안에 몇 번의 변조가 수행되어졌는가를 나타내며, 단위로는 보(baud)의 단위를 사용한다.

④ 데이터 전송 속도 : 대응하는 장치 사이에 전송되는 단위 시간당의 비트, 문자, 블록 수를 표시하는 데 이용되며, 특별히 정해진 단위는 없고 단위시간으로 초, 분, 시간 등이 사용된다.

⑤ 베어러(Bearer)속도 : 기저대 전송 방식에서 데이터 신호 이외에 동기 신호, 상태 신호들을 포함하는 전송 속도를 말하며, 단위로는 bps가 사용된다.

10년간 자주 출제된 문제

1-1. 양방향 데이터 전송은 가능하나 동시 전송이 불가능한 방식은?

① Simplex ② Half Duplex
③ Full Duplex ④ Dual Duplex

1-2. 데이터의 전송 방식 중 병렬 전송 방식에서 문자와 문자 사이의 간격을 식별하기 위해서 사용하는 신호로 가장 적합한 것은?

① 스트로브 신호 ② 임팩트 신호
③ 시프트 신호 ④ 로드 신호

|해설|

1-1
반이중(Half Duplex) 통신 방식 : 데이터를 양쪽 방향으로 전송할 수 있으나 동시에 양쪽 방향으로 전송할 수는 없으며, 한 순간에 어느 한쪽 방향으로만 데이터를 전송할 수 있다.

1-2
병렬(Parallel) 전송
- 복수의 비트를 합쳐 블록 버퍼를 이용하여 한 번에 전송
- 스트로브(Strobe) 신호를 사용하여 문자와 문자 사이의 간격을 식별
- 컴퓨터와 주변 기기 사이의 연결에 사용

정답 1-1 ② 1-2 ①

핵심이론 02 | 터미널 구성

(1) 토폴로지(Topology) 형태

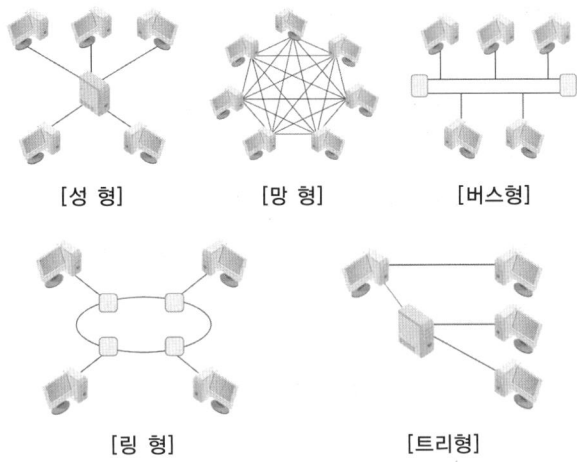

[성 형] [망 형] [버스형]

[링 형] [트리형]

① 성형(Star) : 중앙에 있는 주 컴퓨터에 여러 대의 컴퓨터가 별 모양(성형)으로 연결된 형태로 각 컴퓨터는 주 컴퓨터를 통하여 다른 컴퓨터와 통신을 할 수 있는 형태이다.

② 망형(Mesh) : 모든 노드가 서로 일대일로 연결된 그물망 형태로 다수의 노드 쌍이 동시에 통신 가능하다.

③ 버스형(Bus) : 버스라는 공통 배선에 각 노드가 연결된 형태로, 특정 노드의 신호가 케이블 전체에 전달된다.

④ 링형(Ring) : 각 노드가 좌우의 인접한 노드와 연결되어 원형을 이루고 있는 형태이다.

⑤ 트리형(Tree) : 버스형과 성형 토폴로지의 확장 형태로 백본(Backbone)과 같은 공통 배선에 적절한 분기 장치(허브, 스위치)를 사용하여 링크를 덧붙여 나갈 수 있는 구조이다.

⑥ 근거리 통신망 : 근거리 통신망(LAN ; Local Area Network)은 빌딩이나 공장, 학교 구내 등 일정 지역 내에 설치된 통신망으로, 약 10[km] 이내의 거리에서 100[Mbps] 이내의 빠른 속도로 데이터 전송이 수행되는 시스템이다.

⑦ 부가 가치 통신망 : 부가 가치 통신망(VAN ; Value Added Network)은 공중 전기 통신 사업자로부터 통신망을 빌려서 컴퓨터와 접속시켜 구성한다.

⑧ 종합 정보 통신망(ISDN ; Integrated Services Digital Network)은 아날로그 전송을 기본으로 한 전화 중심의 통신망을 디지털 전송에 의한 통신망으로 실현하여 전화, 데이터, 화상, 팩시밀리 등 모든 전기 통신 서비스를 통합적으로 제공하는 디지털 통신망으로서, 상호 간의 접속성과 고도의 통신 서비스를 제공한다.

(2) 전송 매체의 접근 방식에 따른 분류

① CSMA/CD(Carrier Sense Multiple Access with Collision Detect)
   ㉠ 다중 충돌 접근 기법이다.
   ㉡ 데이터를 전송하기 전에 회선을 감시하다가 회선이 비어 있을 경우 전송하는 방식이다.

② 토큰링(Token Ring)
   ㉠ 여러 장치들이 하나의 고리에 이어져 형성된다.
   ㉡ 데이터가 하나의 장치에서 다음 장치로 차례차례 전달한다.

③ 코드 분할 다중 접속(CDMA ; Code Division Multiple Access)
   ㉠ 데이터를 암호화한 후 그것을 가용한 전체 대역폭으로 전송한다.
   ㉡ 수신 측에서는 이를 복호화하여 수신한다.

④ 주파수 분할 다중 접속(FDMA ; Frequency Division Multiple Access) : 통신을 위한 주파 수 대역폭을 통신 기기 서로가 일정 대역폭만을 사용하도록 약속을 하고 서로 통신할 수 있도록 한 것이다.

⑤ 시간 분할 다중 접속(TDMA ; Time Division Multiple Access) : 통신 주파수 대역폭 전부를 사용하지만 시차를 두어 기기마다 주파수를 점유하여 사용할 수 있도록 한 것이다.

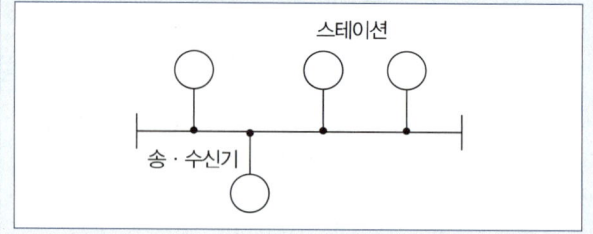

10년간 자주 출제된 문제

근거리 통신망의 구성 중 회선 형태의 케이블에 송수신기를 통하여 스테이션을 접속하는 것으로 그림과 같은 것은?

① 성(Star)형
② 루프(Loop)형
③ 버스(Bus)형
④ 그물(Mesh)형

|해설|

버스형(Bus) : 버스라는 공통 배선에 각 노드가 연결된 형태로, 특정 노드의 신호가 케이블 전체에 전달된다.

정답 ③

핵심이론 03 | 회선 교환의 형태, 회선 접속 방식

(1) 회선 교환의 형태

① 교환 회선 : 데이터 전송량이 적은 경우 단말 장치들이 교환기에 접속되어 있어 광역 네트워크를 구성하여 경제적으로 통신을 수행하기 위한 방법으로 사용된다.

　㉠ 회선 교환 방식(Circuit Switching) : 송수신 장치 간의 통신 시마다 고속 고품질의 통신경로를 설정하여 데이터를 교환하는 교환방식으로, 시분할 교환기술 또는 디지털 전송기술에 이용된다.

　㉡ 축적 교환 방식(Store and Forward Switching) : 교환기에 정보가 메시지 또는 패킷 단위로 저장되어 전송하는 데이터 전송 방식으로서 부재중 정보 처리 능력을 확산하기 위한 것이다.

② 비교환 회선 : 교환 회선을 사용하지 않고 사용자의 정보 전송량이 많을 경우 같은 단말 장치에 있는 시스템을 유기적으로 결합하기 위해 특정 회선을 연결하여 직통 회선으로 사용하는 것을 의미하며 비교환 회선 또는 임대 회선(Lease Line)이라고도 한다.

(2) 회선 접속 방식

① 일지점 방식(Point to Point) : 2개의 정보 처리 장치가 하나의 통신 회선을 통해 1대 1로 접속되어 있는 상태로 정보 전송에 대한 효율성을 증가시키는 목적으로 구성되어 있는 방식이다. 이 방식은 주로 전용 회선을 사용하며 계속적인 전송이 이루어지는 경우 응답 속도가 빠르며, 처리 능력 역시 고속으로 수행할 수 있다.

② 다지점 방식(Multipoint) : 하나의 통신로에 복수의 단말 장치가 구성되어 있는 경우와 하나의 단말 장치에 복수의 단말 장치가 구성되어 있는 회선의 접속 방식을 의미하고 일반적으로 전송로의 비용을 절약하고자 하는 측면에서 이용되고 있다. 이 방식은 여러 개의 단말 장치를 연결하므로 경제적이며 짧은 시간 동안만 회선을 운영하므로 주로 조회 처리를 위한 방법으로 사용된다.

10년간 자주 출제된 문제

송수신 단말장치 사이에서 데이터를 전송할 때마다 통신경로를 설정하여 데이터를 교환하는 방식은?

① 메시지 교환 방식
② 패킷 교환 방식
③ 회선 교환 방식
④ 포인트 투 포인트 방식

|해설|

회선 교환 방식(Circuit Switching) : 송수신 장치 간의 통신 시마다 고속 고품질의 통신경로를 설정하여 데이터를 교환하는 교환방식으로, 시분할 교환기술 또는 디지털 전송기술에 이용된다.

정답 ③

CHAPTER 03 프로그래밍 일반

제1절 프로그래밍 일반

1-1. 프로그래밍언어의 개요

핵심이론 01 저급언어(Low Level Language)

(1) 저급언어
① 컴퓨터 개발 초창기에 사용되었던 프로그래밍 언어
② 주로 시스템 프로그래밍에 사용
③ 저급 언어의 종류 : 기계어(Machine Language), 어셈블리어(Assembly Language)

(2) 저급언어(Low Level Language)의 종류
① 기계어(Machine Language)
 ㉠ 초창기의 컴퓨터프로그래밍은 기계어에 의해 작성되고 처리되었다.
 ㉡ 컴퓨터의 전기적 회로에 의해 직접적으로 해석되어 실행되는 언어이다.
 ㉢ 컴퓨터 자원을 효율적으로 활용한다.
 ㉣ 언어 자체가 복잡하고 어렵다.
 ㉤ 프로그래밍 시간이 많이 걸리고 에러가 많다.
 ㉥ 호환성이 없다.
 ㉦ 2진수를 사용하여 데이터를 표현한다.
 ㉧ 프로그램의 실행 속도가 빠르다.
② 어셈블리어(Assembly Language)
 ㉠ 복잡한 기계어를 대체하는 프로그래밍 수단으로 사용한다.
 ㉡ 기계어의 명령들을 알기 쉬운 기호로 표시하여 사용한다.
 ㉢ 프로그램의 수행시간이 빠르다.
 ㉣ 주기억장치를 매우 효율적으로 이용할 수 있다.
 ㉤ 프로그래밍 언어 상호 간의 호환성이 없다.
 ㉥ 어셈블러(Assembler)에 의한 번역 과정이 필요하므로 처리 속도가 느리다.

10년간 자주 출제된 문제

1-1. 기계어에 대한 설명으로 옳지 않은 것은?
① 컴퓨터가 직접 이해할 수 있는 숫자로 표기된 언어를 의미한다.
② 전자계산기 기종마다 명령부호가 다르다.
③ 인간에게 친숙한 영문 단어로 표현된다.
④ 작성된 프로그램의 수정 보수가 어렵다.

1-2. 어셈블리어에 대한 설명으로 옳지 않은 것은?
① 기호 코드(Mnemonic Code)라고도 한다.
② 어셈블러라는 언어번역 프로그램에 의해서 기계어로 번역된다.
③ 자연어에 가까운 고급 언어이다.
④ 컴퓨터 기종마다 상이하여 호환성이 없다.

|해설|
1-1
③ 언어 자체가 복잡하고 어렵다.
1-2
③ 기계어의 명령들을 알기 쉬운 기호로 표시하여 사용한다.

정답 1-1 ③ 1-2 ③

핵심이론 02 | 고급언어(High Level Language)

(1) 고급언어(High Level Language)
① 사람이 이해하기 쉬운 자연어에 가깝게 만들어진 언어이다.
② 프로그래밍하기 쉽고 생산성이 높다.
③ 컴퓨터와 관계없이 독립적으로 프로그램을 만들 수 있다.
④ 기계어로 변환하기 위해 번역하는 과정을 거친다.
⑤ 기종에 관계없이 공통적으로 사용한다.

(2) 고급언어(High Level Language)의 종류
① 베이직(BASIC) : 대화형의 인터프리터 중심의 언어
② FORTRAN : 과학 기술용 프로그램 언어
③ COBOL : 상업용 사무처리를 위하여 일상에서 사용하는 영어와 같은 표현으로 기술하도록 설계된 프로그래밍 언어
④ PASCAL : 구조화 프로그래밍 개념에 따라 개발된 언어
⑤ C언어 : 시스템 프로그래밍 언어
⑥ LISP : 게임이론, 정리증명, 로봇 문제 및 자연어 처리 등의 인공지능과 관련된 분야에 사용하는 언어
⑦ PL/1 : 범용언어로, 매크로 언어를 가진 인터프리터형 언어
⑧ C++ : 객체지향 프로그래밍을 지원하기 위한 언어
⑨ 자바(JAVA) : 객체지향 언어로, 네트워크 분산환경에서 이식성이 높고, 인터프리터 방식으로 동작하는 사용자와의 대화성이 높은 프로그래밍 언어

10년간 자주 출제된 문제

고급언어의 특징으로 거리가 먼 것은?
① 하드웨어에 관한 전문지식 없이도 프로그램 작성이 용이하다.
② 번역과정 없이 실행 가능하다.
③ 일상생활에서 사용하는 자연어와 유사한 형태의 언어이다.
④ 프로그램 작성이 쉽고, 수정이 용이하다.

|해설|
② 기계어로 변환하기 위해 번역하는 과정을 거친다.

정답 ②

핵심이론 03 | 프로그래밍 번역기

(1) 프로그램 언어의 번역 과정

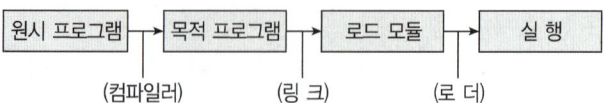

① 원시 프로그램(Source Program) : 사용자가 각종 프로그램 언어로 작성한 프로그램
② 목적 프로그램(Object Program) : 번역기에 의해 기계어로 번역된 상태의 프로그램
③ 로드 모듈(Load Module) : Linkage Editor에 의해 실행 가능한 상태로 된 모듈

(2) 번역기의 종류

① 어셈블러(Assembler) : 어셈블리 언어로 작성된 원시 프로그램을 기계어로 번역하는 프로그램이다.
② 컴파일러(Compiler) : 전체 프로그램을 한 번에 처리하여 목적 프로그램을 생성하는 번역기로 기억 장소를 차지하지만 실행 속도가 빠르다(ALGOL, PASCAL, FORTRAN, COBOL, C).
③ 인터프리터(Interpreter) : 작성된 원시 프로그램을 한 줄씩 읽어 번역 및 실행하는 프로그램으로 실행 속도가 느리지만 기억장소를 적게 차지한다(BASIC, LISP, JAVA, PL/I).

10년간 자주 출제된 문제

3-1. 언어번역 프로그램에 해당하지 않는 것은?
① 인터프리터
② 로 더
③ 컴파일러
④ 어셈블러

3-2. 원시 프로그램을 한 문장씩 번역하여 즉시 실행하는 방식의 원시번역 프로그램은?
① 컴파일러
② 링 커
③ 로 더
④ 인터프리터

|해설|
3-1
번역기의 종류
- 인터프리터(Interpreter) : 작성된 원시 프로그램을 한 줄씩 읽어 번역 및 실행하는 프로그램으로 실행 속도가 느리지만 기억장소를 적게 차지한다(BASIC, LISP, JAVA, PL/I).
- 컴파일러(Compiler) : 전체 프로그램을 한 번에 처리하여 목적 프로그램을 생성하는 번역기로 기억 장소를 차지하지만 실행 속도가 빠르다(ALGOL, PASCAL, FORTRAN, COBOL, C).
- 어셈블러(Assembler) : 어셈블리 언어로 작성된 원시 프로그램을 기계어로 번역하는 프로그램이다.

정답 3-1 ② 3-2 ④

핵심이론 04 | 링커(Linker), 로더(Loader)

(1) 링커(Linker)
기계어로 번역된 목적 프로그램을 실행 프로그램 라이브러리를 이용하여 실행 가능한 형태의 로드 모듈로 번역하는 번역기이다.

(2) 로더(Loader)
로더 모듈을 수행하기 위해 메모리에 적재시켜 주는 기능을 수행한다.

① 로더의 기능
  ㉠ 할당(Allocation) : 목적 프로그램이 적재될 주기억장소 내의 공간을 확보한다.
  ㉡ 연결(Linking) : 필요할 경우 여러 목적 프로그램들 또는 라이브러리 루틴과의 링크 작업이다. 외부 기호를 참조할 때, 이 주소 값들을 연결한다.
  ㉢ 재배치(Relocation) : 목적 프로그램을 실제 주기억 장소에 맞추어 재배치한다. 상대주소들을 수정하여 절대주소로 변경한다.
  ㉣ 적재(Loading) : 실제 프로그램과 데이터를 주기억장소에 적재한다. 적재할 모듈을 주기억장치로 읽어 들인다.

② 로더의 종류
  ㉠ 컴파일 즉시로더(Compile and Go) : 번역기가 로더의 역할까지 담당하는 것으로 프로그램의 크기가 크고 한 가지 언어로만 프로그램을 작성할 수 있다. 실행을 원할 때마다 번역을 해야 한다.
  ㉡ 절대로더(Absolute Loader) : 단순히 번역된 목적 프로그램을 입력으로 받아들여 주기억장치의 프로그래머가 지정한 주소에 적재하는 기능을 가지는 간단한 로더로 재배치라든지 링크 등이 없고, 프로그래머가 절대 주소를 기억해야 하며 다중 프로그래밍 방식에서 사용할 수 없다.
  ㉢ 재배치 로더(Relocating Loader) : 주기억장치의 상태에 따라 목적 프로그램을 주기억장치의 임의의 공간에 적재할 수 있도록 하는 로더이다.
  ㉣ 링킹로더(Linking Loader) : 하나의 부프로그램이 변경되어도 다른 모듈 프로그램을 다시 번역할 필요가 없도록 프로그램에 대한 기억장소할당과 부프로그램의 연결이 로더에 의해 자동으로 수행되는 프로그램으로 직접연결로더(DLL ; Direct Linking Loader)가 대표적이다.
  ㉤ 동적 적재(Dynamic Loading = Load on call) : 모든 세그먼트를 주기억장치에 적재하지 않고 항상 필요한 부분만 주기억장치에 적재하고 나머지는 보조기억장치에 저장해두는 기법이다.
  ㉥ 연결 편집기(Linkage Editor) : 연결 편집기로 로드모듈을 만들어 놓으면 그 모듈을 기억 장치에 로드하여 바로 실행할 수 있도록 하는 방식으로 진보된 방식이며 요즘 사용하는 방식이다.
  ㉦ 동적 연결(Dynamic Linking) : 실제 수행 시 연결과 적재를 이행하는 기법으로 프로시저 세그먼트나 자료 세그먼트는 다른 어떤 프로시저가 수행도 중에 실제로 그것을 요구할 때까지 프로그램의 어떤 세그먼트와도 연결되지 않는다.

(3) 크로스 컴파일러(Cross Compiler)
원시 프로그램을 다른 컴퓨터의 기계어로 번역하는 프로그램이다.

(4) 선행 처리(Preprocessor)
① 주석의 제거, 상수 정의 치환, 매크로 확장 등 컴파일러가 처리하기 전에 먼저 처리하여 확장된 원시 프로그램을 생성한다.
② 원시 프로그램을 기계어로 된 목적 프로그램으로 번역하는 대신에 기존의 고수준 컴파일러 언어로 전환하는 역할을 수행한다.

(5) 프로그램 언어의 수행순서

원시(Source)P/G → 번역(컴파일러) → 목적(Object) P/G 생성 → 링커 → 로더 → 실행

10년간 자주 출제된 문제

4-1. 로더의 기능으로 거리가 먼 것은?
① Allocation
② Linking
③ Loading
④ Translation

4-2. 프로그래밍 언어의 해독 순서로 옳은 것은?
① 링커 – 로더 – 컴파일러
② 컴파일러 – 링커 – 로더
③ 로더 – 컴파일러 – 링커
④ 로더 – 링커 – 컴파일러

|해설|

4-1
로더의 기능
- 할당(Allocation) : 목적 프로그램이 적재될 주기억장소 내의 공간을 확보
- 연결(Linking) : 필요할 경우 여러 목적 프로그램들 또는 라이브러리 루틴과의 링크 작업. 외부기호를 참조할 때, 이 주소 값들을 연결
- 적재(Loading) : 실제 프로그램과 데이터를 주기억장소에 적재. 적재할 모듈을 주기억장치로 읽어 들임

4-2
프로그램 언어의 수행순서
원시(Source) P/G → 번역(컴파일러) → 목적(Object) P/G 생성 → 링커 → 로더 → 실행

정답 4-1 ④ 4-2 ②

1-2. 프로그래밍 기법

핵심이론 01 | 프로그래밍 절차

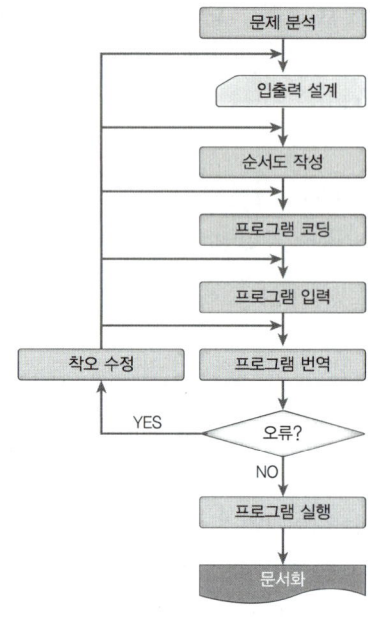

[프로그래밍 절차]

(1) 문제 분석

① 프로그램에 의하여 해결해야 할 문제를 명확히 정의한다.
② 문제를 해결하기 위한 여러 가지 방법을 비교, 분석한다.
③ 최선의 방법을 결정한다.
④ 입력 데이터와 출력 정보 및 프로그래밍에 소요되는 비용이나 기간 등에 대한 조사, 분석, 경제적 혹은 능률적인 측면에서의 타당성을 검토한다.

(2) 입출력 설계

① 입력 설계 : 입력 데이터의 크기와 형태를 결정, 어떤 입력 매체에 어떤 순서로 배열할 것인가 등을 구체적으로 결정
② 출력 설계 : 출력 결과를 어떤 매체에 어떤 항목을 어떤 순서로 배열하여 출력할 것인지를 상세히 결정

③ 입출력을 설계할 경우 고려사항
  ㉠ 입력 데이터의 종류와 양을 표현한다.
  ㉡ 구체적인 데이터 항목, 데이터의 크기와 성격을 표현한다.
  ㉢ 입력 매체를 결정하여 일정한 양식의 용지에 표현한다.
  ㉣ 자료 항목을 코드화한다.
  ㉤ 출력설계는 이용 목적에 맞는 적절한 출력매체를 선정한다.
  ㉥ 문자 외에 그림, 동영상, 음성 등을 출력할 수 있도록 고려한다.

(3) 순서도 작성
① 정해진 데이터를 입력하여 원하는 출력 정보를 얻기 위하여 적용할 처리 방법과 순서를 설계하는 과정이다.
② 문제를 처리하기 위한 방법과 순서를 단계적으로 일정한 기호를 사용하여 논리적으로 도표화한 순서도(Flowchart)를 이용한다.
③ 순서도의 역할
  ㉠ 프로그램 작성의 직접적인 자료가 된다.
  ㉡ 업무의 내용과 프로그램을 쉽게 이해할 수 있고, 다른 사람에게 전달이 쉽다.
  ㉢ 프로그램의 정확성 여부를 판단하는 자료가 되며, 오류가 발생하였을 때 그 원인을 찾아 수정하기가 쉽다.
  ㉣ 프로그램의 논리적인 체계 및 처리 내용을 쉽게 파악할 수 있다.
  ㉤ 프로그래밍 언어에 관계없이 공통으로 사용할 수 있다.

(4) 프로그램 코딩 및 입력
① 적절한 프로그래밍 언어를 선택하여 프로그램 명령문들을 기술한다.
② 정해진 문법에 따라 정확하게 기술한 후 컴퓨터의 키보드를 이용하여 저장(FDD, HDD) 매체에 수록한다.

(5) 번역 및 착오 검색
① 작성된 프로그램은 컴파일러에 의해 목적 프로그램을 만든다.
② 원시 프로그램의 입력과정 오류와 문법상의 오류(Syntax Error)가 발생한다.
③ 원인을 찾아 오류수정(Error Debugging) 작업을 한 후 테스트 데이터를 입력한다.
④ 논리적인 오류가 발생한다.
⑤ 단위 검사와 통합 검사의 두 단계를 거친다.

(6) 프로그램의 실행
완전한 프로그램이 만들어지면 실제 데이터를 입력하여 처리하고 그 결과를 얻어 활용한다.

(7) 문서화
프로그램의 운영에 필요한 사항을 문서로써 정리하여 기록하는 작업이다.
① 문서화를 통하여 얻어지는 효과
  ㉠ 프로그램의 개발 목적 및 과정을 표준화한다.
  ㉡ 효율적인 작업이 이루어지게 한다.
  ㉢ 프로그램의 유지 보수를 쉽게 한다.
  ㉣ 개발과정에서의 추가 및 변경에 따른 혼란을 줄일 수 있다.

10년간 자주 출제된 문제

1-1. 프로그래밍 절차가 옳게 나열된 것은?
① 문제분석 – 입출력설계 – 순서도작성 – 프로그램 코딩 – 실행
② 문제분석 – 입출력설계 – 프로그램 코딩 – 실행 – 순서도 작성
③ 문제분석 – 입출력설계 – 프로그램 코딩 – 순서도작성 – 실행
④ 문제분석 – 순서도작성 – 프로그램 코딩 – 입출력설계 – 실행

1-2. 순서도의 역할이 아닌 것은?
① 프로그램의 정확성 여부를 확인하는 자료가 된다.
② 오류 발생 시 원인 규명이 용이하다.
③ 논리적인 체계 및 처리 내용을 쉽게 파악할 수 있다.
④ 원시 프로그램을 목적 프로그램으로 번역한다.

1-3. 프로그램 문서화의 목적과 거리가 먼 것은?
① 프로그램 개발 과정의 요식 행위화
② 프로그램 개발 중 추가 변경에 따른 혼란 방지
③ 프로그램 이관의 용이함 도모
④ 프로그램 유지 보수의 효율화

|해설|

1-1
프로그래밍 절차
문제분석 – 입출력설계 – 순서도작성 – 프로그램 코딩 – 프로그램 번역 – 실행 순이다.

1-2
순서도의 역할
- 프로그램 작성의 직접적인 자료가 된다.
- 업무의 내용과 프로그램을 쉽게 이해할 수 있고, 다른 사람에게 전달이 쉽다.
- 프로그램의 정확성 여부를 판단하는 자료가 되며, 오류가 발생하였을 때 그 원인을 찾아 수정하기가 쉽다.
- 프로그램의 논리적인 체계 및 처리 내용을 쉽게 파악할 수 있다.
- 프로그래밍 언어에 관계없이 공통으로 사용할 수 있다.

정답 1-1 ① 1-2 ④ 1-3 ①

핵심이론 02 | 프로그래밍 언어

(1) 프로그래밍 언어의 선정 기준
① 프로그래머가 그 언어를 이해하고 사용할 수 있어야 한다.
② 어느 컴퓨터에나 쉽게 설치될 수 있는 언어이어야 한다.
③ 프로그래밍의 효율성이 고려되어야 한다.
④ 응용 목적에 맞는 언어이어야 한다.
⑤ 프로그래머 개인의 선호에 적합해야 한다.

(2) 프로그램 언어가 갖추어야 할 요건
① 프로그래밍 언어는 단순 명료하고 통일성을 가져야 한다.
② 프로그래밍 언어의 구조가 체계적이어야 한다.
③ 응용 문제에 자연스럽게 적용할 수 있어야 한다.
④ 확장성이 있어야 한다.
⑤ 효율적이어야 한다.
⑥ 외부적인 지원이 가능해야 한다.

(3) 프로그래밍 언어의 구문 요소
① 예약어(Reserved Word)
  ㉠ 컴퓨터 프로그래밍 언어에서 이미 문법적인 용도로 사용되고 있다.
  ㉡ 식별자로 사용할 수 없는 단어이다.
  ㉢ 번역과정에서 속도를 높여 준다.
  ㉣ 프로그램의 신뢰성을 향상시켜 준다.
② 연산자(Operator) : 프로그래밍이나 논리 설계에서 변수나 값의 연산을 위해 사용되는 부호
③ 키워드(Keyword)
  ㉠ 키워드를 포함하는 레코드가 검색되는 경우
  ㉡ 문장의 핵심적인 내용을 정확히 표현

④ 주석(Comment) : 소스코드에 어떠한 내용을 입력하지만 그 내용이 실제 프로그램에 영향을 끼치지 않으며, 프로그래밍 언어의 구문 요소 중 프로그램의 이해를 돕기 위해 설명을 적어두는 부분으로 프로그램의 실행과는 관계가 없고 프로그램의 판독성을 향상시키는 요소

10년간 자주 출제된 문제

2-1. 좋은 프로그래밍 언어가 갖추어야 할 요소와 거리가 먼 것은?
① 효율적인 언어이어야 한다.
② 언어의 확장이 용이하여야 한다.
③ 언어의 구조가 체계적이어야 한다.
④ 하드웨어에 의존적이어야 한다.

2-2. 프로그래밍 언어의 구문 요소 중 프로그램의 이해를 돕기 위해 설명을 적어두는 부분으로 프로그램의 실행과는 관계가 없고, 프로그램의 판독성을 향상시키는 요소는?
① Comment
② Reserved Word
③ Operator
④ Keyword

|해설|

2-1
프로그램 언어가 갖추어야 할 요건
• 프로그래밍 언어는 단순 명료하고 통일성을 가져야 한다.
• 프로그래밍 언어의 구조가 체계적이어야 한다.
• 응용 문제에 자연스럽게 적용할 수 있어야 한다.
• 확장성이 있어야 한다.
• 효율적이어야 한다.
• 외부적인 지원이 가능해야 한다.

2-2
Comment(주석) : 소스코드에 어떠한 내용을 입력하지만 그 내용이 실제 프로그램에 영향을 끼치지 않으며, 프로그래밍 언어의 구문 요소 중 프로그램의 이해를 돕기 위해 설명을 적어두는 부분으로 프로그램의 실행과는 관계가 없고 프로그램의 판독성을 향상시키는 요소

정답 2-1 ④ 2-2 ①

핵심이론 03 │ 구조적 프로그래밍

(1) 구조적 프로그래밍 정의
컴퓨터 프로그램의 구조를 여러 갈래로 분기하여, 복잡하게 하지 않고, 순서대로, 선택적으로 반복 문장을 사용하는 제어구조만을 사용한 프로그램이다.

(2) 구조적 프로그래밍 특징
① 프로그램의 이해가 쉽고 디버깅 작업이 쉽다.
② 계층적 설계이다.
③ 블록이라는 단위를 이용하여 프로그램을 작성한다.
④ Goto 문법의 사용을 금지한다.
⑤ 제한된 제어구조만을 이용한다.
⑥ 기본 구조는 순차 구조(Sequence), 반복 구조(Repetition), 선택 구조(Selection)이다.
⑦ 특정 프로그램 내에서 하나의 시작점을 갖는 함수는 반드시 하나의 종료점을 갖는다.
⑧ 프로그램을 읽기 쉽고 수정하기가 용이하다.

(3) 구조적 프로그래밍 기본 순서 제어구조
① 순차 구조 : 순차적으로 수행
② 반복 구조 : 조건을 만족할 때까지 반복(For문, While문, Do-while문)
③ 선택(조건, 다중 택일) 구조 : 두 가지 이상의 명령문 중에서 선택
  ㉠ 두 가지의 수행 경로에 있는 일련의 문장들 중 하나가 선택(If문)
  ㉡ 두 가지 이상 중에서 선택(Case문, 계산형 Goto문, Switch문)

10년간 자주 출제된 문제

3-1. 구조적 프로그래밍의 특징으로 거리가 먼 것은?
① 기능별로 모듈화하여 작성한다.
② Goto문의 활용이 증가한다.
③ 프로그램을 읽기 쉽고 수정하기가 용이하다.
④ 기본 구조는 순차, 선택, 반복 구조이다.

3-2. 다음 중 반복문에 해당하지 않는 것은?
① If문
② For문
③ While문
④ Do-while문

|해설|
3-1
② Goto 문법의 사용 금지
3-2
반복 구조 : 조건을 만족할 때까지 반복(For문, While문, Do-while문)

정답 3-1 ② 3-2 ①

핵심이론 04 | 객체지향 기법

(1) 객체지향 기법의 개념
실세계의 개체(Entity)를 데이터와 함수를 결합된 형태로 객체를 표현하는 개념으로 객체들이 메시지(Message)를 주고받음으로써 원하는 결과를 얻는 기법이다.

(2) 객체지향 기법의 구성요소
① 객체(Object)
  ㉠ 필요한 자료 구조와 이에 수행되는 함수들을 가진 하나의 소프트웨어 모듈
  ㉡ 객체(Object) = 애트리뷰트(Attribute) + 메소드(Method)
② 애트리뷰트(Attribute)
  ㉠ 객체의 상태
  ㉡ 데이터, 속성
③ 메소드(Method)
  ㉠ 객체가 메시지를 받아 실행해야 할 객체의 구체적인 연산을 정의한 것이다.
  ㉡ 객체의 상태를 참조하거나 변경한다.
  ㉢ 함수나 프로시저에 해당한다.
④ 클래스(Class)
  ㉠ 하나 이상의 유사한 객체들을 묶어 공통된 특성을 표현한 데이터 추상화를 의미한다.
  ㉡ 객체의 타입을 말하며, 객체들이 갖는 속성과 적용 연산을 정의하고 있는 틀이다.
⑤ 메시지(Message)
  ㉠ 객체들 간의 상호 작용은 메시지를 통해 이루어진다.
  ㉡ 메시지는 객체에서 객체로 전달된다.
  ㉢ 이 메시지(Message)를 주고받음으로써 원하는 결과를 얻는다.

(3) 객체지향 기법의 주요 기본 원칙

① 캡슐화
  ㉠ 데이터와 데이터를 처리하는 함수를 하나로 묶는 것이다.
  ㉡ 캡슐화된 객체의 세부 내용이 외부에 은폐되어 변경이 발생해도 오류의 파급 효과가 적다.

② 정보 은닉
  ㉠ 다른 객체에게 자신의 정보를 숨기고 연산만을 통하여 접근을 허용한다.
  ㉡ 각 객체의 수정이 다른 객체에게 주는 영향을 최소화한다.

③ 상속성
  ㉠ 이미 정의된 상위 클래스의 속성과 연산을 하위 클래스가 물려받는 것이다.
  ㉡ 다중 상속성 : 두 개 이상의 상위 클래스로부터 상속받는다.

④ 추상화 : 불필요한 부분을 생략하고 객체의 속성 중 가장 중요한 것에만 중점을 두어 개략화, 모델화한다.

⑤ 다형성 : 하나의 메시지에 대해 각 객체가 가지고 있는 고유한 방법으로 응답할 수 있는 능력이다.

10년간 자주 출제된 문제

객체지향 기법에서 하나 이상의 유사한 객체들을 묶어서 하나의 공통된 특성을 표현한 것은?

① 클래스   ② 메시지
③ 메소드   ④ 속 성

|해설|

클래스(Class)
- 하나 이상의 유사한 객체들을 묶어 공통된 특성을 표현한 데이터 추상화를 의미한다.
- 객체의 타입을 말하며, 객체들이 갖는 속성과 적용 연산을 정의하고 있는 틀이다.

정답 ①

핵심이론 05 | 프로그램의 구현과 검사

(1) 구문 표기법

① BNF 표기법 : 배커스-나우어 형식(Backus-Naur Form)의 약어로, 구문(Syntax) 형식을 정의하는 가장 보편적인 표기법이다.

::=	정의 기호
|	선택 기호
〈 〉	Non Terminal 기호(재정의될 기호)

② EBNF : 확장된 BNF

{ }*	기호 반복
['']	다양한 선택
[|]	양자택일 선택
〈 〉	비종단

③ 구문도표 : BNF, EBNF를 그래픽으로 표현

□	비종단(Non-terminal)
○	종단(Terminal)
→	흐름방향표시

(2) 구문 분석(토큰 → 파스트리)

① 정의 : 주어진 문장이 정의된 문법 구조에 따라 정당하게 하나의 문장으로서 합법적으로 사용될 수 있는가를 확인하는 작업으로 토큰들을 문법에 따라 분석하는 작업을 수행하는 단계이다.

② 파스트리(Parse Tree)
  ㉠ 고급언어로 작성된 프로그램을 구문 분석하여 파서에 의하여 생성되는 결과물로서, 각각의 문법구조에 따라 트리 형태로 구성한 것
  ㉡ 구문 분석기가 처리한 문장에 대해 그 문장의 구조를 트리 형태로 표현한 것
  ㉢ 루트 노드(정의된 문법의 시작 심벌), 중간 노드(비단말 심벌), 단말 노드(단말 심벌)로 구성

③ 파싱의 분류
　㉠ 상향식 파싱(Shift Reduce Parser) : 터미널 노드 → 루트(뿌리) 노드로 파스 트리 구성
　㉡ 하향식 파싱(Recursive Descent Parser) : 루트(뿌리)노드 → 터미널 노드로 파스 트리 구성

10년간 자주 출제된 문제

5-1. 고급언어로 작성된 프로그램 구문을 분석하여 작성된 표현식이 BNF의 정의에 의해 바르게 작성되었는지를 확인하기 위해 만들어진 트리는?

① Parse Tree
② Binary Tree
③ Shift Tree
④ Lexical Tree

5-2. BNF 기호 중 정의를 의미하는 것은?
① 〈 〉　　　　　② |
③ ::=　　　　　④ $

|해설|

5-1
Parse Tree
- 원시 프로그램의 문법 검사 과정에서 내부적으로 생성되는 트리 형태의 자료구조이다.
- 문장 표현이 BNF에 의해 작성될 수 있는지 여부를 나타낸다.
- 대상을 Root로 하고, 단말 노드를 왼쪽에서 오른쪽 방향으로 한다.

5-2
BNF 표기법 : 배커스-나우어 형식(Backus-Naur Form)의 약어로, 구문(Syntax) 형식을 정의하는 가장 보편적인 표기법

::=	정의 기호
|	선택 기호
〈 〉	Non Terminal 기호(재정의될 기호)

정답 5-1 ① 5-2 ③

제2절 시스템 프로그램

2-1. 시스템 프로그램 일반

핵심이론 01 시스템 프로그램의 기초

(1) 시스템 프로그래밍 언어
① 시스템 프로그램이란 운영체제, 언어처리계, 편집기, 디버깅 등 소프트웨어 작성을 지원하는 프로그램을 의미한다.
② C언어는 뛰어난 이식성과 작은 언어 사양, 비트 조작, 포인터 사용, 자유로운 형 변환, 분할 컴파일 기능 등의 특징을 갖고 있기 때문에 시스템 프로그래밍 언어로 적합하다.

(2) 운영체제의 목적
① 처리능력(Throughput) 향상
② 반환 시간(Turn Around Time)의 단축
③ 사용가능도(Availability) 향상
④ 신뢰도(Reliability) 향상

(3) 운영체제의 평가 기준
① 처리능력(Throughput) : 일정 시간 내에 시스템이 처리하는 일의 양
② 반환 시간(Turn Around Time) : 시스템에 작업을 의뢰한 시간부터 처리가 완료될 때까지 걸린 시간
③ 사용가능도(Availability) : 시스템의 자원을 사용할 필요가 있을 때 즉시 사용 가능한 정도
④ 신뢰도(Reliability) : 시스템이 주어진 문제를 정확하게 해결하는 정도

10년간 자주 출제된 문제

1-1. 시스템 프로그래밍 언어로서 적당한 것은?
① FORTRAN ② BASIC
③ COBOL ④ C

1-2. 운영체제의 목적으로 거리가 먼 것은?
① 사용가능도 향상
② 처리 능력 향상
③ 신뢰성 향상
④ 응답 시간 연장

1-3. 운영체제의 성능 평가 사항과 거리가 먼 것은?
① Availability
② Cost
③ Turn Around Time
④ Throughput

|해설|

1-1
④ C언어는 뛰어난 이식성과 작은 언어 사양, 비트 조작, 포인터 사용, 자유로운 형 변환, 분할 컴파일 기능 등의 특징을 갖고 있기 때문에 시스템 프로그래밍 언어로 적합하다.

1-2
운영체제의 목적
- 처리능력(Throughput) 향상
- 반환 시간(Turn Around Time)의 단축
- 사용가능도(Availability) 향상
- 신뢰도(Reliability) 향상

1-3
운영체제의 평가 기준
- 사용가능도(Availability) : 시스템의 자원을 사용할 필요가 있을 때 즉시 사용 가능한 정도
- 반환 시간(Turn Around Time) : 시스템에 작업을 의뢰한 시간부터 처리가 완료될 때까지 걸린 시간
- 처리능력(Throughput) : 일정 시간 내에 시스템이 처리하는 일의 양

정답 1-1 ④ 1-2 ④ 1-3 ②

핵심이론 02 | 스케줄링(Scheduling)

(1) 스케줄링(Scheduling)
컴퓨터 시스템의 성능을 높이기 위해 그 사용 순서를 정하기 위한 정책

(2) 스케줄링 목적
① 공정한 스케줄링
② 처리량 극대화
③ 응답 시간 최소화
④ 반환 시간 예측 가능
⑤ 균형 있는 자원 사용
⑥ 응답 시간과 자원 이용간의 조화
⑦ 실행의 무한 연기 배제
⑧ 우선순위제를 실시
⑨ 바람직한 동작을 보이는 프로세스에게 더 좋은 서비스를 제공

(3) 스케줄링 기법

종류	방법	특징	비고
라운드 로빈	FCFS 방식의 변형으로 일정한 시간을 부여하는 방법	• 시분할 방식에 효과적 • 할당 시간이 크면 FCFS와 동일 • 할당 시간이 작으면 문맥교환이 자주 발생	선 점
SRT	수행도중 나머지 수행시간이 적은 작업을 우선적으로 처리하는 방법	처리는 SJF와 같으나 이론적으로 가장 작은 대기시간이 걸림	선 점
MLQ	서로 다른 작업을 각각의 큐에서 타임 슬라이스로 처리	각각의 큐는 독자적인 스케줄링 알고리즘을 사용	선 점
MFQ	하나의 준비 상태 큐를 통해서 여러 개의 피드백 큐를 걸쳐 일을 처리	CPU와 I/O 장치의 효율을 높일 수 있음	선 점
우선 순위	우선순위를 할당해 우선 순위가 높은 순서대로 처리하는 방법	• 정적 우선순위 • 동적 우선순위	비선점
기한부	프로세스가 주어진 시간 내에 작업이 끝나게 계획하는 방법	마감시간을 계산해야 하므로 막대한 오버헤드와 복잡성이 발생	비선점

종류	방법	특징	비고
FCFS	작업이 시스템에 들어온 순서대로 수행하는 방법	• 대화형에 부적합 • 간단하고 공평함 • 반응 속도를 예측 가능	비선점
SJF	수행 시간이 적은 작업을 우선적으로 처리하는 방법	작은 작업에 유리하고 큰 작업은 시간이 많이 걸림	비선점
HRN	실행 시간이 긴 프로세스에 불리한 SJF 기법을 보완한 방법	우선순위 = (대기시간 + 서비스시간)/서비스시간	비선점

10년간 자주 출제된 문제

2-1. 다음 운영체제 스케줄링 정책 중 가장 바람직한 것은?

① 대기시간을 늘리고 반환시간을 줄인다.
② 응답시간을 최소화하고 CPU 이용률을 늘린다.
③ 반환시간과 처리율을 늘린다.
④ CPU 이용률을 줄이고 반환시간을 늘린다.

2-2. 시분할 시스템을 위해 고안된 방식으로 FCFS 알고리즘을 선점 형태로 변형한 스케줄링 기법은?

① SRT   ② SJF
③ Round Robin   ④ HRN

|해설|

2-1
스케줄링 목적
• 공정한 스케줄링
• 처리량 극대화
• 응답 시간 최소화
• 반환 시간 예측 가능
• 균형 있는 자원 사용
• 응답 시간과 자원 이용 간의 조화
• 실행의 무한 연기 배제
• 우선순위제를 실시
• 바람직한 동작을 보이는 프로세스에게 더 좋은 서비스를 제공

2-2

종류	방법
SRT	수행도중 나머지 수행시간이 적은 작업을 우선적으로 처리하는 방법
SJF	수행 시간이 적은 작업을 우선적으로 처리하는 방법
Round Robin	FCFS 방식의 변형으로 일정한 시간을 부여하는 방법
HRN	실행 시간이 긴 프로세스에 불리한 SJF 기법을 보완한 방법

정답 2-1 ② 2-2 ③

| 핵심이론 03 | 페이지 교체 알고리즘, 기억장치 배치 전략 |

(1) 페이지 교체(Replacement) 알고리즘
페이지 부재(Page Fault)가 발생하였을 경우, 가상기억장치의 필요한 페이지를 주기억장치의 어떤 페이지프레임을 선택, 교체해야 하는가를 결정하는 기법이다.

(2) 종 류
① OPT(OPTimal replacement, 최적교체) : 앞으로 가장 오랫동안 사용하지 않을 페이지를 교체하는 기법이다.
② FIFO(First-In First-Out)
  ㉠ 가장 먼저 들여온 페이지를 먼저 교체시키는 방법(주기억장치 내에 가장 오래 있었던 페이지를 교체)이다.
  ㉡ 벨레이디의 모순(Belady's Anomaly) 현상 : 페이지 프레임 수가 증가하면 페이지 부재가 더 증가한다.
③ LRU(Least Recently Used)
  ㉠ 최근에 가장 오랫동안 사용하지 않은 페이지를 교체하는 기법이다.
  ㉡ 각 페이지마다 계수기를 두어 현 시점에서 볼 때 가장 오래 전에 사용된 페이지를 교체한다.
④ LFU(Least Frequently Used) : 사용 횟수가 가장 적은 페이지를 교체하는 기법이다.
⑤ NUR(Not Used Recently)
  ㉠ 최근에 사용하지 않은 페이지를 교체하는 기법이다.
  ㉡ "근래에 쓰이지 않은 페이지들은 가까운 미래에도 쓰이지 않을 가능이 높다."라는 이론에 근거한다.
  ㉢ 각 페이지마다 2개의 하드웨어 비트(호출 비트, 변형 비트)가 사용된다.

(3) 기억장치 배치 전략
새로 반입되는 프로그램이나 데이터를 주기억장치의 어디에 위치시킬 것인지를 결정하는 전략이다.
① 최초 적합 전략(First Fit Strategy) : 프로그램이나 데이터가 들어갈 수 있는 크기의 빈 영역 중에서 첫번째 분할 영역에 배치시키는 방법이다.
② 최적 적합 전략(Best Fit Strategy) : 프로그램이나 데이터가 들어갈 수 있는 크기의 빈 영역 중에서 단편화를 가장 작게 남기는 분할 영역에 배치시키는 방법이다.
③ 최악 적합 전략(Worst Fit Strategy) : 프로그램이나 데이터가 들어갈 수 있는 크기의 빈 영역 중에서 단편화를 가장 많이 남기는 분할 영역에 배치시키는 방법이다.

10년간 자주 출제된 문제

3-1. 운영체제의 페이지 교체 알고리즘 중 최근에 사용하지 않은 페이지를 교체하는 기법으로서, 최근의 사용여부를 확인하기 위해서 각 페이지마다 2개의 비트가 사용되는 것은?
① NUR
② LFU
③ LRU
④ FIFO

3-2. 운영체제의 기억장치 배치 전략 중 프로그램이나 데이터가 들어갈 수 있는 크기의 빈 영역 중에서 단편화를 가장 많이 남기는 분할 영역에 배치시키는 방법은?
① Worst Fit
② First Fit
③ Best Fit
④ Last Fit

|해설|

3-1
② LFU(Least Frequently Used) : 사용 횟수가 가장 적은 페이지를 교체하는 기법
③ LRU(Least Recently Used) : 최근에 가장 오랫동안 사용하지 않은 페이지를 교체하는 기법이며, 각 페이지마다 계수기를 두어 현 시점에서 볼 때 가장 오래 전에 사용된 페이지를 교체
④ FIFO(First-In First-Out) : 가장 먼저 들여온 페이지를 먼저 교체시키는 방법(주기억장치 내에 가장 오래 있었던 페이지를 교체)

정답 3-1 ① 3-2 ①

핵심이론 04 | 자료 처리 시스템

(1) 시분할 처리 시스템(Time Sharing System)
CPU가 여러 작업들을 각 사용자에게 각각 짧은 시간으로 나누어 연속적으로 처리하는 시스템이다.

(2) 실시간 처리 시스템(Real Time System)
데이터 발생 지역에 설치된 단말기를 이용하여 데이터 발생과 동시에 입력시키며 중앙의 컴퓨터는 여러 단말기에서 전송되어 온 데이터를 즉시 처리 후 그 결과를 해당 단말기로 보내주는 시스템이다.

(3) 일괄 처리 시스템(Batch Processing System)
자료를 일정 기간 동안 또는 일정한 분량이 될 때까지 모아 두었다가 한꺼번에 처리하는 방식이다.

(4) 다중 처리 시스템(Multiprocessing System)
여러 개의 CPU를 설치하여 각각 해당업무를 처리할 수 있는 시스템이다.

(5) 분산 처리 시스템(Distributed System)
중앙에 설치된 대형 시스템이 아니라 데이터가 발생하는 각 부서에 하나씩 컴퓨터 시스템을 설치하여 직접 처리하는 시스템이다.

10년간 자주 출제된 문제

4-1. 하나의 시스템을 여러 명의 사용자가 시간을 분할하여 동시에 작업할 수 있도록 하는 방식은?

① Distributed System
② Batch Processing System
③ Time Sharing System
④ Real Time System

4-2. 일정량, 일정기간 동안에 모아진 데이터를 한꺼번에 처리하는 자료 처리 시스템은?

① 시분할 처리 시스템
② 실시간 처리 시스템
③ 일괄 처리 시스템
④ 다중 처리 시스템

|해설|

4-1
시분할 처리 시스템(Time Sharing System) : CPU가 여러 작업들을 각 사용자에게 각각 짧은 시간으로 나누어 연속적으로 처리하는 시스템

4-2
일괄 처리 시스템(Batch Processing System) : 자료를 일정 기간 동안 또는 일정한 분량이 될 때까지 모아 두었다가 한꺼번에 처리하는 방식

정답 4-1 ③ 4-2 ③

핵심이론 05 | 교착상태(Deadlocks) 해결기법

(1) 교착상태(Deadlocks)
여러 프로세스들이 각자 자원을 점유하고 있으면서 다른 프로세스가 점유하고 있는 자원을 요청하면서 무한하게 대기하는 상태

(2) 교착상태(Deadlocks)의 발생원인
① 상호 배제 조건 : 한 번에 한 프로세스만이 자원을 사용
② 점유와 대기 조건 : 하나의 자원을 점유, 다른 프로세스에 의해 점유된 자원 요구
③ 비선점(비중단) 조건 : 다른 프로세스가 수행 중에 있는 자원을 빼앗지 못함
④ 환형 대기 조건 : 서로 다른 프로세스가 원하는 자원들을 가지며 또한 다른 프로세스가 가지고 있는 자원을 요구하는 형태의 맞물림

(3) 교착상태(Deadlocks) 해결기법
① 교착상태 예방(Deadlock Prevention) : 교착상태 발생의 4가지 조건 중에 하나를 허용하지 않는 방법
② 교착상태 회피(Deadlock Avoidance) : 자원 할당이 교착 상태를 발생시키는 자원에 대한 요청을 인정하지 않는 방법
③ 교착상태 탐지(Deadlock Detection) : 항상 가능하면 자원 요청을 인정, 주기적으로 교착상태 발생을 탐지하고 발생한 경우 회복하도록 한다.

10년간 자주 출제된 문제

교착상태의 해결기법 중 점유 및 대기 부정, 비선점 부정, 환형 대기 부정 등과 관계되는 것은?
① 예방(Prevention)
② 회피(Avoidance)
③ 발견(Detection)
④ 회복(Recovery)

정답 ①

핵심이론 06 | C언어

(1) C언어의 특징
① 시스템 프로그래밍 언어
② 함수 언어
③ 강한 이식성
④ 풍부한 자료형 지원
⑤ 다양한 제어문 지원
⑥ 표준 라이브러리 함수 지원
⑦ 포인터 변수
⑧ 시스템 프로그래밍 언어로 적합

(2) C언어의 자료형

의 미	데이터 유형	크기(Byte)
정수형	Int	2
	Long	4
실수형	Float	4
	Double	8
문자형	Char	1

① 정수형 : Int, Long(장 정수형), Short(단 정수형)
② 실수형 : Float, Double(배정도 실수형)
③ 문자형 : Char

(3) C언어의 문자 출력함수
① getchar( ) 함수 : 키보드로부터 한 번에 한 문자씩 읽어 들여, 그 문자에 해당하는 ASCII 코드의 값을 정수형으로 선언된 변수에 할당하는 함수
② putchar( ) 함수 : 화면에 한 문자씩 출력하는 함수
③ gets( ) 함수 : 키보드로부터 문자열을 읽어 들여 문자열 포인터가 가리키는 장소에 기억시키며, 그 포인터를 되돌려 주는 함수
④ puts( ) 함수 : 문자열을 화면으로 출력하는 함수

(4) 기억 클래스(Storage Class)

① 기억 클래스(Storage Class) 정의
  ㉠ 기억 장소를 메모리에 확보할 때 해당 변수의 크기, 데이터를 저장하는 장소인 메모리(Memory)와 레지스터(Resister) 중 어느 곳에 저장시킬 것인가를 결정
  ㉡ 그 변수의 유효 범위(Scope)를 결정

② 기억 클래스(Storage Class) 종류
  ㉠ 자동 변수(Automatic Variable) : 함수나 그 함수 내의 블록 안에서 선언되는 변수
  ㉡ 정적 변수(Static Variable) : 선언된 함수 또는 해당 블록 내에서만 사용 가능
  ㉢ 외부 변수(External Variable) : 함수의 외부에 기억 클래스 없이 정의되고 어떤 함수라도 참조할 수 있는 전역 변수(Global Variable)
  ㉣ 레지스터 변수(Register Variable) : 함수 내에서 정의되고 해당 함수 내에서만 사용이 가능한 변수

(5) 서술자

① 정의 : C언어의 데이터 형식을 규정

서술자	기 능
%o	octal : 8진수 정수
%d	decimal : 10진수 정수
%x	hexadecimal : 16진수 정수
%c	character : 문자
%s	string : 문자열
%e	지수형
%f	소수점 표기형
%u	부호 없는 10진 정수

(6) 이스케이프 시퀀스(Escape Sequence)

C언어에서 표현이 곤란한 문자들을 표현하는 방법 중의 하나로 특별한 연속 기호를 사용하는 것이다.

시퀀스	의 미
₩a	경보(ANSI C)
₩b	백스페이스
₩f	폼 피드(Form Feed)
₩n	개행(New Line)
₩r	캐리지 리턴(Carriage Return)
₩t	수평 탭
₩v	수직 탭
₩₩	백슬래시(₩)

10년간 자주 출제된 문제

6-1. C언어의 특징으로 옳지 않은 것은?
① 이식성이 높은 언어이다.
② 자료의 주소를 조작할 수 있는 포인터를 제공한다.
③ 시스템 소프트웨어를 개발하기 편하다.
④ 인터프리터 방식의 언어이다.

6-2. C언어에서 사용되는 자료형이 아닌 것은?
① Double
② Float
③ Char
④ Integer

6-3. C언어에서 데이터 형식을 규정하는 서술자에 대한 설명으로 옳지 않은 것은?
① %e : 지수형
② %c : 문자열
③ %f : 소수점 표기형
④ %u : 부호 없는 10진 정수

6-4. C언어에서 사용되는 이스케이프 시퀀스(Escape Sequence)에 대한 설명으로 옳지 않은 것은?
① ₩r : Carriage Return
② ₩t : Tab
③ ₩n : New Line
④ ₩b : Backup

6-5. C언어에서 사용되는 문자열 출력함수는?
① putchar( )
② prints( )
③ printchar( )
④ puts( )

|해설|

6-1
C언어의 특징
- 시스템 프로그래밍 언어
- 함수 언어
- 강한 이식성
- 풍부한 자료형 지원
- 다양한 제어문 지원
- 표준 라이브러리 함수 지원
- 포인터 변수

6-2
C언어의 자료형
- Double : 배정도 실수형
- Float : 실수형
- Char : 문자형

6-3
서술자 : C언어에서 데이터 형식을 규정

서술자	기 능
%o	octal : 8진수 정수
%d	decimal : 10진수 정수
%x	hexadecimal : 16진수 정수
%c	character : 문자
%s	string : 문자열
%e	지수형
%f	소수점 표기형
%u	부호 없는 10진 정수

6-4
이스케이프 시퀀스(Escape Sequence)
C언어에서 표현이 곤란한 문자들을 표현하는 방법 중의 하나로 특별한 연속 기호를 사용하는 것이다.

시퀀스	의 미
₩a	경보(ANSI C)
₩b	백스페이스
₩f	폼 피드(Form Feed)
₩n	개행(New Line)
₩r	캐리지 리턴(Carriage Return)
₩t	수평 탭
₩v	수직 탭
₩₩	백슬래시(₩)

6-5
C언어의 문자 출력함수
- getchar( ) 함수 : 키보드로부터 한 번에 한 문자씩 읽어 들여, 그 문자에 해당하는 ASCII 코드의 값을 정수형으로 선언된 변수에 할당하는 함수
- putchar( ) 함수 : 화면에 한 문자씩 출력하는 함수
- gets( ) 함수 : 키보드로부터 문자열을 읽어 들여 문자열 포인터가 가리키는 장소에 기억시키며, 그 포인터를 되돌려 주는 함수
- puts( ) 함수 : 문자열을 화면으로 출력하는 함수

정답 6-1 ④ 6-2 ④ 6-3 ② 6-4 ④ 6-5 ④

CHAPTER 04 디지털공학

제1절 수의 진법과 코드화

1-1. 수의 진법과 연산

핵심이론 01 수의 진법과 연산

(1) 진법

① 2진수 : 0과 1로 구성된 수의 체계로 컴퓨터 내부의 표현 방식이다.
② 8진수 : 0~7로 구성된 수의 체계로 2진수 3자리의 조합으로 구성된다.
③ 10진수 : 0~9로 구성된 수의 체계로 우리가 일반적으로 사용하는 수이다.
④ 16진수 : 0~9와 A~F로 구성된 수의 체계로 2진수 4자리의 조합으로 구성된다.

(2) 10진수의 변환

① 10진수를 2진수로 변환
　㉠ 정수부 : 2로 나눈 나머지를 취한다.
　㉡ 소수부 : 2로 곱한 값의 정수부를 취한다.

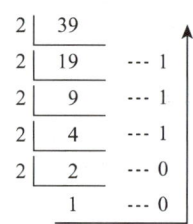

∴ $39_{(10)} = 100111_{(2)}$

```
  0.375      0.75       0.5
×   2     ×   2      ×   2
─────     ─────      ─────
  0.75      1.5        1.0
```

∴ $0.375_{(10)} = 0.011_{(2)}$

② 10진수를 8진수로 변환
　㉠ 정수부 : 8로 나눈 나머지를 취한다.
　㉡ 소수부 : 8로 곱한 값의 정수부를 취한다.
③ 10진수를 16진수로 변환
　㉠ 정수부 : 16으로 나눈 나머지를 취한다.
　㉡ 소수부 : 16으로 곱한 값의 정수부를 취한다.

(3) 2진수의 변환

① 2진수를 10진수로 변환 : 2진수의 각 자릿수(가중치)를 곱한다.

　㉠ $1011_{(2)} = 1 \times 2^3 + 0 \times 2^2 + 1 \times 2^1 + 1 \times 2^0$
　　　　　　 $= 8 + 0 + 2 + 1$
　　　　　　 $= 11_{(10)}$

　㉡ $0.01_{(2)} = 0 \times 2^{-1} + 1 \times 2^{-2}$
　　　　　　 $= 0 + 0.25$
　　　　　　 $= 0.25_{(10)}$

　㉢ $10111.011_{(2)} = 1 \times 2^4 + 0 \times 2^3 + 1 \times 2^2 + 1 \times 2^1$
　　　　　　　　 $+ 1 \times 2^0 + 0 \times 2^{-1} + 1 \times 2^{-2} + 1 \times 2^{-3}$
　　　　　　　$= 16 + 0 + 4 + 2 + 1 + 0 + 0.25 + 0.125$
　　　　　　　$= 23.375_{(10)}$

② 2진수를 8진수로 변환 : 소수점을 중심으로 3자리씩 나눈다.

㉠ $1100110101_{(2)}$ = (001 100 110 101)$_2$

   = $1×2^0$ $1×2^2+0×2^1+0×2^0$ $1×2^2+1×2^1+0×2^0$ $1×2^2+0×2^1+1×2^0$

      1   4   6   5

   = $1465_{(8)}$

㉡ $0.1011_{(2)}$ = (0 . 101 100)$_2$

   = 0 . $1×2^2+0×2^1+1×2^0$ $1×2^2+0×2^1+0×2^0$

      0 .   5   4

   = $0.54_{(8)}$

㉢ $10011.01_{(2)}$ = (010 011 . 010)$_2$

   = $0×2^2+1×2^1+0×2^0$ $0×2^2+1×2^1+1×2^0$. $0×2^2+1×2^1+0×2^0$

           2   3   2

   = 23.2(8)

③ 2진수를 16진수로 변환 : 소수점을 중심으로 4자리씩 나눈다.

㉠ $1100110101_{(2)}$ = (0011 0011 0101)$_2$

   = $1×2^1+1×2^0$ $1×2^1+1×2^0$ $0×2^3+1×2^2+0×2^1+1×2^0$

          3   3   5

   = $335_{(16)}$

㉡ $0.10111_{(2)}$ = (0 . 1011 1000)$_2$

   = 0 . $1×2^3+0×2^2+1×2^1+1×2^0$ $1×2^3+0×2^2+0×2^1+0×2^0$

      0 .   11→ B   8

   = $0.B8_{(16)}$

㉢ $100011.01_{(2)}$ = (0010 0011 . 0100)$_2$

   = $1×2^1+0×2^0$ $0×2^3+0×2^2+1×2^1+1×2^0$. $0×2^3+1×2^2+0×2^1+0×2^0$

          2   3   4

   = $23.4_{(16)}$

(4) 8진수의 변환

① 8진수를 10진수로 변환 : 8진수의 각 자릿수(가중치)를 곱한다.

㉠ $220_{(8)} = 2 \times 8^2 + 2 \times 8^1 + 0 \times 8^0$
$= 128 + 16 + 0$
$= 144_{(10)}$

㉡ $0.24_{(8)} = 2 \times 8^{-1} + 4 \times 8^{-2}$
$= 0.3125_{(10)}$

② 8진수를 2진수로 변환 : 각 자리를 2진수 3자리로 변환한다.

$\underline{6} \quad \underline{4} \quad . \quad \underline{3} \quad_{(8)}$
↓   ↓   ↓
110   100   .   011

∴ $110100.011_{(2)}$

③ 8진수를 16진수로 변환 : [8진수 → 2진수 → 16진수]의 방법을 사용한다.

㉠ $\underline{2} \quad \underline{7} \quad \underline{0} \quad . \quad \underline{7} \quad \underline{3} \quad_{(8)}$
↓   ↓   ↓   ↓   ↓
010   111   000   .   111   011

㉡ $010111000.111011_{(2)} = B8.EC_{(16)}$

(5) 16진수의 변환

① 16진수를 10진수로 변환 : 16진수의 각 자릿수(가중치)를 곱한다.

㉠ $10A_{(16)} = 1 \times 16^2 + 0 \times 16^1 + 10 \times 16^0$
$= 256 + 0 + 10$
$= 266_{(10)}$

㉡ $0.9A_{(16)} = 9 \times 16^{-1} + 10 \times 16^{-2}$
$= 0.6015625_{(10)}$

② 16진수를 2진수로 변환 : 각 자리를 2진수 4자리로 변환한다.

$\underline{3} \quad \underline{A} \quad \underline{5} \quad . \quad \underline{B} \quad \underline{8} \quad_{(16)}$
↓   ↓   ↓   ↓   ↓
0011 1010 0101 .   1011 1000

∴ $1110100101.10111_{(2)}$

③ 16진수를 8진수로 변환 : [16진수 → 2진수 → 8진수]의 방법을 사용한다.

$B8.4E_{(16)} = (1011 \quad 1000 \quad . \quad 0100 \quad 1110)_2$
$= (010 \quad 111 \quad 000 \quad . \quad 010 \quad 011 \quad 100)_2$
$= 270.234_{(8)}$

(6) 2진수의 연산

① 덧셈의 법칙

㉠ $0 + 0 = 0$
㉡ $0 + 1 = 1$
㉢ $1 + 0 = 1$
㉣ $1 + 1 = 0$

※ 자리올림(Carry)

② 뺄셈의 법칙

㉠ $0 - 0 = 0$
㉡ $1 - 0 = 1$
㉢ $1 - 1 = 0$
㉣ $0 - 1 = 1$

※ 자리빌림(Borrow)

③ 곱셈의 법칙

㉠ $0 \times 0 = 0$
㉡ $0 \times 1 = 0$
㉢ $1 \times 0 = 0$
㉣ $1 \times 1 = 1$

④ 나눗셈의 법칙
  ㉠ 0 ÷ 1 = 불능
  ㉡ 1 ÷ 1 = 1
  ㉢ 0 ÷ 0 = 0
  ㉣ 1 ÷ 0 = 불능
⑤ 1의 보수 : 0을 1로, 1을 0으로 변환하여 얻는다.
  예) 101의 보수는 → 010
⑥ 2의 보수 : 1의 보수에다 1을 더하여 구한다(2의 보수 = 1의 보수 + 1).
  예) 2의 보수 → 1의 보수 + 1

1의 보수	• 감수의 1의 보수를 구하여 피감수에 더함 • 1의 보수는 0은 1로, 1은 0으로 바꾸어 구함 • 최좌측 비트에서 자리 올림수가 발생한 경우 자리 올림수를 버린 결과와 더함 • 최좌측 비트에서 자리 올림수가 없을 경우 결과의 1의 보수를 구하여 '-'를 붙임
2의 보수	• 감수의 2의 보수를 구하여 피감수에 더함 • 2의 보수는 1의 보수에다 1을 더하여 구함 • 최좌측 비트에서 자리 올림수가 발생할 경우 자리 올림수를 버림 • 최좌측 비트에서 자리 올림수가 없을 경우 결과의 2의 보수를 구하여 '-'를 붙임

10년간 자주 출제된 문제

1-1. 2진수 1011101011000010을 16진수로 변환하면?

① $(ABC3)_{16}$
② $(BAC2)_{16}$
③ $(CAB4)_{16}$
④ $(16AC0)_{16}$

1-2. 2진수 11001001의 1의 보수와 2의 보수는?

① 1의 보수 : 11001000, 2의 보수 : 11001001
② 1의 보수 : 00110111, 2의 보수 : 00110110
③ 1의 보수 : 00110110, 2의 보수 : 00110110
④ 1의 보수 : 00110110, 2의 보수 : 00110111

|해설|

1-1

　　1011　　1010　　1100　　0010
　　　B　　　 A　　　 C　　　 2

2진수 1011101011000010을 16진수로 변환하면 BAC2이다.

1-2

2진수 11001001의 1의 보수는 1은 0으로, 0은 1로 바꾸면 00110110이 되고, 2의 보수는 1의 보수 + 1이므로 00110111이 된다.

정답 1-1 ②　1-2 ④

1-2. 수의 코드화

핵심이론 01 | 수치코드

(1) BCD(Binary Coded Decimal) 코드

① '0'과 '1'을 사용하여 10진수를 나타내는 2진수의 10진법 표현 방식이며 2진화 10진 코드라고도 한다.
② 0에서 9까지의 10진 숫자를 나타내기 위해서는 4개의 비트가 필요하다($2^4 = 16$ 중 10개 사용).
③ BCD 코드의 각 자리는 왼쪽부터 8, 4, 2, 1의 값을 가지므로 8421 코드라고도 한다.
④ 10진수로의 변환이 간단하지만 산술 연산이 복잡하다.

(2) 3초과 코드(Excess-3 BCD Code)

① BCD 코드 + 3(0011)을 더하여 만든 코드이다.
② 비가중치(Unweighted Code), 자기 보수 코드이다.
③ 3초과 코드는 비트마다 일정한 값을 갖지 않는다.
④ 연산동작이 쉽게 이루어지는 특징이 있는 코드이다.

(3) 그레이 코드(Gray Code)

① BCD 코드의 인접한 자리를 XOR 연산으로 만든 코드
② 이웃하는 코드가 한 비트만 다르기 때문에 코드 변환이 용이해서 A/D 변환에 주로 사용한다.
③ 입출력 장치, Hardware Error를 최소

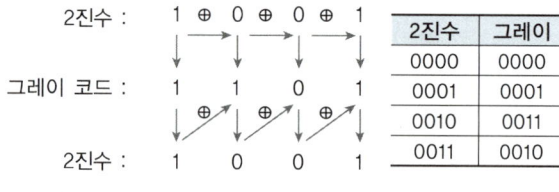

10년간 자주 출제된 문제

1-1. 다음 중 자기 보수(Self Complement) 코드는?
① 해밍 코드　② 그레이 코드
③ BCD 코드　④ 3초과 코드

1-2. 다음 4비트 2진수를 그레이 코드로 변환하였을 때 틀린 것은?
① 0011 → 0010　② 0111 → 0101
③ 1001 → 1101　④ 1011 → 1110

|해설|

1-1
3초과 Code(Excess-3)
• BCD 코드 + 3(0011)을 더하여 만든 코드이다.
• 비가중치(Unweighted Code), 자기 보수 코드이다.
• 3초과 코드는 비트마다 일정한 값을 갖지 않는다.
• 연산동작이 쉽게 이루어지는 특징이 있는 코드이다.

1-2
그레이 코드는 BCD 코드의 인접한 자리를 XOR 연산으로 만든 코드이다.
① 0011 → 0010

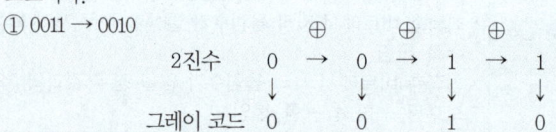

2진수 0011을 그레이 코드로 변환하면 0010이 된다.
② 0111 → 0100

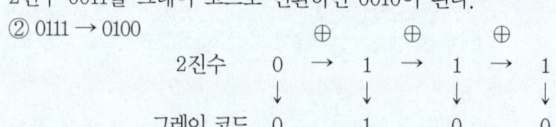

2진수 0111을 그레이 코드로 변환하면 0100이 된다.
③ 1001 → 1101
　　　　⊕　　⊕　　⊕
2진수　1 → 0 → 0 → 1
　　　　↓　　↓　　↓　　↓
그레이 코드　1　　1　　0　　1
2진수 1001을 그레이 코드로 변환하면 1101이 된다.
④ 1011 → 1110
　　　　⊕　　⊕　　⊕
2진수　1 → 0 → 1 → 1
　　　　↓　　↓　　↓　　↓
그레이 코드　1　　1　　1　　0
2진수 1011을 그레이 코드로 변환하면 1110이 된다.

정답 1-1 ④　1-2 ②

핵심이론 02 | ASCII 코드, 해밍코드

(1) ASCII 코드(American Standard Code for Information Interchange)

① ASCII 코드의 7개의 데이터 비트로 한 문자를 표시하는 데 3개의 존 비트와 4개의 디지트비트로 구성된다.
② ASCII 코드의 비트 번호는 오른쪽에서 왼쪽으로 부여한다.
③ 통신 제어용 및 마이크로컴퓨터의 기본 코드로 사용한다.
④ 2^7 = 128개의 서로 다른 문자를 표현한다.
⑤ ASCII-8 코드 : 7비트 ASCII에 착오 검색을 위해 사용되는 패리티(Parity) 비트를 부가한 8비트 코드이다.

(2) 해밍 코드(Hamming Code)

① 오류 검출 후 자동적으로 정정해 주는 코드이다.
② 1비트의 단일 오류만 교정
③ 데이터 비트 외에 오류 검출 및 교정을 위한 잉여 비트가 많이 필요하다.

10년간 자주 출제된 문제

2-1. 미국에서 개발한 표준코드로서 개인용 컴퓨터에 주로 사용되며, 7비트로 구성되어 128가지의 문자를 표현할 수 있는 코드는?
① EBCDIC
② UNICODE
③ ASCII
④ BCD

2-2. 해밍 코드의 대표적 특징은?
① 데이터 전송 시 신호가 없을 때를 구별하기 쉽다.
② 자기 보수(Self Complement)적인 성질이 있다.
③ 기계적인 동작을 제어하는 데 사용하기 알맞은 코드이다.
④ 패리티 규칙으로 잘못된 비트를 찾아서 수정할 수 있다.

|해설|

2-2
해밍 코드(Hamming Code) : 오류 검출 후 오류 정정까지 가능한 코드

정답 2-1 ③ 2-2 ④

제2절 불 대수

2-1. 불 대수의 성질

핵심이론 01 불 대수 정리

(1) 불 대수의 법칙

① 교환 법칙 : $A+B=B+A$, $A \cdot B = B \cdot A$
② 결합 법칙 : $(A+B)+C=A+(B+C)$
$(A \cdot B) \cdot C = A \cdot (B \cdot C)$
③ 분배 법칙 : $A+(B \cdot C)=(A+B) \cdot (A+C)$
$A \cdot (B+C) = A \cdot B + A \cdot C$

(2) 기본 정리

① $A+0=A$
② $A \cdot 1 = A$
③ $A+\overline{A}=1$
④ $A \cdot \overline{A} = 0$
⑤ $A+A=A$
⑥ $A \cdot A = A$
⑦ $A+1=1$
⑧ $A \cdot 0 = 0$

(3) 드 모르간(De Morgan)의 정리

① $\overline{A+B} = \overline{A} \cdot \overline{B}$
② $\overline{A \cdot B} = \overline{A} + \overline{B}$
③ $A \cdot B = \overline{\overline{A} + \overline{B}}$
④ $A + B = \overline{\overline{A} \cdot \overline{B}}$

(4) 불 대수의 응용

① $A + A \cdot B = A$
② $A \cdot (A+B) = A$
③ $A + \overline{A} \cdot B = A + B$
④ $A \cdot (\overline{A} + A \cdot B) = AB$

(5) 카르노 도법에 의한 최소화

① 논리 회로의 논리식을 간소화하는 것을 최소화(Minimization)라 한다.
② 불 대수의 정리 및 법칙을 이용하여 최소화하는 방법이다.
③ 논리식이 비교적 단순할 때 사용한다.
④ 논리식에 해당되는 부분을 카르노 도표에 '1'을 쓰고, 그 밖에는 '0'을 쓴다.
⑤ 최소항이 1인 인접된 항을 가능하면 16개, 8개, 4개, 2개 순으로 그룹을 형성한다.
⑥ 다른 원과 중복된 '1'의 원이 있으면 이것은 삭제한다.
⑦ 원으로 묶어진 부분에서 변화되지 않은 변수만을 불 대수로 쓴다.
⑧ 변수의 개수가 n일 경우 2^n 개의 사각형들로 구성한다.

10년간 자주 출제된 문제

1-1. 불 대수의 법칙 중 옳지 않은 것은?

① $A+B=B+A$
② $A+(B+C)=(A+B)+C$
③ $A+(B \cdot C)=(A+B)(A+C)$
④ $A+A=1$

1-2. 불 대수의 정리에서 옳지 않은 것은?

① $A+0=A$
② $A+B=B+A$
③ $A \cdot (B \cdot C) = (A \cdot B) \cdot C$
④ $A \cdot 1 = 1$

1-3. 4변수 카르노 맵에서 최소항(Minterm)의 개수는?

① 16　　② 12
③ 8　　　④ 4

| 해설 |

1-1
불 대수의 법칙
- 교환 법칙 : $A+B=B+A$, $A \cdot B = B \cdot A$
- 결합 법칙 : $(A+B)+C=A+(B+C)$
  $(A \cdot B) \cdot C = A \cdot (B \cdot C)$
- 분배 법칙 : $A+(B \cdot C) = (A+B) \cdot (A+C)$
  $A \cdot (B+C) = A \cdot B + A \cdot C$

1-2
불 대수의 기본 정리
- $A+0=A$
- $A \cdot 1 = A$
- $A+\overline{A}=1$
- $A \cdot \overline{A}=0$
- $A+A=A$
- $A \cdot A=A$
- $A+1=1$
- $A \cdot 0=0$

1-3
4개의 변수에 대한 $2^4=16$개의 최소항으로 구성

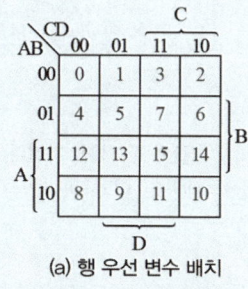
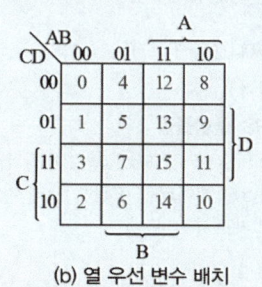

(a) 행 우선 변수 배치   (b) 열 우선 변수 배치

[4변수 카르노 맵의 표현]

정답 1-1 ④ 1-2 ④ 1-3 ①

제3절 플립플롭회로

3-1. 플립플롭 종류와 기본 동작

핵심이론 01 | RS 플립플롭

(1) RS 플립플롭

① NOR 게이트에 의한 RS 플립플롭(Flip-Flop) : S(Set)와 R(Reset)의 2개의 입력과 2개의 출력 Q, $\overline{Q}$를 가지며, 2진 데이터를 저장하는 레지스터(Register)나 기억(Memory)소자로서 이용된다.

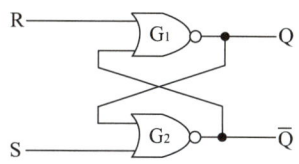

S	R	Q_{n+1}
0	0	Q_n
0	1	0
1	0	1
1	1	불확정

② 클록형 RS 플립플롭 : 기본적인 RS 래치의 필요한 클록 동작을 부가시킨 회로이다.

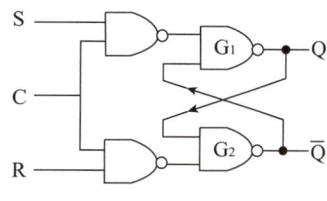

C	E	R	Q_{n+1}
0	0		Q_n
0	1		0
1	0		1
1	1		불확정

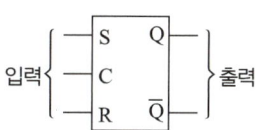

③ 주・종(Master Slave)형 RS 플립플롭 : 주(Master) 플립플롭과 종(Slave) 플립플롭 2개의 플립플롭을 종속 연결한 회로로, 1개의 인버터를 주・종 간 클록 단자 사이에 연결한 플립플롭이다.

④ RST 플립플롭회로(Reset-Set Toggle Flip-Flop)
  ㉠ 동작 : T가 1일 때에만 RS F/F 동작, T가 0일 때에는 입력 R, S의 상태와 무관하게 앞의 출력 상태를 유지한다.

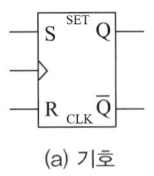
(a) 기호

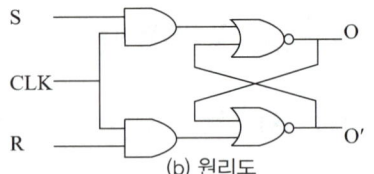
(b) 원리도

[RST 플립플롭]

ⓒ 진리표

S	R	Q_{n+1}	동 작
0	0	Q_n	불 변
0	1	0	리 셋
1	0	1	세 트
1	1	불확정	불 변

(2) JK 플립플롭

① RS 플립플롭에서 R = S = 1의 경우 동작이 불확실한 상태로 되는데, RS 플립플롭에서 Q를 R로 $\overline{Q}$를 S로 되먹임시켜 불확실한 상태가 없도록 한 회로이다.

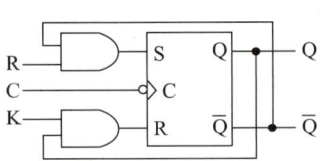

J K	Q_{n+1}
0 0	Q_n
0 1	0
1 0	1
1 1	$\overline{Q_n}$

② RS, D, T 플립플롭의 동작을 모두 실행할 수 있어 실용의 범위가 매우 넓다.

③ 주·종형 JK 플립플롭 : J = K = 0일 때 클록 펄스가 1이면 출력은 불변이다.

④ J = 1, K = 0일 때 CP = 1이면 출력은 1이다. J = K = 1일 때, CP = 1이며 출력은 현 상태에서 반전된다(J = K = 1을 계속유지하고 CP가 계속 들어오면 출력은 0과 1을 반복하게 된다).

⑤ 레이싱(Racing) 현상을 피하기 위한 것이 마스터-슬레이브 JK = FF이다.

⑥ 레이싱(Racing) 현상이란 JK = FF에서 CP = 1일 때 출력 쪽의 상태가 변화하면 입력쪽이 변하여 오동작을 발생하고, 이 오동작은 다른 오동작을 일으키는 현상이다.

10년간 자주 출제된 문제

1-1. RS 플립플롭의 작동 규칙에 대한 설명으로 옳지 않은 것은?

① S = 0이고, R = 0이면 Q는 현재 상태를 유지한다.
② S = 1이고, R = 1이면 Q = 0이다.
③ S = 0이고, R = 1이면 Q = 0이다.
④ S = 1이고, R = 1이면 다음 상태는 예측이 불가능하다.

1-2. JK 플립플롭의 두 입력이 J = K = 1일 때 출력(Q_{n+1})의 상태는?

① Q_n ② $\overline{Q_n}$
③ 0   ④ 1

1-3. 출력기의 일부가 입력측에 궤환되어 유발되는 레이스 현상을 없애기 위하여 고안된 플립플롭은?

① JK 플립플롭
② D 플립플롭
③ 마스터-슬레이브 플립플롭
④ RS 플립플롭

|해설|

1-1
RS 플립플롭
- S(Set)와 R(Reset)의 2개의 입력과 2개의 출력 Q, $\overline{Q}$를 가진다.
- 2진 데이터를 저장하는 레지스터(Register)나 기억(Memory)소자로서 이용

1-2
JK 플립플롭의 특성표

J	K	$Q_{(n+1)}$	설 명
0	0	$Q_{(n)}$	현 상태가 그대로 출력
0	1	0	0을 출력(Reset)
1	0	1	1을 출력(Set)
1	1	$\overline{Q_{(n)}}$	Complement(보수)

1-3
- 레이싱(Racing) 현상이란 JK = FF에서 CP = 1일 때 출력 쪽으로 상태가 변화하면 입력 쪽이 변하여 오동작을 발생하고, 이 오동작은 다른 오동작을 일으키는 현상이다.
- 레이싱(Racing) 현상을 피하기 위한 것이 마스터-슬레이브 JK = FF이다.

정답 1-1 ② 1-2 ② 1-3 ③

핵심이론 02 | D 플립플롭, T 플립플롭

(1) D 플립플롭

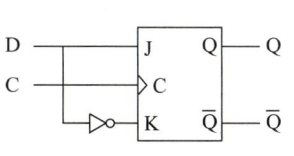

입력		출력
C	D	Q_{n+1}
0	x	Q_n
1	1	1
1	0	0

① 클록형 RS 플립플롭 또는 JK 플립플롭을 변형시킨 것으로, 데이터 입력신호 D가 그대로 출력 Q에 전달되는 특성으로 데이터의 일시적인 보존이나 디지털 신호의 지연 등에 이용된다.

(2) T 플립플롭

① JK 플립플롭의 입력 J 및 K를 서로 묶어서 하나의 데이터로 입력한다.
② 클록 펄스가 가해질 때마다 출력 상태가 반전하는 토글(Toggle) 또는 스위칭 작용을 하므로 계수기(Counter)에 사용된다.

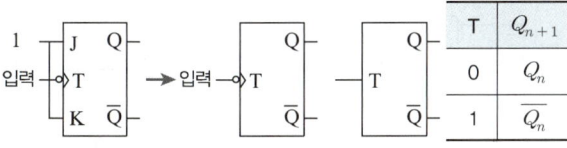

T	Q_{n+1}
0	Q_n
1	$\overline{Q_n}$

10년간 자주 출제된 문제

2-1. RS 플립플롭의 R선에 인버터를 추가하여 S선과 하나로 묶어서 입력선을 하나만 구성한 플립플롭은?

① JK 플립플롭
② T 플립플롭
③ 마스터-슬레이브 플립플롭
④ D 플립플롭

2-2. 펄스가 입력되면 현재와 반대의 상태로 바뀌게 하는 토글(Toggle)상태를 만드는 것은?

① D 플립플롭
② 마스터-슬레이브 플립플롭
③ T 플립플롭
④ JK 플립플롭

|해설|

2-1
D 플립플롭
• RS FF의 R선에 인버터(Inverter)를 추가하여 S선과 하나로 묶어서 입력선을 하나만 구성한다.
• 클록형 RS 플립플롭 또는 JK 플립플롭을 변형시킨 것으로, 데이터 입력신호 D가 그대로 출력 Q에 전달되는 특성으로 데이터의 일시적인 보존이나 디지털 신호의 지연 등에 이용된다.

2-2
T 플립플롭
• JK 플립플롭의 입력 J 및 K를 서로 묶어서 하나의 데이터로 입력한다.
• 클록 펄스가 가해질 때마다 출력 상태가 반전하는 토글(Toggle) 또는 스위칭 작용을 하므로 계수기(Counter)에 사용된다.

정답 2-1 ④ 2-2 ③

제4절 기본적인 논리회로

4-1. 논리게이트의 종류와 기본 동작

핵심이론 01 논리게이트의 종류

명칭	기호	함수식	진리표	명칭	기호	함수식	진리표
AND	A,B →	X=AB	A B X / 0 0 0 / 0 1 0 / 1 0 0 / 1 1 1	NAND	A,B →	X=(AB)′	A B X / 0 0 1 / 0 1 1 / 1 0 1 / 1 1 0
OR	A,B →	X=A+B	A B X / 0 0 0 / 0 1 1 / 1 0 1 / 1 1 1	NOR	A,B →	X=(A+B)′	A B X / 0 0 1 / 0 1 0 / 1 0 0 / 1 1 0
NOT	A →	X=A′	A X / 0 1 / 1 0	XOR	A,B →	X=(A⊕B)	A B X / 0 0 0 / 0 1 1 / 1 0 1 / 1 1 0
Buffer	A →	X=A	A X / 0 0 / 1 1	XNOR	A,B →	X=(A⊙B)	A B X / 0 0 1 / 0 1 0 / 1 0 0 / 1 1 1

(1) 논리곱(AND) 회로

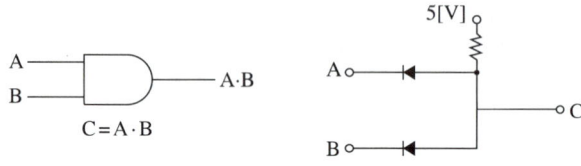

입력		출력
A	B	C
0	0	0
0	1	0
1	0	0
1	1	1

(2) 논리합(OR) 회로

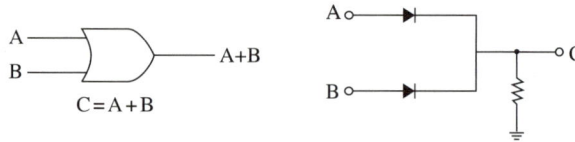

입력		출력
A	B	C
0	0	0
0	1	1
1	0	1
1	1	1

(3) 부정(NOT) 회로

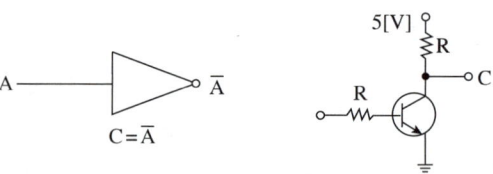

입력	출력
A	C
0	1
1	0

(4) 부정 논리합(NOR) 회로

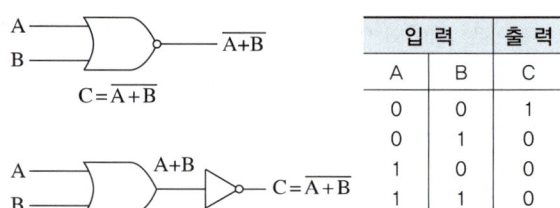

입력		출력
A	B	C
0	0	1
0	1	0
1	0	0
1	1	0

(5) 부정 논리곱(NAND) 회로

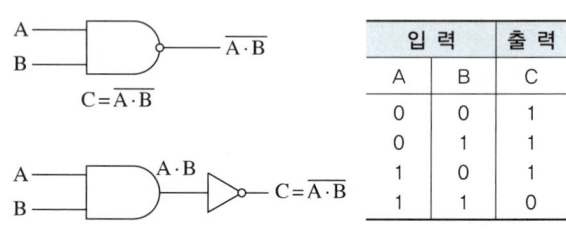

입력		출력
A	B	C
0	0	1
0	1	1
1	0	1
1	1	0

(6) 배타 논리합(XOR) 회로

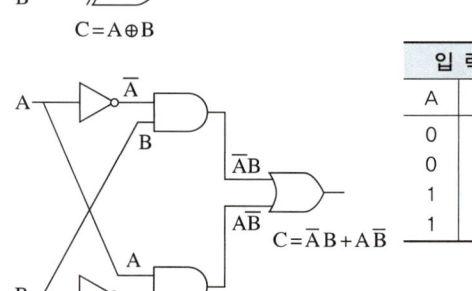

입력		출력
A	B	C
0	0	0
0	1	1
1	0	1
1	1	0

(7) XNOR회로(Exclusive-NOR)

① 입력이 같을 경우에만 '1'의 출력이 나오는 소자
② 항등 게이트(Equivalence)라고도 함

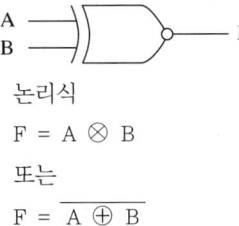

논리식
$F = A \otimes B$
또는
$F = \overline{A \oplus B}$

입력		출력
A	B	F
0	0	1
0	1	0
1	0	0
1	1	1

10년간 자주 출제된 문제

다음 진리표에 해당하는 논리식으로 옳은 것은?

A	B	Y
0	0	0
0	1	1
1	0	1
1	1	0

① $Y = A + B$
② $\overline{AB} + AB$
③ $Y = A \cdot B$
④ $Y = \overline{A}B + A\overline{B}$

|해설|
배타 논리합(XOR) 논리식
$Y = \overline{A}B + A\overline{B} = A \oplus B$

정답 ④

제5절 조합논리회로

5-1. 각종 조합논리회로

핵심이론 01 | 가산기

(1) 반가산기(Half-adder)

① 2개의 2진수와 A와 B를 더한 합(Sum) S와 자리올림수(Carry) C를 얻는 회로
② 타 논리합 회로와 논리곱 회로로 구성된다.

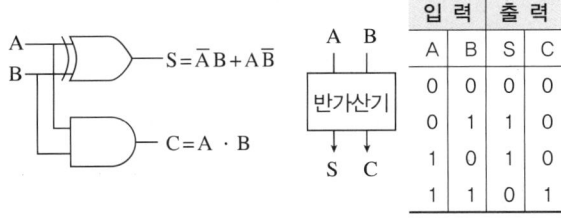

입력		출력	
A	B	S	C
0	0	0	0
0	1	1	0
1	0	1	0
1	1	0	1

(2) 전가산기(Full-adder)

① 2진수 가산을 완전히 하기 위해 아랫자리로부터의 자리올림 입력도 함께 더할 수 있는 기능을 갖게 만든 가산기
② 2개의 반가산기와 1개의 논리합 회로를 연결하여 구성한다.
③ 두 개의 입력 이외에 한 개의 캐리를 3입력으로 1개의 캐리(C)와 1개의 합(S)을 출력하는 회로이다.

④ 논리식

$$S = (A \oplus B) \oplus C$$
$$C = (A \oplus B) \cdot C + AB$$

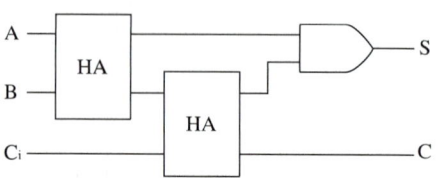

A	B	C	자리올림 C_0	합 S
0	0	0	0	0
0	0	1	0	1
0	1	0	0	1
0	1	1	1	0
1	0	0	0	1
1	0	1	1	0
1	1	0	1	0
1	1	1	1	1

10년간 자주 출제된 문제

1-1. 반가산기 회로에서 두 입력이 A, B라고 하면 합 S와 자리올림 C의 논리식은?

① S = A⊕B, C = A·B
② S = A + B, C = A⊕B
③ S = A·B, C = A + B
④ S = A + B, C = A⊕B

1-2. 다음 중 전가산기는 어떠한 회로로 구성되는가?

① 반가산기 2개와 OR 게이트 1개
② 반가산기 1개와 OR 게이트 2개
③ 반가산기 2개와 AND 게이트 1개
④ 반가산기 1개와 AND 게이트 2개

|해설|

1-1

반가산기(Half-adder)
- 2개의 2진수와 A와 B를 더한 합(Sum) S와 자리올림 수(Carry) C를 얻는 회로로 배타 논리합 회로와 논리곱 회로로 구성된다.
- 논리식
$$S = \overline{A}B + A\overline{B} = A \oplus B,\ C = A \cdot B$$
- 반가산기 회로도와 진리표

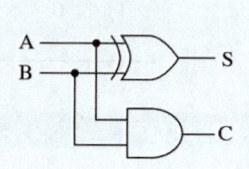

입력		출력	
A	B	S	C
0	0	0	0
0	1	1	0
1	0	1	0
1	1	0	1

1-2

전가산기(Full-adder)

2진수 가산을 완전히 하기 위해 아래 자리로부터의 자리올림 입력도 함께 더할 수 있는 기능을 갖게 만든 가산기로 2개의 반가산기와 1개의 논리합 회로를 연결하여 구성한다.

A	B	C	자리올림 C_0	합 S
0	0	0	0	0
0	0	1	0	1
0	1	0	0	1
0	1	1	1	0
1	0	0	0	1
1	0	1	1	0
1	1	0	1	0
1	1	1	1	1

정답 1-1 ① 1-2 ①

핵심이론 02 | 감산기

(1) 반감산기(Half-subtractor)

피감수와 감수만 다루고, 아래 자리에서의 빌림수는 취급하지 않으므로 2진수 1자리의 감산에만 사용할 수 있다.

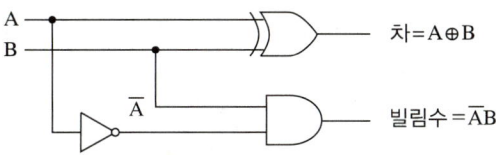

A	B	빌림수	차
0	0	0	0
0	1	1	1
1	0	0	1
1	1	0	0

(2) 전감산기(Full-subtractor)

3개의 입력을 가진 2진수 뺄셈 회로, 즉 피감수와 감수 및 자리빌림 수의 3개의 입력이 필요하며, 2개의 반감산기와 1개의 OR 게이트로 구성할 수 있다.

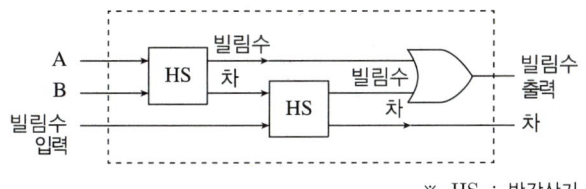

※ HS : 반감산기

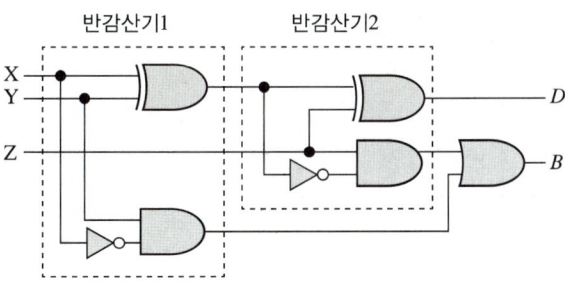

[전감산기 회로도]

[전감산기 진리표]

X	Y	Z	D	B
0	0	0	0	0
0	0	1	1	1
0	1	0	1	1
0	1	1	0	1
1	0	0	1	0
1	0	1	0	0
1	1	0	0	0
1	1	1	1	1

⟨불 대수 식⟩

$D = (X \oplus Y) \oplus Z$

$B = (X \oplus Y)'Z + X'Y$

(3) 병렬 감산기(Parallel Subtractor)

여러 가지의 2진수 감산을 위해 여러 개의 전감산기를 병렬로 연결한 감산기이다.

10년간 자주 출제된 문제

반감산기에서 차를 얻기 위한 게이트는?
① OR ② AND
③ NAND ④ XOR

|해설|

반감산기(Half-subtractor)
- 피감수와 감수만 다루고, 아래 자리에서의 빌림수는 취급하지 않으므로 2진수 1자리의 감산에만 사용할 수 있다.
- 차를 구하기 위해 XOR 게이트가 사용된다.

정답 ④

핵심이론 03 | 인코더, 디코더

(1) 인코더(Encoder, 부호기)

① 숫자나 문자 등의 10진수 입력을 2진수로 변환하는 회로로 OR 게이트로 구성된다.

② n개의 비트로 구성되는 코드는 최대 2^n개의 서로 다른 정보를 나타낼 수 있으므로 인코더는 2^n개 이하의 입력과 n개의 출력을 가진다.

(2) 디코더(Decoder, 해독기)

① 입력 단자에 가해지는 부호화된 2진 데이터를 그에 해당하는 10진수로 변환하여 해독하는 조합논리회로로 출력은 AND 게이트로 구성된다.

② n개의 입력과 m개의 출력을 가지는 n×m 디코더 : 입력에 가해지는 N비트 코드를 해독하여 그 값에 따라 m개의 출력 중에서 특정한 하나의 출력을 '1'로 하고 나머지 출력들은 '0'으로 만든다.

10년간 자주 출제된 문제

다음 진리표의 명칭으로 옳은 것은?

입력		출력			
A	B	Y_0	Y_1	Y_2	Y_3
0	0	1	0	0	0
0	1	0	1	0	0
1	0	0	0	1	0
1	1	0	0	0	1

① 디코더(Decoder)
② 인코더(Encoder)
③ 멀티플렉서(Multiplexer)
④ 디멀티플렉서(Demultiplexer)

|해설|

디코더(Decoder, 해독기)
- 입력 단자에 가해지는 부호화된 2진 데이터를 그에 해당하는 10진수로 변환하여 해독하는 조합논리회로로 출력은 AND 게이트로 구성된다.
- n개의 입력과 m개의 출력을 가지는 n×m 디코더 : 입력에 가해지는 N비트 코드를 해독하여 그 값에 따라 m개의 출력 중에서 특정한 하나의 출력을 '1'로 하고 나머지 출력들은 '0'으로 만든다.

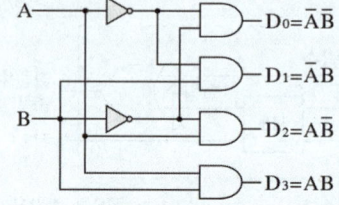

[디코더의 진리표]

입력		출력			
A	B	D_0	D_1	D_2	D_3
0	0	1	0	0	0
0	1	0	1	0	0
1	0	0	0	1	0
1	1	0	0	0	1

정답 ①

핵심이론 04 | 기타 조합논리회로

(1) 멀티플렉서(Multiplexer)
① 2개 이상의 입력 중에서 필요로 하는 신호를 외부로부터의 선택 기호에 의해 1개만 선택하여, 출력 신호로 꺼낼 수 있는 기능을 가진 조합논리회로이다.
② 게이트를 사용하여 구성하는 멀티플렉서는 2^n개의 입력선과 입력 선택을 위한 n개의 선택선 및 하나의 출력선을 가지며, 이 선택선에 가하는 비트 조합에 따라 입력 중의 하나가 선택된다.

(2) 디멀티플렉서(Demultiplexer)
① 한 신호원으로부터의 데이터를 제어 입력에 의해 여러 개의 출력단 중에서 선택된 출력단에 출력하는 회로이다.
② 1×2^n 디멀티플렉서는 하나의 입력과 2^n개의 출력선 중에서 하나를 선택하기 위한 n개의 선택선을 가진다.

10년간 자주 출제된 문제

4-1. 정상적인 경우 8×1 멀티플렉서는 몇 개의 선택선을 가지는가?
① 1 ② 2
③ 3 ④ 4

4-2. 1×4 디멀티플렉서(DMUX ; Demultiplexer)에서 필요한 선택 신호의 개수는?
① 1개 ② 2개
③ 4개 ④ 8개

|해설|

4-1
③ 8×1 멀티플렉서는 $2^n = 8$개의 입력선과 $n = 3$개의 선택선을 가진다.

멀티플렉서(Multiplexer)
- 2개 이상의 입력 중에서 필요로 하는 신호를 외부로부터의 선택 기호에 의해 1개만 선택하여, 출력 신호로 꺼낼 수 있는 기능을 가진 조합논리회로이다.
- 게이트를 사용하여 구성하는 멀티플렉서는 2^n개의 입력선과 입력 선택을 위한 n개의 선택선 및 하나의 출력선을 가지며, 이 선택선에 가하는 비트 조합에 따라 입력 중의 하나가 선택된다.

4-2
② 1×4 디멀티플렉서는 출력선이 4개이므로, 출력선을 선택하기 위한 선택선은 2개($2^n = 4$)의 선택선을 가진다.

디멀티플렉서(Demultiplexer)
- 한 신호원으로부터의 데이터를 제어 입력에 의해 여러 개의 출력단 중에서 선택된 출력단에 출력하는 회로이다.
- 1×2^n 디멀티플렉서는 하나의 입력과 2^n개의 출력선 중에서 하나를 선택하기 위한 n개의 선택선을 가진다.

정답 4-1 ③ 4-2 ②

핵심이론 05 | 조합논리회로 설계순서

(1) 조합논리회로
출력 신호가 현재의 입력 신호의 조합만으로 결정되는 회로로서 논리게이트로 구성된다.

(2) 조합논리회로 설계 순서
① 입력과 출력 조건에 적합한 진리표를 작성한다.
② 진리표를 가지고 카르노 도표를 작성한다.
③ 간소화된 논리식을 구한다.
④ 논리식을 기본 게이트로 구성한다.

10년간 자주 출제된 문제

조합논리회로를 설계할 때 일반적인 순서로 옳은 것은?

A. 간소화된 논리식을 구한다.
B. 진리표에 대한 카르노 표를 작성한다.
C. 논리식을 기본 게이트로 구성한다.
D. 입출력 조건에 따라 변수를 결정하여 진리표를 작성한다.

① D-B-A-C
② D-A-B-C
③ B-D-A-C
④ B-D-C-A

정답 ①

제6절 순서논리회로

6-1. 각종 카운터회로의 기초

핵심이론 01 | 비동기식 카운터

(1) 카운터(Counter)
카운터(계수기)는 입력 펄스가 들어온 때마다 미리 정해진 순서대로 플립플롭의 상태가 변화하는 것을 이용한 것이다.

(2) 비동기식(Asynchronous Type) 카운터
① 플립플롭의 입력으로는 클록 펄스와 앞단의 출력이 차례로 연결되어 있어 상태가 동시에 변하지 않고 순차적으로 변한다. 리플 계수기라고도 한다.
② 각 단을 통과할 때마다 지연시간이 누적되므로 고속 카운터에는 부적당하다.
③ 매우 높은 주파수에는 부적당, 비트수가 많은 카운터에는 부적합하다.
④ 회로가 간단해서 작은 규모의 계기 회로에 적당하다.
⑤ 플립플롭들은 동일 클록에 변하지 않고, 한 플립플롭의 출력이 다른 플립플롭의 클록으로 동작하기 때문에 지연시간이 길어지게 된다.
⑥ 시스템의 상태는 모든 플립플롭의 전이가 완료될 때까지 결정되지 않는다.

10년간 자주 출제된 문제

1-1. 카운터(계수회로)에 대한 설명으로 옳은 것은?
① 동기식 카운터는 모든 플립플롭을 하나의 클록신호에 의해 동시에 변화시킨다.
② 카운터는 모두 동기식 회로로 설계하여야 한다.
③ 비동기식 카운터는 클록이 빠를수록 오동작의 가능성이 적다.
④ 비동기식 카운터에서 플립플롭의 수는 오동작과 전혀 관계가 없다.

1-2. 비동기식 카운터에 대한 설명으로 옳지 않은 것은?
① 비트수가 많은 카운터에 적합하다.
② 지연시간으로 고속 카운팅에 부적합하다.
③ 전단의 출력이 다음 단의 트리거 입력이 된다.
④ 직렬 카운터, 또는 리플 카운터라고도 한다.

|해설|

1-1
- 동기형(Synchronous Type) 카운터 : 계수 회로에 쓰이는 모든 플립플롭에 클록 펄스를 동시에 공급하며 출력 상태가 동시에 변화한다.
- 비동기식(Asynchronous Type) 카운터 : 카운터플립플롭의 입력으로는 클록 펄스와 앞단의 출력이 차례로 연결되어 있어 상태가 동시에 변하지 않고 순차적으로 변한다. 리플 계수기라고도 한다.

1-2
비동기식(Asynchronous Type) 카운터
- 플립플롭의 입력으로는 클록 펄스와 앞단의 출력이 차례로 연결되어 있어 상태가 동시에 변하지 않고 순차적으로 변한다. 리플 계수기라고도 한다.
- 각 단을 통과할 때마다 지연시간이 누적되므로 고속 카운터에는 부적당하다.
- 매우 높은 주파수에는 부적당, 비트수가 많은 카운터에는 부적합하다.
- 회로가 간단해서 작은 규모의 계기 회로에 적당하다.
- 플립플롭들은 동일 클록에 변하지 않고, 한 플립플롭의 출력이 다른 플립플롭의 클록으로 동작하기 때문에 지연시간이 길어지게 된다.
- 시스템의 상태는 모든 플립플롭의 전이가 완료될 때까지 결정되지 않는다.

정답 1-1 ① 1-2 ①

핵심이론 02 | 동기식 카운터

(1) 동기식(Synchronous Type) 카운터
① 계수 회로에 쓰이는 모든 플립플롭에 클록 펄스를 동시에 공급하며 출력 상태가 동시에 변화한다.
② 클록 펄스가 없을 때 가해진 압력 펄스에 대해서는 각각의 플립플롭이 동작하지 않는다.
③ 동작속도가 고속으로 이루어진다.
④ 설계가 쉽고 규칙적이다.
⑤ 제어 신호가 플립플롭의 입력으로 된다.
⑥ 회로가 복잡하고 큰 시스템에 사용된다.
⑦ 클록 발진기가 별도로 필요하고 지연시간에 관계없다.
⑧ 병렬 계수기(Parallel Counter)라고도 한다.

(2) 동기식 순서회로를 설계하는 방식
① 클록신호에 대한 각 플립플롭의 상태 변화(클록 이전 상태와 클록 이후 상태)를 표로 작성한다.
② 클록신호에 대한 변화를 일으킬 수 있도록 플립플롭의 제어신호(JK)를 결정한다.
③ 플립플롭의 제어 신호 카르노 도를 이용하여 단순화한다.

10년간 자주 출제된 문제

2-1. 여러 개의 플립플롭이 접속될 경우, 계수 입력에 가해진 시간 펄스의 효과가 가장 뒤에 접속된 플립플롭에 전달되려면 한 개의 플립플롭에서 일어나는 시간 지연이 생긴다. 이러한 문제를 해결하기 위해 만든 계수기는?

① 상향 계수기
② 하향 계수기
③ 동기형 계수기
④ 직렬 계수기

2-2. 동기식 순서회로를 설계하는 방식이 순서대로 옳게 나열된 것은?

> ㄱ. 플립플롭의 제어신호를 결정한다.
> ㄴ. 클록신호에 대한 각 플립플롭의 상태변화를 표로 작성한다.
> ㄷ. 카르노도를 이용하여 단순화한다.

① ㄱ - ㄷ - ㄴ
② ㄴ - ㄱ - ㄷ
③ ㄷ - ㄴ - ㄱ
④ ㄴ - ㄷ - ㄱ

|해설|

2-1
동기형 계수기
여러 개의 플립플롭이 접속될 경우, 계수 입력에 가해진 시간 펄스의 효과가 가장 뒤에 접속된 플립플롭에 전달되려면 한 개의 플립플롭에서 일어나는 시간 지연이 여러 개 생긴다. 이와 같은 문제점을 해결하기 위해 만든 것이 동기형 계수기(Synchronous Counter)이다. 동기형 계수기는 하나의 공통된 시간 펄스에 의해서 플립플롭들이 트리거되어 모든 플립플롭의 상태가 동시에 변하기 때문에 병렬 계수기(Parallel Counter)라고도 한다.

정답 2-1 ③ 2-2 ②

핵심이론 03 | 그 외의 카운터

(1) 상향 카운터(Binary up Counter)
입력 펄스가 들어올 때마다 카운터의 내용이 증가하는 카운터로서 가산 카운터라고도 한다.

(2) 하향 카운터(Binary down Counter)
높은 자리에서 낮은 자리로 역순의 계수를 하는 2진 카운터로서 감산 카운터라고도 한다.

(3) 동기형 카운터
앞 단에 연결되어 있는 플립플롭의 출력을 AND 게이트로 논리곱을 잡아 다음 단의 데이터 입력으로 하므로, 플립플롭의 출력 상태가 모두 '1'일 때 계수 펄스와 동기되면서 다음 플립플롭의 모두 출력에 의해 AND 게이트가 열리도록 회로를 구성시킬 수 있다.

10년간 자주 출제된 문제

플립플롭을 4단 연결한 2진 하향 계수기를 리셋시킨 후 첫 번째 클록 펄스가 인가되면 나타나는 출력은?

① 3
② 5
③ 8
④ 15

|해설|

플립플롭을 4단 연결한 2진 하향 계수기를 리셋시킨 후 첫 번째 클록 펄스가 인가되면 나타나는 출력은 1111이 되므로 15가 된다.

정답 ④

6-2. 순서논리회로의 기초

핵심이론 01 | 순서논리회로의 설계 기초

(1) 순서논리회로

① 출력신호가 현재의 입력 신호와 과거의 입력 신호에 의하여 결정되는 논리 회로이다.
② 플립플롭(Flip-Flop)과 같은 기억 소자와 논리게이트로 구성된다.

(2) 순서논리회로의 구성 요건

① 회로의 동작은 되먹임 신호를 이용하므로 시간적인 요소가 명시되어야 한다.
② 기억 소자에 입력되는 2진 정보는 언제든지 순서에 따라 출력 상태를 나타내고, 외부 입력에 의한 2진 정보는 기억 소자의 현재와 함께 출력쪽에서 2진 값을 결정한다.

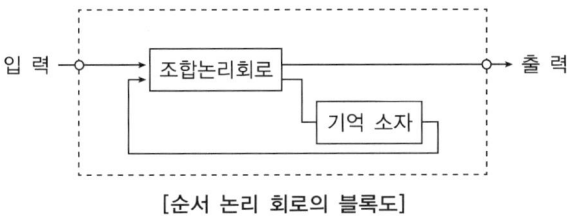

[순서 논리 회로의 블록도]

(3) 순서논리회로의 설계순서

① 회로의 작동을 글로 서술한다(이것은 상태도, 타이밍도 또는 정보를 기술할 수 있다).
② 회로에 관해 주어진 정보로부터 상태표를 얻는다.
③ 만일 순서 회로가 상태의 수에 무관한 입력 출력 관계에 의해 특성지어질 수 있다면 상태 축소 방법에 의해 상태의 수를 줄인다.
④ ②번이나 ③의 과정에서 얻어진 상태표가 문자 기호를 갖고 있으면 각 상태의 2진값을 할당한다.
⑤ 필요한 플립플롭의 수를 결정해서 각각의 문자 기호를 부여한다.
⑥ 사용될 플립플롭의 형을 선택한다.
⑦ 상태표에서 동기표와 출력표를 유도한다.
⑧ 맵 또는 다른 어떤 단순화 방법을 써서 회로 출력 함수와 플립플롭의 입력 함수를 구한다.
⑨ 논리도를 그린다.

10년간 자주 출제된 문제

1-1. 카운터와 같이 플립플롭을 사용하는 디지털회로를 무엇이라 하는가?

① 조합논리회로
② 순서논리회로
③ 아날로그 논리회로
④ 멀티플렉서 논리회로

1-2. 순서논리회로를 설계할 때 사용되는 상태표(State Table)의 구성요소가 아닌 것은?

① 현재 상태
② 다음 상태
③ 출 력
④ 이전 상태

|해설|

1-1
• 조합논리회로 : 출력신호가 현재의 입력 신호의 조합만으로 결정되는 회로로서 논리게이트로 구성된다.
• 순서논리회로 : 출력신호가 현재의 입력 신호와 과거의 입력 신호에 의하여 결정되는 논리회로로서 플립플롭(Flip-Flop)과 같은 기억 소자와 논리게이트로 구성된다.

1-2
상태표(State Table)의 구성요소는 현재 상태, 다음 상태 그리고 출력이다.

정답 1-1 ② 1-2 ④

핵심이론 02 | 레지스터

(1) 레지스터

① 레지스터(Register) : 2진 데이터를 일시 저장하는데 적합한 2진 기억 소자들의 집합이며, 1개의 플립플롭은 2진 데이터의 1비트를 저장할 수 있는 기억 소자의 역할을 하므로 레지스터는 플립플롭의 집합이라 할 수 있다.

② 일반적으로 입출력의 기능을 바꾸어 오른쪽으로 시프트하거나 왼쪽으로 시프트할 수 있도록 하는데, 이와 같은 것을 범용 레지스터라고 한다.

(2) 시프트 레지스터(Shift Register)

① 2진수를 직렬로 1비트씩 차례로 입력시키면 레지스터가 기억하고 있는 데이터를 오른쪽 또는 왼쪽으로 한 자리씩 이동(Shift)시킬 수 있는 레지스터이다.

② 시프트 레지스터(Shift Register) : 직렬 시프트 레지스터에 역되먹임시켜 구성한 것으로, 동작 상태가 주기적이며, 출력 파형이 플립플롭을 시프트해 간다.

③ 직렬(Serial) 시프트 레지스터 : 2진수의 1비트를 기억할 수 있는 플립플롭 여러 개를 직렬로 연결한 것이다.

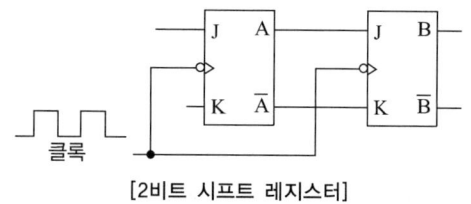

[2비트 시프트 레지스터]

④ 병렬(Parallel) 시프트 레지스터

   ㉠ 레지스터의 모든 비트를 클록 펄스에 의해 새로운 데이터(입력 데이터)로 동시에 바꾸어 로드해 주는 시프트 레지스터이다.

   ㉡ 각 비트의 플립플롭은 완전히 독립되어 있으므로 입력 신호가 동시에 들어가면 그에 따라 출력 상태가 동시에 나타난다.

⑤ 링 계수기(Ring Counter) : 시프트 레지스터의 출력을 입력 쪽에 되먹임시킴으로써 펄스가 가해지는 한 같은 2진수가 레지스터 내부에서 순환하도록 만든 것이며 환상 카운터(Circulating Register)라고도 한다.

10년간 자주 출제된 문제

2-1. 레지스터의 사용에 대한 설명으로 틀린 것은?
① 출력장치에 정보를 전송하기 위해 일시 기억하는 경우
② 사칙연산장치의 입력부분에 장치하여 데이터를 일시 기억하는 경우
③ 기억장치 등으로부터 이송된 정보를 일시적으로 기억시켜 두는 경우
④ 일시 저장된 정보 내용을 영구히 고정시키는 경우

2-2. 다음 순서논리회로의 명칭은?

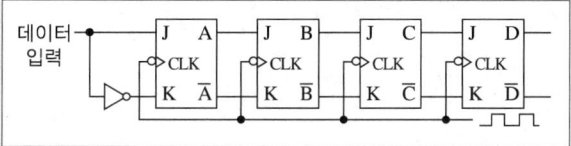

① 리플 계수기
② 링 카운터
③ 시프트 레지스터
④ 10진 계수기

2-3. 시프트 레지스터의 출력을 입력 쪽에 되먹임시킨 계수기는?
① 비동기형 계수기
② 리플 계수기
③ 링 계수기
④ 상향 계수기

|해설|

2-1
레지스터(Register) : 2진 데이터를 일시 저장하는데 적합한 2진 기억 소자들의 집합이며, 1개의 플립플롭은 2진 데이터의 1비트를 저장할 수 있는 기억 소자의 역할을 하므로 레지스터는 플립플롭의 집합이라 할 수 있다.

2-2
시프트 레지스터(Shift Register)
2진수를 직렬로 1비트씩 차례로 입력시키면 레지스터가 기억하고 있는 데이터를 오른쪽 또는 왼쪽으로 한 자리씩 이동(Shift)시킬 수 있는 레지스터이다.

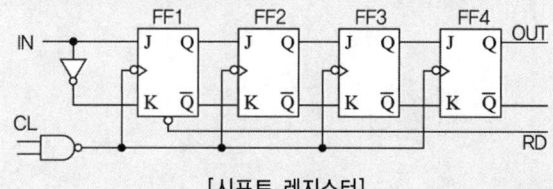

[시프트 레지스터]

2-3
링 계수기(Ring Counter) : 시프트 레지스터의 출력을 입력 쪽에 되먹임시킴으로써 펄스가 가해지는 한 같은 2진수가 레지스터 내부에서 순환하도록 만든 것이며 환상 카운터(Circulating Register)라고도 한다.

정답 2-1 ④ 2-2 ③ 2-3 ③

2012~2016년	과년도 기출문제	회독 CHECK 1 2 3
2017~2023년	과년도 기출복원문제	회독 CHECK 1 2 3
2024년	최근 기출복원문제	회독 CHECK 1 2 3

PART 02

과년도 + 최근 기출복원문제

#기출유형 확인 #상세한 해설 #최종점검 테스트

2012년 제1회 과년도 기출문제

01 정류기의 평활회로는 어느 것을 이용하는가?

① 저항 감쇠기 ② 대역 여파기
③ 고역 여파기 ④ 저역 여파기

해설
평활회로는 정류 회로에 접속하여 정류 전류 중의 맥동분을 경감하는 작용을 하는 회로로 저역 통과 여파기를 사용한다.

02 연산증폭기의 입력 오프셋 전압에 대한 설명으로 가장 적합한 것은?

① 출력전압과 입력전압이 같게 될 때의 증폭기 입력전압
② 차동 출력전압이 0[V]일 때 두 입력단자에 흐르는 전류의 차
③ 차동 출력전압이 무한대가 되도록 하기 위하여 입력단자 사이에 걸어주는 전압
④ 차동 출력전압이 0[V]가 되도록 하기 위하여 입력단자 사이에 걸어주는 전압

해설
연산증폭기의 입력 오프셋 전압
이상적인 OP-AMP는 입력에 0[V]가 인가되면 출력에 0[V]가 나온다. 그러나 실제의 OP-AMP는 입력이 인가되지 않아도 출력에 직류 전압이 나타난다. 차동출력이 0[V]가 되도록 하기 위하여 입력 단자 사이에 걸어주는 전압이다.

03 연산증폭기의 응용회로가 아닌 것은?

① 미분기 ② 가산기
③ 적분기 ④ 멀티플렉서

해설
연산증폭기는 능동필터, 미분기, 적분기, 비교기, 연산회로, 신호변환기, 함수 발생기, 서보제어, 통신기기 등 응용 범위가 넓다.

04 그림과 같은 미분회로의 입력에 장방형파 e_i가 공급될 때 출력 e_o의 파형모양은?(단, $\dfrac{RC}{t_p} \ll 1$일 경우로 한다)

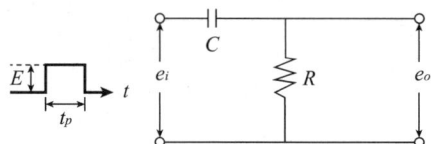

① E, $-E$
② E
③ E
④ E

해설
미분회로
콘덴서의 충전·방전 즉, RC 직렬회로의 과도현상을 이용하여 출력단에서 입력전압의 미분파형을 얻을 수 있는 회로로 구형파의 입력신호로부터 펄스형태의 신호를 만들 때 사용한다.

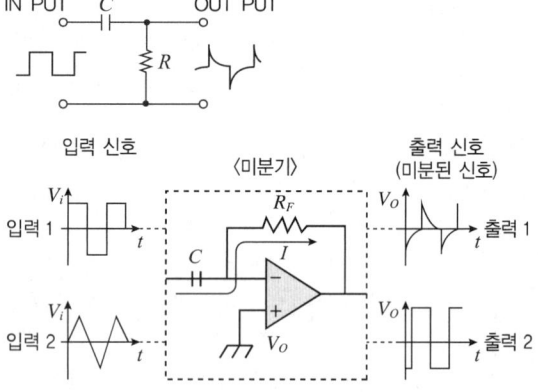

[미분기 회로의 입출력 파형]

정답 1 ④ 2 ④ 3 ④ 4 ①

05 전력에 대한 설명으로 옳은 것은?

① 전류에 의해서 단위시간에 이루어지는 힘의 양을 말한다.
② 전류에 의해서 단위시간에 이루어지는 열량의 양을 말한다.
③ 전류에 의해서 단위시간에 이루어지는 전하의 양을 말한다.
④ 전류에 의해서 단위시간에 이루어지는 일의 양, 즉 일의 공률을 말한다.

해설
전력이란 단위시간 동안에 전기가 한 일의 양을 말한다.

06 터널(Tunnel) 다이오드와 관계가 없는 것은?

① 초고주파 발진
② 스위칭회로
③ 에사키 다이오드
④ 정류회로

해설
터널 다이오드(에사키 다이오드)
불순물 농도를 매우 크게 하면 부성 저항 특성을 나타내며, 마이크로파대의 발진, 증폭, 전자계산기의 고속 스위칭 소자로 사용, 저잡음, 큰 전력을 얻을 수 없다.

07 펄스폭이 0.2초, 반복주기가 0.5초일 때 펄스의 반복 주파수는 몇 [Hz]인가?

① 0.5[Hz] ② 1[Hz]
③ 2[Hz]   ④ 4[Hz]

해설
$f = \dfrac{1}{T}$[Hz] T : 주기[sec] $f = \dfrac{1}{0.5} = 2$[Hz]

08 반송주파수가 100[MHz]인 주파수변조에서 신호 주파수가 1[kHz], 최대 주파수 편이가 4[kHz]일 때 변조지수는?

① 0.25   ② 0.4
③ 4   ④ 10

해설
변조지수 : 주파수 편이 $\triangle f_c$와 신호 주파수 f_s의 비
$m_f = \dfrac{\triangle f_c}{f_s} = \dfrac{4}{1} = 4$

09 다음 중 부궤환증폭의 특징으로 옳지 않은 것은?

① 종합이득 향상
② 파형 찌그러짐 감소
③ 주파수특성 향상
④ 안정도 개선

해설
부궤환증폭기의 특징
• 주파수 특성이 양호하고 안정도가 좋다.
• 부하의 변동이나 전원 전압의 변동에 증폭도가 안정하다.
• 증폭 회로 내부에서 발생 출력에 나타나는 잡음과 왜곡은 $\dfrac{A_0}{1+\beta A_0}$로 감소한다.
• 입력 임피던스는 증가하고 출력 임피던스는 낮아진다.
• 대역폭을 넓힐 수 있다.
• 이득이 다소 저하된다.

10 다음 회로에서 C_2가 방전 중이면 각 TR의 On, Off 상태는?

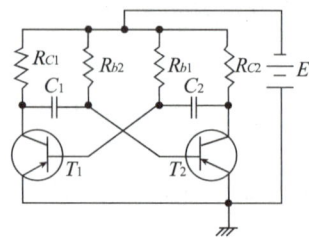

① T_1 : Off, T_2 : On
② T_1, T_2 동시 Off
③ T_1 : On, T_2 : Off
④ T_1, T_2 동시 On

해설
비안정 멀티바이브레이터(Astable Multivibrator)
- 2단 비동조 증폭 회로를 100[%] 정궤환을 걸어준 직사각형 발진기이다.
- 2개의 AC 결합 상태로 되어 있다.
- C_2가 방전 중이면 T_2는 On, C_1은 충전, T_1은 Off이다.

11 3-주소 명령어의 설명으로 옳지 않은 것은?

① 오퍼랜드부가 3개로 구성된다.
② 레지스터가 많이 필요하다.
③ 원시 자료를 파괴하지 않는다.
④ 스택을 이용하여 연산한다.

해설
3-주소 명령(3-Address Instruction)
- OP Code와 3개의 Operand로 구성되는 명령어 형식이다.
- 연산결과를 위한 Operand 1개와 입력 자료를 위한 Operand 2개로 구성된다.

OP Code	Operand 1	Operand 2	Operand 3

- 연산 후 입력 자료의 값이 보존된다.
- Operand1은 연산 후 결과 값이 저장되는 레지스터이다.
- Operand2와 Operand3은 연산을 위한 입력 자료가 저장되는 레지스터이다.
- 명령어의 수행시간이 가장 길다.
- 프로그램의 길이는 가장 짧다.

12 EBCDIC 코드에 대한 설명으로 옳지 않은 것은?

① 최대 128문자까지 표현할 수 있다.
② 4개의 존 비트(Zone Bit)를 가지고 있다.
③ 4개의 디지트 비트(Digit Bit)를 가지고 있다.
④ 대문자, 소문자, 특수문자 및 제어신호를 구분할 수 있다.

해설
EBCDIC(Extended Binary Coded Decimal Interchange Code) 코드
- EBCDIC 코드(확장 2진화 10진 코드)는 1개의 체크 비트와 8개의 데이터 비트로 구성되며, 데이터 비트 8개는 존 비트(Zone Bit) 4개와 디지트 비트 4개로 $256(2^8)$가지의 문자를 표현하므로 영문자, 숫자 특수 문자 등의 사용이 가능한 코드이다.
- 일반적으로 EBCDIC 코드의 8비트를 1바이트(Byte)라 하며 존 비트는 각각의 문자를 식별하는 데 사용되고, 디지트 비트는 숫자(Numeric) 비트로서 4비트의 2진수 코드화된다.

13 전자계산기나 단말장치의 출력단에서 직류신호를 교류신호로 변환하거나 또는 거꾸로 전송되어 온 교류신호를 직류신호로 변환해 주는 장치는?

① DSU
② MODEM
③ BPS
④ PCM

해설
모뎀(MODEM, MOdulator and DEModulator)은 정보 전달(주로 디지털 정보)을 위해 신호를 변조하여 송신하고 수신측에서 원래의 신호로 복구하기 위해 복조하는 장치를 말한다.

14 다음 중 2의 보수를 나타내는 산술 마이크로 동작은?

① $A \leftarrow \overline{A}$
② $A \leftarrow \overline{A}+1$
③ $A \leftarrow A-B$
④ $A \leftarrow A+\overline{B}$

해설
2의 보수는 1의 보수로 변환한 뒤 1을 더해주면 되므로, 산술 마이크로 동작으로 표현하면 $A \leftarrow \overline{A}+1$이 된다.

15 출력장치에 해당하는 것은?

① 키보드
② 플로터
③ 스캐너
④ 바코드 판독기

해설
- 입력장치 : 마우스, 키보드, 스캐너, 터치스크린, 디지타이저 등
- 출력장치 : 프린터, 플로터, 모니터 등

16 컴퓨터가 정상적인 인출단계를 실행하지 못하고 긴급한 상황에서 특별히 부과된 작업을 실행하는 것을 무엇이라고 하는가?

① 인터페이스
② 제어장치
③ 인터럽트
④ 버퍼

해설
인터럽트(Interrupt)
- 프로그램이 수행되고 있는 동안에 어떤 조건이 발생하여 수행 중인 프로그램을 일시적으로 중지시키게 만드는 조건이나 사건의 발생
- 비동기적으로 처리 → 다른 프로그램이 수행되는 동안 여러 개의 사건을 처리할 수 있는 메커니즘
- 인터럽트가 발생하면 마이크로 컨트롤러는 현재 수행 중인 프로그램을 일시 중단하고, 인터럽트 처리를 위한 프로그램을 수행한 후에 다시 원래의 프로그램으로 복귀

17 특정위치의 비트(Bit)를 시험하고 문자의 위치를 교환하는 경우에 이용되는 것은?

① 오버랩(Overlap)
② 로테이트(Rotate)
③ 디코더(Decoder)
④ 무브(Move)

해설
- 시프트(Shift) : 입력 데이터의 모든 비트를 각각 서로 이웃의 비트 자리로 옮기는 것이다.
- 로테이트(Rotate) : 시프트와 비슷한 연산으로 나가는 비트는 사용되는 연산으로서, 문자의 위치변환에 주로 사용된다.

18 부호화된 2진 데이터를 10진의 문자나 기호로 다시 변환시키는 회로는?

① Encoder
② Decoder
③ Counter
④ Hoffer

해설
② 디코더(Decoder, 해독기) : 입력 단자에 가해지는 부호화된 2진 데이터를 그에 해당하는 10진수로 변환하여 해독하는 조합 논리 회로이다.
① 인코더(Encoder, 부호기) : 숫자나 문자 등의 10진수 입력을 2진수로 변환하는 회로로 OR 게이트로 구성된다.

19 3 초과 코드(Excess-3) 중 사용하지 않는 것은?

① 0010
② 1100
③ 1000
④ 0110

해설
0010은 3초과 코드보다 값이 작으므로 존재하지 않는다.
3 초과 Code(Excess-3)
- BCD 코드 + 3(0011)을 더하여 만든 코드
- 비가중치(Unweighted Code), 자기보수 코드
- 3초과 코드는 비트마다 일정한 값을 갖지 않는 코드
- 연산동작이 쉽게 이루어지는 특징이 있는 코드

20 사칙 연산, 논리 연산 등 중간 결과를 기억하는 기능을 가지고 있는 연산장치의 중심 레지스터는?

① 누산기(Accumulator)
② 데이터 레지스터(Data Register)
③ 가산기(Adder)
④ 상태 레지스터(Status Register)

해설
누산기(Accumulator)
CPU 내에서 계산의 중간 결과를 저장하는 레지스터

21 다음에서 설명하고 있는 디스플레이 장치는?

> 네온 또는 아르곤 혼합 가스로 채워진 셀에 고전압을 걸어 나타나는 현상을 이용하여 화면을 표시하는 장치로 주로 대형화면으로 사용된다. 두께가 얇고 가벼우며 눈의 피로가 적은 편이나 전력소비가 많으며 열을 많이 발생시킨다.

① 차세대 디스플레이(OLED)
② LCD 디스플레이(Liquid Crystal Display)
③ 플라스마 디스플레이(Plasma Display)
④ 전계 방출형 디스플레이(FED ; Field Emission Display)

해설
두 장의 유리판 사이에 네온과 아르곤의 혼합가스를 넣고 전압을 가하면 가스의 방전으로 빛이 나게 되는 현상을 이용한 표시 장치는 플라스마 디스플레이이다.

22 다음 진리표에 해당하는 논리식으로 옳은 것은?

A	B	Y
0	0	0
0	1	1
1	0	1
1	1	0

① $Y = A + B$
② $Y = \overline{AB} + AB$
③ $Y = A \cdot B$
④ $Y = \overline{A}B + A\overline{B}$

해설
입력 데이터가 서로 다를 경우에만 1이 되는 논리회로는 배타적 논리합(Exclusive-OR)이다.

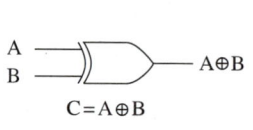
$C = A \oplus B$

입 력		출 력
A	B	C
0	0	0
0	1	1
1	0	1
1	1	0

23 2진수 (110010101011)₂을 8진수와 16진수로 올바르게 변환한 것은?

① (6253)₈, (BAB)₁₆
② (5253)₈, (BAB)₁₆
③ (6253)₈, (CAB)₁₆
④ (5253)₈, (CAB)₁₆

해설

2진수	1100	1010	1011	
16진수	C	A	B	
2진수	110	010	101	011
8진수	6	2	5	3

- 2진수 (110010101011)₂을 16진수로 변환하려면 하위 비트에서 4[Bit]씩 잘라 변환한다. 즉, (CAB)₁₆이다.
- 2진수 (110010101011)₂을 8진수로 변환하려면 하위 비트에서 3[Bit]씩 잘라 변환한다. 즉, (6253)₈이다.

24 연산한 결과의 상태를 기록, 자리올림 및 오버플로 발생 등의 연산에 관계되는 상태와 인터럽트 신호까지 나타내어 주는 것은?

① 누산기
② 데이터 레지스터
③ 가산기
④ 상태 레지스터

해설
- 누산기(Accumulator) : 연산 장치의 중심 레지스터로 산술 논리 연산의 결과를 임시로 기억한다.
- 상태 레지스터(Status Register) : 연산의 결과에서 자리올림(Carry)이나 오버플로(Overflow) 발생과 인터럽트 신호 등의 상태를 기억한다.

25 오퍼랜드부에 표현된 주소를 이용하여 실제 데이터가 기억된 기억장소에 직접 사상시킬 수 있는 지정 방식은?

① Direct Addressing
② Indirect Addressing
③ Immediate Addressing
④ Register Addressing

해설
자료의 접근 방법에 따른 주소 지정 방식
- Immediate Addressing Mode(즉시 주소 지정) : 명령어 내에 실제 데이터를 가지고 있는 명령어 형식이다.
- Direct Addressing Mode(직접 주소 지정) : 명령어의 Operand 부분이 실제 데이터의 주소인 명령어 형식이다.
- Indirect Addressing Mode(간접 주소 지정) : 명령어의 Operand가 가리키는 곳에 실제 데이터의 주소가 있는 명령어 형식이다.
- Indexed Addressing Mode(인덱스 주소 지정) : 명령어의 Operand 부분과 Index Register의 값이 더해진 곳에 실제 데이터를 가지고 있는 명령어 형식이다.
- Relative Addressing Mode(상대 주소 지정) : 프로그램 카운터(PC)와 명령어의 Operand가 더해진 곳에 실제 데이터를 가지고 있는 명령어 형식이다.
- Register Addressing Mode(레지스터 주소 지정) : 직접 주소 지정 방식과 유사하다. 차이점은 오퍼랜드 필드가 메인 메모리의 주소가 아닌 레지스터를 참조한다는 점이다.

26 직렬전송에 대한 것으로 옳지 않은 것은?

① 하나의 통신회선을 사용하여 한 비트씩 순차적으로 전송하는 방식이다.
② 하나의 문자를 구성하는 비트별로 각각 통신 회선을 따로 두어 한꺼번에 전송하는 방식이다.
③ 원거리 전송인 경우에는 통신 회선이 한 개만 필요하므로 경제적이다.
④ 병렬전송에 비하여 데이터 전송속도가 느리다.

해설
- 직렬(Serial) 전송 : 하나의 문자 정보를 나타내는 데이터 비트를 직렬로 나열한 후 하나의 통신 회선을 사용하여 1비트씩 순차적으로 전송하는 방식
- 병렬(Parallel) 전송 : 하나의 데이터를 구성하는 다수 개의 비트별로 각각의 통신 회선을 두어서 한꺼번에 전송하는 방식

27 플립플롭을 여러 개 종속 접속하여 펄스를 하나씩 공급할 때마다 순차적으로 다음 플립플롭에 데이터가 전송되도록 만들어진 레지스터는?

① 기억 레지스터(Buffer Register)
② 주소 레지스터(Address Register)
③ 시프트 레지스터(Shift Register)
④ 명령 레지스터(Instruction Register)

해설
시프트 레지스터(Shift Register)
2진수를 직렬로 1비트씩 차례로 입력시키면 레지스터가 기억하고 있는 데이터를 오른쪽 또는 왼쪽으로 한 자리씩 이동(Shift)시킬 수 있는 레지스터이다.

28 2진수 $(1100)_2$의 2의 보수는?

① 0100
② 1100
③ 0101
④ 1001

해설
2의 보수=1의 보수+1이므로 2진수 1100을 1의 보수로 바꾸면 0011에 1을 더하면 01000이 된다.

29 기억장치에 있는 명령어를 해독하여 실행하는 것은?

① CPU
② 메모리
③ I/O 장치
④ 레지스터

해설
중앙처리장치의 기능
- 중앙처리장치는 제어 장치, 산술 연산 장치, 주기억 장치로 이루어진다.
- 기억 장치는 입력 장치로 읽어 들인 데이터나 프로그램, 중간 결과 및 처리된 결과를 기억하는 기능으로서 레지스터(Register)인 플립플롭(Flip-flop)이나 래치(Latch)로 구성된다.
- 연산 기능을 하는 장치(ALU)는 기억된 프로그램이나 데이터를 꺼내어 산술 연산이나 논리 연산을 실행한다.
- 전달 기능의 장치는 버스(Bus)를 이용하여 연산기로 입출력되며 내부버스와 외부버스로 이루어진다.
- 제어기능은 프로그램의 명령을 하나씩 읽고 해석하여, 모든 장치의 동작을 지시하고 감독·통제하는 기능이다.

30 입출력 인터페이스에서 오류검사를 위해 짝수 패리티 비트를 채용하여 짝수 패리티 생성 회로에 필요한 논리 게이트를 2개만 사용하려 한다. 이 논리 게이트는?

① AND
② NAND
③ NOR
④ XOR

해설
XOR함수는 오류 검출과 수정코드를 사용하는 시스템에서 유용하게 사용하며 짝수 패리티를 사용한다면 입력된 데이터에서 '1'의 개수가 짝수여야 하기 때문에 데이터의 오류를 검사하기 위해서는 데이터의 모든 비트를 XOR 연산한 결과가 '0'이면 오류가 없는 것이고 '1'이면 오류가 발생한 것을 의미한다.

31 저급(Low Level)언어에 대한 설명으로 틀린 것은?

① 하드웨어를 직접 제어할 수 있어서 전자계산기 측면에서 볼 때 처리가 쉽고 속도가 빠르다.
② 2진수 체제로 이루어진 언어로 전자계산기가 직접 이해할 수 있는 형태의 언어이다.
③ 프로그램 작성 및 수정이 어렵다.
④ 기종에 관계없이 사용할 수 있어 호환성이 좋다.

해설
저급언어
- 컴퓨터 개발 초창기에 사용되었던 프로그래밍 언어이다.
- 주로 시스템 프로그래밍에 사용된다.
- 초창기의 컴퓨터프로그래밍은 기계어에 의해 작성되고 처리되었다.
- 컴퓨터의 전기적 회로에 의해 직접적으로 해석되어 실행되는 언어이다.
- 컴퓨터 자원을 효율적으로 활용할 수 있다.
- 언어 자체가 복잡하고 어렵다.
- 프로그래밍 시간이 많이 걸리고 에러가 많다.
- 호환성이 없다.
- 2진수를 사용하여 데이터를 표현한다.
- 프로그램의 실행 속도가 빠르다.
- 저수준 언어의 종류 : 기계어(Machine Language), 어셈블리어(Assembly Language)

32 프로그래밍 작업 시 문서화의 목적과 거리가 먼 것은?

① 개발과정에서의 추가 및 변경에 따르는 혼란을 감소시키기 위해서이다.
② 프로그램의 개발 목적 및 과정을 표준화하여 효율적인 작업이 되도록 한다.
③ 프로그램의 활용을 쉽게 한다.
④ 프로그래밍 작업 시 요식적 행위의 목적을 달성하기 위해서이다.

해설
프로그래밍 작업 시 문서화 : 프로그램의 운영에 필요한 사항을 문서로써 정리하여 기록하는 작업
문서화를 통하여 얻어지는 효과
- 프로그램의 개발 목적 및 과정을 표준화
- 효율적인 작업이 이루어지게 함
- 프로그램의 유지 보수를 쉽게 함
- 개발과정에서의 추가 및 변경에 따른 혼란을 줄일 수 있음

33 C언어의 기억 클래스의 종류가 아닌 것은?

① 정적 변수
② 자동 변수
③ 레지스터 변수
④ 내부 변수

해설
기억 클래스(Storage Class) 종류
- 자동 변수(Automatic Variable) : 함수나 그 함수 내의 블록 안에서 선언되는 변수
- 정적 변수(Static Variable) : 선언된 함수 또는 해당 블록 내에서만 사용 가능
- 외부 변수(External Variable) : 함수의 외부에 기억 클래스 없이 정의되고 어떤 함수라도 참조할 수 있는 전역 변수(Global Variable)
- 레지스터 변수(Register Variable) : 함수 내에서 정의되고 해당 함수 내에서만 사용이 가능한 변수

34 프로그램이 수행되는 동안 변하지 않는 값을 의미하는 것은?

① Constant
② Pointer
③ Comment
④ Variable

해설
상수(Constant)
- 프로그램이 실행되는 도중에 값이 바뀌지 않는 변수
- 프로그램에서 자주 반복적으로 사용되는 값을 변수로 선언해 놓을 때 사용

35 운영체제(Operation System)의 목적과 거리가 먼 것은?

① 신뢰도(Reliability)의 향상
② 처리능력(Throughput)의 향상
③ 응답 시간(Turn Around Time)의 단축
④ 코딩(Coding)작업의 용이

해설
운영체제의 목적
- 처리능력(Throughput)의 향상
- 반환 시간(Turn Around Time)의 단축
- 사용가능도(Availability) 향상
- 신뢰도(Reliability) 향상

36 프로그램의 실행과정으로 옳은 것은?

① 원시 프로그램 – 목적 프로그램 – 로드 모듈 – 실행
② 로드 모듈 – 목적 프로그램 – 원시 프로그램 – 실행
③ 원시 프로그램 – 로드 모듈 – 목적 프로그램 – 실행
④ 목적 프로그램 – 원시 프로그램 – 로드 모듈 – 실행

해설
프로그램 언어의 수행순서
원시(Source) P/G → 번역(컴파일러) → 목적(Object) P/G 생성 → 링커 → 로더 → 실행

37 프로그램 작성 시 플로차트를 작성하는 이유로 거리가 먼 것은?

① 프로그램을 나누어 작성할 때 대화의 수단이 된다.
② 프로그램의 수정을 용이하게 한다.
③ 에러발생 시 책임구분을 명확히 한다.
④ 논리적인 단계를 쉽게 이해할 수 있다.

해설
순서도의 역할
- 프로그램 작성의 직접적인 자료가 된다.
- 업무의 내용과 프로그램을 쉽게 이해할 수 있고, 다른 사람에게 전달이 쉽다.
- 프로그램의 정확성 여부를 판단하는 자료가 되며, 오류가 발생하였을 때 그 원인을 찾아 수정하기가 쉽다.
- 프로그램의 논리적인 체계 및 처리 내용을 쉽게 파악할 수 있다.
- 프로그래밍 언어에 관계없이 공통으로 사용할 수 있다.

38 운영체제의 기능이 아닌 것은?

① 프로세서, 기억장치, 입출력장치, 파일 및 정보 등의 자원관리
② 시스템의 각종 하드웨어와 네트워크에 대한 관리
③ 원시 프로그램에 대한 목적 프로그램 생성
④ 자원의 스케줄링 기능 제공

해설
운영체제의 역할
- 사용자와 컴퓨터 시스템 간의 인터페이스(Interface) 정의
- 사용자들 간의 하드웨어의 공동 사용
- 여러 사용자 간의 자원 공유
- 자원의 효과적인 운영을 위한 스케줄링
- 입출력에 대한 보조 역할

정답 35 ④ 36 ① 37 ③ 38 ③

39 C언어에서 사용되는 문자열 출력함수는?

① putchar( )
② prints( )
③ printchar( )
④ puts( )

해설
C언어 문자 출력함수
- getchar( ) 함수 : 키보드로부터 한 번에 한 문자씩 읽어 들여, 그 문자에 해당하는 ASCII 코드의 값을 정수형으로 선언된 변수에 할당하는 함수
- putchar( ) 함수 : 화면에 한 문자씩 출력하는 함수
- gets( ) 함수 : 키보드로부터 문자열을 읽어 들여 문자열 포인터가 가리키는 장소에 기억시키며, 그 포인터를 되돌려 주는 함수
- puts( ) 함수 : 문자열을 화면으로 출력하는 함수

40 언어번역 프로그램에 해당하지 않는 것은?

① 어셈블러
② 로 더
③ 컴파일러
④ 인터프리터

해설
번역기의 종류
- 어셈블러(Assembler) : 어셈블리 언어로 작성된 원시 프로그램을 기계어로 번역하는 프로그램
- 컴파일러(Compiler) : 전체 프로그램을 한 번에 처리하여 목적 프로그램을 생성하는 번역기로 기억 장소를 차지하지만 실행 속도가 빠르다(ALGOL, PASCAL, FORTRAN, COBOL, C).
- 인터프리터(Interpreter) : 작성된 원시 프로그램을 한 줄씩 읽어 번역 및 실행하는 프로그램으로 실행 속도가 느리지만 기억장소를 적게 차지한다(BASIC, LISP, JAVA, PL/I).

41 전원을 끄면 그 내용이 지워지는 메모리는?

① RAM
② ROM
③ PROM
④ EPROM

해설
① RAM(Random Access Memory) : 저장한 번지의 내용을 인출하거나 새로운 데이터를 저장할 수 있으나, 전원이 꺼지면 내용이 소멸된다.
② ROM(Read Only Memory) : 비소멸성의 기억소자로 저장되어 있는 내용을 꺼낼 수는 있으나, 새로운 데이터를 저장할 수 없는 반도체 소자이다.
③ PROM(Programmable ROM) : 제조 후 사용자가 비교적 간단한 방법으로 ROM의 내용을 써 넣을 수 있도록 제작된 반도체 소자이다.
④ EPROM(Erasable PROM) : PROM을 개량한 소자로서, 자외선이나 높은 전압으로 그 내용을 지워서 다시 사용할 수 있다.

42 입력 A가 01101100이고 B가 11100101일 때 ALU에서 AND 연산이 이루어졌다면 출력결과는?

① 00100101
② 01101101
③ 01100100
④ 01111100

해설
AND 연산은 입력이 모두 1일 경우에만 출력이 1이 된다.

입력 A	01101100
입력 B	11100101
AND 연산 출력	01100100

43 일반적으로 어떤 데이터의 일시적인 보존이나 디지털 신호의 지연작용 등의 목적으로 많이 쓰이는 플립플롭은?

① RS 플립플롭
② JK 플립플롭
③ D 플립플롭
④ T 플립플롭

해설
D 플립플롭
- 클록형 RS 플립플롭 또는 JK 플립플롭을 변형시킨 것
- 데이터 입력신호 D가 그대로 출력 Q에 전달되는 특성
- 데이터의 일시적인 보존이나 디지털 신호의 지연 등에 이용

정답 39 ④ 40 ② 41 ① 42 ③ 43 ③

44 디지털 신호를 아날로그 신호로 바꿔주는 것은?

① A/D 변환기
② D/A 변환기
③ 해독기(Decoder)
④ 비교기(Comparator)

해설
- D/A 변환기 : 디지털 신호를 아날로그 신호로 변환
- A/D 변환기 : 아날로그 신호를 디지털 신호로 변환

45 리플 계수기(Ripple Counter)의 설명으로 틀린 것은?

① 회로가 간단하다.
② 동작시간이 길다.
③ 동기형 계수기이다.
④ 앞단의 플립플롭 출력 Q가 다음 단 플립플롭의 클록 입력 CLK로 연결된다.

해설
비동기식(Asynchronous Type) 카운터
- 플립플롭의 입력으로는 클록 펄스와 앞단의 출력이 차례로 연결되어 있어 상태가 동시에 변하지 않고 순차적으로 변한다. 리플 계수기라고도 한다.
- 각 단을 통과할 때마다 지연시간이 누적되므로 고속 카운터에는 부적당하다.
- 매우 높은 주파수에는 부적당, 비트수가 많은 카운터에는 부적합하다.
- 회로가 간단해서 작은 규모의 계기 회로에 적당하다.
- 플립플롭들은 동일 클록에 변하지 않고, 한 플립플롭의 출력이 다른 플립플롭의 클록으로 동작하기 때문에 지연시간이 길어지게 된다.
- 시스템의 상태는 모든 플립플롭의 천이가 완료될 때까지 결정되지 않는다.

46 논리식을 최소화시키는데 간편한 방법으로 진리표를 그림 모양으로 나타낸 것은?

① 카르노 도   ② 드모르간 도
③ 비트 도   ④ 클리어 도

해설
카르노 도법에 의한 최소화
- 논리 회로의 논리식을 간소화하는 것을 최소화(Minimization)라 한다.
- 불 대수의 정리 및 법칙을 이용하여 최소화하는 방법이다.
- 논리식이 비교적 단순할 때 사용한다.
- 논리식에 해당되는 부분을 카르노 도표에 '1'을 쓰고, 그 밖에는 '0'을 쓴다.
- 이웃된 '1'을 2, 4, 8, 16개로 가능한 한 크게 원을 만든다. 이때 이들 원은 중복되어도 된다.
- 다른 원과 중복된 '1'의 원이 있으면 이것은 삭제한다.
- 원으로 묶어진 부분에서 변화되지 않은 변수만을 불 대수로 쓴다.

47 JK 플립플롭의 두 입력이 J=1, K=1일 때 출력 (Q_{n+1})의 상태는?

① Q_n ② $\overline{Q_n}$
③ 0   ④ 1

해설
JK 플립플롭 진리표

CP	J	K	$Q_{(n+1)}$
1	0	0	$Q_{(n)}$(불변)
1	0	1	0(리셋)
1	1	0	1(세트)
1	1	1	$\overline{Q_{(n)}}$(Toggle)

48 불 대수를 사용하는 목적으로 틀린 것은?

① 디지털 회로의 해석을 쉽게 한다.
② 같은 기능의 간단한 회로를 복잡한 다른 회로로 표시한다.
③ 변수 사이의 진리표 관계를 대수 형식으로 표시한다.
④ 논리도의 입출력 관계를 표시한다.

해설
불 대수를 사용하는 목적
- 논리변수 사이의 진리표 관계를 대수 형식으로 표현
- 논리도의 입출력 관계를 대수 형식으로 표현
- 같은 기능을 보다 간단한 회로로 단순화

49 여러 개의 플립플롭이 접속될 경우, 계수 입력에 가해진 시간 펄스의 효과가 가장 뒤에 접속된 플립플롭에 전달되려면 한 개의 플립플롭에서 일어나는 시간 지연(Time Delay)이 생긴다. 이러한 문제를 해결하기 위해 만든 계수기는?

① 상향 계수기
② 하향 계수기
③ 동기형 계수기
④ 직렬 계수기

해설
동기형 계수기
- 여러 개의 플립플롭이 접속될 경우, 계수 입력에 가해진 시간 펄스의 효과가 가장 뒤에 접속된 플립플롭에 전달되려면 한 개의 플립플롭에서 일어나는 시간 지연이 여러 개 생긴다. 이와 같은 문제점을 해결하기 위해 만든 것이 동기형 계수기(Synchronous Counter)이다.
- 동기형 계수기는 하나의 공통된 시간 펄스에 의해서 플립플롭들이 트리거 되어 모든 플립플롭의 상태가 동시에 변하기 때문에 병렬 계수기(Parallel Counter)라고도 한다.

50 $A=1$, $B=0$, $C=1$일 때 논리식의 값이 0이 되는 것은?

① $AB+BC+CA$
② $A+\overline{B}(\overline{A}+C)$
③ $B+\overline{A}(B+C)$
④ $A\overline{B}C$

해설
③ $B+\overline{A}(B+C) = 0+0(0+1) = 0$
① $AB+BC+CA = 0+0+1 = 1$
② $A+\overline{B}(\overline{A}+C) = 1+1(0+1) = 2$
④ $A\overline{B}C = 1 \cdot 1 \cdot 1 = 1$

51 한 개의 선으로 정보를 받아들여 n개의 선택선에 의해 2^n개의 출력 중 하나를 선택하여 출력하는 회로로 Enable 입력을 가진 디코더와 등가인 회로는?

① 멀티플렉서
② 디멀티플렉서
③ 비교기
④ 해독기

해설
멀티플렉서(Multiplexer)
- 2개 이상의 입력 중에서 필요로 하는 신호를 외부로부터의 선택 기호에 의해 1개만 선택하여, 출력 신호로 꺼낼 수 있는 기능을 가진 조합 논리 회로이다.
- 게이트를 사용하여 구성하는 멀티플렉서는 2^n개의 입력선과 입력 선택을 위한 n개의 선택선 및 하나의 출력선을 가지며, 이 선택선에 가하는 비트 조합에 따라 입력 중의 하나가 선택된다.

디멀티플렉서(Demultiplexer)
- 한 신호원으로부터의 데이터를 제어 입력에 의해 여러 개의 출력단 중에서 선택된 출력단에 출력하는 회로이다.
- 1×2^n 디멀티플렉서는 하나의 입력과 2^n개의 출력선 중에서 하나를 선택하기 위한 n개의 선택선을 가진다.

52 디코더(Decoder)는 일반적으로 무슨 회로의 집합인가?

① OR + AND
② NOT + AND
③ AND + NOR
④ NOR + NOT

해설
디코더(Decoder, 해독기)
입력 단자에 가해지는 부호화된 2진 데이터를 그에 해당하는 10진수로 변환하여 해독하는 조합논리회로로 출력은 NOT + AND 게이트로 구성된다.
• 디코더의 회로

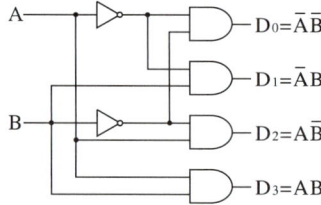

• 디코더의 진리표

입 력		출 력			
A	B	D₀	D₁	D₂	D₃
0	0	1	0	0	0
0	1	0	1	0	0
1	0	0	0	1	0
1	1	0	0	0	1

53 플립플롭을 일반적으로 무엇이라고 하는가?

① 시프트 레지스터
② 쌍안정 멀티바이브레이터
③ 단안정 멀티바이브레이터
④ 비안정 멀티바이브레이터

해설
레지스터를 구성하는 기본소자가 플립플롭으로, 0과 1의 안정된 논리 상태를 갖는 쌍안정 멀티바이브레이터를 플립플롭이라고 한다.

54 레지스터의 사용에 대한 설명으로 틀린 것은?

① 출력장치에 정보를 전송하기 위해 일시 기억하는 경우
② 사칙연산장치의 입력부분에 장치하여 데이터를 일시 기억하는 경우
③ 기억장치 등으로부터 이송된 정보를 일시적으로 기억시켜 두는 경우
④ 일시 저장된 정보 내용을 영구히 고정시키는 경우

해설
레지스터(Register)
2진 데이터를 일시 저장하는 데 적합한 2진 기억 소자들의 집합이며, 1개의 플립플롭은 2진 데이터의 1비트를 저장할 수 있는 기억 소자의 역할을 하므로 레지스터는 플립플롭의 집합이라 할 수 있다.

55 2진수 10110을 그레이 코드로 변환하면?

① 01001
② 11011
③ 11101
④ 10110

해설
그레이 코드
BCD 코드의 인접한 자리를 XOR 연산으로 만든 코드

2진수 10110을 그레이 코드로 변환하면 11101이다.

56 컴퓨터를 포함한 디지털시스템에서 여러 가지 연산동작을 위하여 1비트 이상의 2진 정보를 임시로 저장하기 위해 사용하는 기억장치는?

① 가산기
② 감산기
③ 레지스터
④ 해독기

해설
레지스터(Register)
2진 데이터를 일시 저장하는 데 적합한 2진 기억 소자들의 집합이며, 1개의 플립플롭은 2진 데이터의 1비트를 저장할 수 있는 기억 소자의 역할을 하므로 레지스터는 플립플롭의 집합이라 할 수 있다.

57 다음 논리회로의 논리식은?

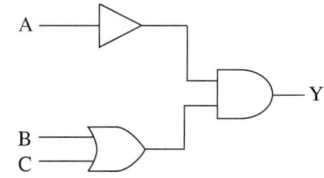

① $Y = \overline{A}(B+C)$
② $Y = A(B+C)$
③ $Y = \overline{A} + (B+C)$
④ $Y = \overline{A}BC$

해설
$Y = \overline{A}(B+C)$ 이다.

58 다음 레지스터 마이크로 명령에 대한 설명으로 옳은 것은?

$$A \leftarrow A+1$$

① A 레지스터의 어드레스를 1 증가시킨 레지스터의 데이터값을 전송하기
② A 레지스터의 어드레스를 1 증가시키고 어드레스를 A 레지스터에 저장하기
③ A 레지스터의 데이터값을 1 증가시키고 A 레지스터에 저장하기
④ A 레지스터의 데이터값을 1 증가시키고 $A+1$ 레지스터에 저장하기

해설
마이크로 명령 $A \leftarrow A+1$은 A 레지스터의 데이터값을 1 증가시키고 A 레지스터에 저장을 한다는 의미이다.

59 인버터(Inverter) 회로라고 부르는 것은?

① 부정(NOT) 회로
② 논리합(OR) 회로
③ 논리곱(AND) 회로
④ 배타적(EX-OR) 회로

해설
• NOT 게이트는 인버터(Inverter)라고 한다. 입력 논리신호의 반대가 되는 값을 출력한다.
• 부정(NOT) 회로

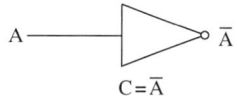

$C = \overline{A}$

입력	출력
A	C
0	1
1	0

60 전감산기의 입력과 출력의 개수는?

① 입력 2, 출력 2
② 입력 3, 출력 2
③ 입력 2, 출력 3
④ 입력 3, 출력 3

해설
전감산기(Full-subtractor)
3개의 입력을 가진 2진수 뺄셈 회로, 즉 피감수와 감수 및 자리빌림수의 3개의 입력이 필요하며, 2개의 반감산기와 1개의 OR 게이트로 구성할 수 있다.

정답 57 ① 58 ③ 59 ① 60 ②

2012년 제2회 과년도 기출문제

01 수정발진기는 수정의 임피던스가 어떻게 될 때 가장 안정된 발진을 계속하는가?

① 저항성   ② 용량성
③ 유도성   ④ 무한대

해설
수정발진기는 직렬 공진 주파수(f_0)와 병렬 공진 주파수(f_∞) 사이에는 주파수의 범위가 대단히 좁으며 이 사이의 유도성을 이용하여 안정된 발진을 한다($f_0 < f < f_\infty$).

02 적분회로의 입력에 구형파를 가할 때 출력파형은?(단, 시정수(CR)는 입력 구형파의 펄스폭(τ)에 비해 매우 크다)

① 정현파   ② 삼각파
③ 구형파   ④ 톱니파

해설
적분회로는 시간에 비례하는 전압(또는 전류) 파형, 즉 톱니모양의 삼각파 신호를 발생하거나 지연시키는 회로에 쓰인다.

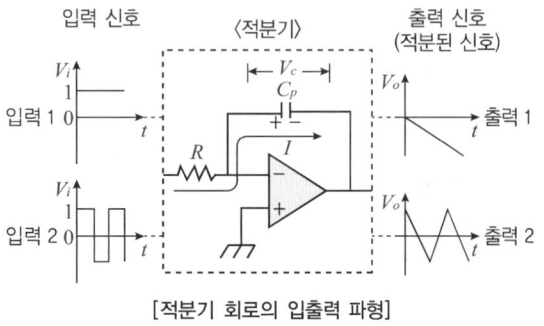

[적분기 회로의 입출력 파형]

03 그림의 회로에서 출력전압 V_0의 크기는?(단, V는 실횻값이다)

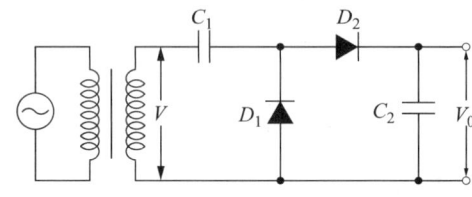

① 2[V]   ② $\sqrt{2}$ [V]
③ $2\sqrt{2}$ [V]   ④ V^2

해설
반파 배전압 정류회로
입력교류전압의 반주기에는 다이오드 D_1을 통하여 콘덴서 C_1이 충전되며, 다음 입력의 반주기가 되며 C_1의 충전전압과 입력전압의 합이 다이오드 D_2에 가해지고, D_2가 도통되어 콘덴서 C_2에 입력 전압의 최대값의 2배가 충전된다. 즉, V_0에는 입력전압의 $2\sqrt{2}$배에 가까운 직류전압이 생기게 된다.

04 8,100[kHz] 반송파를 5[kHz]의 주파수로 진폭 변조하였을 때 그 주파수 대역은 몇 [kHz]대인가?

① 5   ② 10
③ 8,100±5   ④ 8,100±10

해설
- 상측파대 주파수 $f_H = f_c + f_s = 8,100 + 5 = 8,105$[kHz]
- 하측파대 주파수 $f_L = f_c - f_s = 8,100 - 5 = 8,095$[kHz]
- 점유주파수대는 8,095~8,105[kHz]이므로 주파수 대역은 8,100±5이다.

05 연산증폭기의 설명 중 옳지 않은 것은?

① 직렬 차동증폭기를 사용하여 구성한다.
② 연산의 정확도를 높이기 위해 낮은 증폭도가 필요하다.
③ 차동증폭기에서 TR특성의 불일치로 출력에 드리프트가 생긴다.
④ 직류에서 특정 주파수 사이의 되먹임 증폭기를 구성, 일정한 연산을 할 수 있도록 한 직류 증폭기이다.

해설
연산 증폭기의 정확도를 높이기 위한 조건
- 큰 증폭도와 좋은 안정도가 필요하다.
- 많은 양의 음되먹임을 안정하게 걸 수 있어야 한다.
- 좋은 차단 특성을 가져야 한다.

연산 증폭기의 구성
- 직렬 차동 증폭기를 사용하여 구성한다.
- 되먹임에 대한 안정도를 높이기 위해 특정 주파수에서 주파수 보상 회로를 사용한다.

06 시정수가 매우 큰 RC 저역통과여파회로의 기능으로 가장 적합한 것은?

① 적분기
② 미분기
③ 가산기
④ 감산기

해설
저항 R과 콘덴서 C의 순서로 R-C회로를 만들어 저역통과필터(Low Pass Filter)를 형성한 것은 적분회로이다.

07 어떤 증폭기에서 궤환이 없을 때 이득이 100이다. 궤환율 0.01의 부궤환을 걸면 이 증폭기의 이득은?

① 15
② 20
③ 25
④ 50

해설
되먹임 증폭도 $A_f = \dfrac{V_2}{V_1} = \dfrac{A}{1+A\beta} = \dfrac{100}{1+(100\times 0.01)} = 50$

08 단측파대(Single Side Band) 통신에 사용되는 변조회로는?

① 컬렉터 변조회로
② 베이스 변조회로
③ 주파수 변조회로
④ 링 변조회로

해설
진폭변조에서는 변조된 두 측파대의 상, 하 각 측파대 안에 변조파인 음성신호는 모두 포함되어 있다. 따라서 내용의 송수신은 어느 한쪽의 측파대만을 사용하면 충분한 통신을 할 수가 있다. 이와 같은 통신 방법을 단측파대 방식이라 하며, 평형 변조기나 링 변조기가 이에 속한다.

09 다음 중 디지털 변조 방식이 아닌 것은?

① AM ② FSK
③ PSK ④ ASK

해설

디지털 변조 방식
- ASK(Amplitude Shift Keying) : 디지털 신호(1, 0)의 정보 내용에 따라 반송파의 진폭을 변화시키는 방식으로, 2진 데이터가 1이면 반송파를 송출하고 0이면 송출하지 않는다.
- FSK(Frequency Shift Keying) : 디지털 신호(1, 0)에 따라 반송파의 주파수를 변화시키는 방식으로 전송 속도가 비교적 저속에 이용되며, 협대역이면서 잡음에 강한 모뎀의 전송방식에 이용되는 변조 방식이다.
- PSK(Phase Shift Keying) : 디지털 신호(1, 0)의 정보 내용에 따라 반송파의 위상을 변화시키는 방식으로 2진 PSK(BPSK), 4진 PSK(QPSK), 8진 PSK(8-ary PSK) 등이 있다.
- QAM(Quadrature Amplitude Modulation) : 2개의 채널이 독립되도록 한 것이며, 디지털 신호의 전송 효율 향상, 대역폭의 효율적 이용, 낮은 에러율, 복조의 용이성을 얻기 위해 ASK와 PSK의 결합방식으로 APK(Amplitude Phase Keying) 방식이라고도 한다.

10 플립플롭회로를 사용하지 않는 것은?

① 2진계수 회로
② 리미터 회로
③ 분주 회로
④ 전자계산기 기억회로

해설

플립플롭회로
1비트의 정보를 보관, 유지할 수 있는 회로이며 순차 회로의 기본요소로 2진계수 회로, 분주 회로, 기억소자로 사용된다.

11 다음 중 컴퓨터의 출력장치가 아닌 것은?

① 플로터
② 빔 프로젝터
③ 모니터
④ 마우스

해설

- 입력장치 : 마우스, 키보드, 스캐너, 터치스크린, 디지타이저 등
- 출력장치 : 프린터, 플로터, 모니터 등

12 AND 연산에서 레지스터 내의 어느 비트 또는 문자를 지울 것인지를 결정할 때 사용하는 것은?

① Parity Bit
② Mask Bit
③ MSB(Most Significant Bit)
④ LSB(Least Significant Bit)

해설

AND 연산을 이용하여 다른 비트 패턴 중에 있는 특정 비트의 정보를 변경하거나 리셋(Reset)하기 위한 문자나 비트 패턴을 마스크 비트(Mask Bit)라고 한다.

13 중앙처리장치와 주기억장치 사이에 존재하며, 수행속도를 빠르게 하는 것은?

① 캐시기억장치
② 보조기억장치
③ ROM
④ RAM

해설
① 캐시기억장치 : 주기억장치와 중앙처리장치(CPU) 사이에서 데이터와 명령어를 일시적으로 저장하는 소형의 고속기억장치이다.
② 보조기억장치 : 외부 기억장치로, 주기억장치의 용량 부족을 보충하기 위해 사용한다.
③ ROM : 비소멸성의 기억소자로 저장되어 있는 내용을 꺼낼 수는 있으나, 새로운 데이터를 저장할 수 없는 반도체 소자이다.
④ RAM : 저장한 번지의 내용을 인출하거나 새로운 데이터를 저장할 수 있으나, 전원이 꺼지면 내용이 소멸된다.

14 누산기(Accumulator)에 대한 설명 중 옳은 것은?

① 연산 부호를 해석하는 장치
② 연산 명령의 순서를 기억하는 장치
③ 연산 명령이 주어지면 연산 준비를 하는 장치
④ 레지스터의 일종으로 논리 연산, 산술 연산의 결과를 기억하는 장치

해설
누산기(Accumulator)
연산 장치의 중심 레지스터로 산술 논리 연산의 결과를 임시로 기억한다.

15 컴퓨터에서 명령을 실행할 때 마이크로 동작을 순서적으로 실행하기 위해서 필요한 회로는?

① 분기동작 회로
② 인터럽트 회로
③ 제어신호 발생회로
④ 인터페이스 회로

해설
제어신호 발생기
• 타이밍 발생 회로와 제어 회로로 구성
• 명령 해독기로부터 온 제어 신호에 따라 명령어를 실행하는 데 필요한 기계 사이클(제어 함수)을 발생시켜 각 장치에 보내는 논리회로

16 입출력 제어방식인 DMA(Direct Memory Access) 방식의 설명으로 옳은 것은?

① 중앙처리장치의 많은 간섭을 받는다.
② 가장 원시적인 방법이며 작업효율이 낮다.
③ 입출력에 관한 동작을 자율적으로 수행한다.
④ 프로그램에 의한 방법과 인터럽트에 의한 방법을 갖고 있다.

해설
DMA(Direct Memory Access)에 의한 입출력
DMA 장치는 데이터를 전송할 때 CPU와 독립된 채널(Channel)을 구성하여 메모리와 입출력 기기들 사이에서 직접 데이터를 주고받을 수 있도록 제어하는 회로이다.

17 다음 중 입력 장치로만 묶인 것은?

① OMR, OCR, CRT
② 프린터, 스피커, 플로터
③ 플로터, 라이트 펜, 스캐너
④ 마우스, 키보드, 스캐너

해설
- 입력장치 : 마우스, 키보드, 스캐너, 터치스크린, 디지타이저, OMR, 라이트 펜 등
- 출력장치 : 프린터, 플로터, 모니터 등

18 다음은 어떤 명령어의 형식인가?

| 오퍼레이션 코드 | 피연산자의 주소(A) | 피연산자의 주소(B) |

① 단일 주소 명령어
② 2주소 명령어
③ 3주소 명령어
④ 4주소 명령어

해설
- 0주소 형식 : 모든 연산을 스택(Stack)을 이용하여 처리하는 컴퓨터에서 사용되는 형식으로, 연산 데이터의 위치와 결과의 입력 위치가 결정되어 있어 주소를 필요로 하지 않는다.
- 1주소 형식 : CPU 내에 누산기(AC ; Accumulator)가 반드시 필요한 형식으로 연산 결과는 항상 누산기에 기억된다.
- 2주소 형식
  - 3주소 형식에서 연산 후 입력 자료 보존의 필요성이 없을 때 연산 결과를 자료 2주소에 기억시키는 방식이다.
  - 3주소 형식보다 명령어 길이가 짧으며, 범용 레지스터를 갖는 컴퓨터에서 가장 많이 사용하는 일반적인 형식이다.
- 3주소 형식
  - 자료의 주소들로 인하여 명령어가 길이가 길어지기 때문에 기억 장치의 주소와 레지스터 주소를 섞어서 사용하는 경우가 많다.
  - 하나의 명령어를 수행하는데 최소한 4회 기억 장치에 접근하므로, 수행 시간이 길어 별로 사용하지 않는다.

19 7비트로 한 문자를 나타내며 128문자까지 나타낼 수 있고 데이터 통신과 소형 컴퓨터에 많이 사용되는 코드는?

① ASCII 코드
② 표준 BCD 코드
③ EBCDIC 코드
④ GRAY 코드

해설
ASCII 코드(American Standard Code for Information Interchange)
- 2^7 = 128개의 서로 다른 문자를 표시할 수 있는 코드
- 통신의 시작과 종료, 개행 등의 제어 조작을 표시할 수 있는 코드
- 데이터 통신과 소형 컴퓨터에 널리 이용

20 다음 그림과 같이 컴퓨터 내부에서 2진수 자료를 표현하는 방식은?

| 부 호 | 지 수 | 가 수 |

① 팩 형식(Pack Format)
② 부동 소수점 형식(Floating Point Format)
③ 고정 소수점 형식(Fixed Point Format)
④ 언팩 형식(Unpack Format)

해설
부동 소수점(Floating Point) 표현 방식
- 한 개의 부호 비트, 지수부(Exponent Part), 가수부(Mantissa Part)로 구성되며, 소수점을 포함한 실수도 표현 가능하다. 소수점의 위치를 정해진 위치로 이동하는 과정을 정규화(Normalization)라 한다.
- 수의 표현 시 고정 소수점 방식보다 정밀도를 높일 수 있으므로 과학, 공학, 수학적인 응용면에서 주로 사용한다.

21 컴퓨터 인터럽트 입출력 방식의 처리 방식이 아닌 것은?

① 소프트웨어 폴링
② 데이지 체인
③ 우선순위 인터럽트
④ 핸드셰이크

해설
인터럽트
- 프로그램이 수행되고 있는 동안에 어떤 조건이 발생하여 수행 중인 프로그램을 일시적으로 중지시키게 만드는 조건이나 사건의 발생
- 다른 프로그램이 수행되는 동안 여러 개의 사건을 처리할 수 있는 메커니즘
- 인터럽트가 발생하면 마이크로 컨트롤러는 현재 수행중인 프로그램을 일시 중단하고, 인터럽트 처리를 위한 프로그램을 수행한 후에 다시 원래의 프로그램으로 복귀

인터럽트 우선순위를 판별하는 방법
- 소프트웨어에 의한 우선순위
  - 폴링(Polling) 방식이라 한다.
  - 별도의 하드웨어가 필요없으므로 경제적이다.
  - 인터럽트 요청 장치의 패널에 시간이 많이 걸리므로 반응 속도가 느리다.
  - 우선순위의 변경이 간단하다.
- 하드웨어에 의한 우선순위
  - 데이지 체인(Daisy-chain) 우선순위 : 인터럽트를 발생시키는 모든 장치들을 직렬로 연결하여 가장 가까이 연결된 장치가 가장 높은 우선순위를 가지며, 맨 마지막에 연결되어 있는 장치가 가장 낮은 우선순위를 가지고 동작하는 직렬 우선 순위 방식이다.
  - 병렬(Parallel) 우선순위 : 각 장치의 인터럽트 요청에 따라 인터럽트를 발생한 것부터 체크하여 우선순위를 결정하는 방식으로 레지스터의 비트 위치에 따라 우선순위가 결정된다.

22 10진수 114를 16진수로 변환하면?

① 52   ② 62
③ 72   ④ 82

해설

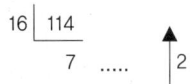

$(114)_{10} = (72)_{16}$

23 공유하고 있는 통신 회선에 대한 제어신호를 각 노드 간에 순차적으로 옮겨가면서 수행하는 방식은?

① CSMA 방식
② CD 방식
③ Token Passing 방식
④ ALOHA 방식

해설
전송 매체의 접근 방식에 따른 분류
- CSMA/CD(Carrier Sense Multiple Access with Collision Detect)
  - 다중 충돌 접근 기법
  - 데이터를 전송하기 전에 회선을 감시하다가 회선이 비어 있을 경우 전송하는 방식
- 토큰링(Token Ring)
  - 여러 장치들이 하나의 고리에 이어져 형성
  - 데이터가 하나의 장치에서 다음 장치로 차례차례 전달
- 코드 분할 다중 접속(CDMA ; Code Division Multiple Access)
  - 데이터를 암호화한 후 그것을 가용한 전체 대역폭으로 전송
  - 수신측에서는 이를 복호화하여 수신
- 주파수 분할 다중 접속(FDMA ; Frequency Division Multiple Access)
  - 통신을 위한 주파수 대역폭을 통신 기기 서로가 일정 대역폭만을 사용하도록 약속을 하고 서로 통신할 수 있도록 한 것
- 시간 분할 다중 접속(TDMA ; Time Division Multiple Access)
  - 통신 주파수 대역폭 전부를 사용하지만 시차를 두어 기기마다 주파수를 점유하여 사용할 수 있도록 한 것

24 연산 후 입력 자료가 보존되고 프로그램의 길이를 짧게 할 수 있다는 장점은 있으나 명령 수행시간이 많이 걸리는 주소 지정 방식은?

① 0주소 명령 형식
② 1주소 명령 형식
③ 2주소 명령 형식
④ 3주소 명령 형식

해설
3-주소 명령(3-Address Instruction)
- OP Code와 3개의 Operand로 구성되는 명령어 형식이다.
- 연산결과를 위한 Operand 1개와 입력 자료를 위한 Operand 2개로 구성된다.

| OP Code | Operand 1 | Operand 2 | Operand 3 |

- 연산 후 입력 자료의 값이 보존된다.
- Operand1은 연산 후 결과 값이 저장되는 레지스터이다.
- Operand2와 Operand3은 연산을 위한 입력 자료가 저장되는 레지스터이다.
- 명령어의 수행시간이 가장 길다.
- 프로그램의 길이는 가장 짧다.

25 통신을 원하는 두 개의 개체 간에 무엇을, 어떻게, 언제 통신할 것인가를 서로 약속한 규약으로 컴퓨터 간에 통신을 할 때 사용하는 규칙은?

① Operating System
② Domain
③ Protocol
④ DBMS

해설
프로토콜(Protocol)
통신 시스템이 데이터를 교환하기 위해 사용하는 통신 규칙

26 컴퓨터의 중앙처리장치에 대한 설명으로 옳지 않은 것은?

① 마이크로프로세서는 중앙처리장치의 기능을 하나의 칩에 집적한 것이다.
② CPU라고 하며 사람의 두뇌에 해당한다.
③ 연산, 제어, 기억 기능으로 구성되어 있다.
④ 도스용과 윈도우용으로 구분하여 생산한다.

해설
DOS용과 Windows용으로 구분하는 것은 운영체제의 종류이다.
중앙처리장치(CPU ; Central Processing Unit)
- 자료의 연산, 비교 등의 처리를 제어한다.
- 컴퓨터 명령어를 해독하고 실행하는 장치이다.
- 컴퓨터에서 사람의 두뇌와 같은 역할을 한다.
- 제어장치, 연산, 제어, 기억 기능으로 구성된다.
- 중앙처리장치의 기능을 하나의 칩에 집적한 것을 마이크로프로세서라고 한다.

27 복수 개의 입력단자와 복수 개의 출력단자를 가진 다출력 조합회로로서 입력단자에 어떤 조합의 부호가 가해졌을 때 그 조합에 대응하여 출력단자에 변형된 조합의 신호가 나타나도록 하는 회로는?

① Complement
② Full-adder
③ Decoder
④ Parity Generator

해설
- 디코더(Decoder, 해독기) : 입력 단자에 가해지는 부호화된 2진 데이터를 그에 해당하는 10진수로 변환하여 해독하는 조합 논리 회로로 출력은 AND 게이트로 구성된다.
- n개의 입력과 m개의 출력을 가지는 n×m 디코더 : 입력에 가해지는 N비트 코드를 해독하여 그 값에 따라 m개의 출력 중에서 특정한 하나의 출력을 '1'로 하고 나머지 출력들은 '0'으로 만든다.

28 다음 중 최대 클록 주파수가 가장 높은 논리 소자는?

① TTL ② ECL
③ MOS ④ CMOS

해설

게이트	지연시간
ECL	2[nsec]
TTL	10[nsec]
MOS	100[nsec]
CMOS	500[nsec]

최대 클록 주파수가 가장 높은 순서는 ECL – TTL – MOS – CMOS이다.

29 다음 IC의 분류 중 집적도가 가장 큰 것은?

① SSI ② MSI
③ LSI ④ VLSI

해설
- SSI(Small Scale Integration) : 10개 이하의 게이트로 구성
- MSI(Medium Scale Integration) : 10~200개 정도의 게이트로 구성
- LSI(Large Scale Integration) : 수백 개의 게이트로 구성
- VLSI(Very Large Scale Integration) : 수천 개의 게이트로 구성
- 집적도가 높은 순 : VLSI > LSI > MSI > SSI

30 주소 지정 방식 중에서 명령어가 현재 오퍼랜드에 표현된 값이 실제 데이터의 주소가 아니고, 그곳에 기억된 내용이 실제 데이터 주소인 방식은?

① 간접 주소 지정 방식(Indirect Addressing)
② 즉시 주소 지정 방식(Immediate Addressing)
③ 상대 주소 지정 방식(Relative Addressing)
④ 직접 주소 지정 방식(Direct Addressing)

해설
자료의 접근 방법에 따른 주소 지정 방식
- 즉시 주소 지정(Immediate Addressing Mode) : 명령어 내에 실제 데이터를 가지고 있는 명령어 형식이다.
- 직접 주소 지정(Direct Addressing Mode) : 명령어의 Operand 부분이 실제 데이터의 주소인 명령어 형식이다.
- 간접 주소 지정(Indirect Addressing Mode) : 명령어의 Operand가 가리키는 곳에 실제 데이터의 주소가 있는 명령어 형식이다.
- 상대 주소 지정 방식(Relative Addressing Mode) : 프로그램 카운터(PC)와 명령어의 Operand가 더해진 곳에 실제 데이터를 가지고 있는 명령어 형식이다.
- 상대 주소 지정(Relative Addressing Mode) : 프로그램 카운터(PC)와 명령어의 Operand가 더해진 곳에 실제 데이터를 가지고 있는 명령어 형식이다.
- 레지스터 주소 지정(Register Addressing Mode) : 직접 주소 지정 방식과 유사하다. 차이점은 오퍼랜드 필드가 메인 메모리의 주소가 아닌 레지스터를 참조한다는 점이다.

31 운영체제의 목적으로 거리가 먼 것은?

① 사용 가능도 향상
② 처리능력 향상
③ 신뢰성 향상
④ 응답 시간 연장

해설
운영체제의 목적
- 처리능력(Throughput) 향상
- 반환 시간(Turn Around Time)의 단축
- 사용 가능도(Availability) 향상
- 신뢰도(Reliability) 향상

32 프로그램 문서화에 대한 설명으로 거리가 먼 것은?

① 프로그램 개발과정의 요식적 절차이다.
② 프로그램의 유지보수가 용이하다.
③ 개발 중간의 변경사항에 대하여 대처가 용이하다.
④ 프로그램의 개발 목적 및 과정을 표준화하여 효율적인 작업이 이루어지게 한다.

해설
프로그램 문서화 : 프로그램의 운영에 필요한 사항을 문서로써 정리하여 기록하는 작업
문서화를 통하여 얻어지는 효과
- 프로그램의 개발 목적 및 과정을 표준화
- 효율적인 작업이 이루어지게 함
- 프로그램의 유지 보수를 쉽게 함
- 개발과정에서의 추가 및 변경에 따른 혼란을 줄일 수 있음

33 프로그램 개발 과정에서 프로그램 안에 내재해 있는 논리적 오류를 발견하고 수정하는 작업을 무엇이라 하는가?

① Linking   ② Coding
③ Loading   ④ Debugging

해설
Debugging
컴퓨터 프로그램 개발 단계 중에 발생하는 시스템의 논리적인 오류나 비정상적 연산(버그)을 찾아내고 그 원인을 밝히고 수정하는 작업과정이다.

34 기계어에 대한 설명으로 거리가 먼 것은?

① 2진수를 사용하여 데이터를 표현한다.
② 호환성이 없다.
③ 프로그램의 실행속도가 빠르다.
④ 유지보수가 용이하다.

해설
기계어(Machine Language)
- 초창기의 컴퓨터프로그래밍은 기계어에 의해 작성되고 처리되었다.
- 컴퓨터의 전기적 회로에 의해 직접적으로 해석되어 실행되는 언어이다.
- 컴퓨터 자원을 효율적으로 활용한다.
- 언어 자체가 복잡하고 어렵다.
- 프로그래밍 시간이 많이 걸리고 에러가 많다.
- 호환성이 없다.
- 2진수를 사용하여 데이터를 표현한다.
- 프로그램의 실행 속도가 빠르다.

35 이항 연산에 해당하는 것은?

① SHIFT
② XOR
③ MOVE
④ COMPLEMENT

해설
- 이항 연산자 : 사칙연산, AND, OR, XOR(EX-OR), XNOR
- 단항 연산자 : NOT, COMPLEMENT, SHIFT, ROTATE, MOVE

36 운영체제의 운영 기법 중 일정량 또는 일정 기간 동안 데이터를 모아서 한꺼번에 처리하는 방식은?

① 시분할 시스템
② 다중 프로그래밍 시스템
③ 실시간 처리 시스템
④ 일괄 처리 시스템

해설
일괄 처리 시스템
자료를 일정 기간 동안 또는 일정한 분량이 될 때까지 모아 두었다가 한꺼번에 처리하는 방식

37 페이지 교체 기법 중 기억공간에 가장 먼저 들어온 페이지를 제일 먼저 교체하는 방법을 사용하는 것은?

① LFU
② NUR
③ LRU
④ FIFO

해설
페이지 교체(Replacement) 알고리즘
페이지 부재(Page Fault)가 발생하였을 경우, 가상기억장치의 필요한 페이지를 주기억장치의 어떤 페이지프레임을 선택, 교체해야 하는가를 결정하는 기법
페이지 교체 알고리즘의 종류
• OPT(OPTimal replacement, 최적교체)
 - 앞으로 가장 오랫동안 사용하지 않을 페이지를 교체하는 기법
• FIFO(First-In First-Out)
 - 가장 먼저 들여온 페이지를 먼저 교체시키는 방법(주기억장치 내에 가장 오래 있었던 페이지를 교체)
 - 벨레이디의 모순(Belady's Anomaly) 현상 : 페이지 프레임 수가 증가하면 페이지 부재가 더 증가
• LRU(Least Recently Used)
 - 최근에 가장 오랫동안 사용하지 않은 페이지를 교체하는 기법
 - 각 페이지마다 계수기를 두어 현 시점에서 볼 때 가장 오래 전에 사용된 페이지를 교체
• LFU(Least Frequently Used)
 - 사용 횟수가 가장 적은 페이지를 교체하는 기법
• NUR(Not Used Recently)
 - 최근에 사용하지 않은 페이지를 교체하는 기법
 - "근래에 쓰이지 않은 페이지들은 가까운 미래에도 쓰이지 않을 가능성이 높다." 라는 이론에 근거
 - 각 페이지마다 2개의 하드웨어 비트(호출 비트, 변형 비트)가 사용됨

38 프로그램 개발 순서가 옳은 것은?

① 분석 및 설계 → 구현단계 → 운영단계 → 전산화계획
② 구현단계 → 운영단계 → 전산화계획 → 분석 및 설계
③ 운영단계 → 전산화계획 → 분석 및 설계 → 구현단계
④ 전산화계획 → 분석 및 설계 → 구현단계 → 운영단계

해설
프로그래밍 절차

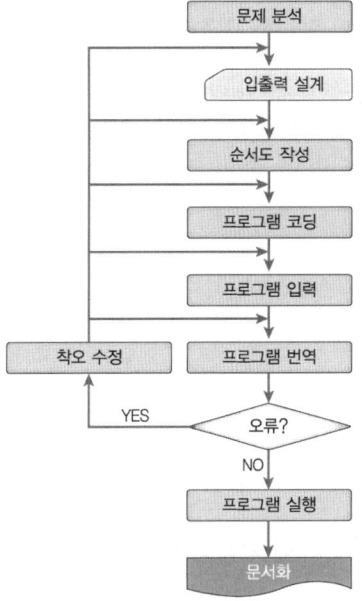

39 C언어의 기억 클래스(Storage Class)에 해당되지 않는 것은?

① 내부 변수(Internal Variable)
② 자동 변수(Automatic Variable)
③ 정적 변수(Static Variable)
④ 레지스터 변수(Register Variable)

해설
기억 클래스(Storage Class) 종류
- 자동 변수(Automatic Variable) : 함수나 그 함수 내의 블록 안에서 선언되는 변수
- 정적 변수(Static Variable) : 선언된 함수 또는 해당 블록 내에서만 사용 가능
- 외부 변수(External Variable) : 함수의 외부에 기억 클래스 없이 정의되고 어떤 함수라도 참조할 수 있는 전역 변수(Global Variable)
- 레지스터 변수(Register Variable) : 함수 내에서 정의되고 해당 함수 내에서만 사용이 가능한 변수

40 C언어에서 사용되는 문자열 출력 함수는?

① puts( )
② prints( )
③ putchar( )
④ printchar( )

해설
C언어의 문자 출력함수
- getchar( ) 함수 : 키보드로부터 한 번에 한 문자씩 읽어 들여, 그 문자에 해당하는 ASCII 코드의 값을 정수형으로 선언된 변수에 할당하는 함수
- putchar( ) 함수 : 화면에 한 문자씩 출력하는 함수
- gets( ) 함수 : 키보드로부터 문자열을 읽어 들여 문자 포인터가 가리키는 장소에 기억시키며, 그 포인터를 되돌려 주는 함수
- puts( ) 함수 : 문자열을 화면으로 출력하는 함수

41 불 대수 $Z = AC + ABC$를 간단히 하면?

① A
② AB
③ BC
④ AC

해설
불 대수식 $1+B=1$이므로 $AC+ABC = AC(1+B) = AC$이다.

42 한 수에서 다음 수로 진행할 때 오직 한 비트만 변화하기 때문에 연속적으로 변화하는 양을 부호화하는데 가장 적합한 코드는?

① 3 초과 코드
② BCD 코드
③ 그레이 코드
④ 패리티 코드

해설
③ 그레이 코드(Gray Code) : BCD 코드의 인접한 자리를 XOR 연산으로 만든 코드로 이웃하는 코드가 한 비트만 다르기 때문에 코드 변환이 용이해서 A/D 변환에 주로 사용한다.
① 3 초과 코드(Excess-3 BCD Code) : BCD 코드에 $3_{(10)} = 0011_{(2)}$을 더해 얻는 코드로 비가중치(Unweighted Code), 자기보수 코드이고, 3 초과 코드는 비트마다 일정한 값을 갖지 않는다.
② BCD(Binary Coded Decimal) 코드 : '0'과 '1'을 사용하여 10진수를 나타내는 2진수의 10진법 표현 방식으로서 2진화 10진 코드라고도 한다.
④ 패리티 코드(Parity Code) : 정보 비트에 1비트 여유 비트를 부가하여 전체의 비트 중에서 1 또는 0을 홀수나 짝수로 하여 오류를 검출할 수 있도록 만든 부호이다.

39 ① 40 ① 41 ④ 42 ③

43 하나의 입력 회선을 여러 개의 출력 회선에 연결하여 선택 신호에서 지정하는 하나의 회선에 출력하는 분배기라고도 하는 것은?

① 비교기(Comparator)
② 3 초과 코드(Excess-3 Code)
③ 디멀티플렉서(Demultiplexer)
④ 코드 변환기(Code Converter)

해설
디멀티플렉서(Demultiplexer)
- 한 신호원으로부터의 데이터를 제어 입력에 의해 여러 개의 출력단 중에서 선택된 출력단에 출력하는 회로이다.
- 1×2^n 디멀티플렉서는 하나의 입력과 2^n개의 출력선 중에서 하나를 선택하기 위한 n개의 선택선을 가진다.

44 레지스터에 대한 설명으로 옳은 것은?

① 저항 소자의 일종이다.
② 레지스터는 4비트만 저장할 수 있다.
③ 플립플롭회로로 구성되어 있다.
④ ROM으로 구성되어 있다.

해설
레지스터(Register)
- 2진 데이터를 일시 저장하는 데 적합한 2진 기억 소자들의 집합
- 1개의 플립플롭은 2진 데이터의 1비트를 저장할 수 있는 기억 소자의 역할
- 레지스터는 플립플롭의 집합

45 디코더 회로가 4개의 입력단자를 갖는다면 출력단자는 몇 개를 가지는가?

① 2개
② 4개
③ 8개
④ 16개

해설
디코더는 입력에 따라 $N = 2^n$개의 출력 단자가 결정되므로 디코더 회로가 4개의 입력단자를 갖는다면 $N = 2^4 = 16$개의 출력단자를 갖는다.

46 JK 플립플롭을 이용하여 시프트 레지스터를 구성하려고 한다. 데이터가 입력되는 단자는?

① CK
② J
③ K
④ J와 K

해설
- 시프트 레지스터(Shift Register) : 직렬 시프트 레지스터에 역되먹임시켜 구성한 것으로, 동작 상태가 주기적이며, 출력 파형이 플립플롭을 시프트해 간다.
- JK 플립플롭을 이용하여 구성 시 J와 K에 데이터 입력단자를 연결하여 구성한다.

47 2진수 $(1010)_2$의 1의 보수를 3 초과 코드로 변환한 것은?

① 1000
② 1001
③ 1100
④ 1101

해설
2진수 1010의 1의 보수는 $(0101)_2$이므로, $0101 + 0011 = (1000)_2$이다.

48 반가산기에서 입력 A = 1이고 B = 0이면 출력 합 (S)과 올림수(C)는?

① S = 1, C = 0
② S = 0, C = 0
③ S = 1, C = 1
④ S = 0, C = 1

해설
반가산기(Half-adder)
2개의 2진수와 A와 B를 더한 합(Sum) S와 자리올림 수(Carry) C를 얻는 회로로 배타 논리합 회로와 논리곱 회로로 구성된다.

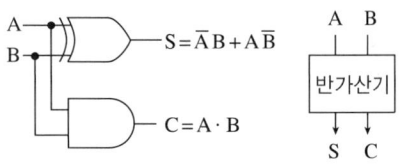

입력		출력	
A	B	S	C
0	0	0	0
0	1	1	0
1	0	1	0
1	1	0	1

49 동기형 16진수 계수기를 만들려면 JK 플립플롭이 최소 몇 개가 필요한가?

① 3
② 4
③ 8
④ 16

해설
JK 플립플롭이 n개일 때 카운터가 셀 수 있는 최대의 수를 N이라 하면 $N = 2^n$개의 수를 셀 수 있고, 0에서 $2^n - 1$의 수까지 표현한다. 즉, 최대의 수는 $2^4 = 16$개까지이고 $2^4 - 1 = 15$까지 셀 수 있다. 그러므로, JK 플립플롭이 최소 4개가 필요하다.

50 일반적으로 디지털 시스템과 아날로그 시스템을 비교할 때 디지털 시스템의 특징으로 거리가 먼 것은?

① 신뢰도가 높다.
② 측정오차가 없다.
③ 정보의 기억이 쉽다.
④ 신호의 형태가 연속적이다.

해설
디지털 시스템의 특징
• 신뢰도가 높다.
• 측정오차가 없어 정확도가 높다.
• 디지털 집적회로의 제작이 용이하고 다양하며 구성이 간단하여 경제성이 높다.
• 반도체 등의 기억장치가 발달되어 저렴한 비용으로 저장이 가능하다.
• 잡음에 강하고 손실이 거의 없다.
• 판독하기가 어렵다.

51 다음 논리회로 기호에서 입력 A = 1, B = 0일 때 출력 S의 값은?

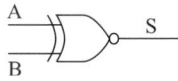

① S = 0
② S = 1
③ S = 이전상태
④ S = 반대상태

해설
EX-NOR는 입력이 같을 때 결과가 1이 되는 논리회로이다.
진리표

입력		출력
A	B	S
0	0	1
0	1	0
1	0	0
1	1	1

52 JK 플립플롭에서 J입력과 K입력이 1일 때 출력은 Clock에 의해 어떻게 되는가?

① 0
② 1
③ 반 전
④ 현 상태 그대로 출력

해설
JK 플립플롭
- RS 플립플롭에서 R=S=1의 경우 동작이 불확실한 상태로 되는데, RS 플립플롭에서 Q를 R로 $\overline{Q}$를 S로 되먹임시켜 불확실한 상태가 없도록 한 회로이다.
- RS, D, T 플립플롭의 동작을 모두 실행할 수 있어 실용의 범위가 매우 넓다.

CP	J	K	$Q_{(n+1)}$
1	0	0	$Q_{(n)}$(불변)
1	0	1	0(리셋)
1	1	0	1(세트)
1	1	1	$\overline{Q}_{(n)}$(Toggle)

53 다음 스위치 회로와 같은 게이트는?

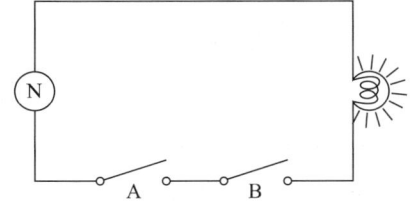

① AND
② OR
③ NAND
④ XOR

해설
직렬회로로 연결된 스위치 A와 B가 모두 ON이 되어야 점등하는 회로로 AND 논리회로이다.

54 디지털 계수기에서 계수기가 주로 사용되는 회로는?

① 비안정 멀티바이브레이터
② 쌍안정 멀티바이브레이터
③ 단안정 멀티바이브레이터
④ 슈미트 트리거 회로

해설
순차적인 수를 세는 회로를 계수회로(Counter)라 하며, 쌍안정 멀티바이브레이터가 디지털 계수기에서 계수기로 주로 사용된다.

55 4단의 계수기는 몇 개의 펄스를 셀 수 있는가?

① 4 ② 8
③ 10 ④ 16

해설
플립플롭이 n개일 때 카운터가 셀 수 있는 최대의 수를 N이라 하면, N=2^n개의 수를 셀 수 있고, 0에서 2^n-1의 수까지 표현한다. 즉, 4단의 계수기는 $2^4=16$이므로 16개까지 펄스를 셀 수 있다.

56 5개의 플립플롭으로 구성된 2진 계수기의 모듈러스(Modulus)는 몇 개인가?

① 5 ② 8
③ 16 ④ 32

해설
플립플롭이 n개일 때 카운터가 셀 수 있는 최대의 수를 N이라 하면, N=2^n개의 수를 셀 수 있고, 0에서 2^n-1의 수까지 표현한다. 즉, 5개의 플립플롭으로 구성된 2진 계수기의 모듈러스는 $2^5=32$이므로 32개의 2진 모듈러스가 필요하다.

57 4변수 카르노 맵에서 최소항(Minterm)의 개수는?

① 4
② 8
③ 12
④ 16

해설
4변수 카르노 맵에서 최소항의 개수는 AND 연산의 결합으로 2^n개의 조합이므로 $2^4 = 16$개의 변수항으로 구성된다.

58 출력은 입력과 같으며 어떤 내용을 일시적으로 보존하거나 전해지는 신호를 지연시키는 플립플롭은?

① RS
② D
③ T
④ JK

해설
D 플립플롭
클록형 RS 플립플롭 또는 JK 플립플롭을 변형시킨 것으로, 데이터 입력신호 D가 그대로 출력 Q에 전달되는 특성으로 데이터의 일시적인 보존이나 디지털 신호의 지연 등에 이용된다.

59 다음 불 대수식 중 성립하지 않는 것은?

① $A + A = A$
② $A + 1 = 1$
③ $A + \overline{A} = 1$
④ $A \cdot A = 1$

해설
$A \cdot A = A$이다.

60 그림과 같은 회로의 명칭은?

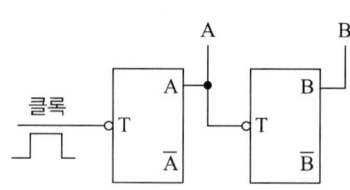

① 동기형 2진 계수기
② 동기형 4진 계수기
③ 2진 리플 계수기
④ 4진 리플 계수기

해설
전단의 출력을 입력으로 받아 계수하는 2단의 리플 계수기이므로, $2^2 = 4$의 4진 리플 계수기이다.

2012년 제5회 과년도 기출문제

01 발진기는 부하의 변동으로 인하여 주파수가 변화되는데 이것을 방지하기 위하여 발진기와 부하 사이에 넣는 회로는?

① 동조증폭기
② 직류증폭기
③ 결합증폭기
④ 완충증폭기

해설
발진 회로의 출력이 직접 부하와 결합되면 부하의 변동으로 인하여 발진 회로의 저항 또는 리액턴스의 변화가 일어나서 발진 주파수가 변동된다. 이에 대한 대책으로는 가능한 한 부하와 소결합으로 하거나 발진 회로와 부하 사이에 증폭기를 접속한다. 이러한 목적으로 사용되는 증폭기를 완충증폭기라고 한다.

02 데이터 전송에 있어 시간 지연을 만드는 플립플롭은?

① D
② T
③ RS
④ JK

해설
D 플립플롭
클록형 RS 플립플롭 또는 JK 플립플롭을 변형시킨 것으로, 데이터 입력신호 D가 그대로 출력 Q에 전달되는 특성으로 데이터의 일시적인 보존이나 디지털 신호의 지연 등에 이용된다.

03 저항 24[Ω], 리액턴스 7[Ω]의 부하에 100[V]를 가할 때 전류의 유효분은 몇 [A]인가?

① 1.51[A]
② 2.51[A]
③ 3.84[A]
④ 4.61[A]

해설
• RL직렬회로의 임피던스(Z)
 $= \sqrt{R^2 + X_L^2} = \sqrt{24^2 + 7^2} = 25[A]$
• 전류의 유효분 $I = \dfrac{V}{Z} \times \dfrac{R}{Z} = \dfrac{100}{25} \times \dfrac{24}{25} = 3.84[A]$

04 AM 변조에서 변조도가 100[%]보다 작아지면 작아질수록 반송파가 점유하는 전력은?(단, 피변조파의 전력은 일정할 때의 경우임)

① 동일하다.
② 커진다.
③ 작아진다.
④ 없다.

해설
진폭 변조회로
• 진폭 변조 : 반송파의 진폭을 신호파의 진폭에 따라 변하게 하는 방법이다.
• 변조도 : 신호파의 진폭과 반송파의 진폭의 비 $m = \dfrac{V_s}{V_c}$
• m = 1인 때는 100[%] 변조, m>1이면 과변조이다.
• m = 1일 때 반송파의 점유 전력은 전전력의 $\dfrac{2}{3}$이며, 나머지 $\dfrac{1}{3}$의 전력이 상·하 양측파가 점유하는 전력이 된다.
• $P_m = P_c\left(1 + \dfrac{m^2}{2}\right)$ (여기서, P_m : 피변조파전력, P_c : 반송파전력, m : 변조도)이므로, 피변조파전력이 일정할 때 변조도가 100[%]보다 작아지면 반송파가 점유하는 전력은 커진다.

정답 1 ④ 2 ① 3 ③ 4 ②

05 저주파 발진기의 출력 파형을 정현파에 가깝게 하기 위해 일반적으로 사용하는 회로는?

① 저역 여파기(LPF)
② 수정 여파기
③ 대역 소거 여파기(BEF)
④ 고역 여파기(HPF)

해설
저역 통과 여파기(LPF ; Low Pass Filter)
고주파 잡신호를 걸러내어 저주파의 필요한 신호만을 골라낼 때 많이 사용되는 Filter 구조로 전원단에서 저주파 Ripple을 제거하기 위한 용도 및 고주파 Spurious 제거, 고조파 억제와 각종 검파 등 전분야에 걸쳐 고루 사용되는 필터형태이다.

06 전원주파수가 60[Hz]인 정류회로에서 출력에 120[Hz]인 리플 주파수를 나타내는 정류회로방식은?

① 단상 반파정류
② 단상 전파정류
③ 3상 반파정류
④ 3상 전파정류

해설
정류 방식에 따른 맥동률, 맥동주파수

정류방식	맥동률	맥동주파수
단상 반파정류	121[%]	60[Hz]
단상 전파정류	48[%]	120[Hz]
3상 반파정류	19[%]	180[Hz]
3상 전파정류	4.2[%]	360[Hz]

07 B급 푸시풀 증폭기에서 트랜지스터의 부정합에 의한 찌그러짐을 무엇이라 부르는가?

① 위상 찌그러짐
② 바이어스 찌그러짐
③ 변조 찌그러짐
④ 크로스오버 찌그러짐

해설
푸시풀 동작에서 트랜지스터가 교대로 동작할 때 생기므로 크로스오버(Crossover) 찌그러짐이라 한다.

08 0.2[V]의 교류입력이 20[V]로 증폭되었다면 증폭이득은 몇 [dB]인가?

① 10[dB]
② 20[dB]
③ 30[dB]
④ 40[dB]

해설
증폭도
- 트랜지스터 증폭회로의 증폭도는 출력 신호에 대한 입력 신호의 비로 [dB]로 표시하며, 이를 대수화하는 것이 이득이다.
- $G = 20\log_{10} A_v [\text{dB}]$, A_v : 전압증폭도
- $G = 20\log_{10}\dfrac{V_o}{V_i} = 20\log_{10}\dfrac{20}{0.2} = 40[\text{dB}]$

09 다음 증폭회로 중 100[%] 궤환하는 것은?

① 전압 궤환 회로
② 전류 궤환 회로
③ 이미터 폴로어 회로
④ 정격 궤환 회로

해설
이미터 폴로어(Emitter Follower) 또는 공통 컬렉터 접지 증폭회로의 특징
• 입력 임피던스가 크고 출력 임피던스가 낮다.
• 낮은 입력 임피던스를 갖는 회로와 결합(임피던스 매칭)이 적합하다.
• 입출력 전압 위상이 동위상이고 이득이 1 이하이다.
• 입출력 전류 위상이 역위상이고 이득이 크다.
• 100[%] 부궤환증폭기로서 안정적이고 왜곡이 가장 크다.

10 그림과 같은 회로의 명칭은?

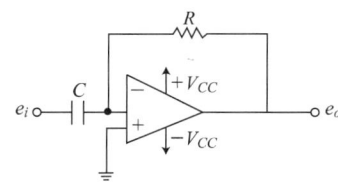

① 슈미트 트리거 회로
② 미분회로
③ 적분회로
④ 비교회로

해설
출력 전압이 입력 전압의 미분값에 비례한다.

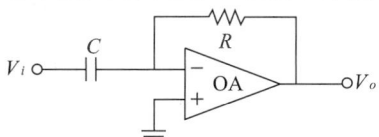

11 10진수 85를 BCD코드로 변환하면?

① 0101 0101   ② 1010 1010
③ 1000 0101   ④ 0111 1010

해설
BCD코드는 0부터 9까지의 10진 숫자에 4비트 2진수를 대응시킨 것으로, 각 자리는 8, 4, 2, 1의 무게를 가지므로 8421 코드라고도 한다.

```
   7        8        4        5     ←10진수(Decimal Number)
 8 4 2 1  8 4 2 1  8 4 2 1  8 4 2 1  →자릿값(Weight)
 0 1 1 1  1 0 0 0  0 1 0 0  0 1 0 1  ←BCD 코드

    8              5         ←    10진수
   1000          0101        ←    BCD코드
```

12 입력장치의 종류가 아닌 것은?

① 스캐너(Scanner)
② 라이트 펜(Light Pen)
③ 디지타이저(Digitizer)
④ 플로터(Plotter)

해설
• 입력장치 : 마우스, 키보드, 스캐너, 터치스크린, 디지타이저 등
• 출력장치 : 프린터, 플로터, 모니터 등

13 컴퓨터의 ALU의 입력에 접속된 레지스터로 연산에 필요한 데이터와 연산결과를 저장하는 레지스터는?

① 누산기
② 스택포인터
③ 프로그램 카운터
④ 명령 레지스터

해설
누산기(Accumulator)
연산 장치의 중심 레지스터로 산술 및 논리 연산의 결과를 임시로 기억한다.

14 명령의 오퍼랜드 부분의 주소값과 프로그램 카운터의 값이 더해져 실제 데이터가 저장된 기억장소의 주소를 나타내는 주소 지정 방식은?

① 베이스 레지스터 주소 지정 방식
② 상대 주소 지정 방식
③ 인덱스 레지스터 주소 지정 방식
④ 간접 주소 지정 방식

해설
자료의 접근 방법에 따른 주소 지정 방식
- 즉시 주소 지정(Immediate Addressing Mode) : 명령어 내에 실제 데이터를 가지고 있는 명령어 형식이다.
- 직접 주소 지정(Direct Addressing Mode) : 명령어의 Operand 부분이 실제 데이터의 주소인 명령어 형식이다.
- 간접 주소 지정(Indirect Addressing Mode) : 명령어의 Operand가 가리키는 곳에 실제 데이터의 주소가 있는 명령어 형식이다.
- 인덱스 주소 지정(Indexed Addressing Mode) : 명령어의 Operand 부분과 Index Register의 값이 더해진 곳에 실제 데이터를 가지고 있는 명령어 형식이다.
- 상대 주소 지정(Relative Addressing Mode) : 프로그램 카운터(PC)와 명령어의 Operand가 더해진 곳에 실제 데이터를 가지고 있는 명령어 형식이다.
- 레지스터 주소 지정(Register Addressing Mode) : 직접 주소 지정 방식과 유사하다. 차이점은 오퍼랜드 필드가 메인 메모리의 주소가 아닌 레지스터를 참조한다는 점이다.

15 소프트웨어(Software)에 의한 우선순위(Priority) 체제에 관한 설명 중 옳지 않은 것은?

① 폴링 방법이라고 한다.
② 별도의 하드웨어가 필요없으므로 경제적이다.
③ 인터럽트 요청장치의 패널에 시간이 많이 걸리므로 반응속도가 느리다.
④ 하드웨어 우선순위 체제에 비해 우선순위(Priority)의 변경이 매우 복잡하다.

해설
인터럽트 우선순위를 판별하는 방법
- 소프트웨어에 의한 우선순위
  - 폴링(Polling) 방식이라 한다.
  - 별도의 하드웨어가 필요없으므로 경제적이다.
  - 인터럽트 요청장치의 패널에 시간이 많이 걸리므로 반응 속도가 느리다.
  - 우선순위의 변경이 간단하다.
- 하드웨어에 의한 우선순위
  - 데이지 체인(Daisy-chain) 우선순위 : 인터럽트를 발생시키는 모든 장치들을 직렬로 연결하여 가장 가까이 연결된 장치가 가장 높은 우선순위를 가지며, 맨 마지막에 연결되어 있는 장치가 가장 낮은 우선순위를 가지고 동작하는 직렬 우선 순위 방식이다.
  - 병렬(Parallel) 우선순위 : 각 장치의 인터럽트 요청에 따라 인터럽트를 발생한 것부터 체크하여 우선순위를 결정하는 방식으로 레지스터의 비트 위치에 따라 우선순위가 결정된다.

16 두 개의 통신 회선을 사용하여 접속된 두 장치 사이에서 동시에 양방향으로 데이터를 전송하는 통신 방식은?

① 전이중 통신 방식   ② 단방향 통신 방식
③ 반이중 통신 방식   ④ 독립 이중 통신 방식

해설
데이터 통신 방식
- 단방향(Simplex) 통신 방식 : 단지 한쪽 방향으로만 데이터를 전송할 수 있는 방식을 말한다.
- 반이중(Half Duplex) 통신 방식 : 데이터를 양쪽 방향으로 전송할 수 있으나 동시에 양쪽 방향으로 전송할 수는 없으며, 한 순간에 어느 한쪽 방향으로만 데이터를 전송할 수 있다.
- 전이중(Full Duplex) 통신 방식 : 접속된 두 장치 사이에서 동시에 양방향으로 데이터의 흐름을 가능하게 하는 방식으로서, 상호의 데이터 전송이 자유롭다.

17 8진수 62를 2진수로 변환하면?

① 110101　② 110010
③ 111010　④ 101101

해설
8진수를 2진수로 변환할 때 각 자리를 3[Bit]의 2진수로 변환한다.
　　6　　　2　　←　8진수
　110　　010　　←　2진수

18 컴퓨터 내부에서 정보(자료)를 처리할 때 사용되는 부호는?

① 2진법　② 8진법
③ 10진법　④ 16진법

해설
정보의 처리는 2진법을 사용한다.

19 AND 연산에서 레지스터 내의 어느 비트 또는 문자를 지울 것인지를 결정하는 데이터는?

① Mask Bit
② Parity Bit
③ Sign Bit
④ Check Bit

해설
마스크 비트(Mask Bit)
AND 연산을 이용하여 다른 비트 패턴 중에 있는 특정 비트의 정보를 변경하거나 리셋(Reset)하기 위한 문자나 비트 패턴을 의미한다.

20 다음 중 시스템 프로그램에 속하지 않는 것은?

① 로더(Loader)
② 컴파일러(Compiler)
③ 엑셀(Excel)
④ 운영체제(OS)

해설
프로그램의 종류
- 시스템 프로그램 : 컴퓨터 시스템과 하드웨어들을 스스로 제어 및 관리하는 프로그램(운영체제(윈도우, 리눅스), 컴파일러, 링커, 로더 등)
- 응용 프로그램 : 사용자가 원하는 기능을 제공하는 프로그램(워드, 엑셀, 포토샵, 게임 등)

21 하나의 채널이 고속 입출력 장치를 하나씩 순차적으로 관리하며, 블록(Block) 단위로 전송하는 채널은?

① 사이클 채널(Cycle Channel)
② 실렉터 채널(Selector Channel)
③ 멀티플렉서 채널(Multiplexer Channel)
④ 블록 멀티플렉서 채널(Block Multiplexer Channel)

해설
채널(Channel)
- 채널은 자료의 빠른 처리를 위해 주기억장치와 입출력 장치 사이에 설치하는 장치로 처리 속도가 빠른 CPU와 속도가 느린 입출력 장치 사이의 속도 차이로 인한 작업의 낭비를 줄여 준다.
- 전용 채널 : 특정한 입출력 제어 장치에 채널의 기능을 삽입시킨 것으로 확장성과 유연성이 낮다.
- 고정 채널 : 입출력 장치마다 채널을 독립시킨 것으로, 확장성과 유연성이 높다.
- 실렉터 채널(Selector Channel) : 입출력 동작이 개시되어 종료까지 하나의 입출력 장치를 사용하는 채널로서, 디스크와 같은 고속 장치에서 사용한다.
- 멀티플렉서 채널(Multiplexer Channel) : 다수의 입출력 장치 사이의 속도 차이로 인한 작업의 낭비를 줄여 준다.
- 블록 멀티플렉서 채널(Block Multiplexer Channel) : 멀티플렉서 채널과 실렉터 채널의 양면을 복합한 것으로, 다수의 고속도 장치를 연결할 수 있다.

정답 17 ② 18 ① 19 ① 20 ③ 21 ②

22 패리티 규칙으로 코드의 내용을 검사하여 잘못된 비트를 찾아서 수정할 수 있는 코드는?

① 3 초과 코드
② 그레이 코드
③ ASCII 코드
④ 해밍 코드

해설
- 3 초과 코드(Excess-3 BCD Code) : BCD 코드에 $3_{(10)} = 0011_{(2)}$을 더해 얻는 코드로 비가중치(Unweighted Code), 자기보수 코드이고, 3 초과 코드는 비트마다 일정한 값을 갖지 않는다.
- 그레이 코드(Gray Code) : BCD 코드의 인접한 자리를 XOR 연산으로 만든 코드로 이웃하는 코드가 한 비트만 다르기 때문에 코드 변환이 용이해서 A/D 변환에 주로 사용한다.
- ASCII(American Standard Code for Information Interchange) 코드 : $2^7 = 128$개의 서로 다른 문자를 표시할 수 있는 코드로서, 6비트 BCD 코드로는 불가능한 영어의 대문자와 소문자를 구별하여 나타낼 수 있다.
- 해밍 코드(Hamming Code) : 오류 검출 후 자동적으로 정정해 주는 코드로 1비트의 단일 오류를 정정하기 위해 3비트의 여유 비트가 필요하다.

23 다음에 수행될 명령어의 주소를 나타내는 것은?

① Instruction
② Stack Pointer
③ Program Counter
④ Accumulator

해설
③ 프로그램 카운터(Program Counter) : 다음에 실행될 명령어가 저장된 주기억장치의 주소를 저장한다.
① 명령어 레지스터(Instruction) : 현재 실행 중인 명령어를 저장한다.
② 스택 포인터(Stack Pointer) : 주기억장치 스택의 데이터 삽입과 삭제가 이루어지는 주소를 저장한다.
④ 누산기(Accumulator) : CPU 내에서 계산의 중간 결과를 저장하는 레지스터이다.

24 2진수 데이터 1100 1010과 1001 1001을 AND 연산한 경우 결과값은?

① 1101 1011
② 1001 0100
③ 1000 1000
④ 0110 0101

해설

```
           1100    1010
AND연산     1001    1001
           1000    1000
```

25 다음 중 전가산기는 어떠한 회로로 구성되는가?

① 반가산기 2개와 OR 게이트 1개
② 반가산기 1개와 OR 게이트 2개
③ 반가산기 2개와 AND 게이트 1개
④ 반가산기 1개와 AND 게이트 2개

해설
전가산기(Full-adder)
- 2진수 가산을 완전히 하기 위해 아랫자리로부터의 자리올림 입력도 함께 더할 수 있는 기능을 갖게 만든 가산기로 2개의 반가산기와 1개의 논리합 회로를 연결하여 구성한다.
- 두 개의 입력 이외에 한 개의 캐리를 3입력으로 1개의 캐리(C)와 1개의 합(S)을 출력하는 회로이다.
- 논리식
$S = (A \oplus B) \oplus C$
$C = (A \oplus B) \cdot C + AB$

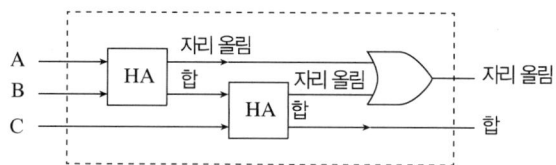

A	B	C	자리올림 C_0	합 S
0	0	0	0	0
0	0	1	0	1
0	1	0	0	1
0	1	1	1	0
1	0	0	0	1
1	0	1	1	0
1	1	0	1	0
1	1	1	1	1

26 주소의 개념이 거의 사용되지 않는 보조기억장치로서 순서에 의해서만 접근하는 기억장치(SASD)라고도 하는 것은?

① 자기 디스크
② 자기 테이프
③ 자기 코어
④ 램

해설
- 순차 접근 저장 매체(SASD) : 자기 테이프
- 임의 접근 저장 매체(DASD) : 자기 디스크, CD-ROM, 하드 디스크, 자기 코어, 자기 드럼

27 입출력장치의 동작 속도와 컴퓨터 내부의 동작 속도를 맞추는 데 사용되는 레지스터는?

① 어드레스 레지스터
② 시퀀스 레지스터
③ 버퍼 레지스터
④ 시프트 레지스터

해설
버퍼 레지스터는 서로 다른 입출력 속도로 자료를 받거나 전송하는 중앙처리장치(CPU) 또는 주변 장치의 임시 저장용 레지스터이다.

28 다음 논리 함수를 간소화한 것은?

$$Y = (A+B) \cdot (A+C)$$

① $Y = A + B$
② $Y = A + BC$
③ $Y = AB + AC$
④ $Y = A$

해설
$Y = (A+B) \cdot (A+C)$
$= AA + AC + AB + BC$
$= A(1+C+B) + BC$
$= A + BC$

29 기억된 프로그램의 명령을 하나씩 읽고 해독하여 각 장치에 필요한 지시를 하는 기능은?

① 입력 기능
② 연산 기능
③ 제어 기능
④ 기억 기능

해설
- 기억 기능 : 기억 장치는 입력 장치로 읽어 들인 데이터나 프로그램, 중간 결과 및 처리된 결과를 기억하는 기능으로서 레지스터(Register)인 플립플롭(Flip-Flop)이나 래치(Latch)로 구성된다.
- 제어 기능 : 프로그램의 명령을 하나씩 읽고 해석하여, 모든 장치의 동작을 지시하고 감독·통제하는 기능이다.
- 연산 기능 : 연산 기능을 하는 장치(ALU)는 기억된 프로그램이나 데이터를 꺼내어 산술 연산이나 논리 연산을 실행한다.
- 입력 기능 : 프로그램과 자료(Data)들이 입력 장치를 통하여 컴퓨터 내에서 처리될 수 있도록 전달한다.

정답 26 ② 27 ③ 28 ② 29 ③

30 컴퓨터에서 주기억장치에 기억된 명령어를 제어장치로 꺼내오는 과정은?

① 명령어 실행
② 명령어 해독
③ 명령어 인출
④ 명령어 저장

해설
명령어의 수행
- 명령어 인출(Instruction Fetch) : 주기억장치(RAM)에 기억된 명령어를 중앙처리장치(CPU)로 가져오는 과정
- 명령어 해독(Instruction Decoder) : 명령 레지스터(IR)에 기억되어 있는 명령어를 해독하여 실제 필요한 동작이 무엇인지 알아내는 과정
- 오퍼랜드 인출(Operand Fetch) : 명령어의 오퍼랜드(Operand) 부에 있는 주소를 이용해서 실제 데이터를 가져오는 과정
- 실행(Execution) : 레지스터나 누산기에 필요한 제어 신호를 발생시켜서 수행 결과를 얻어내는 과정
- 인터럽트 조사(Interrupt Search Into) : 인터럽트 자원에서 인터럽트 요청이 있었는지를 체크하는 과정

31 프로그램에서 사용되는 기억장소를 의미하며 프로그램 실행 중에 그 값이 변할 수 있는 것은?

① 주석   ② 상수
③ 변수   ④ 함수

해설
변수란 값이 변하는 수로, 한순간에 하나의 데이터 값을 가질 수 있고 이 값을 다른 값으로 마음대로 바꿀 수 있는 것이다.

32 기계어에 대한 설명과 거리가 먼 것은?

① 유지보수가 용이하다.
② 호환성이 없다.
③ 2진수를 사용하여 데이터를 표현한다.
④ 프로그램의 실행 속도가 빠르다.

해설
기계어(Machine Language)
- 초창기의 컴퓨터프로그래밍은 기계어에 의해 작성되고 처리되었다.
- 컴퓨터의 전기적 회로에 의해 직접적으로 해석되어 실행되는 언어이다.
- 컴퓨터 자원을 효율적으로 활용한다.
- 언어 자체가 복잡하고 어렵다.
- 프로그래밍 시간이 많이 걸리고 에러가 많다.
- 호환성이 없다.
- 2진수를 사용하여 데이터를 표현한다.
- 프로그램의 실행 속도가 빠르다.

33 구조적 프로그래밍의 기본 제어 구조가 아닌 것은?

① 순차 구조
② 선택 구조
③ 블록 구조
④ 반복 구조

해설
구조적 프로그래밍 기본 순서 제어구조
- 순차 구조 : 순차적으로 수행
- 반복 구조 : 조건을 만족할 때까지 반복(For문)
- 선택(조건, 다중 택일) 구조 : 두 가지 이상의 명령문 중에서 선택
  - 두 가지의 수행 경로에 있는 일련의 문장들 중 하나가 선택(If문)
  - 두 가지 이상 중에서 선택(Case문, 계산형 Goto문, Switch문)

정답 30 ③ 31 ③ 32 ① 33 ③

34 예약어(Reserved Word)에 대한 설명으로 옳지 않은 것은?

① 프로그래머가 변수 이름이나 다른 목적으로 사용할 수 없는 핵심어이다.
② 새로운 언어에서는 예약어의 수가 줄어들고 있다.
③ 번역과정에서 속도를 높여준다.
④ 프로그램의 신뢰성을 향상시켜 줄 수 있다.

해설
Reserved Word(예약어)
- 컴퓨터 프로그래밍 언어에서 이미 문법적인 용도로 사용되고 있다.
- 식별자로 사용할 수 없는 단어이다.
- 번역과정에서 속도를 높여 준다.
- 프로그램의 신뢰성을 향상시킨다.

35 구문 분석기가 올바른 문장에 대해 그 문장의 구조를 트리로 표현한 것으로 루트, 중간, 단말 노드로 구성되는 트리를 무엇이라 하는가?

① 개념 트리
② 파스 트리
③ 유도 트리
④ 정규 트리

해설
파스 트리(Parse Tree)
- 구문 분석기가 그 문장의 구조를 트리 형태로 나타낸 것
- 루트 노드, 중간 노드, 단말 노드로 구성
  - 루트 노드 : 정의된 문법의 시작 심벌
  - 중간 노드 : 비단말 심벌
  - 단말 노드 : 단말 심벌

36 C언어에서 나머지를 구할 때 사용하는 산술 연산자는?

① %
② &&
③ ||
④ =

해설
산술 연산자
- +, -, *, / : 더하기, 빼기, 곱하기, 나누기(나누기에서 정수의 연산은 소수 이하 나머지를 버린다)
- % : 나머지 결과를 저장(정수 연산에서만 사용)
- ++, -- : 1 증가 또는 1 감소하는 연산자

37 다음 운영체제 스케줄링 정책 중 가장 바람직한 것은?

① 대기시간을 늘리고 반환시간을 줄인다.
② 응답시간을 최소화하고 CPU 이용률을 늘린다.
③ 반환시간과 처리율을 늘린다.
④ CPU 이용률을 줄이고 반환시간을 늘린다.

해설
스케줄링 목적
- 공정한 스케줄링
- 처리량 극대화
- 응답 시간 최소화
- 반환 시간 예측 가능
- 균형 있는 자원 사용
- 응답 시간과 자원 이용 간의 조화
- 실행의 무한 연기 배제
- 우선순위제를 실시
- 바람직한 동작을 보이는 프로세스에게 더 좋은 서비스를 제공

정답 34 ② 35 ② 36 ① 37 ②

38 순서도에 대한 설명으로 거리가 먼 것은?

① 의사전달 수단으로도 사용된다.
② 처리 순서를 그림으로 나타낸 것이다.
③ 사용자의 의도에 따라 기호가 상이하다.
④ 작업의 순서, 데이터의 흐름을 나타낸다.

해설
순서도의 역할
- 처리 순서와 방법을 결정해서 이를 일정한 기호를 사용하여 일목요연하게 나타낸 그림
- 프로그램 코딩의 직접적인 자료
- 프로그램의 인수, 인계가 용이
- 프로그램의 정확성 여부를 검증하는 자료
- 논리적인 체계 및 처리 내용을 쉽게 파악할 수 있으며, 문서화의 역할
- 오류 발생 시 그 원인을 찾아내는 데 이용

39 운영체제에 대한 설명으로 옳지 않은 것은?

① 운영체제는 다양한 입출력장치와 사용자 프로그램을 통제하여 오류와 컴퓨터의 부적절한 사용을 방지하는 역할을 수행한다.
② 운영체제는 컴퓨터 사용자와 컴퓨터 하드웨어 간의 인터페이스로서 동작하는 하드웨어 장치이다.
③ 운영체제는 작업을 처리하기 위해서 필요한 CPU, 기억장치, 입출력장치 등의 자원을 할당 관리해 주는 역할을 수행한다.
④ 운영체제는 컴퓨터를 편리하게 사용하고 컴퓨터 하드웨어를 효율적으로 사용할 수 있도록 한다.

해설
운영체제의 역할
- 사용자와 컴퓨터 시스템 간의 인터페이스(Interface) 정의
- 사용자들 간의 하드웨어의 공동 사용
- 여러 사용자 간의 자원 공유
- 자원의 효과적인 운영을 위한 스케줄링
- 입출력에 대한 보조 역할

40 하나의 시스템을 여러 명의 사용자가 시간을 분할하여 동시에 작업할 수 있도록 하는 방식은?

① Real Time System
② Time Sharing System
③ Batch Processing System
④ Distributed System

해설
자료 처리 시스템
- 실시간 처리 시스템(Real Time System) : 데이터 발생 지역에 설치된 단말기를 이용하여 데이터 발생과 동시에 입력시키며 중앙의 컴퓨터는 여러 단말기에서 전송되어 온 데이터를 즉시 처리 후 그 결과를 해당 단말기로 보내주는 시스템
- 시분할 처리 시스템(Time Sharing System) : CPU가 여러 작업들을 각 사용자에게 각각 짧은 시간으로 나누어 연속적으로 처리하는 시스템
- 일괄 처리 시스템(Batch Processing System) : 자료를 일정 기간 동안 또는 일정한 분량이 될 때까지 모아 두었다가 한꺼번에 처리하는 방식
- 분산 처리 시스템(Distributed System) : 중앙에 설치된 대형 시스템이 아니라 데이터가 발생하는 각 부서에 하나씩 컴퓨터 시스템을 설치하여 직접 처리하는 시스템
- 다중 처리 시스템(Multiprocessing System) : 여러 개의 CPU를 설치하여 각각 해당 업무를 처리할 수 있는 시스템

41 다음과 같은 진리표를 갖는 논리회로는?

입력 A	입력 B	출력 Y
0	0	1
0	1	0
1	0	0
1	1	0

① NOR 게이트 ② NOT 게이트
③ NAND 게이트 ④ AND 게이트

해설
부정 논리합(NOR) 회로

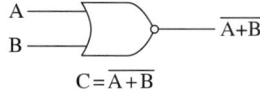

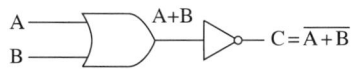

입 력		출 력
A	B	C
0	0	1
0	1	0
1	0	0
1	1	0

42 시프트 레지스터의 출력을 입력 쪽에 되먹임시킨 계수기는?

① 비동기형 계수기
② 리플 계수기
③ 링 계수기
④ 상향 계수기

해설
링 계수기(Ring Counter)
시프트 레지스터의 출력을 입력 쪽에 되먹임시킴으로써 펄스가 가해지는 한 같은 2진수가 레지스터 내부에서 순환하도록 만든 것이며 환상 카운터(Circulating Register)라고도 한다.

43 다음 그림에서 출력 F가 0이 되기 위한 조건은?

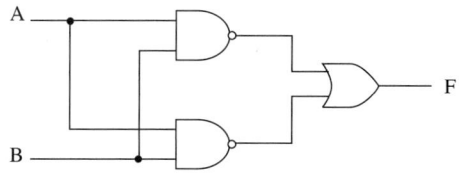

① A = 0, B = 0 ② A = 0, B = 1
③ A = 1, B = 0 ④ A = 1, B = 1

해설
$F = \overline{AB} + \overline{AB} = \overline{AB}$이므로, 출력 F = 0이 되기 위한 조건은 A = 1, B = 1의 경우만 해당이 된다.

44 다음의 논리회로가 수행하는 기능으로 올바른 것은?

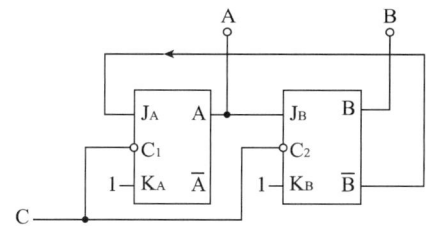

① 동기형 3진 카운터
② 비동기형 3진 카운터
③ 동기형 5진 카운터
④ 비동기형 5진 카운터

해설
동기형(Synchronous Type) 카운터
계수 회로에 쓰이는 모든 플립플롭에 클록 펄스를 동시에 공급하며 출력 상태가 동시에 변화하고, 클록 펄스가 없을 때 가해진 압력 펄스에 대해서는 각각의 플립플롭이 동작하지 않는다.
- 3진 카운터를 만들기 위해서 $2^2 = 4$이므로 2개의 플립플롭이 필요하다.
- 클록 펄스가 클록 입력 또는 트리거 입력에 직접 연결되어 계수기 플립플롭의 상태가 동시에 변한다.
- 동작속도가 고속으로 이루어진다.
- 설계가 쉽고 규칙적이다.
- 제어 신호가 플립플롭의 입력으로 된다.
- 회로가 복잡하고 큰 시스템에 사용된다.
- 클록 발진기가 별도로 필요하고 지연시간에 관계없다.

45 다음 설명에 해당하는 것은?

> 안정된 두 가지의 상태를 가지고 있고, 상반된 두 가지의 동작 상태를 가지며, 출력을 입력에 되먹임시켜 파형 발생회로에 사용한다.

① 단안정 멀티바이브레이터
② 슈미트 트리거
③ 쌍안정 멀티바이브레이터
④ 비안정 멀티바이브레이터

해설
슈미트 트리거 회로(Schmitt Trigger Circuit)
• 2개의 논리 상태 중에서 어느 한 상태로 안정되는 회로
• 쌍안정 멀티바이브레이터의 변형된 형태
• 정귀환(Positive Feedback)을 가진 비교기

46 JK 플립플롭에서 입력 J = K = 1인 상태의 출력은?

① 세 트 ② 리 셋
③ 반 전 ④ 불 변

해설
JK 플립플롭의 특성표

J	K	$Q_{(t+1)}$	설 명
0	0	$Q_{(t)}$	현 상태가 그대로 출력
0	1	0	0을 출력(Reset)
1	0	1	1을 출력(Set)
1	1	$\overline{Q_{(t)}}$	Complement(보수)

47 다음 논리식 중 드모르간의 정리를 나타낸 것은?

① $\overline{A+B} = \overline{A} \cdot \overline{B}$
② $\overline{A+B} = \overline{AB}$
③ $\overline{A+B} = \overline{\overline{A}} \cdot \overline{\overline{B}}$
④ $\overline{A+B} = \overline{\overline{A+B}}$

해설
드모르간의 정리
$\overline{A+B} = \overline{A} \cdot \overline{B}$, $\overline{A \cdot B} = \overline{A} + \overline{B}$

48 논리식에서 최소항의 개수를 16개 만들기 위한 변수의 개수는?

① 2 ② 4
③ 8 ④ 16

해설
논리식에서 최소항의 개수는 AND연산의 결합으로 2^n개의 조합이므로 16개의 변수의 개수는 $2^4 = 16$이므로 4개의 변수로 구성된다.

49 정상적인 경우 8×1 멀티플렉서는 몇 개의 선택선을 가지는가?

① 1　　　　② 2
③ 3　　　　④ 4

해설
③ 8×1의 멀티플렉서는 2^n개의 입력선과 입력 선택을 위한 n개의 선택선이 필요하므로, $2^3 = 8$이므로 3개의 선택선이 필요하다.

멀티플렉서(Multiplexer)
- 2개 이상의 입력 중에서 필요로 하는 신호를 외부로부터의 선택 기호에 의해 1개만 선택하여, 출력 신호로 꺼낼 수 있는 기능을 가진 조합 논리 회로이다.
- 게이트를 사용하여 구성하는 멀티플렉서는 2^n개의 입력선과 입력 선택을 위한 n개의 선택선 및 하나의 출력선을 가지며, 이 선택선에 가하는 비트 조합에 따라 입력 중의 하나가 선택된다.

51 플립플롭에 대한 다음 설명 중 ( ) 안에 알맞은 것은?

> 플립플롭의 출력은 입력 상태에 따라 가해지는 클록 펄스에 의해 변화한다. 이와 같은 변화를 플립플롭이 ( ) 되었다고 한다.

① 트리거　　② 셋 업
③ 상 승　　④ 하 강

해설
플립플롭의 출력은 입력 상태에 따라 가해지는 클록 펄스에 의해 변화하는데 이를 플립플롭이 트리거되었다고 한다.

50 8[Bit]로 2의 보수 표현 방법에 의해 10과 −10을 나타내면?

① 00001010, 11110110
② 00001010, 11110101
③ 00001010, 10001010
④ 00001010, −00001010

해설
8[bit]로 10을 표현하면 00001010이 되고, 2의 보수 표현방식에 의해 −10을 표현하면 11110110이 된다.

52 입력 펄스의 적용에 따라 미리 정해진 상태의 순차를 밟아가는 순차 회로는?

① 카운터
② 멀티플렉서
③ 디멀티플렉서
④ 비교기

해설
카운터(계수기)는 입력 펄스가 들어올 때마다 미리 정해진 순서대로 플립플롭의 상태가 변화하는 것을 이용한 것이다.

53 다음 중 가장 큰 수는?

① 2진수, 11101110
② 8진수, 365
③ 10진수, 234
④ 16진수, FA

해설

① $(11101110)_2 = 1 \times 2^7 + 1 \times 2^6 + 1 \times 2^5 + 1 \times 2^3 + 1 \times 2^2 + 1 \times 2^1$
$= 128 + 64 + 32 + 8 + 4 + 2$
$= 238$

② $(365)_8 = 3 \times 8^2 + 6 \times 8^1 + 5 \times 8^0$
$= 192 + 48 + 5$
$= 245$

③ 234

④ $(FA)_{16} = 15 \times 16^1 + 10 \times 16^0$
$= 240 + 10$
$= 250$

54 그림과 같은 논리도의 명칭은?

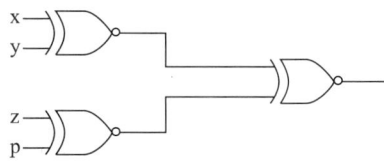

① 반가산기
② 전가산기
③ 4비트 홀수 패리티 검사기
④ 4비트 홀수 패리티 발생기

해설

- 홀수 패리티(Odd Parity Bit) : 전송하고자 하는 전체 2진 데이터에서 "1"의 개수가 홀수개가 되도록 추가된 Bit를 홀수 패리티 비트라 한다.
- 짝수 패리티(Even Parity) : 전송하고자 하는 전체 2진 데이터에서 "1"의 개수가 짝수개가 되도록 추가된 Bit를 짝수 패리티 비트라 한다.
- 4비트 홀수 패리티에 대한 논리식 : $Y = (A \odot B) \odot (C \odot P)$ 이다.

55 2진수 코드를 10진수로 변환하는 것은?

① 카운터
② 디코더
③ A/D 변환기
④ 인코더

해설

- 디코더(Decoder, 해독기) : 입력 단자에 가해지는 부호화된 2진 데이터를 그에 해당하는 10진수로 변환하여 해독하는 조합논리회로로 출력은 AND 게이트로 구성된다.
- 인코더(Encoder) : 숫자나 문자 등의 10진수 입력을 2진수로 변환하는 회로로 OR 게이트로 구성된다.

56 기억 장치에 접근하는 순서가 하나의 모듈에서 차례대로 수행되지 않고 여러 모듈에 번지를 분해하는 기억장치를 무엇이라 하는가?

① 인터리빙(Interleaving)
② 연상 기억장치(Associative Storage)
③ 캐시 기억장치(Cache Memory)
④ 가상 기억장치(Virtual Storage)

해설

② 연상 기억장치(Associative Storage) : 기억 내용에 의해서 정보가 지정되는 기억장치이며, 외부 인자와 내용을 비교하기 위한 병렬 판독 논리회로를 가지고 있다.
① 인터리빙(Interleaving) : CPU와 주기억장치 사이의 속도 차이로 인해서 발생하는 문제를 해결하기 위해 주기억장치를 모듈별로 주소를 배정한 후 각 모듈을 번갈아 가면서 접근하는 방식
③ 캐시 기억장치(Cache Memory) : 주기억장치와 중앙처리장치(CPU) 사이에서 데이터와 명령어를 일시적으로 저장하는 소형의 고속 기억 장치
④ 가상 기억장치(Virtual Storage) : 주기억장치보다도 큰 가상 기억 장치를 실현하고 동시에 주기억장치의 사용 효율 향상을 지원

57 클록 펄스가 들어올 때마다 플립플롭의 상태가 반전되는 회로는?

① RS FF ② D FF
③ T FF   ④ JK FF

해설
T 플립플롭
- JK 플립플롭의 입력 J 및 K를 서로 묶어서 하나의 데이터로 입력한다.
- 클록 펄스가 가해질 때마다 출력 상태가 반전하는 토글(Toggle) 또는 스위칭 작용을 하므로 계수기(Counter)에 사용된다.

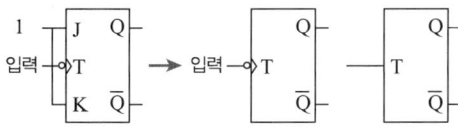

T	Q_{n+1}
0	Q_n
1	$\overline{Q_n}$

58 비동기형 리플 카운터에 대한 설명으로 거리가 먼 것은?

① 모든 플립플롭 상태가 동시에 변한다.
② 회로가 간단하다.
③ 동작시간이 길다.
④ 주로 T형이나 JK 플립플롭을 사용한다.

해설
비동기식(Asynchronous Type) 카운터
- 플립플롭의 입력으로는 클록 펄스와 앞단의 출력이 차례로 연결되어 있어 상태가 동시에 변하지 않고 순차적으로 변한다. 리플 계수기라고도 한다.
- 각 단을 통과할 때마다 지연시간이 누적되므로 고속 카운터에는 부적당하다.
- 매우 높은 주파수에는 부적당, 비트수가 많은 카운터에는 부적합하다.
- 회로가 간단해서 작은 규모의 계기 회로에 적당하다.
- 플립플롭들은 동일 클록에 변하지 않고, 한 플립플롭의 출력이 다른 플립플롭의 클록으로 동작하기 때문에 지연시간이 길어지게 된다.
- 시스템의 상태는 모든 플립플롭의 전이가 완료될 때까지 결정되지 않는다.

59 논리식 $f = (A+B)(A+\overline{B})$ 를 최소화하면?

① $f = A + B$
② $f = A$
③ $f = B$
④ $f = A \cdot B$

해설
$F = (A+B)(A+\overline{B})$
$= AA + A\overline{B} + AB + B\overline{B}$
$= A + A(\overline{B} + B)$
$= A$

60 다음 그림과 같은 회로의 명칭은?

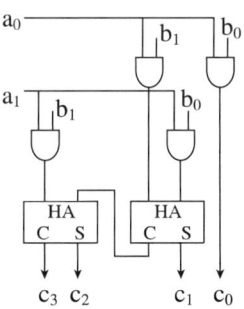

① 곱셈회로 ② 가산회로
③ 감산회로 ④ 나눗셈회로

해설
곱셈회로는 두 입력단자에 입력된 두 신호의 곱에 비례하는 신호를 출력하는 회로이다.

2013년 제1회 과년도 기출문제

01 전력 증폭기의 직류 입력은 200[V], 400[mA]이다. 부하에 흐르는 전류가 5[A]이고 이 증폭기의 능률이 60[%]이면 부하에서 소비되는 전력은 몇 [W]인가?

① 32[W]
② 48[W]
③ 80[W]
④ 120[W]

해설

$\eta = \dfrac{\text{부하에 공급된 평균교류전력}(P_{ac})}{\text{전원에서 공급받은 평균}DC\text{전력}(P_{dc})} \times 100[\%]$ 이므로,

$P_{dc} = 200 \times 400 \times 10^{-3} = 80$

$P_{ac} = \dfrac{P_{dc} \times \eta}{100} = \dfrac{80 \times 60}{100} = 48[W]$

02 다음 중 압전 효과를 이용한 발진기는?

① LC 발진기
② RC 발진기
③ 수정발진기
④ 레이저 발진기

해설
수정발진기
압전 현상을 이용한 것으로 직렬 공진 주파수(f_0)와 병렬 공진 주파수(f_∞) 사이에는 주파수의 범위가 대단히 좁으며 이 사이의 유도성을 이용하여 안정된 발진을 한다($f_0 < f < f_\infty$).

03 슈미트 트리거 출력 회로의 출력 파형은?

① 톱니파
② 구형파
③ 정현파
④ 삼각파

해설
슈미트 트리거 회로는 정현파 입력을 받아 정확한 구형파를 얻어 낼 수 있다.

04 다음 중 정현파 발진기가 아닌 것은?

① LC 반결합 발진기
② CR 발진기
③ 멀티바이브레이터
④ 수정 발진기

해설
정현파 발진기
- LC 발진 회로
  - 하틀리(Hartley) 발진기
  - 콜피츠(Colpitts) 발진기
  - 동조형 반결합 발진기
- CR(또는 RC) 발진 회로
  - 이상형(Phase-shift) 발진기
  - 빈 브리지형(Wien-bridge) 발진기
- 수정 발진 회로
  - 피어스 BE(Pierce B-E)발진기
  - 피어스 BC(Pierce B-C)발진기
  - 무조정 발진 회로
- 부저항 발진기

정답 1 ② 2 ③ 3 ② 4 ③

05 RC 결합 증폭회로의 특징이 아닌 것은?

① 효율이 매우 높다.
② 회로가 간단하고 경제적이다.
③ 직류신호를 증폭할 수 없다.
④ 입력 임피던스가 낮고 출력 임피던스가 높으므로 임피던스 정합이 어렵다.

해설
RC 결합 증폭회로의 특징
- 주파수 특성이 좋다.
- 회로가 간단하고 경제적이다.
- 전원 이용률이 나쁘다.
- 입력 임피던스가 낮고 출력 임피던스가 높으므로 임피던스 정합이 어렵다.

06 다음 회로의 클록 펄스(Clock Pulse) 발진 주파수는 약 몇 [kHz]인가?

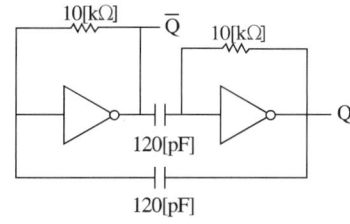

① 292
② 458
③ 583
④ 854

해설
TTL 게이트 사용의 비안정 멀티바이브레이터
- 스위칭 가능 주파수 발진에 적합하다.
- $F = \dfrac{1}{T} = \dfrac{1}{1.4RC} = \dfrac{0.7}{RC}$ [Hz] 이므로,

$F = \dfrac{0.7}{10 \times 10^3 \times 120 \times 10^{-12}}$

$= \dfrac{0.7}{1.2 \times 10^{-6}} ≒ 583,333$ [Hz] ≒ 583 [kHz]

07 다이오드를 사용한 정류회로에서 2개의 다이오드를 직렬로 연결하여 사용하면?

① 부하 출력의 리플전압이 커진다.
② 부하 출력의 리플전압이 줄어든다.
③ 다이오드는 과전류로부터 보호된다.
④ 다이오드는 과전압으로부터 보호된다.

해설
- 다이오드 직렬연결 : 내압 증가 → (과전압으로부터 보호)
- 다이오드 병렬연결 : 허용 전류 증가 → (과전류로부터 보호)

08 0.4[μF]의 콘덴서에 정전용량이 얼마인 콘덴서를 직렬로 접속하면 합성정전용량이 0.3[μF]이 되는가?

① 0.4
② 0.7
③ 1.0
④ 1.2

해설
콘덴서 합성정전용량

$0.3[\mu F] = \dfrac{1}{\dfrac{1}{0.4} + \dfrac{1}{C_x}}$

$0.3 = \dfrac{0.4 C_x}{0.4 + C_x}$

$0.4 C_x = 0.3(0.4 + C_x) = 0.12 + 0.3 C_x$

$0.4 C_x - 0.3 C_x = 0.12$

$C_x = \dfrac{0.12}{0.1} = 1.2 [\mu F]$

09 그림의 회로에서 시상수가 $CR \ll \tau_w$인 경우, 출력 파형은 어떻게 나타나는가?(단, τ_w는 펄스폭이다)

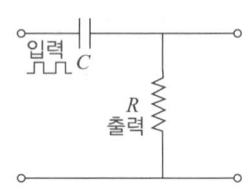

①
②
③
④

해설

미분회로

콘덴서의 충전·방전 즉, RC 직렬회로의 과도현상을 이용하여 출력단에서 입력전압의 미분파형을 얻을 수 있는 회로로 구형파의 입력신호로부터 펄스형태의 신호를 만들 때 사용한다.

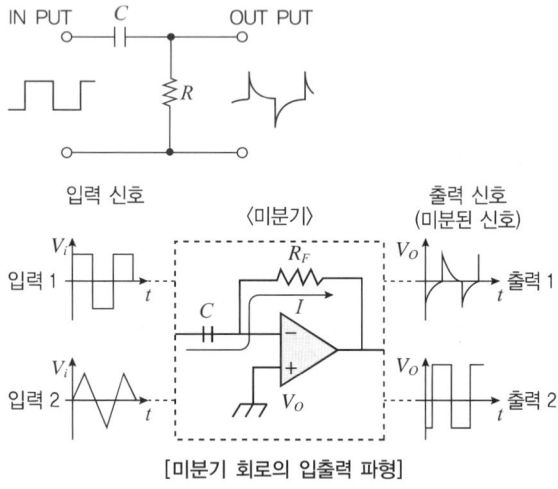

[미분기 회로의 입출력 파형]

10 220[V], 60[Hz] 전원정류회로에서 맥동주파수가 180[Hz] 되는 정류방식은?

① 3상 반파형
② 3상 전파형
③ 단상 반파형
④ 단상 전파형

해설

정류 방식에 따른 맥동률, 맥동 주파수

정류방식	맥동률	맥동주파수
단상 반파정류	121[%]	60[Hz]
단상 전파정류	48[%]	120[Hz]
3상 반파정류	19[%]	180[Hz]
3상 전파정류	4.2[%]	360[Hz]

11 해밍 코드(Hamming Code)의 대표적 특징은?

① 기계적인 동작을 제어하는데 사용하기 알맞은 코드이다.
② 데이터 전송 시 신호가 없을 때를 구별하기 쉽다.
③ 자기보수(Self Complement)적인 성질이 있다.
④ 패리티 규칙으로 잘못된 비트를 찾아서 수정할 수 있다.

해설

해밍 코드(Hamming Code)
• 오류 검출 후 자동적으로 정정해 주는 코드
• 1비트의 단일 오류를 정정하기 위해 3비트의 여유 비트가 필요

12 컴퓨터 내부에서 사용하는 디지털 신호를 전송하기에 편리한 아날로그 신호로 변환시켜 주고, 전송받은 아날로그 신호는 다시 컴퓨터에서 사용하는 디지털 신호로 변환시켜 주는 장치는?

① 통신제어 장치 ② 모 뎀
③ 통신회선   ④ 단말기

해설
모뎀(MODEM, 변·복조기)
아날로그 신호의 통신 회선인 전화선을 이용하여 디지털 통신 장비와 통신할 때 디지털 신호를 아날로그 신호로 변환시켜 주는 것을 변조(Modulation)라고 하고, 그 반대의 경우를 복조(Demodulation)라고 한다.

13 컴퓨터의 중앙처리장치에 대한 설명으로 틀린 것은?

① DOS용과 Windows용으로 구분하여 생산한다.
② 연산, 제어, 기억 기능으로 구성되어 있다.
③ CPU라고 하며 사람의 두뇌에 해당한다.
④ 마이크로프로세서는 중앙처리장치의 기능을 하나의 칩에 집적한 것이다.

해설
DOS용과 Window용으로 구분하는 것은 운영체제의 종류이다.
중앙처리장치(CPU ; Central Processing Unit)
• 자료의 연산, 비교 등의 처리를 제어한다.
• 컴퓨터 명령어를 해독하고 실행하는 장치이다.
• 컴퓨터에서 사람의 두뇌와 같은 역할을 한다.
• 제어장치, 연산, 제어, 기억 기능으로 구성된다.
• 중앙처리장치의 기능을 하나의 칩에 집적한 것을 마이크로프로세서라고 한다.

14 명령어를 해독하기 위해서 주기억장치로부터 제어장치로 해독할 명령을 꺼내오는 것은?

① 실행(Execution)
② 단항 연산(Unary Operation)
③ 명령어 인출(Instruction Fetch)
④ 직접 번지(Direct Address)

해설
③ 명령어 인출(Instruction Fetch) : 주기억장치(RAM)에 기억된 명령어를 중앙처리장치(CPU)로 가져오는 과정
① 실행(Execution) : 레지스터나 누산기에 필요한 제어 신호를 발생시켜서 수행 결과를 얻어내는 과정
② 단항 연산(Unary Operation) : 오퍼랜드가 한 개밖에 없는 연산
④ 직접 번지(Direct Address) : 명령어의 Operand 부분이 실제 데이터의 주소인 명령어 형식

15 중앙처리장치에서 마이크로 동작(Micro Operation)이 순서적으로 일어나게 하기 위하여 필요한 것은?

① 모 뎀
② 레지스터
③ 메모리
④ 제어신호

해설
제어신호는 중앙처리장치에서 마이크로 오퍼레이션이 순서적으로 일어나게 하기 위해 필요하다.

16 입출력장치의 역할로 가장 적합한 것은?

① 정보를 기억한다.
② 컴퓨터의 내·외부 사이에서 정보를 주고받는다.
③ 명령의 순서를 제어한다.
④ 기억 용량을 확대시킨다.

해설
- 입출력장치 : 컴퓨터와 사용자 사이의 정보를 교환할 수 있는 장치의 집합을 말한다.
- 입력장치 : 프로그램과 자료(Data)들이 입력 장치를 통하여 컴퓨터 내에서 처리될 수 있도록 전달한다.
- 출력장치 : 처리된 결과를 사용자가 원하는 형태로 볼 수 있게 하는 장치이다.

17 프로그램은 일의 처리순서를 기술한 명령의 집합이다. 각 명령은 어떻게 구성되어 있는가?

① 연산자와 오퍼랜드
② 명령코드와 실행 프로그램
③ 오퍼랜드와 제어 프로그램
④ 오퍼랜드와 목적 프로그램

해설
인스트럭션(Instruction)
연산자(Operation Code, OP 코드)와 주소(Operand) 부분으로 구성된다.
- 연산자(Operation Code, OP 코드) : 인스트럭션의 형식, 연산자 및 자료의 종류를 나타낸다.
- 주소(Operand) 부분 : 자료의 주소를 구하는데 필요한 정보 및 명령의 순서를 나타낸다.

18 연산기의 입력 자료를 그대로 출력하는 것으로 컴퓨터 내부에 있는 하나의 레지스터에 기억된 자료를 다른 레지스터로 옮길 때 이용되는 논리 연산은?

① MOVE 연산
② AND 연산
③ OR 연산
④ UNARY 연산

해설
- MOVE 연산
  - 하나의 입력 데이터를 갖는 연산으로서 연산기의 입력 데이터를 그대로 출력하므로 레지스터에 기억된 데이터를 다른 레지스터로 옮길 때 이용된다.
  - CPU와 기억 장치 사이에 있어, 기억 장치로부터 데이터를 읽어 낼 때, 또는 CPU 내의 데이터를 기억 장치에 기억시킬 경우에 데이터가 연산기를 통과하면, 연산기는 MOVE 연산을 실행한다.
- AND 연산 : 비수치 데이터 중에서 필요 없는 일부의 비트 또는 문자를 지워 버리고 나머지 비트만을 가지고 처리하기 위해 사용되는 연산이다.
- OR 연산 : 2개의 데이터를 섞을 때(문자의 삽입 등) 사용하는 연산이다.
- UNARY 연산 : 오퍼랜드가 한 개밖에 없는 연산이다.

19 집적회로의 일반적인 특징에 대한 설명으로 옳은 것은?

① 수명이 짧다.
② 크기가 대형이다.
③ 동작속도가 빠르다.
④ 외부와의 연결이 복잡하다.

해설
집적회로의 특징
- 코일과 콘덴서가 거의 필요 없다.
- 저항의 값이 비교적 작다.
- 전력 출력이 작아도 된다.
- 신뢰성이 높다.
- 크기가 소형이다.
- 동작속도가 개선된다.
- 외부와의 연결이 간단하다.

20 연산회로 중 시프트에 의하여 바깥으로 밀려나는 비트가 그 반대편의 빈 곳에 채워지는 형태의 직렬 이동과 관계되는 것은?

① Complement ② Rotate
③ OR ④ AND

해설
로테이트(Rotate)
시프트와 비슷한 연산으로 밀려나온 비트가 다시 반대편 끝으로 들어가 사용되는 연산으로서, 문자의 위치변환에 주로 사용된다.

21 출력장치로만 묶어 놓은 것은?

① 키보드, 디지타이저
② 스캐너, 트랙볼
③ 바코드, 라이트 펜
④ 플로터, 프린터

해설
• 입력장치 : 마우스, 키보드, 스캐너, 터치스크린, 디지타이저 등
• 출력장치 : 프린터, 플로터, 모니터 등

22 주기억장치와 입출력장치 사이에 있는 임시 기억 장치는?

① 스 택
② 버 스
③ 버 퍼
④ 블 록

해설
버퍼 레지스터는 서로 다른 입출력 속도로 자료를 받거나 전송하는 중앙처리장치(CPU) 또는 주변 장치의 임시 저장용 레지스터이다.

23 다음과 같은 회로도는?

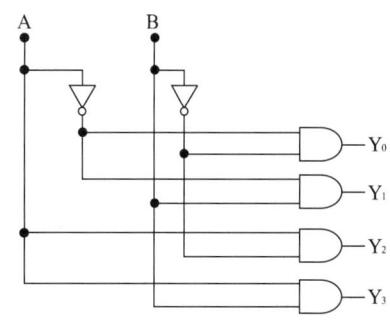

① 인코더 ② 디코더
③ 카운터 ④ 가산기

해설
디코더(Decoder)
• 디코더(해독기) : 입력 단자에 가해지는 부호화된 2진 데이터를 그에 해당하는 10진수로 변환하여 해독하는 조합 논리 회로로 출력은 AND 게이트로 구성된다.
• n개의 입력과 m개의 출력을 가지는 n×m 디코더 : 입력에 가해지는 N비트 코드를 해독하여 그 값에 따라 m개의 출력 중에서 특정한 하나의 출력을 '1'로 하고 나머지 출력들은 '0'으로 만든다.

24 필요 없는 부분을 지워버리고 나머지 비트만을 가지고 처리하기 위하여 사용되는 연산자는?

① MOVE ② SHIFT
③ AND ④ OR

해설
AND 연산
• AND : 비수치 데이터 중에서 필요 없는 일부의 비트 또는 문자를 지워버리고 나머지 비트만을 가지고 처리하기 위해 사용되는 연산이다.
• 마스크(Mask) : AND 연산을 이용하여 다른 비트 패턴 중에 있는 특정 비트의 정보를 변경하거나 리셋(Reset)하기 위한 문자나 비트 패턴을 의미한다.

25 자료가 리스트에 첨가되는 순서에서 그 반대의 순서로만 처리 가능한 LIFO 형태의 자료 구조는?

① 큐(Queue)
② 스택(Stack)
③ 데크(Deque)
④ 트리(Tree)

해설

② 스택(Stack)
- 임시 데이터의 저장이나 서브루틴의 호출에서 사용한다.
- 연속되게 자료를 저장한다.
- 한쪽 끝에서만 자료를 삽입하거나 삭제할 수 있는 구조이다.
- 스택영역은 내부 데이터 메모리에 위치한다.
- 후입선출방식(LIFO ; Last-In First-Out)이다.
- 0-주소 지정에 이용된다.
① 큐(Queue) : 리스트에 첨가되는 순서대로 데이터가 먼저 나오는 FIFO(First-In First-Out) 구조이다.
③ 데크(Deque) : 입출력이 양쪽 방향으로 가능한 구조이다.
④ 트리(Tree) : 그래프의 일종으로, 여러 노드가 한 노드를 가리킬 수 없는 구조이다.

26 비휘발성(Non-volatile) 메모리가 아닌 것은?

① 자기 코어
② 자기 디스크
③ 자기 드럼
④ SRAM

해설

- 휘발성 메모리 : 정보를 유지하기 위해서는 지속적인 전력 공급이 필요한 컴퓨터 메모리로 주기억장치로 많이 사용됨(DRAM, SRAM)
- 비휘발성 메모리 : 전원이 공급되지 않아도 저장된 정보를 계속 유지하는 컴퓨터 메모리로 보조기억장치로 많이 사용됨(자기 코어, 자기 디스크, 자기 드럼 등)

27 게이트당 소모 전력(mW)이 가장 적은 IC는?

① TTL
② CMOS
③ RTL
④ DTL

해설

게이트	소비전력
CMOS	0.01[mW]
DTL	8[mW]
TTL	10[mW]
RTL	12[mW]

28 순차 접근 저장 매체(SASD)에 해당하는 것은?

① 자기 테이프
② 자기 드럼
③ 자기 디스크
④ 자기 코어

해설

- 순차 접근 저장 매체(SASD) : 자기 테이프
- 자기 테이프 장치 : 순차 처리만 하는 보조 기억 장치로 중간 결과를 기록하거나 대량의 자료를 반영구적으로 보존할 때 사용한다.

정답 25 ② 26 ④ 27 ② 28 ①

29 명령의 오퍼랜드 주소값과 프로그램 카운터의 값이 더해져 실제 데이터가 저장된 기억장소의 주소를 나타내는 주소 지정 방식은?

① 베이스 레지스터 주소 지정 방식
② 인덱스 레지스터 주소 지정 방식
③ 간접 주소 지정 방식
④ 상대 주소 지정 방식

해설
자료의 접근 방법에 따른 주소 지정 방식
- 즉시 주소 지정(Immediate Addressing Mode) : 명령어 내에 실제 데이터를 가지고 있는 명령어 형식이다.
- 직접 주소 지정(Direct Addressing Mode) : 명령어의 Operand 부분이 실제 데이터의 주소인 명령어 형식이다.
- 간접 주소 지정(Indirect Addressing Mode) : 명령어의 Operand가 가리키는 곳에 실제 데이터의 주소가 있는 명령어 형식이다.
- 인덱스 주소 지정(Indexed Addressing Mode) : 명령어의 Operand 부분과 Index Register의 값이 더해진 곳에 실제 데이터를 가지고 있는 명령어 형식이다.
- 상대 주소 지정(Relative Addressing Mode) : 프로그램 카운터(PC)와 명령어의 Operand가 더해진 곳에 실제 데이터를 가지고 있는 명령어 형식이다.
- 레지스터 주소 지정(Register Addressing Mode) : 직접 주소 지정방식과 유사하다. 차이점은 오퍼랜드 필드가 메인 메모리의 주소가 아닌 레지스터를 참조한다는 점이다.

30 양방향 데이터 전송은 가능하나 동시 전송이 불가능한 방식은?

① Half Duplex   ② Dual Duplex
③ Full Duplex   ④ Simplex

해설
통신 방식
- 단방향(Simplex) 통신 방식 : 단지 한쪽 방향으로만 데이터를 전송할 수 있는 방식을 말한다.
- 반이중(Half Duplex) 통신 방식 : 데이터를 양쪽 방향으로 전송할 수 있으나 동시에 양쪽 방향으로 전송할 수는 없으며, 한 순간에 어느 한쪽 방향으로만 데이터를 전송할 수 있다.
- 전이중(Full Duplex) 통신 방식 : 접속된 두 장치 사이에서 동시에 양방향으로 데이터의 흐름을 가능하게 하는 방식으로서, 상호의 데이터 전송이 자유롭다.

31 C언어에서 사용되는 문자열 출력함수는?

① printchar( )   ② puts( )
③ prints( )   ④ putchar( )

해설
C언어의 문자 출력함수
- getchar( ) 함수 : 키보드로부터 한 번에 한 문자씩 읽어 들여, 그 문자에 해당하는 ASCII 코드의 값을 정수형으로 선언된 변수에 할당하는 함수
- putchar( ) 함수 : 화면에 한 문자씩 출력하는 함수
- gets( ) 함수 : 키보드로부터 문자열을 읽어 들여 문자열 포인터가 가리키는 장소에 기억시키며, 그 포인터를 되돌려 주는 함수
- puts( ) 함수 : 문자열을 화면으로 출력하는 함수

32 C언어의 기억 클래스 종류가 아닌 것은?

① 내부 변수   ② 정적 변수
③ 자동 변수   ④ 레지스터 변수

해설
기억 클래스(Storage Class) 종류
- 자동 변수(Automatic Variable) : 함수나 그 함수 내의 블록 안에서 선언되는 변수
- 정적 변수(Static Variable) : 선언된 함수 또는 해당 블록 내에서만 사용 가능
- 외부 변수(External Variable) : 함수의 외부에 기억 클래스 없이 정의되고 어떤 함수라도 참조할 수 있는 전역 변수(Global Variable)
- 레지스터 변수(Register Variable) : 함수 내에서 정의되고 해당 함수 내에서만 사용이 가능한 변수

정답 29 ④ 30 ① 31 ② 32 ①

33 고급언어(High Level Language)에 대한 설명으로 거리가 먼 것은?

① 사람이 일상생활에서 사용하는 자연어에 가까운 형태로 만들어진 언어이다.
② 사람이 인식 가능하고 배우기 쉽다.
③ 2진수 체제로 이루어진 언어로 컴퓨터가 직접 이해할 수 있는 형태의 언어이다.
④ 기종에 관계없이 사용할 수 있어 호환성이 좋다.

해설
고급언어
• 사람이 이해하기 쉬운 자연어에 가깝게 만들어진 언어이다.
• 프로그래밍하기 쉽고 생산성이 높다.
• 컴퓨터와 관계없이 독립적으로 프로그램을 만들 수 있다.
• 기계어로 변환하기 위해 번역하는 과정을 거친다.
• 기종에 관계없이 공통적으로 사용한다.

34 시분할 시스템을 위해 고안된 방식으로 FCFS 알고리즘을 선점 형태로 변형한 스케줄링 기법은?

① SRT   ② SJF
③ Round Robin   ④ HRN

해설

종류	방법
SRT	수행 도중 나머지 수행시간이 적은 작업을 우선적으로 처리하는 방법
SJF	수행 시간이 적은 작업을 우선적으로 처리하는 방법
Round Robin	FCFS 방식의 변형으로 일정한 시간을 부여하는 방법
HRN	실행 시간이 긴 프로세스에 불리한 SJF 기법을 보완한 방법

35 C언어에서 문자형의 변수를 정의할 때 사용하는 것은?

① Int   ② Long
③ Float   ④ Char

해설
C언어의 자료형
• Char : 문자형
• Int : 정수형
• Float : 실수형
• Double : 배정도 실수형
• Short : 단 정수형
• Long : 장 정수형

36 언어번역 프로그램에 해당하지 않는 것은?

① 컴파일러
② 로 더
③ 인터프리터
④ 어셈블러

해설
번역기의 종류
• 어셈블러(Assembler) : 어셈블리 언어로 작성된 원시 프로그램을 기계어로 번역하는 프로그램이다.
• 컴파일러(Compiler) : 전체 프로그램을 한 번에 처리하여 목적 프로그램을 생성하는 번역기로 기억 장소를 차지하지만 실행 속도가 빠르다(ALGOL, PASCAL, FORTRAN, COBOL, C).
• 인터프리터(Interpreter) : 작성된 원시 프로그램을 한 줄씩 읽어 번역 및 실행하는 프로그램으로 실행 속도가 느리지만 기억장소를 적게 차지한다(BASIC, LISP, JAVA, PL/I).

정답 33 ③ 34 ③ 35 ④ 36 ②

37 프로그램의 처리 과정 순서로 옳은 것은?

① 적재 → 실행 → 번역
② 적재 → 번역 → 실행
③ 번역 → 실행 → 적재
④ 번역 → 적재 → 실행

해설
프로그램 처리는 입력 → 번역 → 적재 → 실행 → 출력 순으로 진행한다.

38 프로그램에서 "Syntax Error"란?

① 논리적인 오류
② 문법적인 오류
③ 물리적인 오류
④ 기계적인 오류

해설
번역 및 착오 검색
- 작성된 프로그램은 컴파일러에 의해 목적 프로그램을 만든다.
- 원시 프로그램의 입력과정 오류와 문법상의 오류(Syntax Error)가 발생한다.
- 원인을 찾아 오류수정(Error Debugging) 작업을 한 후 테스트 데이터를 입력한다.
- 논리적인 오류가 발생한다.
- 단위 검사와 통합 검사의 두 단계를 거친다.

39 프로그래밍 작업 시 문서화의 목적과 거리가 먼 것은?

① 프로그램의 활용을 쉽게 한다.
② 프로그램의 개발 목적 및 과정을 표준화하여 효율적인 작업이 되도록 한다.
③ 프로그래밍 작업 시 요식적 행위의 목적을 달성하기 위해서이다.
④ 개발 과정에서의 추가 및 변경에 따르는 혼란을 감소시키기 위해서이다.

해설
문서화 : 프로그램의 운영에 필요한 사항을 문서로써 정리하여 기록하는 작업
문서화를 통하여 얻어지는 효과
- 프로그램의 개발 목적 및 과정을 표준화
- 효율적인 작업이 이루어지게 함
- 프로그램의 유지 보수를 쉽게 함
- 개발 과정에서의 추가 및 변경에 따른 혼란을 줄일 수 있음

40 기계어에 대한 설명으로 옳지 않은 것은?

① 프로그램의 실행 속도가 빠르다.
② 2진수 0과 1만을 사용하여 명령어와 데이터를 나타내는 기계 중심 언어이다.
③ 호환성이 없고 기계마다 언어가 다르다.
④ 프로그램에 대한 유지보수 작업이 용이하다.

해설
기계어(Machine Language)
- 초창기의 컴퓨터프로그래밍은 기계어에 의해 작성되고 처리되었다.
- 컴퓨터의 전기적 회로에 의해 직접적으로 해석되어 실행되는 언어이다.
- 컴퓨터 자원을 효율적으로 활용한다.
- 언어 자체가 복잡하고 어렵다.
- 프로그래밍 시간이 많이 걸리고 에러가 많다.
- 호환성이 없다.
- 2진수를 사용하여 데이터를 표현한다.
- 프로그램의 실행 속도가 빠르다.

정답 37 ④ 38 ② 39 ③ 40 ④

41 비동기형 리플 카운터에 대한 설명으로 거리가 먼 것은?

① 회로가 간단하다.
② 동작시간이 길다.
③ 주로 T형이나 JK 플립플롭을 사용한다.
④ 모든 플립플롭의 상태가 동시에 변한다.

해설
비동기식(Asynchronous Type) 카운터
- 플립플롭의 입력으로는 클록 펄스와 앞단의 출력이 차례로 연결되어 있어 상태가 동시에 변하지 않고 순차적으로 변한다. 리플 계수기라고도 한다.
- 각 단을 통과할 때마다 지연시간이 누적되므로 고속 카운터에는 부적당하다.
- 매우 높은 주파수에는 부적당, 비트수가 많은 카운터에는 부적합하다.
- 회로가 간단해서 작은 규모의 계기 회로에 적당하다.
- 플립플롭들은 동일 클록에 변하지 않고, 한 플립플롭의 출력이 다른 플립플롭의 클록으로 동작하기 때문에 지연시간이 길어지게 된다.
- 시스템의 상태는 모든 플립플롭의 전이가 완료될 때까지 결정되지 않는다.

42 2진수 10011 + 10110의 덧셈 결과는?

① 111001
② 101011
③ 101001
④ 100001

해설
```
   10011
+  10110
  ------
  101001
```

43 입력 펄스의 적용에 따라 미리 정해진 상태의 순차를 밟아가는 순차회로는?

① 멀티플렉서
② 디멀티플렉서
③ 카운터
④ 비교기

해설
카운터(계수기)는 입력 펄스가 들어올 때마다 미리 정해진 순서대로 플립플롭의 상태가 변화하는 것을 이용한 것이다.

44 병렬 계수기(Parallel Counter)라고도 말하며 계수기의 각 플립플롭이 같은 시간에 트리거되는 계수기는?

① 링 계수기
② 10진 계수기
③ 동기형 계수기
④ 비동기형 계수기

해설
동기형(Synchronous Type) 카운터
- 클록 펄스가 클록 입력 또는 트리거 입력에 직접 연결되어 계수기 플립플롭의 상태가 동시에 변한다.
- 동작속도가 고속으로 이루어진다.
- 설계가 쉽고 규칙적이다.
- 제어신호가 플립플롭의 입력으로 된다.
- 회로가 복잡하고 큰 시스템에 사용된다.
- 클록 발진기가 별도로 필요하고 지연시간에 관계없다.
- 병렬계수기(Parallel Counter)라고도 한다.

45 RS 플립플롭 회로에서 불확실한 상태를 없애기 위하여 출력을 입력으로 궤환시켜 반전 현상이 나타나도록 한 회로는?

① RST 플립플롭 회로
② D 플립플롭 회로
③ T 플립플롭 회로
④ JK 플립플롭 회로

해설
JK 플립플롭
RS 플립플롭에서 R=S=1의 경우 동작이 불확실한 상태로 되는데, RS 플립플롭에서 Q를 R로 $\overline{Q}$를 S로 되먹임시켜 불확실한 상태가 없도록 한 회로이다.

46 다음 중 그 값이 다른 하나는?

① $(16)_{10}$ ② $(1111)_2$
③ $(17)_8$ ④ $(F)_{16}$

해설
① $(16)_{10}$
② $(1111)_2 = 1\times 2^3 + 1\times 2^2 + 1\times 2^1 + 1\times 2^0$
$= 8+4+2+1$
$= (15)_{10}$
③ $(17)_8 = 1\times 8^1 + 7\times 8^0$
$= 8+7$
$= (15)_{10}$
④ $(F)_{16} = 15\times 16^0$
$= (15)_{10}$

47 2진 정보의 저장과 클록 펄스를 가해 좌우로 한 비트씩 이동하여 2진수의 곱셈이나 나눗셈을 하는 연산장치에 이용되는 것은?

① 가산기(Adder)
② 시프트 레지스터(Shift Register)
③ 카운터(Counter)
④ 플립플롭(Flip-flop)

해설
시프트 레지스터(Shift Register)
2진수를 직렬로 1비트씩 차례로 입력시키면 레지스터가 기억하고 있는 데이터를 오른쪽 또는 왼쪽으로 한 자리씩 이동(Shift)시킬 수 있는 레지스터이다.

48 10진수 13을 Gray Code로 바꾸면?

① 1011   ② 0100
③ 1001   ④ 1101

해설
그레이 코드
BCD 코드의 인접한 자리를 XOR 연산으로 만든 코드, 10진수 13을 2진수로 바꾸면 1101이 된다.

	⊕		⊕		⊕	
2진수	1	→	1	→	0	→	1
	↓		↓		↓		↓
그레이 코드	1		0		1		1

2진수 1101을 그레이 코드로 변환하면 1011이 된다.

49 회로의 안정상태에 따른 멀티바이브레이터의 종류가 아닌 것은?

① 비안정 멀티바이브레이터
② 단안정 멀티바이브레이터
③ 쌍안정 멀티바이브레이터
④ 주파수 안정 멀티바이브레이터

해설
멀티바이브레이터의 종류
- 비안정 멀티바이브레이터(Astable Multivibrator) : 회로에 전원이 공급되면 구형파의 발진이 이루어지는 회로이다.
- 단안정 멀티바이브레이터(Monostable Multivibrator) : 자체 발진의 능력은 없으나 외부의 트리거 펄스 입력이 공급될 때마다 하나의 구형파를 출력하는 회로이다.
- 쌍안정 멀티바이브레이터(Bistable Multivibrator) : 안정 상태를 유지하며 외부의 트리거 펄스 입력이 두 개 공급될 때마다 하나의 구형파를 출력하는 회로로 일반적으로 플립플롭 회로라 한다.

50 불 대수식 $AB + ABC$를 간소화 하면?

① AC
② AB
③ BC
④ ABC

해설
$AB + ABC = AB(1+C) = AB$

51 1×4 디멀티플렉서에 최소로 필요한 선택선의 개수는?

① 1개
② 2개
③ 3개
④ 4개

해설
② 1×4 디멀티플렉서는 출력선이 4개이므로, $2^n = 4$이므로 2개의 선택선이 필요하다.

디멀티플렉서(Demultiplexer)
- 한 신호원으로부터의 데이터를 제어 입력에 의해 여러 개의 출력단 중에서 선택된 출력단에 출력하는 회로이다.
- 1×2^n 디멀티플렉서는 하나의 입력과 2^n개의 출력선 중에서 하나를 선택하기 위한 n개의 선택선을 가진다.

52 반가산기의 출력 중 합(S)의 논리식은?

① $S = AB$
② $S = \overline{A}B + A\overline{B}$
③ $S = \overline{A}B$
④ $S = A\overline{B}$

해설
반가산기(Half-adder)
2개의 2진수와 A와 B를 더한 합(Sum) S와 자리올림 수(Carry) C를 얻는 회로로 배타 논리합 회로와 논리곱 회로로 구성된다.

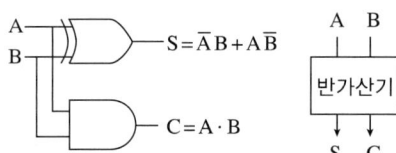

입 력		출 력	
A	B	S	C
0	0	0	0
0	1	1	0
1	0	1	0
1	1	0	1

53 인코더(Encoder)에 대한 설명으로 옳은 것은?

① 해독기를 말한다.
② 입력신호를 부호화하는 회로이다.
③ 출력단자에 신호를 보내는 회로이다.
④ 2진 부호를 10진수로 변환하는 회로이다.

해설
인코더
- 인코더(Encoder, 부호기) : 숫자나 문자 등의 10진수 입력을 2진수로 변환하는 회로로 OR 게이트로 구성된다.
- n개의 비트로 구성되는 코드는 최대 2^n개의 서로 다른 정보를 나타낼 수 있으므로 인코더는 2^n개 이하의 입력과 n개의 출력을 가진다.

54 5진 카운터를 만들려면 T형 플립플롭이 최소 몇 개 필요한가?

① 1
② 2
③ 3
④ 4

해설
플립플롭이 n개일 때 카운터가 셀 수 있는 최대의 수를 N이라 하면, $N=2^n$개의 수를 셀 수 있고, 0에서 2^n-1의 수까지 표현한다. 즉, 5진 카운터를 만들기 위해서 플립플롭이 $2^3=8$이므로 3개의 플립플롭이 필요하다.

55 플립플롭이 특정 현재 상태에서 원하는 다음 상태로 변화하는 동작을 하기 위한 입력을 표로 작성한 것은?

① 카르노 표
② 여기표
③ 게이트 표
④ 진리표

해설
여기표
플립플롭의 현재 상태와 다음 상태를 알 때 입력으로 어떤 값을 인가해주어야 하는지 알기 쉽도록 만든 표

56 다음 논리회로의 출력에 대한 논리식 Z는?

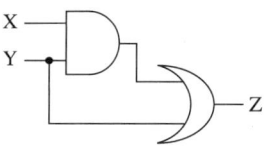

① $Z = X$
② $Z = Y$
③ $Z = X + Y$
④ $Z = XY$

해설
$Z = XY + Y$
$\quad = Y(X+1)$
$\quad = Y$

57 불 대수에 관한 기본 정리 중 옳지 않은 것은?

① $A + 0 = A$
② $A + A = A$
③ $A \cdot \overline{A} = 1$
④ $A + \overline{A} = 1$

해설
불 대수 기본정리
- $A + 0 = A$
- $A \cdot 1 = A$
- $A + \overline{A} = 1$
- $A \cdot \overline{A} = 0$
- $A + A = A$
- $A \cdot A = A$
- $A + 1 = 1$
- $A \cdot 0 = 0$

58 JK 플립플롭에서 반전 동작이 일어나는 경우는?

① J = 0, K = 0인 경우
② J = 1, K = 1인 경우
③ J와 K가 보수 관계일 때
④ 반전 동작은 일어나지 않는다.

해설
JK 플립플롭의 특성표

J	K	$Q_{(n+1)}$	설 명
0	0	$Q_{(n)}$	현 상태가 그대로 출력
0	1	0	0을 출력(Reset)
1	0	1	1을 출력(Set)
1	1	$\overline{Q}_{(n)}$	Complement(보수)

59 기억장치 내의 내용을 해당되는 문자나 기호로 다시 변환시키는 것은?

① 인코더
② 호 퍼
③ 디코더
④ 카운터

해설
인코더
- 인코더(Encoder, 부호기) : 숫자나 문자 등의 10진수 입력을 2진수로 변환하는 회로로 OR 게이트로 구성된다.
- n개의 비트로 구성되는 코드는 최대 2^n개의 서로 다른 정보를 나타낼 수 있으므로 인코더는 2^n개 이하의 입력과 n개의 출력을 가진다.

디코더
- 디코더(Decoder, 해독기) : 입력 단자에 가해지는 부호화된 2진 데이터를 그에 해당하는 10진수로 변환하여 해독하는 조합논리 회로로 출력은 AND 게이트로 구성된다.
- n개의 입력과 m개의 출력을 가지는 n×m 디코더 : 입력에 가해지는 N비트 코드를 해독하여 그 값에 따라 m개의 출력 중에서 특정한 하나의 출력을 '1'로 하고 나머지 출력들은 '0'으로 만든다.

60 입력 전부가 "0" 이어야만 출력이 "1"이 나오는 게이트는?

① OR
② NOR
③ AND
④ NAND

해설
부정 논리합(NOR) 회로

입 력		출 력
A	B	C
0	0	1
0	1	0
1	0	0
1	1	0

정답 57 ③ 58 ② 59 ③ 60 ②

2013년 제2회 과년도 기출문제

01 정류기의 평활회로는 어느 것에 속하는가?

① 고역 통과 여파기
② 대역 통과 여파기
③ 저역 통과 여파기
④ 대역 소거 여파기

해설
정류기의 평활회로
평활회로는 정류회로에 접속하여 정류 전류 중의 맥동분을 경감하는 작용을 하는 회로로 저역 통과 여파기를 사용한다.

02 정전용량 100[μF]의 콘덴서에 1[C]의 전하가 축적되었다면 양단자의 전압은 몇 [V]인가?

① 10[V]
② 100[V]
③ 1,000[V]
④ 10,000[V]

해설
$Q = CV$, $V = \dfrac{Q}{C} = \dfrac{1}{100 \times 10^{-6}} = 10,000[\text{V}]$

03 다음 설명과 가장 관련 깊은 것은?

> 한 폐회로 내에서 전압상승과 전압강하의 대수합은 영이다.

① 테브낭의 정리
② 노턴의 정리
③ 키르히호프의 법칙
④ 패러데이의 법칙

해설
키르히호프의 법칙
- 키르히호프의 제1법칙 : 회로의 접속점(Node)에서 볼 때, 접속점에 흘러 들어오는 전류의 합은 흘러 나가는 전류의 합과 같다(Σ유입전류 = Σ유출전류).
- 키르히호프의 제2법칙 : 임의의 폐회로에서 기전력의 총합은 회로 소자에서 발생하는 전압강하의 총합과 같다(Σ기전력 = Σ전압강하).

04 펄스폭이 1[sec]이고 반복주기가 4[sec]이면 주파수는 몇 [Hz]인가?

① 0.1[Hz]
② 0.25[Hz]
③ 1[Hz]
④ 5[Hz]

해설
$f = \dfrac{1}{T}[\text{Hz}]$, T : 주기[sec]

$\therefore f = \dfrac{1}{4} = 0.25[\text{Hz}]$

정답 1 ③ 2 ④ 3 ③ 4 ②

05
순시값 $= 100\sqrt{2}\sin wt$[V]의 실횻값은 몇 [V]인가?

① 100[V]
② 141[V]
③ 200[V]
④ 282[V]

해설

평균값 = 최댓값 $\times \dfrac{2}{\pi}$, 최댓값 = 실횻값 $\times \sqrt{2}$

실횻값 = $\dfrac{최댓값}{\sqrt{2}} = \dfrac{100 \times \sqrt{2}}{\sqrt{2}} = 100$[V]

06
FM 방식에서 변조를 깊게 했을 때 최대 주파수 편이가 $\triangle f_m$ 이라면 필요한 주파수 대역폭 B는?

① $B = 0.5 \triangle f_m$
② $B = \triangle f_m$
③ $B = 2 \triangle f_m$
④ $B = 4 \triangle f_m$

해설

$\triangle f_m$는 최대 주파수 편이로 반송파 주파수를 기준으로 하여 주파수의 ±최대 변화값을 나타내며 변조신호의 진폭 V_s에 비례하므로 대역폭 $B = \triangle f_m$이다.

07
연산증폭기의 입력 오프셋 전압에 대한 설명으로 가장 적합한 것은?

① 차동출력을 0[V]가 되도록 하기 위하여 입력단자 사이에 걸어주는 전압이다.
② 출력전압이 무한대가 되게 하기 위하여 입력단자 사이에 걸어주는 전압이다.
③ 출력전압과 입력전압이 같게 될 때의 증폭기의 입력전압이다.
④ 두 입력단자가 접지되었을 때 두 출력단자 사이에 나타나는 직류전압의 차이다.

해설

연산증폭기 입력 오프셋 전압(Input Offset Current Drift)
이상적인 OP-AMP는 입력에 0[V]가 인가되면 출력에 0[V]가 나온다. 그러나 실제의 OP-AMP는 입력이 인가되지 않아도 출력에 직류 전압이 나타난다. 차동출력을 0[V]가 되도록 하기 위하여 입력 단자 사이에 걸어주는 전압이다.

08
다음과 같은 연산증폭기의 회로에서 2[MΩ]에 흐르는 전류는?

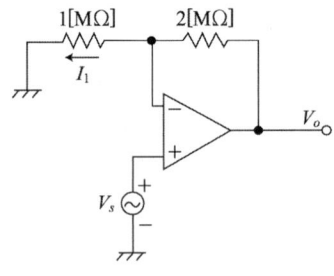

① 0
② I_1
③ $2I_1$
④ $4I_1$

해설

궤환저항 R_f를 통하여 I_1의 전류가 흐르므로 2[MΩ]에 흐르는 전류와 I_1의 전류는 같다.

정답 5 ① 6 ② 7 ① 8 ②

09 LC 발진기에서 일어나기 쉬운 이상 현상이 아닌 것은?

① 기생 진동(Parasitic Oscillator)
② 인입 현상(Pull-in Phenomenon)
③ 블로킹(Blocking) 현상
④ 자왜(磁歪) 현상

해설
LC 발진기에서 일어나기 쉬운 이상 현상
- 블로킹(Blocking) 현상
- 인입 현상(Pull-in Phenomenon)
- 기생 진동(Parasitic Oscillator)

10 그림과 같은 회로의 입력측에 정현파를 가할 때 출력측에 나오는 파형은 어떻게 되는가?(단, $V_i = V_2 \sin wt$ [V]이고 $V_m > V_R$이다)

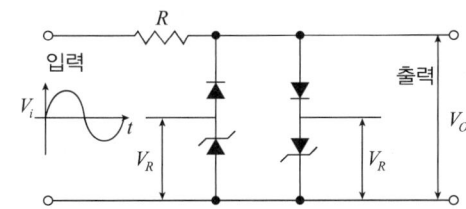

①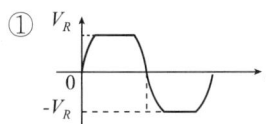

②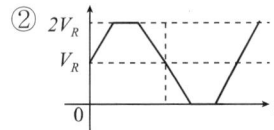

③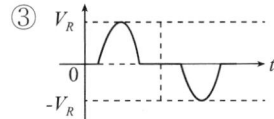

④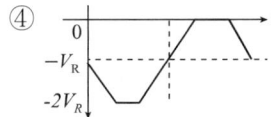

해설
진폭을 제한하는 회로
피크 클리퍼와 베이스 클리퍼를 결합한 리미터 회로

11 컴퓨터의 기능 중 프로그램의 명령을 꺼내어 판단하며 지시 감독하여 명령하는 기능은?

① 기억 기능   ② 제어 기능
③ 연산 기능   ④ 출력 기능

해설
- 기억 기능 : 기억 장치는 입력 장치로 읽어 들인 데이터나 프로그램, 중간 결과 및 처리된 결과를 기억하는 기능으로서 레지스터(Register)인 플립플롭(Flip-Flop)이나 래치(Latch)로 구성된다.
- 제어 기능 : 프로그램의 명령을 하나씩 읽고 해석하여, 모든 장치의 동작을 지시하고 감독·통제하는 기능이다.
- 연산 기능 : 연산 기능을 하는 장치(ALU)는 기억된 프로그램이나 데이터를 꺼내어 산술 연산이나 논리 연산을 실행한다.
- 출력 기능 : 처리된 결과를 사용자가 원하는 형태로 볼 수 있게 하는 기능이다.

12 논리적 연산 중 이항(Binary) 연산에 해당되는 것은?

① COMPLEMENT   ② SHIFT
③ MOVE   ④ OR

해설
- 이항 연산자 : 사칙연산, AND, OR, XOR(EX-OR), XNOR
- 단항 연산자 : NOT, COMPLEMENT, SHIFT, ROTATE, MOVE

13 8진수 62를 2진수로 옳게 변환한 것은?

① 110010   ② 101101
③ 111010   ④ 110101

해설
8진수 각 자리를 2진수 3자리로 변환한다.

6	2
110	010

∴ 8진수 62는 2진수 110010으로 변환된다.

14 중앙처리장치로부터 입출력 지시를 받으면 직접 주기억장치에 접근하여 데이터를 꺼내어 출력하거나 입력한 데이터를 기억시킬 수 있고, 입출력에 관한 모든 동작을 자율적으로 수행하는 입출력 제어 방식은?

① 프로그램 제어 방식
② 인터럽트 방식
③ DMA 방식
④ 폴링 방식

해설
DMA(Direct Memory Access)에 의한 입출력
DMA 장치는 데이터를 전송할 때 CPU와 독립된 채널(Channel)을 구성하여 메모리와 입출력 기기들 사이에서 직접 데이터를 주고받을 수 있도록 제어하는 회로이다.

15 기억장치에 기억된 명령(Instruction)이 기억된 순서대로 중앙처리장치에서 실행될 수 있도록 그 주소를 지정해 주는 레지스터는?

① 누산기(Accumulator)
② 스택 포인터(Stack Pointer)
③ 프로그램 카운터(Program Counter)
④ 명령 레지스터(Instruction Register)

해설
③ 프로그램 카운터(Program Counter) : 다음에 실행될 명령어가 저장된 주기억장치의 주소를 저장한다.
① 누산기(Accumulator) : CPU 내에서 계산의 중간 결과를 저장하는 레지스터이다.
② 스택 포인터(Stack Pointer) : 주기억장치 스택의 데이터 삽입과 삭제가 이루어지는 주소를 저장한다.
④ 명령어 레지스터(Instruction Register) : 현재 실행 중인 명령어를 저장한다.

16 공유하고 있는 통신회선에 대한 제어신호를 각 노드 간에 순차적으로 옮겨가면서 수행하는 방식은?

① CSMA 방식
② CD 방식
③ ALOHA 방식
④ Token Passing 방식

해설
토큰 전달(Token Passing) 방식은 데이터 전송 기회를 한 번씩만 허용하는 방식이다.

17 연산장치에서 주기억장치로부터 연산을 수행할 데이터를 제공받아 보관하거나 가산기의 입력 데이터를 보관하며, 연산 결과를 보관하는 것은?

① 데이터 레지스터
② 상태 레지스터
③ 누산기
④ 가산기

해설
누산기(Accumulator)
연산 장치의 중심 레지스터로 산술 및 논리 연산의 결과를 임시로 기억한다.

18 자기 디스크에서 기록 표면에 동심원을 이루고 있는 원형의 기록 위치를 트랙(Track)이라 하는데 이 트랙의 모임을 무엇이라고 하는가?

① Cylinder
② Access Arm
③ Record
④ Field

해설
실린더(Cylinder)는 자기 디스크에서 기록 표면에 동심원을 이루고 있는 원형의 기록 위치를 트랙이라고 하는데 이 트랙의 모임을 말한다.

19 주소의 개념이 거의 사용되지 않는 보조기억장치로서, 순서에 의해서만 접근하는 기억장치(SASD)라고도 하는 것은?

① Magnetic Tape
② Magnetic Core
③ Magnetic Disk
④ Random Access Memory

해설
자기 테이프 장치(Magnetic Tape)는 순차 처리만 하는 보조기억장치로 중간 결과를 기록하거나 대량의 자료를 반영구적으로 보존할 때 사용하며 순차 접근 저장 매체(SASD)이고, CD-ROM, 자기코어, 하드 디스크, 자기 디스크는 임의의 액세스 기억 장치이다.

20 부동 소수점(Floating Point Number) 표현 형식의 특징이 아닌 것은?

① 실수 연산에 사용된다.
② 부호, 지수부, 가수부로 구성된다.
③ 가수는 정규화하여 유효 숫자를 크게 한다.
④ 고정 소수점 형식에 비해 연산 속도가 빠르다.

해설
부동 소수점(Floating Point) 표현 방식
• 한 개의 부호 비트, 지수부(Exponent Part), 가수부(Mantissa Part)로 구성되며, 소수점을 포함한 실수도 표현 가능하다. 소수점의 위치를 정해진 위치로 이동하는 과정을 정규화(Normalization)라 한다.
• 수의 표현 시 고정 소수점 방식보다 정밀도를 높일 수 있으므로 과학, 공학, 수학적인 응용면에서 주로 사용한다.

21 "0"과 "1"로 구성되며 정보를 나타내는 최소 단위는?

① File   ② Bit
③ Word   ④ Byte

해설
자료의 표현
• 비트(Bit) : Binary Digit의 약자이며 기억 장소의 최소 단위로 0, 1로 표시된다.
• 바이트(Byte) : 8비트가 모여서 1개의 문자나 일정한 수를 기억하는 단위이며 8비트를 1바이트라고 한다.
• 워드(Word) : 한 기억 장소에 기억되는 데이터의 범위로, 하프워드(Halfword = 2바이트), 풀워드(Fullword = 4바이트), 더블 워드(Doubleword = 8바이트) 등으로 구분한다.
• 필드 또는 항목(Field or Item) : 정보를 전달하는 최소의 문자 집단이다. 레코드(Record)는 서로 관련 있는 필드의 모임이다.
• 파일(File) : 모든 레코드의 집합이고, 데이터베이스(Database)는 매우 큰 파일이나 여러 개의 파일 집합을 말한다.
• 비트 → 바이트 → 워드 → 항목(Item) → 레코드 → 파일 → 데이터베이스의 순이다.

22 어떤 회로의 입력을 A, B, 출력을 Y라 할 때 Y = A + B인 논리회로의 명칭은?

① AND   ② OR
③ NOT   ④ EX-OR

해설
OR 게이트
• 두 개의 입력(A와 B)을 받아 A와 B 둘 중 하나라도 1이면 결과가 1이 되고, 둘 다 0이면 0이 된다.
• 논리식 Y = A + B
• OR 게이트 기호

• OR 게이트 진리표

입 력		출 력
A	B	Y
0	0	0
0	1	1
1	0	1
1	1	1

23
입력 단자에 나타난 정보를 코드화하여 출력으로 내보내는 것으로 해독기와 정반대의 기능을 수행하는 조합논리회로는?

① 가산기(Adder)
② 플립플롭(Flip-flop)
③ 멀티플렉서(Multiplexer)
④ 부호기(Encoder)

해설

인코더
- 인코더(Encoder, 부호기) : 숫자나 문자 등의 10진수 입력을 2진수로 변환하는 회로로 OR 게이트로 구성된다.
- n개의 비트로 구성되는 코드는 최대 2^n개의 서로 다른 정보를 나타낼 수 있으므로 인코더는 2^n개 이하의 입력과 n개의 출력을 가진다.

디코더
- 디코더(Decoder, 해독기) : 입력 단자에 가해지는 부호화된 2진 데이터를 그에 해당하는 10진수로 변환하여 해독하는 조합논리회로로 출력은 AND 게이트로 구성된다.
- n개의 입력과 m개의 출력을 가지는 n×m 디코더 : 입력에 가해지는 N비트 코드를 해독하여 그 값에 따라 m개의 출력 중에서 특정한 하나의 출력을 '1'로 하고 나머지 출력들은 '0'으로 만든다.

24
컴퓨터 내부에서 음수를 표현하는 방법이 아닌 것은?

① 부호화 2의 보수
② 부호화 상대값
③ 부호화 1의 보수
④ 부호화 절댓값

해설

음수를 표현하는 방법
- 부호화 절댓값
- 부호화 1의 보수
- 부호화 2의 보수

25
주소 지정 방식(Addressing Mode)이 아닌 것은?

① 즉시(Immediate) 주소 지정 방식
② 임시(Temporary) 주소 지정 방식
③ 간접(Indirect) 주소 지정 방식
④ 직접(Direct) 주소 지정 방식

해설

자료의 접근 방법에 따른 주소 지정 방식
- 즉시 주소 지정(Immediate Addressing Mode) : 명령어 내에 실제 데이터를 가지고 있는 명령어 형식이다.
- 직접 주소 지정(Direct Addressing Mode) : 명령어의 Operand 부분이 실제 데이터의 주소인 명령어 형식이다.
- 간접 주소 지정(Indirect Addressing Mode) : 명령어의 Operand가 가리키는 곳에 실제 데이터의 주소가 있는 명령어 형식이다.
- 인덱스 주소 지정(Indexed Addressing Mode) : 명령어의 Operand 부분과 Index Register의 값이 더해진 곳에 실제 데이터를 가지고 있는 명령어 형식이다.
- 상대 주소 지정(Relative Addressing Mode) : 프로그램 카운터(PC)와 명령어의 Operand가 더해진 곳에 실제 데이터를 가지고 있는 명령어 형식이다.
- 레지스터 주소 지정(Register Addressing Mode) : 직접 주소 지정방식과 유사하다. 차이점은 오퍼랜드 필드가 메인 메모리의 주소가 아닌 레지스터를 참조한다는 점이다.

26
명령(Instruction)의 기본 구성은?

① 오퍼레이션과 오퍼랜드
② 오퍼랜드와 실행 프로그램
③ 오퍼레이션과 제어 프로그램
④ 제어 프로그램과 실행 프로그램

해설

인스트럭션(Instruction)
- 연산자(Operation Code, OP 코드)와 주소(Operand) 부분으로 구성된다.
- 연산자(Operation Code, OP 코드) : 인스트럭션의 형식, 연산자 및 자료의 종류를 나타낸다.
- 주소(Operand) 부분 : 자료의 주소를 구하는데 필요한 정보 및 명령의 순서를 나타낸다.

27 하나의 채널이 고속 입출력 장치를 하나씩 순차적으로 관리하며, 블록(Block) 단위로 전송하는 채널은?

① 사이클 채널(Cycle Channel)
② 실렉터 채널(Selector Channel)
③ 멀티플렉서 채널(Multiplexer Channel)
④ 블록 멀티플렉서 채널(Block Multiplexer Channel)

해설
실렉터 채널(Selector Channel)
입출력 동작이 개시되어 종료까지 하나의 입출력 장치를 사용하는 채널로서, 디스크와 같은 고속 장치에서 사용한다.

29 중앙처리장치가 한 명령어의 실행을 끝내고 다음에 실행될 명령어를 기억장치에서 꺼내올 때까지의 동작 단계를 무엇이라고 하는가?

① 명령어 인출
② 명령어 저장
③ 명령어 해독
④ 명령어 실행

해설
명령어의 수행
- 명령어 인출(Instruction Fetch) : 주기억장치(RAM)에 기억된 명령어를 중앙처리장치(CPU)로 가져오는 과정
- 명령어 해독(Instruction Decoder) : 명령 레지스터(IR)에 기억되어 있는 명령어를 해독하여 실제 필요한 동작이 무엇인지 알아내는 과정
- 오퍼랜드 인출(Operand Fetch) : 명령어의 오퍼랜드(Operand)부에 있는 주소를 이용해서 실제 데이터를 가져오는 과정
- 실행(Execution) : 레지스터나 누산기에 필요한 제어 신호를 발생시켜서 수행 결과를 얻어내는 과정
- 인터럽트 조사(Interrupt Search Into) : 인터럽트 자원에서 인터럽트 요청이 있었는지를 체크하는 과정

28 디지털 데이터를 아날로그 신호로 바꾸고, 아날로그 신호로 전송된 것을 다시 디지털 데이터로 바꾸는 신호 변환 장치는?

① MODEM
② CCU
③ Decoder
④ Terminal

해설
모뎀(MODEM, 변·복조기)
아날로그 신호의 통신 회선인 전화선을 이용하여 디지털 통신 장비와 통신할 때 디지털 신호를 아날로그 신호로 변환시켜 주는 것을 변조(Modulation)라고 하고, 그 반대의 경우를 복조(Demodulation)라고 한다.

30 2진수 $(1011)_2$을 그레이코드로 변환하면?

① $(1000)_G$
② $(0111)_G$
③ $(1010)_G$
④ $(1110)_G$

해설
그레이코드
BCD 코드의 인접한 자리를 XOR 연산으로 만든 코드

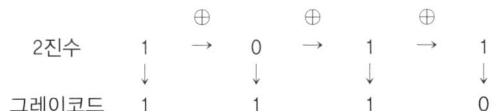

2진수 1011을 그레이코드로 변환하면 1110이 된다.

31 프로그램에서 사용되는 기억장소를 말하며, 프로그램 실행 중에 그 값이 변할 수 있는 것은?

① Coding ② Operand
③ Constant ④ Variable

해설
변수(Variable)란 값이 변하는 수로, 한순간에 하나의 데이터 값을 가질 수 있고 이 값을 다른 값으로 마음대로 바꿀 수 있는 것이다.

32 프로그래밍 언어를 사용하여 사용자가 어떤 업무 처리를 위하여 작성한 프로그램을 의미하는 것은?

① 목적 프로그램 ② 컴파일러
③ 원시 프로그램 ④ 로 더

해설
원시 프로그램(Source Program)
기계어로 번역되기 이전의 프로그램

33 프로그램의 문서화에 대한 설명으로 거리가 먼 것은?

① 프로그램의 유지 보수가 용이하다.
② 개발자 개인만 이해할 수 있도록 작성한다.
③ 개발 중간의 변경사항에 대하여 대처가 용이하다.
④ 프로그램의 개발 목적 및 과정을 표준화하여 효율적인 작업이 이루어지게 한다.

해설
문서화 : 프로그램의 운영에 필요한 사항을 문서로써 정리하여 기록하는 작업
문서화를 통하여 얻어지는 효과
• 프로그램의 개발 목적 및 과정을 표준화
• 효율적인 작업이 이루어지게 함
• 프로그램의 유지 보수를 쉽게 함
• 개발과정에서의 추가 및 변경에 따른 혼란을 줄일 수 있음

34 로더의 기능이 아닌 것은?

① 할 당 ② 링 킹
③ 재배치 ④ 번 역

해설
로더의 기능
• 할당(Allocation) : 목적 프로그램이 적재될 주기억장소 내의 공간을 확보
• 연결(Linking) : 필요할 경우 여러 목적 프로그램들 또는 라이브러리 루틴과의 링크 작업. 외부기호를 참조할 때, 이 주소 값들을 연결
• 재배치(Relocation) : 목적 프로그램을 실제 주기억장소에 맞추어 재배치. 상대주소들을 수정하여 절대주소로 변경
• 적재(Loading) : 실제 프로그램과 데이터를 주기억장소에 적재. 적재할 모듈을 주기억장치로 읽어 들임

35 하나의 시스템을 여러 명의 사용자가 시간을 분할하여 동시에 작업할 수 있도록 하는 방식은?

① Distributed System
② Batch Processing System
③ Time Sharing System
④ Real Time System

해설
자료 처리 시스템
• 시분할 처리 시스템(Time Sharing System) : CPU가 여러 작업들을 각 사용자에게 각각 짧은 시간으로 나누어 연속적으로 처리하는 시스템
• 실시간 처리 시스템(Real Time System) : 데이터 발생 지역에 설치된 단말기를 이용하여 데이터 발생과 동시에 입력시키며 중앙의 컴퓨터는 여러 단말기에서 전송되어 온 데이터를 즉시 처리 후 그 결과를 해당 단말기로 보내주는 시스템
• 일괄 처리 시스템(Batch Processing System) : 자료를 일정 기간 동안 또는 일정한 분량이 될 때까지 모아 두었다가 한꺼번에 처리하는 방식
• 분산 처리 시스템(Distributed System) : 중앙에 설치된 대형 시스템이 아니라 데이터가 발생하는 각 부서에 하나씩 컴퓨터 시스템을 설치하여 직접 처리하는 시스템
• 다중 처리 시스템(Multiprocessing System) : 여러 개의 CPU를 설치하여 각각 해당 업무를 처리할 수 있는 시스템

36 시스템 프로그래밍 언어로서 적당한 것은?

① FORTRAN
② BASIC
③ COBOL
④ C

해설
시스템 프로그래밍 언어
- 시스템 프로그램이란 운영체제, 언어처리계, 편집기, 디버깅 등 소프트웨어 작성을 지원하는 프로그램을 의미한다.
- C언어는 뛰어난 이식성과 작은 언어 사양, 비트 조작, 포인터 사용, 자유로운 형 변환, 분할 컴파일 기능 등의 특징을 갖고 있기 때문에 시스템 프로그래밍 언어로 적합하다.
- C언어는 고급언어이면서 저급언어인 양면성을 갖고 있는 특별한 언어이다.

37 프로그래밍 단계에서 "프로그래밍 언어를 선정하여 명령문을 기술하는 단계"로 적합한 것은?

① 순서도 작성
② 프로그램 코딩
③ 데이터 입력
④ 프로그램 모의실험

해설
프로그램 코딩 및 입력
- 적절한 프로그래밍 언어를 선택하여 프로그램 명령문들을 기술
- 정해진 문법에 따라 정확하게 기술한 후 컴퓨터의 키보드를 이용하여 저장(FDD, HDD) 매체에 수록

38 C언어의 특징으로 옳지 않은 것은?

① 자료의 주소를 조작할 수 있는 포인터를 제공한다.
② 시스템 소프트웨어를 개발하기에 편리하다.
③ 이식성이 높은 언어이다.
④ 인터프리터 방식의 언어이다.

해설
C언어의 특징
- 시스템 프로그래밍 언어
- 함수 언어
- 강한 이식성
- 풍부한 자료형 지원
- 다양한 제어문 지원
- 표준 라이브러리 함수 지원
- 포인터 변수

39 기계어에 대한 설명으로 옳지 않은 것은?

① 프로그램의 유지 보수가 어렵다.
② 호환성이 없고 기계마다 언어가 다르다.
③ 2진수를 사용하여 명령어의 데이터를 표현한다.
④ 사람이 일상생활에서 사용하는 자연어에 가까운 형태로 만들어진 언어이다.

해설
기계어(Machine Language)
- 초창기의 컴퓨터프로그래밍은 기계어에 의해 작성되고 처리되었다.
- 컴퓨터의 전기적 회로에 의해 직접적으로 해석되어 실행되는 언어이다.
- 컴퓨터 자원을 효율적으로 활용한다.
- 언어 자체가 복잡하고 어렵다.
- 프로그래밍 시간이 많이 걸리고 에러가 많다.
- 호환성이 없다.
- 2진수를 사용하여 데이터를 표현한다.
- 프로그램의 실행 속도가 빠르다.

40 프로그래밍 절차가 옳게 나열된 것은?

① 문제 분석 → 입출력 설계 → 순서도 작성 → 프로그램 코딩 → 프로그램 실행
② 문제 분석 → 입출력 설계 → 프로그램 코딩 → 프로그램 실행 → 순서도 작성
③ 문제 분석 → 입출력 설계 → 프로그램 코딩 → 순서도 작성 → 프로그램 실행
④ 문제 분석 → 순서도 작성 → 프로그램 코딩 → 입출력 설계 → 프로그램 실행

해설
프로그래밍 절차

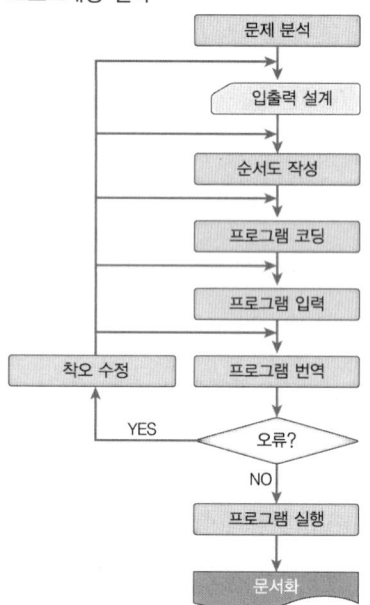

41 다음 SW회로에 대한 논리함수 Y는?

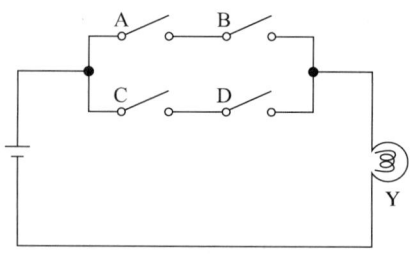

① Y = (A + B)(C + D)
② Y = AC + BD
③ Y = ABCD
④ Y = AB + CD

해설
직렬연결은 AND 논리이고, 병렬연결은 OR 논리이므로, Y = AB + CD이다.

42 반가산기 2개와 OR 게이트 1개를 사용하여 구성할 수 있는 회로는?

① 반감산기　② 전감산기
③ 전가산기　④ 레지스터

해설
전가산기(Full-adder)
- 2진수 가산을 완전히 하기 위해 아랫자리로부터의 자리올림 입력도 함께 더할 수 있는 기능을 갖게 만든 가산기로 2개의 반가산기와 1개의 논리합 회로를 연결하여 구성한다.
- 두 개의 입력 이외에 한 개의 캐리를 3입력으로 1개의 캐리(C)와 1개의 합(S)을 출력하는 회로이다.
- 논리식
$S = (A \oplus B) \oplus C$
$C = (A \oplus B) \cdot C + AB$

43 펄스가 입력되면 현재와 반대의 상태로 바뀌게 하는 토글(Toggle) 상태를 만드는 것은?

① T 플립플롭
② D 플립플롭
③ JK 플립플롭
④ RS 플립플롭

해설
T 플립플롭
• JK 플립플롭의 입력 J 및 K를 서로 묶어서 하나의 데이터로 입력한다.
• 클록 펄스가 가해질 때마다 출력 상태가 반전하는 토글(Toggle) 또는 스위칭 작용을 하므로 계수기(Counter)에 사용된다.

T	Q_{n+1}
0	Q_n
1	$\overline{Q_n}$

44 2진수 0.1011을 10진수로 변환하면?

① 0.1048
② 0.2048
③ 0.4875
④ 0.6875

해설
$(0.1011)_2 = 1 \times 2^{-1} + 1 \times 2^{-3} + 1 \times 2^{-4}$
$= 0.5 + 0.125 + 0.0625$
$= 0.6875$

45 2^n개의 입력선으로 입력된 값을 n개의 출력선으로 코드화해서 출력하는 회로는?

① 디코더(Decoder)
② 인코더(Encoder)
③ 전가산기(Full-adder)
④ 인버터(Inverter)

해설
인코더
• 인코더(Encoder, 부호기) : 숫자나 문자 등의 10진수 입력을 2진수로 변환하는 회로로 OR 게이트로 구성된다.
• n개의 비트로 구성되는 코드는 최대 2^n개의 서로 다른 정보를 나타낼 수 있으므로 인코더는 2^n개 이하의 입력과 n개의 출력을 가진다.
디코더
• 디코더(Decoder, 해독기) : 입력 단자에 가해지는 부호화된 2진 데이터를 그에 해당하는 10진수로 변환하여 해독하는 조합논리 회로로 출력은 AND 게이트로 구성된다.
• n개의 입력과 m개의 출력을 가지는 n×m 디코더 : 입력에 가해지는 N비트 코드를 해독하여 그 값에 따라 m개의 출력 중에서 특정한 하나의 출력을 '1'로 하고 나머지 출력들은 '0'으로 만든다.

46 다음 기호로 사용되는 논리게이트의 기능으로 옳지 않은 것은?

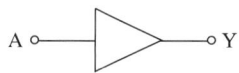

① 지연 시간(Delay Time) 기능
② 팬 아웃(Fan Out)의 확대
③ 고주파 발진 기능
④ 감쇠 신호의 회복 기능

해설
버퍼(Buffer) 게이트
• 입력된 신호 그대로 출력하는 게이트
• 팬-아웃의 수를 증가
• 감쇠 신호의 회복 기능
• 지연 시간(Delay Time) 기능

[진리표]

입력	출력
A	F
0	0
1	1

기호: A ─▷─ F   논리식 F = A

47 여러 개의 플립플롭이 접속될 경우, 계수 입력에 가해진 펄스의 효과가 가장 뒤에 접속된 플립플롭에 전달되려면 한 개의 플립플롭에서 일어나는 시간 지연이 여러 개 생긴다. 이러한 시간 지연을 방지하기 위해 만든 계수기를 무엇이라 하는가?

① 비동기형 계수기   ② 동기형 계수기
③ 하향 계수기   ④ 상향 계수기

해설
동기형(Synchronous Type) 카운터
- 클록 펄스가 클록 입력 또는 트리거 입력에 직접 연결되어 계수기 플립플롭의 상태가 동시에 변한다.
- 동작속도가 고속으로 이루어진다.
- 설계가 쉽고 규칙적이다.
- 제어 신호가 플립플롭의 입력으로 된다.
- 회로가 복잡하고 큰 시스템에 사용된다.
- 클록 발진기가 별도로 필요하고 지연시간에 관계없다.
- 병렬계수기(Parallel Counter)라고도 한다.

48 논리식 $X = AC + ABC$를 간소화하면?

① AC ② AB
③ C ④ $C+1$

해설
$AC + ABC = AC(1+B) = AC$

49 비동기형 10진 계수기를 T 플립플롭으로 구성하려 한다. 최소 몇 개의 플립플롭이 필요한가?

① 2   ② 4
③ 5   ④ 10

해설
플립플롭이 n개일 때 카운터가 셀 수 있는 최대의 수를 N이라 하면, $N = 2^n$개의 수를 셀 수 있고, 0에서 $2^n - 1$의 수까지 표현한다. 즉, 10진 카운터를 만들기 위해서 플립플롭이 $2^4 = 16$이므로 4개의 플립플롭이 필요하다.

50 JK 플립플롭에서 J = 1, K = 1일 때 클록펄스가 인가되면 출력 상태는?

① 전 상태 유지   ② 반 전
③ 1   ④ 0

해설
JK 플립플롭
- RS 플립플롭에서 R = S = 1의 경우 동작이 불확실한 상태로 되는데, RS 플립플롭에서 Q를 R로 $\overline{Q}$를 S로 되먹임시켜 불확실한 상태가 없도록 한 회로이다.
- JK 플립플롭의 특성표

J	K	$Q_{(n+1)}$	설 명
0	0	$Q_{(n)}$	현 상태가 그대로 출력
0	1	0	0을 출력(Reset)
1	0	1	1을 출력(Set)
1	1	$\overline{Q}_{(n)}$	Complement(보수)

51 8421 코드에 별도로 3비트의 패리티 체크 비트를 부가하여 7비트로 구성한 코드로 오류 검사뿐만 아니라 교정까지도 가능한 코드는?

① 3초과 코드
② 해밍 코드
③ 그레이 코드
④ 2421 코드

해설
해밍 코드(Hamming Code)
- 오류 검출 후 자동적으로 정정해 주는 코드
- 1비트의 단일 오류를 정정하기 위해 3비트의 여유 비트가 필요

52. 논리식 $Y = \overline{\overline{A}B + A\overline{B}}$가 나타내는 게이트는?

① NAND
② NOR
③ EX-OR
④ EX-NOR

해설

XNOR(Exclusive-NOR) 게이트
- 입력이 같을 경우에만 '1'의 출력이 나오는 소자
- 항등 게이트(Equivalence)라고도 함
- 논리식

$$Y = \overline{\overline{A}B + A\overline{B}} = \overline{\overline{A}B} \cdot \overline{A\overline{B}} = (A + \overline{B}) \cdot (\overline{A} + B)$$
$$= A\overline{A} + \overline{A}\,\overline{B} + AB + B\overline{B} = AB + \overline{A}\,\overline{B} = \overline{A \oplus B}$$

기호   논리식

$F = A \otimes B$
또는
$F = \overline{A \oplus B}$

- 진리표

입 력		출 력
A	B	F
0	0	1
0	1	0
1	0	0
1	1	1

53. 전가산기(Full-adder) 입력의 개수와 출력의 개수는?

① 입력 2개, 출력 3개
② 입력 2개, 출력 4개
③ 입력 3개, 출력 3개
④ 입력 3개, 출력 2개

해설

전가산기(Full-adder)
- 2진수 가산을 완전히 하기 위해 아랫자리로부터의 자리올림 입력도 함께 더할 수 있는 기능을 갖게 만든 가산기로 2개의 반가산기와 1개의 논리합 회로를 연결하여 구성한다.
- 두 개의 입력 이외에 한 개의 캐리를 3입력으로 1개의 캐리(C)와 1개의 합(S)을 출력하는 회로이다.

54. 좌측 시프트 레지스터를 사용하여 0011의 데이터를 2회 시프트 펄스를 인가하였을 때 출력의 10진수 값은?

① 3
② 6
③ 8
④ 12

해설

좌측 시프트 레지스터를 이용하여 0011의 데이터를 2회 시프트하면 1100이 되므로, 10진수로 변환하면
$(1100)_2 = 1 \times 2^3 + 1 \times 2^2 = 12$이다.

55. 플립플롭을 4단 연결한 2진 하향 계수기를 리셋시킨 후 첫번째 클록 펄스가 인가되면 나타나는 출력은?

① 3
② 5
③ 8
④ 15

해설

하향 계수기
- 계수기가 기억할 수 있는 최댓값인 플립플롭 전체가 1을 기억한 후 펄스가 하나씩 입력될 때마다 기억된 내용이 1씩 감소되는 계수기이다.
- 4단의 플립플롭이 모두 1인 1111상태에서 시작하여 펄스가 하나씩 입력될 때마다 1110, 1101,…, 0000의 순으로 하나씩 뺄셈을 수행할 것과 같은 결과이다.
- 플립플롭을 4단 연결한 2진 하향 계수기를 리셋시킨 후 첫번째 클록 펄스가 인가되면 나타나는 출력은 1111이 되므로 15가 된다.

정답 52 ④   53 ④   54 ④   55 ④

56 불 대수의 결합 법칙은?

① $A+B=B+A$
② $A \cdot (B+C) = A \cdot B + A \cdot C$
③ $A+B \cdot C = (A+B)(A+C)$
④ $A+(B+C) = (A+B)+C$

해설
불 대수의 법칙
- 교환 법칙 : $A+B=B+A$, $A \cdot B = B \cdot A$
- 결합 법칙 : $(A+B)+C = A+(B+C)$
  $(A \cdot B) \cdot C = A \cdot (B \cdot C)$
- 분배 법칙 : $A+(B \cdot C) = (A+B) \cdot (A+C)$
  $A \cdot (B+C) = A \cdot B + A \cdot C$

58 2진 데이터의 입출력 또는 연산할 때 일시적으로 데이터를 기억하는 2진 기억소자를 무엇이라 하는가?

① RAM ② Register
③ Cache ④ Array

해설
레지스터(Register)
2진 데이터를 일시 저장하는 데 적합한 2진 기억 소자들의 집합이며, 1개의 플립플롭은 2진 데이터의 1비트를 저장할 수 있는 기억 소자의 역할을 하므로 레지스터는 플립플롭의 집합이라 할 수 있다.

59 n개의 플립플롭으로 기억할 수 있는 상태의 개수는?

① 2^n개
② $2^{(n-1)}$개
③ $2^{(n+1)}$개
④ n개

해설
플립플롭이 n개일 때 카운터가 셀 수 있는 최대의 수를 N이라 하면, $N=2^n$개의 수를 셀 수 있고, 0에서 2^n-1의 수까지 표현한다.

57 출력기의 일부가 입력측에 궤환되어 유발되는 레이스 현상을 없애기 위하여 고안된 플립플롭은?

① JK 플립플롭
② D 플립플롭
③ 마스터-슬레이브 플립플롭
④ RS 플립플롭

해설
- 레이스 현상이란 JK=FF에서 CP=1일 때 출력쪽으로 상태가 변화하면 입력 쪽이 변하여 오동작을 발생하고, 이 오동작은 다른 오동작을 일으키는 현상이다.
- 레이스 현상을 피하기 위한 것이 마스터-슬레이브 JK=FF이다.

60 조합논리회로가 아닌 것은?

① 가산기와 감산기
② 해독기와 부호기
③ 멀티플렉서와 디멀티플렉서
④ 동기식 계수기와 비동기식 계수기

해설
- 조합논리회로 : 출력값이 입력값에 의해 결정(가산기와 감산기, 해독기와 부호기, 멀티플렉서와 디멀티플렉서 등)
- 순서논리회로 : 입력값과 현재의 상태에 따라 출력값이 결정되는 논리 회로(동기식-플립플롭, 카운터, 레지스터, RAM, CPU, 비동기, 랫치 등)

2013년 제5회 과년도 기출문제

01 베이스 접지 증폭기에서 전류증폭률이 0.98인 트랜지스터를 이미터 접지 증폭기로 사용할 때 전류증폭률은?

① 0.98
② 9.5
③ 49
④ 100

해설
$\beta = \dfrac{\alpha}{1-\alpha} = \dfrac{0.98}{1-0.98} = 49$

02 이상적인 상태에서 100[%] 변조된 AM파는 무변조파에 비하여 출력이 몇 배로 되는가?

① 1
② 1.5
③ 2
④ 2.5

해설
전체 전력 P_m와 반송파 전력 P_c와의 비
$\dfrac{P_m}{P_c} = 1 + \dfrac{m^2}{2}$이며, $m=1$일 때 AM파에서의 최대 전력은 $P_m = 1.5 P_c$가 되며, 이것은 신호파가 변조기에서 일그러짐(Distortion) 없이 반송파에 실릴 때의 한계 최대 전력을 나타낸다.

03 다음 그림은 펄스 파형을 나타낸 것이다. 그림에서 높이 a를 무엇이라 하는가?

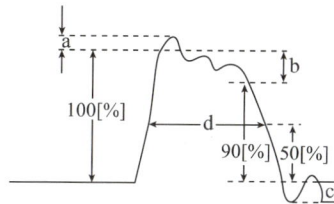

① 언더슈트
② 스파이크
③ 오버슈트
④ 새 그

해설
오버슈트(Overshoot)
상승 파형에서 이상적 펄스파의 진폭 V보다 높은 부분의 높이 a를 말한다.

04 증폭기에서 바이어스가 적당하지 않으면 일어나는 현상으로 옳지 않은 것은?

① 이득이 낮다.
② 파형이 일그러진다.
③ 전력손실이 많다.
④ 주파수 변화 현상이 일어난다.

해설
증폭기에서 바이어스가 적당하지 않으면 일어나는 현상
- 이득이 낮다.
- 파형이 일그러진다.
- 전력손실이 많다.
- TR이 파손된다.

정답 1 ③ 2 ② 3 ③ 4 ④

05 그림과 같은 회로는 무슨 회로인가?(단, V_i는 직사각형 파이다)

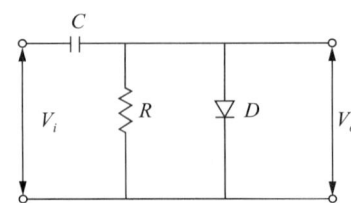

① 클리핑 회로
② 클램핑 회로
③ 콘덴서 입력형 필터회로
④ 반파 정류회로

해설
클램핑 회로(Clamping Circuit)
입력 신호의 (+) 또는 (−)의 피크를 어느 기준 레벨로 바꾸어 고정시키는 회로를 클램핑 회로, 또는 클램퍼(Clamper)라고 한다. 이 회로가 직류분을 재생하는 목적에 쓰일 때에는 직류분 재생 회로라고도 한다.

06 차동증폭기의 동상신호제거비(CMRR)에 대한 설명으로 가장 적합한 것은?

① CMRR이 클수록 차동증폭기 성능이 좋다.
② 동상신호이득이 클수록 CMRR이 증대한다.
③ 차동신호이득이 작을수록 CMRR이 증대한다.
④ CMRR이 크면 차동증폭기의 잡음 출력이 크다.

해설
$CMRR = \dfrac{\text{차동 이득}}{\text{동위상 이득}}$
동상신호제거비(CMRR)가 클수록 우수한 차동 특성을 나타낸다.

07 다음과 같은 V−I 특성을 나타내는 스위칭 소자는?

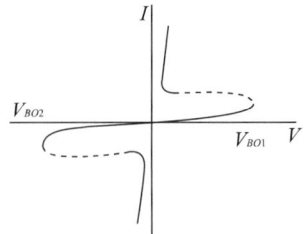

① SCR
② UJT
③ 터널 다이오드
④ DIAC

해설
다이액(DIAC)
다이액은 반도체층이 병렬로 반대 방향으로 결합되어 있어서 어떤 방향으로도 트리거할 수 있는 2단소자이다. 즉, 양방향성 소자이다.

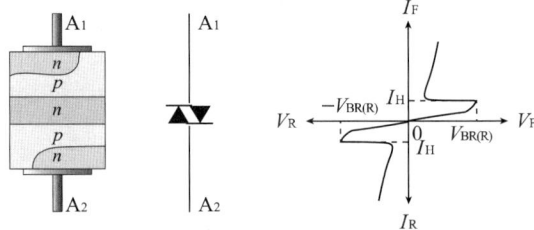

08 연산증폭기의 정확도를 높이기 위한 조건으로 옳지 않은 것은?

① 주파수 차단 특성이 좋아야 한다.
② 큰 증폭도와 좋은 안정도가 필요하다.
③ 특정 주파수에서 주파수 보상회로를 사용한다.
④ 많은 양의 양되먹임을 안정하게 걸 수 있어야 한다.

해설
연산증폭기의 정확도를 높이기 위한 조건
• 큰 증폭도와 좋은 안정도가 필요하다.
• 많은 양의 음되먹임을 안정하게 걸 수 있어야 한다.
• 주파수 차단 특성이 좋아야 한다.
• 특정 주파수에서 주파수 보상회로를 사용한다.

09 트랜지스터 바이어스 회로방식 중 안정도가 가장 높은 것은?

① 혼합 바이어스
② 전류궤환 바이어스
③ 고정 바이어스
④ 자기 바이어스

해설
트랜지스터 바이어스 회로방식 중 안정도가 가장 높은 것은 혼합 바이어스 회로이다.

10 증폭기의 출력에서 기본파 전압이 50[V], 제2고조파 전압이 4[V], 제3고조파 전압이 3[V]이면 이 증폭기의 왜율은?

① 5[%]
② 10[%]
③ 15[%]
④ 20[%]

해설
왜 율
왜파가 정현파에 비해서 어느 정도 일그러져 있는가를 나타내는 것으로 왜율 k는 기본파에 대하여 고조파가 포함되어 있는 비율에 따라서 다음 식과 같이 정한다.

$k = \dfrac{\sqrt{A_2^2 + A_3^2}}{A_1} \times 100[\%]$

- A_1 : 기본파의 전압 또는 전류의 실횻값
- A_2 : 제2고조파의 전압 또는 전류의 실횻값
- A_3 : 제3고조파의 전압 또는 전류의 실횻값

왜율 $k = \dfrac{\sqrt{A_2^2 + A_3^2}}{A_1} \times 100 = \dfrac{\sqrt{4^2 + 3^2}}{50} \times 100 = 10[\%]$

11 비수치적 자료 중에서 필요 없는 부분을 지워버리고 남은 비트만 가지고 처리하기 위해 사용하는 연산은?

① OR 연산
② AND 연산
③ SHIFT 연산
④ COMPLEMENT 연산

해설
AND 연산은 비수치 데이터 중에서 필요 없는 일부의 비트 또는 문자를 지워버리고 나머지 비트만을 가지고 처리하기 위해 사용되는 연산이다.

12 AND 연산에서 레지스터 내의 어느 비트 또는 문자를 지울 것인지를 결정하는 것은?

① Check Bit
② Mask Bit
③ Sign Bit
④ Parity Bit

해설
마스크 비트(Mask Bit)
AND 연산을 이용하여 다른 비트 패턴 중에 있는 특정 비트의 정보를 변경하거나 리셋(Reset)하기 위한 문자나 비트 패턴을 의미한다.

13 다음에 수행될 명령어의 주소를 나타내는 것은?

① Accumulator
② Instruction
③ Stack Pointer
④ Program Counter

해설
④ 프로그램 카운터(Program Counter) : 다음에 실행될 명령어가 저장된 주기억장치의 주소를 저장한다.
① 누산기(Accumulator) : CPU 내에서 계산의 중간 결과를 저장하는 레지스터이다.
② 명령어 레지스터(Instruction) : 현재 실행 중인 명령어를 저장한다.
③ 스택 포인터(Stack Pointer) : 주기억장치 스택의 데이터 삽입과 삭제가 이루어지는 주소를 저장한다.

정답 9 ① 10 ② 11 ② 12 ② 13 ④

14 미국에서 개발한 표준 코드로서 개인용 컴퓨터에 주로 사용되며, 7비트로 구성되어 128가지의 문자를 표현할 수 있는 코드는?

① BCD
② ASCII
③ UNICODE
④ EBCDIC

해설

ASCII 코드(American Standard Code for Information Interchange)
- ASCII 코드는 7개의 데이터 비트로 한 문자를 표시하는 데 3개의 존 비트와 4개의 디지트 비트로 구성되며, 8비트의 ASCII코드도 있다.
- ASCII 코드의 비트 번호는 오른쪽에서 왼쪽으로 부여한다.

15 주소 지정 방식 중 명령어 내의 오퍼랜드부에 실제 데이터가 저장된 장소의 번지를 가진 기억장소의 번지를 표현하는 것은?

① 계산에 의한 주소 지정 방식
② 직접 주소 지정 방식
③ 간접 주소 지정 방식
④ 임시적 주소 지정 방식

해설

자료의 접근 방법에 따른 주소 지정 방식
- 즉시 주소 지정(Immediate Addressing Mode) : 명령어 내에 실제 데이터를 가지고 있는 명령어 형식이다.
- 직접 주소 지정(Direct Addressing Mode) : 명령어의 Operand 부분이 실제 데이터의 주소인 명령어 형식이다.
- 간접 주소 지정(Indirect Addressing Mode) : 명령어의 Operand가 가리키는 곳에 실제 데이터의 주소가 있는 명령어 형식이다.
- 인덱스 주소 지정(Indexed Addressing Mode) : 명령어의 Operand 부분과 Index Register의 값이 더해진 곳에 실제 데이터를 가지고 있는 명령어 형식이다.
- 상대 주소 지정(Relative Addressing Mode) : 프로그램 카운터(PC)와 명령어의 Operand가 더해진 곳에 실제 데이터를 가지고 있는 명령어 형식이다.
- 레지스터 주소 지정(Register Addressing Mode) : 직접 주소 지정 방식과 유사하다. 차이점은 오퍼랜드 필드가 메인 메모리의 주소가 아닌 레지스터를 참조한다는 점이다.

16 순차 접근 저장매체(SASD)에 해당하는 것은?

① 자기 드럼
② 자기 테이프
③ 자기 디스크
④ 자기 코어

해설

순차 접근 저장매체(SASD) : 자기 테이프

17 입출력 제어 방식에 해당하지 않는 것은?

① 인터페이스 방식
② 채널에 의한 방식
③ DMA 방식
④ 중앙처리장치에 의한 방식

해설

입출력 시스템의 제어
- CPU에 의한 입출력 : 입출력 과정에서 CPU가 모든 명령을 수행하는 방식인데, 프로그램에 의한 입출력과 인터럽트 처리에 의한 입출력이 있다.
- 프로그램에 의한 입출력 : CPU가 데이터의 입출력 및 전송 가능 여부를 계속해서 프로그램에 의해 입출력 장치의 인터페이스를 감시하는 장치이다.
- 인터럽트 처리 방식에 의한 입출력 : 입출력 기기의 준비나 동작이 완료되는 것을 입출력 제어 프로그램에 의해 확인한 후 입출력하는 방법으로서, 대기 루프(Waiting Loop) 방식이라고도 한다.
- DMA(Direct Memory Access)에 의한 입출력 : DMA 장치는 데이터를 전송할 때 CPU와 독립된 채널(Channel)을 구성하여 메모리와 입출력 기기들 사이에서 직접 데이터를 주고받을 수 있도록 제어하는 회로이다.
- 채널에 의한 입출력 : 채널은 CPU 대신에 입출력 조작을 거의 독립적으로 실행하는 장치이므로 이로 인해 CPU는 입출력 조작으로부터 벗어나 다른 연산 작업을 계속할 수 있다.
- 미니 컴퓨터(Mini Computer)에서는 입출력 및 직접 기억 장치 접근(DMA)방법 등을 사용하며, 대형 컴퓨터에서는 채널(Channel)을 이용한 입출력 방식을 사용한다.

18 FIFO와 관련되는 선형 자료구조는?

① 큐(Queue)
② 스택(Stack)
③ 그래프(Graph)
④ 트리(Tree)

해설
- 큐(Queue) : 리스트에 첨가되는 순서대로 데이터가 먼저 나오는 FIFO(First-In First-Out) 구조이다.
- 스택(Stack)
  - 임시 데이터의 저장이나 서브루틴의 호출에서 사용한다.
  - 연속되게 자료를 저장한다.
  - 한쪽 끝에서만 자료를 삽입하거나 삭제할 수 있는 구조이다.
  - 스택영역은 내부 데이터 메모리에 위치한다.
  - 후입선출방식(LIFO ; Last-In First-Out)이다.
  - 0-주소 지정에 이용된다.
- 그래프 : 연결할 객체를 나타내는 정점과 객체를 연결하는 간선의 집합으로 구성된다.
- 트리(Tree) : 그래프의 일종으로, 여러 노드가 한 노드를 가리킬 수 없는 구조이다.

19 사진이나 그림 등에 빛을 쪼여 반사되는 것을 판별하여 복사하는 것처럼 이미지를 입력하는 장치는?

① 플로터
② 마우스
③ 프린터
④ 스캐너

해설
스캐너(Scanner)
책이나 사진 등에 있는 이미지나 문자 자료를 컴퓨터가 처리할 수 있는 형태로 정보를 변환하여 입력할 수 있는 장치이다. 복사기처럼 평면 위에 스캔할 자료를 올려놓으면 아랫부분의 스캔 장치가 작동하는 플랫 베드(평판 스캔) 방식의 컬러 스캐너가 대부분이다.

20 시스템 소프트웨어가 아닌 것은?

① 포토샵
② 운영체제
③ 컴파일러
④ 로 더

해설
프로그램의 종류
- 시스템 프로그램 : 컴퓨터 시스템과 하드웨어들을 스스로 제어 및 관리하는 프로그램(운영체제(윈도우, 리눅스), 컴파일러, 링커, 로더 등)
- 응용 프로그램 : 사용자가 원하는 기능을 제공하는 프로그램(워드, 엑셀, 포토샵, 게임 등)

21 CPU가 어떤 작업을 수행하고 있는 중에 외부로부터의 긴급 서비스 요청이 있으면 그 작업을 잠시 중단하고 요구된 일을 먼저 처리한 후에 다시 원래의 작업을 수행하는 것은?

① 시분할
② 인터럽트
③ 분산처리
④ 채 널

해설
인터럽트
- 프로그램이 수행되고 있는 동안에 어떤 조건이 발생하여 수행 중인 프로그램을 일시적으로 중지시키게 만드는 조건이나 사건의 발생
- 다른 프로그램이 수행되는 동안 여러 개의 사건을 처리할 수 있는 메커니즘
- 인터럽트가 발생하면 마이크로 컨트롤러는 현재 수행 중인 프로그램을 일시 중단하고, 인터럽트 처리를 위한 프로그램을 수행한 후에 다시 원래의 프로그램으로 복귀

22 입출력 겸용 장치에 해당하는 것은?

① 터치스크린
② 트랙볼
③ 라이트 펜
④ 디지타이저

해설
입출력 겸용장치로는 터치스크린이 사용된다.

23 컴퓨터나 단말기 내부에서 사용하는 디지털 신호를 전송하기에 편리한 아날로그 신호로 변화시켜 주고, 전송받은 아날로그 신호를 다시 컴퓨터에서 사용되는 디지털 신호로 변환시켜 주는 장치는?

① 통신 회선
② 단말기
③ 모 뎀
④ 통신 제어장치

해설
모뎀(MODEM, 변·복조기) : 아날로그 신호의 통신 회선인 전화선을 이용하여 디지털 통신 장비와 통신할 때 디지털 신호를 아날로그 신호로 변환시켜 주는 것을 변조(Modulation)라고 하고, 그 반대의 경우를 복조(Demodulation)라고 한다.

24 하나의 논리소자에서 출력으로 나온 신호를 다른 논리 소자에 입력할 수 있는 선의 개수를 말하는 것은?

① 팬-인(Fan-in)
② 팬-아웃(Fan-out)
③ 잡음 한계(Noise Margin)
④ 전력 소모(Power Dissipation)

해설
• 팬-아웃(Fan-out) : 논리회로에서 출력 단자를 가지고 있는 개수
• 팬-인(Fan-in) : 논리회로에서 한 게이트에 들어가는 입력선의 개수
• 잡음 한계(Noise Margin) : 논리회로의 입력에 허용되는 잡음 전압의 변동값
• 전력 소모(Power Dissipation) : 논리회로에서 사용되는 단위시간당 에너지

25 입력단자 하나로 펄스가 입력되면 현재와 반대의 상태로 바뀌게 하는 토글(Toggle) 상태를 만드는 회로는?

① T 플립플롭
② R 플립플롭
③ RS 플립플롭
④ JK 플립플롭

해설
T 플립플롭
• JK 플립플롭의 입력 J 및 K를 서로 묶어서 하나의 데이터로 입력한다.
• 클록 펄스가 가해질 때마다 출력 상태가 반전하는 토글(Toggle) 또는 스위칭 작용을 하므로 계수기(Counter)에 사용된다.

T	Q_{n+1}
0	Q_n
1	$\overline{Q_n}$

26 고정 소수점 표현형식 중 음수를 표현하는 방식이 아닌 것은?

① 부호화 절댓값
② 부호화 0의 보수
③ 부호화 1의 보수
④ 부호화 2의 보수

해설
음수를 표현하는 방법
• 부호화 절댓값
• 부호화 1의 보수
• 부호화 2의 보수

27 2진수 (01101001)₂이 1의 보수기를 통과하였다. 누산기에 보관된 내용은?

① 10010110
② 01101001
③ 00000000
④ 11111111

해설
보수(Complement)연산이므로 입력 데이터의 부정을 취하면 된다. (01101001)₂의 1의 보수는 10010110이 된다.

28 최대 데이터 전송률을 결정하는 요인으로 전송시스템의 성능을 평가하는 가장 중요한 변수는?

① 지연 왜곡
② 신호 대 잡음비
③ 감쇠 현상
④ 증폭도

해설
신호 대 잡음비
신호는 여러 요인에 영향 받으며 항상 잡음이 따라오게 되는데, 어떤 신호에 들어 있는 원래 신호와 잡음의 비를 나타낸 것으로 $SNR = \dfrac{P_{signal}}{P_{noise}}$ 으로 표현하며 통신 시스템 성능을 평가하는 가장 중요한 변수이다.

29 입력 단자와 출력 단자는 각각 하나이며, 입력 단자가 1이면 출력 단자는 0이 되고, 입력 단자가 0이면 출력 단자가 1이 되는 회로는?

① OR 회로
② NAND 회로
③ AND 회로
④ NOT 회로

해설
NOT 게이트
인버터라 하며, 인버터(Inverter)의 동작은 입력 논리 신호의 반대가 되는 값을 출력하는 회로
• NOT 게이트의 기호

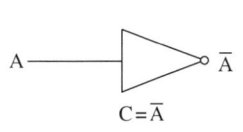 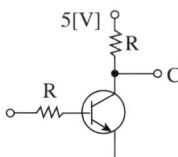

• NOT 게이트의 진리표

입 력	출 력
A	C
0	1
1	0

30 기억된 프로그램의 명령을 하나씩 읽고 해독하여 각 장치에 필요한 지시를 하는 기능은?

① 입력 기능
② 제어 기능
③ 연산 기능
④ 기억 기능

해설
② 제어 기능 : 프로그램의 명령을 하나씩 읽고 해석하여, 모든 장치의 동작을 지시하고 감독·통제하는 기능이다.
① 입력 기능 : 프로그램과 자료(Data)들이 입력 장치를 통하여 컴퓨터 내에서 처리될 수 있도록 전달한다.
③ 연산 기능 : 연산 기능을 하는 장치(ALU)는 기억된 프로그램이나 데이터를 꺼내어 산술 연산이나 논리 연산을 실행한다.
④ 기억 기능 : 기억 장치는 입력 장치로 읽어 들인 데이터나 프로그램, 중간 결과 및 처리된 결과를 기억하는 기능으로서 레지스터(Register)인 플립플롭(Flip-flop)이나 래치(Latch)로 구성된다.

31 프로그래밍 언어의 해독 순서로 옳은 것은?

① 링커 → 로더 → 컴파일러
② 컴파일러 → 링커 → 로더
③ 로더 → 컴파일러 → 링커
④ 로더 → 링커 → 컴파일러

해설
프로그램 언어의 수행순서
원시(Source) P/G → 번역(컴파일러) → 목적(Object) P/G 생성 → 링커 → 로더 → 실행

32 고급언어의 특징으로 옳지 않은 것은?

① 기종에 관계없이 사용할 수 있어 호환성이 높다.
② 2진수 형태로 이루어진 언어로 전자계산기가 직접 이해할 수 있는 형태의 언어이다.
③ 하드웨어에 관한 전문적 지식이 없어도 프로그램 작성이 용이하다.
④ 프로그래밍 작업이 쉽고 수정이 용이하다.

해설
고급언어
- 사람이 이해하기 쉬운 자연어에 가깝게 만들어진 언어이다.
- 프로그래밍하기 쉽고 생산성이 높다.
- 컴퓨터와 관계없이 독립적으로 프로그램을 만들 수 있다.
- 기계어로 변환하기 위해 번역하는 과정을 거친다.
- 기종에 관계없이 공통적으로 사용한다.

33 C언어에서 데이터 형식을 규정하는 서술자에 대한 설명으로 옳지 않은 것은?

① %e : 지수형
② %c : 문자열
③ %f : 소수점 표기형
④ %u : 부호 없는 10진 정수

해설
C언어에서 데이터 형식을 규정하는 서술자

서술자	기 능
%o	octal : 8진수 정수
%d	decimal : 10진수 정수
%x	hexadecimal : 16진수 정수
%c	character : 문자
%s	string : 문자열
%e	지수형
%f	소수점 표기형
%u	부호 없는 10진 정수

정답 30 ② 31 ② 32 ② 33 ②

34 C언어의 특징으로 옳지 않은 것은?

① 이식성이 높은 언어이다.
② 인터프리터 방식의 언어이다.
③ 자료의 주소를 조작할 수 있는 포인터를 제공한다.
④ 시스템 소프트웨어를 개발하기에 편리하다.

해설
C언어의 특징
- 시스템 프로그래밍 언어
- 함수 언어
- 강한 이식성
- 풍부한 자료형 지원
- 다양한 제어문 지원
- 표준 라이브러리 함수 지원
- 포인터 변수

35 로더의 기능으로 거리가 먼 것은?

① Translation
② Allocation
③ Linking
④ Loading

해설
로더의 기능
- 할당(Allocation) : 목적 프로그램이 적재될 주기억장소 내의 공간을 확보
- 연결(Linking) : 필요할 경우 여러 목적 프로그램들 또는 라이브러리 루틴과의 링크 작업. 외부기호를 참조할 때, 이 주소값들을 연결
- 재배치(Relocation) : 목적 프로그램을 실제 주기억장소에 맞추어 재배치. 상대주소들을 수정하여 절대주소로 변경
- 적재(Loading) : 실제 프로그램과 데이터를 주기억장소에 적재. 적재할 모듈을 주기억장치로 읽어 들임

36 언어번역 프로그램에 해당하지 않는 것은?

① 인터프리터
② 로 더
③ 컴파일러
④ 어셈블러

해설
번역기의 종류
- 어셈블러(Assembler) : 어셈블리 언어로 작성된 원시 프로그램을 기계어로 번역하는 프로그램이다.
- 컴파일러(Compiler) : 전체 프로그램을 한 번에 처리하여 목적 프로그램을 생성하는 번역기로 기억 장소를 차지하지만 실행 속도가 빠르다(ALGOL, PASCAL, FORTRAN, COBOL, C).
- 인터프리터(Interpreter) : 작성된 원시 프로그램을 한 줄씩 읽어 번역 및 실행하는 프로그램으로 실행 속도가 느리지만 기억장소를 적게 차지한다(BASIC, LISP, JAVA, PL/I).

37 고급언어로 작성된 프로그램을 구문분석하여, 각각의 문장을 문법 구조에 따라 트리 형태로 구성한 것은?

① 어휘 트리
② 목적 트리
③ 링크 트리
④ 파스 트리

해설
파스 트리(Parse Tree)
- 구문 분석기가 그 문장의 구조를 트리 형태로 나타낸 것
- 루트 노드, 중간 노드, 단말 노드로 구성
  - 루트 노드 : 정의된 문법의 시작 심벌
  - 중간 노드 : 비단말 심벌
  - 단말 노드 : 단말 심벌

정답 34 ② 35 ① 36 ② 37 ④

38 운영체제의 운영방식 중 다음 설명에 해당하는 것은?

> - 하나의 시스템을 여러 명의 사용자가 시간을 분할하여 동시에 작업할 수 있도록 하는 방식
> - 주어진 시간동안 사용자가 터미널을 통해서 직접 컴퓨터와 대화식으로 작동

① 일괄 처리 시스템
② 다중 처리 시스템
③ 실시간 처리 시스템
④ 시분할 처리 시스템

해설
시분할 처리 시스템(Time Sharing System)
CPU가 여러 작업들을 각 사용자에게 각각 짧은 시간으로 나누어 연속적으로 처리하는 시스템

39 프로그램 문서화의 목적과 거리가 먼 것은?

① 프로그램 개발 과정의 요식 행위화
② 프로그램 개발 중 추가, 변경에 따른 혼란 방지
③ 프로그램 이관의 용이함
④ 프로그램 유지 보수의 효율화

해설
문서화 : 프로그램의 운영에 필요한 사항을 문서로써 정리하여 기록하는 작업
문서화를 통하여 얻어지는 효과
- 프로그램의 개발 목적 및 과정을 표준화
- 효율적인 작업이 이루어지게 함
- 프로그램의 유지 보수를 쉽게 함
- 개발과정에서의 추가 및 변경에 따른 혼란을 줄일 수 있음

40 프로그램이 수행되는 동안 변하지 않는 값을 의미하는 것은?

① Variable
② Comment
③ Constant
④ Pointer

해설
상수(Constant)는 프로그램의 실행 중에 값이 변하지 않는 지정된 값이다.

41 비동기식 6진 리플 카운터를 구성하려고 한다. T 플립플롭이 최소한 몇 개 필요한가?

① 3
② 4
③ 5
④ 6

해설
플립플롭이 n개일 때 카운터가 셀 수 있는 최대의 수를 N이라 하면, $N = 2^n$개의 수를 셀 수 있고, 0에서 $2^n - 1$의 수까지 표현한다. 즉, 6진 카운터를 만들기 위해서 플립플롭이 $2^3 = 8$이므로 3개의 플립플롭이 필요하다.

42 시간 펄스나 제어를 위한 펄스의 수를 세는 회로를 무엇이라고 하는가?

① 제어 회로
② 명령 회로
③ 계수 회로
④ 펄스 회로

해설
카운터(계수기)는 입력 펄스가 들어올 때마다 미리 정해진 순서대로 플립플롭의 상태가 변화하는 것을 이용한 것이다.

43 불 대수의 기본정리 중 옳지 않은 것은?

① $A \cdot 0 = 0$
② $A \cdot A = A$
③ $A + A = A$
④ $A + 1 = A$

해설
불 대수 기본정리
- $A + 0 = A$
- $A \cdot 1 = A$
- $A + \overline{A} = 1$
- $A \cdot \overline{A} = 0$
- $A + A = A$
- $A \cdot A = A$
- $A + 1 = 1$
- $A \cdot 0 = 0$

45 다음과 같은 회로의 명칭은?

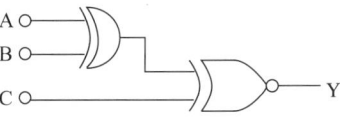

① 비교 회로
② 다수결 회로
③ 인코더 회로
④ 패리티 발생 회로

해설
3비트의 데이터 비트에 하나의 패리티비트를 부가하기 위한 3비트 홀수 패리티 발생기를 설계한다.

44 JK-FF에서 J = K = 1인 상태이면 클록이 "0" 상태로 갈 때 Q 출력은 어떻게 되는가?

① 변화 없음 ② 세 트
③ 리 셋   ④ 반 전

해설
JK 플립플롭
- RS 플립플롭에서 R = S = 1의 경우 동작이 불확실한 상태로 되는데, RS 플립플롭에서 Q를 R로 $\overline{Q}$를 S로 되먹임시켜 불확실한 상태가 없도록 한 회로이다.
- JK 플립플롭의 특성표

J	K	$Q_{(n+1)}$	설 명
0	0	$Q_{(n)}$	현 상태가 그대로 출력
0	1	0	0을 출력(Reset)
1	0	1	1을 출력(Set)
1	1	$\overline{Q}_{(n)}$	Complement(보수)

46 JK 플립플롭의 두 입력을 하나로 묶어서 만들며, 보수가 출력되는 플립플롭은?

① RS 플립플롭
② 마스터-슬레이브 플립플롭
③ D 플립플롭
④ T 플립플롭

해설
T 플립플롭
- JK 플립플롭의 입력 J 및 K를 서로 묶어서 하나의 데이터로 입력한다.
- 클록 펄스가 가해질 때마다 출력 상태가 반전하는 토글(Toggle) 또는 스위칭 작용을 하므로 계수기(Counter)에 사용된다.

T	Q_{n+1}
0	Q_n
1	$\overline{Q_n}$

47 10진수 8이 기억되어 있는 5비트 시프트 레지스터를 좌측으로 1비트 시프트했을 때 기억되는 값은?

① 2 ② 4
③ 8 ④ 16

해설
10진수 8을 5비트의 2진수로 표현하면 01000이 된다. 이를 좌측으로 1비트 시프트하면 10000이 되므로 10진수 16이 된다.

48 멀티플렉서에서 4개의 입력 중 1개를 선택하기 위해 필요한 입력 선택 제어선의 수는?

① 1개 ② 2개
③ 3개 ④ 4개

해설
② $2^n = 4$개의 입력선을 가지므로, n은 2개의 선택선이 필요하다.
멀티플렉서(Multiplexer)
- 2개 이상의 입력 중에서 필요로 하는 신호를 외부로부터의 선택 기호에 의해 1개만 선택하여, 출력 신호로 꺼낼 수 있는 기능을 가진 조합 논리 회로이다.
- 게이트를 사용하여 구성하는 멀티플렉서는 2^n개의 입력선과 입력 선택을 위한 n개의 선택선 및 하나의 출력선을 가지며, 이 선택선에 가하는 비트 조합에 따라 입력 중의 하나가 선택된다.

49 전원 공급에 관계없이 저장된 내용을 반영구적으로 유지하는 비휘발성 메모리는?

① RAM ② ROM
③ SRAM ④ DRAM

해설
② ROM(Read Only Memory) : 비휘발성의 기억소자로 저장되어 있는 내용을 꺼낼 수는 있으나, 새로운 데이터를 저장할 수 없는 반도체 소자이다.
① RAM(Random Access Memory) : 저장한 번지의 내용을 인출하거나 새로운 데이터를 저장할 수 있으나, 전원이 꺼지면 내용이 소멸된다.
③ SRAM(Static RAM) : 플립플롭으로 구성되어, 속도가 빠르다.
④ DRAM(Dynamic RAM) : 단위 기억 비트당 가격이 저렴하고 집적도가 높으나 일정 시간이 지나면 Refresh 작업이 필요하다.

50 클록 펄스가 들어올 때마다 플립플롭의 상태가 반전되는 것을 무엇이라고 하는가?

① 리 셋
② 클리어
③ 토 글
④ 트리거

해설
- 토글 : 클록 펄스가 들어올 때마다 플립플롭의 상태가 반전
- 리셋 : 클록 펄스가 들어올 때마다 플립플롭의 상태가 초기화

51 다음 진리표를 만족하는 논리 게이트는?

입력		출력
A	B	Y
0	0	0
0	1	1
1	0	1
1	1	1

① OR 게이트
② AND 게이트
③ NOT 게이트
④ XOR 게이트

해설
OR(논리합) 게이트
- 어떤 입력에도 "1"이 인가되면 출력상태는 "1"이다.
- 논리식 $C = A + B$
- OR 게이트 기호

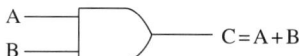

- OR 게이트 진리표

입력		출력
A	B	C
0	0	0
0	1	1
1	0	1
1	1	1

47 ④ 48 ② 49 ② 50 ③ 51 ①

52 회로의 안정 상태에 따른 멀티바이브레이터의 종류가 아닌 것은?

① 비안정 멀티바이브레이터
② 주파수 안정 멀티바이브레이터
③ 단안정 멀티바이브레이터
④ 쌍안정 멀티바이브레이터

해설
- 비안정 멀티바이브레이터(Astable Multivibrator) : 회로에 전원이 공급되면 구형파의 발진이 이루어지는 회로이다.
- 단안정 멀티바이브레이터(Monostable Multivibrator) : 자체 발진의 능력은 없으나 외부의 트리거 펄스 입력이 공급될 때마다 하나의 구형파를 출력하는 회로이다.
- 쌍안정 멀티바이브레이터(Bistable Multivibrator) : 안정 상태를 유지하며 외부의 트리거 펄스 입력이 두 개 공급될 때마다 하나의 구형파를 출력하는 회로로 일반적으로 플립플롭회로라 한다.

53 다음 그림에서 논리식은?

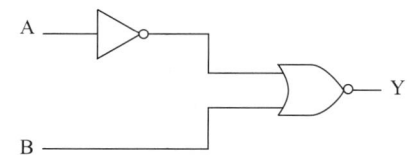

① $Y = \overline{A} + B$
② $Y = A\overline{B}$
③ $Y = A + \overline{B}$
④ $Y = \overline{A}B$

해설
$Y = (\overline{\overline{A} + B}) = (\overline{\overline{A}} \cdot \overline{B}) = A \cdot \overline{B}$

54 논리식 $Y = AB + B$를 간소화시킨 것은?

① $Y = A$
② $Y = B$
③ $Y = AB$
④ $Y = A + B$

해설
불 대수 $A + 1 = 1$이므로 $Y = AB + B = B(A + 1) = B$이다.

55 병렬 계수기(Parallel Counter)라고도 말하며 계수기의 각 플립플롭이 같은 시간에 트리거 되는 계수기는?

① 링 계수기
② 동기형 계수기
③ 10진 계수기
④ 비동기형 계수기

해설
동기형(Synchronous Type) 카운터
- 클록 펄스가 클록 입력 또는 트리거 입력에 직접 연결되어 계수기 플립플롭의 상태가 동시에 변한다.
- 동작속도가 고속으로 이루어진다.
- 설계가 쉽고 규칙적이다.
- 제어 신호가 플립플롭의 입력으로 된다.
- 회로가 복잡하고 큰 시스템에 사용된다.
- 클록 발진기가 별도로 필요하고 지연시간에 관계없다.
- 병렬계수기(Parallel Counter)라고도 한다.

56 다음 논리IC 중 속도가 가장 빠른 것은?

① DTL
② ECL
③ CMOS
④ TTL

해설

게이트	지연시간
ECL	2[nsec]
TTL	10[nsec]
MOS	100[nsec]
CMOS	500[nsec]

최대 클록 주파수가 가장 높은 순서는 ECL - TTL - MOS - CMOS이다.

57 반가산기에서 입력 A = 1이고 B = 0이면 출력 합 (S)과 올림수(C)는?

① S = 0, C = 0
② S = 1, C = 0
③ S = 1, C = 1
④ S = 0, C = 1

해설
반가산기(Half-adder)
2개의 2진수와 A와 B를 더한 합(Sum) S와 자리올림 수(Carry) C를 얻는 회로로 배타 논리합 회로와 논리곱 회로로 구성된다.

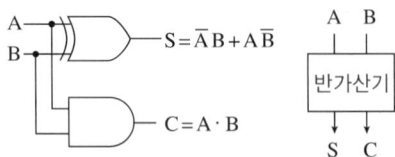

입력		출력	
A	B	S	C
0	0	0	0
0	1	1	0
1	0	1	0
1	1	0	1

58 52×4 디코더에 사용되는 AND 게이트의 최소 개수는?

① 1개   ② 2개
③ 3개   ④ 4개

해설
디코더는 2진 데이터를 그에 해당하는 10진수로 변환하여 해독하는 조합논리회로로 출력은 AND 게이트로 구성된다. 52×4 디코더는 52개의 입력과 4개의 출력을 가지므로 최소한 4개의 AND 게이트로 이루어진다.

59 -13을 8비트 1의 보수방식으로 표현하면?

① 11100010
② 11101010
③ 11110110
④ 11110010

해설
13을 8비트의 2진수로 표현하면 00001101이 되며, 1의 보수는 0은 1로 1은 0으로 바꾸어 주어야 하므로 11110010이 된다. 맨 앞의 1이 부호이며, 양수일 때에는 0, 음수일 때는 1이 된다.

60 배타적-NOR의 출력이 0일 때는 언제인가?

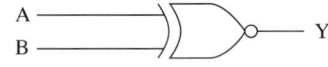

① A, B 모두 0일 때
② A, B 모두 1일 때
③ A, B가 다를 때
④ A, B가 같을 때

해설
XNOR(Exclusive-NOR) 게이트
- 입력이 같을 경우에만 '1'의 출력이 나오는 소자
- 항등 게이트(Equivalence)라고도 함

- 논리식
  $F = A \otimes B$ 또는 $F = \overline{A \otimes B}$

- 진리표

입력		출력
A	B	F
0	0	1
0	1	0
1	0	0
1	1	1

2014년 제1회 과년도 기출문제

01 다음 중 3가의 불순물이 아닌 것은?

① In ② Ga
③ Sb ④ B

해설
불순물 반도체
진성 반도체의 단결정에 3족이나 5족의 불순물을 섞어 전도성을 증가시킨 반도체 첨가 불순물에 따라 N형과 P형으로 구분

구 분	첨가 불순물	명 칭	반송자	특 징
N형 반도체	5족 원소 : As(비소), Sb(안티몬), P(인), Bi(비스무트) 등	도너 (Doner)	과잉 전자	• 다수 반송자 : 전자 • 소수 반송자 : 정공
P형 반도체	3족 원소 : In(인듐), Ga(갈륨), B(붕소), Al(알루미늄) 등	억셉터 (Accepter)	정공	• 다수 반송자 : 정공 • 소수 반송자 : 전자

02 다음 중 플립플롭(Flip-flop) 회로에 해당하는 것은?

① 블로킹 발진기
② 단안정 멀티바이브레이터
③ 쌍안정 멀티바이브레이터
④ 비안정 멀티바이브레이터

해설
플립플롭 회로
멀티바이브레이터의 일종으로, 동작상 2개의 안정 상태를 갖는 것을 말하며, 2안정 멀티바이브레이터 또는 쌍안정 멀티바이브레이터라고도 한다.

03 펄스 폭이 0.5초, 반복 주기가 1초일 때 이 펄스의 반복 주파수는 몇 [Hz]인가?

① 0.5[Hz] ② 1[Hz]
③ 1.5[Hz] ④ 2[Hz]

해설
$f = \frac{1}{T}[Hz]$, T : 주기[sec]

$f = \frac{1}{1} = 1[Hz]$

04 상용 전원의 정류방식 중 맥동주파수가 180[Hz]가 되었다면 이때의 정류 회로는?

① 3상 전파 정류기
② 3상 반파 정류기
③ 2배 전압 정류기
④ 브리지형 정류기

해설
정류 방식에 따른 맥동률, 맥동주파수

정류방식	맥동률	맥동주파수
단상 반파정류	121[%]	60[Hz]
단상 전파정류	48[%]	120[Hz]
3상 반파정류	19[%]	180[Hz]
3상 전파정류	4.2[%]	360[Hz]

정답 1 ③ 2 ③ 3 ② 4 ②

05 정류회로에서 직류전압이 100[V]이고 리플전압이 0.2[V]이었다. 이 회로의 맥동률은 몇 [%]인가?

① 0.2[%]   ② 0.3[%]
③ 0.5[%]   ④ 0.8[%]

해설
맥동률
직류(전압) 전류 속에 포함되는 교류 성분의 정도
$$\gamma = \frac{\text{출력 파형에 포함된 교류분의 실횻값}}{\text{출력 파형의 평균값(직류성분)}}$$
$$\therefore \gamma = \frac{\Delta V}{V_d} \times 100 = \frac{0.2}{100} \times 100 = 0.2[\%]$$

07 단상 전파정류회로의 이론상 최대 정류 효율은?

① 12.1[%]
② 40.6[%]
③ 48.2[%]
④ 81.2[%]

해설
정류 효율은 반파 정류 회로의 2배이며, 이론적으로 최대 81.2[%]이다.

06 다음 그림에서 변조도 m을 나타내는 공식은?

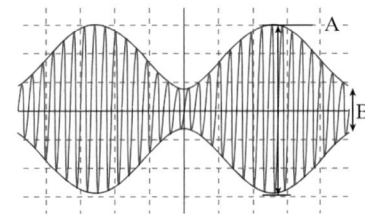

① $m = \dfrac{A-B}{A+B} \times 100[\%]$

② $m = \dfrac{A+B}{A-B} \times 100[\%]$

③ $m = \dfrac{A}{A-B} \times 100[\%]$

④ $m = \dfrac{B}{A+B} \times 100[\%]$

해설
변조도
신호파의 진폭과 반송파의 진폭의 비
$$\text{변조율 } m = \frac{\text{신호파의 진폭}}{\text{반송파의 진폭}} \times 100[\%]$$
$$= \frac{V_s}{V_c} \times 100[\%]$$
$$= \frac{V_{\max} - V_{\min}}{V_{\max} + V_{\min}} \times 100[\%]$$
$$\therefore \text{변조율 } m = \frac{A-B}{A+B} \times 100[\%]$$

08 전력 증폭도가 1,000배일 때 이것을 데시벨(dB)로 나타내면?

① 10[dB]
② 20[dB]
③ 30[dB]
④ 40[dB]

해설
$G_p = 10\log_{10} A_p [\text{dB}]$, A_p : 전력 증폭도
$G_p = 10\log_{10} 10^3 [\text{dB}] = 30[\text{dB}]$

09 가정용 전등선의 전압이 실횻값으로 100[V]일 때 이 교류의 최댓값은?

① 약 110[V]
② 약 121[V]
③ 약 130[V]
④ 약 141[V]

해설
실횻값 $V = \dfrac{V_m}{\sqrt{2}}$
최댓값 $V_m = \sqrt{2} \cdot 100[V] ≒ 141$

10 정현파 교류의 실횻값이 220[V]일 때 이 교류의 최댓값은 약 몇[V]인가?

① 110[V]
② 141[V]
③ 283[V]
④ 311[V]

해설
실횻값 $V = \dfrac{V_m}{\sqrt{2}}$
최댓값 $V_m = \sqrt{2} \cdot 220[V] ≒ 311$

11 제조회사에서 미리 만들어진 것으로 사용자는 절대로 지우거나 다시 입력할 수 없는 메모리는?

① RAM
② Mask ROM
③ EAROM
④ Flash Memory

해설
마스크 ROM(Mask ROM)
제조과정에서 내용을 미리 기억시킨 것으로 사용자는 어떤 경우에도 그 내용을 바꿀 수 없다.

12 다음 중 최대 클록 주파수가 가장 높은 논리 소자는?

① TTL　　② ECL
③ MOS　　④ CMOS

해설

게이트	지연시간
ECL	2[nsec]
TTL	10[nsec]
MOS	100[nsec]
CMOS	500[nsec]

최대 클록 주파수가 가장 높은 순서는 ECL – TTL – MOS – CMOS이다.

정답 9 ④　10 ④　11 ②　12 ②

13 명령어 인출(Instruction Fetch)이란?

① 제어장치에 있는 명령을 해독하는 것
② 제어장치에서 해독된 명령을 실행하는 것
③ 주기억장치에 기억된 명령을 제어장치로 꺼내오는 것
④ 보조기억장치에 기억된 명령을 주기억장치로 꺼내오는 것

해설
명령어 인출(Instruction Fetch)
주기억장치(RAM)에 기억된 명령어를 중앙처리장치(CPU)로 가져오는 과정

14 번지부에 표현된 값이 실제 데이터가 기억된 번지가 아니고, 유효번지(실제 데이터의 번지)를 나타내는 번지지정방식은?

① 직접 번지 형식
② 간접 번지 형식
③ 상대 번지 형식
④ 직접 데이터 형식

해설
자료의 접근 방법에 따른 주소 지정 방식
- 즉시 주소 지정(Immediate Addressing Mode) : 명령어 내에 실제 데이터를 가지고 있는 명령어 형식이다.
- 직접 주소 지정(Direct Addressing Mode) : 명령어의 Operand 부분이 실제 데이터의 주소인 명령어 형식이다.
- 간접 주소 지정(Indirect Addressing Mode) : 명령어의 Operand가 가리키는 곳에 실제 데이터의 주소가 있는 명령어 형식이다.
- 인덱스 주소 지정(Indexed Addressing Mode) : 명령어의 Operand 부분과 Index Register의 값이 더해진 곳에 실제 데이터를 가지고 있는 명령어 형식이다.
- 상대 주소 지정(Relative Addressing Mode) : 프로그램 카운터(PC)와 명령어의 Operand가 더해진 곳에 실제 데이터를 가지고 있는 명령어 형식이다.
- 레지스터 주소 지정(Register Addressing Mode) : 직접 주소 지정방식과 유사하다. 차이점은 오퍼랜드 필드가 메인 메모리의 주소가 아닌 레지스터를 참조한다는 점이다.

15 입력장치에 해당하지 않는 것은?

① 마우스
② 키보드
③ 플로터
④ 스캐너

해설
- 입력장치 : 마우스, 키보드, 스캐너, 터치스크린, 디지타이저 등
- 출력장치 : 프린터, 플로터, 모니터 등

16 중앙처리장치에서 사용하고 있는 버스의 형태에 해당되지 않는 것은?

① Data Bus
② System Bus
③ Address Bus
④ Control Bus

해설
버스의 종류
- 어드레스 버스(Address Bus) : CPU가 외부에 있는 메모리나 I/O들의 번지를 지정하는데 사용하는 단방향 버스이다. 버스선의 수는 최대로 사용 가능한 메모리의 용량이나 입출력장치의 수를 결정한다.
- 데이터 버스(Data Bus) : CPU가 외부에 있는 메모리나 I/O들과 데이터를 주고받는데 사용하는 양방향 버스이다. 버스선의 수는 마이크로프로세서의 워드 길이와 같으며 성능을 결정하는 중요한 요소이다.
- 제어 버스(Control Bus) : CPU가 수행중인 작업의 종류나 상태를 메모리나 입출력 기기에게 알려주는 출력 신호와 외부에서 마이크로프로세서 기능은 제어신호에 의해 크게 좌우된다.

17 다음 그림과 같이 A, B 레지스터에 있는 두 개의 자료에 대해 ALU에 의한 OR 연산이 이루어졌을 때 그 결과가 저장되는 C 레지스터의 내용은?

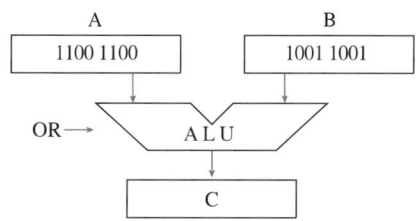

① 11111110 ② 10000001
③ 10110110 ④ 11011101

해설
OR 연산
- AND와는 반대의 연산을 행하는 것으로 2개의 데이터를 섞을 때(문자의 삽입 등) 사용하는 연산이다.
- A와 B의 OR연산은 11001100 + 10011001 = 11011101이 된다.

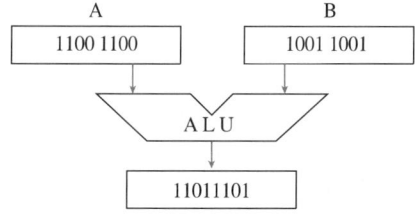

18 컴퓨터 시스템에서 ALU의 목적은?

① 어드레스 버스 제어
② 필요한 기계 사이클 수의 계산
③ OP코드의 번역
④ 산술과 논리 연산의 실행

해설
중앙처리장치(CPU)
- 연산장치 ALU(Arithmetic Logic Unit) : 기억된 프로그램이나 데이터를 꺼내어 산술 연산이나 논리 연산을 실행
- 제어장치(Control Unit) : 프로그램의 명령을 하나씩 읽고 해석하여, 모든 장치의 동작을 지시하고 감독·통제하는 기능
- 기억장치 : 입력 장치로 읽어 들인 데이터나 프로그램, 중간 결과 및 처리된 결과를 기억하는 기능으로 레지스터(Register)인 플립플롭(Flip-flop)이나 래치(Latch)로 구성

19 에러 검출뿐만 아니라 교정까지 가능한 코드는?

① Biquinary Code
② Hamming Code
③ Gray Code
④ ASCII Code

해설
해밍 코드(Hamming Code)
- 오류 검출 후 자동적으로 정정해 주는 코드
- 1비트의 단일 오류를 정정하기 위해 3비트의 여유 비트가 필요

20 두 입력이 같으면 출력이 0, 두 입력이 서로 다르면 출력이 1이 되는 논리 연산은?

① XOR ② AND
③ OR   ④ NOT

해설
배타 논리합(XOR) 회로
두 입력이 같으면 출력이 0, 두 입력이 서로 다르면 출력이 1이 되는 논리 연산
- 배타 논리합(XOR) 기호

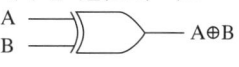

C = A⊕B

- 배타 논리합(XOR) 진리표

입 력		출 력
A	B	C
0	0	0
0	1	1
1	0	1
1	1	0

정답 17 ④ 18 ④ 19 ② 20 ①

21 다음 설명에 해당하는 코드는?

- 7비트 코드로 미국표준협회에서 개발하였다.
- 1개의 문자를 3개의 존 비트와 4개의 디지트 비트로 표현한다.
- 통신 제어용 및 마이크로 컴퓨터의 기본 코드로 사용한다.

① ASCII ② BCD
③ EBCDIC ④ EXCESS-3

해설
ASCII 코드(American Standard Code for Information Interchange)
- ASCII 코드의 7개의 데이터 비트로 한 문자를 표시하는 데 3개의 존 비트와 4개의 디지트 비트로 구성되며, 8비트의 ASCII 코드도 있다.
- ASCII 코드의 비트 번호는 오른쪽에서 왼쪽으로 부여한다.
- 통신 제어용 및 마이크로 컴퓨터의 기본 코드로 사용한다.

22 컴퓨터가 어떤 프로그램을 실행 중에 긴급사태 등이 발생하면 진행 중인 프로그램을 일시 중단하여 긴급사태에 대처하고 긴급 처리가 끝나면 중단했던 프로그램을 재개하는 것은?

① 채 널 ② 스 택
③ 버 퍼 ④ 인터럽트

해설
인터럽트(Interrupt)
- 프로그램이 수행되고 있는 동안에 어떤 조건이 발생하여 수행 중인 프로그램을 일시적으로 중지시키게 만드는 조건이나 사건의 발생
- 다른 프로그램이 수행되는 동안 여러 개의 사건을 처리할 수 있는 메커니즘
- 인터럽트가 발생하면 마이크로 컨트롤러는 현재 수행 중인 프로그램을 일시 중단하고, 인터럽트 처리를 위한 프로그램을 수행한 후에 다시 원래의 프로그램으로 복귀

23 CPU의 간섭을 받지 않고 메모리와 입출력장치 사이에 데이터 전송이 이루어지는 방식은?

① COM ② Interrupt I/O
③ DMA ④ Programmed I/O

해설
입출력 시스템의 제어
- CPU에 의한 입출력 : 입출력 과정에서 CPU가 모든 명령을 수행하는 방식인데, 프로그램에 의한 입출력과 인터럽트 처리에 의한 입출력이 있다.
- 프로그램에 의한 입출력 : CPU가 데이터의 입출력 및 전송 가능 여부를 계속해서 프로그램에 의해 입출력 장치의 인터페이스를 감시하는 장치이다.
- 인터럽트 처리 방식에 의한 입출력 : 입출력 기기의 준비나 동작이 완료되는 것을 입출력 제어 프로그램에 의해 확인한 후 입출력하는 방법으로서, 대기 루프(Waiting Loop) 방식이라고도 한다.
- DMA(Direct Memory Access)에 의한 입출력 : DMA 장치는 데이터를 전송할 때 CPU와 독립된 채널(Channel)을 구성하여 메모리와 입출력 기기들 사이에서 직접 데이터를 주고받을 수 있도록 제어하는 회로이다.
- 채널에 의한 입출력 : 채널은 CPU 대신에 입출력 조작을 거의 독립적으로 실행하는 장치이므로 이로 인해 CPU는 입출력 조작으로부터 벗어나 다른 연산 작업을 계속할 수 있다.
- 미니컴퓨터(Mini Computer)에서는 입출력 및 직접 기억 장치 접근(DMA)방법 등을 사용하며, 대형 컴퓨터에서는 채널(Channel)을 이용한 입출력 방식을 사용한다.

24 컴퓨터나 단말기 내부에서 사용하는 디지털 신호를 전송하기에 편리한 아날로그 신호로 변화시켜 주고, 전송받은 아날로그 신호를 다시 컴퓨터에서 사용되는 디지털 신호로 변환시켜 주는 장치는?

① 단말기 ② 모 뎀
③ 통신회선 ④ 통신제어장치

해설
모뎀(MODEM, 변·복조기)
아날로그 신호의 통신 회선인 전화선을 이용하여 디지털 통신 장비와 통신할 때 디지털 신호를 아날로그 신호로 변환시켜 주는 것을 변조(Modulation)라고 하고, 그 반대의 경우를 복조(Demodulation)라고 한다.

25 어떤 회로의 입력을 A, 출력을 Y라 할 때 출력 $Y=\overline{A}$인 논리회로의 명칭은?

① AND
② OR
③ NOT
④ XOR

해설

부정(NOT) 회로
인버터(Inverter)라 하며 입력값이 0이면 출력은 1, 입력값이 1이면 출력은 0이 된다.
• NOT 게이트 기호

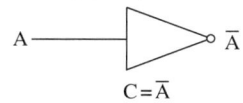

• NOT 게이트 진리표

입력	출력
A	Y
0	1
1	0

26 근거리 통신망의 구성 중 회선 형태의 케이블에 송·수신기를 통하여 스테이션을 접속하는 것으로 그림과 같은 형은?

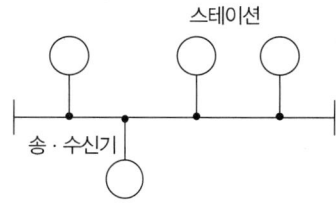

① 버스(Bus)형
② 성(Star)형
③ 루프(Loop)형
④ 그물(Mesh)형

해설

토폴로지(Topology) 형태
• 성형(Star) : 중앙에 있는 주 컴퓨터에 여러 대의 컴퓨터가 별모양(성형)으로 연결된 형태로 각 컴퓨터는 주컴퓨터를 통하여 다른 컴퓨터와 통신을 할 수 있는 형태
• 망형(Mesh) : 모든 노드가 서로 일대일로 연결된 그물망 형태로 다수의 노드 쌍이 동시에 통신 가능
• 버스형(Bus) : 버스라는 공통 배선에 각 노드가 연결된 형태로, 특정 노드의 신호가 케이블 전체에 전달됨
• 링형(Ring) : 각 노드가 좌우의 인접한 노드와 연결되어 원형을 이루고 있는 형태
• 트리형(Tree) : 버스형과 성형 토폴로지의 확장 형태로 백본(Backbone)과 같은 공통 배선에 적절한 분기 장치(허브, 스위치)를 사용하여 링크를 덧붙여 나갈 수 있는 구조

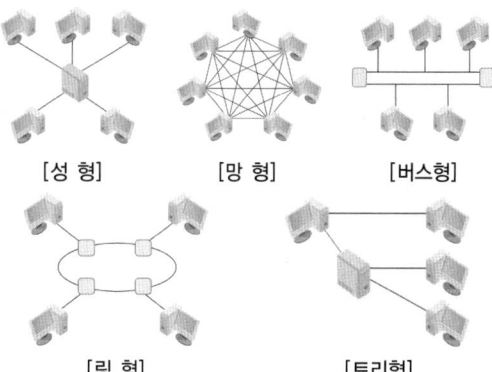

27 휴대용 무전기와 같이 데이터를 양쪽 방향으로 전송할 수 있으나, 동시에 양쪽 방향으로 전송할 수 없는 방식은?

① 단일 방식
② 단방향 방식
③ 반이중 방식
④ 전이중 방식

해설
통신 방식
- 단방향(Simplex) 통신 방식 : 단지 한쪽 방향으로만 데이터를 전송할 수 있는 방식을 말한다.
- 반이중(Half Duplex) 통신 방식 : 데이터를 양쪽 방향으로 전송할 수 있으나 동시에 양쪽 방향으로 전송할 수는 없으며, 한 순간에 어느 한쪽 방향으로만 데이터를 전송할 수 있다.
- 전이중(Full Duplex) 통신 방식 : 접속된 두 장치 사이에서 동시에 양방향으로 데이터의 흐름을 가능하게 하는 방식으로서, 상호의 데이터 전송이 자유롭다.

28 명령 형식을 구분함에 있어 오퍼랜드를 구성하는 주소의 수에 따라 0주소 명령, 1주소 명령, 2주소 명령, 3주소 명령 등으로 구분할 수 있다. 이 중 스택(Stack)구조를 가지는 명령 형식은?

① 3 주소 명령
② 2 주소 명령
③ 1 주소 명령
④ 0 주소 명령

해설
스택(Stack)
- 임시 데이터의 저장이나 서브루틴의 호출에서 사용한다.
- 연속되게 자료를 저장한다.
- 한쪽 끝에서만 자료를 삽입하거나 삭제할 수 있는 구조이다.
- 스택영역은 내부 데이터 메모리에 위치한다.
- 후입선출방식(LIFO ; Last-In First-Out)이다.
- 0-주소 지정에 이용한다.

29 다음의 논리도와 진리표는 어떤 회로인가?

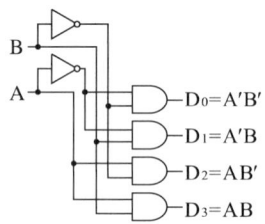

A	B	X_0	X_1	X_2	X_3
0	0	1	0	0	0
0	1	0	1	0	0
1	0	0	0	1	0
1	1	0	0	0	1

① 가산기
② 해독기
③ 부호기
④ 비교기

해설
디코더
- 디코더(Decoder, 해독기) : 입력 단자에 가해지는 부호화된 2진 데이터를 그에 해당하는 10진수로 변환하여 해독하는 조합논리 회로로 출력은 AND 게이트로 구성된다.
- n개의 입력과 m개의 출력을 가지는 n×m 디코더 : 입력에 가해지는 N비트 코드를 해독하여 그 값에 따라 m개의 출력 중에서 특정한 하나의 출력을 '1'로 하고 나머지 출력들은 '0'으로 만든다.
- 2×4 디코더

$D_0 = A'B'$
$D_1 = A'B$
$D_2 = AB'$
$D_3 = AB$

- 진리표

입 력		출 력			
A	B	X_0	X_1	X_2	X_3
0	0	1	0	0	0
0	1	0	1	0	0
1	0	0	0	1	0
1	1	0	0	0	1

30 출력장치로만 묶어 놓은 것은?

① 키보드, 디지타이저
② 스캐너, 트랙볼
③ 바코드, 라이트 펜
④ 플로터, 프린터

해설
- 입력장치 : 마우스, 키보드, 스캐너, 터치스크린, 디지타이저 등
- 출력장치 : 프린터, 플로터, 모니터 등

31 고급언어의 특징으로 거리가 먼 것은?

① 하드웨어에 관한 전문적인 지식이 없어도 프로그램 작성이 용이하다.
② 번역과정 없이 실행 가능하다.
③ 일상생활에서 사용하는 자연어와 유사한 형태의 언어이다.
④ 프로그램 작성이 쉽고, 수정이 용이하다.

해설
고급언어
- 사람이 이해하기 쉬운 자연어에 가깝게 만들어진 언어이다.
- 프로그래밍하기 쉽고 생산성이 높다.
- 컴퓨터와 관계없이 독립적으로 프로그램을 만들 수 있다.
- 기계어로 변환하기 위해 번역하는 과정을 거친다.
- 기종에 관계없이 공통적으로 사용할 수 있다.

32 다음 중 반복문에 해당하지 않는 것은?

① If문
② For문
③ While문
④ Do-while문

해설
- 반복 구조 : 조건을 만족할 때까지 반복(For문, While문, Do-while문)
- 선택(조건, 다중 택일) 구조 : 두 가지 이상의 명령문 중에서 선택
  - 두 가지의 수행 경로에 있는 일련의 문장들 중 하나가 선택(If문)
  - 두 가지 이상 중에서 선택(Case문, 계산형 Goto문, Switch문)

33 프로그램 개발 과정에서 프로그램 안에 내재해 있는 논리적 오류를 발견하고 수정하는 작업은?

① Deadlock
② Semaphore
③ Debugging
④ Scheduling

해설
Debugging
컴퓨터 프로그램 개발 단계 중에 발생하는 시스템의 논리적인 오류나 비정상적 연산(버그)을 찾아내고 그 원인을 밝히고 수정하는 작업과정이다.

정답 30 ④ 31 ② 32 ① 33 ③

34 운영체제에 대한 설명으로 옳지 않은 것은?

① 운영체제는 컴퓨터를 편리하게 사용하고 컴퓨터 하드웨어를 효율적으로 사용할 수 있도록 한다.
② 운영체제는 컴퓨터 사용자와 컴퓨터 하드웨어 간의 인터페이스로서 동작하는 일종의 하드웨어 장치이다.
③ 운영체제는 작업을 처리하기 위해서 필요한 CPU, 기억장치, 입출력장치 등의 자원을 할당 관리해 주는 역할을 수행한다.
④ 운영체제는 다양한 입출력장치와 사용자 프로그램을 통제하여 오류와 컴퓨터의 부적절한 사용을 방지하는 역할을 수행한다.

해설
운영체제의 역할
• 사용자와 컴퓨터 시스템 간의 인터페이스(Interface) 정의
• 사용자들 간의 하드웨어의 공동 사용
• 여러 사용자 간의 자원 공유
• 자원의 효과적인 운영을 위한 스케줄링
• 입출력에 대한 보조 역할

35 C언어의 특징으로 옳지 않은 것은?

① 인터프리터 방식의 언어이다.
② 시스템 소프트웨어를 개발하기에 편리하다.
③ 자료의 주소를 조작할 수 있는 포인터를 제공한다.
④ 이식성이 높은 언어이다.

해설
C언어의 특징
• 시스템 프로그래밍 언어
• 함수 언어
• 강한 이식성
• 풍부한 자료형 지원
• 다양한 제어문 지원
• 표준 라이브러리 함수 지원
• 포인터 변수

36 기계어에 대한 설명으로 옳지 않은 것은?

① 유지보수가 용이하다.
② 2진수로 데이터를 나타낸다.
③ 실행 속도가 빠르다.
④ 전문적인 지식이 없으면 이해하기 힘들다.

해설
기계어(Machine Language)
• 초창기의 컴퓨터프로그래밍은 기계어에 의해 작성되고 처리되었다.
• 컴퓨터의 전기적 회로에 의해 직접적으로 해석되어 실행되는 언어이다.
• 컴퓨터 자원을 효율적으로 활용 가능하다.
• 언어 자체가 복잡하고 어렵다.
• 프로그래밍 시간이 많이 걸리고 에러가 많다.
• 호환성이 없다.
• 2진수를 사용하여 데이터를 표현한다.
• 프로그램의 실행 속도가 빠르다.

37 프로그래밍 언어의 구문 요소 중 프로그램의 이해를 돕기 위해 설명을 적어두는 부분으로 프로그램의 실행과는 관계가 없고 프로그램의 판독성을 향상시키는 요소는?

① Comment   ② Reserved Word
③ Operator   ④ Keyword

해설
프로그래밍 언어의 구문 요소
• Comment(주석) : 소스코드에 어떠한 내용을 입력하지만 그 내용이 실제 프로그램에 영향을 끼치지 않으며, 프로그래밍 언어의 구문 요소 중 프로그램의 이해를 돕기 위해 설명을 적어두는 부분으로 프로그램의 실행과는 관계가 없고 프로그램의 판독성을 향상시키는 요소
• Reserved Word(예약어)
 – 컴퓨터 프로그래밍 언어에서 이미 문법적인 용도로 사용
 – 식별자로 사용할 수 없는 단어
 – 번역과정에서 속도를 높여줌
 – 프로그램의 신뢰성을 향상
• Operator(연산자) : 프로그래밍이나 논리 설계에서 변수나 값의 연산을 위해 사용되는 부호
• Keyword(키워드)
 – 키워드를 포함하는 레코드가 검색되는 경우
 – 문장의 핵심적인 내용을 정확히 표현

38 운영체제의 성능평가 사항과 거리가 먼 것은?

① 처리 능력(Throughput)
② 반환 시간(Turn Around Time)
③ 사용 가능도(Availability)
④ 비용(Cost)

해설
운영체제의 평가 기준
- 처리 능력(Throughput) : 일정 시간에 시스템이 처리하는 일의 양
- 반환 시간(Turn Around Time) : 시스템에 작업을 의뢰한 시간부터 처리가 완료될 때까지 걸린 시간
- 사용 가능도(Availability) : 시스템의 자원을 사용할 필요가 있을 때 즉시 사용 가능한 정도
- 신뢰도(Reliability) : 시스템이 주어진 문제를 정확하게 해결하는 정도

39 프로그래밍 언어가 갖추어야 할 요건과 거리가 먼 것은?

① 프로그래밍 언어의 구조가 체계적이어야 한다.
② 언어의 확장이 용이하여야 한다.
③ 많은 기억장소를 사용하여야 한다.
④ 효율적인 언어이어야 한다.

해설
프로그램 언어가 갖추어야 할 요건
- 프로그래밍 언어는 단순 명료하고 통일성을 가져야 한다.
- 프로그래밍 언어의 구조가 체계적이어야 한다.
- 응용 문제에 자연스럽게 적용할 수 있어야 한다.
- 확장성이 있어야 한다.
- 효율적이어야 한다.
- 외부적인 지원이 가능해야 한다.

40 로더(Loader)의 기능이 아닌 것은?

① 할당(Allocation)
② 번역(Compile)
③ 연결(Link)
④ 적재(Load)

해설
로더의 기능
- 할당(Allocation) : 목적 프로그램이 적재될 주기억장소 내의 공간을 확보
- 연결(Linking) : 필요할 경우 여러 목적 프로그램들 또는 라이브러리 루틴과의 링크 작업. 외부기호를 참조할 때, 이 주소 값들을 연결
- 재배치(Relocation) : 목적 프로그램을 실제 주기억장소에 맞추어 재배치. 상대주소들을 수정하여 절대주소로 변경
- 적재(Loading) : 실제 프로그램과 데이터를 주기억장소에 적재. 적재할 모듈을 주기억장치로 읽어 들임

41 다음 중 그 값이 다른 하나는?

① $(F)_{16}$ ② $(17)_8$
③ $(16)_{10}$ ④ $(1111)_2$

해설
① $(F)_{16} = 15 \times 16^0$
$= (15)_{10}$
② $(17)_8 = 1 \times 8^1 + 7 \times 8^0$
$= 8 + 7$
$= (15)_{10}$
③ $(16)_{10}$
④ $(1111)_2 = 1 \times 2^3 + 1 \times 2^2 + 1 \times 2^1 + 1 \times 2^0$
$= 8 + 4 + 2 + 1$
$= (15)_{10}$

정답 38 ④ 39 ③ 40 ② 41 ③

42 JK 플립플롭의 두 입력선을 묶어 한 개의 입력선으로 구성한 플립플롭이며, 1이 입력될 경우 현재의 상태를 토글(Toggle)시키는 것은?

① M/S 플립플롭 ② D 플립플롭
③ RS 플립플롭 ④ T 플립플롭

해설
T 플립플롭
- JK 플립플롭의 입력 J 및 K를 서로 묶어서 하나의 데이터로 입력한다.
- 클록 펄스가 가해질 때마다 출력 상태가 반전하는 토글(Toggle) 또는 스위칭 작용을 하므로 계수기(Counter)에 사용된다.

T	Q_{n+1}
0	Q_n
1	$\overline{Q_n}$

43 비동기식 카운터에 대한 설명으로 옳지 않은 것은?

① 비트수가 많은 카운터에 적합하다.
② 지연시간으로 고속 카운팅에 부적합하다.
③ 전단의 출력이 다음 단의 트리거 입력이 된다.
④ 직렬 카운터 또는 리플 카운터라고도 한다.

해설
비동기식(Asynchronous Type) 카운터
- 플립플롭의 입력으로는 클록 펄스와 앞단의 출력이 차례로 연결되어 있어 상태가 동시에 변하지 않고 순차적으로 변한다. 리플 계수기라고도 한다.
- 각 단을 통과할 때마다 지연시간이 누적되므로 고속 카운터에는 부적당하다.
- 매우 높은 주파수에는 부적당, 비트수가 많은 카운터에는 부적합하다.
- 회로가 간단해서 작은 규모의 계기 회로에 적당하다.
- 플립플롭들은 동일 클록에 변하지 않고, 한 플립플롭의 출력이 다른 플립플롭의 클록으로 동작하기 때문에 지연시간이 길어지게 된다.
- 시스템의 상태는 모든 플립플롭의 전이가 완료될 때까지 결정되지 않는다.

44 플립플롭(Flip-flop)은 몇 비트의 기억소자인가?

① 1 ② 2
③ 4 ④ 8

해설
플립플롭(Flip-flop)은 1비트의 정보를 저장하는 기능을 가진 전자 회로이다.

45 2진 정보의 저장과 클록 펄스를 가해 좌우로 한 비트씩 이동하여 2진수의 곱셈이나 나눗셈을 하는 연산장치에 이용되는 것은?

① 가산기(Adder)
② 카운터(Counter)
③ 플립플롭(Flip-flop)
④ 시프트 레지스터(Shift Register)

해설
시프트 레지스터(Shift Register)
2진수를 직렬로 1비트씩 차례로 입력시키면 레지스터가 기억하고 있는 데이터를 오른쪽 또는 왼쪽으로 한 자리씩 이동(Shift)시킬 수 있는 레지스터이다.

46 JK 플립플롭에서 J = 1, K = 0일 때 출력은 Clock에 의해 어떤 변화를 보이는가?

① 출력은 0이 된다.
② 출력은 1이 된다.
③ 출력이 반전된다.
④ 이전의 상태를 유지한다.

해설
JK 플립플롭의 특성표

J	K	$Q_{(n+1)}$	설명
0	0	$Q_{(n)}$	현 상태가 그대로 출력
0	1	0	0을 출력(Reset)
1	0	1	1을 출력(Set)
1	1	$\overline{Q}_{(n)}$	Complement(보수)

47 2진수 01111의 2의 보수는?

① 10010
② 10001
③ 10011
④ 01110

해설
2의 보수는 1의 보수에 1을 더하는 것이므로 2진수 01111의 1의 보수 10000에 1을 더하면 10001이 된다.

48 논리식을 최소화하는 방법으로 가장 바람직한 것은?

① Venn Diagram
② 카르노 맵
③ 승법 표준형
④ 가법 표준형

해설
논리식을 최소화하는 방법으로 가장 바람직한 것은 카르노 맵 방법을 이용하는 것이다.

49 컴퓨터 내부 연산 시 숫자 자료를 보수로 표현하는 이유로 가장 적절한 것은?

① 실수를 표현하기 쉽다.
② 음수를 표현하기 쉽다.
③ 수를 표현하는 데 저장장치를 절약할 수 있다.
④ 덧셈과 뺄셈을 덧셈 회로로 처리할 수 있다.

해설
보수(Complement)는 컴퓨터가 기본적으로 수행하는 덧셈회로를 이용하여 뺄셈을 수행하기 위해 사용한다.

50 레지스터의 설명으로 옳지 않은 것은?

① 2진식 기억 소자의 집단
② Flip-flop으로 구성
③ 타이밍 변수를 만드는 데 유용
④ 직렬 입력, 병렬 출력으로만 동작

해설
레지스터(Register)
2진 데이터를 일시 저장하는 데 적합한 2진 기억 소자들의 집합이며, 1개의 플립플롭은 2진 데이터의 1비트를 저장할 수 있는 기억 소자의 역할을 하므로 레지스터는 플립플롭의 집합이라 할 수 있다.

51 1개의 입력선으로 들어오는 정보를 2^n개의 출력선 중 1개를 선택하여 출력하는 회로이며 2^n개의 출력선 중 1개의 선을 선택하기 위해 n개의 선택선을 이용하는 것은?

① 인코더
② 멀티플렉서
③ 디멀티플렉서
④ 디코더

해설
디멀티플렉서(Demultiplexer)
• 한 신호원으로부터의 데이터를 제어 입력에 의해 여러 개의 출력단 중에서 선택된 출력단에 출력하는 회로이다.
• 1×2^n 디멀티플렉서는 하나의 입력과 2^n개의 출력선 중에서 하나를 선택하기 위한 n개의 선택선을 가진다.

52 1×4 디멀티플렉서에 최소로 필요한 선택선의 개수는?

① 1개 ② 2개
③ 3개 ④ 4개

해설
$1×2^n$ 디멀티플렉서는 하나의 입력과 2^n 개의 출력선 중에서 하나를 선택하기 위한 n개의 선택선을 가진다. 그러므로 1×4 디멀티플렉서는 하나의 입력과 $2^n = 4$개의 출력선 중 $n = 2$이므로 2개의 선택선을 필요로 한다.

53 다음 논리들 중 입력 A = 1, B = 1일 때 출력 Y가 1이 되는 경우는?

① AND ② XOR
③ NOR ④ NAND

해설
논리곱(AND) 회로
- 모든 입력신호가 1일 때에만 출력상태가 1이 된다.
- 논리식 Y = A · B
- AND 게이트 기호

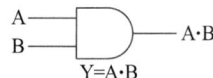

- Y=A·B
- AND 게이트 진리표

입력		출력
A	B	Y
0	0	0
0	1	0
1	0	0
1	1	1

54 다음 논리식을 최소화한 것은?

$$Z = X(\overline{X} + Y)$$

① $Z = X$ ② $Z = Y$
③ $Z = XY$ ④ $Z = \overline{X} \cdot \overline{Y}$

해설
$Z = X(\overline{X} + Y) = X\overline{X} + XY = XY$ (불 대수식 $X \cdot \overline{X} = 0$)

55 2진수 11011을 그레이 코드로 옳게 변환한 것은?

① 10110 ② 10001
③ 11011 ④ 11101

해설
그레이 코드
BCD 코드의 인접한 자리를 XOR 연산으로 만든 코드

	⊕	⊕	⊕	⊕	
2진수	1 →	1 →	0 →	1 →	1
	↓	↓	↓	↓	↓
그레이 코드	1	0	1	1	0

2진수 11011을 그레이 코드로 변환하면 10110이 된다.

56 불 대수의 법칙 중 옳지 않은 것은?

① $A + B = B + A$
② $A + (B + C) = (A + B) + C$
③ $A + (B \cdot C) = (A + B) \cdot (A + C)$
④ $A + A = 1$

해설
불 대수의 법칙
- 교환 법칙 : $A + B = B + A$, $A \cdot B = B \cdot A$
- 결합 법칙 : $(A + B) + C = A + (B + C)$
  $(A \cdot B) \cdot C = A \cdot (B \cdot C)$
- 분배 법칙 : $A + (B \cdot C) = (A + B) \cdot (A + C)$
  $A \cdot (B + C) = A \cdot B + A \cdot C$

57 동기식 순서회로를 설계하는 방식이 순서대로 옳게 나열된 것은?

> ㄱ. 플립플롭의 제어신호를 결정한다.
> ㄴ. 클록신호에 대한 각 플립플롭의 상태변화를 표로 작성한다.
> ㄷ. 카르노 도를 이용하여 단순화한다.

① ㄱ - ㄷ - ㄴ ② ㄴ - ㄱ - ㄷ
③ ㄷ - ㄴ - ㄱ ④ ㄴ - ㄷ - ㄱ

해설
동기식 순서회로를 설계하는 방식
- 클록신호에 대한 각 플립플롭의 상태 변화(클록 이전 상태와 클록 이후 상태)를 표로 작성한다.
- 클록신호에 대한 변화를 일으킬 수 있도록 플립플롭의 제어신호(JK)를 결정한다.
- 플립플롭의 제어신호 카르노 도를 이용하여 단순화한다.

58 다음 중 반가산기는 어떤 논리회로의 결합으로 구성되어 있는가?

① AND와 OR ② EX-OR와 AND
③ EX-OR와 OR ④ NAND와 NOR

해설
반가산기(Half-adder)
2개의 2진수와 A와 B를 더한 합(Sum) S와 자리올림 수(Carry) C를 얻는 회로로 배타 논리합 회로(EX-OR)와 논리곱(AND) 회로로 구성된다.

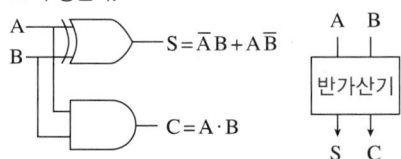

입 력		출 력	
A	B	S	C
0	0	0	0
0	1	1	0
1	0	1	0
1	1	0	1

59 순서논리회로를 설계할 때 사용되는 상태표(State Table)의 구성요소가 아닌 것은?

① 현재 상태
② 다음 상태
③ 출 력
④ 이전 상태

해설
상태표(State Table)의 구성요소는 현재 상태, 다음 상태 그리고 출력이다.

60 다음 논리회로를 논리식으로 바꿀 때 옳은 것은?

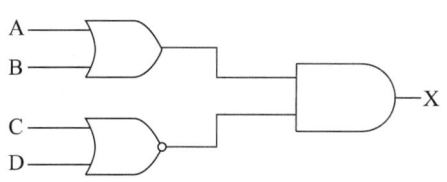

① $X = (A+B)(\overline{C \cdot D})$
② $X = (A+B)(\overline{C+D})$
③ $X = (A \cdot B)(\overline{C+D})$
④ $X = (A+B)(C \cdot D)$

해설
$X = (A+B)(\overline{C+D})$ 이다.

2014년 제2회 과년도 기출문제

01 정류회로의 종류로 옳지 않은 것은?

① 고역 정류회로
② 반파 정류회로
③ 전파 정류회로
④ 브리지 정류회로

[해설]
정류회로의 종류
- 반파 정류회로
- 전파 정류회로
- 브리지 정류회로
- 배전압 회로

02 전하의 성질을 설명한 것으로 옳은 것은?

① 같은 종류의 전하는 서로 흡인한다.
② 힘의 크기에 따라 작용하는 성질이 다르다.
③ 전하는 가장 안정된 상태를 유지하려고 한다.
④ 다른 종류의 전하는 서로 반발한다.

[해설]
전하의 성질
- 극성이 서로 같은 종류의 전하는 서로 반발
- 서로 다른 극성의 전하는 서로 흡인
- 전하는 가장 안정된 상태를 유지
- 전하의 양을 전하량 또는 전기량이라고 함

03 진폭 변조에서 변조도를 나타내는 것은?(단, I_o = 반송파진폭, I_m = 변조파진폭이다)

① $\dfrac{I_m}{I_o - I_m}$
② $\dfrac{I_m}{I_o + I_m}$
③ $\dfrac{I_m}{I_o}$
④ $\dfrac{2I_o}{I_m}$

[해설]
변조도
신호파의 진폭과 반송파의 진폭의 비
$m = \dfrac{I_m}{I_o}$

04 다음 중 부성저항 특성을 이용한 발진회로는?

① CR 발진회로
② LC 발진회로
③ 수정발진회로
④ 터널다이오드 발진회로

[해설]
부성저항 특성은 전압의 증가에 대하여 전류가 감소하는 특성을 갖는 소자로 터널다이오드 발진회로가 이에 속한다.

정답 1① 2③ 3③ 4④

05 다음 중 전계효과 트랜지스터의 설명으로 옳지 않은 것은?

① 전압제어형 소자이다.
② 고주파 증폭 또는 고속 스위치로 사용한다.
③ 유니폴라(Uni-polar)트랜지스터라고도 한다.
④ 오프셋(Offset) 전압, 전류가 적어서 우수한 초퍼(Chopper) 회로로 사용된다.

해설
전계효과 트랜지스터(FET)의 특징
- 외부로부터의 복사의 영향을 덜 받는다.
- 전류는 다수 캐리어에 의해서 운반된다.
- 입력 임피던스가 매우 높다.
- 잡음이 적다.
- 열적으로 안정하다.
- 유니폴라 트랜지스터이다.
- 드레인 전류가 0에서 Offset 전압을 나타내지 않는다. 따라서 우수한 신호 초퍼(Chopper)로서 사용될 수 있다.
- 전압제어방식이다.

06 트랜지스터 증폭기회로에 부궤환이 걸렸을 때 나타나는 특성이 아닌 것은?

① 대역폭 확대
② 이득이 다소 저하
③ 일그러짐과 잡음 감소
④ 입력 및 출력 임피던스 감소

해설
부궤환증폭기의 특징
- 주파수 특성이 양호하고 안정도가 좋다.
- 부하의 변동이나 전원 전압의 변동에 증폭도가 안정하다.
- 증폭회로 내부에서 발생 출력에 나타나는 잡음과 왜곡은 $\frac{A_0}{1+\beta A_0}$로 감소한다.
- 입력 임피던스는 증가하고 출력 임피던스는 낮아진다.
- 대역폭을 넓힐 수 있다.
- 이득이 다소 저하된다.

07 6[Ω]과 8[Ω]의 저항 두 개를 병렬로 접속하고 여기에 48[V]의 전압을 가할 때 6[Ω]에 흐르는 전류는 몇 [A]인가?

① 6[A]   ② 8[A]
③ 10[A] ④ 12[A]

해설
$I = \frac{V}{R} = \frac{48}{6} = 8[A]$

08 실횻값이 1[A]인 교류의 최댓값 [A]는?

① $\sqrt{2}\,I$ ② $\frac{I}{\sqrt{2}}$
③ $\frac{\sqrt{2}}{I}$ ④ $2\pi I$

해설
실횻값 $I = \frac{I_m}{\sqrt{2}}$, 최댓값 $I_m = \sqrt{2}\,I$

09 궤환이 없을 때 증폭도가 100인 증폭회로에 궤환율 $\beta = 0.01$의 부궤환을 걸었을 때 증폭도는?

① 1   ② 5
③ 10   ④ 50

해설
$A_f = \frac{A}{1+A\beta} = \frac{100}{1+(100 \times 0.01)} = 50$
여기서, A : 되먹임이 없을 때의 증폭도
β : 되먹임 계수

10 다음 중 저주파 구형파 발진기로 가장 적합한 회로는?

① 수정발진기
② 멀티바이브레이터
③ CR 발진기
④ 컬렉터 동조 발진기

해설
멀티바이브레이터는 2단 비동조 증폭회로를 100[%] 정궤환을 걸어준 직사각형 발진기이다.

11 하나의 클록 펄스 동안에 실행되는 기본동작을 의미하며, 명령을 수행하기 위하여 CPU 내의 레지스터 플래그의 상태변화를 일으키는 동작을 의미하는 것은?

① 고정배선제어
② 마이크로 오퍼레이션
③ 제어메모리
④ 프로그램 카운터

해설
마이크로 오퍼레이션
- 명령을 수행하기 위해 CPU 내의 레지스터와 플래그의 상태 변환을 일으키는 작업이다.
- 레지스터에 저장된 데이터에 의해서 이루어지는 동작이다.
- 한 개의 클록(Clock) 펄스 동안 실행되는 기본 동작이다.
- 마이크로 오퍼레이션을 순차적으로 일어나게 하는 데 필요한 신호를 제어신호라 한다.

12 개인용 컴퓨터에서 자료의 외부적 표현 방식으로 가장 많이 사용하는 ASCII 코드는 7비트이다. 표현할 수 있는 최대 정보의 수는?

① 7
② 49
③ 128
④ 1,024

해설
ASCII 코드
- 7비트로 구성된 2진 코드
- $2^7 = 128$개의 서로 다른 문자를 표현
- 데이터 통신에 널리 이용

13 연산장치의 구성 중 초기에 연산될 데이터의 보관 장소로 사용되며 연산 후에는 산술 및 논리 연산의 결과를 일시적으로 보관하는 것은?

① Status Register
② Accumulator
③ Data Register
④ Complementary

해설
누산기(Accumulator)
- CPU 내에서 계산의 중간 결과를 저장하는 레지스터이다.
- 연산 장치의 중심 레지스터로 산술 및 논리 연산의 결과를 임시로 기억한다.

14 입출력장치의 역할로 가장 적합한 것은?

① 정보를 기억한다.
② 명령의 순서를 기억한다.
③ 기억용량을 확대시킨다.
④ 컴퓨터의 내외부 사이에서 정보를 주고받는다.

해설
입출력장치는 컴퓨터와 사용자 사이의 정보를 교환할 수 있는 장치의 총칭을 말한다.

15 함수 $Y = (A+B) \cdot (A+C)$를 간략화하면?

① $A + BC$
② $A + AC$
③ A
④ BC

해설
$Y = (A+B) \cdot (A+C)$
$= AA + AC + AB + BC$ ······ 불 대수식 $A \cdot A = A$
$= A + BC$ ······ 불 대수식 $A + 1 = 1$

16 프로그램 실행 중에 강제적으로 제어를 특정 주소로 옮기는 것으로 프로그램의 실행을 중단하고 그 시점에서의 주요 데이터를 주기억장치로 되돌려 놓은 다음 특정 주소로부터 시작되는 프로그램에 제어를 옮기는 것은?

① 명령 실행
② 인터럽트
③ 명령 인출
④ 간접 단계

해설
인터럽트(Interrupt)
- 프로그램이 수행되고 있는 동안에 어떤 조건이 발생하여 수행 중인 프로그램을 일시적으로 중지시키게 만드는 조건이나 사건의 발생
- 다른 프로그램이 수행되는 동안 여러 개의 사건을 처리할 수 있는 메커니즘
- 인터럽트가 발생하면 마이크로 컨트롤러는 현재 수행 중인 프로그램을 일시 중단하고, 인터럽트 처리를 위한 프로그램을 수행한 후에 다시 원래의 프로그램으로 복귀

17 데이터 전송 방식 중 데이터의 진행방향이 일정한 한 방향으로만 진행되는 통신방법으로 라디오 방송 등에서 사용하는 것은?

① 반이중(Half Duplex) 통신
② 양방향(Duplex) 통신
③ 단방향(Simplex) 통신
④ 전이중(Full Duplex) 통신

해설
- 단방향(Simplex) 통신 방식 : 단지 한쪽 방향으로만 데이터를 전송할 수 있는 방식을 말한다.
- 반이중(Half Duplex) 통신 방식 : 데이터를 양쪽 방향으로 전송할 수 있으나 동시에 양쪽 방향으로 전송할 수는 없으며, 한 순간에 어느 한쪽 방향으로만 데이터를 전송할 수 있다.
- 전이중(Full Duplex) 통신 방식 : 접속된 두 장치 사이에서 동시에 양방향으로 데이터의 흐름을 가능하게 하는 방식으로서, 상호의 데이터 전송이 자유롭다.

18 마이크로 컴퓨터의 MPU란?

① 기억장치
② 입력장치
③ 출력장치
④ 마이크로프로세서 장치

해설
MPU(Micro Processor Unit) : 마이크로프로세서 장치

19 주기억장치로부터 명령어를 읽어서 중앙처리장치로 가져오는 사이클은?

① Fetch Cycle
② Indirect Cycle
③ Execute Cycle
④ Interrupt Cycle

해설
명령어의 수행
- 명령어 인출(Instruction Fetch) : 주기억장치(RAM)에 기억된 명령어를 중앙처리장치(CPU)로 가져오는 과정
- 명령어 해독(Instruction Decoder) : 명령 레지스터(IR)에 기억되어 있는 명령어를 해독하여 실제 필요한 동작이 무엇인지 알아내는 과정
- 오퍼랜드 인출(Operand Fetch) : 명령어의 오퍼랜드(Operand)부에 있는 주소를 이용해서 실제 데이터를 가져오는 과정
- 실행(Execution) : 레지스터나 누산기에 필요한 제어 신호를 발생시켜서 수행 결과를 얻어내는 과정
- 인터럽트 조사(Interrupt Search Into) : 인터럽트 자원에서 인터럽트 요청이 있었는지를 체크하는 과정

20 데이터의 전송 방식 중 병렬 전송 방식에서 문자와 문자사이의 간격을 식별하기 위해서 사용하는 신호로 가장 적합한 것은?

① 스트로브(Strobe) 신호
② 임팩트(Impact) 신호
③ 시프트(Shift) 신호
④ 로드(Load) 신호

해설
데이터의 전송 방식
- 병렬 전송 방식
  - 복수의 비트를 합쳐 블록 버퍼를 이용하여 한 번에 전송
  - 스트로브(Strobe) 신호를 사용하여 문자와 문자 사이의 간격을 식별
  - 컴퓨터와 주변 기기 사이의 연결에 사용
- 직렬 전송 방식
  - 한 비트씩 순서대로 데이터 전송
  - 송신측의 병렬신호를 직렬신호로 변환
  - 수신측의 직렬신호를 병렬신호로 변환

21 여러 개의 입력 중에서 하나만을 선택하여 출력에 연결시키는 멀티플렉서는 선택선이 3개일 때 입력선은 최대 몇 개까지 가능한가?

① 3개
② 6개
③ 8개
④ 12개

해설
③ $2^3 = 8$이므로 8개의 입력선을 가진다.
멀티플렉서(Multiplexer)
- 2개 이상의 입력 중에서 필요로 하는 신호를 외부로부터의 선택 기호에 의해 1개만 선택하여, 출력 신호로 꺼낼 수 있는 기능을 가진 조합 논리 회로이다.
- 게이트를 사용하여 구성하는 멀티플렉서는 2^n개의 입력선과 입력 선택을 위한 n개의 선택선 및 하나의 출력선을 가지며, 이 선택선에 가하는 비트 조합에 따라 입력 중의 하나가 선택된다.

22 2진수 0011을 3 초과 코드로 변환하면?

① 1001
② 1000
③ 0111
④ 0110

해설
2진수 0011을 3초과 코드로 변환하면 $0011 + 0011 = (0110)_2$이다.
3 초과 코드(Excess-3 BCD Code)
- BCD 코드에 $3_{(10)} = 0011_{(2)}$을 더해 얻는 코드
- BCD 코드의 단점인 산술 연산을 보다 쉽게 한 것
- 비가중치(Unweighted Code), 자기보수 코드, 3 초과 코드는 비트마다 일정한 값을 갖지 않음

23 다음 설명에 해당하는 것은?

> 입력과 출력회로를 모두 트랜지스터로 구성한 회로로서 동작 속도가 빠르고 잡음에 강한 특징이 있으며, Fan-out을 크게 할 수 있고 출력 임피던스가 비교적 낮으며 응답속도가 빠르고 집적도가 높다.

① CMOS ② RTL
③ ECL   ④ TTL

해설
TTL(Transistor Transistor Logic)
- 입력을 트랜지스터로 받아들이고, 출력 또한 트랜지스터인 소자를 말한다.
- 속도가 빠른 반면에 소비전력이 크다.
- 잡음에 강하다.
- Fan-out을 크게 할 수 있다.
- 출력 임피던스가 비교적 낮다.
- 집적도가 높다.

24 중앙처리장치와 기억장치 간의 정보교환을 위한 스트로브 제어 방법의 결점을 보완한 것으로 입출력장치와 인터페이스 간의 비동기 데이터 전송을 위해 사용하는 제어방법은?

① 비동기 직렬전송
② 입출력장치제어
③ 핸드셰이킹 제어
④ 고정배선 제어

해설
핸드셰이킹(Hand-shaking)
- 접속 시 송신측 모뎀과 수신측 모뎀의 전송 속도를 같도록 하기 위한 과정
- 두 가지의 디바이스나 시스템 사이에서 접속이나 절단을 위해 미리 정해진 제어 신호나 제어 문자의 계열을 교환, 또는 데이터나 상태 정보의 교환을 행하는 것
- 스트로브 방식에 비해 높은 융통성과 신뢰성을 가짐

25 다음 진리표에 해당하는 논리식으로 옳은 것은?

A	B	Y
0	0	0
0	1	1
1	0	1
1	1	0

① $Y = A + B$
② $\overline{AB} + AB$
③ $Y = A \cdot B$
④ $Y = \overline{A}B + A\overline{B}$

해설
배타 논리합(XOR) 회로
- XOR 회로도

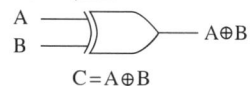

$C = A \oplus B$

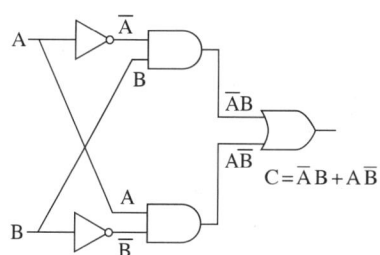

$C = \overline{A}B + A\overline{B}$

- XOR 진리표

입력		출력
A	B	C
0	0	0
0	1	1
1	0	1
1	1	0

정답 23 ④ 24 ③ 25 ④

26 바로 앞단의 플립플롭 출력을 다음 단 플립플롭의 클록 입력으로 사용하는 것으로 전체적인 동작시간은 각 플립플롭의 동작시간을 더한 것과 같으므로 시간이 길어진다는 단점은 있으나 비교적 회로가 간단하다는 장점을 가지는 것은?

① 동기형 계수기
② TTL IC 계수기
③ 리플 계수기
④ 시프트 레지스터

해설
비동기식(Asynchronous Type) 카운터
- 플립플롭의 입력으로는 클록 펄스와 앞단의 출력이 차례로 연결되어 있어 상태가 동시에 변하지 않고 순차적으로 변한다. 리플 계수기라고도 한다.
- 각 단을 통과할 때마다 지연시간이 누적되므로 고속 카운터에는 부적당하다.
- 매우 높은 주파수에는 부적당, 비트수가 많은 카운터에는 부적합하다.
- 회로가 간단해서 작은 규모의 계기 회로에 적당하다.
- 플립플롭들은 동일 클록에 변하지 않고, 한 플립플롭의 출력이 다른 플립플롭의 클록으로 동작하기 때문에 지연시간이 길어지게 된다.
- 시스템의 상태는 모든 플립플롭의 전이가 완료될 때까지 결정되지 않는다.

27 자외선을 사용하여 저장된 내용을 지워서 다시 사용할 수 있는 반도체 소자는?

① UVEPROM
② Mask ROM
③ SRAM
④ DRAM

해설
UVEPROM(Ultra Violet Erasable Programmable Read Only Memory)
- 필요할 때 기억된 내용을 지우고 다른 내용을 기록할 수 있는 ROM이다.
- 지우는 방법에 따라 자외선으로 지울 수 있는 ROM이다.

28 10진수 946에 대한 BCD 코드는?

① 1001 0101 0110
② 1001 0100 0110
③ 1100 0101 0110
④ 1100 0011 0110

해설

10진수	9	4	6
	↓	↓	↓
BCD 코드	1001	0100	0110

29 CPU의 간섭을 받지 않고 메모리와 입출력 장치 사이에 데이터 전송이 이루어지는 방법은?

① DMA
② COM
③ Interrupt I/O
④ Programmed I/O

해설
DMA(Direct Memory Access)에 의한 입출력
DMA 장치는 데이터를 전송할 때 CPU와 독립된 채널(Channel)을 구성하여 메모리와 입출력 기기들 사이에서 직접 데이터를 주고받을 수 있도록 제어하는 회로이다.

30 해독기(Decoder)에 대한 설명으로 옳지 않은 것은?

① 2진수를 10진수로 변환하는 조합논리회로이다.
② n개의 입력으로부터 코드화된 2진 정보를 최대 2^n개의 출력을 얻는다.
③ 2×4 해독기란 2개의 입력과 4개의 출력을 가지는 해독기이다.
④ 해독기는 주로 OR논리 게이트로 구성된다.

해설
디코더(Decoder, 해독기)
- 입력 단자에 가해지는 부호화된 2진 데이터를 그에 해당하는 10진수로 변환하여 해독하는 조합논리회로로 출력은 AND 게이트로 구성된다.
- n개의 입력과 m개의 출력을 가지는 n×m 디코더 : 입력에 가해지는 N비트 코드를 해독하여 그 값에 따라 m개의 출력 중에서 특정한 하나의 출력을 '1'로 하고 나머지 출력들은 '0'으로 만든다.

31 기계어에 대한 설명으로 거리가 먼 것은?

① 프로그램 작성이 쉽다.
② 처리 속도가 빠르다.
③ 저급언어이다.
④ 컴퓨터가 직접 처리하는 언어이다.

해설
기계어(Machine Language)
- 초창기의 컴퓨터프로그래밍은 기계어에 의해 작성되고 처리되었다.
- 컴퓨터의 전기적 회로에 의해 직접적으로 해석되어 실행되는 언어이다.
- 컴퓨터 자원을 효율적으로 활용한다.
- 언어 자체가 복잡하고 어렵다.
- 프로그래밍 시간이 많이 걸리고 에러가 많다.
- 호환성이 없다.
- 2진수를 사용하여 데이터를 표현한다.
- 프로그램의 실행 속도가 빠르다.

32 C언어의 특징으로 옳지 않은 것은?

① 이식성이 높은 언어이다.
② 자료의 주소를 조작할 수 있는 포인터를 제공한다.
③ 시스템 소프트웨어를 개발하기 편하다.
④ 인터프리터 방식의 언어이다.

해설
C언어의 특징
- 시스템 프로그래밍 언어
- 함수 언어
- 강한 이식성
- 풍부한 자료형 지원
- 다양한 제어문 지원
- 표준 라이브러리 함수 지원
- 포인터 변수

33 운영체제의 평가기준 중 단위시간에 처리하는 일의 양을 의미하는 것은?

① Throughput
② Reliability
③ Turn Around Time
④ Availability

해설
운영체제의 평가 기준
- 처리능력(Throughput) : 일정 시간에 시스템이 처리하는 일의 양
- 반환 시간(Turn Around Time) : 시스템에 작업을 의뢰한 시간부터 처리가 완료될 때까지 걸린 시간
- 사용가능도(Availability) : 시스템의 자원을 사용할 필요가 있을 때 즉시 사용 가능한 정도
- 신뢰도(Reliability) : 시스템이 주어진 문제를 정확하게 해결하는 정도

34 C언어에서 한 문자 출력 함수는?

① printf( )
② putchar( )
③ puts( )
④ gets( )

해설
C언어의 문자 출력 함수
- getchar( ) 함수 : 키보드로부터 한 번에 한 문자씩 읽어 들여, 그 문자에 해당하는 ASCII 코드의 값을 정수형으로 선언된 변수에 할당하는 함수
- putchar( ) 함수 : 화면에 한 문자씩 출력하는 함수
- gets( ) 함수 : 키보드로부터 문자열을 읽어 들여 문자열 포인터가 가리키는 장소에 기억시키며, 그 포인터를 되돌려 주는 함수
- puts( ) 함수 : 문자열을 화면으로 출력하는 함수

35 고급 프로그래밍 언어의 실행순서로 옳은 것은?

① 링커 → 로더 → 컴파일러
② 컴파일러 → 링커 → 로더
③ 로더 → 컴파일러 → 링커
④ 로더 → 링커 → 컴파일러

해설
프로그램 언어의 수행순서
원시(Source) P/G → 번역(컴파일러) → 목적(Object) P/G 생성 → 링커 → 로더 → 실행

36 어셈블리어에 대한 설명으로 옳은 것은?

① 고급언어에 해당한다.
② 호환성이 좋은 언어이다.
③ 실행을 위하여 기계어로 번역하는 과정이 필요 없다.
④ 기호언어이다.

해설
어셈블리어(Assembly Language)
2진수로 작성된 기계어 프로그램의 동작 코드부와 어드레스부를 각각 프로그래머가 이해하기 쉽고 사용하기 쉬운 기호로 바꾸어 프로그래밍을 할 수 있도록 한 언어로, 기호 언어(Symbolic Language)라고도 한다.

37 운영체제의 기능으로 옳지 않은 것은?

① 자원 보호 기능을 제공한다.
② 데이터 및 자원의 공유기능을 제공한다.
③ 원시 프로그램을 목적 프로그램으로 변환하는 기능을 제공한다.
④ 사용자와 시스템 간의 편리한 인터페이스를 제공한다.

해설
운영체제의 역할
- 사용자와 컴퓨터 시스템 간의 인터페이스(Interface) 정의
- 사용자들 간의 하드웨어의 공동 사용
- 여러 사용자 간의 자원 공유
- 자원의 효과적인 운영을 위한 스케줄링
- 입출력에 대한 보조 역할

정답 34 ② 35 ② 36 ④ 37 ③

38 고급언어로 작성된 원시 프로그램을 기계어로 된 목적 프로그램으로 번역하는 것은?

① 컴파일러
② DBMS
③ 운영체제
④ 로 더

> **해설**
> 컴파일러(Compiler)
> 전체 프로그램을 한 번에 처리하여 목적 프로그램을 생성하는 번역기로 기억 장소를 차지하지만 실행 속도가 빠르다.

39 순서도의 역할로 거리가 먼 것은?

① 프로그램 작성의 기초가 된다.
② 프로그램의 인수, 인계가 용이하다.
③ 계산기의 내부 조작과정을 쉽게 파악할 수 있다.
④ 프로그램의 정확성 여부와 오류를 쉽게 판단할 수 있다.

> **해설**
> 순서도의 역할
> • 처리 순서와 방법을 결정해서 이를 일정한 기호를 사용하여 일목요연하게 나타낸 그림
> • 프로그램 코딩의 직접적인 자료
> • 프로그램의 인수, 인계가 용이
> • 프로그램의 정확성 여부를 검증하는 자료
> • 논리적인 체계 및 처리 내용을 쉽게 파악할 수 있으며, 문서화의 역할
> • 오류 발생 시 그 원인을 찾아내는 데 이용

40 프로그램이 수행되는 동안 변하지 않는 값을 의미하는 것은?

① Variable
② Comment
③ Pointer
④ Constant

> **해설**
> 상수(Constant)는 프로그램의 실행 중에 값이 변하지 않는 지정된 값이다.

41 디지털 신호를 아날로그 신호로 변환하는 장치는?

① A/D 변환기
② D/A 변환기
③ 해독기(Decoder)
④ 비교기(Comparator)

> **해설**
> 디지털 신호를 아날로그 신호로 변환하는 장치는 D/A 변환기이다.

42 2진수 10010011을 8진수로 변환하면?

① 223   ② 243
③ 234   ④ 443

> **해설**
> 2진수를 우측에서 3자리씩 나누어 8진수로 표현한다.
> 2진수   10   010   011
>   ↓   ↓   ↓
> 8진수   2   2   3

43 논리식을 최소화시키는 데 간편한 방법으로 진리표를 그림모양으로 나타낸 것은?

① 드모르간 도
② 비트 도
③ 클리어 도
④ 카르노 도

해설
카르노 도법에 의한 최소화
- 논리 회로의 논리식을 간소화하는 것을 최소화(Minimization)라 한다.
- 불 대수의 정리 및 법칙을 이용하여 최소화하는 방법으로 논리식이 비교적 단순할 때 사용한다.
- 논리식에 해당되는 부분을 카르노 도표에 '1'을 쓰고, 그 밖에는 '0'을 쓴다.
- 이웃된 '1'을 2, 4, 8, 16개로 가능한 한 크게 원을 만든다. 이때 이들 원은 중복되어도 된다.
- 다른 원과 중복된 '1'의 원이 있으면 이것은 삭제한다.
- 원으로 묶어진 부분에서 변화되지 않은 변수만을 불 대수로 쓴다.
- 변수의 개수가 n일 경우 2^n개의 사각형들로 구성한다.

44 카운터(계수회로)에 대한 설명으로 옳은 것은?

① 동기식 카운터는 모든 플립플롭을 하나의 클록신호에 의해 동시에 변화시킨다.
② 카운터는 모두 동기식 회로로 설계하여야 한다.
③ 비동기식 카운터는 클록이 빠를수록 오동작의 가능성이 적다.
④ 비동기식 카운터에서 플립플롭의 수는 오동작과 전혀 관계가 없다.

해설
카운터(계수기)
입력 펄스가 들어올 때마다 미리 정해진 순서대로 플립플롭의 상태가 변화하는 것을 이용한 것이다.

45 순서논리회로에 기억소자로 쓰이는 것은?

① 고조파 발진기
② 비안정 멀티바이브레이터
③ 단안정 멀티바이브레이터
④ 쌍안정 멀티바이브레이터

해설
순서논리회로의 기억소자로 쓰이는 것은 쌍안정 멀티바이브레이터이다.

46 다음 중 인코더의 반대동작을 하는 장치는?

① 디코더
② 전가산기
③ 멀티플렉서
④ 디멀티플렉서

해설
인코더(Encoder)는 디코더의 반대기능을 수행하는 장치이다.

47 동기형 계수기로 사용할 수 없는 것은?

① BCD 계수기
② 존슨 계수기
③ 2진 계수기
④ 리플 계수기

해설
리플 계수기는 비동기형 계수기이다.
동기형(Synchronous Type) 카운터
- 계수 회로에 쓰이는 모든 플립플롭에 클록 펄스를 동시에 공급하며 출력 상태가 동시에 변화하고, 클록 펄스가 없을 때 가해진 압력 펄스에 대해서는 각각의 플립플롭이 동작하지 않는다.
- 클록 펄스가 클록 입력 또는 트리거 입력에 직접 연결되어 계수기 플립플롭의 상태가 동시에 변한다.
- 동작속도가 고속으로 이루어진다.
- 설계가 쉽고 규칙적이다.
- 제어신호가 플립플롭의 입력으로 된다.
- 회로가 복잡하고 큰 시스템에 사용된다.
- 클록 발진기가 별도로 필요하고 지연시간에 관계없다.
- 병렬 계수기(Parallel Counter)라고도 한다.

48 클록 펄스의 개수나 시간에 따라 반복적으로 일어나는 행위를 세는 장치로서 여러 개의 플립플롭으로 구성되는 것은?

① 계수기　　② 누산기
③ 가산기　　④ 감산기

해설
카운터(계수기) : 입력 펄스가 들어올 때마다 미리 정해진 순서대로 플립플롭의 상태가 변화하는 것을 이용한 것이다.

49 한 개의 선으로 정보를 받아들여 n개의 선택선에 의해 2^n개의 출력 중 하나를 선택하여 출력하는 회로로 Enable 입력을 가진 디코더와 등가인 회로는?

① 멀티플렉서　　② 디멀티플렉서
③ 비교기　　④ 해독기

해설
디멀티플렉서(Demultiplexer)
• 한 신호원으로부터의 데이터를 제어 입력에 의해 여러 개의 출력단 중에서 선택된 출력단에 출력하는 회로이다.
• $1×2^n$ 디멀티플렉서는 하나의 입력과 2^n개의 출력선 중에서 하나를 선택하기 위한 n개의 선택선을 가진다.

50 일반적인 디지털시스템에서 음수 표현의 방법이 아닌 것은?

① 부호화 절댓값　　② "-"의 표시
③ 1의 보수　　④ 2의 보수

해설
음수를 나타내는 표현방식
• 부호화 절댓값
• 1의 보수
• 2의 보수

51 반감산기에서 차를 얻기 위한 게이트는?

① OR　　② AND
③ NAND　　④ XOR

해설
반감산기(Half-subtracter)
• 피감수와 감수만 다루고, 아랫자리에서의 빌림수는 취급하지 않으므로 2진수 1자리의 감산에만 사용할 수 있다.
• 차를 구하기 위해 EX-OR 게이트가 사용된다.

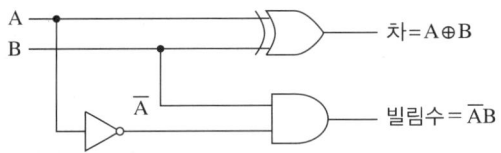

A	B	빌림수	차
0	0	0	0
0	1	1	1
1	0	0	1
1	1	0	0

52 다음 불 대수 기본법칙 중 분배법칙을 나타내는 것은?

① $A+B=B+A$
② $A+(A\cdot B)=A$
③ $A\cdot(B\cdot C)=(A\cdot B)\cdot C$
④ $A\cdot(B+C)=(A\cdot B)+(A\cdot C)$

해설
불 대수의 법칙
• 교환 법칙 : $A+B=B+A$, $A\cdot B=B\cdot A$
• 결합 법칙 : $(A+B)+C=A+(B+C)$
　　　　　　$(A\cdot B)\cdot C=A\cdot(B\cdot C)$
• 분배 법칙 : $A+(B\cdot C)=(A+B)\cdot(A+C)$
　　　　　　$A\cdot(B+C)=A\cdot B+A\cdot C$

53 JK 플립플롭의 특성표에서 J = 1, K = 1일 때 출력 ($Q_{(n+1)}$)의 상태는?

① 불변($Q_{(n)}$)
② Reset(0)
③ Set(1)
④ 반전($\overline{Q}_{(n)}$)

해설
JK 플립플롭의 특성표

J	K	$Q_{(n+1)}$	설 명
0	0	$Q_{(n)}$	현 상태가 그대로 출력
0	1	0	0을 출력(Reset)
1	0	1	1을 출력(Set)
1	1	$\overline{Q}_{(n)}$	Complement(보수)

54 레지스터의 사용이 요구되는 상황으로 거리가 먼 것은?

① 출력 장치에 정보를 전송하기 위해 일시 기억하는 경우
② 사칙 연산 장치의 입력부분에 장치하여 데이터를 일시 기억하는 경우
③ 기억장치 등으로부터 이송된 정보를 일시적으로 기억시켜 두는 경우
④ 일시 저장된 정보내용을 영구히 고정시키는 경우

해설
레지스터(Register)
2진 데이터를 일시 저장하는 데 적합한 2진 기억 소자들의 집합이며, 1개의 플립플롭은 2진 데이터의 1비트를 저장할 수 있는 기억 소자의 역할을 하므로 레지스터는 플립플롭의 집합이라 할 수 있다.

55 다음 논리식의 결과값은?

$$(\overline{\overline{A}+B})(\overline{\overline{A}+\overline{B}})$$

① 0
② 1
③ A
④ B

해설
$(\overline{\overline{A}+B})(\overline{\overline{A}+\overline{B}}) = (\overline{\overline{A}} \cdot \overline{B})(\overline{\overline{A}} \cdot \overline{\overline{B}})$
$= (A \cdot \overline{B})(A \cdot B)$
$= (A \cdot A)(A \cdot B)(\overline{B} \cdot A)(\overline{B} \cdot B)$
$= A \cdot (A \cdot B) \cdot (\overline{B} \cdot A) \cdot 0$
$= 0$

56 Flip-flop 6개로 구성된 계수기가 가질 수 있는 최대의 2진 상태는?

① 24
② 32
③ 64
④ 96

해설
출력 상태는 n개의 F/F을 사용하면 2^n개의 2진 상태를 얻을 수 있으므로 플립플롭 6개로 $2^6 = 64$개의 2진 상태를 얻을 수 있다.

57 펄스가 입력되면 현재와 반대의 상태로 바뀌게 되는 토글(Toggle) 상태를 만드는 회로는?

① D형 플립플롭
② 주종 플립플롭
③ T형 플립플롭
④ 레지스터형 플립플롭

해설
T 플립플롭
- JK 플립플롭의 입력 J 및 K를 서로 묶어서 하나의 데이터로 입력한다.
- 클록 펄스가 가해질 때마다 출력 상태가 반전하는 토글(Toggle) 또는 스위칭 작용을 하므로 계수기(Counter)에 사용된다.

58 디지털 시스템에서 전송의 착오(Error) 여부를 검색하는 장치로 가장 적합한 것은?

① 디코더(Decoder)
② 인코더(Encoder)
③ 멀티플렉서(Multiplexer)
④ 패리티 검사기(Parity Checker)

해설
디지털 시스템에서 전송의 착오(Error) 여부를 검색하는 장치는 패리티 검사기이다.

59 어떠한 입력 중에서 하나라도 1이 되면 출력이 0이 되고 모든 입력이 0일 때에만 출력이 1이 되는 게이트는?

① NAND
② NOR
③ AND
④ OR

해설
부정 논리합(NOR) 회로

$C = \overline{A+B}$

입력		출력
A	B	C
0	0	1
0	1	0
1	0	0
1	1	0

60 게이트 입력단자에 신호가 들어와 출력단자로 나오기까지 걸리는 시간을 나타내는 것은?

① 상승 시간
② 하강 시간
③ 전달지연시간
④ 팬 아웃

해설
③ 전달지연시간 : 입력 펄스 변화에 따른 출력 펄스 변화가 나타나기까지의 지연시간
① 상승 시간(Rise Time) : 출력이 일정한 정상 상태 값의 작은 비율에서 큰 비율로 상승하여 도달할 때까지 소요 시간
② 하강 시간(Decay Time) : 최대 진폭 비율에서 정상 진폭 비율까지 소요 시간
④ 팬 아웃 : Gate 출력에 연결할 수 있는 최대 Gate 수

정답 57 ③ 58 ④ 59 ② 60 ③

2014년 제5회 과년도 기출문제

01 저주파 증폭기의 출력 기본파 전압이 50[V], 제2고조파 전압이 4[V], 제3고조파 전압이 3[V]인 경우 왜율은 몇 [%]인가?

① 5[%] ② 10[%]
③ 15[%] ④ 20[%]

[해설]
왜율
왜파가 정현파에 비해서 어느 정도 일그러져 있는가를 나타내는 것이다. 왜율 k는 기본파에 대하여 고조파가 포함되어 있는 비율에 따라서 다음 식과 같이 정한다.

$$k = \frac{\sqrt{A_2^2 + A_3^2}}{A_1} \times 100[\%]$$

- A_1 : 기본파의 전압 또는 전류의 실횻값
- A_2 : 제2고조파의 전압 또는 전류의 실횻값
- A_3 : 제3고조파의 전압 또는 전류의 실횻값

왜율 $k = \frac{\sqrt{A_2^2 + A_3^2}}{A_1} \times 100 = \frac{\sqrt{4^2 + 3^2}}{50} \times 100 = 10[\%]$

02 반도체에 정공을 만들기 위한 불순물(억셉터)에 속하는 것은?

① P ② Sb
③ Ga ④ As

[해설]

구분	첨가 불순물	명칭	반송자	특징
N형 반도체	5족 원소 : As(비소), Sb(안티몬), P(인), Bi(비스무트) 등	도너 (Doner)	과잉 전자	• 다수 반송자 : 전자 • 소수 반송자 : 정공
P형 반도체	3족 원소 : In(인듐), Ga(갈륨), B(붕소), Al(알루미늄) 등	억셉터 (Accepter)	정공	• 다수 반송자 : 정공 • 소수 반송자 : 전자

03 트랜지스터(TR)가 정상적으로 증폭작용을 하는 영역은?

① 활성영역 ② 포화영역
③ 차단영역 ④ 역포화영역

[해설]
트랜지스터 동작 특성
- 포화영역 : 스위치동작-ON
- 활성영역 : 트랜지스터 증폭
- 차단영역 : 스위치동작-OFF
- 항복영역 : 트랜지스터 파괴

04 진폭 변조와 비교하여 주파수 변조에 대한 설명으로 가장 적합하지 않은 것은?

① 신호대 잡음비가 좋다.
② 초단파 통신에 적합하다.
③ 반향(Echo) 영향이 많아진다.
④ 점유주파수 대역폭이 넓다.

[해설]
진폭 변조(AM ; Amplitude Modulation)
- 전파의 진폭을 변화시키는 방법이다.
- 회로가 간단하다.
- 비용이 적게 드는 반면 전력 효율이 떨어진다.
- 잡음에 약하다.

주파수 변조(FM ; Frequency Modulation)
- 진폭은 변하지 않고 필요에 따라 주파수만을 변화시키는 방법이다.
- 피변조파의 진폭을 미리 일정하게 만들어 송신한다.
- 에코(Echo), 간섭, 페이딩의 영향이 작다.
- 잡음에 강하다.
- 광대역의 주파수대가 필요하다.
- 음악이나 무선 마이크 등에 주로 사용된다.
- 주로 초단파(WHF)대의 FM방송에 사용된다.

1 ② 2 ③ 3 ① 4 ③ **정답**

05 그림과 같은 회로의 전원에서 본 등가저항은 몇 [Ω]인가?

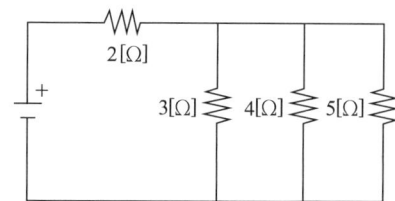

① $\frac{154}{60}$ [Ω]   ② $\frac{154}{47}$ [Ω]

③ $\frac{167}{60}$ [Ω]   ④ $\frac{167}{47}$ [Ω]

해설

3[Ω], 4[Ω], 5[Ω]은 병렬연결이므로,
$\frac{1}{R} = \frac{1}{3} + \frac{1}{4} + \frac{1}{5} = \frac{20+15+12}{60} = \frac{47}{60}$, $R = \frac{60}{47}$ 이다.

2[Ω]과 직렬연결을 구하면 $R = 2 + \frac{60}{47} = \frac{154}{47}$ 이다.

전원에서 본 등가저항은 $\frac{154}{47}$ [Ω]이다.

06 제너 다이오드를 사용하는 회로는?

① 검파 회로
② 고압 정류회로
③ 고주파 발진회로
④ 전압 안정회로

해설

제너(정전압) 다이오드
제너 항복을 응용한 정전압 소자로 합금 또는 확산법으로 만든 실리콘 접합 다이오드로 전압을 일정하게 유지하는 정전압회로에 사용한다.

07 다음 중 플립플롭회로는 어느 회로에 속하는가?

① 단안정 멀티바이브레이터
② 쌍안정 멀티바이브레이터
③ 비안정 멀티바이브레이터
④ 블로킹 발진회로

해설

플립플롭회로
멀티바이브레이터의 일종으로, 동작상 2개의 안정 상태를 갖는 것을 말하며, 2안정 멀티바이브레이터 또는 쌍안정 멀티바이브레이터라고도 한다.

08 다음 중 저주파 정현파 발진기로 주로 사용되는 것은?

① 빈 브리지 발진회로
② LC 발진회로
③ 수정 발진회로
④ 멀티바이브레이터

해설

빈 브리지형(Wien-bridge) 발진기
발진 주파수가 안정하고, 파형 일그러짐이 적으며 정현파에 가까운 발진 파형이 얻어지므로 저주파 발진기에 사용한다.

09 다음 그림과 같은 회로의 명칭으로 가장 적합한 것은?(단, 다이오드는 정밀급이다)

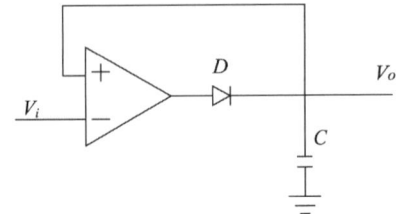

① 적분기
② 배압검파기
③ 정밀클램프
④ (+)피크 검파기

해설
출력이 입력파형의 첨두전압과 같은 값의 직류 전압을 갖는 회로를 피크 검출기라 한다. 매우 작은 신호의 피크를 검출하기 위한 회로로 연산증폭기의 매우 높은 이득이 다이오드의 오프셋(Offset) 전압의 영향을 0.7[V]에서 7[μV] 범위까지 줄일 수 있게 하므로 [mV] 신호의 피크를 검출할 수 있다.

10 전파 정류회로에 대한 설명으로 옳은 것은?

① 직류의 한쪽 전압을 한쪽 방향으로 흐르게 하는 회로이다.
② 직류의 양쪽 전압을 한쪽 방향으로 흐르게 하는 정류회로이다.
③ 교류의 한쪽 전압을 양쪽 방향으로 흐르게 하는 정류회로이다.
④ 교류의 양쪽 전압을 한쪽 방향으로 흐르게 하는 정류회로이다.

해설
전파 정류회로
- 교류의 양쪽 전압을 모두 한쪽 방향으로 흐르게 하는 정류회로이다.
- 브리지 정류회로와 유사한 정류 효율을 가진다.

11 다음 그림과 같이 중심 노드를 경유하여 다른 노드와 연결하는 방식으로 전화망 등에 사용되는 통신망은?

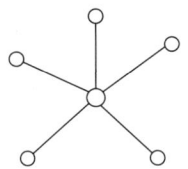

① 루프형 통신망(Loop Network)
② 성형 통신망(Star Network)
③ 그물형 통신망(Mesh Network)
④ 계층형 통신망(Hierarchical Network)

해설

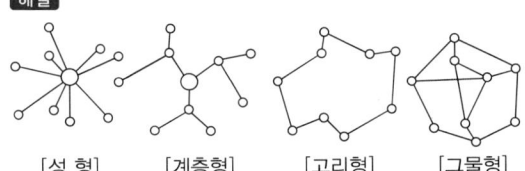

[성형] [계층형] [고리형] [그물형]

전산망의 기본 유형
- 성형 통신망(Star Network) : 중앙 집중형 통신망(Centralized Network)으로 중앙에 컴퓨터(Host Computer)가 있고, 주위에 단말기가 연결된 형태이다.
- 계층형 통신망(Hierarchical Network) : 목형 통신망(Tree Network)이라고도 하며, 중앙에 컴퓨터가 있고 일정 지역 단말기까지는 하나의 통신 회선으로 연결시키고, 그 외의 단말기는 일정 지역 단말기에서 연장되는 형태이다.
- 루프형 통신망(Loop Network) : 환형 통신망(Ring Network)이라고도 하며, 컴퓨터 및 단말기들이 횡적으로 서로 이웃하는 것끼리만 연결시킨 형태로, 양방향으로 데이터 전송이 가능하여 통신 회선 장애 시에 융통성을 가질 수 있다.
- 그물형 통신망(Mesh Network) : 통신의 신뢰도가 중요시되는 구성 형태로, 완전 분산형(Complete Distributed Network) 구조를 통하여 주컴퓨터의 중계 없이 단말기 사이의 데이터 통신이 가능하므로 통신망의 효율이 향상된다.
- 근거리 통신망 : 근거리 통신망(LAN ; Local Area Network)은 빌딩이나 공장, 학교 구내 등 일정 지역 내에 설치된 통신망으로, 약 10[km] 이내의 거리에서 100[Mbps] 이내의 빠른 속도로 데이터 전송이 수행되는 시스템이다.
- 부가 가치 통신망 : 부가 가치 통신망(VAN ; Value Added Network)은 공중 전기 통신 사업자로부터 통신망을 빌려서 컴퓨터와 접속시켜 구성한다.
- 종합 정보 통신망(ISDN ; Integrated Services Digital Network)은 아날로그 전송을 기본으로 한 전화 중심의 통신망을 디지털 전송에 의한 통신망으로 실현하여 전화, 데이터, 화상, 팩시밀리 등 모든 전기 통신 서비스를 통합적으로 제공하는 디지털 통신망으로서, 상호간의 접속성과 고도의 통신 서비스를 제공한다.

12 10진수 25를 2진수로 표현하면?

① 11001　　② 11010
③ 11100　　④ 11110

> **해설**
>
> | 2 | 25 | |
> |---|----|---|
> | 2 | 12 | 1 |
> | 2 | 6 | 0 |
> | 2 | 3 | 0 |
> | | 1 | 1 |
>
> 10진수 25는 2진수 $(11001)_2$이다.

13 중앙처리장치로부터 입출력 지시를 받으면 직접 주기억장치에 접근하여 데이터를 꺼내어 출력하거나 입력한 데이터를 기억시킬 수 있고, 입출력에 관한 모든 동작을 자율적으로 수행하는 입출력 제어 방식은?

① 프로그램 제어방식
② 인터럽트 방식
③ DMA 방식
④ 채널 방식

> **해설**
>
> DMA(Direct Memory Access)에 의한 입출력 방식은 데이터를 전송할 때 CPU와 독립된 채널(Channel)을 구성하여 메모리와 입출력 기기들 사이에서 직접 데이터를 주고받을 수 있도록 제어하는 회로이다.

14 자료를 일정 시간(기간) 동안 모아 두었다가 한 번에 처리하는 시스템은?

① 지연(Delayed) 처리 시스템
② 실시간(Real Time) 처리 시스템
③ 일괄(Batch) 처리 시스템
④ 시분할(Time Sharing) 처리 시스템

> **해설**
>
> ③ 일괄 처리 시스템 : 입력되는 자료를 일정기간 또는 일정량을 모아 두었다가 한꺼번에 처리하는 방식
> ① 지연 처리 시스템 : 처리를 행하지 않으면 필요 없는 데이터가 발생 했을 때, 이 데이터의 양이 적으면 데이터가 일정량 쌓일 때까지 기다리도록 하는 처리 방식
> ② 실시간 처리 시스템 : 데이터 발생 즉시 처리하는 방식
> ④ 시분할 처리 시스템 : 하나의 시스템을 여러 명의 사용자가 단말기를 이용하여 여러 작업을 처리할 때 이용하는 처리 방법. 즉, CPU의 이용 시간을 잘게 분할하여 여러 사용자의 작업을 순환하며 수행하도록 함

15 프로그램을 실행하는 도중에 예기치 않은 상황이 발생할 경우, 현재 실행 중인 작업을 즉시 중단하고 발생된 상황을 우선 처리한 후 실행 중이던 작업으로 복귀하여 계속 처리하는 것을 무엇이라고 하는가?

① 명령 실행　　② 간접 단계
③ 명령 인출　　④ 인터럽트

> **해설**
>
> 인터럽트(Interrupt)
> • 프로그램이 수행되고 있는 동안에 어떤 조건이 발생하여 수행 중인 프로그램을 일시적으로 중지시키게 만드는 조건이나 사건의 발생
> • 다른 프로그램이 수행되는 동안 여러 개의 사건을 처리할 수 있는 메커니즘
> • 인터럽트가 발생하면 마이크로 컨트롤러는 현재 수행중인 프로그램을 일시 중단하고, 인터럽트 처리를 위한 프로그램을 수행한 후에 다시 원래의 프로그램으로 복귀

정답 12 ①　13 ③　14 ③　15 ④

16 다음과 같은 회로도는?

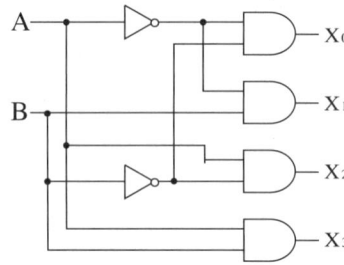

① 인코더
② 카운터
③ 가산기
④ 디코더

해설

그림은 2×4 해독기이며 출력은 AND게이트로 이루어져 있다.
디코더(Decoder)
- 디코더(Decoder, 해독기) : 입력 단자에 가해지는 부호화된 2진 데이터를 그에 해당하는 10진수로 변환하여 해독하는 조합논리 회로로 출력은 AND 게이트로 구성된다.
- n개의 입력과 m개의 출력을 가지는 n×m 디코더 : 입력에 가해지는 N비트 코드를 해독하여 그 값에 따라 m개의 출력 중에서 특정한 하나의 출력을 '1'로 하고 나머지 출력들은 '0'으로 만든다.
- 2×4 디코더 진리표

A	B	X_0	X_1	X_2	X_3
0	0	1	0	0	0
0	1	0	1	0	0
1	0	0	0	1	0
1	1	0	0	0	1

17 미국에서 개발된 표준 코드로서 개인용 컴퓨터에 주로 사용되며, 7비트로 구성되어 128가지의 문자를 표현할 수 있는 코드는?

① EBCDIC
② UNICODE
③ ASCII
④ BCD

해설

ASCII 코드(American Standard Code for Information Interchange)
- ASCII 코드의 7개의 데이터 비트로 한 문자를 표시하는 데 3개의 존 비트와 4개의 디지트 비트로 구성되며, 8비트의 ASCII 코드도 있다.
- ASCII 코드의 비트 번호는 오른쪽에서 왼쪽으로 부여한다.
- 통신 제어용 및 마이크로 컴퓨터의 기본 코드로 사용한다.
- 2^7=128개의 서로 다른 문자를 표현한다.

18 컴퓨터 메모리의 스택영역을 이용하여 연산을 실행하는 경우로서 명령어에는 연산자 부분만 존재하고 오퍼랜드 부분이 없는 것은?

① 1 주소 명령어
② 2 주소 명령어
③ 3 주소 명령어
④ 0 주소 명령어

해설

0-주소 명령(0-Address Instruction)
- Operand 없이 OP Code만으로 구성되는 명령어 형식이다.

- Stack을 이용하여 연산을 수행한다.
- 0-주소 명령으로 프로그램을 작성하면 프로그램의 길이가 길어질 수 있다.
- 연산 데이터의 위치와 결과의 입력 위치가 결정되어 있어 주소를 필요로 하지 않는다.
- 대표적인 0-주소 명령어 : PUSH, POP

16 ④ 17 ③ 18 ④

19 X축과 Y축을 움직여 종이에 그림을 그려주는 출력 장치는?

① 마우스 ② 모니터
③ 스피커 ④ 플로터

해설
플로터(Plotter)는 상하좌우로 움직이는 펜을 이용하여 단순한 글자에서부터 복잡한 그림, 설계 도면까지 거의 모든 정보를 인쇄할 수 있는 출력 장치이다.

20 양방향 데이터 전송은 가능하나 동시 전송이 불가능한 방식은?

① Simplex
② Half Duplex
③ Full Duplex
④ Dual Duplex

해설
- 단방향(Simplex) 통신 방식 : 단지 한쪽 방향으로만 데이터를 전송할 수 있는 방식을 말한다.
- 반이중(Half Duplex) 통신 방식 : 데이터를 양쪽 방향으로 전송할 수 있으나 동시에 양쪽 방향으로 전송할 수는 없으며, 한 순간에 어느 한쪽 방향으로만 데이터를 전송할 수 있다.
- 전이중(Full Duplex) 통신 방식 : 접속된 두 장치 사이에서 동시에 양방향으로 데이터의 흐름을 가능하게 하는 방식으로서, 상호의 데이터 전송이 자유롭다.

21 바코드를 대체할 수 있는 기술로 지금처럼 계산대에서 물품을 스캐너로 일일이 읽지 않아도 쇼핑 카트가 센서를 통과하면 구입 물품의 명세와 가격이 산출되는 시스템을 실용화할 수 있으며, 지폐나 유가 증권의 위조 방지, 항공사의 수화물 관리 등 물류 혁명을 일으킬 수 있는 기술은?

① 태블릿(Tablet)
② 터치 스크린(Touch Screen)
③ 광학 마크 판독기(OMR ; Optical Mark Reader)
④ 전자 태그(RFID ; Radio Frequency IDentification)

해설
전자 태그(RFID ; Radio Frequency IDentification)
- 사람, 사물에 부착된 전자 Tag에 저장된 정보를 무선주파수를 이용하여 다량의 정보를 비접촉으로 자동 인식하는 기술
- Read·Write 기능의 대용량의 Data 저장
- 고속 이동하는 상품인식, 수백 개의 상품을 동시 인식
- 감지거리가 길고, 비금속 재료를 통과 인식
- 주위 상황을 인지하여 상황에 맞는 통신
① 태블릿(Tablet) : 터치 스크린을 주입력 장치로 사용하는 소형의 휴대형 컴퓨터
② 터치 스크린(Touch Screen) : 화면 일부분에 손을 접촉함으로써 이용자가 데이터 처리시스템과의 대화 처리를 할 수 있는 표시장치
③ 광학 마크 판독기(OMR ; Optical Mark Reader) : 카드 또는 카드 모양 용지의 미리 지정된 위치에 검은 연필이나 사인펜 등으로 그려진 마크를 광 인식에 의해 읽는 장치

22 10진수 0.6875를 2진수로 옳게 바꾼 것은?

① 0.1101
② 0.1010
③ 0.1011
④ 0.1111

해설

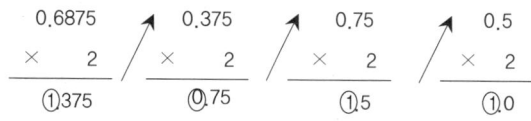

10진수 0.6875를 2진수로 바꾸면 (0.1011)₂이다.

23 이항(Binary) 연산에 해당하는 것은?

① MOVE ② SHIFT
③ COMPLEMENT ④ XOR

해설
- 이항 연산자 : 사칙연산, AND, OR, XOR(EX-OR), XNOR
- 단항 연산자 : NOT, COMPLEMENT, SHIFT, ROTATE, MOVE

24 스택(Stack)에 대한 설명으로 옳지 않은 것은?

① 0-주소 지정방식에 이용된다.
② LIFO(Last-In First-Out)의 구조이다.
③ 운영체제의 작업 스케줄링에 주로 사용된다.
④ 작업이 리스트의 한쪽에서만 처리되는 구조이다.

해설
스택(Stack)
- 임시 데이터의 저장이나 서브루틴의 호출에서 사용한다.
- 연속되게 자료를 저장한다.
- 한쪽 끝에서만 자료를 삽입하거나 삭제할 수 있는 구조이다.
- 스택영역은 내부 데이터 메모리에 위치한다.
- 후입선출방식(LIFO ; Last-In First-Out)이다.
- 0-주소 지정에 이용된다.

25 다음 중 최대 클록 주파수가 가장 높은 논리 소자는?

① CMOS ② ECL
③ MOS ④ TTL

해설

게이트	지연시간
ECL	2[nsec]
TTL	10[nsec]
MOS	100[nsec]
CMOS	500[nsec]

최대 클록 주파수가 가장 높은 순서는 ECL - TTL - MOS - CMOS 이다.

26 컴퓨터에서 사칙 연산을 수행하는 장치는?

① 연산장치
② 제어장치
③ 주기억장치
④ 보조기억장치

해설
연산 기능을 하는 장치(ALU)는 기억된 프로그램이나 데이터를 꺼내어 산술 연산이나 논리 연산을 실행한다.

27 근거리 또는 동일 건물 내에서 다수의 컴퓨터를 통신회선을 이용하여 연결하고, 데이터를 공유하게 함으로써 종합적인 정보처리 능력을 갖게 하는 통신망은?

① WAN ② VAN
③ LAN ④ DAN

해설
③ 근거리 통신망(LAN ; Local Area Network) : 빌딩이나 공장, 학교 구내 등 일정 지역 내에 설치된 통신망으로, 약 10[km] 이내의 거리에서 100[Mbps] 이내의 빠른 속도로 데이터 전송이 수행되는 시스템
① 원거리 통신망(WAN ; Wide Area Network) : 둘 이상의 LAN이 넓은 지역에 걸쳐 연결되어 있는 네트워크
② 부가 가치 통신망(VAN ; Value Added Network) : 공중 전기 통신 사업자로부터 통신망을 빌려서 컴퓨터와 접속시켜 구성

정답 23 ④ 24 ③ 25 ② 26 ① 27 ③

28 음의 정수를 컴퓨터 내부에 표현하는 일반적 방법이 아닌 것은?

① 부호화 1의 보수
② 부호화 2의 보수
③ 부호화 3의 보수
④ 부호화 절댓값

해설
음수를 나타내는 표현방식
• 부호화 절댓값
• 1의 보수
• 2의 보수

29 에러 검출뿐만 아니라 교정까지도 가능한 코드는?

① Biquinary Code
② Gray Code
③ ASCII Code
④ Hamming Code

해설
해밍 코드(Hamming Code)
• 오류 검출 후 자동적으로 정정해 주는 코드
• 1비트의 단일 오류를 정정하기 위해 3비트의 여유 비트가 필요

30 순차 접근 저장 매체(SASD)에 해당하는 것은?

① 자기 코어   ② 자기 디스크
③ 자기 드럼   ④ 자기 테이프

해설
• 순차 접근 저장 매체(SASD) : 자기 테이프
• 임의 접근 저장 매체(DASD) : 자기 디스크, CD-ROM, 하드 디스크, 자기 코어, 자기 드럼

31 기계어에 대한 설명으로 옳지 않은 것은?

① 컴퓨터가 직접 이해할 수 있는 숫자로 표기된 언어를 의미한다.
② 전자계산기 기종마다 명령부호가 다르다.
③ 인간에게 친숙한 영문 단어로 표현된다.
④ 작성된 프로그램의 수정, 보수가 어렵다.

해설
기계어(Machine Language)
• 초창기의 컴퓨터프로그래밍은 기계어에 의해 작성되고 처리되었다.
• 컴퓨터의 전기적 회로에 의해 직접적으로 해석되어 실행되는 언어이다.
• 컴퓨터 자원을 효율적으로 활용한다.
• 언어 자체가 복잡하고 어렵다.
• 프로그래밍 시간이 많이 걸리고 에러가 많다.
• 호환성이 없다.
• 2진수를 사용하여 데이터를 표현한다.
• 프로그램의 실행 속도가 빠르다.

32 프로그래밍 언어의 수행 순서로 옳은 것은?

① 컴파일러 → 로더 → 링커
② 로더 → 컴파일러 → 링커
③ 링커 → 로더 → 컴파일러
④ 컴파일러 → 링커 → 로더

해설
프로그래밍 언어의 수행 순서
원시(Source) P/G → 번역(컴파일러) → 목적(Object) P/G 생성 → 링커 → 로더 → 실행

정답 28 ③ 29 ④ 30 ④ 31 ③ 32 ④

33 순서도를 사용하는 이유로 거리가 먼 것은?

① 알고리즘의 논리적인 단계를 쉽게 파악할 수 있다.
② 프로그램을 작성할 때 기초적인 자료가 된다.
③ 프로그램에 오류가 발생했을 때 쉽게 잘못된 부분을 발견하고 수정할 수 있다.
④ 하드웨어에 관한 전문적인 지식이 증가된다.

해설
순서도의 역할
- 처리 순서와 방법을 결정해서 이를 일정한 기호를 사용하여 일목요연하게 나타낸 그림
- 프로그램 코딩의 직접적인 자료
- 프로그램의 인수, 인계가 용이
- 프로그램의 정확성 여부를 검증하는 자료
- 논리적인 체계 및 처리 내용을 쉽게 파악할 수 있으며, 문서화의 역할
- 오류 발생 시 그 원인을 찾아내는 데 이용

34 C언어에서 사용되는 문자열 출력함수는?

① puts( )   ② gets( )
③ putchar( )   ④ getchars( )

해설
C언어의 문자 출력함수
- getchars( ) 함수 : 키보드로부터 한 번에 한 문자씩 읽어 들여, 그 문자에 해당하는 ASCII 코드의 값을 정수형으로 선언된 변수에 할당하는 함수
- putchar( ) 함수 : 화면에 한 문자씩 출력하는 함수
- gets( ) 함수 : 키보드로부터 문자열을 읽어 들여 문자열 포인터가 가리키는 장소에 기억시키며, 그 포인터를 되돌려 주는 함수
- puts( ) 함수 : 문자열을 화면으로 출력하는 함수

35 구조적 프로그래밍 기법에 대한 설명으로 옳지 않은 것은?

① 프로그램의 수정 및 유지보수가 용이하다.
② 가능한 Goto문을 많이 사용해야 한다.
③ 프로그램의 정확성이 증가된다.
④ 프로그램의 구조가 간결하다.

해설
구조화 프로그래밍의 특징
- 프로그램의 이해가 쉽고 디버깅 작업이 쉽다.
- 계층적 설계이다.
- 블록이라는 단위를 이용하여 프로그램을 작성한다.
- Goto 문법의 사용을 금지한다.
- 제한된 제어구조만을 이용한다.
- 순차 구조(Sequence), 반복 구조(Repetition), 선택 구조(Selection)가 있다.
- 특정 프로그램 내에서 하나의 시작점을 갖는 함수는 반드시 하나의 종료점을 갖는다.
- 프로그램을 읽기 쉽고 수정하기가 용이하다.

36 고급언어로 작성된 프로그램을 한 줄씩 받아들여 프로그램의 내용을 해석하고 번역한 다음, 번역과 동시에 프로그램을 한 줄씩 실행시키는 것은?

① 어셈블러
② 컴파일러
③ 인터프리터
④ 운영체제

해설
인터프리터(Interpreter)
작성된 원시 프로그램을 한 줄씩 읽어 번역 및 실행하는 프로그램으로 실행 속도가 느리지만 기억장소를 적게 차지한다(BASIC, LISP, JAVA, PL/I).

37 운영체제의 페이지 교체 알고리즘 중 최근에 사용하지 않은 페이지를 교체하는 기법으로서, 최근의 사용 여부를 확인하기 위해서 각 페이지마다 2개의 비트가 사용되는 것은?

① NUR
② LFU
③ LRU
④ FIFO

해설

페이지 교체 알고리즘
- NUR(Not Used Recently)
  - 최근에 사용하지 않은 페이지를 교체하는 기법
  - "근래에 쓰이지 않은 페이지들은 가까운 미래에도 쓰이지 않을 가능성이 높다."라는 이론에 근거
  - 각 페이지마다 2개의 하드웨어 비트(호출 비트, 변형 비트)가 사용됨
- LFU(Least Frequently Used) : 사용 횟수가 가장 적은 페이지를 교체하는 기법
- LRU(Least Recently Used)
  - 최근에 가장 오랫동안 사용하지 않은 페이지를 교체하는 기법
  - 각 페이지마다 계수기를 두어 현 시점에서 볼 때 가장 오래 전에 사용된 페이지를 교체
- FIFO(First-In First-Out) : 가장 먼저 들여온 페이지를 먼저 교체시키는 방법(주기억장치 내에 가장 오래 있었던 페이지를 교체)

38 시분할 시스템을 위해 고안된 방식으로 FCFS 알고리즘을 선점 형태로 변형한 스케줄링 기법은?

① SRT
② SJF
③ Round Robin
④ HRN

해설

종류	방법
SRT	수행 도중 나머지 수행시간이 적은 작업을 우선적으로 처리하는 방법
SJF	수행 시간이 적은 작업을 우선적으로 처리하는 방법
Round Robin	FCFS 방식의 변형으로 일정한 시간을 부여하는 방법
HRN	실행 시간이 긴 프로세스에 불리한 SJF 기법을 보완한 방법

39 다음 중 일괄 처리 시스템에 가장 적합한 업무는?

① 승차권 예약 업무
② 입·출금 조회 업무
③ 급여 계산 업무
④ 본·지점 거래 내역 업무

해설

일괄 처리 시스템(Batch Processing System)
자료를 일정 기간 동안 또는 일정한 분량이 될 때까지 모아 두었다가 한꺼번에 처리하는 방식

40 좋은 프로그래밍 언어가 갖추어야 할 요소와 거리가 먼 것은?

① 효율적인 언어이어야 한다.
② 언어의 확장이 용이하여야 한다.
③ 언어의 구조가 체계적이어야 한다.
④ 하드웨어에 의존적이어야 한다.

해설

프로그램 언어가 갖추어야 할 요건
- 프로그래밍 언어는 단순 명료하고 통일성을 가져야 한다.
- 프로그래밍 언어의 구조가 체계적이어야 한다.
- 응용문제에 자연스럽게 적용할 수 있어야 한다.
- 확장성이 있어야 한다.
- 효율적이어야 한다.
- 외부적인 지원이 가능해야 한다.

정답 37 ① 38 ③ 39 ③ 40 ④

41 2진수 (10100101)₂의 2의 보수로 옳은 것은?

① 01011010
② 00001111
③ 11110000
④ 01011011

해설
2의 보수는 1의 보수에다 1을 더하여 구하므로, 2진수 (10100101)₂을 1의 보수로 바꾸면 01011010이 된다. 1의 보수 01011010에 1을 더하면 2의 보수 01011011이 된다.

42 동기적 동작이나 비동기적 동작이 모두 가능하며, 펄스가 가해질 때마다 출력상태가 반전(Toggle)되는 플립플롭은?

① D 플립플롭
② T 플립플롭
③ RS 플립플롭
④ JK 플립플롭

해설
T 플립플롭
- JK 플립플롭의 입력 J 및 K를 서로 묶어서 하나의 데이터로 입력한다.
- 클록 펄스가 가해질 때마다 출력 상태가 반전하는 토글(Toggle) 또는 스위칭 작용을 하므로 계수기(Counter)에 사용된다.

T	Q_{n-1}
0	Q_n
1	$\overline{Q_n}$

43 동기식 9진 카운터를 만드는 데 필요한 플립플롭의 개수는?

① 1
② 2
③ 3
④ 4

해설
플립플롭이 n개일 때 카운터가 셀 수 있는 최대의 수를 N이라 하면, $N=2^n$개의 수를 셀 수 있고, 0에서 2^n-1의 수까지 표현한다. 즉, 9진 카운터를 만들기 위해서 플립플롭이 $2^4=16$이므로 4개의 플립플롭이 필요하다.

44 플립플롭이 특정 현재 상태에서 원하는 다음 상태로 변화하는 동작을 하기 위한 입력을 표로 작성한 것은?

① 카르노 표
② 여기표
③ 게이트 표
④ 트리표

해설
여기표
플립플롭의 현재 상태와 다음 상태를 알 때 입력으로 어떤 값을 인가해주어야 하는지 알기 쉽도록 만든 표

45 여러 회선의 입력이 한 곳으로 집중될 때 특정 회선을 선택하도록 하므로, 선택기라고도 하는 회로는?

① 멀티플렉서(Multiplexer)
② 리플 계수기(Ripple Counter)
③ 디멀티플렉서(Demultiplexer)
④ 병렬 계수기(Parallel Counter)

해설
멀티플렉서(Multiplexer)
- 2개 이상의 입력 중에서 필요로 하는 신호를 외부로부터의 선택 기호에 의해 1개만 선택하여, 출력 신호로 꺼낼 수 있는 기능을 가진 조합 논리 회로이다.
- 게이트를 사용하여 구성하는 멀티플렉서는 2^n개의 입력선과 입력 선택을 위한 n개의 선택선 및 하나의 출력선을 가지며, 이 선택선에 가하는 비트 조합에 따라 입력 중의 하나가 선택된다.

정답 41 ④ 42 ② 43 ④ 44 ② 45 ①

46 다음 논리회로 기호에서 입력 A = 1, B = 0일 때 출력 Y의 값은?

① Y = 0
② Y = 1
③ Y = 이전 상태
④ Y = 반대상태

해설
XNOR(Exclusive-NOR) 게이트
• 입력이 같을 경우에만 '1'의 출력이 나오는 소자
• 항등 게이트(Equivalence)라고도 함

기호

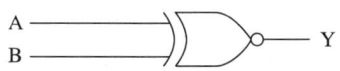

• 논리식 : $Y = A \otimes B$ 또는 $Y = \overline{A \oplus B}$
• 진리표

입 력		출 력
A	B	Y
0	0	1
0	1	0
1	0	0
1	1	1

47 반가산기에서 입력 A = 1이고 B = 0이면 출력 합 (S)과 올림수(C)는?

① S = 0, C = 0
② S = 1, C = 1
③ S = 1, C = 0
④ S = 0, C = 1

해설
반가산기(Half-adder)
2개의 2진수와 A와 B를 더한 합(Sum) S와 자리올림 수(Carry) C를 얻는 회로로 배타 논리합 회로와 논리곱 회로로 구성된다.

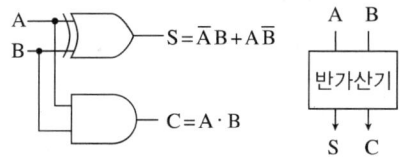

입 력		출 력	
A	B	S	C
0	0	0	0
0	1	1	0
1	0	1	0
1	1	0	1

48 논리식 $Y = AB + B$를 간소화시킨 것은?

① $A \cdot B$
② $A + B$
③ A
④ B

해설
불 대수 $1 + A = 1$에 의해서
$Y = AB + B = B(A+1) = B$이다.

49. 다음 레지스터 마이크로 명령에 대한 설명으로 옳은 것은?

$$A \leftarrow A+1$$

① A 레지스터의 어드레스를 1 증가시킨 레지스터의 데이터 값을 전송하기
② A 레지스터의 어드레스를 1 증가시키고 어드레스를 A 레지스터에 저장하기
③ A 레지스터의 데이터 값을 1 증가시키고 A 레지스터에 저장하기
④ A 레지스터의 데이터 값을 1 증가시키고 A+1 레지스터에 저장하기

해설
레지스터 마이크로 명령
$A \leftarrow A+1$
A 레지스터의 데이터 값을 1 증가시키고 A 레지스터에 저장하기

50. 계수기에서 가장 기본이 되는 계수기로서, 흔히 리플 계수기라고도 불리는 것은?

① 비동기형 계수기
② 상향 계수기
③ 하향 계수기
④ 동기형 계수기

해설
비동기식(Asynchronous Type) 카운터
- 플립플롭의 입력으로는 클록 펄스와 앞단의 출력이 차례로 연결되어 있어 상태가 동시에 변하지 않고 순차적으로 변한다. 리플 계수기라고도 한다.
- 각 단을 통과할 때마다 지연시간이 누적되므로 고속 카운터에는 부적당하다.
- 매우 높은 주파수에는 부적당, 비트수가 많은 카운터에는 부적합하다.
- 회로가 간단해서 작은 규모의 계기 회로에 적당하다.
- 플립플롭들은 동일 클록에 변하지 않고, 한 플립플롭의 출력이 다른 플립플롭의 클록으로 동작하기 때문에 지연시간이 길어지게 된다.
- 시스템의 상태는 모든 플립플롭의 전이가 완료될 때까지 결정되지 않는다.

51. 4변수 카르노 맵에서 최소항(Minterm)의 개수는?

① 16
② 12
③ 8
④ 4

해설
4개의 변수에 대한 $2^4 = 16$개의 최소항으로 구성

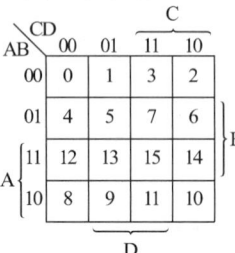
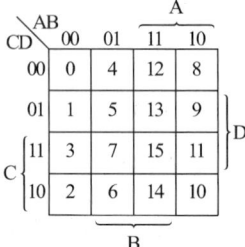

(a) 행 우선 변수 배치 (b) 열 우선 변수 배치
[4변수 카르노 맵의 표현]

4변수 최소항의 조합

최소항	논리값	최소항 번호	최소항	논리값	최소항 번호
$\bar{A}\bar{B}\bar{C}\bar{D}$	0000	0	$A\bar{B}\bar{C}\bar{D}$	1000	8
$\bar{A}\bar{B}\bar{C}D$	0001	1	$A\bar{B}\bar{C}D$	1001	9
$\bar{A}\bar{B}C\bar{D}$	0010	2	$A\bar{B}C\bar{D}$	1010	10
$\bar{A}\bar{B}CD$	0011	3	$A\bar{B}CD$	1011	11
$\bar{A}B\bar{C}\bar{D}$	0100	4	$AB\bar{C}\bar{D}$	1100	12
$\bar{A}B\bar{C}D$	0101	5	$AB\bar{C}D$	1101	13
$\bar{A}BC\bar{D}$	0110	6	$ABC\bar{D}$	1110	14
$\bar{A}BCD$	0111	7	$ABCD$	1111	15

52. 그레이(Gray) 부호 1110을 2진수로 변환하면?

① $(1001)_2$
② $(1110)_2$
③ $(1011)_2$
④ $(0111)_2$

해설
그레이 코드   1 → 1 → 1 → 0
            ↓ ⊕ ↓ ⊕ ↓ ⊕ ↓
2진수   1   0   1   1

그레이 코드 1110을 2진수로 변환하면 10111이 된다.

53 컴퓨터 내의 연산 시 숫자 자료를 보수로 표현하는 이유로 가장 타당한 것은?

① 덧셈과 뺄셈을 덧셈 회로로 처리할 수 있다.
② 수를 표현하는데 저장장치를 절약할 수 있다.
③ 실수를 표현하기 쉽다.
④ 미국표준협회에서 개발되어 대중성을 확보하고 있다.

해설
컴퓨터 내의 연산 시 숫자 자료를 보수로 표현하는 이유는 음수를 표현하기 위해서이지만, 뺄셈 연산을 덧셈으로 처리하기 위해서도 사용한다.

54 JK 플립플롭의 두 입력이 J = 1, K = 1일 때 출력(Q_{n+1})의 상태는?

① Q_n
② $\overline{Q_n}$
③ 0
④ 1

해설
JK 플립플롭의 특성표

J	K	$Q_{(n+1)}$	설 명
0	0	$Q_{(n)}$	현 상태가 그대로 출력
0	1	0	0을 출력(Reset)
1	0	1	1을 출력(Set)
1	1	$\overline{Q}_{(n)}$	Complement(보수)

55 다음 중 시프트 레지스터에 대한 설명으로 옳은 것은?(단, FF는 Flip-flop이다)

① FF에 기억되는 것을 방해시키는 레지스터를 말한다.
② FF에 기억된 정보를 소거시키는 레지스터를 말한다.
③ FF에 Clock 입력을 기억시키기만 하는 레지스터를 말한다.
④ FF에 기억된 정보를 다른 FF에 옮기는 동작을 하는 레지스터를 말한다.

해설
시프트 레지스터(Shift Register)
2진수를 직렬로 1비트씩 차례로 입력시키면 레지스터가 기억하고 있는 데이터를 오른쪽 또는 왼쪽으로 한 자리씩 이동(Shift)시킬 수 있는 레지스터이다.

56 32개의 입력단자를 가진 인코더(Encoder)는 몇 개의 출력단자를 가지는가?

① 5개
② 8개
③ 32개
④ 64개

해설
인코더(Encoder, 부호기)
- 숫자나 문자 등의 10진수 입력을 2진수로 변환하는 회로로 OR 게이트로 구성된다.
- n개의 비트로 구성되는 코드는 최대 2^n개의 서로 다른 정보를 나타낼 수 있으므로 인코더는 2^n개 이하의 입력과 n개의 출력을 가진다.
- $2^5 = 32$이므로 5개의 출력단자를 가진다.

57 회로의 안정 상태에 따른 멀티바이브레이터의 종류가 아닌 것은?

① 비안정 멀티바이브레이터
② 단안정 멀티바이브레이터
③ 쌍안정 멀티바이브레이터
④ 주파수 안정 멀티바이브레이터

해설
멀티바이브레이터의 종류
- 비안정 멀티바이브레이터(Astable Multivibrator) : 회로에 전원이 공급되면 구형파의 발진이 이루어지는 회로이다.
- 단안정 멀티바이브레이터(Monostable Multivibrator) : 자체 발진의 능력은 없으나 외부의 트리거 펄스 입력이 공급될 때마다 하나의 구형파를 출력하는 회로이다.
- 쌍안정 멀티바이브레이터(Bistable Multivibrator) : 안정 상태를 유지하며 외부의 트리거 펄스 입력이 두 개 공급될 때마다 하나의 구형파를 출력하는 회로로 일반적으로 플립플롭회로라 한다.

58 다음 그림의 게이트 명칭은?

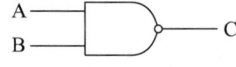

① OR
② AND
③ NAND
④ NOR

해설
부정 논리곱(NAND) 회로

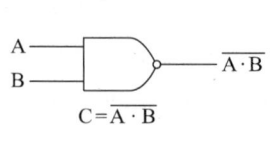

입력		출력
A	B	C
0	0	1
0	1	1
1	0	1
1	1	0

59 카운터와 같이 플립플롭을 사용하는 디지털 회로를 무엇이라고 하는가?

① 조합논리회로
② 순서논리회로
③ 아날로그 논리회로
④ 멀티플렉서 논리회로

해설
순서 논리회로
- 외부로부터의 입력과 현재 상태에 따라 출력이 결정된다.
- 기억기능이 있다.
- 플립플롭과 논리게이트로 구성된다.
- 신호의 타이밍에 따라 동기식과 비동기식으로 나누어진다.
- 플립플롭, 카운터, 레지스터 등이 있다.

60 불 대수의 기본으로 옳지 않은 것은?

① $A + \overline{A} = 1$
② $A + A = A$
③ $A \cdot \overline{A} = 1$
④ $A \cdot A = A$

해설
불 대수의 기본 정리
- $A + 0 = A$
- $A \cdot 1 = A$
- $A + \overline{A} = 1$
- $A \cdot \overline{A} = 0$
- $A + A = A$
- $A \cdot A = A$
- $A + 1 = 1$
- $A \cdot 0 = 0$

57 ④ 58 ③ 59 ② 60 ③

2015년 제1회 과년도 기출문제

01 부궤환증폭기의 특징으로 옳지 않은 것은?

① 종합 이득 향상
② 안정도 개선
③ 주파수 특성 향상
④ 파형 찌그러짐 감소

해설
부궤환증폭기의 특징
• 주파수 특성이 양호하고 안정도가 좋다.
• 부하의 변동이나 전원 전압의 변동에 증폭도가 안정하다.
• 증폭 회로 내부에서 발생 출력에 나타나는 잡음과 왜곡은 $\dfrac{A_0}{1+\beta A_0}$ 로 감소한다.
• 입력 임피던스는 증가하고 출력 임피던스는 낮아진다.
• 대역폭을 넓힐 수 있다.
• 이득이 다소 저하된다.

02 초속도가 0인 전자가 250[V]의 전위차로 가속되었을 때 전자의 속도는 약 몇 [m/s]인가?(단, 전자의 질량 $m = 9.1 \times 10^{-31}$[kg]이고, 전자의 전하량 $e = 1.602 \times 10^{-19}$[C]이다)

① 9.38×10^5[m/s]
② 9.38×10^6[m/s]
③ 7.29×10^5[m/s]
④ 7.29×10^6[m/s]

해설
전자의 속도
$$V_d = \sqrt{\dfrac{2eV}{m}} = \sqrt{\dfrac{2 \times 1.602 \times 10^{-19} \times 250}{9.1 \times 10^{-31}}}$$
$\fallingdotseq 9.38 \times 10^6$[m/s]

03 차동증폭기에서 동위상 신호 제거비(CMRR)가 어떻게 변할 때 우수한 평형 특성을 가지는가?

① 차동 이득과 동위상 이득이 클수록 좋다.
② 차동 이득과 동위상 이득이 작을수록 좋다.
③ 차동 이득이 작고 동위상 이득은 클수록 좋다.
④ 차동 이득이 크고 동위상 이득은 작을수록 좋다.

해설
$$\text{CMRR} = \dfrac{\text{차동 이득}}{\text{동위상 이득}}$$
(동위상 신호 제거비가 클수록 우수한 차동 특성을 나타낸다)

04 입력신호의 정(+), 부(-)의 피크(Peak)를 어느 기준레벨로 바꾸어 고정시키는 회로는?

① 클리핑 회로(Clipping Circuit)
② 비교 회로(Comparing Circuit)
③ 클램핑 회로(Clamping Circuit)
④ 리미터 회로(Limiter Circuit)

해설
입력 신호의 (+) 또는 (-)의 피크를 어느 기준 레벨로 바꾸어 고정시키는 회로를 클램핑 회로, 또는 클램퍼(Clamper)라고 한다. 이 회로가 직류분을 재생하는 목적에 쓰일 때에는 직류분 재생 회로라고도 한다.

정답 1 ① 2 ② 3 ④ 4 ③

05 10[Ω]의 저항 10개를 이용하여 얻을 수 있는 가장 큰 합성저항 값은?

① 1[Ω]
② 10[Ω]
③ 50[Ω]
④ 100[Ω]

해설
직렬접속
$nR = 10 \times 10 = 100[\Omega]$
병렬접속
$\dfrac{R}{n} = \dfrac{10}{10} = 1[\Omega]$

06 실리콘(Si) 트랜지스터의 순방향 바이어스 전압은 대략 몇 [V] 정도인가?

① 1~2[V]
② 2~5[V]
③ 0.2~0.3[V]
④ 0.6~0.7[V]

해설
실리콘(Si) 트랜지스터의 순방향 바이어스 전압은 대략 0.6~0.7[V]이다.

07 홀 효과(Hall Effect)에 대한 설명으로 옳은 것은?

① 전류와 자기장으로 기전력 발생
② 빛과 자기장으로 기전력 발생
③ 자기 저항 소자
④ 광전도 소자

해설
홀 효과(Hall Effect)
전류를 직각방향으로 자계(자기장)를 가했을 때 전류와 자계(자기장)에 직각인 방향으로 기전력이 발생하는 현상이다.

08 다이오드를 사용한 브리지 정류회로는 주로 어떤 정류회로인가?

① 반파 정류회로
② 전파 정류회로
③ 배전압 정류회로
④ 정전압 정류회로

해설
브리지 정류회로
전파 정류회로의 일종으로, 다이오드 4개를 브리지 모양으로 접속하여 정류하는 회로

09 비안정 멀티바이브레이터 회로에서 펄스폭이 1[sec], 반복주기가 5[sec]일 때 반복 주파수는 몇 [Hz]인가?

① 0.2[Hz]
② 0.5[Hz]
③ 1.0[Hz]
④ 5.0[Hz]

해설
$f = \dfrac{1}{T}[\text{Hz}], \ T : 주기[\text{sec}]$
$f = \dfrac{1}{5} = 0.2[\text{Hz}]$

10 트랜지스터를 활성영역에서 사용하고자 할 때 E-B 접합부와 C-B 접합부의 바이어스는 어떻게 공급하여야 하는가?

① E-B : 순바이어스, C-B : 순바이어스
② E-B : 순바이어스, C-B : 역바이어스
③ E-B : 역바이어스, C-B : 순바이어스
④ E-B : 역바이어스, C-B : 역바이어스

해설
바이어스 모드

바이어스 모드	바이어스 극성 E-B 접합	바이어스 극성 C-B 접합
포화(Saturation)	정방향	정방향
활성(Active)	정방향	역방향
반전(Inverted)	역방향	정방향
차단(Cut-off)	역방향	역방향

11 컴퓨터 내부에서 음수를 표현하는 방법이 아닌 것은?

① 부호화 절댓값
② 부호화 1의 보수
③ 부호화 상대값
④ 부호화 2의 보수

해설
정수 표현에서 음수를 나타내는 표현방식
• 부호화 절댓값
• 1의 보수
• 2의 보수

12 입력 단자에 나타난 정보를 코드화하여 출력으로 내보내는 것으로 해독기와 정반대의 기능을 수행하는 것은?

① 멀티플렉서(Multiplexer)
② 플립플롭(Flip-flop)
③ 가산기(Adder)
④ 부호기(Encoder)

해설
인코더(Encoder, 부호기)
• 숫자나 문자 등의 10진수 입력을 2진수로 변환하는 회로로 OR 게이트로 구성된다.
• n개의 비트로 구성되는 코드는 최대 2^n개의 서로 다른 정보를 나타낼 수 있으므로 인코더는 2^n개 이하의 입력과 n개의 출력을 가진다.

디코더(Decoder, 해독기)
• 입력 단자에 가해지는 부호화된 2진 데이터를 그에 해당하는 10진수로 변환하여 해독하는 조합 논리 회로로 출력은 AND 게이트로 구성된다.
• n개의 입력과 m개의 출력을 가지는 n×m 디코더 : 입력에 가해지는 N비트 코드를 해독하여 그 값에 따라 m개의 출력 중에서 특정한 하나의 출력을 '1'로 하고 나머지 출력들은 '0'으로 만든다.

13 제어장치의 PC(Program Counter)에 대한 설명으로 가장 적합한 것은?

① 기억레지스터의 명령 코드를 기억한다.
② 다음에 실행될 명령어의 번지를 기억한다.
③ 주기억장치에 있는 명령어를 임시로 기억한다.
④ 명령 코드를 해독하여 필요한 신호를 발생시킨다.

해설
프로그램 카운터(Program Counter)
다음에 실행될 명령어가 저장된 주기억장치의 주소를 저장한다.

14 국제표준기구에서 개발되고 미국국립표준연구소에 의해 제정된 코드로서, 3개의 ZONE 비트와 4개의 DIGIT 비트로 구성되는 것은?

① GRAY 코드
② EBCDIC 코드
③ 표준 BCD 코드
④ ASCII 코드

해설
ASCII 코드(American Standard Code for Information Interchange)
- ASCII 코드는 7개의 데이터 비트로 한 문자를 표시하는 데 3개의 존 비트와 4개의 디지트 비트로 구성되며, 8비트의 ASCII 코드도 있다.
- ASCII 코드의 비트 번호는 오른쪽에서 왼쪽으로 부여한다.
- 통신 제어용 및 마이크로 컴퓨터의 기본 코드로 사용한다.
- $2^7 = 128$개의 서로 다른 문자를 표현한다.

15 2진수 1001과 0011을 더하면 그 결과는 2진수로 얼마인가?

① 1110
② 1101
③ 1100
④ 1001

해설
$(1001)_2 + (0011)_2 = (1100)_2$이다.

16 근거리 통신망의 구성 중 회선 형태의 케이블에 송수신기를 통하여 스테이션을 접속하는 것으로 그림과 같은 것은?

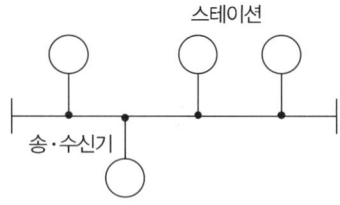

① 성(Star)형
② 루프(Loop)형
③ 버스(Bus)형
④ 그물(Mesh)형

해설
토폴로지(Topology)형태
- 성형(Star) : 중앙에 있는 주 컴퓨터에 여러 대의 컴퓨터가 별 모양(성형)으로 연결된 형태로 각 컴퓨터는 주컴퓨터를 통하여 다른 컴퓨터와 통신을 할 수 있는 형태
- 망형(Mesh) : 모든 노드가 서로 일대일로 연결된 그물망 형태로 다수의 노드 쌍이 동시에 통신 가능
- 버스형(Bus) : 버스라는 공통 배선에 각 노드가 연결된 형태로, 특정 노드의 신호가 케이블 전체에 전달됨
- 링형(Ring) : 각 노드가 좌우의 인접한 노드와 연결되어 원형을 이루고 있는 형태
- 트리형(Tree) : 버스형과 성형 토폴로지의 확장 형태로 백본(Backbone)과 같은 공통 배선에 적절한 분기 장치(허브, 스위치)를 사용하여 링크를 덧붙여 나갈 수 있는 구조

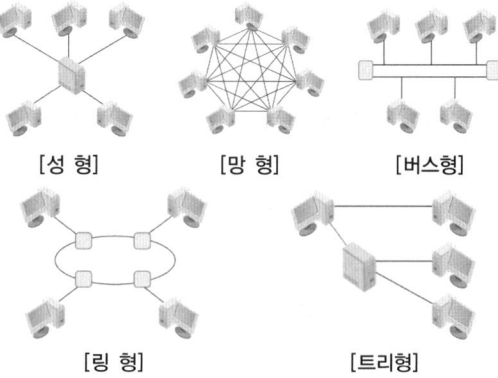

17 연산 결과의 상태를 기록, 자리 올림 및 오버플로 발생 등의 연산에 관계되는 상태와 인터럽트 신호까지 나타내어 주는 것은?

① 누산기
② 데이터 레지스터
③ 가산기
④ 상태 레지스터

해설
상태 레지스터(Status Register)
연산의 결과에서 자리올림(Carry)이나 오버플로(Overflow) 발생과 인터럽트 신호 등의 상태를 기억한다.

18 조합논리회로를 설계할 때 일반적인 순서로 옳은 것은?

> A. 간소화된 논리식을 구한다.
> B. 진리표에 대한 카르노 표를 작성한다.
> C. 논리식을 기본 게이트로 구성한다.
> D. 입출력 조건에 따라 변수를 결정하여 진리표를 작성한다.

① D-B-A-C
② D-A-B-C
③ B-D-A-C
④ B-D-C-A

해설
조합논리회로 설계 순서
- 입력과 출력 조건에 적합한 진리표를 작성한다.
- 진리표를 가지고 카르노 도표를 작성한다.
- 간소화된 논리식을 구한다.
- 논리식을 기본 게이트로 구성한다.

19 프로그램 수행 중 서브루틴으로 돌입할 때 프로그램의 리턴 번지(Return Address)의 수를 LIFO(Last-In First-Out) 기술로 메모리의 일부에 저장한다. 이 메모리와 가장 밀접한 자료 구조는?

① 큐
② 트리
③ 스택
④ 그래프

해설
스택(Stack)
- 임시 데이터의 저장이나 서브루틴의 호출에서 사용
- 연속되게 자료를 저장
- 한쪽 끝에서만 자료를 삽입하거나 삭제할 수 있는 구조
- 스택영역은 내부 데이터 메모리에 위치
- 후입선출방식(LIFO ; Last-In First-Out)
- 0-주소 지정에 이용

20 출력장치가 아닌 것은?

① 모니터
② 스캐너
③ 프린터
④ 플로터

해설
- 입력장치 : 마우스, 키보드, 스캐너, 터치스크린, 디지타이저 등
- 출력장치 : 프린터, 플로터, 모니터 등

21 네온, 아르곤 등의 혼합가스를 셀(Cell)에 채워 높은 전압을 가할 때 나오는 빛을 이용한 출력 장치는?

① 음극선관(CRT)
② X-Y 플로터(X-Y Plotter)
③ 플라스마 디스플레이(Plasma Display)
④ 액정 디스플레이(Liquid Crystal Display)

해설
두 장의 유리판 사이에 네온과 아르곤의 혼합가스를 넣고 전압을 가하면 가스의 방전으로 빛이 나게 되는 현상을 이용한 표시 장치는 플라스마 디스플레이이다.

정답 17 ④ 18 ① 19 ③ 20 ② 21 ③

22 다음 중 자기 보수(Self Complement) 코드는?

① 해밍 코드
② 그레이 코드
③ BCD 코드
④ 3초과 코드

해설
3초과 Code(Excess-3)
- BCD 코드 + 3(0011)을 더하여 만든 코드이다.
- 비가중치(Unweighted Code), 자기보수 코드이다.
- 3초과 코드는 비트마다 일정한 값을 갖지 않는다.
- 연산동작이 쉽게 이루어지는 특징이 있는 코드이다.

23 프로그램 실행 중에 강제적으로 제어를 특정 주소로 옮기는 것으로 프로그램의 실행을 중단하고 그 시점에서의 주요 데이터를 주기억장치로 되돌려 놓은 다음 특정 주소로부터 시작되는 프로그램에 제어를 옮기는 것은?

① 타이밍 제어
② 인터럽트
③ 메모리 매핑
④ 마이크로 오퍼레이션

해설
인터럽트(Interrupt)
- 프로그램이 수행되고 있는 동안에 어떤 조건이 발생하여 수행 중인 프로그램을 일시적으로 중지시키게 만드는 조건이나 사건의 발생
- 다른 프로그램이 수행되는 동안 여러 개의 사건을 처리 할 수 있는 메커니즘
- 인터럽트가 발생하면 마이크로 컨트롤러는 현재 수행 중인 프로그램을 일시 중단하고, 인터럽트 처리를 위한 프로그램을 수행한 후에 다시 원래의 프로그램으로 복귀

24 전자계산기나 단말 장치의 출력단에서 직류신호를 교류신호로 변환하거나 또는 거꾸로 전송되어 온 교류신호를 직류신호로 변환해 주는 장치는?

① MODEM
② DSU
③ BPS
④ PCM

해설
모뎀(MODEM, 변·복조기)
아날로그 신호의 통신 회선인 전화선을 이용하여 디지털 통신 장비와 통신할 때 디지털 신호를 아날로그 신호로 변환시켜 주는 것을 변조(Modulation)라고 하고, 그 반대의 경우를 복조(Demodulation)라고 한다.

25 주소의 개념이 거의 사용되지 않는 보조기억장치로서 순서에 의해서만 접근하는 기억장치(SASD)라고도 하는 것은?

① Magnetic Tape
② Magnetic Disk
③ Magnetic Core
④ RAM

해설
자기 테이프 장치(Magnetic Tape)
- 순차 처리만 하는 보조 기억 장치로 중간 결과를 기록하거나 대량의 자료를 반영구적으로 보존할 때 사용한다.
- 순차 접근 저장 매체(SASD)이다.

정답 22 ④ 23 ② 24 ① 25 ①

26 오퍼랜드부에 표현된 주소를 사용하여 실제 데이터가 기억된 기억장소에 직접 사상시킬 수 있는 주소 지정 방식은?

① Direct Addressing
② Indirect Addressing
③ Immediate Addressing
④ Register Addressing

해설
자료의 접근 방법에 따른 주소 지정 방식
• Direct Addressing Mode(직접 번지 지정) : 명령어의 Operand 부분이 실제 데이터의 주소인 명령어 형식
• Indirect Addressing Mode(간접 번지 지정) : 명령어의 Operand가 가리키는 곳에 실제 데이터의 주소가 있는 명령어 형식
• Immediate Addressing Mode(즉시 주소 지정) : 명령어 내에 실제 데이터를 가지고 있는 명령어 형식
• Register Addressing Mode(레지스터 주소 지정) : 직접 주소 지정 방식과 유사하다. 차이점은 오퍼랜드 필드가 메인 메모리의 주소가 아닌 레지스터를 참조한다는 점이다.

27 다음 그림의 연산 결과를 올바르게 나타낸 것은?

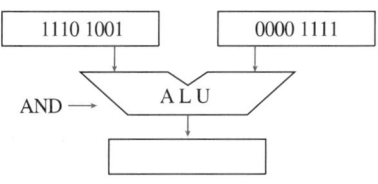

① 10011001
② 00001001
③ 10101111
④ 10001001

해설
AND 연산
• 모든 입력신호가 1일 때만 출력 상태가 1이 된다.

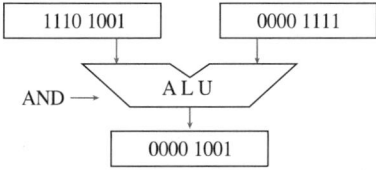

• A와 B의 AND연산은 11101001 · 00001111 = 000010010이 된다.

28 산술연산에 해당하지 않는 것은?

① DIVIDE
② SUBTRACT
③ ADD
④ AND

해설
• 산술연산 : ADD, SUB, MUL, DIV
• 논리연산 : AND, OR, NOT, XOR

29 명령을 수행하는 연산기와 레지스터, 이들에 의해 명령이 수행되도록 제어하는 제어기, 장치 상호간에 신호의 전달을 위한 신호 회선인 내부 버스로 구성되어 있으며, 기억장치에 있는 명령어를 해독하여 실행하는 것은?

① 모니터
② 어셈블러
③ CPU
④ 컴파일러

해설
중앙처리장치(CPU ; Central Processing Unit)
컴퓨터에서 데이터를 처리하는 가장 중요한 부분으로서 명령어의 인출과 해석, 데이터의 인출, 처리 및 저장 등을 수행한다.

30 다음 중 최대 클록 주파수가 가장 높은 논리 소자는?

① TTL
② ECL
③ MOS
④ CMOS

해설

게이트	지연시간
ECL	2[nsec]
TTL	10[nsec]
MOS	100[nsec]
CMOS	500[nsec]

최대 클록 주파수가 가장 높은 순서는 ECL - TTL - MOS - CMOS이다.

31 로더의 기능으로 거리가 먼 것은?

① Allocation   ② Linking
③ Loading   ④ Translation

해설
로더의 기능
- 할당(Allocation) : 목적 프로그램이 적재될 주기억장소 내의 공간을 확보
- 연결(Linking) : 필요할 경우 여러 목적 프로그램들 또는 라이브러리 루틴과의 링크 작업. 외부기호를 참조할 때, 이 주소 값들을 연결
- 재배치(Relocation) : 목적 프로그램을 실제 주기억장소에 맞추어 재배치. 상대주소들을 수정하여 절대주소로 변경
- 적재(Loading) : 실제 프로그램과 데이터를 주기억장소에 적재. 적재할 모듈을 주기억장치로 읽어 들임

32 객체지향 기법에서 하나 이상의 유사한 객체들을 묶어서 하나의 공통된 특성을 표현한 것은?

① 클래스   ② 메시지
③ 메소드   ④ 속 성

해설
객체지향 기법의 구성요소
- 객체(Object)
  - 필요한 자료 구조와 이에 수행되는 함수들을 가진 하나의 소프트웨어 모듈
  - 객체(Object) = 애트리뷰트(Attribute) + 메소드(Method)
- 애트리뷰트(Attribute)
  - 객체의 상태
  - 데이터, 속성
- 메소드(Method)
  - 객체가 메시지를 받아 실행해야 할 객체의 구체적인 연산을 정의한 것
  - 객체의 상태를 참조하거나 변경
  - 함수나 프로시저에 해당
- 클래스(Class)
  - 하나 이상의 유사한 객체들을 묶어 공통된 특성을 표현한 데이터 추상화를 의미
  - 객체의 타입을 말하며, 객체들이 갖는 속성과 적용 연산을 정의하고 있는 틀
- 메시지(Message)
  - 객체들 간의 상호 작용은 메시지를 통해 이루어짐
  - 메시지는 객체에서 객체로 전달
  - 이 메시지(Message)를 주고받음으로써 원하는 결과를 얻음

33 운영체제의 성능 평가 기준으로 거리가 먼 것은?

① Throughput
② Reliability
③ Cost
④ Availability

해설
운영체제의 평가 기준
- 처리능력(Throughput) : 일정 시간에 시스템이 처리하는 일의 양
- 반환 시간(Turn Around Time) : 시스템에 작업을 의뢰한 시간부터 처리가 완료될 때까지 걸린 시간
- 사용가능도(Availability) : 시스템의 자원을 사용할 필요가 있을 때 즉시 사용 가능한 정도
- 신뢰도(Reliability) : 시스템이 주어진 문제를 정확하게 해결하는 정도

34 C언어에서 사용되는 자료형이 아닌 것은?

① Double
② Float
③ Char
④ Integer

해설
C언어의 자료형
- Char : 문자형
- Int : 정수형
- Float : 실수형
- Double : 배정도 실수형
- Short : 단 정수형
- Long : 장 정수형

정답 31 ④ 32 ① 33 ③ 34 ④

35 구조적 프로그래밍의 특징으로 거리가 먼 것은?

① 기능별로 모듈화하여 작성한다.
② Goto문의 활용이 증가한다.
③ 프로그램을 읽기 쉽고 수정하기가 용이하다.
④ 기본 구조는 순차, 선택, 반복 구조이다.

해설
구조적 프로그래밍 특징
- 프로그램의 이해가 쉽고 디버깅 작업이 쉽다.
- 계층적 설계
- 블록이라는 단위를 이용하여 프로그램을 작성
- Goto 문법의 사용 금지
- 제한된 제어구조 만을 이용
- 순차 구조(Sequence), 반복 구조(Repetition), 선택 구조(Selection)
- 특정 프로그램 내에서 하나의 시작점을 갖는 함수는 반드시 하나의 종료점을 갖는다.
- 프로그램을 읽기 쉽고 수정하기가 용이하다.

36 프로그래밍 언어의 구문 요소 중 프로그램의 이해를 돕기 위해 설명을 적어두는 부분으로 프로그램의 실행과는 관계가 없고, 프로그램의 판독성을 향상시키는 요소는?

① Comment
② Reserved Word
③ Operator
④ Keyword

해설
프로그래밍 언어의 구문 요소
- Comment(주석) : 소스코드에 어떠한 내용을 입력하지만 그 내용이 실제 프로그램에 영향을 끼치지 않으며, 프로그래밍 언어의 구문 요소 중 프로그램의 이해를 돕기 위해 설명을 적어두는 부분으로 프로그램의 실행과는 관계가 없고 프로그램의 판독성을 향상시키는 요소
- Reserved Word(예약어)
  - 컴퓨터 프로그래밍 언어에서 이미 문법적인 용도로 사용
  - 식별자로 사용할 수 없는 단어
  - 번역과정에서 속도를 높여 준다.
  - 프로그램의 신뢰성 향상
- Operator(연산자) : 프로그래밍이나 논리 설계에서 변수나 값의 연산을 위해 사용되는 부호
- Keyword(키워드)
  - 키워드를 포함하는 레코드가 검색되는 경우
  - 문장의 핵심적인 내용을 정확히 표현

37 프로그래머가 작성한 것으로 기계어로 번역되기 전의 프로그램은?

① 원시 프로그램
② 목적 프로그램
③ 루트 프로그램
④ 해석 프로그램

해설
원시 프로그램(Source Program) : 기계어로 번역되기 이전의 프로그램

38 연상기호 코드를 사용하는 프로그래밍 언어는?

① C
② PASCAL
③ COBOL
④ ASSEMBLY

해설
어셈블리어의 특징
- 기계어와 1:1로 대응되는 기호 언어
- 기호화된 명령을 사용한다.
- 기계어에 비해 융통성이 있는 언어
- 사용자가 쉽게 이해할 수 있다.
- 기계 종속에서 어느 정도 벗어났다.

39 운영체제의 기능이 아닌 것은?

① 프로세서, 기억장치, 입출력장치, 파일 및 정보 등의 자원 관리
② 시스템의 각종 하드웨어와 네트워크에 대한 관리, 제어
③ 원시 프로그램에 대한 목적 프로그램 생성
④ 사용자와 시스템 간의 인터페이스 기능

해설
운영체제의 역할
- 사용자와 컴퓨터 시스템 간의 인터페이스(Interface) 정의
- 사용자들 간의 하드웨어의 공동 사용
- 여러 사용자 간의 자원 공유
- 자원의 효과적인 운영을 위한 스케줄링
- 입출력에 대한 보조 역할

정답 35 ② 36 ① 37 ① 38 ④ 39 ③

40 순서도에 대한 설명으로 거리가 먼 것은?

① 프로그램 개발 비용을 산출하는 역할을 한다.
② 프로그램 인수 인계 시 문서 역할을 할 수 있다.
③ 프로그램의 오류수정을 용이하게 해준다.
④ 프로그램에 대한 이해를 도와준다.

해설
순서도의 역할
- 처리 순서와 방법을 결정해서 이를 일정한 기호를 사용하여 일목 요연하게 나타낸 그림
- 프로그램 코딩의 직접적인 자료
- 프로그램의 인수, 인계가 용이
- 프로그램의 정확성 여부를 검증하는 자료
- 논리적인 체계 및 처리 내용을 쉽게 파악할 수 있으며, 문서화의 역할
- 오류 발생 시 그 원인을 찾아내는 데 이용

41 여러 진법으로 표현된 다음 수 중 가장 큰 것은?

① $(114)_{10}$ ② $(156)_8$
③ $(1101110)_2$ ④ $(6F)_{16}$

해설
① $(114)_{10}$
② $(156)_8 = 1 \times 8^2 + 5 \times 8^1 + 6 \times 8^0$
$= 64 + 40 + 6$
$= (110)_{10}$
③ $(1101110)_2 = 1 \times 2^6 + 1 \times 2^5 + 1 \times 2^3 + 1 \times 2^2 + 1 \times 2^1$
$= 64 + 32 + 8 + 4 + 2$
$= (110)_{10}$
④ $(6F)_{16} = 6 \times 16^1 + 15 \times 16^0$
$= 96 + 15$
$= (111)_{10}$

42 $Y = (A+B)(A+C)$의 최소화로 옳은 것은?

① $Y = A + B + C$
② $Y = A + BC$
③ $Y = B + AC$
④ $Y = AB + C$

해설
$Y = (A+B)(A+C) = AA + AC + AB + BC$
$= A + AC + AB + BC$
$= A(1+C) + AB + BC$
$= A + AB + BC$
$= A(1+B) + BC$
$= A + BC$

43 반가산기의 구성에서 빈 칸에 적합한 것은?

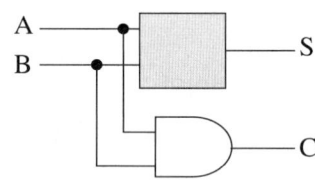

① NOT ② NAND
③ XOR ④ OR

해설
반가산기(Half-adder)
- 2개의 2진수와 A와 B를 더한 합(Sum) S와 자리올림 수(Carry) C를 얻는 회로로 배타 논리합 회로와 논리곱 회로로 구성된다.
- 논리식
$S = \overline{A}B + A\overline{B} = A \oplus B, \ C = A \cdot B$
- 반가산기 회로도와 진리표

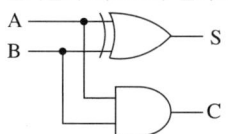

입력		출력	
A	B	S	C
0	0	0	0
0	1	1	0
1	0	1	0
1	1	0	1

44 논리식을 최소화하는 방법으로 가장 적절한 것은?

① 가법 표준형
② 카르노 맵
③ 승법 표준형
④ Venn Diagram

해설
카르노 맵에 의한 최소화
- 논리 회로의 논리식을 간소화하는 것을 최소화(Minimization)라 한다.
- 불 대수의 정리 및 법칙을 이용하여 최소화하는 방법이다.
- 논리식이 비교적 단순할 때 사용한다.
- 논리식에 해당되는 부분을 카르노 도표에 '1'을 쓰고, 그 밖에는 '0'을 쓴다.
- 이웃된 '1'을 2, 4, 8, 16개로 가능한 한 크게 원을 만든다. 이때 이들 원은 중복되어도 된다.
- 다른 원과 중복된 '1'의 원이 있으면 이것은 삭제한다.
- 원으로 묶어진 부분에서 변화되지 않은 변수만을 불 대수로 쓴다.
- 변수의 개수가 n일 경우 2^n개의 사각형들로 구성된다.

45 RS 플립플롭의 R선에 인버터를 추가하여 S선과 하나로 묶어서 입력선을 하나만 구성한 플립플롭은?

① JK 플립플롭
② T 플립플롭
③ 마스터-슬레이브 플립플롭
④ D 플립플롭

해설
D 플립플롭
클록형 RS 플립플롭 또는 JK 플립플롭을 변형시킨 것으로, 데이터 입력신호 D가 그대로 출력 Q에 전달되는 특성으로 데이터의 일시적인 보존이나 디지털 신호의 지연 등에 이용된다.

46 2진수 1101을 그레이 코드로 바꾸면?

① 1011   ② 0010
③ 1000   ④ 1100

해설
그레이 코드

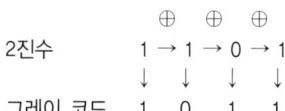

2진수 1101을 그레이 코드로 변환하면 1011이 된다.

47 그림과 같은 회로의 출력은?

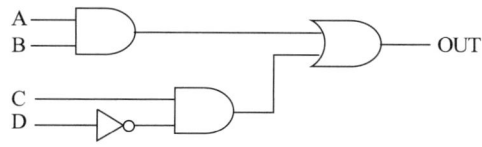

① $AB + C\overline{D}$
② $(A+B)(C+\overline{D})$
③ $(A+B)C\overline{D}$
④ $AB(C+\overline{D})$

해설
OUT = $AB + C\overline{D}$이다.

48 어떤 연산의 수행 후 연산 결과를 일시적으로 보관하는 레지스터는?

① Address Register
② Buffer Register
③ Data Register
④ Accumulator

해설
누산기(Accumulator)
연산 장치의 중심 레지스터로 산술 및 논리 연산의 결과를 임시로 기억한다.

49 안정된 상태가 없는 회로이며, 직사각형파 발생회로 또는 시간 발생기로 사용되는 회로는?

① 비안정 멀티바이브레이터
② 플립플롭
③ 쌍안정 멀티바이브레이터
④ 단안정 멀티바이브레이터

해설
비안정 멀티바이브레이터(Astable Multivibrator)
• 안정된 상태가 없는 회로
• 직사각형파 발생회로
• 시간 발생기로 사용

50 펄스가 입력되면 현재와 반대의 상태로 바뀌게 하는 토글(Toggle)상태를 만드는 것은?

① D 플립플롭
② 마스터-슬레이브 플립플롭
③ T 플립플롭
④ JK 플립플롭

해설
T 플립플롭
• JK 플립플롭의 입력 J 및 K를 서로 묶어서 하나의 데이터로 입력한다.
• 클록 펄스가 가해질 때마다 출력 상태가 반전하는 토글(Toggle) 또는 스위칭 작용을 하므로 계수기(Counter)에 사용된다.

51 동기식 9진 카운터를 만드는 데 필요한 플립플롭의 개수로 옳은 것은?

① 1개   ② 2개
③ 3개   ④ 4개

해설
플립플롭이 n개일 때 카운터가 셀 수 있는 최대의 수를 N이라 하면, $N = 2^n$개의 수를 셀 수 있고, 0에서 $2^n - 1$의 수까지 표현한다. 즉, 9진 카운터를 만들기 위해서 플립플롭이 $2^4 = 16$이므로 4개의 플립플롭이 필요하다.

52 여러 회선의 입력이 한 곳으로 집중될 때 특정회선을 선택하도록 하므로 선택기라고도 하는 회로는?

① 리플 계수기(Ripple Counter)
② 디멀티플렉서(Demultiplexer)
③ 멀티플렉서(Multiplexer)
④ 병렬계수기(Parallel Counter)

해설
멀티플렉서(Multiplexer)
• 2개 이상의 입력 중에서 필요로 하는 신호를 외부로부터의 선택 기호에 의해 1개만 선택하여, 출력 신호로 꺼낼 수 있는 기능을 가진 조합 논리 회로이다.
• 게이트를 사용하여 구성하는 멀티플렉서는 2^n개의 입력선과 입력 선택을 위한 n개의 선택선 및 하나의 출력선을 가지며, 이 선택선에 가하는 비트 조합에 따라 입력 중의 하나가 선택된다.

53 불 대수의 정리에서 옳지 않은 것은?

① $A+0=A$
② $A+B=B+A$
③ $A \cdot (B \cdot C) = (A \cdot B) \cdot C$
④ $A \cdot 1 = 1$

해설
기본 정리
- $A+0=A$
- $A \cdot 1 = A$
- $A + \overline{A} = 1$
- $A \cdot \overline{A} = 0$
- $A + A = A$
- $A \cdot A = A$
- $A + 1 = 1$
- $A \cdot 0 = 0$

54 카운터와 같이 플립플롭을 사용하는 디지털 회로를 무엇이라고 하는가?

① 조합논리회로
② 아날로그 논리회로
③ 순서논리회로
④ 멀티플렉서 논리회로

해설
- 순서 논리회로 : 레지스터, 플립플롭, 계수기 등이 속한다.
- 조합 논리회로 : 멀티플렉서(Multiplexer), 해독기(Decoder), 부호기(Encoder), 반가산기, 전가산기 등이 이에 속한다.

55 디지털시스템에서 사용되는 2진 코드를 우리가 쉽게 인지할 수 있는 숫자나 문자로 변환해 주는 회로는?

① 인코더 회로
② 플립플롭 회로
③ 전가산기 회로
④ 디코더 회로

해설
- 디코더(Decoder, 해독기)
  - 입력 단자에 가해지는 부호화된 2진 데이터를 그에 해당하는 10진수로 변환하여 해독하는 조합논리회로로 출력은 AND 게이트로 구성된다.
  - n개의 입력과 m개의 출력을 가지는 n×m 디코더 : 입력에 가해지는 N비트 코드를 해독하여 그 값에 따라 m개의 출력 중에서 특정한 하나의 출력을 '1'로 하고 나머지 출력들은 '0'으로 만든다.
- 인코더(Encoder, 부호기)
  - 숫자나 문자 등의 10진수 입력을 2진수로 변환하는 회로로 OR 게이트로 구성된다.
  - n개의 비트로 구성되는 코드는 최대 2^n개의 서로 다른 정보를 나타낼 수 있으므로 인코더는 2^n개 이하의 입력과 n개의 출력을 가진다.

56 디지털 신호를 아날로그 신호로 변환하는 장치는?

① A/D 변환기
② D/A 변환기
③ 해독기(Decoder)
④ 비교 회로

해설
디지털 신호를 아날로그 신호로 변환하는 장치는 D/A 변환기이다.

정답 53 ④ 54 ③ 55 ④ 56 ②

57 시프트 레지스터의 출력을 입력 쪽에 되먹임시킴으로써, 클록 펄스가 가해지는 동안 같은 2진수가 레지스터 내부에서 순환하도록 만든 것으로서 환상 계수기라고도 부르는 것은?

① 링 계수기
② 시프트 계수기
③ 2비트 시프트 레지스터
④ 직렬 시프트 레지스터

> **해설**
> 링 계수기(Ring Counter)
> 시프트 레지스터의 출력을 입력 쪽에 되먹임시킴으로써 펄스가 가해지는 한 같은 2진수가 레지스터 내부에서 순환하도록 만든 것이며 환상 카운터(Circulating Register)라고도 한다.

58 다음 기호와 동일한 게이트 명칭은?

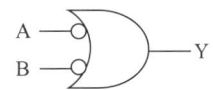

① OR
② AND
③ NAND
④ NOR

> **해설**
>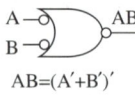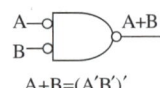
> AB=(A'+B)'   A+B=(A'B')'
>   (a) AND   (b) OR
>
>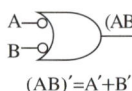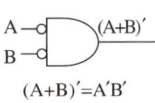
>   (AB)'=A'+B'   (A+B)'=A'B'
>   (c) NAND   (d) NOR

59 2진수 11001001의 1의 보수와 2의 보수는?

① 1의 보수 : 11001000, 2의 보수 : 11001001
② 1의 보수 : 00110111, 2의 보수 : 00110110
③ 1의 보수 : 00110110, 2의 보수 : 00110110
④ 1의 보수 : 00110110, 2의 보수 : 00110111

> **해설**
> 2진수 11001001의 1의 보수는 1은 0으로, 0은 1로 바꾸면 00110110이 되고, 2의 보수는 1의 보수 + 1이므로 00110111이 된다.

60 계수기에서 가장 기본이 되는 계수기로서, 흔히 리플 계수기라고도 불리는 것은?

① 상향 계수기
② 하향 계수기
③ 동기형 계수기
④ 비동기형 계수기

> **해설**
> 비동기식(Asynchronous Type) 카운터
> • 플립플롭의 입력으로는 클록 펄스와 앞단의 출력이 차례로 연결되어 있어 상태가 동시에 변하지 않고 순차적으로 변한다. 리플 계수기라고도 한다.
> • 각 단을 통과할 때마다 지연시간이 누적되므로 고속 카운터에는 부적당하다.
> • 매우 높은 주파수에는 부적당, 비트수가 많은 카운터에는 부적합하다.
> • 회로가 간단해서 작은 규모의 계기 회로에 적당하다.
> • 플립플롭들은 동일 클록에 변하지 않고, 한 플립플롭의 출력이 다른 플립플롭의 클록으로 동작하기 때문에 지연시간이 길어지게 된다.
> • 시스템의 상태는 모든 플립플롭의 전이가 완료될 때까지 결정되지 않는다.

2015년 제2회 과년도 기출문제

01 저주파 증폭기에서 음되먹임을 걸면 되먹임을 걸지 않을 때에 비하여 어떻게 되는가?

① 전압이득이 커진다.
② 주파수 통과대역이 좁아진다.
③ 주파수 통과대역이 넓어진다.
④ 파형이 일그러진다.

해설
저주파 증폭기의 부궤환 특징
- 주파수 특성이 양호하고 안정도가 좋다.
- 부하의 변동이나 전원 전압의 변동에도 증폭도가 안정하다.
- 증폭 회로 내부에서 발생 출력에 나타나는 잡음과 왜곡은 $\dfrac{A_0}{1+\beta A_0}$ 로 감소한다.
- 입력 임피던스는 증가하고 출력 임피던스는 낮아진다.
- 대역폭을 넓힐 수 있다.
- 이득이 다소 저하된다.

02 그림과 같은 회로의 출력파형은?

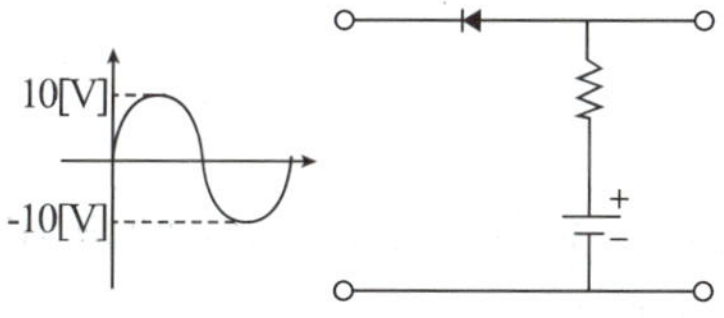

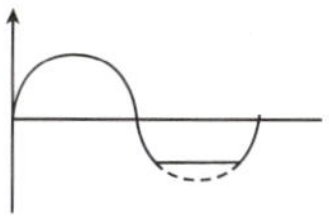

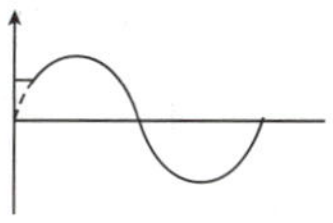

해설
그림의 회로는 클리프회로로 파형의 윗부분을 잘라내는 피크 클리퍼(Peak Clipper) 회로이다.

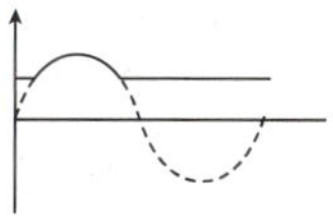

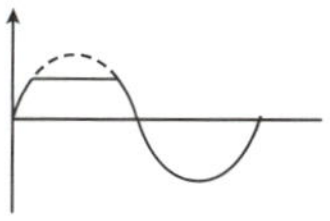

03 수정발진회로의 특징으로 틀린 것은?

① 수정 진동자의 Q가 높기 때문에 주파수 안정도가 높다.
② 수정 진동자는 기계적, 물리적으로 강하다.
③ 발진 조건을 만족하는 유도성 주파수 범위가 매우 좁다.
④ 주위 온도의 영향에 매우 민감하다.

해설
수정발진회로의 특징
- 수정 진동자의 Q가 높아 보통 1,000~10,000 정도이고 안정도가 높다(10^{-5} 정도).
- 압전효과가 있다.
- 발진 주파수는 수정편의 두께에 반비례한다.
- 수정 진동자는 기계적, 물리적으로 강하다.
- 발진 조건을 만족하는 유도성 주파수 범위가 매우 좁다.
- 수정편에 항온조 등을 이용하므로 주위 온도의 영향이 적다.

04 펄스폭이 10[μs]이고, 주파수가 1[kHz]일 때 충격계수(Duty Factor)는?

① 1   ② 0.1
③ 0.01   ④ 0.001

해설
충격 계수(Duty Factor)
펄스파가 얼마나 날카로운가를 나타내는 수치
$D = \dfrac{펄스폭(\tau)}{펄스반복주기(T)}$, $T = \dfrac{1}{f}$ 이므로,
$D = \dfrac{10 \times 10^{-6}}{\dfrac{1}{1 \times 10^3}} = 10 \times 10^{-3} = 0.01$ 이다.

정답 1 ③ 2 ③ 3 ④ 4 ③

05 그림과 같은 바이어스회로의 안정계수 S는?(단, β = 49, R_c = 2[kΩ], V_{CC} = 10[V]이다)

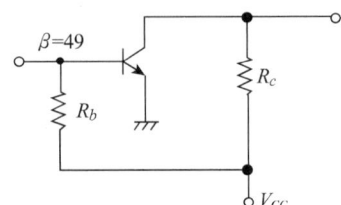

① 50　　　　② 59
③ 98　　　　④ 200

해설
안정계수 $S = 1 + \beta = 1 + 49 = 50$

06 800[kW], 역률 80[%]인 부하가 15분간 소비하는 유효 전력량은?

① 150[kWh]
② 200[kWh]
③ 250[kWh]
④ 1,600[kWh]

해설
유효전력량 $Wh = W \times h = 800 \times \dfrac{15}{60} = 200[kWh]$

07 펄스회로에서 펄스가 0에서 최대 크기로 상승될 때를 100[%]로 한다면 상승 시간(Rise Time)은 몇 [%]로 하는가?

① 0[%]에서 10[%]
② 10[%]에서 90[%]
③ 20[%]에서 150[%]
④ 90[%]에서 100[%]

해설
상승 시간(t_r, Rise Time)
진폭 V의 10[%]에서 90[%]까지 상승하는 데 걸리는 시간

08 피어스 BC형 발진회로의 구성은 어떤 발진회로와 비슷한가?

① 이상형 발진회로
② 하틀레이 발진회로
③ 빈브리지 발진회로
④ 콜피츠 발진회로

해설
피어스 BC(Pierce B-C) 발진기
• 수정진동자가 컬렉터와 베이스 사이에 존재
• 콜피츠 발진회로와 유사

09 온도에 따라서 저항값이 변화하는 소자로서 소형이며 가격이 저렴하고, 일반적으로 120[℃] 정도 이하인 곳에서 널리 사용되는 것은?

① 열전대　　② 포토다이오드
③ 서미스터　　④ 포토트랜지스터

해설
서미스터
온도에 따라 저항값이 변화하는 소자로 음(-)의 온도계수를 가진다.

10 저항과 콘덴서로 구성된 RC 직렬회로의 시정수 τ는?

① $\tau = RC$　　② $\tau = \dfrac{R}{C}$

③ $\tau = \dfrac{C}{R}$　　④ $\tau = \dfrac{1}{RC}$

해설
시정수
- 시간의 변화에 대한 일정한 기준 값이다.
- 이 값을 회로의 시정수 또는 시상수(Time Constant)라 한다.
- 시정수의 정의는 지수함수의 지수부의 절댓값을 1로 만드는 값이다.
- $\tau = RC$

11 2진수 데이터 1100 1010과 1001 1001을 AND 연산한 경우 결괏값은?

① 1101 1011　　② 1001 0100
③ 1000 1000　　④ 0110 0101

해설

	1100	1010
AND연산	1001	1001
	1000	1000

12 중앙처리장치와 입출력장치 사이의 데이터 전송 방식에 대한 종류와 특징이 일치하지 않는 것은?

① 스트로브 제어 방식은 스트로브 신호를 위한 별도의 회선이 불필요하다.
② 핸드셰이킹 방식은 송신쪽과 수신쪽이 동시에 동작해야 한다.
③ 비동기 직렬전송 방식은 저속 장치에 많이 사용된다.
④ 큐에 의한 전속 방식은 비동기적이고 속도차가 많은 장치에 많이 사용된다.

13 2진수 $(1011)_2$을 그레이 코드로 변환하면?

① $(1000)_G$　　② $(0111)_G$
③ $(1010)_G$　　④ $(1110)_G$

해설
그레이 코드
BCD 코드의 인접한 자리를 XOR 연산으로 만든 코드

		⊕		⊕		⊕	
2진수	1	→	0	→	1	→	1
	↓		↓		↓		↓
그레이 코드	1		1		1		0

2진수 1011을 그레이 코드로 변환하면 1110이 된다.

14 입력장치의 종류가 아닌 것은?

① 스캐너(Scanner)
② 라이트펜(Light Pen)
③ 디지타이저(Digitizer)
④ 플로터(Plotter)

> 해설
> • 입력장치 : 마우스, 키보드, 스캐너, 터치스크린, 디지타이저 등
> • 출력장치 : 프린터, 플로터, 모니터 등

15 송·수신 단말장치 사이에서 데이터를 전송할 때마다 통신경로를 설정하여 데이터를 교환하는 방식은?

① 메시지 교환 방식
② 패킷 교환 방식
③ 회선 교환 방식
④ 포인트 투 포인트 방식

> 해설
> 회선 교환의 형태
> • 교환 회선 : 데이터 전송량이 적은 경우 단말 장치들이 교환기에 접속되어 있어 광역 네트워크를 구성하여 경제적으로 통신을 수행하기 위한 방법으로 사용된다.
>   – 회선 교환 방식(Circuit Switching) : 전화망을 이용하는 방식으로서 가입자가 직접 다이얼하여 상대방을 호출하여 데이터를 전송하는 방식이다.
>   – 축적 교환 방식(Store and Forward Switching) : 교환기에 정보가 메시지 또는 패킷 단위로 저장되어 전송하는 데이터 전송 방식으로서 부재중 정보 처리 능력을 확산하기 위한 것이다.
> • 비교환 회선 : 교환 회선을 사용하지 않고 사용자의 정보 전송량이 많을 경우 같은 단말 장치에 있는 시스템을 유기적으로 결합하기 위해 특정 회선을 연결하여 직통 회선으로 사용하는 것을 의미하며 비교환 회선 또는 임대 회선(Lease Line)이라고도 한다.

16 수치 중에서 소수점이 특정 위치로부터 얼마나 이동하고 있는지를 표시하는 수를 포함시키는 방법을 무엇이라 하는가?

① 고정 소수점 표시
② 부동 소수점 표시
③ 고정 워드 길이 표시
④ 가변 워드 길이 표시

> 해설
> 부동 소수점(Floating Point) 표현 방식
> • 한 개의 부호 비트, 지수부(Exponent Part), 가수부(Mantissa Part)로 구성
> • 소수점을 포함한 실수도 표현 가능
> • 정규화(Normalization) : 소수점의 위치를 정해진 위치로 이동하는 과정
> • 과학, 공학, 수학적인 응용면에서 주로 사용

17 2진수 비트스트림 11000001 11000010을 1의 보수(1's Complement) 연산 수행하였을 때 결과값은?

① 11000001 11000010
② 00111110 00111101
③ 00111110 11000010
④ 11000001 00111101

> 해설
> 1의 보수는 0은 1로, 1은 0으로 보수를 취하므로, 11000001 11000010의 1의 보수는 00111110 00111101이다.

18 집적회로의 일반적인 특징에 대한 설명으로 옳은 것은?

① 수명이 짧다.
② 크기가 대형이다.
③ 동작 속도가 빠르다.
④ 외부와의 연결이 복잡하다.

해설
집적회로(IC ; Integrated Circuit)는 하나의 칩에 회로를 내장하고 4.75[V]~5.25[V]의 전원전압에서 동작하며, 동작속도가 빠르나, 소비전력이 크고, 선로 임피던스에 영향 받기 쉽다.

19 자료 구조의 구성 단계를 옳게 표현한 것은?

① Byte → Bit → Word → File → Record
② Bit → Byte → Word → Record → File
③ Bit → Byte → Word → File → Record
④ Bit → Byte → Record → File → Word

해설
자료구조의 구성단계는 Bit - Byte - Word - Record - File - Database이다.

20 1×4 디멀티플렉서(DMUX ; Demultiplexer)에서 필요한 선택 신호의 개수는?

① 1개   ② 2개
③ 4개   ④ 8개

해설
② 1×4 디멀티플렉서는 출력선이 4개이므로, 출력선을 선택하기 위한 선택선은 2개($2^n = 4$)의 선택선을 가진다.
디멀티플렉서(Demultiplexer)
• 한 신호원으로부터의 데이터를 제어 입력에 의해 여러 개의 출력단 중에서 선택된 출력단에 출력하는 회로이다.
• 1×2^n 디멀티플렉서는 하나의 입력과 2^n개의 출력선 중에서 하나를 선택하기 위한 n개의 선택선을 가진다.

21 오퍼랜드(Operand) 자체가 연산 대상이 되는 번지지정 방식은?

① 직접 번지 지정 방식(Direct Address)
② 간접 번지 지정 방식(Indirect Address)
③ 상대 번지 지정 방식(Relative Address)
④ 즉시 번지 지정 방식(Immediate Address)

해설
자료의 접근 방법에 따른 주소 지정 방식
• 즉시 주소 지정(Immediate Addressing Mode) : 명령어 내에 실제 데이터를 가지고 있는 명령어 형식이다.
• 직접 주소 지정(Direct Addressing Mode) : 명령어의 Operand 부분이 실제 데이터의 주소인 명령어 형식이다.
• 간접 주소 지정(Indirect Addressing Mode) : 명령어의 Operand가 가리키는 곳에 실제 데이터의 주소가 있는 명령어 형식이다.
• 인덱스 주소 지정(Indexed Addressing Mode) : 명령어의 Operand 부분과 Index Register의 값이 더해진 곳에 실제 데이터를 가지고 있는 명령어 형식이다.
• 상대 주소 지정(Relative Addressing Mode) : 프로그램 카운터(PC)와 명령어의 Operand가 더해진 곳에 실제 데이터를 가지고 있는 명령어 형식이다.
• 레지스터 주소 지정(Register Addressing Mode) : 직접 주소 지정 방식과 유사하다. 차이점은 오퍼랜드 필드가 메인 메모리의 주소가 아닌 레지스터를 참조한다는 점이다.

22 에러의 검출과 동시에 교정까지 가능한 코드는?

① 해밍 코드
② 3초과 코드
③ 그레이 코드
④ 시프트 카운터 코드

해설
해밍 코드(Hamming Code)
• 오류 검출 후 자동적으로 정정해 주는 코드
• 1비트의 단일 오류를 정정하기 위해 3비트의 여유 비트가 필요

정답 18 ③ 19 ② 20 ② 21 ④ 22 ①

23 주기억장치의 크기가 4[kbyte]일 때 번지(ADDRESS)수는?

① 1번지에서 4,000번지까지
② 0번지에서 3,999번지까지
③ 1번지에서 4,095번지까지
④ 0번지에서 4,095번지까지

해설
$4[\text{kbyte}] = 2^2 \times 2^{10} = 2^{12} = 4,096$이므로, 0번지에서 4,095번지까지가 된다.

24 다음 설명이 의미하는 입출력 방식은?

- 주기억장치의 일부를 입출력장치에 할당한다.
- 입출력장치의 번지와 주기억장치 번지의 구별이 없다.
- 주기억장치 이용 효율이 낮다.

① 격리형 입출력 방식
② 메모리 맵 입출력 방식
③ 혼합형 입출력 방식
④ 버스형 입출력 방식

해설
메모리 맵
- 메모리와 입출력을 마이크로프로세서에서 어떻게 배치할 것인가를 규정한다.
- 메모리와 입출력(I/O)과의 관계 등을 규정한다.
- 메모리와 입출력(I/O) 메모리를 배치한다.
- 주로 메모리 설계에서의 배치를 의미한다.

메모리 맵 입출력 : 입출력을 하나의 메모리의 일부로 보고 구별하지 않는다. 따라서 주소 디코딩할 때 입출력을 메모리의 일부로 설계한다.
입출력 맵 입출력 : 입출력을 메모리 주소공간에서 분리하여, 입출력 주소공간을 따로 갖는다.

25 미국에서 개발한 표준코드로서 개인용 컴퓨터에 주로 사용되며, 7비트로 구성되어 128가지의 문자를 표현할 수 있는 코드는?

① EBCDIC
② UNICODE
③ ASCII
④ BCD

해설
ASCII 코드(American Standard Code for Information Interchange)
- ASCII 코드의 7개의 데이터 비트로 한 문자를 표시하는 데 3개의 존 비트와 4개의 디지트 비트로 구성
- ASCII 코드의 비트 번호는 오른쪽에서 왼쪽으로 부여
- 통신 제어용 및 마이크로 컴퓨터의 기본 코드로 사용
- $2^7 = 128$개의 서로 다른 문자를 표현

26 명령어 실행 사이클(Instruction Execution Cycle)에 들어가지 않는 것은?

① 결과를 기억시킨다.
② 명령어를 해독한다.
③ 지정된 연산을 수행한다.
④ 명령어가 지정한 오퍼랜드를 꺼낸다.

해설
실행 사이클(Execute Cycle)
- 명령의 해독 결과 이에 해당하는 타이밍 및 제어신호를 순차적으로 발생시켜 실제로 명령어를 실행하는 단계
- 명령실행이 완료되면 다시 Fetch Cycle로 진행됨
- 오퍼랜드(Operand)가 없는 명령일 경우에는 명령의 내용이 바로 실행
- 오퍼랜드(Operand)가 있는 명령일 경우에는 메모리에서 오퍼랜드를 추가로 인출한 후 명령이 실행

27 BCD 코드에 의한 수 0010 0101 0011을 10진수로 옳게 나타낸 것은?

① $(250)_{10}$ ② $(251)_{10}$
③ $(252)_{10}$ ④ $(253)_{10}$

해설
BCD(Binary Coded Decimal) 코드
BCD 코드는 0부터 9까지의 10진 숫자에 4비트 2진수를 대응시킨 것으로, 각 자리는 8, 4, 2, 1의 무게를 가지므로 8421 코드라고도 한다.

```
   7      8      4      5    ←10진수(Decimal Number)
 8421   8421   8421   8421   ←자릿값(Weight)
 0111   1000   0100   0101   ←BCD 코드
```

BCD코드   0010   0101   0011
              ↓   ↓   ↓
10진수   2   5   3

BCD코드 0010 0101 0011을 10진수로 변환하면 $(253)_{10}$이다.

28 8비트 컴퓨터의 Register에 관한 설명으로 옳지 않은 것은?

① Accumulator는 8비트 레지스터이다.
② 프로그램 카운터(PC)는 16비트 레지스터이다.
③ 인터럽트 발생 시 복귀할 주소는 PC에 저장한다.
④ 명령코드는 Instruction Register에 저장된다.

해설
인터럽트 발생 시 복귀 주소는 PC에 저장하는 것이 아니라 스택에 저장한다.

29 일반적인 음의 정수를 컴퓨터 내부에 표현하는 방법이 아닌 것은?

① 부호화 절댓값
② 부호화 1의 보수
③ 부호화 2의 보수
④ 부호화 3의 보수

해설
정수 표현에서 음수를 나타내는 표현방식
• 부호화 절댓값
• 1의 보수
• 2의 보수

30 명령어가 일상적인 문장에 가까워 사람이 이해하기 쉬운 프로그래밍 언어의 형태는?

① 저급언어
② 고급언어
③ 어셈블리언어
④ 기계어

해설
• 고급언어 : 사람이 알기 쉽도록 쓰인 프로그래밍 언어
• 저급언어 : 기계중심적인 언어

정답 27 ④ 28 ③ 29 ④ 30 ②

31 운영체제의 역할과 거리가 먼 것은?

① 사용자와 시스템 간의 인터페이스 역할
② 데이터 공유 및 주변장치 관리
③ 원시 프로그램의 목적 프로그램 변환
④ 자원의 효율적 운영 및 자원 스케줄링

해설
운영체제의 역할
- 사용자와 컴퓨터 시스템 간의 인터페이스(Interface) 정의
- 사용자들 간의 하드웨어의 공동 사용
- 여러 사용자 간의 자원 공유
- 자원의 효과적인 운영을 위한 스케줄링
- 입출력에 대한 보조 역할

32 하나의 시스템을 여러 명의 사용자가 시간을 분할하여 동시에 작업할 수 있도록 하는 방식은?

① Distributed System
② Batch Processing System
③ Time Sharing System
④ Real Time System

해설
시분할 처리 시스템(Time Sharing System)
CPU가 여러 작업들을 각 사용자에게 각각 짧은 시간으로 나누어 연속적으로 처리하는 시스템

33 순서도의 역할로 거리가 먼 것은?

① 프로그램 작성의 기초가 된다.
② 프로그램의 인수, 인계가 용이하다.
③ 시스템 하드웨어의 설계 구조를 쉽게 파악할 수 있다.
④ 프로그램의 정확성 여부와 오류를 쉽게 판단할 수 있다.

해설
순서도의 역할
- 처리 순서와 방법을 결정해서 이를 일정한 기호를 사용하여 일목요연하게 나타낸 그림
- 프로그램 코딩의 직접적인 자료
- 프로그램의 인수, 인계가 용이
- 프로그램의 정확성 여부를 검증하는 자료
- 논리적인 체계 및 처리 내용을 쉽게 파악할 수 있으며, 문서화의 역할
- 오류 발생 시 그 원인을 찾아내는 데 이용

34 기계어에 대한 설명으로 옳지 않은 것은?

① 인간에게 친숙한 영문 단어로 표현된다.
② 실행할 명령, 데이터, 기억장소의 주소 등을 포함한다.
③ 각 컴퓨터마다 서로 다른 기계어를 가진다.
④ 작성된 프로그램의 수정, 보수가 어렵다.

해설
기계어(Machine Language)
- 초창기의 컴퓨터프로그래밍은 기계어에 의해 작성되고 처리되었다.
- 컴퓨터의 전기적 회로에 의해 직접적으로 해석되어 실행되는 언어이다.
- 컴퓨터 자원을 효율적으로 활용한다.
- 언어 자체가 복잡하고 어렵다.
- 프로그래밍 시간이 많이 걸리고 에러가 많다.
- 호환성이 없다.
- 2진수를 사용하여 데이터를 표현한다.
- 프로그램의 실행 속도가 빠르다.

35 C언어에서 사용되는 문자열 출력함수는?

① putchar( )
② prints( )
③ printchar( )
④ puts( )

해설
C언어의 문자 출력함수
- getchar( ) 함수 : 키보드로부터 한 번에 한 문자씩 읽어 들여, 그 문자에 해당하는 ASCII 코드의 값을 정수형으로 선언된 변수에 할당하는 함수
- putchar( ) 함수 : 화면에 한 문자씩 출력하는 함수
- gets( ) 함수 : 키보드로부터 문자열을 읽어 들여 문자열 포인터가 가리키는 장소에 기억시키며, 그 포인터를 되돌려 주는 함수
- puts( ) 함수 : 문자열을 화면으로 출력하는 함수

36 프로그램 문서화의 목적과 거리가 먼 것은?

① 프로그램 개발 과정의 요식 행위화
② 프로그램 개발 중 추가 변경에 따른 혼란 방지
③ 프로그램 이관의 용이함 도모
④ 프로그램 유지 보수의 효율화

해설
프로그램 문서화 : 프로그램의 운영에 필요한 사항을 문서로써 정리하여 기록하는 작업
문서화를 통하여 얻어지는 효과
- 프로그램의 개발 목적 및 과정을 표준화
- 효율적인 작업이 이루어지게 함
- 프로그램의 유지 보수를 쉽게 함
- 개발과정에서의 추가 및 변경에 따른 혼란을 줄일 수 있음

37 운영체제의 성능 평가 사항과 거리가 먼 것은?

① Availability
② Cost
③ Turn Around Time
④ Throughput

해설
운영체제의 평가 기준
- 처리능력(Throughput) : 일정 시간에 시스템이 처리하는 일의 양
- 반환 시간(Turn Around Time) : 시스템에 작업을 의뢰한 시간부터 처리가 완료될 때까지 걸린 시간
- 사용가능도(Availability) : 시스템의 자원을 사용할 필요가 있을 때 즉시 사용 가능한 정도
- 신뢰도(Reliability) : 시스템이 주어진 문제를 정확하게 해결하는 정도

38 C언어에서 사용되는 이스케이프 시퀀스(Escape Sequence)에 대한 설명으로 옳지 않은 것은?

① \r : Carriage Return
② \t : Tab
③ \n : New Line
④ \b : Backup

해설
이스케이프 시퀀스(Escape Sequence)
C언어에서 표현이 곤란한 문자들을 표현하는 방법 중의 하나로 특별한 연속 기호를 사용하는 것이다.

시퀀스	의 미
\a	경보(ANSI C)
\b	백스페이스
\f	폼 피드(Form Feed)
\n	개행(New Line)
\r	캐리지 리턴(Carriage Return)
\t	수평 탭
\v	수직 탭
\\	백슬래시(\)

정답 35 ④ 36 ① 37 ② 38 ④

39 원시 프로그램을 한 문장씩 번역하여 즉시 실행하는 방식의 언어번역 프로그램은?

① 컴파일러
② 링 커
③ 로 더
④ 인터프리터

해설
인터프리터(Interpreter)
작성된 원시 프로그램을 한 줄씩 읽어 번역 및 실행하는 프로그램으로 실행 속도가 느리지만 기억장소를 적게 차지한다(BASIC, LISP, JAVA, PL/I).

40 프로그램 처리 과정 순서로 옳은 것은?

① 적재 → 실행 → 번역
② 번역 → 적재 → 실행
③ 적재 → 번역 → 실행
④ 번역 → 실행 → 적재

해설
프로그램의 처리 과정 순서
프로그램 처리는 입력 → 번역 → 적재 → 실행 → 출력 순으로 진행된다.

41 $(27)_{10}$를 2진수로 변환하면?

① $(11011)_2$
② $(11001)_2$
③ $(11000)_2$
④ $(10111)_2$

해설
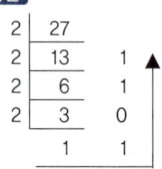
10진수 27은 2진수 $(11011)_2$이다.

42 반가산기 회로에서 두 입력이 A, B라고 하면 합 S와 자리올림 C의 논리식은?

① $S = A \oplus B$, $C = A \cdot B$
② $S = A + B$, $C = A \cdot B$
③ $S = A \cdot B$, $C = A + B$
④ $S = A + B$, $C = A \oplus B$

해설
반가산기(Half-adder)
• 2개의 2진수와 A와 B를 더한 합(Sum) S와 자리올림 수(Carry) C를 얻는 회로로 배타 논리합 회로와 논리곱 회로로 구성된다.
• 논리식 : $S = \overline{A}B + A\overline{B} = A \oplus B$, $C = A \cdot B$
• 반가산기 회로도와 진리표

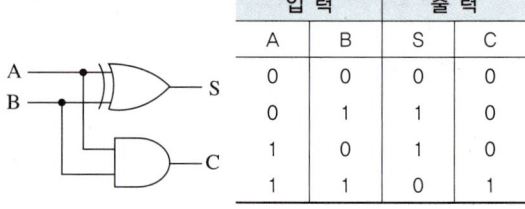

43 $Y = \overline{A} + \overline{B}$의 보수를 구하면?

① $Y = A + B$ ② $Y = AB$
③ $Y = A$ ④ $Y = B$

해설
$Y = \overline{A} + \overline{B}$의 보수는 $Y = \overline{\overline{A} + \overline{B}} = \overline{\overline{A}} \cdot \overline{\overline{B}} = A \cdot B$이다.

44 다음 회로의 설명 중 틀린 것은?(단, 초기 상태는 $Q = 0$, $\overline{Q} = 1$)

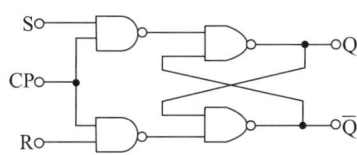

① RST 플립플롭
② CP = 0이고 S = 1, R = 0이면 $Q = 1$, $\overline{Q} = 0$
③ CP = 1이고 S = 0, R = 1이면 $Q = 0$, $\overline{Q} = 1$
④ S = R = 1인 상태는 금지

해설
RST 플립플롭회로(Reset-Set Toggle Flip-flop)
• 동작 : T가 1일 때에만 RS F/F 동작, T가 0일 때에는 입력 R, S의 상태에 무관하여 앞의 출력 상태를 유지

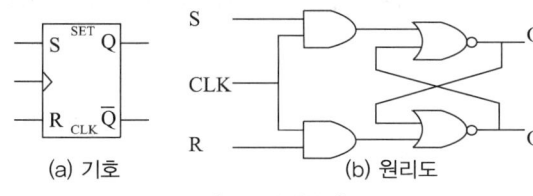

[RST 플립플롭]

• 진리표

S	R	Q_{n+1}	동 작
0	0	Q_n	불 변
0	1	0	리 셋
1	0	1	세 트
1	1	불확정	불 변

45 안정된 상태가 없는 회로이며, 직사각형파 발생회로 또는 시간 발생기로 사용되는 회로는?

① 플립플롭
② 비안정 멀티바이브레이터
③ 쌍안정 멀티바이브레이터
④ 단안정 멀티바이브레이터

해설
비안정 멀티바이브레이터(Astable Multivibrator)
• 안정된 상태가 없는 회로
• 직사각형파 발생회로
• 시간 발생기로 사용

46 디지털 장치에서 많이 쓰이는 회로로서 클록 펄스의 수를 세거나 제어 장치에서 중요한 기능을 수행하는 것은?

① 계수회로
② 발진회로
③ 해독기
④ 부호기

해설
계수회로는 클록 펄스의 수를 세어서 수치를 처리하기 위한 논리회로(디지털 회로)이다.

47 다음 4비트 2진수를 그레이 코드로 변환하였을 때 틀린 것은?

① 0011 → 0010
② 0111 → 0101
③ 1001 → 1101
④ 1011 → 1110

해설
그레이 코드 : BCD 코드의 인접한 자리를 XOR 연산으로 만든 코드

① 0011 → 0010

		⊕		⊕		⊕	
2진수	0	→	0	→	1	→	1
	↓		↓		↓		↓
그레이 코드	0		0		1		0

2진수 0011을 그레이 코드로 변환하면 0010이 된다.

② 0111 → 0100

		⊕		⊕		⊕	
2진수	0	→	1	→	1	→	1
	↓		↓		↓		↓
그레이 코드	0		1		0		0

2진수 0111을 그레이 코드로 변환하면 0100이 된다.

③ 1001 → 1101

		⊕		⊕		⊕	
2진수	1	→	0	→	0	→	1
	↓		↓		↓		↓
그레이 코드	1		1		0		1

2진수 1001을 그레이 코드로 변환하면 1101이 된다.

④ 1011 → 1110

		⊕		⊕		⊕	
2진수	1	→	0	→	1	→	1
	↓		↓		↓		↓
그레이 코드	1		1		1		0

2진수 1011을 그레이 코드로 변환하면 1110이 된다.

48 정상적인 경우 8×1 멀티플렉서는 몇 개의 선택선을 가지는가?

① 1 ② 2
③ 3 ④ 4

해설
③ 8×1 멀티플렉서는 $2^n = 8$개의 입력선과 $n = 3$개의 선택선을 가진다.

멀티플렉서(Multiplexer)
- 2개 이상의 입력 중에서 필요로 하는 신호를 외부로부터의 선택 기호에 의해 1개만 선택하여, 출력 신호로 꺼낼 수 있는 기능을 가진 조합 논리 회로이다.
- 게이트를 사용하여 구성하는 멀티플렉서는 2^n개의 입력선과 입력 선택을 위한 n개의 선택선 및 하나의 출력선을 가지며, 이 선택선에 가하는 비트 조합에 따라 입력 중의 하나가 선택된다.

49 다음 논리식을 카르노맵을 이용하여 간략화하면?

$$F = \overline{A}\overline{B}C + A\overline{B}C$$

① BC ② $\overline{B}C$
③ $B\overline{C}$ ④ $\overline{B}\,\overline{C}$

해설

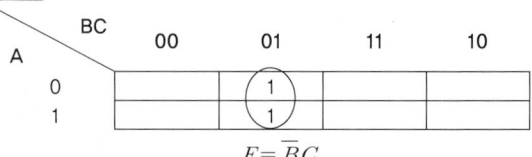

$F = \overline{B}C$

50 다음 JK 플립플롭의 특성표에서 가, 나, 다, 라에 들어갈 항목으로 옳은 것은?

$Q_{(n)}$	J	K	$Q_{(n+1)}$
0	0	0	0
0	0	1	0
0	1	0	가
0	1	1	나
1	0	0	1
1	0	1	0
1	1	0	다
1	1	1	라

① 가 - 0
② 나 - 1
③ 다 - 0
④ 라 - 1

해설
- JK 플립플롭은 RS 플립플롭에서 R = S = 1의 경우 동작이 불확실한 상태로 되는데, RS 플립플롭에서 Q를 R로 $\overline{Q}$를 S로 되먹임시켜 불확실한 상태가 없도록 한 회로이다.
- JK 플립플롭의 진리표

J	K	$Q_{(n)}$ (입력 전의 값)	$Q_{(n+1)}$ (입력 후의 값)
0	0	0	0
0	1	0	0
1	0	0	1
1	1	0	1
0	0	1	1
0	1	1	0
1	0	1	1
1	1	1	0

- (가) : 1, (나) : 1, (다) : 1, (라) : 0

51 다음 순서논리회로의 명칭은?

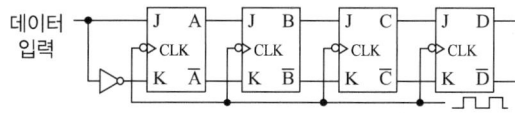

① 리플 계수기
② 링 카운터
③ 시프트 레지스터
④ 10진 계수기

해설
시프트 레지스터(Shift Register)
2진수를 직렬로 1비트씩 차례로 입력시키면 레지스터가 기억하고 있는 데이터를 오른쪽 또는 왼쪽으로 한 자리씩 이동(Shift)시킬 수 있는 레지스터이다.

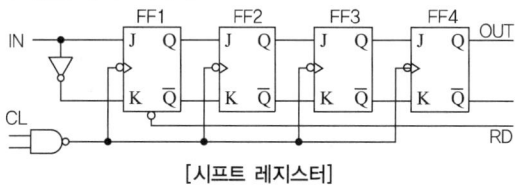

[시프트 레지스터]

52 다음의 그림과 같은 회로는 어떤 게이트인가?

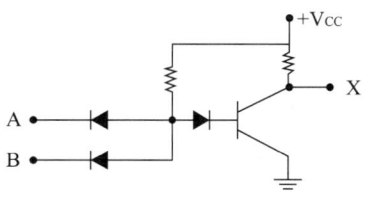

① AND
② OR
③ NAND
④ NOR

해설
NAND 게이트
NAND회로는 AND회로와 NOT회로를 조합한 회로이며, AND 회로를 부정한다는 의미를 지니고 있다. 논리식은 $C = \overline{A \cdot B}$가 된다.

53 다음 회로도에 ?=1을 가했을 때 해당하는 플립플롭은?

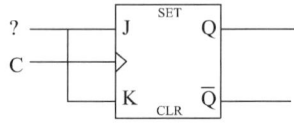

① D F/F
② T F/F
③ RS F/F
④ JK F/F

해설

T 플립플롭
- JK 플립플롭의 입력 J 및 K를 서로 묶어서 하나의 데이터로 입력한다.
- 클록 펄스가 가해질 때마다 출력 상태가 반전하는 토글(Toggle) 또는 스위칭 작용을 하므로 계수기(Counter)에 사용된다.

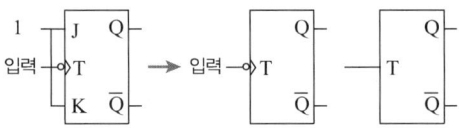

T	Q_{n+1}
0	Q_n
1	$\overline{Q_n}$

54 레지스터를 구성하는데 가장 많이 사용되는 회로는?

① Encoder
② Decoder
③ Half-adder
④ Flip-flop

해설

레지스터(Register)
- 2진 데이터를 일시 저장하는 데 적합한 2진 기억 소자들의 집합
- 1개의 플립플롭은 2진 데이터의 1비트를 저장할 수 있는 기억 소자의 역할
- 레지스터는 플립플롭의 집합

55 다음 진리표의 명칭으로 옳은 것은?

입력		출력			
A	B	Y_0	Y_1	Y_2	Y_3
0	0	1	0	0	0
0	1	0	1	0	0
1	0	0	0	1	0
1	1	0	0	0	1

① 디코더(Decoder)
② 인코더(Encoder)
③ 멀티플렉서(Multiplexer)
④ 디멀티플렉서(Demultiplexer)

해설

디코더(Decoder, 해독기)
- 입력 단자에 가해지는 부호화된 2진 데이터를 그에 해당하는 10진수로 변환하여 해독하는 조합논리회로로 출력은 AND 게이트로 구성된다.
- n개의 입력과 m개의 출력을 가지는 n×m 디코더 : 입력에 가해지는 N비트 코드를 해독하여 그 값에 따라 m개의 출력 중에서 특정한 하나의 출력을 '1'로 하고 나머지 출력들은 '0'으로 만든다.
- 디코더의 회로

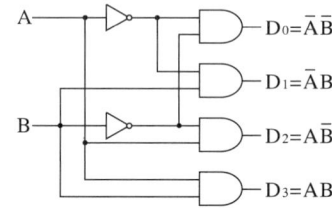

- 디코더의 진리표

입력		출력			
A	B	D_0	D_1	D_2	D_3
0	0	1	0	0	0
0	1	0	1	0	0
1	0	0	0	1	0
1	1	0	0	0	1

정답 53 ② 54 ④ 55 ①

56 다음 진리표와 같은 값을 갖는 논리게이트(Logic Gate)는?

입력		출력
A	B	Y
0	0	0
0	1	1
1	0	1
1	1	0

① XOR
② NAND
③ NOR
④ AND

해설
XOR 연산은 두 값이 같으면 0, 다르면 1을 출력한다.

57 2진 리플 계수기에 사용된 플립플롭이 3개일 때 계수할 수 있는 가장 큰 수는?

① 3
② 6
③ 7
④ 8

해설
2진 리플 계수기에서 사용된 플립플롭이 3개일 때 계수할 수 있는 가장 큰 수는 $2^3 - 1 = 7$개이다.

58 논리식 $XY + \overline{X}Z + YZ$을 불 대수의 정리를 이용하여 간소화하면?

① XY
② $X + XYZ$
③ $\overline{X}Z + YZ$
④ $XY + \overline{X}Z$

해설
$XY + \overline{X}Z + YZ$
$= XY + \overline{X}Z + (X + \overline{X})YZ$ ...... $X + \overline{X} = 1$
$= XY + \overline{X}Z + XYZ + \overline{X}YZ$
$= (XY + XYZ) + (\overline{X}Z + \overline{X}YZ)$
$= XY(1 + Z) + \overline{X}Z(1 + Y)$ ...... $1 + X = 1$
$= XY + \overline{X}Z$

59 동기식 5진 계수기에서 계수 값이 순차적으로 변환하는 경우 ( ) 안에 들어갈 2진수를 10진수로 옳게 변환한 것은?

000 001 010 011 ( ) 000

① 1
② 2
③ 3
④ 4

해설
동기식 5진 계수기
계수값이 순차적으로 000 → 001 → 010 → 011 → 100으로 변환한 다음, 000에서부터 다시 순환되는 계수기
∴ 2진수 100은 10진수 4이다.

60 8비트 기억 소자를 사용한 시스템에서 양수와 음수를 표현하려 할 때 그 사용 영역은 얼마인가?

① $+2^7 \sim +(2^7 - 1)$
② $-2^7 \sim +(2^7 - 1)$
③ $-2^8 \sim +(2^8 - 1)$
④ $-2^7 \sim +(2^7 + 1)$

해설
양수와 음수의 표현 범위는 $-(2^{n-1}) \sim +(2^{n-1} - 1)$이므로 8비트의 기억 소자를 사용한 시스템에서 양수와 음수를 표현하려 할 때 사용 범위는 $-(2^{8-1}) \sim +(2^{8-1} - 1) = -(2^7) \sim +(2^7 - 1)$이다.

정답 56 ① 57 ③ 58 ④ 59 ④ 60 ②

2015년 제5회 과년도 기출문제

01 다음 중 디지털 변조 방식이 아닌 것은?

① AM
② FSK
③ PSK
④ ASK

해설
디지털 변조 방식
- FSK(Frequency Shift Keying) : 디지털 신호(1,0)에 따라 반송파의 주파수를 변화시키는 방식으로 전송 속도가 비교적 저속에 이용되며, 협대역이면서 잡음에 강한 모뎀의 전송방식에 이용되는 변조 방식
- PSK(Phase Shift Keying) : 디지털 신호(1,0)의 정보 내용에 따라 반송파의 위상을 변화시키는 방식으로 2진 PSK(BPSK), 4진 PSK(QPSK), 8진 PSK(8-ary PSK) 등이 있다.
- ASK(Amplitude Shift Keying) : 디지털 신호(1,0)의 정보 내용에 따라 반송파의 진폭을 변화시키는 방식으로, 2진 데이터가 1이면 반송파를 송출하고 0이면 송출하지 않는다.
- QAM(Quadrature Amplitude Modulation) : 2개의 채널이 독립되도록 한 것이며, 디지털 신호의 전송 효율 향상, 대역폭의 효율적 이용, 낮은 에러율, 복조의 용이성을 얻기 위해 ASK와 PSK의 결합방식으로 APK(Amplitude Phase Keying)방식이라고도 한다.

02 펄스 파형의 구간별 명칭에 대한 설명으로 틀린 것은?

① 새그(Sag) : 높은 주파수에서 공진되기 때문에 발생하는 것으로 펄스 상승 부분의 진동 정도
② 오버슈트(Overshoot) : 이상적인 펄스 파형의 상승하는 부분이 기준 레벨보다 높은 부분
③ 언더슈트(Undershoot) : 이상적인 펄스 파형의 하강하는 부분이 기준 레벨보다 낮은 부분
④ 상승 시간(Rise Time) : 진폭의 10[%]가 되는 부분에서 90[%]가 되는 부분까지 올라가는데 소요되는 시간

해설
① 새그(Sag) : 내려가는 부분의 정도로서 낮은 주파수 성분이나 직류분이 잘 통하지 않기 때문에 생기는 것이다.
② 오버슈트(Overshoot) : 상승 파형에서 이상적 펄스파의 진폭 V 보다 높은 부분의 높이 a를 말하며, 이 양은 $\left(\dfrac{a}{V}\right) \times 100[\%]$로 나타낸다.
③ 언더슈트(Undershoot) : 하강 파형에서 이상적 펄스파의 기준 레벨보다 아랫부분의 높이 d를 말하며 이 양은 $\left(\dfrac{d}{V}\right) \times 100[\%]$로 나타낸다.
④ 상승 시간(t_r, Rise Time) : 진폭 V의 10[%]에서 90[%]까지 상승하는 데 걸리는 시간

03 트랜지스터가 ON, OFF 스위치로서의 역할로 사용될 때 가장 적합한 영역은?

① 차단영역
② 활성영역 및 차단영역
③ 포화영역
④ 차단영역 및 포화영역

해설
트랜지스터 동작 특성
- 포화영역 : 스위치동작-ON
- 활성영역 : 트랜지스터 증폭
- 차단영역 : 스위치동작-OFF
- 항복영역 : 트랜지스터 파괴

04 트라이액(Triac)에 관한 설명으로 틀린 것은?

① 양방향성 소자이다.
② 위상 제어 방법에 의해서 부하로 공급되는 평균 전력을 제어하는 데 사용된다.
③ 두 개의 양극 단자 양단의 전압 극성에 따라 어느 한 방향으로 도통한다.
④ 다이액(Diac)과 같이 도통을 시작하기 위한 브레이크오버 전압이 필요하다.

해설
트라이액(TRIAC)
- 두 개의 SCR을 역병렬로 연결시킨 것으로 교류 전력의 위상 제어 등에 사용
- 양단의 전극 외에 제3의 제어전극(게이트)을 가지고 있으며, 마치 3극관(트라이오드)처럼 전류를 제어할 수 있다.
- 사인파 모양인 교류전력의 통과개시를 제어하는 것으로 평균전류를 제어할 수 있을 뿐이며, 순간적인 진폭의 제어나 전류의 차단은 할 수 없다.

05 다음 회로에서 $V_{CC} = 6[V]$, $V_{BE} = 0.6[V]$, $R_B = 300[k\Omega]$일 때 I_b는?

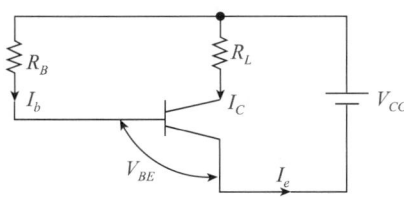

① 6[μA]　　② 12[μA]
③ 18[μA]　　④ 24[μA]

해설
베이스 전류
$$I_b = \frac{V_{CC} - V_{BE}}{R_B} = \frac{6 - 0.6}{300} = 0.018[mA] = 18[\mu A]$$

06 다음 회로와 같은 단일 접합 트랜지스터(UJT)를 사용한 펄스발생회로의 출력파형은 어떻게 나타나는가?

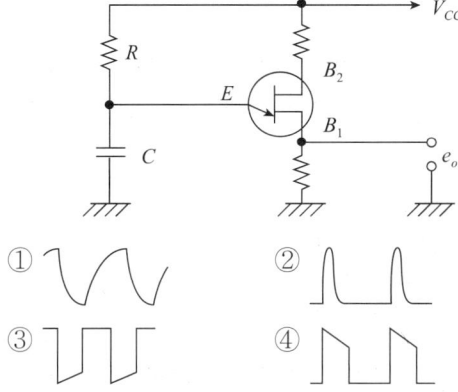

해설
단일 접합 트랜지스터(UJT)
더블베이스 다이오드라고도 하며, 저주파 및 중간 주파수 범위의 스위칭 소자, SCR의 게이트 펄스 발생, 타이머 등에 사용

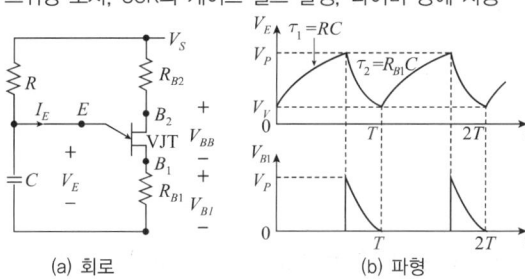

(a) 회로　　(b) 파형

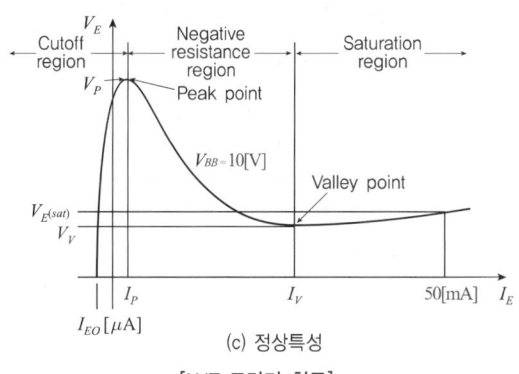

(c) 정상특성

[UJT 트리거 회로]

정답 4 ④　5 ③　6 ②

07 수정발진기의 특징이 아닌 것은?

① 수정 진동자의 Q값이 크다.
② 예민한 공진 특성을 이용한 주파수 필터로도 이용가능하다.
③ 발진 주파수의 변경은 수정편 자체를 교체하면 발진 주파수를 가변하기가 쉽다.
④ 주파수의 안정도가 매우 안정적이다.

해설
수정발진회로의 특징
- 수정 진동자의 Q가 높아 보통 1,000~10,000 정도이고 안정도가 높다(10^{-5} 정도).
- 압전효과가 있다.
- 발진 주파수는 수정편의 두께에 반비례한다.
- 수정 진동자는 기계적, 물리적으로 강하다.
- 발진 조건을 만족하는 유도성 주파수 범위가 매우 좁다.
- 수정편에 항온조 등을 이용하므로 주위 온도의 영향이 적다.
- 공진점과 반공진점의 간격이 좁아 발진 주파수를 움직인다는 것은 곤란하다.

08 다음 회로에서 $R_{B1} = R_{B2} = 10[\text{k}\Omega]$이고, $C_1 = C_2 = 0.5[\mu\text{F}]$일 때 발진주파수는?

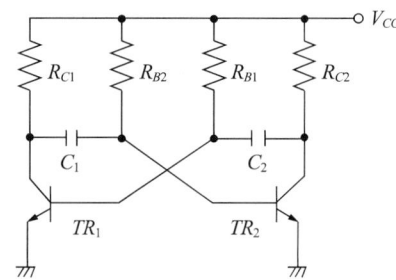

① 143[Hz]
② 14.3[Hz]
③ 1.43[Hz]
④ 0.143[Hz]

해설
$F = \dfrac{1}{T} = \dfrac{1}{1.4RC} = \dfrac{0.714}{RC}[\text{Hz}]$ 이므로,

$F = \dfrac{0.714}{10 \times 10^3 \times 0.5 \times 10^{-6}} ≒ 143[\text{Hz}]$

09 펄스폭이 0.2초, 반복 주기가 0.5초일 때 펄스의 반복 주파수는 몇 [Hz]인가?

① 0.5[Hz]
② 1[Hz]
③ 2[Hz]
④ 4[Hz]

해설
$f = \dfrac{1}{T}[\text{Hz}]$, T : 주기[sec]

$f = \dfrac{1}{0.5} = 2[\text{Hz}]$

10 다이오드를 사용한 정류회로에서 2개의 다이오드를 직렬로 연결하면 어떠한 현상이 나타나는가?

① 부하 출력의 리플전압이 커진다.
② 부하 출력의 리플전압이 줄어든다.
③ 다이오드는 과전류로부터 보호된다.
④ 다이오드는 과전압으로부터 보호된다.

해설
- 다이오드 직렬연결
  내압 증가 → 과전압으로부터 보호
- 다이오드 병렬연결
  허용 전류 증가 → 과전류로부터 보호

11 다음 그림은 1Address Code 명령을 나타낸 것이다. 빈칸의 내용은?

조작부호	연산 레지스터 번호		간접 어드레스 지정	어드레스

① 직접 레지스터번호
② 직접 어드레스번호
③ 인덱스 레지스터지정
④ 인덱스 어드레스번호

해설
1주소의 코드 명령

명령 코드번호	연산 레지스터 번호	인덱스 레지스터 지정	간접 어드레스 지정	어드레스

12 JK 플립플롭에 대한 설명으로 틀린 것은?

① RS 플립플롭의 두 입력 R = 1이고, S = 1일 때 출력이 정의되지 않는 점을 개선한 것이다.
② JK 플립플롭의 두 입력 J = 1, K = 1일 때 출력상태(Q_{n+1})는 반전된다.
③ JK 플립플롭은 AND논리회로를 이용하여 RS 플립플롭의 두 출력 상태(Q, $\overline{Q}$)를 입력측으로 궤환시켜서 구성한다.
④ JK 플립플롭의 두 입력 J와 K를 묶어서 1개의 입력상태로 변경하면 D 플립플롭으로 사용할 수 있다.

해설
JK 플립플롭
- RS 플립플롭에서 R = S = 1의 경우 동작이 불확실한 상태로 되는데, RS 플립플롭에서 Q를 R로 $\overline{Q}$를 S로 되먹임시켜 불확실한 상태가 없도록 한 회로이다.
- RS, D, T 플립플롭의 동작을 모두 실행할 수 있어 실용의 범위가 매우 넓다.
- 주·종형 JK 플립플롭 : J = K = 0일 때 클록 펄스가 1이면 출력은 불변이다.
- J = 1, K = 0일 때 CP = 1이면 출력은 1이다. J = K = 1일 때, CP = 1이며 출력은 현 상태에서 반전된다(J = K = 1을 계속 유지하고 CP가 계속 들어오면 출력은 0과 1을 반복하게 된다).
- JK 플립플롭의 입력 J 및 K를 서로 묶어서 하나의 데이터로 입력하면 T 플립플롭으로 사용한다.

13 여러 회선의 입력이 한 곳으로 집중될 때 특정 회선을 선택하도록 하므로, 선택기라 하기도 하는 회로는?

① Decoder   ② Encoder
③ Multiplexer ④ Demultiplexer

해설
멀티플렉서(Multiplexer)
- 2개 이상의 입력 중에서 필요로 하는 신호를 외부로부터의 선택 기호에 의해 1개만 선택하여, 출력 신호로 꺼낼 수 있는 기능을 가진 조합 논리 회로이다.
- 게이트를 사용하여 구성하는 멀티플렉서는 2^n개의 입력선과 입력 선택을 위한 n개의 선택선 및 하나의 출력선을 가지며, 이 선택선에 가하는 비트 조합에 따라 입력 중의 하나가 선택된다.

14 메이저 상태에서의 수행단계가 아닌 것은?

① 인출 사이클
② 간접 사이클
③ 명령 사이클
④ 실행 사이클

해설
메이저 스테이트(Major State) 4단계
- 인출단계(Fetch Cycle) : 주기억장치(RAM)에 기억된 명령어를 중앙처리장치(CPU)로 가져오는 과정
- 간접단계(Indirect Cycle) : 오퍼랜드의 주소를 읽고 해독된 명령어가 간접주소인 경우 유효주소를 계산
- 실행단계(Execute Cycle) : 오퍼랜드를 읽고 명령의 실행
- 인터럽트단계(Interrupt Cycle) : 인터럽트 처리, 인터럽트 발생 시 복귀주소저장, 실행 후 Fetch 단계로 이동

15 시프트(Shift) 회로란?

① 가산 회로에 사용된다.
② 감산 회로에 사용된다.
③ 1비트씩 삭제하거나 더해주는 회로이다.
④ 왼쪽이나 오른쪽으로 1비트씩 이동시키는 회로이다.

해설
시프트(Shift) : 입력 데이터의 모든 비트 자리로 시프트(이동)시키는 회로로서, 왼쪽 시프트와 오른쪽 시프트로 나누어진다.

정답 12 ④ 13 ③ 14 ③ 15 ④

16 1초당 신호 변환이나 상태 변환 수를 나타내는 전송 속도 단위는?

① bps
② kbps
③ Mbps
④ baud

해설
보(baud)
신호의 전송 속도를 나타내는 단위로 1초 동안 보낼 수 있는 전신 부호의 단위 수(비트의 수)이다.

17 10진수 26₍₁₀₎을 8421 BCD 코드로 변환하면?

① 0001 0000
② 0002 0006
③ 0010 0110
④ 0010 1001

해설

10진수	2	6
	↓	↓
BCD 코드	0010	0110

18 다음의 레지스터 전송 언어는 어떤 연산을 실행하고 있는가?

- $T_1 : B \leftarrow \overline{B}$
- $T_2 : B \leftarrow B + 1$
- $T_3 : A \leftarrow A + B$

① 증가(INCREMENT)
② 가산(ADD)
③ 보수(COMPLEMENT)
④ 2의 보수

해설
- $T_1 : B \leftarrow \overline{B}$ ⇒ B의 값을 보수로 변환한 뒤 B로 전송(1의 보수)
- $T_2 : B \leftarrow B+1$ ⇒ 보수로 변환된 B에 1을 더해 다시 B로 전송한다 (2의 보수).
- $T_3 : A \leftarrow A+B$ ⇒ A+B값을 A에 전송

19 A = 1100, B = 0110일 때 NAND 연산 결과는?

① 1011
② 0011
③ 0101
④ 0100

해설
부정 논리곱(NAND)

```
           1100
NAND연산    0110
           1011
```

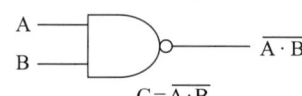

$C = \overline{A \cdot B}$

입력		출력
A	B	C
0	0	1
0	1	1
1	0	1
1	1	0

20 다음의 DIODE(다이오드) 등가로 구성된 논리회로의 명칭은?

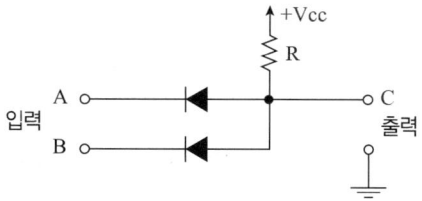

① OR GATE ② AND GATE
③ NOR GATE ④ NAND GATE

해설
논리곱(AND) 회로

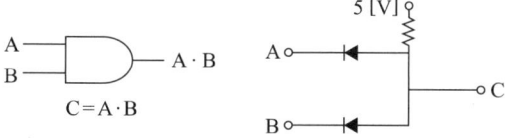

입 력		출 력
A	B	C
0	0	0
0	1	0
1	0	0
1	1	1

21 다음 중 데이터 통신이나 미니 컴퓨터에서 많이 사용되는 미국표준코드는?

① BCD ② ASCII
③ EBCDIC ④ GRAY

해설
ASCII 코드(American Standard Code for Information Interchange)
- ASCII 코드의 7개의 데이터 비트로 한 문자를 표시하는 데 3개의 존 비트와 4개의 디지트 비트로 구성된다.
- ASCII 코드의 비트 번호는 오른쪽에서 왼쪽으로 부여한다.
- 통신 제어용 및 마이크로 컴퓨터의 기본 코드로 사용한다.
- $2^7 = 128$개의 서로 다른 문자를 표현한다.

22 16진수 3E.A를 8진수로 표시한 것은?

① 111110.1010 ② 175.2
③ 76.12 ④ 76.5

해설
16진수를 8진수로 변환 : [16진수 → 2진수 → 8진수]의 방법을 사용한다.
$3E.A_{(16)}$ = $(0011\ 1110\ .\ 1010)_2$
= $(111\ 110\ .\ 101)_2$
= $76.5_{(8)}$

23 다음 중 입력장치가 아닌 것은?

① 마우스 ② 터치스크린
③ 디지타이저 ④ 플로터

해설
- 입력장치 : 마우스, 키보드, 스캐너, 터치스크린, 디지타이저 등
- 출력장치 : 프린터, 플로터, 모니터 등

24 다음 중 속도가 가장 빠른 주소 지정 방식은?

① 간접 주소 방식(Indirect Addressing)
② 직접 주소 방식(Direct Addressing)
③ 즉시 주소 방식(Immediate Addressing)
④ 상대 주소 방식(Relative Addressing)

해설
주소 지정 방식 중 속도가 가장 빠른 순
즉시(Immediate) > 직접(Direct) > 간접(Indirect) > 인덱스(Indexed)

25 다음 중 멀티플렉서 채널과 실렉터 채널의 차이는?

① I/O 장치 용량
② I/O 장치의 크기
③ I/O 장치의 속도
④ I/O 장치의 주기억장치 연결

해설
실렉터 채널(Selector Channel)
하나의 입출력 장치를 사용하는 채널이지만 멀티플렉서 채널(Multiplexer Channel)은 다수의 입출력 장치 사이의 속도 차이로 인한 작업의 낭비를 줄여 준다.

26 CPU는 처리속도가 빠르고 주변 장치는 처리속도가 늦기 때문에 CPU를 효율적으로 사용하기 위한 방안으로 주변 장치에서 요청이 있을 때만 취급을 하고 그 외에는 CPU가 다른 일을 하는 방식은?

① Interrupt
② Isolated I/O
③ Parallel Processing
④ DMA

해설
인터럽트(Interrupt)
• 프로그램이 수행되고 있는 동안 어떤 조건이 발생하여 수행 중인 프로그램을 일시적으로 중지시키게 만드는 조건이나 사건의 발생
• 다른 프로그램이 수행되는 동안 여러 개의 사건을 처리할 수 있는 메커니즘
• 인터럽트가 발생하면 마이크로 컨트롤러는 현재 수행 중인 프로그램을 일시 중단하고, 인터럽트 처리를 위한 프로그램을 수행한 후에 다시 원래의 프로그램으로 복귀

27 다음 중 주소 변환을 위한 레지스터는?

① 베이스 레지스터(Base Register)
② 데이터 레지스터(Data Register)
③ 메모리 어드레스 레지스터(Memory Address Register)
④ 인덱스 레지스터(Index Register)

해설
인덱스 레지스터(Index Register)
이 레지스터 속에 기억되어 있는 내용에 의해서 실행하는 명령의 어드레스를 변경하기 위해서 사용되는 참조용 레지스터이다.

28 다음 명령어 중 제어명령에 속하는 것은?

① 로드(Load)
② 무브(Move)
③ 점프(Jump)
④ 세트(Set)

해설
제어명령은 내용을 바꾸고 프로그램의 제어 흐름을 바꾼다(Branch(분기)와 Jump명령어).

29 주소지정방식 중 명령어 내의 오퍼랜드부에 실제 데이터의 주소가 아니고, 실제 데이터의 주소가 저장된 곳의 주소를 표현하는 방식은?

① 직접 주소 지정 방식(Direct Addressing)
② 상대 주소 지정 방식(Relative Addressing)
③ 간접 주소 지정 방식(Indirect Addressing)
④ 즉시 주소 지정 방식(Immediate Addressing)

해설
자료의 접근 방법에 따른 주소 지정 방식
- 직접 주소 지정(Direct Addressing Mode) : 명령어의 Operand 부분이 실제 데이터의 주소인 명령어 형식
- 상대 주소 지정(Relative Addressing Mode) : 프로그램 카운터(PC)와 명령어의 Operand가 더해진 곳에 실제 데이터를 가지고 있는 명령어 형식
- 간접 주소 지정(Indirect Addressing Mode) : 명령어의 Operand가 가리키는 곳에 실제 데이터의 주소가 있는 명령어 형식
- 즉시 주소 지정(Immediate Addressing Mode) : 명령어 내에 실제 데이터를 가지고 있는 명령어 형식

30 다음 중 성격이 다른 코드(Code)는?

① BCD 코드
② EBCDIC 코드
③ ASCII 코드
④ GRAY 코드

해설
④ GRAY코드는 비가중치 코드이다.
문자 자료의 표현 방법
- 2진화 10진 코드(BCD)
- 아스키 코드(ASCII)
- 확장 2진화 10진 코드(EBCDIC)

31 BNF 표기법에서 정의를 의미하는 기호는?

① #
② &
③ ::=
④ @

해설
BNF 표기법 : 배커스-나우어 형식(Backus-Naur Form)의 약어로, 구문(Syntax) 형식을 정의하는 가장 보편적인 표기법

::=	정의 기호
|	선택 기호
〈 〉	Non Terminal 기호(재정의될 기호)

32 운영체제의 성능평가 기준 중 단위시간에 처리하는 일의 양을 의미하는 것은?

① Cost
② Throughput
③ Turn Around Time
④ User Interface

해설
운영체제의 평가 기준
- 처리능력(Throughput) : 일정 시간 내에 시스템이 처리하는 일의 양
- 반환 시간(Turn Around Time) : 시스템에 작업을 의뢰한 시간부터 처리가 완료될 때까지 걸린 시간
- 사용가능도(Availability) : 시스템의 자원을 사용할 필요가 있을 때 즉시 사용 가능한 정도
- 신뢰도(Reliability) : 시스템이 주어진 문제를 정확하게 해결하는 정도

33 로더의 기능으로 거리가 먼 것은?

① Translation
② Allocation
③ Linking
④ Loading

해설
로더의 기능
- 할당(Allocation) : 목적 프로그램이 적재될 주기억장소 내의 공간을 확보
- 연결(Linking) : 필요할 경우 여러 목적 프로그램들 또는 라이브러리 루틴과의 링크 작업. 외부기호를 참조할 때, 이 주소 값들을 연결
- 재배치(Relocation) : 목적 프로그램을 실제 주기억장소에 맞추어 재배치. 상대주소들을 수정하여 절대주소로 변경
- 적재(Loading) : 실제 프로그램과 데이터를 주기억장소에 적재. 적재할 모듈을 주기억장치로 읽어 들임

34 운영체제의 목적으로 거리가 먼 것은?

① 사용가능도 향상
② 반환 시간 연장
③ 신뢰성 향상
④ 처리능력 향상

해설
운영체제의 목적
- 처리능력(Throughput) 향상
- 반환 시간(Turn Around Time)의 단축
- 사용가능도(Availability) 향상
- 신뢰도(Reliability) 향상

35 원시 프로그램을 목적 프로그램으로 번역하는 것은?

① Loader
② Compiler
③ Linker
④ Operating System

해설
컴파일러(Compiler)
전체 프로그램을 한번에 처리하여 목적 프로그램을 생성하는 번역기로 기억 장소를 차지하지만 실행 속도가 빠르다(ALGOL, PASCAL, FORTRAN, COBOL, C).

36 프로그래밍 언어의 해독 순서로 옳은 것은?

① 컴파일러 → 링커 → 로더
② 로더 → 링커 → 컴파일러
③ 컴파일러 → 로더 → 링커
④ 링커 → 컴파일러 → 로더

해설
프로그램 언어의 번역 과정

원시 프로그램	→	목적 프로그램	→	로드 모듈	→	실행
	(컴파일러)		(링커)		(로더)	

37 기계어에 대한 설명으로 옳지 않은 것은?

① 프로그램의 유지보수가 용이하다.
② 시스템 간 호환성이 낮다.
③ 프로그램의 실행 속도가 빠르다.
④ 2진수를 사용하여 데이터를 표현한다.

해설
기계어(Machine Language)
- 초창기의 컴퓨터프로그래밍은 기계어에 의해 작성되고 처리
- 컴퓨터의 전기적 회로에 의해 직접적으로 해석되어 실행되는 언어
- 컴퓨터 자원을 효율적으로 활용
- 언어 자체가 복잡하고 어렵다.
- 프로그래밍 시간이 많이 걸리고 에러가 많다.
- 호환성이 없다.
- 2진수를 사용하여 데이터를 표현한다.
- 프로그램의 실행 속도가 빠르다.

39 저급(Low Level)언어부터 고급(High Level)언어 순서로 옳게 나열된 것은?

① C언어 → 기계어 → 어셈블리어
② 어셈블리어 → 기계어 → C언어
③ 기계어 → 어셈블리어 → C언어
④ 어셈블리어 → C언어 → 기계어

해설
저급언어 : 컴퓨터 이해하기 쉽게 작성된 프로그래밍 언어
- 기계어 : 컴퓨터가 직접 이해하기 쉬운 언어로 수행속도가 가장 빠르다.
- 어셈블리어 : 어셈블러(Assembler)에 의한 번역 과정이 필요하므로 처리속도가 기계어보다 느리다.

고급언어 : 사람이 이해하기 쉬운 자연어에 가깝게 만들어진 언어
- BASIC, PORTRAN, COBOL, C 등

38 순서도에 대한 설명으로 거리가 먼 것은?

① 작업의 순서, 데이터의 흐름을 나타낸다.
② 처리 순서를 그림으로 나타낸 것이다.
③ 의사전달 수단으로도 사용된다.
④ 사용자의 성향 및 의도에 따라 기호가 상이하다.

해설
순서도(Flowchart)
컴퓨터로 처리하고자 하는 문제를 분석하고, 그 처리 순서를 단계화하여 상호 간의 관계를 알기 쉽게 약속된 기호와 도형을 써서 나타낸 그림이다.

40 시스템 프로그램으로 거리가 먼 것은?

① 로 더
② 컴파일러
③ 운영체제
④ 급여 계산 프로그램

해설
시스템 프로그램이란 운영체제, 언어처리계, 편집기, 디버깅 등 소프트웨어 작성을 지원하는 프로그램을 의미한다(운영체제(윈도우, 리눅스), 컴파일러, 링커, 로더 등).

41 정상적인 경우 8×1 멀티플렉서는 몇 개의 선택선을 가지는가?

① 1
② 2
③ 3
④ 4

해설
멀티플렉서(Multiplexer)
- 2개 이상의 입력 중에서 필요로 하는 신호를 외부로부터의 선택 기호에 의해 1개만 선택하여, 출력 신호로 꺼낼 수 있는 기능을 가진 조합 논리 회로이다.
- 게이트를 사용하여 구성하는 멀티플렉서는 2^n개의 입력선과 입력 선택을 위한 n개의 선택선 및 하나의 출력선을 가지며, 이 선택선에 가하는 비트 조합에 따라 입력 중의 하나가 선택된다.
- 8×1 멀티플렉서는 2^n = 8개의 입력선과 n = 3개의 선택선을 가진다.

42 2진수 $(1110)_2$을 그레이 부호(Gray Code)로 나타낸 것으로 올바른 것은?

① 1001
② 1010
③ 1011
④ 1100

해설
그레이 코드는 BCD 코드의 인접한 자리를 XOR 연산으로 만든 코드이다.

```
              ⊕   ⊕   ⊕
2진수        1 → 1 → 1 → 0
             ↓   ↓   ↓   ↓
그레이 코드  1   0   0   1
```
2진수 1110을 그레이 코드로 변환하면 1001이 된다.

43 〈보기〉의 조합 논리회로 설계 단계를 순서대로 옳게 나열한 것은?

┌보기┐
ㄱ. 카르노 맵 표현
ㄴ. 진리표 작성
ㄷ. 논리회로 작성
ㄹ. 논리식의 간소화

① ㄴ → ㄱ → ㄷ → ㄹ
② ㄴ → ㄱ → ㄹ → ㄷ
③ ㄱ → ㄴ → ㄷ → ㄹ
④ ㄱ → ㄴ → ㄹ → ㄷ

해설
조합논리회로 설계 순서
- 입력과 출력 조건에 적합한 진리표를 작성한다.
- 진리표를 가지고 카르노 도표를 작성한다.
- 간소화된 논리식을 구한다.
- 논리식을 기본 게이트로 구성한다.

44 다음 〈보기〉의 장치를 메모리 접근 및 처리 속도가 빠른 순서대로 옳게 나열한 것은?

┌보기┐
㉮ 레지스터
㉯ 하드 디스크
㉰ RAM
㉱ 캐시 기억장치

① ㉮ → ㉯ → ㉰ → ㉱
② ㉮ → ㉱ → ㉰ → ㉯
③ ㉰ → ㉱ → ㉯ → ㉮
④ ㉰ → ㉯ → ㉱ → ㉮

해설
메모리 접근 및 처리 속도가 빠른 순서
레지스터 > 캐시 기억장치 > RAM > 하드 디스크 순이다.

45 불 대수의 분배 법칙을 올바르게 표현한 것은?

① $A + \overline{A} = 1$
② $A + B = B + A$
③ $A + (B + C) = (A + B) + C$
④ $A + B \cdot C = (A + B) \cdot (A + C)$

해설
불 대수의 분배 법칙
$A + (B \cdot C) = (A + B) \cdot (A + C)$
$A \cdot (B + C) = A \cdot B + A \cdot C$

46 레지스터에 대한 설명 중 옳지 않은 것은?

① 직렬 시프트 레지스터는 입력된 데이터가 한 비트씩 직렬로 이동된다.
② 링 계수기는 시프트 레지스터의 출력을 입력쪽에 궤환시킴으로써, 클록 펄스가 가해지는 한 같은 2진수 레지스터 내부에서 순환하도록 만든 것이다.
③ 시프트 계수기는 직렬 시프트 레지스터를 역궤환시켜 만든 것으로 존슨 계수기라고도 한다.
④ 병렬 시프트 레지스터는 모든 비트를 클록 펄스에 의해 새로운 데이터로 순차적으로 바꾸어 주는 것이다.

해설
병렬(Parallel) 시프트 레지스터
- 레지스터의 모든 비트를 클록 펄스에 의해 새로운 데이터(입력 데이터)로 동시에 바꾸어 로드해 주는 시프트 레지스터이다.
- 각 비트의 플립플롭은 완전히 독립되어 있으므로 입력 신호가 동시에 들어가면 그에 따라 출력 상태가 동시에 나타난다.

47 비동기형 리플 카운터에 대한 설명으로 옳지 않은 것은?

① 모든 플립플롭 상태가 동시에 변한다.
② 회로가 간단하다.
③ 동작시간이 길다.
④ 주로 T형이나 JK 플립플롭을 사용한다.

해설
비동기식(Asynchronous Type) 카운터
- 플립플롭의 입력으로는 클록 펄스와 앞단의 출력이 차례로 연결되어 있어 상태가 동시에 변하지 않고 순차적으로 변한다. 리플 계수기라고도 한다.
- 각 단을 통과할 때마다 지연시간이 누적되므로 고속 카운터에는 부적당하다.
- 매우 높은 주파수에는 부적당, 비트수가 많은 카운터에는 부적합하다.
- 회로가 간단해서 작은 규모의 계기 회로에 적당하다.
- 플립플롭들은 동일 클록에 변하지 않고, 한 플립플롭의 출력이 다른 플립플롭의 클록으로 동작하기 때문에 지연시간이 길어지게 된다.
- 시스템의 상태는 모든 플립플롭의 전이가 완료될 때까지 결정되지 않는다.

48 D형 Flip-Flop에서 출력은 어떤 식으로 표시되는가?

① D
② $\overline{D}$
③ $D\overline{Q}$
④ $\overline{D}Q$

해설
D 플립플롭
클록형 RS 플립플롭 또는 JK 플립플롭을 변형시킨 것으로, 데이터 입력신호 D가 그대로 출력 Q에 전달되는 특성으로 데이터의 일시적인 보존이나 디지털 신호의 지연 등에 이용된다.

정답 45 ④ 46 ④ 47 ① 48 ①

49 해독기(Decoder)에서 입력이 4개일 때 최대출력 수는?

① 8 ② 16
③ 32 ④ 64

해설
디코더(Decoder, 해독기)
디코더는 입력에 따라 $N = 2^n$개의 출력 단자가 결정되므로 디코더 회로가 4개의 입력단자를 갖는다면 $N = 2^4 = 16$개의 출력단자를 갖는다.

50 10진 계수기(Counter)를 구성하기 위해 필요한 플립플롭의 수는?

① 1 ② 2
③ 4 ④ 8

해설
플립플롭이 n개일 때 카운터가 셀 수 있는 최대의 수를 N이라 하면, $N = 2^n$개의 수를 셀 수 있고, 0에서 $2^n - 1$의 수까지 표현한다. 즉, 10진 계수기를 구성하기 위해서는 $2^4 = 16$이므로 4개의 플립플롭이 필요하다.

51 $Y = A + \overline{A}B$을 간소화하면?

① A ② $A + B$
③ B ④ $A \cdot B$

해설
$Y = A + \overline{A}B$
$= (A + \overline{A}) \cdot (A + B)$
$= 1 \cdot (A + B)$
$= A + B$

52 다음 2진수를 10진수로 변환하면?

$(0.1111)_2 \rightarrow (\quad)_{10}$

① 0.9375 ② 0.0625
③ 0.8125 ④ 0.6250

해설
2진수를 10진수로 변환 : 2진수의 각 자릿수(가중치)를 곱한다.
$0.1111_{(2)} = 1 \times 2^{-1} + 1 \times 2^{-2} + 1 \times 2^{-3} + 1 \times 2^{-4}$
$= 0.5 + 0.25 + 0.125 + 0.0625$
$= 0.9375_{(10)}$

53 다음 2진수의 연산법칙으로 틀린 것은?

① 0 + 1 = 1
② 1 - 0 = 1
③ 1 + 1 = 0, C(자리올림) 발생
④ 1 - 1 = 1

해설
2진수의 연산
- 덧셈의 법칙
  0 + 0 = 0
  0 + 1 = 1
  1 + 0 = 1
  1 + 1 = 0 ※ 자리올림(Carry)
- 뺄셈의 법칙
  0 - 0 = 0
  1 - 0 = 1
  1 - 1 = 0
  0 - 1 = 1 ※ 자리빌림(Borrow)

54 다음 입출력 파형에 따른 출력으로 알맞은 게이트는?

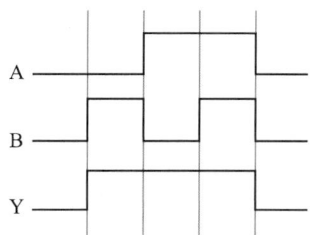

① AND
② OR
③ NOT
④ XOR

해설
OR(논리합) 게이트
- 어떤 입력에도 "1"이 인가되면 출력상태는 "1"
- 논리식 Y = A + B

진리표

입력		출력
A	B	Y
0	0	0
0	1	1
1	0	1
1	1	1

55 회로의 안정 상태에 따른 멀티바이브레이터의 종류가 아닌 것은?

① 비안정 멀티바이브레이터
② 단안정 멀티바이브레이터
③ 쌍안정 멀티바이브레이터
④ 광안정 멀티바이브레이터

해설
멀티바이브레이터의 종류
- 비안정 멀티바이브레이터(Astable Multivibrator) : 회로에 전원이 공급되면 구형파의 발진이 이루어지는 회로
- 단안정 멀티바이브레이터(Monostable Multivibrator) : 자체 발진의 능력은 없으나 외부의 트리거 펄스 입력이 공급될 때마다 하나의 구형파를 출력하는 회로
- 쌍안정 멀티바이브레이터(Bistable Multivibrator) : 안정 상태를 유지하며 외부의 트리거 펄스 입력이 두 개 공급될 때마다 하나의 구형파를 출력하는 회로로 일반적으로 플립플롭회로라 한다.

56 현재의 입력값은 물론 이전의 입력 상태에 의하여 출력값이 결정되는 논리 회로는?

① 불 회로
② 유도 회로
③ 순서논리회로
④ 조합논리회로

해설
순서논리회로
- 출력 신호가 현재의 입력 신호와 과거의 입력 신호에 의하여 결정되는 논리회로
- 플립플롭(Flip-flop)과 같은 기억 소자와 논리게이트로 구성

정답 53 ④ 54 ② 55 ④ 56 ③

57 마스터 슬레이브 플립플롭(M/S FF)의 장점으로 옳은 것은?

① 동기시킬 수 있다.
② 처리 시간이 짧아진다.
③ 게이트 수를 줄일 수 있다.
④ 폭주(Race Around)를 막는다.

해설
- 레이싱(Racing) 현상이란 JK = FF에서 CP = 1일 때 출력 쪽의 상태가 변화하면 입력 쪽이 변하여 오동작을 발생하고, 이 오동작은 다른 오동작을 일으키는 현상이다.
- 레이싱(Racing) 현상을 피하기 위한 것이 마스터–슬레이브 JK = FF이다.

58 그림과 같은 회로의 출력은?

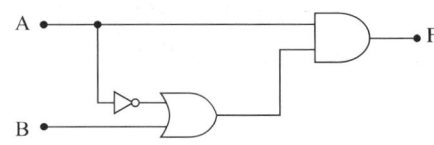

① $A(\overline{A}+\overline{B})$
② $\overline{A}(\overline{A}+B)$
③ $A(\overline{A}+B)$
④ $\overline{A}(A+B)$

해설
$(\overline{A}+B) \cdot A = F$이다.

59 한 비트의 2진수를 더하여 합과 자리올림 값을 계산하는 반가산기를 설계하고자 할 때 필요한 게이트는?

① 배타적 OR 2개, OR 1개
② 배타적 OR 1개, AND 1개
③ 배타적 NOR 1개, NAND 1개
④ 배타적 OR 1개, AND 1개, NOT 1개

해설
반가산기(Half-adder)
- 2개의 2진수와 A와 B를 더한 합(Sum) S와 자리올림 수(Carry) C를 얻는 회로
- 배타 논리합 회로와 논리곱 회로로 구성된다.

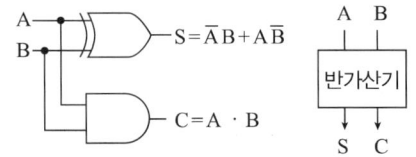

입력		출력	
A	B	S	C
0	0	0	0
0	1	1	0
1	0	1	0
1	1	0	1

60 외부의 신호가 들어오기 전까지 안정한 상태를 유지하는 회로는?

① 래치 회로
② 구형파 회로
③ 사인파 회로
④ 슈미트 트리거 회로

해설
래치(Latch) 회로
- 순차회로에서 한 비트의 정보를 저장하는 회로
- 두 가지 상태의 입력(Set, Reset)에 따라 출력 상태(Q, Q′)를 가진다.
- 외부의 신호가 들어오기 전까지 안정한 상태를 유지
- 래치(Latch) 회로는 클록 펄스를 이용하지 않으므로 입력이 변할 때마다 출력 값이 변한다.

2016년 제1회 과년도 기출문제

01 시스템 온 칩(SoC)에 대한 특징으로 틀린 것은?

① 핀의 수가 많아서 연결 및 신호 오류가 많이 발생한다.
② 외부 연결 핀이 많아져 칩 소켓은 매우 정교하게 제작된다.
③ 칩이 시스템이고 시스템이 칩인 반도체이다.
④ 시스템의 면적과 가격을 최소화할 수 있다.

해설
단일 칩 시스템(System-on-a-Chip)
- 단일 칩에 모든 기능이 집적된 집적회로
- 연산처리장치, 내장 메모리 하드웨어로 구현된 기능 블록
- 주변장치를 하나의 칩에 통합하여 제조 가능
- 저전력 소모, 제품 가격 하락, 안정성 증가뿐만 아니라 혁신적인 디자인도 가능

02 PN 접합 다이오드가 순방향 바이어스되었을 때 일어나는 현상으로 옳은 것은?

① 공핍층 폭이 증가한다.
② 접합의 정전용량이 감소한다.
③ 저항이 감소한다.
④ 다수캐리어의 전류가 증가하여 전류가 흐르지 않는다.

해설
PN 접합 다이오드가 순방향으로 바이어스되었을 때 다이오드는 낮은 저항값이 측정되고, 역방향으로 바이어스가 되었을 때는 매우 높은 저항값이 측정된다. 다이오드가 순방향과 역방향 둘 다 매우 낮은 저항값을 나타내면 그 다이오드는 단락되었을 가능성이 있고 순방향 저항이 매우 높거나 무한대이면 개방된 다이오드를 나타낸다.

03 발진회로 중에서 사인파 발진회로에 속하지 않는 회로는?

① LC 발진회로
② 블로킹 발진회로
③ RC 발진회로
④ 수정발진회로

해설
사인파 발진회로
- LC 발진회로
- RC 발진회로
- 수정발진회로

04 펄스폭이 15[μs]이고 주파수가 500[kHz]일 때 충격 계수는?

① 1 ② 7.5
③ 10 ④ 0.1

해설
충격 계수(Duty Factor)
- 펄스파가 얼마나 날카로운가를 나타내는 수치
- $D = \dfrac{\text{펄스폭}(\tau)}{\text{펄스반복주기}(T)}$, $T = \dfrac{1}{f}$ 이므로

$D = \dfrac{15 \times 10^{-6}}{\dfrac{1}{500 \times 10^3}} = 7,500 \times 10^{-3} = 7.5$

정답 1 ① 2 ③ 3 ② 4 ②

05
펄스폭이 1초이고 반복주기가 5초이면 주파수는 몇 [Hz]인가?

① 0.2 ② 0.25
③ 2   ④ 5

해설

$f = \dfrac{1}{T}[\text{Hz}]$, T : 주기[sec]

$f = \dfrac{1}{5} = 0.2[\text{Hz}]$

06
트랜지스터의 부궤환증폭기의 특징에 대한 설명으로 가장 적합한 것은?

① 이득을 증가시킨다.
② 잡음과 왜곡을 개선한다.
③ 발진회로로 많이 사용된다.
④ 입력 및 출력 임피던스가 증가한다.

해설

트랜지스터의 부궤환증폭기의 특징
- 주파수 특성이 양호하고 안정도가 좋다.
- 부하의 변동이나 전원 전압의 변동에 증폭도가 안정하다.
- 증폭회로 내부에서 발생 출력에 나타나는 잡음과 왜곡은 $\dfrac{A_0}{1+\beta A_0}$로 감소한다.
- 입력 임피던스는 증가하고 출력 임피던스는 낮아진다.
- 대역폭을 넓힐 수 있다.
- 이득이 다소 저하된다.

07
저항을 R이라고 하면 컨덕턴스 $G[\mho]$는 어떻게 표현되는가?

① R^2 ② R
③ $\dfrac{1}{R^2}$ ④ $\dfrac{1}{R}$

해설

컨덕턴스 $G = \dfrac{1}{R}[\mho]$

08
다음 회로에서 합성저항을 구하면 몇 [Ω]인가?

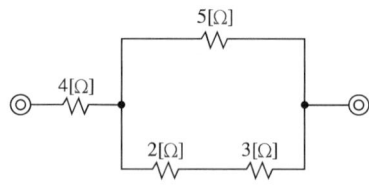

① 2   ② 4.5
③ 6.5 ④ 10

해설

합성 저항 $R = 4 + \dfrac{(2+3) \times 5}{(2+3) + 5} = 6.5[\Omega]$

정답 5 ① 6 ② 7 ④ 8 ③

09 접합 전계효과 트랜지스터(JFET)에서 3단자의 명칭으로 틀린 것은?

① 베이스　② 게이트
③ 드레인　④ 소스

해설
접합 전계효과 트랜지스터(JFET)
N형 실리콘 반도체에 P층을 확산시키고 양단에 알루미늄 전극을 붙여 소스와 드레인, P층을 게이트 전극으로 구성한 것
접합 전계효과 트랜지스터(JFET) 회로 기호

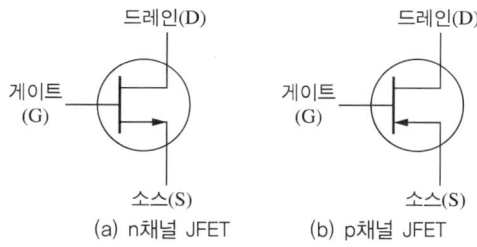

(a) n채널 JFET　(b) p채널 JFET

10 반도체의 특성에 대한 설명으로 틀린 것은?

① 온도가 상승함에 따라 저항값이 감소하는 부(-)의 온도계수를 갖고 있다.
② 불순물이 증가하면 전기저항이 급격히 증가한다.
③ 매우 낮은 온도 0[K]에서는 절연체가 된다.
④ 광전효과와 자계효과 등을 갖고 있다.

해설
반도체의 특성
• 절대 온도 0[K]에서는 절연체이며 상온에서 절연물과 도체의 중간 성질을 갖고 있다.
• 불순물의 농도가 증가하면 도전율은 커지고 고유 저항은 감소한다.
• 부(-)의 온도 계수를 가지며, 광전 효과가 크고 열운동을 한다.
• 자계에 의한 고유 저항의 변화가 크며 홀 효과가 있다.
• 반도체의 재료로는 실리콘(Si), 게르마늄(Ge), 갈륨-비소화합물(GaAs) 그리고 이외에도 여러 가지가 있으나 실리콘(Si)이 가장 많이 사용된다.

11 하드디스크(HDD), 광학드라이브(ODD) 등이 PC 내부의 메인보드와 직접 연결되기 위한 인터페이스 방식이 아닌 것은?

① SATA　② EIDE
③ PATA　④ DVI

해설
PC 내부의 메인보드와 직접 연결되기 위한 인터페이스 방식
• ATA(IDE) : 하드디스크, CD-ROM 등 저장장치의 표준 인터페이스이다.
• SATA : 병렬 전송 방식의 ATA를 직렬 전송 방식으로 변환한 드라이브 표준 인터페이스이다.
• PATA : 병렬 ATA 인터페이스라고 한다.
• EIDE : 기존의 컨트롤러가 두 개의 장치만 연결할 수 있는 점을 보완한 것으로 하나의 IDE에서 Primary, Secondary라는 개념을 통해 더 많은 장치들을 연결할 수 있도록 설계한 것이다.
• SCSI : ATA가 ANSI에 의해 처음 표준으로 제정되던 1986년에 함께 제정된 표준 인터페이스 형식으로 주로 서버 시스템에 많이 사용한다.

12 인터럽트 입출력 방식의 처리방법이 아닌 것은?

① 소프트웨어 폴링
② 데이지체인
③ 우선순위 인터럽트
④ 핸드셰이크

해설
인터럽트 입출력 방식의 처리방법
• 소프트웨어 폴링
• 하드웨어 데이지체인(Daisy-chain)
• 병렬(Parallel) 우선순위

13 연산회로 중 시프트에 의하여 바깥으로 밀려나는 비트가 그 반대편의 빈 곳에 채워지는 형태의 직렬 이동과 관계되는 것은?

① Complement ② Rotate
③ OR ④ AND

해설
로테이트(Rotate)
시프트와 비슷한 연산으로 밀려나온 비트가 다시 반대편 끝으로 들어가 사용되는 연산으로서, 문자의 위치변환에 주로 사용된다.

14 컴퓨터 내부에서 정보(자료)를 처리할 때 사용되는 부호는?

① 2진법 ② 8진법
③ 10진법 ④ 16진법

해설
컴퓨터 내부에서 정보(자료)를 처리할 때 0과 1로 구성된 수의 체계로 2진법을 사용한다.

15 다음 논리식을 간소화하면?

$$X = (A+B) \cdot (A+\overline{B})$$

① A ② AB
③ $A+\overline{B}$ ④ B

해설
$X = (A+B) \cdot (A+\overline{B})$
$\quad = AA + A\overline{B} + AB + B\overline{B}$
$\quad = A + A(\overline{B}+B)$
$\quad = A$

16 비동기 전송방식과 관계가 있는 것은?

① 스타트비트와 스톱비트
② 시작플래그와 종료플래그
③ 주소부와 제어부
④ 정보부와 오류검사

해설
비동기(Asynchronous) 전송
• 한 번에 한 문자 데이터씩 전송하는 방식
• 조보식 또는 스타트 스톱(Start Stop) 방식이라고도 한다.

17 다음에 수행될 명령어의 주소를 나타내는 것은?

① Instruction
② Stack Pointer
③ Program Counter
④ Accumulator

해설
③ Program Counter(프로그램 카운터) : 다음에 실행될 명령어가 저장된 주기억장치의 주소를 저장한다.
① Instruction Counter(명령 계수기) : 명령 실행 시 1씩 증가하여 다음에 실행할 명령의 번지를 기억한다.
② Stack Pointer(스택 포인터) : 주기억장치 스택의 데이터 삽입과 삭제가 이루어지는 주소를 저장한다.
④ Accumulator(누산기) : CPU 내에서 계산의 중간 결과를 저장하는 레지스터

18 주소 지정 방식 중 명령어 내의 오퍼랜드부에 실제 데이터가 저장된 장소의 번지를 가진 기억장소의 번지를 표현하는 것은?

① 계산에 의한 주소 지정 방식
② 직접 주소 지정 방식
③ 간접 주소 지정 방식
④ 임시적 주소 지정 방식

해설
③ 간접 주소 지정 : 명령어의 Operand가 가리키는 곳에 실제 데이터의 주소가 있는 명령어 형식
② 직접 주소 지정 : 명령어의 Operand 부분이 실제 데이터의 주소인 명령어 형식

19 다음 진리표에 해당하는 논리회로는?(단, A, B는 입력, f는 출력이다)

A	B	f
0	0	0
1	0	1
0	1	1
1	1	0

① NAND ② EX-OR
③ NOR   ④ INHIBIT

해설
② 배타 논리합(XOR) 회로 : 홀수 개의 입력이 1일 때만 그 출력이 1인 논리회로

입 력		출 력
A	B	f
0	0	0
1	0	1
0	1	1
1	1	0

20 입출력장치의 역할로 가장 적합한 것은?

① 정보를 기억한다.
② 컴퓨터의 내, 외부 사이에서 정보를 주고받는다.
③ 명령의 순서를 제어한다.
④ 기억 용량을 확대시킨다.

해설
입출력장치(I/O장치 ; Input/Output Device)는 중앙 시스템과 외부 세계와의 효율적인 통신방법을 제공한다.

21 다음 프로그램 언어 중 하드웨어의 이용을 가장 효율적으로 하고, 프로그램 수행시간이 가장 짧은 언어는?

① 기계어   ② 어셈블리어
③ 포트란   ④ C언어

해설
기계어(Machine Language)
• 초창기의 컴퓨터프로그래밍은 기계어에 의해 작성되고 처리되었다.
• 컴퓨터의 전기적 회로에 의해 직접적으로 해석되어 실행되는 언어이다.
• 컴퓨터 자원을 효율적으로 활용한다.
• 언어 자체가 복잡하고 어렵다.
• 프로그래밍 시간이 많이 걸리고 에러가 많다.
• 2진수를 사용하여 명령어와 데이터를 표현한다.
• 호환성이 없고, 기계마다 언어가 다르다.
• 프로그램의 실행속도가 빠르다.

22 다음 중 128개의 서로 다른 문자를 표현할 수 있으며, 데이터 통신에 주로 이용되는 코드는?

① 아스키 코드
② 2진화 10진 코드
③ 확장 2진화 10진 코드
④ EBCDIC 코드

해설
ASCII 코드(American Standard Code for Information Interchange)
- ASCII 코드의 7개의 데이터 비트로 한 문자를 표시하는 데 3개의 존 비트와 4개의 디지트 비트로 구성되어 있다.
- ASCII 코드의 비트 번호는 오른쪽에서 왼쪽으로 부여한다.
- 통신 제어용 및 마이크로 컴퓨터의 기본 코드로 사용한다.
- 2^7 = 128개의 서로 다른 문자를 표현한다.

23 다음 중 산술적 연산에 해당하지 않는 것은?

① AND
② ADD
③ SUBTRACT
④ DIVIDE

해설
- 산술연산 : ADD, SUBTRACT, MUL, DIVIDE
- 논리연산 : AND, OR, NOT, XOR

24 다음 논리도(Logic Diagram)에서 단자 A에 "0000", 단자 B에 "0101"이 입력된다고 할 때 그 출력은?

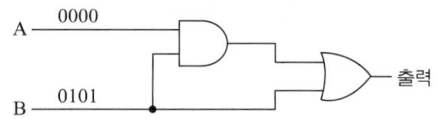

① 1111
② 0110
③ 1001
④ 0101

해설

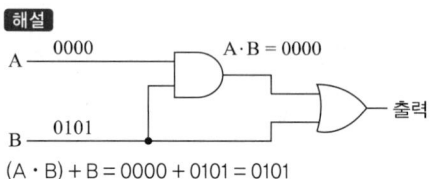

(A · B) + B = 0000 + 0101 = 0101

25 입출력장치를 선택하여 입출력 동작이 시작되면 전송이 종료될 때까지 하나의 입출력장치를 사용하는 채널로서 디스크와 같은 고속 장치에 사용되는 채널은?

① 멀티플렉서 채널(Multiplexer Channel)
② 블록 멀티플렉서 채널(Block Multiplexer Channel)
③ 실렉터 채널(Selector Channel)
④ 고정 채널(Fixed Channel)

해설
실렉터 채널(Selector Channel)
- 입출력 동작이 개시되어 종료까지 하나의 입출력 장치를 사용하는 채널이다.
- Block 단위의 전송이 이루어진다.
- 디스크와 같은 고속 장치에서 사용한다.

26 패리티 규칙으로 코드의 내용을 검사하며, 잘못된 비트를 찾아서 수정할 수 있는 코드는?

① Gray Code
② Excess-3 Code
③ Biquinary Code
④ Hamming Code

해설
해밍 코드(Hamming Code)
• 오류 검출 후 자동적으로 정정해 주는 코드
• 1비트의 단일 오류만 정정
• 데이터비트 외에 오류 검출 및 교정을 위한 잉여비트가 많이 필요

27 2진수 10110에 대한 2의 보수는?

① 01101
② 01011
③ 01010
④ 01111

해설
• 1의 보수에다 1을 더하여 구한다(2의 보수 = 1의 보수 + 1).
• 2진수 10110을 1의 보수로 바꾸면 01001에 1을 더하면 01010이 된다.

28 2진수 0111을 그레이 코드로 올바르게 변환한 것은?

① 0111
② 0101
③ 0100
④ 1100

해설
그레이 코드
BCD 코드의 인접한 자리를 XOR 연산으로 만든 코드

```
           ⊕     ⊕     ⊕
2진수    0  →  1  →  1  →  1
        ↓     ↓     ↓     ↓
그레이 코드 0     1     0     0
```

2진수 0111을 그레이 코드로 변환하면 01000이 된다.

29 컴퓨터에서 연산을 위한 수치를 표현하는 방법 중 부호, 지수(Exponent) 및 가수로 구성되는 것은?

① 부동 소수점 표현 형식
② 고정 소수점 표현 형식
③ 언팩 표현 형식
④ 팩 표현 형식

해설
부동 소수점(Floating Point) 표현 방식
• 한 개의 부호 비트, 지수부(Exponent Part), 가수부(Mantissa Part)로 구성
• 소수점을 포함한 실수도 표현 가능
• 정규화(Normalization) : 소수점의 위치를 정해진 위치로 이동하는 과정
• 과학, 공학, 수학적인 응용면에서 주로 사용

30 다음 논리회로를 만족하는 논리식을 가장 간단히 하면?

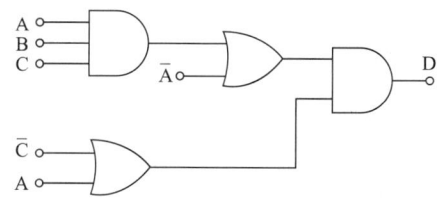

① $D = ABC + AC$
② $D = ABC + \overline{A}\,\overline{C}$
③ $D = \overline{A}\,\overline{B}\,\overline{C} + AC$
④ $D = \overline{A}\,\overline{B}\,\overline{C} + \overline{A}\,\overline{C}$

해설
$D = (ABC + \overline{A}) \cdot (\overline{C} + A)$
$\quad = ABC(\overline{C} + A) + \overline{A}(\overline{C} + A)$
$\quad = ABC + \overline{A}\,\overline{C}$

31 C언어에 대한 설명으로 옳지 않은 것은?

① 이식성이 높은 언어이다.
② 시스템 소프트웨어를 작성하기에 용이하다.
③ 컴파일 과정 없이 실행이 가능하다.
④ 다양한 연산자를 제공한다.

해설
C언어의 특징
• 시스템 프로그래밍 언어
• 함수 언어
• 강한 이식성
• 풍부한 자료형 지원
• 다양한 제어문 지원
• 표준 라이브러리 함수 지원
• 포인터 변수
• 시스템 프로그래밍 언어로 적합

32 운영체제의 성능평가 요소 중 시스템을 사용할 필요가 있을 때 즉시 사용 가능한 정도를 의미하는 것은?

① Throughput
② Availability
③ Turn Around Time
④ Reliability

해설
운영체제의 평가 기준
• Throughput(처리능력) : 일정 시간에 시스템이 처리하는 일의 양
• Availability(사용가능도) : 시스템의 자원을 사용할 필요가 있을 때 즉시 사용 가능한 정도
• Turn Around Time(반환 시간) : 시스템에 작업을 의뢰한 시간부터 처리가 완료될 때까지 걸린 시간
• Reliability(신뢰도) : 시스템이 주어진 문제를 정확하게 해결하는 정도

33 교착상태 발생의 필요충분조건으로 옳지 않은 것은?

① Mutual Exclusion
② Preemption
③ Hold and Wait
④ Circular Wait

해설
교착상태 발생의 필요충분조건
• Mutual Exclusion(상호 배제) : 프로세스들은 자신이 필요로 하는 자원에 대해 배타적인 사용을 요구한다.
• No Preemption(비선점) : 자원을 점유하고 있는 프로세스는 그 작업의 수행이 끝날 때까지 해당 자원을 반환하지 않는다.
• Hold & Wait(점유와 대기) : 프로세스가 적어도 하나의 자원을 점유하면서, 다른 프로세스에 의해 점유된 다른 자원을 요구하고 할당 받기를 기다린다.
• Circular Wait(환형 대기) : 프로세스들의 환형 대기가 존재하여야 하며, 이를 구성하는 각 프로세스는 환형 내의 이전 프로세스가 요청하는 자원을 점유하고, 다음 프로세스가 점유하고 있는 자원을 요구하고 있는 경우 교착상태가 발생할 수 있다.

34 프로그램 개발 과정에서 프로그램 안에 내재하여 있는 논리적 오류를 발견하고 수정하는 작업은?

① Mapping
② Thrashing
③ Debugging
④ Paging

해설
③ Debugging(디버깅) : 프로그램 개발 과정에서 프로그램 안에 내재해 있는 논리적 오류를 발견하고 수정하는 작업
① Mapping(매핑) : 연관성을 관계하여 연결시켜 주는 의미
② Thrashing(스래싱) : 잦은 페이지 부재·교체로 지연이 심한 상태
④ Paging(페이징) : 가상기억장치를 모두 같은 크기의 블록으로 편성하여 운용하는 기법

31 ③ 32 ② 33 ② 34 ③

35 단항(Unary) 연산에 해당하지 않는 것은?

① SHIFT
② MOVE
③ XOR
④ COMPLEMENT

해설
- 단항(Unary) 연산
  - 연산에 사용되는 데이터의 수가 한 개인 경우
  - NOT, COMPLEMENT, SHIFT, ROTATE, MOVE
- 이항(Binary) 연산
  - 두 개의 데이터에 대한 연산
  - 사칙연산, AND, OR, XOR(EX-OR), XNOR

36 언어번역 프로그램에 해당하지 않는 것은?

① 컴파일러
② 로더
③ 인터프리터
④ 어셈블러

해설
번역기의 종류
- 어셈블러(Assembler) : 어셈블리 언어로 작성된 원시 프로그램을 기계어로 번역하는 프로그램
- 컴파일러(Compiler) : 전체 프로그램을 한 번에 처리하여 목적 프로그램을 생성하는 번역기로 기억장소를 차지하지만 실행 속도가 빠르다(ALGOL, PASCAL, FORTRAN, COBOL, C).
- 인터프리터(Interpreter) : 작성된 원시 프로그램을 한 줄씩 읽어 번역 및 실행하는 프로그램으로 실행 속도가 느리지만 기억장소를 적게 차지한다(BASIC, LISP, JAVA, PL/I).

37 기계어에 대한 설명으로 옳지 않은 것은?

① 프로그램의 유지보수가 용이하다.
② 2진수 0과 1만을 사용하여 명령어와 데이터를 나타낸다.
③ 실행 속도가 빠르다.
④ 호환성이 없고 시스템별로 언어가 다를 수 있다.

해설
기계어(Machine Language)
- 초창기의 컴퓨터프로그래밍은 기계어에 의해 작성되고 처리되었다.
- 컴퓨터의 전기적 회로에 의해 직접적으로 해석되어 실행되는 언어이다.
- 컴퓨터 자원을 효율적으로 활용한다.
- 언어 자체가 복잡하고 어렵다.
- 프로그래밍 시간이 많이 걸리고 에러가 많다.
- 호환성이 없다.
- 2진수를 사용하여 데이터를 표현한다.
- 프로그램의 실행 속도가 빠르다.

38 C언어에서 사용되는 이스케이프 시퀀스(Escape Sequence)에 대한 설명으로 옳지 않은 것은?

① \r : Carriage Return
② \f : Form Feed
③ \n : New Line
④ \b : Blank

해설
이스케이프 시퀀스(Escape Sequence)

시퀀스	의미
\a	경보(ANSI C)
\b	백 스페이스
\f	폼 피드(Form Feed)
\n	개행(New Line)
\r	캐리지 리턴(Carriage Return)
\t	수평 탭
\v	수직 탭
\\	백슬래시(\)

정답 35 ③ 36 ② 37 ① 38 ④

39 로더의 종류 중 다음 설명에 해당하는 것은?

> - 목적 프로그램을 기억 장소에 적재시키는 기능만 수행
> - 할당 및 연결 작업은 프로그래머가 프로그램 작성 시 수행하며, 재배치는 언어번역 프로그램이 담당

① Absolute Loader
② Compile And Go Loader
③ Direct Linking Loader
④ Dynamic Loading Loader

해설
로더의 종류
- 컴파일 즉시로더(Compile and Go Loader) : 번역기가 로더의 역할까지 담당하는 것으로 프로그램의 크기가 크고 한 가지 언어로만 프로그램을 작성할 수 있다. 실행을 원할 때마다 번역을 해야 한다.
- 절대로더(Absolute Loader) : 단순히 번역된 목적프로그램을 입력으로 받아들여 주기억장치의 프로그래머가 지정한 주소에 적재하는 기능을 가지는 간단한 로더로 재배치라든지 링크 등이 없고, 프로그래머가 절대 주소를 기억해야 하며 다중 프로그래밍 방식에서 사용할 수 없다.
- 재배치 로더(Relocating Loader) : 주기억장치의 상태에 따라 목적 프로그램을 주기억장치의 임의의 공간에 적재할 수 있도록 하는 로더이다.
- 링킹 로더(Linking Loader) : 하나의 부프로그램이 변경되어도 다른 모듈 프로그램을 다시 번역할 필요가 없도록 프로그램에 대한 기억장소할당과 부프로그램의 연결이 로더에 의해 자동으로 수행되는 프로그램으로 직접연결로더(DLL ; Direct Linking Loader)가 대표적이다.
- 동적 적재(Dynamic Loading = Load on Call) : 모든 세그먼트를 주기억장치에 적재하지 않고 항상 필요한 부분만 주기억장치에 적재하고 나머지는 보조기억장치에 저장해 두는 기법이다.
- 연결 편집기(Linkage Editor) : 연결 편집기로 로드모듈을 만들어 놓으면 그 모듈을 기억장치에 로드하여 바로 실행할 수 있도록 하는 방식으로 진보된 방식이며 요즘 사용하는 방식이다.
- 동적 연결(Dynamic Linking) : 실제 수행 시 연결과 적재를 이행하는 기법으로 프로시저 세그먼트나 자료 세그먼트는 다른 어떤 프로시저가 수행 도중에 실제로 그것을 요구할 때까지 프로그램의 어떤 세그먼트와도 연결되지 않는다.

40 다음의 프로그래밍 각 단계를 순서대로 옳게 나열한 것은?

> ㉠ 설계 단계   ㉡ 기획 단계
> ㉢ 문서화 단계 ㉣ 구현 단계

① ㉠ → ㉡ → ㉢ → ㉣
② ㉡ → ㉠ → ㉢ → ㉣
③ ㉠ → ㉡ → ㉣ → ㉢
④ ㉡ → ㉠ → ㉣ → ㉢

해설
프로그래밍 각 단계 순서는 기획 → 설계 → 구현 → 문서화이다.

41 플립플롭이 n개일 때 카운터가 셀 수 있는 최대의 수 N은?

① $N = 2^n$
② $N = 2^n + 1$
③ $N = 2^n - 1$
④ $N = 2n + 1$

해설
플립플롭이 n개일 때 카운터가 셀 수 있는 최대의 수를 N이라 하면, $N = 2^n$개의 펄스를 계수할 수 있고, 0에서 $2^n - 1$까지는 계수할 수 있는 최대의 수이다.

42 인코더를 구성하는 데 불필요한 회로 요소는?

① NAND
② Flip-flop
③ NOT
④ Diode

해설
플립플롭은 순서논리회로이다.
인코더(Encoder, 부호기) : 숫자나 문자 등의 10진수 입력을 2진수로 변환하는 회로로 OR 게이트로 구성된다.

정답 39 ① 40 ④ 41 ③ 42 ②

43 시프트 레지스터(Shift Register)를 만들고자 할 경우 가장 적합한 플립플롭은?

① RST 플립플롭
② D 플립플롭
③ RS 플립플롭
④ T 플립플롭

해설
시프트 레지스터의 구성에는 입력 데이터의 구성이 용이한 RS 플립플롭이 가장 적합하다.

44 하나의 입력 회선을 여러 개의 출력 회선에 연결하여 선택 신호에서 지정하는 하나의 회선에 출력하는 분배기라고도 하는 것은?

① 비교기(Comparator)
② 3초과 코드(Excess-3 Code)
③ 디멀티플렉서(Demultiplexer)
④ 코드 변환기(Code Converter)

해설
디멀티플렉서(Demultiplexer)
- 한 신호원으로부터의 데이터를 제어 입력에 의해 여러 개의 출력단 중에서 선택된 출력단에 출력하는 회로이다.
- 1×2^n 디멀티플렉서는 하나의 입력과 2^n개의 출력선 중에서 하나를 선택하기 위한 n개의 선택선을 가진다.

45 T 플립플롭회로 2개가 직렬로 연결되어 있을 때 500[Hz]의 사각형파를 입력시킬 경우 마지막 출력되는 주파수는?

① 100[Hz]
② 125[Hz]
③ 150[Hz]
④ 175[Hz]

해설
플립플롭은 직렬 연결 시 $\frac{1}{2}$로 분주되므로
출력 주파수 $f_o = \frac{f}{4} = \frac{500}{4} = 125[\text{Hz}]$이다.

46 비동기식 카운터의 특징으로 틀린 것은?

① 플립플롭의 전파 시간누적으로 인해 오동작을 일으킬 수 있다.
② 다음 클록을 기다리지 않으므로 고속 동작이 가능하다.
③ 복잡한 회로 수정으로 제작비용이 증가한다.
④ 게이트의 수를 줄일 수 있다.

해설
비동기식(Asynchronous Type) 카운터
- 플립플롭의 입력으로는 클록 펄스와 앞단의 출력이 차례로 연결되어 있어 상태가 동시에 변하지 않고 순차적으로 변한다. 리플 계수기라고도 한다.
- 각 단을 통과할 때마다 지연시간이 누적되므로 고속 카운터에는 부적당하다.
- 매우 높은 주파수에는 부적당, 비트수가 많은 카운터에는 부적합하다.
- 회로가 간단해서 작은 규모의 계기 회로에 적당하다.
- 플립플롭들은 동일 클록에 변하지 않고, 한 플립플롭의 출력이 다른 플립플롭의 클록으로 동작하기 때문에 지연시간이 길어지게 된다.
- 시스템의 상태는 모든 플립플롭의 전이가 완료될 때까지 결정되지 않는다.

47 $F = AB + A(B+C) + B(B+C)$를 간소화 하면?

① $A + BC$
② $AB + \overline{B}C$
③ $B + AC$
④ $BC + \overline{A}C$

해설
$F = AB + AB + AC + BB + BC$
$= A(B+B) + AC + B(1+C)$
$= AB + B + AC$
$= B(A+1) + AC$
$= B + AC$

48 RS 플립플롭회로에서 불확실한 상태를 없애기 위하여 출력을 입력으로 궤환(Feedback)시켜 반전 현상이 나타나도록 한 회로는?

① RST 플립플롭 회로
② D 플립플롭 회로
③ T 플립플롭 회로
④ JK 플립플롭 회로

해설
JK 플립플롭은 AND 논리회로를 이용하여 RS 플립플롭의 두 출력 상태(Q, $\overline{Q}$)를 입력측으로 궤환시켜서 구성한다.

49 다음 회로의 명칭으로 적합한 것은?

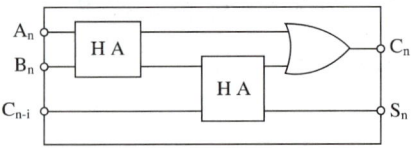

① 누산기
② 레지스터
③ 전가산기
④ 전감산기

해설
2개의 반가산기(HA)와 1개의 논리합(OR) 회로를 연결하여 구성한 회로는 전가산기이다.

50 어떤 연산의 수행 후 연산 결과를 일시적으로 보관하는 레지스터는?

① Accumulator
② Data Register
③ Buffer Register
④ Address Register

해설
① 누산기(Accumulator) : 연산장치의 중심 레지스터로 산술 논리 연산의 결과를 임시로 기억한다.

51 다음 중 배타적-OR(Exclusive-OR) 회로를 응용하는 회로가 아닌 것은?

① 보수기
② 패리티 체커
③ 2진 비교기
④ 슈미트 트리거

해설
배타적-OR(Exclusive-OR)회로를 이용해 그레이코드 변환회로, 2진 코드 변환회로, 패리티 체커, 2진 비교기, 보수기 등을 구현할 수 있다.

52 2진수 10001001을 16진수로 바꾼 값은?

① 89
② 137
③ 178
④ 211

해설

$10001001_{(2)} = (1000\ \ 1001)_2$
$\quad\quad\quad = 1\times2^3\ \ 1\times2^3+1\times2^0$
$\quad\quad\quad\quad\quad 8 \quad\quad\quad 9$
$\quad\quad\quad = 89_{(16)}$

2진수 10001001을 16진수로 변환하면 89이다.

53 마이크로컴퓨터와 데이터 통신용 코드로서 7[bit]의 정보비트와 1[bit]의 패리티 비트로 구성된 코드는?

① EBCDIC 코드
② BCD 코드
③ 그레이 코드
④ ASCII 코드

해설

ASCII 코드(American Standard Code for Information Interchange)
- ASCII 코드의 7개의 데이터 비트로 한 문자를 표시하는 데 3개의 존 비트와 4개의 디지트 비트로 구성되며, 8비트의 ASCII 코드도 있다.
- ASCII 코드의 비트 번호는 오른쪽에서 왼쪽으로 부여한다.
- 통신 제어용 및 마이크로 컴퓨터의 기본 코드로 사용
- $2^7 = 128$개의 서로 다른 문자를 표현

54 디지털 시스템에서 음수를 표현하는 방법으로 옳지 않은 것은?

① 6비트 BCD 부호
② 1의 보수(1 Complement)
③ 2의 보수(2 Complement)
④ 부호화 절댓값(Signed Magnitude)

해설

정수 표현에서 음수를 나타내는 표현방식
- 부호화 절댓값(Signed Magnitude)
- 1의 보수(1 Complement)
- 2의 보수(2 Complement)

55 불 대수 정리 중 다음 식으로 표현하는 정리는?

$$\overline{A+B} = \overline{A}\cdot\overline{B},\ \overline{AB} = \overline{A}+\overline{B}$$

① 드모르간의 정리
② 베이스 트리거의 정리
③ 카르노프의 정리
④ 베엔의 정리

해설

드모르간의 정리는 수리 집합론이나 논리학에서 여집합, 합집합, 교집합의 관계를 기술하여 정리한 것이다.

56 JK 플립플롭에서 Q_n이 Reset 상태일 때, J = 0, K = 1 입력 신호를 인가하면 출력 Q_{n+1}의 상태는?

① 0
② 1
③ 부정
④ 입력금지

해설

JK 플립플롭
- RS 플립플롭에서 R=S=1의 경우 동작이 불확실한 상태로 되는데, RS 플립플롭에서 Q를 R로 $\overline{Q}$를 S로 되먹임시켜 불확실한 상태가 없도록 한 회로이다.

J K	Q_{n+1}
0 0	Q_n
0 1	0
1 0	1
1 1	$\overline{Q_n}$

- J=0, K=1 입력 신호를 인가하면 출력 Q_{n+1}의 상태는 0이다.

57 10진수 463을 16진수로 옳게 나타낸 것은?

① 1FC
② 1DA
③ 1CF
④ 1AD

해설

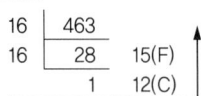

10진수 463을 16진수로 표현하면 1CF이다.

58 입력 펄스의 적용에 따라 미리 정해진 상태의 순차를 밟아 가는 순차회로는?

① 카운터
② 멀티플렉서
③ 디멀티플렉서
④ 비교기

해설

카운터(Counter)
입력 펄스가 들어온 때마다 미리 정해진 순서대로 플립플롭의 상태가 변화하는 것을 이용한 것이다.

59 10진 카운터를 만들려면 플립플롭을 몇 단으로 하면 되는가?

① 1
② 2
③ 3
④ 4

해설

플립플롭이 n개일 때 카운터가 셀 수 있는 최대의 수를 N이라 하면, $N=2^n$개의 수를 셀 수 있고, 0에서 2^n-1의 수까지 표현한다. 즉, 10진 카운터를 만들기 위해서 플립플롭이 $2^4=16$이므로 4개의 플립플롭이 필요하다.

60 다음 그림과 같은 논리게이트의 명칭은?

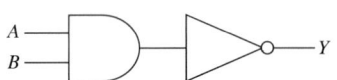

① AND
② OR
③ NOT
④ NAND

해설

부정 논리곱(NAND) 회로는 AND 회로와 NOT 회로로 구성되어 있다.

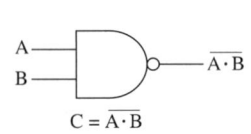

입력		출력
A	B	C
0	0	1
0	1	1
1	0	1
1	1	0

2016년 제2회 과년도 기출문제

01 이상적인 연산증폭기의 특징에 대한 설명으로 틀린 것은?

① 주파수 대역폭이 무한대(∞)이다.
② 입력 임피던스가 무한대(∞)이다.
③ 동상 이득은 무한대(∞)이다.
④ 오픈 루프 전압 이득이 무한대(∞)이다.

해설

이상적인 연산증폭기의 특징
- 전압 이득 A_v가 무한대이다($A_v = \infty$).
- 입력 임피던스가 무한대이다.
- 입력 저항 R_i이 무한대이다($R_i = \infty$).
- 출력 저항 R_o이 0이고($R_o = 0$), 오프셋(Offset)이 0이다.
- 대역폭이 무한대($BW = \infty$)이고, 지연 응답(Response Delay)은 0이다.
- 동상 이득은 0이다.

02 수정발진회로 중 피어스 B-E형 발진회로는 컬렉터-이미터 간의 임피던스가 어떻게 될 때 가장 안정한 발진을 지속하는가?

① 용량성
② 유도성
③ 저항성
④ 용량성 혹은 저항성

해설

피어스 BE(Pierce B-E) 발진기
- CE에 의한 궤환형 발진회로
- 공진주파수를 발진주파수보다 높게 하여 유도성이 되도록 조정
- 수정진동자가 이미터와 베이스 사이에 존재
- 하틀리 발진회로와 유사

03 다음 연산증폭기를 이용한 비교기 회로에서 히스테리시스 전압(V_{HYS})은 몇 [V]인가?(단, $+V_{out(\max)}$는 +5[V]이고, $-V_{out(\max)}$는 -5[V]이다)

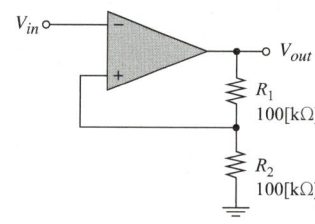

① 5
② 10
③ 15
④ 20

해설

히스테리시스를 위해 정귀환을 갖는 비교기

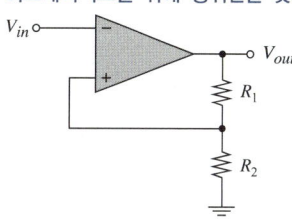

- 비교기의 잡음에 의한 영향을 줄이기 위해 히스테리시스라는 정귀환 사용
  - 비반전 입력으로 출력 전압의 일부 귀환
  - 입력신호는 반전 단자에 인가
- 히스테리시스 : 입력 전압이 높은 값에서 낮은 값으로 변할 때보다 낮은 값에서 높은 값으로 변할 때 기준 레벨이 더 높아지는 현상
- 히스테리시스 전압

$V_{HYS} = V_{UTP} - V_{LTP}$

$V_{UTP} = \dfrac{R_2}{R_1 + R_2}(+V_{out(\max)})$

$V_{LTP} = \dfrac{R_2}{R_1 + R_2}(-V_{out(\max)})$

그러므로,

$V_{UTP} = \dfrac{R_2}{R_1 + R_2}(+V_{out(\max)}) = \dfrac{100}{100+100} \times 5 = 2.5$

$V_{LTP} = \dfrac{R_2}{R_1 + R_2}(-V_{out(\max)}) = \dfrac{100}{100+100} \times -5 = -2.5$

∴ $V_{HYS} = V_{UTP} - V_{LTP} = 2.5 - (-2.5) = 5[V]$이다.

정답 1 ③ 2 ② 3 ①

04 실제 펄스 파형의 구간별 명칭에 대한 설명으로 틀린 것은?

① 상승 시간(Rise Time)이란 입력 펄스의 최대진폭의 10[%]에서 90[%]까지 상승하는 데 걸리는 시간
② 하강 시간(Fall Time)이란 펄스의 하강 속도를 나타내는 척도로서 최대진폭의 90[%]에서 10[%]까지 하강하는 데 소요하는 시간
③ 새그(Sag)란 이상적인 펄스 파형의 상승하는 부분이 기준 레벨보다 높은 경우
④ 링잉(Ringing)은 높은 주파수에서 공진되기 때문에 발생하는 것으로 펄스 상승 부분의 진동의 정도

해설

새그(s, Sag)
- 내려가는 부분의 정도로서 낮은 주파수 성분이나 직류분이 잘 통하지 않기 때문에 생기는 것이다.
- 새그 $s = \dfrac{S}{A} \times 100[\%]$

05 다음 회로에 교류 전압 v_i를 가하면 출력 v_o의 파형은? (단, $0 < E < V_m$이며, 다이오드의 특성이 이상적일 경우로 가정한다)

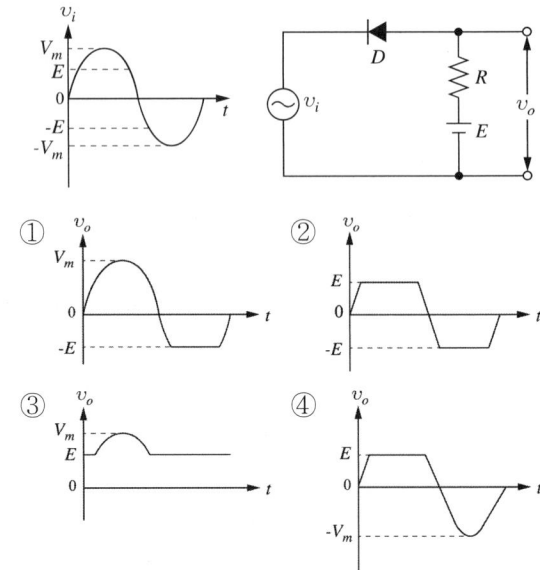

해설

피크 클리퍼(Peak Clipper) : 정(+)방향으로 어떤 레벨이 되지 않도록 하기 위하여 입력 파형의 윗부분을 잘라내어 버리는 회로이다.

구 분	피크 클리퍼
입출력 조건	$v_i < V_a$일 때 $v_o = v_i$ $v_i < V_B$일 때 $v_o = v_B$
병렬형 클리핑 회로	
직렬형 클리핑 회로	
특 징	입력 파형의 윗부분을 잘라내는 회로

06 다음 그림의 회로에서 시정수 τ는 몇 [ms]인가?

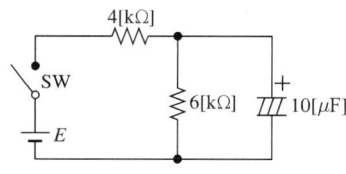

① 24 ② 40
③ 60 ④ 100

해설
시정수
- 시간의 변화에 대한 일정한 기준값이다.
- 이 값을 회로의 시정수 또는 시상수(Time Constant)라 한다.
- 시정수의 정의는 지수함수의 지수부의 절댓값을 1로 만드는 값이다.
- $\tau = RC = \dfrac{(4 \times 10^3) \times (6 \times 10^3)}{(4 \times 10^3) + (6 \times 10^3)} \times (10 \times 10^{-6}) = 0.024[\text{s}]$
  $= 24[\text{ms}]$

07 차동증폭기에서 우수한 차동 특성을 나타내려면 동상 신호제거비(CMRR ; Common Mode Rejection Ratio)는?

① 동상신호제거비는 클수록 좋다.
② 동상신호제거비는 작을수록 좋다.
③ 차동 이득에 비해 동위상 이득이 커야 한다.
④ 동상신호제거비는 0일 때가 좋다.

해설
$\text{CMRR} = \dfrac{\text{차동 이득}}{\text{동위상 이득}}$
동상신호제거비(CMRR)가 클수록 우수한 차동 특성을 나타낸다.

08 6[Ω]과 3[Ω]의 저항을 직렬로 접속할 경우는 병렬로 접속할 경우의 몇 배가 되는가?

① 3   ② 4.5
③ 6   ④ 7.5

해설
직렬 합성저항 $R = 6 + 3 = 9[\Omega]$
병렬 합성저항 $R = \dfrac{6 \times 3}{6 + 3} = 2[\Omega]$이므로, 직렬로 접속할 경우 병렬로 접속할 경우의 4.5배가 된다.

09 다음 도면에 나타낸 것은 무엇의 기호인가?

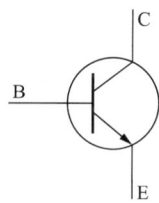

① PNP형 트랜지스터
② NPN형 트랜지스터
③ 포토인터럽터(Photointerrupter)
④ 실리콘 제어 정류기(SCR)

해설
NPN형 트랜지스터

10 진폭 변조에서 변조된 파형의 최댓값 전압이 35[V]이고 최솟값 전압이 5[V]일 때 변조도는?

① 0.60
② 0.65
③ 0.70
④ 0.75

해설
변조도 : 반송파의 진폭 V_c와 신호파의 진폭 V_s에 의해 정해지며, V_s와 V_c의 비
$$m = \frac{V_s}{V_c} \text{ 또는 } m = \frac{V_{\max} - V_{\min}}{V_{\max} + V_{\min}} = \frac{35-5}{35+5} = 0.75$$

11 중앙처리장치(CPU) 내의 기억기능을 수행하는 요소는?

① 레지스터(Register)
② 연산기(A.L.U)
③ 제어 버스(Control Bus)
④ 주소 버스(Address Bus)

해설
중앙처리장치 내의 기억기능을 수행하는 요소는 레지스터(Register)이다.

12 입출력장치와 CPU의 실행 속도차를 줄이기 위해 사용하는 것은?

① Parallel I/O Device
② Channel
③ Cycle Steal
④ DMA

해설
채널(Channel)
- 자료의 빠른 처리를 위해 주기억장치와 입출력장치 사이에 설치하는 장치이다.
- 처리 속도가 빠른 CPU와 속도가 느린 입출력장치 사이의 속도 차이로 인한 작업의 낭비를 줄여 준다.

13 사진이나 그림 등에 빛을 쪼여 반사되는 것을 판별하여 복사하는 것처럼 이미지를 입력하는 장치는?

① 플로터
② 마우스
③ 프린터
④ 스캐너

해설
스캐너(Scanner) : 책이나 사진 등에 있는 이미지나 문자 자료를 컴퓨터가 처리할 수 있는 형태로 정보를 변환하여 입력할 수 있는 장치이다. 복사기처럼 평면 위에 스캔할 자료를 올려놓으면 아랫부분의 스캔 장치가 작동하는 플랫 베드(평판 스캔) 방식의 컬러 스캐너가 대부분이다.

14 다음 중 LSI회로는?

① DECODER
② MULTIPLEXER
③ 4 BIT LATCH
④ PLA

해설
범용 대규모 집적회로(LSI)에는 ROM, PLA, 마이크로프로세서(Microprocessor)가 있다.

정답 10 ④ 11 ① 12 ② 13 ④ 14 ④

15 하나의 채널이 고속 입출력장치를 하나씩 순차적으로 관리하며, 블록(Block) 단위로 전송하는 채널은?

① 사이클 채널(Cycle Channel)
② 실렉터 채널(Selector Channel)
③ 멀티플렉서 채널(Multiplexer Channel)
④ 블록 멀티플렉서 채널(Block Multiplexer Channel)

해설
실렉터 채널(Selector Channel)
- 입출력 동작이 개시되어 종료까지 하나의 입출력장치를 사용하는 채널이다.
- Block 단위의 전송이 이루어진다.
- 디스크와 같은 고속 장치에서 사용한다.

16 컴퓨터와 인간의 통신에 있어서 자료의 외부적 표현 방식으로 가장 흔히 사용되는 코드는?

① 3초과 코드
② Gray 코드
③ ASCII 코드
④ BCD 코드

해설
ASCII 코드(American Standard Code for Information Interchange)
- 자료의 외부적 표현 방법
- ASCII 코드의 7개의 데이터 비트로 한 문자를 표시하는 데 3개의 존 비트와 4개의 디지트 비트로 구성
- ASCII 코드의 비트 번호는 오른쪽에서 왼쪽으로 부여
- 통신 제어용 및 마이크로 컴퓨터의 기본 코드로 사용
- $2^7 = 128$개의 서로 다른 문자를 표현

17 주소 지정 방식 중에서 명령어가 현재 오퍼랜드에 표현된 값이 실제 데이터가 기억된 주소가 아니고, 그곳에 기억된 내용이 실제의 데이터 주소인 방식은?

① 간접 주소 지정 방식(Indirect Addressing)
② 즉시 주소 지정 방식(Immediate Addressing)
③ 상대 주소 지정 방식(Relative Addressing)
④ 직접 주소 지정 방식(Direct Addressing)

해설
명령어의 Operand가 가리키는 곳에 실제 데이터의 주소가 있는 명령어 형식은 간접 주소 지정(Indirect Addressing Mode)이다.

18 다음 그림은 어떤 논리 연산을 나타낸 것인가?

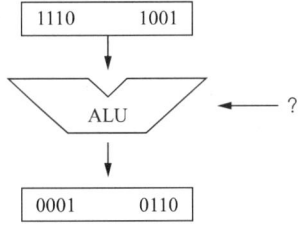

① MOVE
② AND
③ OR
④ Complement

해설
출력 연산의 결과가 입력 데이터의 부정을 취하고 있으므로 보수(Complement)연산이다.

19 다음 중 게이트당 소비 전력이 가장 낮은 것은?

① ECL
② TTL
③ MOS
④ CMOS

해설
게이트당 소비 전력 순서
CMOS < TTL < DTL < RTL < HTL < ECL

20 0~9의 10진법의 수치는 2진법의 최저 몇 비트(Bit)로 표현되는가?

① 3비트
② 4비트
③ 6비트
④ 8비트

해설
0~9까지의 10진 숫자에 4비트 2진수를 대응시켜 표현한다.

21 컴퓨터 내부에 있으며, 연산 결과를 일시 보관하는 기억장치는?

① Accumulator
② Magnetic Memory
③ Shift Register
④ Buffer Register

해설
누산기(Accumulator)
- CPU 내에서 계산의 중간 결과를 저장하는 레지스터
- 연산장치의 중심 레지스터로 산술 및 논리 연산의 결과를 임시로 기억

22 부동 소수점으로 표현된 수가 기억장치 내에 저장되어 있을 때 비트를 필요로 하지 않는 것은?

① 부호(Sign)
② 지수(Exponent)
③ 소수(Mantissa)
④ 소수점(Decimal Point)

해설
부동 소수점(Floating Point) 표현 방식
- 한 개의 부호 비트, 지수부(Exponent Part), 가수부(Mantissa Part)로 구성
- 소수점을 포함한 실수도 표현 가능
- 정규화(Normalization) : 소수점의 위치를 정해진 위치로 이동하는 과정
- 과학, 공학, 수학적인 응용면에서 주로 사용
- 소수점은 비트를 필요로 하지 않음

23 병렬전송에 대한 설명 중 틀린 것은?

① 하나의 통신회선을 사용하여 한 비트씩 순차적으로 전송하는 방식이다.
② 문자를 구성하는 비트 수만큼 통신회선이 필요하다.
③ 한 번에 한 문자를 전송하므로 고속 처리를 필요로 하는 경우와 근거리 데이터 전송에 유리하다.
④ 원거리 전송인 경우 여러 개의 통신회선이 필요하므로 회선 비용이 많이 든다.

해설
하나의 통신회선을 사용하여 한 비트씩 순차적으로 전송하는 방식은 직렬전송방식이다.

24 순차 접근 저장 매체(SASD)에 해당하는 것은?

① 자기 드럼
② 자기 테이프
③ 자기 디스크
④ 자기 코어

해설
- 순차 접근 저장 매체(SASD) : 자기 테이프
- 임의 접근 저장 매체(DASD) : 자기 디스크, CD-ROM, 하드 디스크, 자기 코어, 자기 드럼

25 휴대용 무전기와 같이 데이터를 양쪽 방향으로 전송할 수 있으나, 동시에 양쪽 방향으로 전송할 수 없는 전송 방식은?

① 단일 방식
② 단방향 방식
③ 반이중 방식
④ 전이중 방식

해설
반이중(Half Duplex) 통신 방식 : 데이터를 양쪽 방향으로 전송할 수 있으나 동시에 양쪽 방향으로 전송할 수는 없으며, 한 순간에 어느 한쪽 방향으로만 데이터를 전송할 수 있다.

26 연관 기억장치(Associative Memory)의 설명 중 가장 옳지 않은 것은?

① 주소의 개념이 없다.
② 속도가 늦어 고속 검색에는 부적합하다.
③ 병렬 동작을 수행하기 때문에 많은 논리회로로 구성되어 있다.
④ 기억된 정보의 일부분을 이용하여 원하는 정보가 기억되어 있는 위치를 찾아내는 기억장치이다.

해설
연관 기억장치(Associative Memory)
- 기억장치에 저장된 데이터의 내용을 이용하여 기억장치에 접근할 수 있는 기억장치
- 기억장치에 접근하는 순서가 하나의 모듈에서 차례대로 수행되지 않고 여러 모듈에 번지를 분배하는 기억장치
- 병렬 동작을 수행
- 주소의 개념이 없음
- 주기억장치보다 속도가 빨라 많은 양의 정보를 검색할 때 사용

27 00001111과 11110000의 OR 논리 연산 결과는?

① 00000000
② 11111111
③ 00001111
④ 11110000

해설
OR 연산 : AND와는 반대의 연산을 행하는 것으로 2개의 데이터를 섞을 때(문자의 삽입 등) 사용하는 연산이다.

```
        00001111
OR 연산  11110000
        ────────
        11111111
```

00001111과 11110000의 OR 논리 연산 결과는 11111111이다.

28. 마이크로 오퍼레이션에 대한 정의로 가장 적합한 것은?

① 컴퓨터의 빠른 계산 동작
② 2진수 계산에서 쓰이는 동작
③ 플립플롭 내에서 기억되는 동작
④ 레지스터 상호 간에 저장된 데이터의 이동에 의해 이루어지는 동작

해설
마이크로 오퍼레이션
- 명령을 수행하기 위해 CPU 내의 레지스터와 플래그의 상태 변환을 일으키는 작업
- 레지스터에 저장된 데이터에 의해서 이루어지는 동작
- 한 개의 클록(Clock)펄스 동안 실행되는 기본 동작
- 마이크로 오퍼레이션을 순차적으로 일어나게 하는 데 필요한 신호를 제어신호라 함

29. 일반적인 컴퓨터의 내부구조를 설명할 때 사용하는 연산방식이 아닌 것은?

① 2진수 연산
② 6진수 연산
③ 8진수 연산
④ 16진수 연산

해설
연산방식에 사용되는 연산에는 2진수, 8진수, 10진수, 16진수 연산이 있다.

30. 입력 단자에 나타난 정보를 코드화하여 출력으로 내보내는 것으로 해독기와 정반대의 기능을 수행하는 조합 논리회로는?

① Adder
② Flip-flop
③ Multiplexer
④ Encoder

해설
인코더(Encoder, 부호기)
- 해독기(Decoder)와 정반대의 기능을 수행한다.
- 숫자나 문자 등의 10진수 입력을 2진수로 변환하는 회로로 OR 게이트로 구성된다.
- n개의 비트로 구성되는 코드는 최대 2^n개의 서로 다른 정보를 나타낼 수 있으므로 인코더는 2^n개 이하의 입력과 n개의 출력을 가진다.

31. 정해진 데이터를 입력하여 원하는 출력 정보를 얻기 위하여 적용할 처리방법과 순서를 기호로 설계하는 과정은?

① 문제 분석
② 순서도 작성
③ 프로그램의 코딩
④ 프로그램의 문서화

해설
순서도 작성 : 정해진 데이터를 입력하여 원하는 출력 정보를 얻기 위하여 적용할 처리방법과 순서를 설계하는 과정

32. 프로그램 작성 시 반복되는 일련의 명령어들을 하나의 명령으로 만들어 실행시키는 방법은?

① 매크로
② 디버깅
③ 스케줄링
④ 모니터

해설
자주 사용하는 여러 개의 명령어를 묶어서 하나의 명령으로 만든 것을 매크로라고 한다.

정답: 28 ④ 29 ② 30 ④ 31 ② 32 ①

33 유닉스(UNIX) 운영체제를 개발하는 데 사용된 언어는?

① FORTRAN
② PASCAL
③ BASIC
④ C

해설
유닉스(UNIX) 운영체제를 개발하는 데 사용된 언어는 C언어이다.

34 다음 기능에 대한 설명으로 알맞은 것은?

- 하드웨어와 응용프로그램간의 인터페이스 역할을 한다.
- CPU, 주기억장치, 입출력장치 등의 컴퓨터 자원을 관리한다.
- 프로그램의 실행을 제어하며 데이터와 파일의 저장을 관리하는 기능을 한다.

① 컴파일러(Compiler)
② 운영체제(Operating System)
③ 로더(Loader)
④ 그래픽 유저 인터페이스(GUI ; Graphic User Interface)

해설
운영체제의 기능
- 프로세스 관리 : 컴퓨터 시스템에 존재하는 프로세스들 중 어느 프로세서를 할당하고 실행시킬 것인지를 제어
- 기억장치 관리 : 작업 프로그램을 주기억장치에 할당하거나 회수하여 기억장치를 효율적으로 관리
- 입출력 관리 : 입출력장치를 작동시켜 작업 순서에 맞게 처리한 후 완료되면 이를 운영체제에게 알리는 기능
- 파일관리 : 파일의 이름과 보조기억장치의 저장영역을 기억하여 파일들을 삭제, 이동, 복사, 유지, 관리하는 기능

35 프로그래밍 작성 절차 중 다음 설명에 해당하는 것은?

- 프로그램의 개발 목적 및 과정을 표준화하여 효율적인 작업이 되도록 함
- 유지보수를 용이하게 함
- 개발 과정에서의 추가 및 변경에 따르는 혼란을 감소시킴
- 시스템 개발팀에서 운용팀으로 인계, 인수를 쉽게 할 수 있음
- 시스템 운용자가 용이하게 시스템을 운용할 수 있음

① 프로그램 구현
② 프로그램 문서화
③ 문제 분석
④ 입출력 설계

해설
프로그램 문서화 : 프로그램의 운영에 필요한 사항을 문서로써 정리하여 기록하는 작업
문서화를 통하여 얻어지는 효과
- 프로그램의 개발 목적 및 과정을 표준화
- 효율적인 작업이 이루어지게 함
- 프로그램의 유지 보수를 쉽게 함
- 개발과정에서의 추가 및 변경에 따른 혼란을 줄일 수 있음

36 인터프리터 방식의 언어는?

① GWBASIC
② COBOL
③ C
④ FORTRAN

해설
인터프리터(Interpreter)
- 작성된 원시 프로그램을 한 줄씩 읽어 번역 및 실행하는 프로그램으로 실행 속도가 느리지만 기억장소를 작게 차지한다.
- GWBASIC, LISP, JAVA, PL/I

정답 33 ④ 34 ② 35 ② 36 ①

37 고급언어의 특징으로 옳지 않은 것은?

① 기종에 관계없이 사용할 수 있어 호환성이 높다.
② 2진수 형태로 이루어진 언어로 전자계산기가 직접 이해할 수 있는 형태의 언어이다.
③ 하드웨어에 관한 전문적 지식이 없어도 프로그램 작성이 용이하다.
④ 프로그래밍 작업이 쉽고, 수정이 용이하다.

해설
2진수 형태로 이루어진 언어로 전자계산기가 직접 이해할 수 있는 형태의 언어는 기계어이다.
고급언어의 특징
• 사람이 이해하기 쉬운 자연어에 가깝게 만들어진 언어이다.
• 프로그래밍하기 쉽고, 수정이 용이하다.
• 컴퓨터와 관계없이 독립적으로 프로그램을 만들 수 있다.
• 기계어로 변환하기 위해 번역하는 과정을 거친다.
• 기종에 관계없이 공통적으로 사용한다.

38 프로그램 수행을 위하여 사용자의 프로그램을 필요한 루틴과 함께 메모리에 적재시키는 시스템 프로그램은?

① 컴파일러(Compiler)
② 어셈블러(Assembler)
③ 로더(Loader)
④ 매크로(Macro)

해설
로더(Loader) : 로더 모듈을 수행하기 위해 메모리에 적재시켜 주는 기능을 수행

39 구조적 프로그래밍에 대한 설명으로 거리가 먼 것은?

① 유지보수가 용이하다.
② 프로그램의 구조가 간결하다.
③ 모듈별 독립성과 처리의 효율성이 고려된다.
④ 실행 속도는 빠른 편이나 프로그램의 내용을 파악하기가 까다롭다.

해설
구조적 프로그래밍의 특징
• 프로그램의 이해가 쉽고 디버깅 작업이 쉽다.
• 계층적 설계이다.
• 블록이라는 단위를 이용하여 프로그램을 작성한다.
• Goto 문법의 사용을 금지한다.
• 제한된 제어구조만을 이용한다.
• 순차 구조(Sequence), 반복 구조(Repetition), 선택 구조(Selection)가 있다.
• 특정 프로그램 내에서 하나의 시작점을 갖는 함수는 반드시 하나의 종료점을 갖는다.
• 프로그램을 읽기 쉽고 수정하기가 용이하다.

40 C언어에서 문자열 출력함수로 사용되는 것은?

① putchar( )
② getchar( )
③ gets( )
④ puts( )

해설
④ puts( ) 함수 : 문자열을 화면으로 출력하는 함수
① putchar( ) 함수 : 화면에 한 문자씩 출력하는 함수
② getchar( ) 함수 : 키보드로부터 한 번에 한 문자씩 읽어 들여, 그 문자에 해당하는 ASCII 코드의 값을 정수형으로 선언된 변수에 할당하는 함수
③ gets( ) 함수 : 키보드로부터 문자열을 읽어 들여 문자열 포인터가 가리키는 장소에 기억시키며, 그 포인터를 되돌려 주는 함수

41 클록 펄스가 들어올 때마다 플립플롭의 상태가 반전되는 것을 무엇이라고 하는가?

① 리셋
② 클리어
③ 토글
④ 트리거

해설
클록 펄스가 가해질 때마다 플립플롭의 상태가 반전하는 것을 토글(Toggle)이라고 한다.

42 플립플롭회로가 불확정한 상태가 되지 않도록 반전기(NOT Gate)를 설치한 회로는?

① JK-FF
② RS-FF
③ T-FF
④ D-FF

해설
D 플립플롭
- 클록형 RS 플립플롭 또는 JK 플립플롭을 변형시킨 것
- 불확정한 출력 상태가 되지 않도록 하기 위하여 RS 또는 JK 입력 중 R(또는 K) 입력에 반전기(NOT Gate)를 부가한 것
- 데이터 입력신호 D가 그대로 출력 Q에 전달되는 특성
- 데이터의 일시적인 보존이나 디지털 신호의 지연 등에 이용

43 다음 진리표에 해당하는 논리게이트의 명칭은?

입력	출력
A	X
0	0
1	1

① AND
② 버퍼(Buffer)
③ 인버터(Inverter)
④ 배타적 논리합(XOR)

해설
버퍼(Buffer)는 입력된 신호 그대로 출력하는 게이트이다.

기호

논리식
$F = A$

진리표

입력	출력
A	F
0	0
1	1

44 조합논리회로에 해당하지 않는 것은?

① 비교 회로
② 패리티 체크 회로
③ 인코더 회로
④ 계수 회로

해설
- 조합논리회로 : 멀티플렉서(Multiplexer), 해독기(Decoder), 부호기(Encoder), 반가산기, 전가산기, 비교기, 패리티 체크 회로 등이 이에 속한다.
- 순서논리회로 : 레지스터, 플립플롭, 계수기 등이 이에 속한다.

45 불 대수의 기본 정리 중 옳지 않은 것은?

① $A \cdot 0 = 0$
② $A \cdot A = A$
③ $A + A = A$
④ $A + 1 = A$

해설
불 대수의 기본 정리 중 $A + 1 = 1$이다.

46 클록 펄스가 가해질 때마다 출력 상태가 반전하므로 계수기에 많이 사용되는 플립플롭은?

① D-FF
② T-FF
③ RS-FF
④ JK-FF

해설
T 플립플롭
- JK 플립플롭의 입력 J 및 K를 서로 묶어서 하나의 데이터로 입력한다.
- 클록 펄스가 가해질 때마다 출력 상태가 반전하는 토글(Toggle) 또는 스위칭 작용을 하므로 계수기(Counter)에 사용된다.

47 JK 플립플롭에서 J입력과 K입력이 1일 때 출력은 Clock에 의해 어떻게 되는가?

① 0
② 1
③ 반 전
④ 현 상태 그대로 출력

해설
$J = K = 1$일 때, $CP = 1$이며 출력은 현 상태에서 반전된다.
JK 플립플롭 진리표

CP	J	K	$Q_{(t+1)}$
1	0	0	$Q_{(t)}$(불변)
1	0	1	0(리셋)
1	1	0	1(세트)
1	1	1	$\overline{Q_{(t)}}$(Toggle)

48 1×4 디멀티플렉서에 최소로 필요한 선택선의 개수는?

① 1개
② 2개
③ 3개
④ 4개

해설
- 1×2^n 디멀티플렉서는 하나의 입력과 2^n개의 출력선 중에서 하나를 선택하기 위한 n개의 선택선을 가진다.
- 1×4 디멀티플렉서는 하나의 입력과 2^n개의 출력선 중에서 2개의 선택선을 가진다.

정답 45 ④ 46 ② 47 ③ 48 ②

49 동기형 계수회로의 설명 중 옳지 않은 것은?

① 병렬 계수기라고도 한다.
② 리플 계수기보다 속도가 빠르다.
③ 해독기를 사용할 때 펄스의 일그러짐이 크다.
④ 하나의 공통된 클록 펄스에 의해서 플립플롭들이 트리거 된다.

해설
동기형(Synchronous Type) 카운터
• 클록 펄스가 클록 입력 또는 트리거 입력에 직접 연결되어 계수기 플립플롭의 상태가 동시에 변한다.
• 동작속도가 고속으로 이루어진다.
• 설계가 쉽고 규칙적이다.
• 제어신호가 플립플롭의 입력으로 된다.
• 회로가 복잡하고 큰 시스템에 사용된다.
• 클록 발진기가 별도로 필요하고 지연시간에 관계없다.
• 병렬 계수기(Parallel Counter)라고도 한다.

50 다음 계수기회로의 올바른 명칭은?

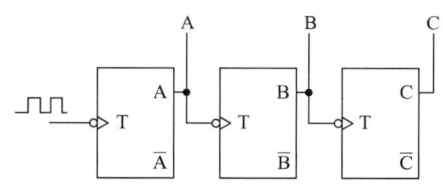

① 동기식 4진 링계수기
② 동기식 8진 링계수기
③ 비동기식 4진 리플 계수기
④ 비동기식 8진 리플 계수기

해설
전단의 출력을 입력으로 받아 계수하는 3단의 리플 계수기이다.
그러므로 $2^3 = 8$이므로, 비동기식 8진 리플 계수기회로이다.

51 다음 중 시프트 레지스터를 이용하여 수행되는 연산은?

① 덧 셈
② 뺄 셈
③ 곱 셈
④ 비 교

해설
시프트 레지스터를 이용하는 연산
• 부호를 고려하여 자리를 이동시키는 연산으로 2^n으로 곱하거나 나눌 때 사용한다.
• 왼쪽으로 n bit shift 하면 원래 자료에 2^n을 곱한 값과 같다.
• 오른쪽을 n bit shift 하면 원래 자료에 2^n으로 나눈 값과 같다.

52 다음 중 2진(Binary) 연산이 아닌 것은?

① AND
② OR
③ Shift
④ 사칙연산

해설
• 이항(Binary)연산자 : 사칙연산, AND, OR, XOR(EX-OR), XNOR
• 단항(Unary)연산자 : NOT, COMPLEMENT, SHIFT, ROTATE, MOVE

53
두 수를 비교하여 그들의 상대적 크기를 결정하는 조합 논리회로는?

① 가산기 ② 디코더
③ 비교기 ④ 모 뎀

해설
비교기(Comparator) : 두 개의 2진수의 크기를 비교하는 회로

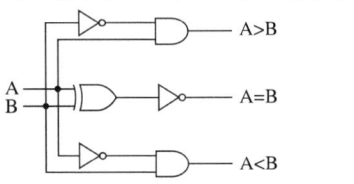

[2진 비교기와 진리표]

A	B	A > B	A = B	A < B
0	0	0	1	0
0	1	0	0	1
1	0	1	0	0
1	1	0	1	0

54
2진수 101111011_2을 16진수로 변환하면?

① $17A_{16}$ ② $17B_{16}$
③ $17C_{16}$ ④ $17D_{16}$

해설
$10111101_{(2)}$ = 0001　0111　1011
　　　　　　 = $1×2^0$　$2^2+2^1+2^0$　$2^3+2^1+2^0$
　　　　　　 = 1　　7　　11 → B
　　　　　　 = $17B_{(16)}$

55
회로의 안정 상태에 따른 멀티바이브레이터의 종류가 아닌 것은?

① 비안정 멀티바이브레이터
② 주파수 안정 멀티바이브레이터
③ 단안정 멀티바이브레이터
④ 쌍안정 멀티바이브레이터

해설
멀티바이브레이터의 종류
- 비안정 멀티바이브레이터(Astable Multivibrator)
- 단안정 멀티바이브레이터(Monostable Multivibrator)
- 쌍안정 멀티바이브레이터(Bistable Multivibrator)

56
3초과 부호(1001 0111 0101)를 BCD 부호로 고치면?

① $(0110\ 0100\ 0010)_{BCD}$
② $(0010\ 0100\ 0110)_{BCD}$
③ $(0101\ 0111\ 1001)_{BCD}$
④ $(0110\ 1000\ 1010)_{BCD}$

해설
3초과 Code(Excess-3)는 BCD 코드 + 3(0011)을 더하여 만든 코드이므로,

3초과 코드	9	7	5
	1001	0111	0101
	↓	↓	↓
BCD 코드	6	4	2
	0110	0100	0010

3초과 부호 (1001 0111 0101)를 BCD 부호로 고치면 (0110 0100 0010)$_{BCD}$이 된다.

57 그림과 같은 회로와 연산 결과가 동일한 논리회로는 어느 것인가?

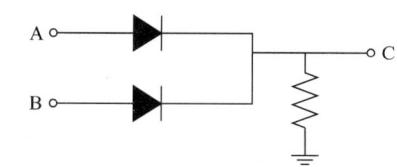

① AND   ② OR
③ NAND ④ NOR

해설

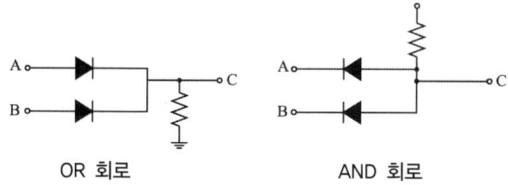

OR 회로   AND 회로

58 반가산기에서 입력 A = 1이고, B = 0이면 출력 합(S)과 올림수(C)는?

① S = 1, C = 0   ② S = 0, C = 0
③ S = 1, C = 1   ④ S = 0, C = 1

해설

반가산기(Half-adder)
- 2개의 2진수와 A와 B를 더한 합(Sum) S와 자리올림 수(Carry) C를 얻는 회로로 배타 논리합 회로와 논리곱 회로로 구성된다.
- 논리식 $S = \overline{A}B + A\overline{B} = A \oplus B$, $C = A \cdot B$
- 반가산기 회로도와 진리표

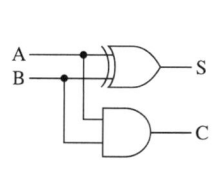

입력		출력	
A	B	S	C
0	0	0	0
0	1	1	0
1	0	1	0
1	1	0	1

59 전원 공급에 관계없이 저장된 내용을 반영구적으로 유지하는 비휘발성 메모리는?

① RAM
② ROM
③ SRAM
④ DRAM

해설

ROM(Read Only Memory)
비휘발성의 기억소자로 저장되어 있는 내용을 꺼낼 수는 있으나, 새로운 데이터를 저장할 수 없는 반도체 소자이다.

60 다음 논리 IC 중 속도가 가장 빠른 것은?

① DTL
② ECL
③ CMOS
④ TTL

해설

최대 클록 주파수가 가장 높은 순서는 ECL - TTL - MOS - CMOS이다.

게이트	지연시간
ECL	2[nsec]
TTL	10[nsec]
MOS	100[nsec]
CMOS	500[nsec]

2017년 제1회 과년도 기출복원문제

※ 2017년부터는 CBT(컴퓨터 기반 시험)로 진행되어 수험자의 기억에 의해 문제를 복원하였습니다. 실제 시행문제와 일부 상이할 수 있음을 알려드립니다.

01 펄스폭이 0.2초, 반복주기가 0.5초일 때 펄스의 반복 주파수는 몇 [Hz]인가?

① 0.5[Hz]
② 1[Hz]
③ 2[Hz]
④ 4[Hz]

해설

$f = \dfrac{1}{T}[\text{Hz}]$

여기서, T : 주기[sec]

$f = \dfrac{1}{0.5} = 2[\text{Hz}]$

02 정류기의 평활회로는 어느 것을 이용하는가?

① 저항 감쇠기
② 대역 여파기
③ 고역 여파기
④ 저역 여파기

해설

평활회로는 정류회로에 접속하여 정류전류 중의 맥동분을 경감하는 작용을 하는 회로로 저역 통과 여파기를 사용한다.

03 저주파 증폭기의 출력 기본파 전압이 50[V], 제2고조파 전압이 4[V], 제3고조파 전압이 3[V]인 경우 왜율은 몇 [%]인가?

① 5[%]
② 10[%]
③ 15[%]
④ 20[%]

해설

왜 율

왜파가 정현파에 비해서 어느 정도 일그러져 있는가를 나타내는 것이다. 기본파에 대하여 고조파가 포함되어 있는 비율에 따라서 다음 식과 같이 정한다.

$k = \dfrac{\sqrt{A_2^2 + A_3^2}}{A_1} \times 100[\%]$

여기서, A_1 : 기본파의 전압 또는 전류의 실횻값
A_2 : 제2고조파의 전압 또는 전류의 실횻값
A_3 : 제3고조파의 전압 또는 전류의 실횻값

$= \dfrac{\sqrt{4^2 + 3^2}}{50} \times 100$
$= 10[\%]$

04 어떤 증폭기에서 궤환이 없을 때 이득이 100이다. 궤환율 0.01의 부궤환을 걸면 이 증폭기의 이득은?

① 15
② 20
③ 25
④ 50

해설

되먹임 증폭도

$A_f = \dfrac{V_2}{V_1} = \dfrac{A}{1 + A\beta} = \dfrac{100}{1 + (100 \times 0.01)} = 50$

05 차동증폭기에서 동위상 제거비(CMRR)가 어떻게 변할 때 우수한 평형 특성을 가지는가?

① 차동 이득과 동위상 이득이 클수록 좋다.
② 차동 이득과 동위상 이득이 작을수록 좋다.
③ 차동 이득이 작고 동위상 이득은 클수록 좋다.
④ 차동 이득이 크고 동위상 이득은 작을수록 좋다.

해설

$$CMRR = \frac{차동\ 이득}{동위상\ 이득}$$

동위상 신호 제거비가 클수록 우수한 차동 특성을 나타낸다.

06 수정발진기의 특징이 아닌 것은?

① 수정진동자의 Q값이 크다.
② 예민한 공진 특성을 이용한 주파수 필터로도 이용가능하다.
③ 발진 주파수의 변경은 수정편 자체를 교체하면 발진주파수를 가변하기가 쉽다.
④ 주파수의 안정도가 매우 안정적이다.

해설

수정발진회로의 특징
- 수정진동자의 Q가 높아 보통 1,000~10,000 정도이고 안정도가 높다(10^{-5} 정도).
- 압전효과가 있다.
- 발진 주파수는 수정편의 두께에 반비례한다.
- 수정진동자는 기계적, 물리적으로 강하다.
- 발진 조건을 만족하는 유도성 주파수 범위가 매우 좁다.
- 수정편에 항온조 등을 이용하므로 주위 온도의 영향이 적다.
- 공진점과 반공진점의 간격이 좁아 발진 주파수를 움직인다는 것은 곤란하다.

07 반송주파수가 100[MHz]인 주파수변조에서 신호 주파수가 1[kHz], 최대 주파수 편이가 4[kHz]일 때 변조지수는?

① 0.25　　② 0.4
③ 4　　　④ 10

해설

변조지수 : 주파수 편이 $\triangle f_c$와 신호 주파수 f_s의 비

$$m_f = \frac{\triangle f_c}{f_s} = \frac{4}{1} = 4$$

08 펄스폭이 15[μs]이고 주파수가 500[kHz]일 때 충격 계수는?

① 1　　　② 7.5
③ 10　　 ④ 0.1

해설

충격 계수(Duty Factor) : 펄스파가 얼마나 날카로운가를 나타내는 수치

$$D = \frac{펄스폭(\tau)}{펄스반복주기(T)}, \quad T = \frac{1}{f} \text{이므로},$$

$$D = \frac{15 \times 10^{-6}}{\frac{1}{500 \times 10^3}} = 7,500 \times 10^{-3} = 7.5$$

09 다음 그림의 회로에서 시정수 τ는 몇 [ms]인가?

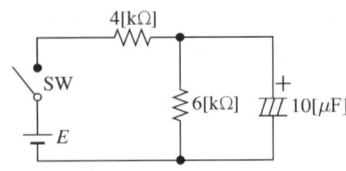

① 24
② 40
③ 60
④ 100

해설
시정수
- 시간의 변화에 대한 일정한 기준값이다.
- 이 값을 회로의 시정수 또는 시상수(Time Constant)라 한다.
- 시정수의 정의는 지수함수의 지수부의 절댓값을 1로 만드는 값이다.

$\tau = RC = \dfrac{(4\times 10^3)\times(6\times 10^3)}{(4\times 10^3)+(6\times 10^3)}\times(10\times 10^{-6}) = 0.024[\text{s}]$
$= 24[\text{ms}]$

10 다음 보기의 합성저항 R의 값은?

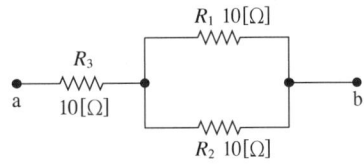

① 5[Ω]
② 10[Ω]
③ 15[Ω]
④ 20[Ω]

해설
$R = R_3 + \dfrac{R_1 \times R_2}{R_1 + R_2} = 10 + \dfrac{10\times 10}{10+10} = 15[\Omega]$

11 컴퓨터의 중앙처리장치에 대한 설명으로 옳지 않은 것은?

① 마이크로프로세서는 중앙처리장치의 기능을 하나의 칩에 집적한 것이다.
② CPU라고 하며 사람의 두뇌에 해당한다.
③ 연산, 제어, 기억기능으로 구성되어 있다.
④ 도스용과 윈도우용으로 구분하여 생산한다.

해설
도스용과 윈도우용으로 구분하는 것은 운영체제의 종류이다.
중앙처리장치(CPU ; Central Processing Unit)
- 자료의 연산, 비교 등의 처리를 제어한다.
- 컴퓨터 명령어를 해독하고 실행하는 장치이다.
- 컴퓨터에서 사람의 두뇌와 같은 역할을 한다.
- 제어장치, 연산, 제어, 기억기능으로 구성된다.
- 중앙처리장치의 기능을 하나의 칩에 집적한 것을 마이크로프로세서라고 한다.

12 연산장치의 구성 중 초기에 연산될 데이터의 보관 장소로 사용되며 연산 후에는 산술 및 논리연산의 결과를 일시적으로 보관하는 것은?

① Status Register
② Accumulator
③ Data Register
④ Complementary

해설
누산기(Accumulator)
- CPU 내에서 계산의 중간 결과를 저장하는 레지스터이다.
- 연산장치의 중심 레지스터로 산술 및 논리 연산의 결과를 임시로 기억한다.

13 제어장치의 PC(Program Counter)에 대한 설명으로 가장 적합한 것은?

① 기억레지스터의 명령 코드를 기억한다.
② 다음에 실행될 명령어의 번지를 기억한다.
③ 주기억장치에 있는 명령어를 임시로 기억한다.
④ 명령 코드를 해독하여 필요한 신호를 발생시킨다.

해설
프로그램 카운터(Program Counter)
다음에 실행될 명령어가 저장된 주기억장치의 주소를 저장한다.

14 중앙처리장치에서 사용하고 있는 버스의 형태에 해당되지 않는 것은?

① Data Bus
② System Bus
③ Address Bus
④ Control Bus

해설
버스의 종류
- 데이터 버스(Data Bus) : CPU가 외부에 있는 메모리나 I/O들과 데이터를 주고받는 데 사용하는 양방향 버스이다. 버스선의 수는 마이크로프로세서의 워드 길이와 같으며 성능을 결정하는 중요한 요소이다.
- 어드레스 버스(Address Bus) : CPU가 외부에 있는 메모리나 I/O들의 번지를 지정하는데 사용하는 단방향 버스이다. 버스선의 수는 최대로 사용가능한 메모리의 용량이나 입출력장치의 수를 결정한다.
- 제어 버스(Control Bus) : CPU가 수행중인 작업의 종류나 상태를 메모리나 입출력 기기에게 알려주는 출력 신호와 마이크로프로세서기능은 제어신호에 의해 크게 좌우된다.

15 3-주소 명령어의 설명으로 옳지 않은 것은?

① 오퍼랜드부가 3개로 구성된다.
② 레지스터가 많이 필요하다.
③ 원시 자료를 파괴하지 않는다.
④ 스택을 이용하여 연산한다.

해설
3-주소 명령(3-address Instruction)
- OP Code와 3개의 Operand로 구성되는 명령어 형식
- 연산결과를 위한 Operand 1개와 입력 자료를 위한 Operand 2개로 구성

OP Code	Operand 1	Operand 2	Operand 3

- 연산 후 입력 자료의 값이 보존된다.
- Operand1은 연산 후 결과 값이 저장되는 레지스터이다.
- Operand2와 Operand3은 연산을 위한 입력 자료가 저장되는 레지스터이다.
- 명령어의 수행시간이 가장 길다.
- 프로그램의 길이는 가장 짧다.

16 입출력 제어방식에 해당하지 않는 것은?

① 인터페이스 방식
② 채널에 의한 방식
③ DMA 방식
④ 중앙처리장치에 의한 방식

해설
입출력 시스템의 제어
- CPU에 의한 입출력 : 입출력 과정에서 CPU가 모든 명령을 수행하는 방식인데, 프로그램에 의한 입출력과 인터럽트 처리에 의한 입출력이 있다.
- 프로그램에 의한 입출력 : CPU가 데이터의 입출력 및 전송 가능 여부를 계속해서 프로그램에 의해 입출력 장치의 인터페이스를 감시하는 장치이다.
- 인터럽트 처리 방식에 의한 입출력 : 입출력 기기의 준비나 동작이 완료되는 것을 입출력 제어 프로그램에 의해 확인한 후 입출력하는 방법으로서, 대기 루프(Waiting Loop) 방식이라고도 한다.
- DMA(Direct Memory Access)에 의한 입출력 : 데이터를 전송할 때 CPU와 독립된 채널(Channel)을 구성하여 메모리와 입출력 기기들 사이에서 직접 데이터를 주고받을 수 있도록 제어하는 회로이다.
- 채널에 의한 입출력 : CPU 대신에 입출력 조작을 거의 독립적으로 실행하는 장치이므로 이로 인해 CPU는 입출력 조작으로부터 벗어나 다른 연산작업을 계속할 수 있다.
- 미니 컴퓨터(Mini Computer) : 입출력 및 직접 기억장치 접근(DMA)방법 등을 사용하며, 대형 컴퓨터에서는 채널(Channel)을 이용한 입출력 방식을 사용한다.

17 입출력장치와 CPU의 실행 속도차를 줄이기 위해 사용하는 것은?

① Parallel I/O Device
② Channel
③ Cycle Steal
④ DMA

해설
채널(Channel)
- 자료의 빠른 처리를 위해 주기억장치와 입출력장치 사이에 설치하는 장치이다.
- 처리속도가 빠른 CPU와 속도가 느린 입출력장치 사이의 속도차이로 인한 작업의 낭비를 줄여 준다.

정답 14 ② 15 ④ 16 ① 17 ②

18 인터럽트 입출력 방식의 처리방법이 아닌 것은?

① 소프트웨어 폴링
② 데이지 체인
③ 우선순위 인터럽트
④ 핸드셰이크

해설
인터럽트 입출력 방식의 처리방법
• 소프트웨어 폴링
• 하드웨어 데이지 체인(Daisy-chain)
• 병렬(Parallel) 우선순위

19 휴대용 무전기와 같이 데이터를 양쪽 방향으로 전송할 수 있으나, 동시에 양쪽 방향으로 전송할 수 없는 전송 방식은?

① 단일 방식
② 단방향 방식
③ 반이중 방식
④ 전이중 방식

해설
반이중(Half Duplex) 통신 방식
• 데이터를 양쪽 방향으로 전송할 수 있으나 동시에 양쪽 방향으로 전송할 수는 없다.
• 한 순간에 어느 한쪽 방향으로만 데이터를 전송할 수 있다.

20 비동기 전송방식과 관계가 있는 것은?

① 스타트비트와 스톱비트
② 시작플래그와 종료플래그
③ 주소부와 제어부
④ 정보부와 오류검사

해설
비동기(Asynchronous) 전송
• 한 번에 한 문자 데이터씩 전송하는 방식이다.
• 조보식 또는 스타트 스톱(Start Stop)방식이라고도 한다.

21 하나의 회선에 여러 대의 단말장치가 접속되어 있는 방식으로 공통회선을 사용하며, 멀티드롭 방식이라고도 하는 것은?

① Point to Point 방식
② Multipoint 방식
③ Switching 방식
④ Broadband 방식

해설
② 다지점 방식(Multipoint) : 하나의 통신로에 복수의 단말장치가 구성되어 있는 경우와 하나의 단말장치에 복수의 단말장치가 구성되어 있는 회선의 접속방식으로 주로 조회처리를 위한 방법으로 사용된다.
① 일지점 방식(Point to Point) : 2개의 정보처리 장치가 하나의 통신회선을 통해 1대 1로 접속되어 있는 상태로 정보전송에 대한 효율성을 증가시키는 목적으로 구성되어 있는 방식이다. 주로 전용회선을 사용하며 계속적인 전송이 이루어지는 경우 응답속도가 빠르며, 처리능력 역시 고속으로 수행할 수 있다.
③ 교환회선(Switching) : 데이터 전송량이 적은 경우 단말 장치들이 교환기에 접속되어 있어 광역 네트워크를 구성하여 경제적으로 통신을 수행하기 위한 방법으로 사용된다.
④ Broadband 방식 : 부호화된 Data를 변조기로 Analog 반송파로 변조하여 전송매체에 송출하는 방식으로 주파수 대역을 달리하여 케이블 1본을 다중화하여 사용할 수 있으나 Modem이 필요하여 비용이 높아진다. 전송거리는 수십 km까지 늘릴 수 있다.

22 다음 중 최대 클록 주파수가 가장 높은 논리소자는?

① TTL   ② ECL
③ MOS   ④ CMOS

해설

게이트	지연시간
ECL	2[nsec]
TTL	10[nsec]
MOS	100[nsec]
CMOS	500[nsec]

최대 클록 주파수가 가장 높은 순서는 ECL - TTL - MOS - CMOS이다.

23 컴퓨터와 인간의 통신에 있어서 자료의 외부적 표현방식으로 가장 흔히 사용되는 코드는?

① 3초과 코드
② Gray 코드
③ ASCII 코드
④ BCD 코드

해설
ASCII 코드(American Standard Code for Information Interchange)
• 자료의 외부적 표현 방법
• ASCII 코드의 7개의 데이터 비트로 한 문자를 표시하는데 3개의 존 비트와 4개의 디지트 비트로 구성
• ASCII 코드의 비트 번호는 오른쪽에서 왼쪽으로 부여
• 통신 제어용 및 마이크로 컴퓨터의 기본 코드로 사용
• $2^7 = 128$개의 서로 다른 문자를 표현

24 일반적인 음의 정수를 컴퓨터 내부에 표현하는 방법이 아닌 것은?

① 부호화 절댓값
② 부호화 1의 보수
③ 부호화 2의 보수
④ 부호화 3의 보수

해설
정수표현에서 음수를 나타내는 표현방식
• 부호화 절댓값(Signed Magnitude)
• 1의 보수(1's Complement) 표현
• 2의 보수(2's Complement) 표현

25 00001111과 11110000의 OR 논리 연산 결과는?

① 00000000
② 11111111
③ 00001111
④ 11110000

해설
OR 연산 : AND와는 반대의 연산을 행하는 것으로 2개의 데이터를 섞을 때(문자의 삽입 등) 사용하는 연산이다.

OR 연산	00001111
	11110000
	11111111

따라서, 00001111과 11110000의 OR 논리 연산 결과는 11111111이다.

26 하드 디스크(HDD), 광학드라이브(ODD) 등이 PC 내부의 메인보드와 직접 연결되기 위한 인터페이스 방식이 아닌 것은?

① SATA ② EIDE
③ PATA ④ DVI

해설
PC 내부의 메인보드와 직접 연결되기 위한 인터페이스 방식
- ATA(IDE) : 하드 디스크, CD-ROM 등 저장 장치의 표준 인터페이스
- SATA : 병렬전송 방식의 ATA를 직렬전송 방식으로 변환한 드라이브 표준 인터페이스
- PATA : 병렬 ATA 인터페이스
- EIDE : 기존의 컨트롤러가 두 개의 장치만 연결할 수 있는 점을 보완한 것으로 하나의 IDE에서 Primary, Secondary라는 개념을 통해 더 많은 장치들을 연결할 수 있도록 설계
- SCSI : ATA가 ANSI에 의해 처음 표준으로 제정되던 1986년에 함께 제정된 표준 인터페이스형식으로 주로 서버 시스템에 많이 사용

27 다음 논리식을 간소화한 것으로 옳은 것은?

$$X = (A+B) \cdot (A+\overline{B})$$

① A ② AB
③ $A+\overline{B}$ ④ B

해설
$X = (A+B) \cdot (A+\overline{B})$
$= AA + A\overline{B} + AB + B\overline{B}$
$= A + A(\overline{B}+B)$
$= A$

28 명령의 오퍼랜드 부분의 주소값과 프로그램 카운터의 값이 더해져 실제 데이터가 저장된 기억장소의 주소를 나타내는 주소 지정방식은?

① 베이스 레지스터 주소 지정 방식
② 상대 주소 지정 방식
③ 인덱스 레지스터 주소 지정 방식
④ 간접 주소 지정 방식

해설
자료의 접근 방법에 따른 주소 지정 방식
- 즉시 주소 지정(Immediate Addressing Mode) : 명령어 내에 실제 데이터를 가지고 있는 명령어 형식이다.
- 직접 주소 지정(Direct Addressing Mode) : 명령어의 Operand 부분이 실제 데이터의 주소인 명령어 형식이다.
- 간접 주소 지정(Indirect Addressing Mode) : 명령어의 Operand가 가리키는 곳에 실제 데이터의 주소가 있는 명령어 형식이다.
- 인덱스 주소 지정(Indexed Addressing Mode) : 명령어의 Operand 부분과 Index Register의 값이 더해진 곳에 실제 데이터를 가지고 있는 명령어 형식이다.
- 상대 주소 지정(Relative Addressing Mode) : 프로그램 카운터(PC)와 명령어의 Operand가 더해진 곳에 실제 데이터를 가지고 있는 명령어 형식이다.
- 레지스터 주소 지정(Register Addressing Mode) : 직접 주소 지정 방식과 유사하다. 차이점은 오퍼랜드 필드가 메인 메모리의 주소가 아닌 레지스터를 참조한다는 점이다.

29 하나의 문자 정보를 나타내는 데이터 비트를 직렬로 나열한 후 하나의 통신회선을 사용하여 1비트씩 순차적으로 전송하는 방식은?

① 직렬전송
② 병렬전송
③ 비동기전송
④ 동기전송

해설
직렬전송(Serial)은 하나의 문자 정보를 나타내는 데이터 비트를 직렬로 나열한 후 하나의 통신회선을 사용하여 1비트씩 순차적으로 전송하는 방식이다.

30 여러 개의 연산 장치를 가지고 있으며 여러 개의 Program을 동시에 처리하는 방법을 말하는 것은?

① Multi Processing
② Multi Programming
③ Real-Time Processing
④ Batch Processing

해설
- Multi Processing : 둘 또는 그 이상의 프로세서들이 서로 연결되어, CPU가 같은 제어 프로그램하에서 같은 기억장치를 공용하여 둘 이상의 작업을 동시에 실행하는 것
- Multi Programming : 시분할 체제에서 독립적으로 작동할 수 있는 입출력 장치를 유지하면서 다수의 프로그램을 하나의 CPU로 동시에 실행하는 것

31 기계어에 대한 설명으로 옳지 않은 것은?

① 컴퓨터가 직접 이해할 수 있는 숫자로 표기된 언어를 의미한다.
② 전자계산기 기종마다 명령부호가 다르다.
③ 인간에게 친숙한 영문 단어로 표현된다.
④ 작성된 프로그램의 수정 보수가 어렵다.

해설
기계어(Machine Language)
- 초창기의 컴퓨터프로그래밍은 기계어에 의해 작성되고 처리됨
- 컴퓨터의 전기적 회로에 의해 직접적으로 해석되어 실행되는 언어
- 컴퓨터 자원을 효율적으로 활용
- 언어 자체가 복잡하고 어려움
- 프로그래밍 시간이 많이 걸리고 에러가 많음
- 호환성이 없음
- 2진수를 사용하여 데이터를 표현
- 프로그램의 실행 속도가 빠름

32 프로그램 수행을 위하여 사용자의 프로그램을 필요한 루트와 함께 메모리에 적재시키는 시스템 프로그램은?

① 컴파일러(Compiler)
② 어셈블러(Assembler)
③ 로더(Loader)
④ 매크로(Macro)

해설
로더(Loader) : 로더 모듈을 수행하기 위해 메모리에 적재시켜주는 기능을 수행

33 프로그래밍 작성 절차 중 다음 설명에 해당하는 것은?

- 프로그램의 개발 목적 및 과정을 표준화하여 효율적인 작업이 되도록 함
- 유지보수를 용이하게 함
- 개발과정에서의 추가 및 변경에 따르는 혼란을 감소시킴
- 시스템 개발팀에서 운용팀으로 인계, 인수를 쉽게 할 수 있음
- 시스템 운용자가 용이하게 시스템을 운용할 수 있음

① 프로그램 구현
② 프로그램 문서화
③ 문제 분석
④ 입출력 설계

해설
프로그램 문서화 : 프로그램의 운영에 필요한 사항을 문서로써 정리하여 기록하는 작업
문서화를 통하여 얻어지는 효과
- 프로그램의 개발 목적 및 과정을 표준화
- 효율적인 작업이 이루어지게 함
- 프로그램의 유지보수를 쉽게 함
- 개발과정에서의 추가 및 변경에 따른 혼란을 줄일 수 있음

34 프로그래밍 언어의 구문 요소 중 프로그램의 이해를 돕기 위해 설명을 적어두는 부분으로 프로그램의 실행과는 관계없고 프로그램의 판독성을 향상시키는 요소는?

① Comment
② Reserved Word
③ Operator
④ Keyword

해설

프로그래밍 언어의 구문 요소
- Comment(주석) : 소스코드에 어떠한 내용을 입력하지만 그 내용이 실제 프로그램에 영향을 끼치지 않으며, 프로그래밍 언어의 구문 요소 중 프로그램의 이해를 돕기 위해 설명을 적어두는 부분으로 프로그램의 실행과는 관계가 없고 프로그램의 판독성을 향상시키는 요소
- Reserved Word(예약어)
  - 컴퓨터 프로그래밍 언어에서 이미 문법적인 용도로 사용
  - 식별자로 사용할 수 없는 단어
  - 번역과정에서 속도를 높임
  - 프로그램의 신뢰성을 향상
- Operator(연산자) : 프로그래밍이나 논리 설계에서 변수나 값의 연산을 위해 사용되는 부호
- Keyword(키워드)
  - 키워드를 포함하는 레코드가 검색되는 경우
  - 문장의 핵심적인 내용을 정확히 표현

35 고급 언어로 작성된 프로그램 구문을 분석하여 작성된 표현식이 BNF의 정의에 의해 바르게 작성되었는지를 확인하기 위해 만들어진 트리는?

① Parse Tree
② Binary Tree
③ Shift Tree
④ Lexical Tree

해설

Parse Tree
- 원시 프로그램의 문법 검사과정에서 내부적으로 생성되는 트리 형태의 자료구조이다.
- 문장 표현이 BNF에 의해 작성될 수 있는지 여부를 나타낸다.
- 대상을 Root로 하고, 단말노드를 왼쪽에서 오른쪽 방향으로 한다.

36 운영체제의 목적으로 거리가 먼 것은?

① 사용 가능도 향상
② 처리 능력 향상
③ 신뢰성 향상
④ 응답 시간 연장

해설

운영체제의 목적
- 처리 능력(Throughput) 향상
- 반환 시간(Turn Around Time)의 단축
- 사용 가능도(Availability) 향상
- 신뢰도(Reliability) 향상

37 수행 시간이 적은 작업을 우선적으로 처리하는 스케줄링 기법은?

① SRT
② SJF
③ Round Robin
④ HRN

해설

종류	방법
SRT	수행 도중 나머지 수행 시간이 적은 작업을 우선적으로 처리하는 방법
SJF	수행 시간이 적은 작업을 우선적으로 처리하는 방법
Round Robin	FCFS 방식의 변형으로 일정한 시간을 부여하는 방법
HRN	실행 시간이 긴 프로세스에 불리한 SJF 기법을 보완한 방법

38 교착상태의 해결기법 중 점유 및 대기 부정, 비선점 부정, 환형대기 부정 등과 관계되는 것은?

① 예방(Prevention)
② 회피(Avoidance)
③ 발견(Detection)
④ 회복(Recovery)

해설

교착상태(Deadlocks) 해결기법
- 교착상태 예방(Deadlock Prevention) : 교착상태 발생의 점유 및 대기 부정, 비선점 부정, 환형 대기 부정 방지 중에 하나를 허용하지 않는 방법
- 교착상태 회피(Deadlock Avoidance) : 자원 할당이 교착상태를 발생시키는 자원에 대한 요청을 인정하지 않는 방법
- 교착상태 탐지(Deadlock Detection) : 항상 가능하면 자원 요청을 인정, 주기적으로 교착상태 발생을 탐지하고 발생한 경우 회복하도록 함

39 C언어에서 사용되는 이스케이프 시퀀스(Escape Sequence)에 대한 설명으로 옳지 않은 것은?

① \r : Carriage Return
② \t : Tab
③ \n : New Line
④ \b : Backup

해설

이스케이프 시퀀스(Escape Sequence)
C언어에서 표현이 곤란한 문자들을 표현하는 방법 중의 하나로 특별한 연속 기호를 사용하는 것이다.

시퀀스	의 미
\a	경보(ANSI C)
\b	백스페이스
\f	폼 피드(Form Feed)
\n	개행(New Line)
\r	캐리지 리턴(Carriage Return)
\t	수평 탭
\v	수직 탭
\\	백슬래시(\)

40 C언어의 기억 클래스의 종류가 아닌 것은?

① 정적 변수
② 자동 변수
③ 레지스터 변수
④ 내부 변수

해설

기억 클래스(Storage Class) 종류
- 자동 변수(Automatic Variable) : 함수나 그 함수 내의 블록 안에서 선언되는 변수
- 정적 변수(Static Variable) : 선언된 함수 또는 해당 블록 내에서만 사용 가능
- 외부 변수(External Variable) : 함수의 외부에 기억 클래스 없이 정의되고 어떤 함수라도 참조할 수 있는 전역 변수(Global Variable)
- 레지스터 변수(Register Variable) : 함수 내에서 정의되고 해당 함수 내에서만 사용이 가능한 변수

41 2진수 10001001을 16진수로 바꾼 값은?

① 89
② 137
③ 178
④ 211

해설

$10001001_{(2)} = (1000\ \ \ \ 1001)_2$
$= 1 \times 2^3 \ \ \ \ 1 \times 2^3 + 1 \times 2^0$
$\ \ \ \ \ \ \ \ 8 \ \ \ \ \ \ \ \ \ \ \ \ \ 9$
$= 89_{(16)}$

2진수 10001001을 16진수로 변환하면 89이다.

42 2진수 11001001의 1의 보수와 2의 보수는?

① 1의 보수 : 11001000, 2의 보수 : 11001001
② 1의 보수 : 00110111, 2의 보수 : 00110110
③ 1의 보수 : 00110110, 2의 보수 : 00110110
④ 1의 보수 : 00110110, 2의 보수 : 00110111

해설

2진수 11001001의 1의 보수는 1은 0으로, 0은 1로 바꾸면 00110110이 되고, 2의 보수는 1의 보수+1이므로 00110111이 된다.

43 3초과 부호 (1001 0111 0101)를 BCD 부호로 고친 것으로 옳은 것은?

① (0110 0100 0010)$_{BCD}$
② (0010 0100 0110)$_{BCD}$
③ (0101 0111 1001)$_{BCD}$
④ (0110 1000 1010)$_{BCD}$

해설
3초과 Code(Excess-3)는 BCD 코드 + 3(0011)을 더하여 만든 코드이므로,

	9	7	5
3초과 코드	1001	0111	0101
	↓	↓	↓
BCD 코드	6	4	2
	0110	0100	0010

3초과 부호(1001 0111 0101)를 BCD 부호로 고치면 (0110 0100 0010)$_{BCD}$이 된다.

44 8421 코드에 별도로 3비트의 패리티 체크 비트를 부가하여 7비트로 구성한 코드로 오류 검사뿐만 아니라 교정까지도 가능한 코드는?

① 3초과 코드 ② 해밍 코드
③ 그레이 코드 ④ 2421 코드

해설
해밍 코드(Hamming Code)
- 오류 검출 후 자동적으로 정정해 주는 코드
- 1비트의 단일 오류를 정정하기 위해 3비트의 여유 비트가 필요

45 불 대수의 분배법칙을 올바르게 표현한 것은?

① $A + \overline{A} = 1$
② $A + B = B + A$
③ $A + (B + C) = (A + B) + C$
④ $A + B \cdot C = (A + B) \cdot (A + C)$

해설
불 대수의 분배법칙
$A + (B \cdot C) = (A + B) \cdot (A + C)$
$A \cdot (B + C) = A \cdot B + A \cdot C$

46 논리식을 최소화하는 방법으로 가장 적절한 것은?

① 가법 표준형
② 카르노 맵
③ 승법 표준형
④ Venn Diagram

해설
카르노 맵에 의한 최소화
- 논리 회로의 논리식을 간소화하는 것을 최소화(Minimization)라고 한다.
- 불 대수의 정리 및 법칙을 이용하여 최소화하는 방법이다.
- 논리식이 비교적 단순할 때 사용한다.
- 논리식에 해당되는 부분을 카르노 도표에 '1'을 쓰고, 그 밖에는 '0'을 쓴다.
- 이웃된 '1'을 2, 4, 8, 16개로 가능한 한 크게 원을 만든다. 이때 이들 원은 중복되어도 된다.
- 다른 원과 중복된 '1'의 원이 있으면 이것은 삭제한다.
- 원으로 묶어진 부분에서 변화되지 않은 변수만을 불 대수로 쓴다.
- 변수의 개수가 n일 경우 2^n개의 사각형들로 구성된다.

47 4변수 카르노 맵에서 최소항(Minterm)의 개수는?

① 16 ② 12
③ 8   ④ 4

해설
4개의 변수에 대한 $2^4 = 16$개의 최소항으로 구성된다.

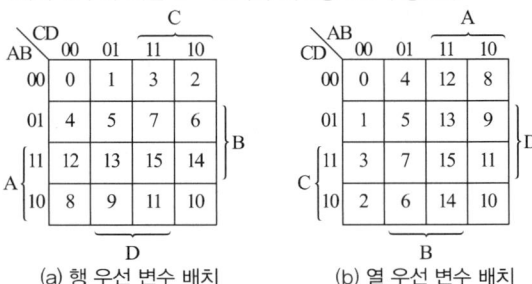

[4변수 카르노 맵의 표현]

48 JK 플립플롭에서 J입력과 K입력이 1일 때 출력은 Clock에 의해 어떻게 되는가?

① 0
② 1
③ 반 전
④ 현 상태 그대로 출력

해설
J = K = 1일 때, CP = 1이며 출력은 현 상태에서 반전된다.
JK 플립플롭 진리표

CP	J	K	$Q_{(n+1)}$
1	0	0	$Q_{(n)}$(불변)
1	0	1	0(리셋)
1	1	0	1(세트)
1	1	1	$\overline{Q_{(n)}}$(Toggle)

49 RS 플립플롭의 R선에 인버터를 추가하여 S선과 하나로 묶어서 입력선을 하나만 구성한 플립플롭은?

① JK 플립플롭
② T 플립플롭
③ 마스터-슬레이브 플립플롭
④ D 플립플롭

해설
D 플립플롭
클록형 RS 플립플롭 또는 JK 플립플롭을 변형시킨 것으로, 데이터 입력신호 D가 그대로 출력 Q에 전달되는 특성으로 데이터의 일시적인 보존이나 디지털 신호의 지연 등에 이용된다.

50 그림과 같은 회로와 연산 결과가 동일한 논리 회로는 어느 것인가?

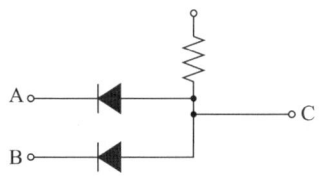

① AND
② OR
③ NAND
④ NOR

해설

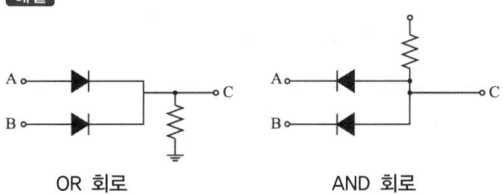

OR 회로   AND 회로

51 다음 회로의 명칭으로 적합한 것은?

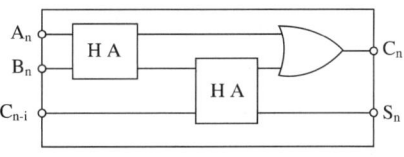

① 누산기
② 레지스터
③ 전가산기
④ 전감산기

해설
2개의 반가산기(HA)와 1개의 논리합(OR) 회로를 연결하여 구성한 회로는 전가산기이다.

정답 48 ③ 49 ④ 50 ① 51 ③

52 반감산기에서 차를 얻기 위한 게이트는?

① OR   ② AND
③ NAND ④ XOR

해설

반감산기(Half-subtracter)
- 피감수와 감수만 다루고, 아래 자리에서의 빌림수는 취급하지 않으므로 2진수 1자리의 감산에만 사용할 수 있다.
- 차를 구하기 위해 EX-OR 게이트가 사용된다.

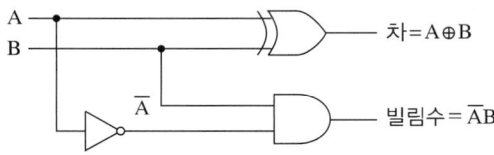

A	B	빌림수	차
0	0	0	0
0	1	1	1
1	0	0	1
1	1	0	0

53 입력 단자에 나타난 정보를 코드화하여 출력으로 내보내는 것으로 해독기와 정반대의 기능을 수행하는 조합 논리회로는?

① 부호기(Encoder)
② 멀티플렉서(Multiplexer)
③ 플립플롭(Flip-Flop)
④ 가산기(Adder)

해설

인코더(Encoder, 부호기)
- 숫자나 문자 등의 10진수 입력을 2진수로 변환하는 회로로 OR 게이트로 구성된다.
- n개의 비트로 구성되는 코드는 최대 2^n개의 서로 다른 정보를 나타낼 수 있으므로 인코더는 2^n개 이하의 입력과 n개의 출력을 가진다.

54 1×4 디멀티플렉서(DMUX ; Demultiplexer)에서 필요한 선택 신호의 개수는?

① 1개   ② 2개
③ 4개   ④ 8개

해설

디멀티플렉서(Demultiplexer)
- 한 신호원으로부터의 데이터를 제어 입력에 의해 여러 개의 출력단 중에서 선택된 출력단에 출력하는 회로이다.
- 1×2^n 디멀티플렉서는 하나의 입력과 2^n개의 출력선 중에서 하나를 선택하기 위한 n개의 선택선을 가진다.
- 1×4 디멀티플렉서는 출력선이 4개이므로, 출력선을 선택하기 위한 선택선은 2개($2^n = 4$)의 선택선을 가진다.

55 계수기에서 가장 기본이 되는 계수기로서, 흔히 리플 계수기라고도 불리는 것은?

① 상향 계수기
② 하향 계수기
③ 비동기형 계수기
④ 동기형 계수기

해설

- 동기형(Synchronous Type) 카운터 : 계수 회로에 쓰이는 모든 플립플롭에 클록 펄스를 동시에 공급하며 출력 상태가 동시에 변화하고, 클록 펄스가 없을 때 가해진 압력 펄스에 대해서는 각각의 플립플롭이 동작하지 않는다.
- 비동기형(Asynchronous Type) 카운터 : 플립플롭의 입력으로는 클록 펄스와 앞단의 출력이 차례로 연결되어 있어 상태가 동시에 변하지 않고 순차적으로 변한다. 리플 계수기라고도 한다.

56 동기식 순서회로를 설계하는 방식이 순서대로 옳게 나열된 것은?

ㄱ. 플립플롭의 제어신호를 결정한다.
ㄴ. 클록 신호에 대한 각 플립플롭의 상태변화를 표로 작성한다.
ㄷ. 카르노 도를 이용하여 단순화한다.

① ㄱ - ㄷ - ㄴ　　② ㄴ - ㄱ - ㄷ
③ ㄷ - ㄴ - ㄱ　　④ ㄴ - ㄷ - ㄱ

해설
동기식 순서회로를 설계하는 방식
- 클록 신호에 대한 각 플립플롭의 상태변화(클록 이전 상태와 클록 이후 상태)를 표로 작성한다.
- 클록 신호에 대한 변화를 일으킬 수 있도록 플립플롭의 제어신호(JK)를 결정한다.
- 플립플롭의 제어신호 카르노 도를 이용하여 단순화한다.

57 다음 중 시프트 레지스터를 이용하여 수행되는 연산은?

① 덧 셈　　② 뺄 셈
③ 곱 셈　　④ 비 교

해설
시프트 레지스터를 이용하는 연산
- 부호를 고려하여 자리를 이동시키는 연산으로 2^n으로 곱하거나 나눌 때 사용한다.
- 왼쪽으로 n bit shift하면 원래 자료에 2^n을 곱한 값과 같다.
- 오른쪽으로 n bit shift하면 원래 자료에 2^n으로 나눈 값과 같다.

58 순서논리회로를 설계할 때 사용되는 상태표(State Table)의 구성요소가 아닌 것은?

① 현재 상태　　② 다음 상태
③ 출 력　　　　④ 이전 상태

해설
순서 논리회로의 상태표 구성요소
- 현재 상태
- 다음 상태
- 출 력

59 조합논리회로에 해당하지 않는 것은?

① 비교회로
② 패리티 체크회로
③ 인코더회로
④ 계수회로

해설
- 조합논리회로 : 멀티플렉서(Multiplexer), 해독기(Decoder), 부호기(Encoder), 반가산기, 전가산기, 비교기, 패리티 체크회로 등이 이에 속한다.
- 순서논리회로 : 레지스터, 플립플롭, 계수기 등이 이에 속한다.

60 그레이 부호 1110을 2진수로 변환하면?

① $(1001)_2$　　② $(1110)_2$
③ $(1011)_2$　　④ $(0111)_2$

해설
그레이 코드 1110을 2진수로 변환하면 10011이 된다.

정답 56 ② 57 ③ 58 ④ 59 ④ 60 ③

2017년 제2회 과년도 기출복원문제

01 전원 주파수가 60[Hz]인 정류회로에서 출력에 120[Hz]인 리플 주파수를 나타내는 정류회로 방식은?

① 단상 반파정류
② 단상 전파정류
③ 3상 반파정류
④ 3상 전파정류

해설
정류 방식에 따른 맥동률, 맥동주파수

정류방식	맥동률	맥동주파수
단상 반파정류	121[%]	60[Hz]
단상 전파정류	48[%]	120[Hz]
3상 반파정류	19[%]	180[Hz]
3상 전파정류	4.2[%]	360[Hz]

02 다음 회로에서 $V_{CC}=6[V]$, $V_{BE}=0.6[V]$, $R_B=300[k\Omega]$일 때 I_b는?

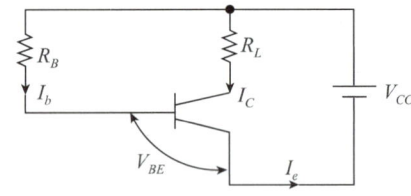

① 6[μA]
② 12[μA]
③ 18[μA]
④ 24[μA]

해설
베이스 전류
$$I_b = \frac{V_{CC}-V_{BE}}{R_B} = \frac{6-0.6}{300} = 0.018[mA] = 18[\mu A]$$

03 0.2[V]의 교류입력이 20[V]로 증폭되었다면 증폭 이득은 몇 [dB]인가?

① 10[dB]
② 20[dB]
③ 30[dB]
④ 40[dB]

해설
증폭도 : 트랜지스터 증폭회로의 증폭도는 출력신호에 대한 입력신호의 비로 [dB]로 표시하며, 이를 대수화하는 것이 이득이다.
$G = 20\log_{10}A_v[dB]$
여기서, A_v : 전압 증폭도
$$G = 20\log_{10}\frac{V_o}{V_i}$$
$$= 20\log_{10}\frac{20}{0.2}$$
$$= 40[dB]$$

04 저주파 증폭기에서 음되먹임을 걸면 되먹임을 걸지 않을 때에 비하여 어떻게 되는가?

① 전압 이득이 커진다.
② 주파수 통과대역이 좁아진다.
③ 주파수 통과대역이 넓어진다.
④ 파형이 일그러진다.

해설
저주파 증폭기의 부궤환 특징
• 주파수 특성이 양호하고 안정도가 좋다.
• 부하의 변동이나 전원 전압의 변동에도 증폭도가 안정하다.
• 증폭회로 내부에서 발생 출력에 나타나는 잡음과 왜곡은 $\frac{A_0}{1+\beta A_0}$ 로 감소한다.
• 입력 임피던스는 증가하고 출력 임피던스는 낮아진다.
• 대역폭을 넓힐 수 있다.
• 이득이 다소 저하된다.

05 연산증폭기의 입력 오프셋 전압에 대한 설명으로 가장 적합한 것은?

① 차동출력을 0[V]가 되도록 하기 위하여 입력 단자 사이에 걸어주는 전압이다.
② 출력전압이 무한대가 되게 하기 위하여 입력 단자 사이에 걸어주는 전압이다.
③ 출력전압과 입력전압이 같게 될 때의 증폭기의 입력전압이다.
④ 두 입력 단자가 접지되었을 때 두 출력단자 사이에 나타나는 직류전압의 차이다.

해설
연산증폭기 입력 오프셋 전압(Input Offset Current Drift)
이상적인 OP-AMP는 입력에 0[V]가 인가되면 출력에 0[V]가 나온다. 그러나 실제의 OP-AMP는 입력이 인가되지 않아도 출력에 직류 전압이 나타난다. 차동출력을 0[V]가 되도록 하기 위하여 입력 단자 사이에 걸어주는 전압이다.

06 다음 중 압전효과를 이용한 발진기는?

① LC 발진기
② RC 발진기
③ 수정발진기
④ 레이저 발진기

해설
수정발진기
압전현상을 이용한 것으로 직렬공진주파수(f_0)와 병렬공진주파수(f_∞) 사이에는 주파수의 범위가 대단히 좁으며 이 사이의 유도성을 이용하여 안정된 발진을 한다($f_0 < f < f_\infty$).

07 진폭 변조에서 변조된 파형의 최댓값 전압이 35[V]이고 최솟값 전압이 5[V]일 때 변조도는?

① 0.60
② 0.65
③ 0.70
④ 0.75

해설
변조도 : 반송파의 진폭 V_c와 신호파의 진폭 V_s에 의해 정해지며, V_s와 V_c의 비
$$m = \frac{V_s}{V_c} \text{ 또는 } m = \frac{V_{max} - V_{min}}{V_{max} + V_{min}} = \frac{35-5}{35+5} = 0.75$$

08 다음 중 디지털 변조 방식이 아닌 것은?

① AM
② FSK
③ PSK
④ ASK

해설
디지털 변조 방식
• ASK(Amplitude Shift Keying) : 디지털 신호(1, 0)의 정보 내용에 따라 반송파의 진폭을 변화시키는 방식으로, 2진 데이터가 1이면 반송파를 송출하고 0이면 송출하지 않는다.
• FSK(Frequency Shift Keying) : 디지털 신호(1, 0)에 따라 반송파의 주파수를 변화시키는 방식으로 전송속도가 비교적 저속에 이용되며, 협대역이면서 잡음에 강한 모뎀의 전송방식에 이용되는 변조 방식이다.
• PSK(Phase Shift Keying) : 디지털 신호(1, 0)의 정보 내용에 따라 반송파의 위상을 변화시키는 방식으로 2진 PSK(BPSK), 4진 PSK(QPSK), 8진 PSK(8-ary PSK) 등이 있다.
• QAM(Quadrature Amplitude Modulation) : 2개의 채널이 독립되도록 한 것이며, 디지털 신호의 전송효율 향상, 대역폭의 효율적 이용, 낮은 에러율, 복조의 용이성을 얻기 위해 ASK와 PSK의 결합 방식으로 APK(Amplitude Phase Keying)방식이라고도 한다.

09 펄스의 상승 변화 시 펄스와 반대방향으로 생기는 상승부분의 최대 돌출 부분을 무엇이라고 하는가?

① 새 그
② 오버슈트
③ 스파이크
④ 링 잉

해설
② 오버슈트(Overshoot) : 상승 파형에서 이상적 펄스파의 진폭(V)보다 높은 부분의 높이(a)를 말하며, 이 양은 $\left(\dfrac{a}{V}\right) \times 100[\%]$로 나타낸다.
① 새그(Sag) : 내려가는 부분의 정도를 말하며, 낮은 주파수 성분이나 직류분이 잘 통하지 않기 때문에 생기는 것이다.
④ 링잉(Ringing) : 펄스의 상승 부분에서 진동의 정도를 말하며, 높은 주파수 성분에 공진하기 때문에 생기는 것이다.

10 트랜지스터 증폭회로에서 베이스 접지 시의 전류 증폭률(α)이 0.96이라 하면 이미터 접지회로로 하는 경우의 전류 증폭률(β)은 얼마인가?

① 12
② 24
③ 38.4
④ 96

해설
$\beta = \dfrac{\alpha}{1-\alpha} = \dfrac{0.96}{1-0.96} = 24$

11 컴퓨터 시스템에서 ALU의 목적은?

① 어드레스 버스 제어
② 필요한 기계 사이클 수의 계산
③ OP코드의 번역
④ 산술과 논리연산의 실행

해설
중앙처리장치(CPU)
• 연산장치 ALU(Arithmetic Logic Unit) : 기억된 프로그램이나 데이터를 꺼내어 산술연산이나 논리연산을 실행
• 제어장치(Control Unit) : 프로그램의 명령을 하나씩 읽고 해석하여, 모든 장치의 동작을 지시하고 감독·통제하는 기능
• 기억장치 : 입력장치로 읽어 들인 데이터나 프로그램, 중간 결과 및 처리된 결과를 기억하는 기능으로 레지스터(Register)인 플립플롭(Flip-flop)이나 래치(Latch)로 구성

12 연산 결과의 상태를 기록, 자리올림 및 오버플로 발생 등의 연산에 관계되는 상태와 인터럽트 신호까지 나타내어 주는 것은?

① 누산기
② 데이터 레지스터
③ 가산기
④ 상태 레지스터

해설
상태 레지스터(Status Register)
연산의 결과에서 자리올림(Carry)이나 오버플로(Overflow) 발생과 인터럽트 신호 등의 상태를 기억한다.

13 주소의 개념이 거의 사용되지 않는 보조기억장치로서, 순서에 의해서만 접근하는 기억장치(SASD)는 무엇인가?

① Magnetic Tape
② Magnetic Core
③ Magnetic Disk
④ Random Access Memory

해설
자기 테이프 장치(Magnetic Tape)는 순차 처리만 하는 보조기억장치로 중간 결과를 기록하거나 대량의 자료를 반영구적으로 보존할 때 사용하며 순차 접근 저장 매체(SASD)이고, 자기 디스크, CD-ROM, 자기 코어, 하드 디스크는 임의의 액세스 기억장치이다.

15 주기억장치로부터 명령어를 읽어서 중앙처리장치로 가져오는 사이클은?

① Fetch Cycle
② Indirect Cycle
③ Execute Cycle
④ Interrupt Cycle

해설
메이저 스테이트(Major State) 4단계
- 인출단계(Fetch Cycle) : 주기억장치(RAM)에 기억된 명령어를 중앙처리장치(CPU)로 가져오는 과정
- 간접단계(Indirect Cycle) : 오퍼랜드의 주소를 읽고 해독된 명령어가 간접주소인 경우 유효주소 계산
- 실행단계(Execute Cycle) : 오퍼랜드를 읽고 명령을 실행
- 인터럽트단계(Interrupt Cycle) : 인터럽트 처리, 인터럽트 발생 시 복귀주소저장, 실행 후 Fetch단계로 이동

14 프로그램 수행 중 서브루틴(Sub-routine)으로 돌입할 때 프로그램의 리턴 번지(Return Address)의 수를 LIFO(Last-In First-Out) 기술로 메모리의 일부에 저장한다. 이 메모리와 가장 밀접한 자료 구조는?

① 큐
② 트리
③ 스택
④ 그래프

해설
스택(Stack)
- 임시 데이터의 저장이나 서브루틴의 호출에서 사용
- 연속되게 자료를 저장
- 한쪽 끝에서만 자료를 삽입하거나 삭제할 수 있는 구조
- 스택영역은 내부 데이터 메모리에 위치
- 후입선출방식(LIFO ; Last-In First-Out)
- 0-주소 지정에 이용

16 중앙처리장치로부터 입출력 지시를 받으면 직접 주기억장치에 접근하여 데이터를 꺼내어 출력하거나 입력한 데이터를 기억시킬 수 있고, 입출력에 관한 모든 동작을 자율적으로 수행하는 입출력 제어 방식은?

① 프로그램 제어방식
② 인터럽트 방식
③ DMA 방식
④ 채널 방식

해설
DMA(Direct Memory Access)에 의한 입출력 방식은 데이터를 전송할 때 CPU와 독립된 채널(Channel)을 구성하여 메모리와 입출력 기기들 사이에서 직접 데이터를 주고받을 수 있도록 제어하는 회로이다.

정답 13 ① 14 ③ 15 ① 16 ③

17 하나의 채널이 고속 입출력 장치를 하나씩 순차적으로 관리하며, 블록(Block) 단위로 전송하는 채널은?

① 사이클 채널(Cycle Channel)
② 실렉터 채널(Selector Channel)
③ 멀티플렉서 채널(Multiplexer Channel)
④ 블록 멀티플렉서 채널(Block Multiplexer Channel)

해설
실렉터 채널(Selector Channel)
- 입출력 동작이 개시되어 종료까지 하나의 입출력 장치를 사용하는 채널
- Block 단위의 전송이 이루어짐
- 디스크와 같은 고속 장치에서 사용

18 소프트웨어(Software)에 의한 우선순위(Priority) 체제에 관한 설명 중 옳지 않은 것은?

① 폴링 방법이라고 한다.
② 별도의 하드웨어가 필요 없으므로 경제적이다.
③ 인터럽트 요청장치의 패널에 시간이 많이 걸리므로 반응속도가 느리다.
④ 하드웨어 우선순위 체제에 비해 우선순위의 변경이 매우 복잡하다.

해설
인터럽트 우선순위를 판별하는 방법
- 소프트웨어에 의한 우선순위
  - 폴링(Polling) 방식이라 한다.
  - 별도의 하드웨어가 필요 없으므로 경제적이다.
  - 인터럽트 요청장치의 패널에 시간이 많이 걸리므로 반응속도가 느리다.
  - 우선순위의 변경이 간단하다.
- 하드웨어에 의한 우선순위
  - 데이지 체인(Daisy-chain) 우선순위 : 인터럽트를 발생시키는 모든 장치들을 직렬로 연결하여 가장 가까이 연결된 장치가 가장 높은 우선순위를 가지며, 맨 마지막에 연결되어 있는 장치가 가장 낮은 우선순위를 가지고 동작하는 직렬 우선순위 방식이다.
  - 병렬(Parallel) 우선순위 : 각 장치의 인터럽트 요청에 따라 인터럽트를 발생한 것부터 체크하여 우선순위를 결정하는 방식으로 레지스터의 비트 위치에 따라 우선순위가 결정된다.

19 병렬전송에 대한 설명 중 틀린 것은?

① 하나의 통신회선을 사용하여 한 비트씩 순차적으로 전송하는 방식이다.
② 문자를 구성하는 비트 수만큼 통신 회선이 필요하다.
③ 한 번에 한 문자를 전송하므로 고속처리를 필요로 하는 경우와 근거리 데이터 전송에 유리하다.
④ 원거리 전송인 경우 여러 개의 통신회선이 필요하므로 회선 비용이 많이 든다.

해설
하나의 통신회선을 사용하여 한 비트씩 순차적으로 전송하는 방식은 직렬전송방식이다.
- 직렬(Serial) 전송 : 하나의 문자 정보를 나타내는 데이터 비트를 직렬로 나열한 후 하나의 통신회선을 사용하여 1비트씩 순차적으로 전송하는 방식이다.
- 병렬(Parallel) 전송 : 복수의 비트를 합쳐 블록 버퍼를 이용하여 한 번에 전송하는 방식으로 스트로브(Strobe) 신호를 사용하여 문자와 문자 사이의 간격을 식별하고, 컴퓨터와 주변 기기 사이의 연결에 사용한다.

20 다음 그림과 같이 중앙에 컴퓨터가 있고 일정 지역 단말기까지는 하나의 통신회선으로 연결시키고, 그 외의 단말기는 일정 지역 단말기에서 연장되는 형태의 통신망은?

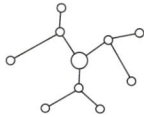

① 루프형 통신망(Loop Network)
② 성형 통신망(Star Network)
③ 그물형 통신망(Mesh Network)
④ 계층형 통신망(Hierarchical Network)

해설
전산망의 기본 유형
- 루프형 통신망(Loop Network) : 환형 통신망(Ring Network)이라고도 하며, 컴퓨터 및 단말기들이 횡적으로 서로 이웃하는 것끼리만 연결시킨 형태로, 양방향으로 데이터 전송이 가능하여 통신 회선 장애 시에 융통성을 가질 수 있다.
- 성형 통신망(Star Network) : 중앙 집중형 통신망(Centralized Network)으로 중앙에 컴퓨터(Host Computer)가 있고, 주위에 단말기가 연결된 형태이다.
- 그물형 통신망(Mesh Network) : 통신의 신뢰도가 중요시되는 구성형태로, 완전 분산형(Complete Distributed Network) 구조를 통하여 주컴퓨터의 중계 없이 단말기 사이의 데이터 통신이 가능하므로 통신망의 효율이 향상된다.
- 계층형 통신망(Hierarchical Network) : 목형 통신망(Tree Network)이라고도 하며, 중앙에 컴퓨터가 있고 일정 지역 단말기까지는 하나의 통신 회선으로 연결시키고, 그 외의 단말기는 일정 지역 단말기에서 연장되는 형태이다.
- 근거리 통신망(LAN ; Local Area Network) : 빌딩이나 공장, 학교 구내 등 일정 지역 내에 설치된 통신망으로, 약 10[km] 이내의 거리에서 100[Mbps] 이내의 빠른 속도로 데이터 전송이 수행되는 시스템이다.
- 부가 가치 통신망(VAN ; Value Added Network) : 공중 전기 통신 사업자로부터 통신망을 빌려서 컴퓨터와 접속시켜 구성한다.
- 종합 정보 통신망(ISDN ; Integrated Services Digital Network) : 아날로그 전송을 기본으로 한 전화 중심의 통신망을 디지털 전송에 의한 통신망으로 실현하여 전화, 데이터, 화상, 팩시밀리 등 모든 전기 통신 서비스를 통합적으로 제공하는 디지털 통신망으로서, 상호간의 접속성과 고도의 통신 서비스를 제공한다.

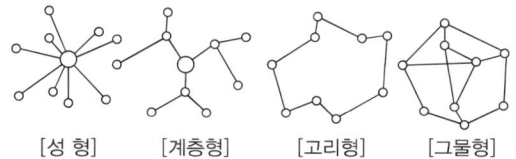

[성 형]   [계층형]   [고리형]   [그물형]

21 다음 중 게이트당 소모전력[mW]이 가장 적은 IC는?

① TTL   ② RTL
③ DTL   ④ CMOS

해설

게이트	소비전력[mW]
CMOS	0.01
DTL	8
TTL	10
RTL	12

22 10진수 95를 BCD 코드로 변환하면?

① 0101 0101
② 1010 1010
③ 1001 0101
④ 0111 1010

해설
BCD(Binary Coded Decimal)코드
BCD 코드는 0부터 9까지의 10진 숫자에 4비트 2진수를 대응시킨 것으로, 각 자리는 8, 4, 2, 1의 무게를 가지므로 8421 코드라고도 한다.

```
  7      8      4      5    ← 10진수(Decimal Number)
8421   8421   8421   8421   ← 자릿값(Weight)
0111   1000   0100   0101   ← BCD 코드
```

그러므로,

```
  9      5    ← 10진수
1001   0101   ← BCD 코드
```

23 컴퓨터에서 연산을 위한 수치를 표현하는 방법 중 부호, 지수(Exponent) 및 가수로 구성되는 것은?

① 부동 소수점 표현 형식
② 고정 소수점 표현 형식
③ 언팩 표현 형식
④ 팩 표현 형식

해설
부동 소수점(Floating Point) 표현 방식
- 한 개의 부호 비트, 지수부(Exponent Part), 가수부(Mantissa Part)로 구성
- 소수점을 포함한 실수도 표현 가능
- 정규화(Normalization) : 소수점의 위치를 정해진 위치로 이동하는 과정
- 과학, 공학, 수학적인 응용면에서 주로 사용

24 이항(Binary) 연산에 해당하는 것은?

① MOVE
② SHIFT
③ COMPLEMENT
④ XOR

해설
- 이항 연산자 : 사칙연산, AND, OR, XOR(EX-OR), XNOR
- 단항 연산자 : NOT, COMPLEMENT, SHIFT, ROTATE, MOVE

25 연산회로 중 시프트에 의하여 바깥으로 밀려나는 비트가 그 반대편의 빈 곳에 채워지는 형태의 직렬 이동과 관계되는 것은?

① Complement
② Rotate
③ OR
④ AND

해설
로테이트(Rotate)
시프트와 비슷한 연산으로 밀려나온 비트가 다시 반대편 끝으로 들어가 사용되는 연산으로서, 문자의 위치변환에 주로 사용된다.

26 AND 연산에서 레지스터 내의 어느 비트 또는 문자를 지울 것인지를 결정하는 것은?

① Check Bit
② Mask Bit
③ Sign Bit
④ Parity Bit

해설
마스크 비트(Mask Bit)
AND 연산을 이용하여 다른 비트 패턴 중에 있는 특정 비트의 정보를 변경하거나 리셋(Reset)하기 위한 문자나 비트 패턴을 의미한다.

27 2진수 0111을 그레이 코드로 올바르게 변환한 것은?

① 0111
② 0101
③ 0100
④ 1100

해설
그레이 코드
BCD 코드의 인접한 자리를 XOR 연산으로 만든 코드

	⊕	⊕	⊕
2진수	0 → 1 → 1 → 1
	↓ ↓ ↓ ↓
그레이 코드	0 1 0 0

2진수 0111을 그레이 코드로 변환하면 0100이 된다.

28 1×4 디멀티플렉서(DMUX ; Demultiplexer)에서 필요한 선택 신호의 개수는?

① 1개　　② 2개
③ 4개　　④ 8개

해설
디멀티플렉서(Demultiplexer)
- 한 신호원으로부터의 데이터를 제어 입력에 의해 여러 개의 출력단 중에서 선택된 출력단에 출력하는 회로이다.
- 1×2^n 디멀티플렉서는 하나의 입력과 2^n개의 출력선 중에서 하나를 선택하기 위한 n개의 선택선을 가진다.
- 1×4 디멀티플렉서는 출력선이 4개이므로, 출력선을 선택하기 위한 선택선은 2개($2^n = 4$)의 선택선을 가진다.

29 주기억장치의 크기가 4[kbyte]일 때 번지(Address) 수는?

① 1번지에서 4,000번지까지
② 0번지에서 3,999번지까지
③ 1번지에서 4,095번지까지
④ 0번지에서 4,095번지까지

해설
$4[KB] = 2^2 \times 2^{10} = 2^{12} = 4,096$이므로, 0번지에서 4,095번지까지가 된다.

30 공유하고 있는 통신회선에 대한 제어신호를 각 노드 간에 순차적으로 옮겨가면서 수행하는 방식은?

① CSMA 방식　　② CD 방식
③ ALOHA 방식　　④ Token Passing 방식

해설
토큰 전달(Token Passing) 방식은 데이터 전송 기회를 한 번씩만 허용하는 방식이다.

31 어셈블리어에 대한 설명으로 옳은 것은?

① 고급언어에 해당한다.
② 호환성이 좋은 언어이다.
③ 실행을 위하여 기계어로 번역하는 과정이 필요 없다.
④ 기호언어이다.

해설
어셈블리어(Assembly Language)
2진수로 작성된 기계어 프로그램의 동작 코드부와 어드레스부를 각각 프로그래머가 이해하기 쉽고 사용하기 쉬운 기호로 바꾸어 프로그래밍을 할 수 있도록 한 언어로, 기호 언어(Symbolic Language)라고도 한다.

32 프로그래밍 언어의 해독 순서로 옳은 것은?

① 컴파일러 → 링커 → 로더
② 로더 → 링커 → 컴파일러
③ 컴파일러 → 로더 → 링커
④ 링커 → 컴파일러 → 로더

해설
프로그램 언어의 번역 과정

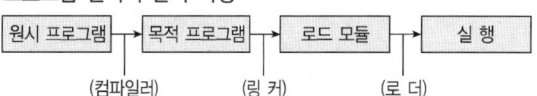

33 인터프리터 방식의 언어는?

① GWBASIC
② COBOL
③ C
④ FORTRAN

해설
인터프리터(Interpreter)
- 작성된 원시 프로그램을 한 줄씩 읽어 번역 및 실행하는 프로그램으로 실행속도가 느리지만 기억장소를 적게 차지한다.
- GWBASIC, LISP, JAVA, PL/I

34 로더의 기능으로 거리가 먼 것은?

① Allocation
② Linking
③ Loading
④ Translation

해설
로더의 기능
- 할당(Allocation) : 목적 프로그램이 적재될 주기억장소 내의 공간을 확보
- 연결(Linking) : 필요할 경우 여러 목적 프로그램들 또는 라이브러리 루틴과의 링크 작업. 외부기호를 참조할 때, 이 주소값들을 연결
- 재배치(Relocation) : 목적 프로그램을 실제 주기억장소에 맞추어 재배치. 상대주소들을 수정하여 절대주소로 변경
- 적재(Loading) : 실제 프로그램과 데이터를 주기억장소에 적재. 적재할 모듈을 주기억장치로 읽어 들임

35 프로그래밍 절차가 옳게 나열된 것은?

① 문제분석 - 입출력설계 - 순서도작성 - 프로그램 코딩 - 실행
② 문제분석 - 입출력설계 - 프로그램 코딩 - 실행 - 순서도작성
③ 문제분석 - 입출력설계 - 프로그램 코딩 - 순서도작성 - 실행
④ 문제분석 - 순서도작성 - 프로그램 코딩 - 입출력설계 - 실행

해설
프로그래밍 절차

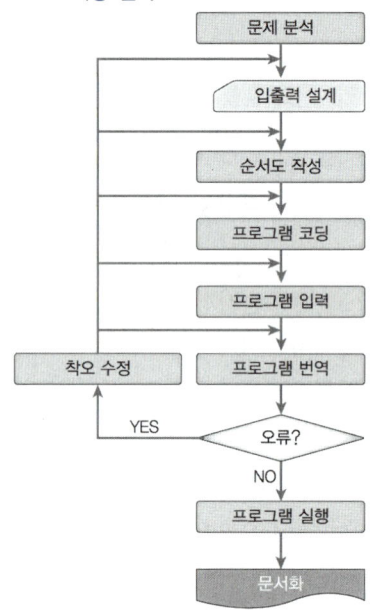

36 BNF 표기법에서 "선택"을 의미하는 기호는?

① # ② &
③ | ④ @

해설
BNF 표기법
배커스-나우어 형식(Backus-Naur Form)의 약어로, 구문(Syntax) 형식을 정의하는 가장 보편적인 표기법

::=	정의 기호
		선택 기호
⟨ ⟩	Non Terminal 기호(재정의될 기호)

37 운영체제의 성능평가 사항과 거리가 먼 것은?

① Availability
② Cost
③ Turn Around Time
④ Throughput

해설
운영체제의 평가 기준
- 처리능력(Throughput) : 일정 시간에 시스템이 처리하는 일의 양
- 반환 시간(Turn Around Time) : 시스템에 작업을 의뢰한 시간부터 처리가 완료될 때까지 걸린 시간
- 사용 가능도(Availability) : 시스템의 자원을 사용할 필요가 있을 때 즉시 사용 가능한 정도
- 신뢰도(Reliability) : 시스템이 주어진 문제를 정확하게 해결하는 정도

38 사용 횟수가 가장 적은 페이지를 교체하는 기법은?

① NUR ② LFU
③ LRU ④ FIFO

해설
페이지 교체 알고리즘
- LFU(Least Frequently Used) : 사용 횟수가 가장 적은 페이지를 교체하는 기법
- NUR(Not Used Recently)
  - 최근에 사용하지 않은 페이지를 교체하는 기법
  - "근래에 쓰이지 않은 페이지들은 가까운 미래에도 쓰이지 않을 가능성이 높다."라는 이론에 근거
  - 각 페이지마다 2개의 하드웨어 비트(호출 비트, 변형 비트)가 사용됨
- LRU(Least Recently Used)
  - 최근에 가장 오랫동안 사용하지 않은 페이지를 교체하는 기법
  - 각 페이지마다 계수기를 두어 현 시점에서 볼 때 가장 오래 전에 사용된 페이지를 교체
- FIFO(First-In First-Out) : 가장 먼저 들여온 페이지를 먼저 교체시키는 방법(주기억장치 내에 가장 오래 있었던 페이지를 교체)

39 교착상태 발생의 필요 충분 조건으로 옳지 않은 것은?

① Mutual Exclusion
② Preemption
③ Hold and Wait
④ Circular Wait

해설
교착상태 발생의 필요 충분 조건
- Mutual Exclusion(상호배제) : 프로세스들은 자신이 필요로 하는 자원에 대해 배타적인 사용을 요구한다.
- No Preemption(비선점) : 자원을 점유하고 있는 프로세스는 그 작업의 수행이 끝날 때까지 해당 자원을 반환하지 않는다.
- Hold & Wait(점유와 대기) : 프로세스가 적어도 하나의 자원을 점유하면서, 다른 프로세스에 의해 점유된 다른 자원을 요구하고 할당받기를 기다린다.
- Circular Wait(환형 대기) : 프로세스들의 환형 대기가 존재하여야 하며, 이를 구성하는 각 프로세스는 환형 내의 이전 프로세스가 요청하는 자원을 점유하고, 다음 프로세스가 점유하고 있는 자원을 요구하고 있는 경우 교착 상태가 발생할 수 있다.

정답 36 ③ 37 ② 38 ② 39 ②

40 C언어에서 데이터 형식을 규정하는 서술자에 대한 설명으로 옳지 않은 것은?

① %e : 지수형
② %c : 문자열
③ %f : 소수점 표기형
④ %u : 부호 없는 10진 정수

해설
C언어에서 데이터 형식을 규정

서술자	기 능
%o	octal : 8진수 정수
%d	decimal : 10진수 정수
%x	hexadecimal : 16진수 정수
%c	character : 문자
%s	string : 문자열
%e	지수형
%f	소수점 표기형
%u	부호 없는 10진 정수

41 2진수 11001001의 1의 보수와 2의 보수는?

① 1의 보수 : 11001000, 2의 보수 : 11001001
② 1의 보수 : 00110111, 2의 보수 : 00110110
③ 1의 보수 : 00110110, 2의 보수 : 00110110
④ 1의 보수 : 00110110, 2의 보수 : 00110111

해설
2진수 11001001의 1의 보수는 1은 0으로, 0은 1로 바꾸면 00110110이 되고, 2의 보수는 1의 보수＋1이므로 001101110이 된다.

42 미국에서 개발한 표준코드로서 개인용 컴퓨터에 주로 사용되며, 7비트로 구성되어 128가지의 문자를 표현할 수 있는 코드는?

① EBCDIC
② UNICODE
③ ASCII
④ BCD

해설
ASCII 코드(American Standard Code for Information Interchange)
- ASCII 코드의 7개의 데이터 비트로 한 문자를 표시하는 데 3개의 존 비트와 4개의 디지트 비트로 구성
- ASCII 코드의 비트 번호는 오른쪽에서 왼쪽으로 부여
- 통신 제어용 및 마이크로 컴퓨터의 기본 코드로 사용
- $2^7 = 128$개의 서로 다른 문자를 표현

43 불 대수의 기본 정리 중 옳지 않은 것은?

① $A \cdot 0 = 0$
② $A \cdot A = A$
③ $A + A = A$
④ $A + 1 = A$

해설
불 대수의 기본 정리 중 $A + 1 = 1$이다.

44 RS 플립플롭의 작동 규칙에 대한 설명으로 옳지 않은 것은?

① S = 0이고, R = 0이면 Q는 현재 상태를 유지한다.
② S = 1이고, R = 0이면 Q = 0이다.
③ S = 0이고, R = 1이면 Q = 0이다.
④ S = 1이고, R = 1이면 다음 상태는 예측이 불가능하다.

해설

RS 플립플롭
- S(Set)와 R(Reset)의 2개의 입력과 2개의 출력 Q, $\overline{Q}$을 가짐
- 2진 데이터를 저장하는 레지스터(Register)나 기억(Memory)소자로서 이용

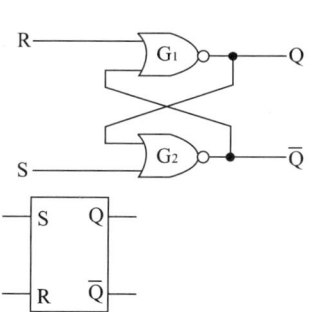

S	R	Q_{n+1}
0	0	Q_n
0	1	0
1	0	1
1	1	불확정

45 펄스가 입력되면 현재와 반대의 상태로 바뀌게 하는 토글(Toggle)상태를 만드는 것은?

① D 플립플롭
② 마스터-슬레이브 플립플롭
③ T 플립플롭
④ JK 플립플롭

해설

T 플립플롭
- JK 플립플롭의 입력 J 및 K를 서로 묶어서 하나의 데이터로 입력한다.
- 클록 펄스가 가해질 때마다 출력 상태가 반전하는 토글(Toggle) 또는 스위칭 작용을 하므로 계수기(Counter)에 사용된다.

46 다음 진리표에 해당하는 논리식으로 옳은 것은?

A	B	Y
0	0	0
0	1	1
1	0	1
1	1	0

① $Y = A + B$
② $Y = \overline{AB} + AB$
③ $Y = A \cdot B$
④ $Y = \overline{A}B + A\overline{B}$

해설

입력 데이터가 서로 다를 경우에만 1이 되는 논리회로는 배타적 논리합(Exclusive-OR)이다.

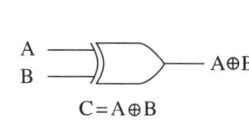

C = A⊕B

입력		출력
A	B	C
0	0	0
0	1	1
1	0	1
1	1	0

47 반가산기에서 입력 A = 1이고, B = 0이면 출력 합(S)과 올림수(C)는?

① S = 1, C = 0
② S = 0, C = 0
③ S = 1, C = 1
④ S = 0, C = 1

해설

반가산기(Half-adder)
- 2개의 2진수와 A와 B를 더한 합(Sum) S와 자리올림 수(Carry) C를 얻는 회로로 배타 논리합 회로와 논리곱 회로로 구성된다.
- 논리식 $S = \overline{A}B + A\overline{B} = A \oplus B$, $C = A \cdot B$
- 반가산기 회로도와 진리표

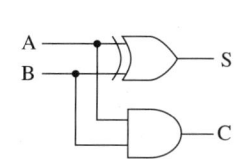

입력		출력	
A	B	S	C
0	0	0	0
0	1	1	0
1	0	1	0
1	1	0	1

정답 44 ② 45 ③ 46 ④ 47 ①

48 디지털 시스템에서 사용되는 2진 코드를 우리가 쉽게 인지할 수 있는 숫자나 문자로 변환해 주는 회로는?

① 인코더 회로
② 플립플롭 회로
③ 전가산기 회로
④ 디코더 회로

해설
디코더(Decoder, 해독기)
- 입력 단자에 가해지는 부호화된 2진 데이터를 그에 해당하는 10진수로 변환하여 해독하는 조합 논리 회로로 출력은 AND 게이트로 구성된다.
- n개의 입력과 m개의 출력을 가지는 n×m 디코더 : 입력에 가해지는 N비트 코드를 해독하여 그 값에 따라 m개의 출력 중에서 특정한 하나의 출력을 '1'로 하고 나머지 출력들은 '0'으로 만든다.

인코더(Encoder, 부호기)
- 숫자나 문자 등의 10진수 입력을 2진수로 변환하는 회로로 OR 게이트로 구성된다.
- n개의 비트로 구성되는 코드는 최대 2^n개의 서로 다른 정보를 나타낼 수 있으므로 인코더는 2^n개 이하의 입력과 n개의 출력을 가진다.

49 정상적인 경우 8×1 멀티플렉서는 몇 개의 선택선을 가지는가?

① 1
② 2
③ 3
④ 4

해설
③ 8×1 멀티플렉서는 2^n개의 입력선과 n = 3개의 선택선을 가진다.

멀티플렉서(Multiplexer)
- 2개 이상의 입력 중에서 필요로 하는 신호를 외부로부터의 선택 기호에 의해 1개만 선택하여, 출력 신호로 꺼낼 수 있는 기능을 가진 조합 논리 회로이다.
- 게이트를 사용하여 구성하는 멀티플렉서는 2^n개의 입력선과 입력 선택을 위한 n개의 선택선 및 하나의 출력선을 가지며, 이 선택선에 가하는 비트 조합에 따라 입력 중의 하나가 선택된다.

50 다음 〈보기〉의 조합논리회로 설계 단계를 순서대로 옳게 나열한 것은?

┌ 보기 ┐
ㄱ. 카르노 맵 표현
ㄴ. 진리표 작성
ㄷ. 논리회로 작성
ㄹ. 논리식의 간소화
└─────┘

① ㄴ → ㄱ → ㄷ → ㄹ
② ㄴ → ㄱ → ㄹ → ㄷ
③ ㄱ → ㄴ → ㄷ → ㄹ
④ ㄱ → ㄴ → ㄹ → ㄷ

해설
조합논리회로 설계 순서
- 입력과 출력 조건에 적합한 진리표를 작성한다.
- 진리표를 가지고 카르노 도표를 작성한다.
- 간소화된 논리식을 구한다.
- 논리식을 기본게이트로 구성한다.

51 여러 개의 플립플롭이 접속될 경우, 계수 입력에 가해진 시간 펄스의 효과가 가장 뒤에 접속된 플립플롭에 전달되려면 한 개의 플립플롭에서 일어나는 시간 지연이 생긴다. 이러한 문제를 해결하기 위해 만든 계수기는?

① 상향 계수기
② 하향 계수기
③ 동기형 계수기
④ 직렬 계수기

해설
- 여러 개의 플립플롭이 접속될 경우, 계수 입력에 가해진 시간 펄스의 효과가 가장 뒤에 접속된 플립플롭에 전달되려면 한 개의 플립플롭에서 일어나는 시간 지연이 여러 개 생긴다. 이와 같은 문제점을 해결하기 위해 만든 것이 동기형 계수기(Synchronous Counter)이다.
- 동기형 계수기는 하나의 공통된 시간 펄스에 의해서 플립플롭들이 트리거되어 모든 플립플롭의 상태가 동시에 변하기 때문에 병렬 계수기(Parallel Counter)라고도 한다.

52 레지스터의 사용이 요구되는 상황으로 거리가 먼 것은?

① 출력장치에 정보를 전송하기 위해 일시 기억하는 경우
② 사칙연산장치의 입력부분에 장치하여 데이터를 일시 기억하는 경우
③ 기억장치 등으로부터 이송된 정보를 일시적으로 기억시켜 두는 경우
④ 일시 저장된 정보내용을 영구히 고정시키는 경우

해설
레지스터(Register)
2진 데이터를 일시 저장하는 데 적합한 2진 기억 소자들의 집합이며, 1개의 플립플롭은 2진 데이터의 1비트를 저장할 수 있는 기억 소자의 역할을 하므로 레지스터는 플립플롭의 집합이라 할 수 있다.

53 시프트 레지스터(Shift Register)를 만들고자 할 경우 가장 적합한 플립플롭은?

① RST 플립플롭
② D 플립플롭
③ RS 플립플롭
④ T 플립플롭

해설
시프트 레지스터의 구성에는 입력 데이터의 구성이 용이한 RS 플립플롭이 가장 적합하다.

54 다음 중 배타적-OR(Exclusive-OR)회로를 응용하는 회로가 아닌 것은?

① 보수기
② 패리티 체커
③ 2진 비교기
④ 슈미트 트리거

해설
배타적-OR(Exclusive-OR)회로를 이용해 그레이코드 변환회로, 2진코드 변환회로, 패리티 체커, 2진 비교기, 보수기 등을 구현할 수 있다.

55 비동기형 리플 카운터에 대한 설명으로 옳지 않은 것은?

① 모든 플립플롭 상태가 동시에 변한다.
② 회로가 간단하다.
③ 동작시간이 길다.
④ 주로 T형이나 JK 플립플롭을 사용한다.

해설
비동기형(Asynchronous Type) 카운터
• 플립플롭의 입력으로는 클록 펄스와 앞단의 출력이 차례로 연결되어 있어 상태가 동시에 변하지 않고 순차적으로 변한다. 리플 계수기라고도 한다.
• 제어신호와 클록펄스, 리셋·세트 신호가 플립플롭의 입력이 된다.
• 회로가 간단해서 작은 규모의 계기 회로에 적당하다.
• 클록 신호는 첫 단에만 인가해 주면 되지만 지연 시간이 문제가 된다.
• 계수 회로에 쓰이는 플립플롭이 종속 연결되어 있어 첫 플립플롭에만 입력 클록을 가하고 다음 플립플롭부터는 바로 앞단 플립플롭의 출력에서 보내오는 클록 펄스만으로 동작한다.

56 플립플롭에 기억된 정보에 대하여 시프트 펄스를 하나씩 공급할 때마다 순차적으로 다음 플립플롭에 옮기는 동작을 하는 레지스터를 무엇이라고 하는가?

① 직렬 이동 레지스터
② 병렬 이동 레지스터
③ 공간 이동 레지스터
④ 상황 이동 레지스터

해설
2진수를 직렬로 1비트씩 차례로 입력시키면 레지스터가 기억하고 있는 데이터를 오른쪽 또는 왼쪽으로 한 자리씩 이동(Shift)시킬 수 있는 레지스터를 시프트 레지스터(Shift Register)라 한다.

정답 52 ④ 53 ③ 54 ④ 55 ① 56 ①

57 다음 계수기회로의 올바른 명칭은?

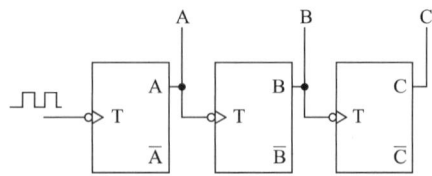

① 동기식 4진 링계수기
② 동기식 8진 링계수기
③ 비동기식 4진 리플계수기
④ 비동기식 8진 리플계수기

해설
전단의 출력을 입력으로 받아 계수하는 3단의 리플 계수기이다. 그러므로 $2^3 = 8$이므로, 비동기식 8진 리플 계수기회로이다.

58 전원 공급에 관계없이 저장된 내용을 반영구적으로 유지하는 비휘발성 메모리는?

① RAM
② ROM
③ SRAM
④ DRAM

해설
ROM(Read Only Memory)
비휘발성의 기억소자로 저장되어 있는 내용을 꺼낼 수는 있으나, 새로운 데이터를 저장할 수 없는 반도체 소자이다.

59 1초당 전송되는 비트의 수를 무엇이라 하는가?

① bps
② baud
③ record
④ word

해설
1초당 전송되는 비트 수는 bps(bit/s)이다.

60 어떤 입력상태에 대해 출력이 무엇이 되든지 상관없는 경우 출력 상태를 임의 상태(Don't Care Condition)라고 하는데 진리표나 카르노 도에서는 임의 상태를 일반적으로 어떻게 표시하는가?

① X   ② 0
③ 1   ④ Y

해설
진리표나 카르노 도에서 어떤 입력상태에 대해 출력이 무엇이 되든지 상관없는 경우 출력 상태를 임의 상태(Don't Care Condition)라고 하며, X로 표시한다.

2018년 제1회 과년도 기출복원문제

01 다음 중 물질의 일함수를 옳게 설명한 것은?

① 물질 내부에 존재하는 고유 에너지를 표시하기 위한 함수이다.
② 물질 구조상으로 볼 때 물질별 함수를 말한다.
③ 물질의 양과 온도와의 관계이다.
④ 물질에서 전자 방출에 필요한 에너지의 양을 말한다.

해설
물질의 일함수(Work Function)
물질 내에 있는 전자 하나를 밖으로 끌어내는 데 필요한 최소의 일 또는 에너지

02 쿨롱의 법칙을 설명한 것 중 옳지 않은 것은?

① 힘의 크기는 두 전하량의 곱에 비례한다.
② 작용하는 힘의 방향은 두 전하를 연결하는 직선과 일치한다.
③ 작용하는 힘은 반발력과 흡인력이 있다.
④ 힘의 크기는 두 전하 사이의 거리에 반비례한다.

해설
쿨롱의 법칙
- $F = \dfrac{1}{4\pi\varepsilon_0} \times \dfrac{Q_1 \times Q_2}{r^2}$ [N]
- 전하를 가진 두 물체 사이에 작용하는 힘의 크기는 두 전하의 곱에 비례하고 거리의 제곱에 반비례
- 같은 극성의 전하는 서로 미는 척력, 다른 극성의 전하는 서로 잡아당기는 인력이 작용
- 작용하는 힘의 방향은 두 전하를 연결하는 직선과 일치

03 다음 그림의 반도체 소자의 명칭은 무엇인가?

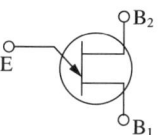

① UJT ② DIAC
③ SCR ④ SSS

해설
UJT(Uni-Junction Transistor) : 단일 집합 트랜지스터
- 세 개의 단자 : 이미터 E, 베이스1 B_1, 베이스2 B_2
- B_1과 B_2 사이의 단일접합은 보통 저항의 특성을 가지고 있다. 이 저항이 베이스 저항 R_{BB}이고 9.1[kΩ] 범위의 저항값을 가지고 있다.
- 더블베이스 다이오드(Double Base Diode)라고 한다.
- 트리거 발생기로 사용되는 이유는 정격피크 전류가 크고 트리거 전압이 안정되며, 특히 소비 전력이 적고 소형이며 간단하기 때문이다.

04 진폭 변조에서 반송파의 진폭이 V_c[V]이고, 변조파의 진폭이 V_m[V]인 신호파로 변조하면 변조도 m은?

① $m = \dfrac{V_c}{V_m}$ ② $m = \left(\dfrac{V_c}{V_m}\right)^2$

③ $m = \dfrac{V_m}{V_c}$ ④ $m = \left(\dfrac{V_m}{V_c}\right)^2$

해설
$m = \dfrac{\text{신호파의 진폭}}{\text{반송파의 진폭}} = \dfrac{V_m}{V_c}$

정답 1 ④ 2 ④ 3 ① 4 ③

05 정류회로의 종류로 옳지 않은 것은?

① 고역 정류회로
② 반파 정류회로
③ 전파 정류회로
④ 브리지 정류회로

해설
정류회로의 종류
- 반파 정류회로
- 전파 정류회로
- 브리지 정류회로
- 배전압 회로

06 그림과 같은 회로의 전원에서 본 등가저항은 몇 [Ω]인가?

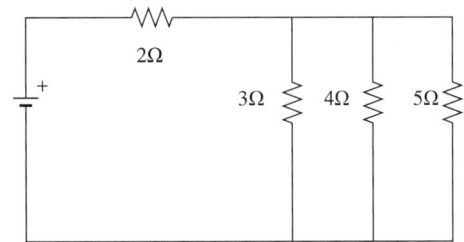

① $\dfrac{154}{60}[\Omega]$ ② $\dfrac{154}{47}[\Omega]$

③ $\dfrac{167}{60}[\Omega]$ ④ $\dfrac{167}{47}[\Omega]$

해설
3[Ω], 4[Ω], 5[Ω]은 병렬연결이므로,
$\dfrac{1}{R} = \dfrac{1}{3} + \dfrac{1}{4} + \dfrac{1}{5} = \dfrac{20+15+12}{60} = \dfrac{47}{60}$, $R = \dfrac{60}{47}$ 이다.
2[Ω]과 직렬연결을 구하면,
$R = 2 + \dfrac{60}{47} = \dfrac{154}{47}$ 이다.
전원에서 본 등가저항은,
$\dfrac{154}{47}[\Omega]$ 이다.

07 비오-사바르의 법칙은 어떤 관계를 나타내는 법칙인가?

① 전류와 자장
② 기자력과 자속밀도
③ 전위와 자장
④ 기자력과 자장

해설
비오-사바르의 법칙
- 전류에 의해 만들어지는 자계의 세기
- $\triangle H = \dfrac{I \triangle l}{4\pi R^2} \sin\theta [\text{A/m}]$

08 어떤 전지의 외부 회로의 저항은 3[Ω]이고, 전류는 5[A]이다. 외부 회로에 3[Ω] 대신 8[Ω]의 저항을 접속하면 전류는 2.5[A] 떨어진다. 전지의 기전력은 몇 [V]인가?

① 15 ② 20
③ 25 ④ 30

해설
기전력 공식 $E = I(R+r)$에서
$E_1 = I(R+r) = 5(3+r) = 5r + 15$
$E_2 = I(R+r) = 2.5(8+r) = 2.5r + 20$
$E_1 = E_2$ 이므로
$5r + 15 = 2.5r + 20$
$2.5r = 5$
∴ $r = 2$
$E_1 = I(R+r) = 5(3+2) = 25[\text{V}]$
$E_2 = I(R+r) = 2.5(8+2) = 25[\text{V}]$

09 그림과 같은 회로는 무엇인가?(단, V_i는 직사각형 파이다)

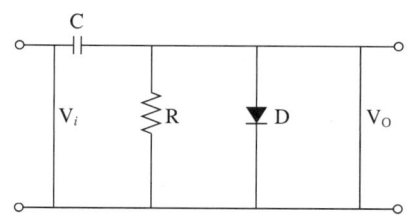

① 클리핑 회로
② 클램핑 회로
③ 콘덴서 입력형 필터회로
④ 반파 정류회로

해설
클램핑 회로(Clamping Circuit)
- 입력 신호의 (+) 또는 (−)의 피크를 어느 기준 레벨로 바꾸어 고정시키는 회로이다.
- 클램핑(Clamping) 회로 또는 클램퍼(Clamper)라고 한다.
- 직류분을 재생하는 목적에 쓰일 때에는 직류분 재생 회로라고도 한다.

10 펄스회로에서 펄스가 "0"에서 최대 크기로 상승될 때를 100[%]로 한다면 상승시간(Rise Time)은 몇 [%]로 하는가?

① 0[%]에서 10[%]
② 10[%]에서 90[%]
③ 20[%]에서 150[%]
④ 90[%]에서 100[%]

해설
상승 시간(t_r, Rise Time)
진폭 v의 10[%]에서 90[%]까지 상승하는 데 걸리는 시간

11 마이크로프로세서가 주변 소자들과 데이터 교환을 위한 통로로 사용되는 3대 시스템 버스가 아닌 것은?

① 제어(Control) 버스
② 데이터(Data) 버스
③ 입출력(I/O) 버스
④ 주소(Address) 버스

해설
마이크로프로세서 버스의 종류
- 어드레스 버스(Address Bus)
- 데이터 버스(Data Bus)
- 제어 버스(Control Bus)

12 3K Word Memory의 실제 Word수는?

① 3,000
② 3,072
③ 4,056
④ 4,096

해설
1K = 1,024이므로, 3K = 1,024 × 3 = 3,072이다.

13 Stack의 용어를 나타낸 것 중 관계없는 것은?

① LIFO
② Pop-Up
③ Push-Down
④ Front

해설
Front는 큐(Queue)에서 삭제가 일어나는 한쪽 끝(앞쪽)을 말한다.

정답 9 ② 10 ② 11 ③ 12 ② 13 ④

14 점프(Jump)동작은 어떤 것의 내용에 영향을 주는가?

① 프로그램 카운터
② 명령 레지스터
③ 스택 포인터
④ 누산기

해설
Jump 또는 Branch명령을 수행할 경우 현재 수행 중인 프로그램의 순서가 바뀌게 되므로 프로그램 카운터(PC)의 값에 영향을 미친다.

15 다음 그림과 같이 컴퓨터 내부에서 2진수 자료를 표현하는 방식은?

부 호	지 수	가 수

① 팩 형식(Pack Format)
② 부동 소수점 형식(Floating Point Format)
③ 고정 소수점 형식(Fixed Point Format)
④ 언팩 형식(Unpack Format)

해설
부동 소수점(Floating Point) 표현 방식
• 한 개의 부호 비트, 지수부(Exponent Part), 가수부(Mantissa Part)로 구성되며, 소수점을 포함한 실수도 표현 가능하다.
• 수의 표현 시 고정 소수점 방식보다 정밀도를 높일 수 있으므로 과학, 공학, 수학적인 응용면에서 주로 사용한다.

16 명령어를 해독하기 위해서 주기억장치로부터 제어장치로 해독할 명령을 꺼내오는 것은?

① 실행(Execution)
② 단항 연산(Unary Operation)
③ 직접 번지(Direct Address)
④ 명령어 인출(Instruction Fetch)

해설
④ 명령어 인출(Instruction Fetch) : 주기억장치(RAM)에 기억된 명령어를 중앙처리장치(CPU)로 가져오는 과정
① 실행(Execution) : 레지스터나 누산기에 필요한 제어 신호를 발생시켜서 수행 결과를 얻어내는 과정
② 단항연산(Unary Operation) : 피연산자가 1개만 필요(NOT, COMPLEMENT, SHIFT, ROTATE, MOVE)
③ 직접 번지(Direct Address) : 명령어의 Operand 부분이 실제 데이터의 주소인 명령어 형식

17 명령 코드부가 4비트, 번지부가 8비트로 이루어진 명령어 형식에서 명령어와 어드레스의 개수는?

① 명령어 4개, 어드레스 8개
② 명령어 4개, 어드레스 128개
③ 명령어 16개, 어드레스 128개
④ 명령어 16개, 어드레스 256개

해설
명령어의 수 = 2^4 = 16개
어드레스의 수 = 2^8 = 256개

18 다음의 논리도와 진리표는 어떤 회로인가?

A	B	X_0	X_1	X_2	X_3
0	0	1	0	0	0
0	1	0	1	0	0
1	0	0	0	1	0
1	1	0	0	0	1

① 가산기 ② 해독기
③ 부호기 ④ 비교기

해설
디코더(Decoder, 해독기)
입력 단자에 가해지는 부호화된 2진 데이터를 그에 해당하는 10진 수로 변환하여 해독하는 조합 논리 회로로 출력은 AND 게이트로 구성된다.

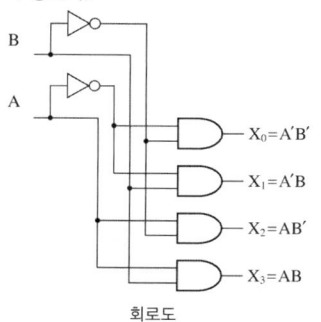

회로도 / 진리표

19 어큐뮬레이터에 있는 10진수 $(12)_{10}$를 왼쪽으로 두 번 시프트시킨 후의 값은?

① 12 ② 24
③ 36 ④ 48

해설
2진수를 직렬로 1비트씩 차례로 입력시키면 레지스터가 기억하고 있는 데이터를 오른쪽 또는 왼쪽으로 한 자리씩 이동(Shift)시킬 수 있는 레지스터는 시프트 레지스터(Shift Register)이다. 즉, 10진수 12를 2진수로 표현하면 1100_2이다. 왼쪽으로 두번 시프트하면 110000_2이 되므로, 10진수 48이 된다.

20 다음 주소 지정 방식 중 속도가 가장 빠른 것은?

① Immediate Addressing
② Direct Addressing
③ Indirect Addressing
④ Indexed Addressing

해설
주소 지정 방식 중 속도가 가장 빠른 순
즉시(Immediate) > 직접(Direct) > 간접(Indirect) > 인덱스(Indexed)

21 네온 또는 아르곤의 혼합 가스를 셀에 채워 높은 전압을 가할 때 나오는 빛을 이용한 출력장치는?

① 음극선관
② X-Y 플로터
③ 플라스마 디스플레이
④ 액정 디스플레이

해설
두 장의 유리판 사이에 네온과 아르곤의 혼합가스를 넣고 전압을 가하면 가스의 방전으로 빛이 나게 되는 현상을 이용한 표시 장치는 플라스마 디스플레이다.

22 기억공간을 모아서 유용하게 능률적으로 사용하도록 하는 방법은?

① Garbage Collection
② Memory Collection
③ Multiprogramming
④ Relocation

해설
가비지 컬렉션(Garbage Collection)
프로그램이 더 이상 객체를 참조하지 않을 경우 기억 공간을 모아서 유용하게 능률적으로 사용하도록 하는 방법

정답 18 ② 19 ④ 20 ① 21 ③ 22 ①

23 중앙처리장치와 기억장치 간의 정보교환을 위한 스트로브 제어 방법의 결점을 보완한 것으로 입출력장치와 인터페이스 간의 비동기 데이터 전송을 위해 사용하는 제어방법은?

① 비동기 직렬전송
② 입출력장치제어
③ 핸드셰이킹 제어
④ 고정배선 제어

해설
핸드셰이킹(Hand-shaking)
- 접속 시 송신 측 모뎀과 수신 측 모뎀의 전송 속도를 같도록 하기 위한 과정
- 두 가지의 디바이스나 시스템 사이에서 접속이나 절단을 위해 미리 정해진 제어 신호나 제어 문자의 계열을 교환, 또는 데이터나 상태 정보의 교환을 행하는 것
- 송신 장치가 수신 장치의 상태 파악이 불가능한 스트로브 제어의 단점을 보완

24 자외선을 사용하여 저장된 내용을 지워서 다시 사용할 수 있는 반도체 소자는?

① UVEPROM
② MASK ROM
③ SRAM
④ DRAM

해설
UVEPROM(Ultra-Violet Erasable Programmable Read Only Memory)
- 필요할 때 기억된 내용을 지우고 다른 내용을 기록할 수 있는 ROM
- 지우는 방법에 따라 자외선으로 지울 수 있는 ROM

25 10진수 946에 대한 BCD 코드는?

① 1001 0101 0110
② 1001 0100 0110
③ 1100 0101 0110
④ 1100 0011 0110

해설

10진수	9	4	6
BCD 코드	1001	0100	0110

26 다음 설명에 해당하는 것은?

> 입력과 출력회로를 모두 트랜지스터로 구성한 회로로서 동작 속도가 빠르고 잡음에 강한 특징이 있으며, Fan Out을 크게 할 수 있고 출력 임피던스가 비교적 낮으며 응답속도가 빠르고 집적도가 높다.

① CMOS
② RTL
③ ECL
④ TTL

해설
TTL(Transistor-Transistor Logic)
입력을 트랜지스터로 받아들이고, 출력 또한 트랜지스터인 소자를 말하며, 속도가 빠른 반면에 소비전력이 크다는 특징이 있다.
- 잡음에 강하다.
- Fan Out을 크게 할 수 있다.
- 출력 임피던스가 비교적 낮다.
- 집적도가 높다.

27 10진수 0.6875를 2진수로 옳게 바꾼 것은?

① 0.1101 ② 0.1010
③ 0.1011 ④ 0.1111

해설

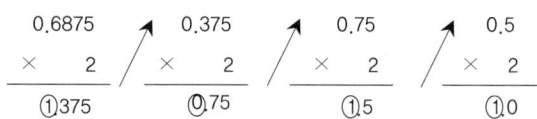

10진수 0.6875를 2진수로 바꾸면 (0.1011)₂이다.

28 인터럽트 순위에서 가장 높은 우선순위에 해당되는 것은?

① 정전
② 기계적 고장
③ 프로그램 오류
④ 입력과 출력

해설
정전에 의한 인터럽트가 모든 인터럽트 중에서 우선한다.

29 중앙처리장치의 입출력 자료처리 방법이 아닌 것은?

① 프로그램 입출력 방식
② 인터럽트 입출력 방식
③ 직접 메모리 전송 방식
④ 연관 기억장치 방식

해설
중앙처리장치의 입출력 자료처리 방식
• 프로그램 입출력 방식
• 인터럽트 입출력 방식
• 직접 메모리 전송 방식

30 하나의 채널이 고속 입출력장치를 하나씩 순차적으로 관리하며, 블록(Block) 단위로 전송하는 채널은?

① 사이클 채널(Cycle Channel)
② 실렉터 채널(Selector Channel)
③ 멀티플렉서 채널(Multiplexer Channel)
④ 블록 멀티플렉서 채널(Block Multiplexor Channel)

해설
실렉터 채널(Selector Channel)
• 입출력 동작이 개시되어 종료까지 하나의 입출력장치를 사용하는 채널이다.
• Block 단위의 전송이 이루어진다.
• 디스크와 같은 고속 장치에서 사용한다.

31 구조적 프로그램의 기본 구조가 아닌 것은?

① 순차 구조 ② 그물 구조
③ 선택 구조 ④ 반복 구조

해설
구조적 프로그래밍(Structured Programming)
• 다익스트라 알고리즘(최단경로 알고리즘) : 간선에 가중치가 있는 그래프에서 1 : N 최단거리를 구하는 알고리즘이다. 다익스트라(Edsgar Dijkstra)가 고안한 기법으로, 프로그램의 흐름이 복잡해지는 것을 막고, 프로그램을 구성하는 각 요소를 다루기 쉽도록 보다 작은 규모로 조직화하는 개념이다.
• 하향식(Top-Down) 설계 기법 : 처음에는 최상위의 관점에서 기술한 프로그램을 점차 구체화시켜 나가는 작업을 반복 수행하며, 최종적으로 원시 코드 단계까지 진행해 나가는 설계 방법을 말한다.
• 순차 구조(Sequence) : 하나의 일이 수행된 후 다음이 순서적으로 수행된다.
• 선택 구조(If-Then-Else) : 어떤 조건(If)이 만족되면(Then) 다음의 일이 수행되고, 그렇지 않은 경우에는(Else) 다음의 일이 수행된다.
• 반복 구조(Repetition) : 어떤 조건이 만족될 때까지 특정 일이 반복 수행된다.

32 하나의 프로세서가 작업 수행 과정에서 수행하는 기억 장치 접근에서 지나치게 페이지 폴트가 발생하여 전체 시스템의 성능이 저하되는 현상은?

① Working Set
② Thrashing
③ Locality
④ Swapping

해설
스래싱(Thrashing)
너무 자주 페이지 교체가 일어나는 현상을 말하는 것으로, 어떤 프로세스가 계속적으로 페이지 부재가 발생하여 프로세스의 처리 시간(프로그램 수행에 소요되는 시간)보다 페이지 교체 시간이 더 많아지는 현상

33 매크로 프로세서의 기본 수행 작업이 아닌 것은?

① 매크로 정의 인식
② 매크로 정의 저장
③ 매크로 호출 저장
④ 매크로 호출 인식

해설
매크로 프로세서의 기본 기능
- 매크로 정의 인식
- 매크로 정의 저장
- 매크로 호출 인식
- 매크로 확장 및 인수 치환

34 C언어에서 사용되는 연산자에 대한 설명으로 옳지 않은 것은?

① 서로 같다는 것을 나타내는 관계연산자는 "=="이다.
② 논리곱을 나타내는 논리연산자는 "##"이다.
③ 나머지를 구할 때 사용하는 산술연산자는 "%"이다.
④ 논리부정을 나타내는 논리연산자는 "!"이다.

해설
C언어에서 논리곱을 나타내는 연산자는 "&&"이다.

35 운영체제를 기능상 분류할 경우 처리 프로그램에 해당하는 것은?

① 감시 프로그램
② 작업 관리 프로그램
③ 데이터 관리 프로그램
④ 언어 번역 프로그램

해설
운영체제의 기능상 분류
- 제어 프로그램
  - 감시 프로그램
  - 데이터 관리 프로그램
  - 작업 제어 프로그램
- 처리 프로그램
  - 언어 번역 프로그램
  - 서비스 프로그램
  - 문제 프로그램

36 기계어로 번역된 목적 프로그램을 결합하여 실행 가능한 모듈로 만들어 주는 프로그램은?

① 라이브러리 프로그램(Library Program)
② 연계편집 프로그램(Linkage Editing Program)
③ 정렬/병합 프로그램(Sort/Merge Program)
④ 파일변환 프로그램(File Conversion Program)

해설
연계편집 프로그램은 기계어로 번역된 목적 프로그램을 결합하여 실행 가능한 모듈로 만들어주는 프로그램이다.

37 프로그램의 처리 과정 순서로 옳은 것은?

① 적재 → 실행 → 번역
② 적재 → 번역 → 실행
③ 번역 → 실행 → 적재
④ 번역 → 적재 → 실행

해설
프로그램의 처리 과정 순서는 번역 → 적재 → 실행 → 출력의 순으로 진행된다.

38 저급언어에 대한 설명으로 틀린 것은?

① 하드웨어를 직접 제어할 수 있어서 전자계산기 측면에서 볼 때 처리가 쉽고 속도가 빠르다.
② 2진수 체제로 이루어진 언어로 전자계산기가 직접 이해할 수 있는 형태의 언어이다.
③ 프로그램 작성 및 수정이 어렵다.
④ 기종에 관계없이 사용할 수 있어 호환성이 좋다.

해설
저급언어
• 컴퓨터 개발 초창기에 사용되었던 프로그래밍 언어
• 주로 시스템 프로그래밍에 사용
• 2진수를 사용하여 명령어와 데이터를 표현
• 호환성이 없고, 기계마다 언어가 다름
• 프로그램 작성 및 수정이 어려움
• 프로그램의 실행 속도가 빠름

39 두 개 이상의 프로세스들이 다른 프로세스가 차지하고 있는 자원을 무한정 기다림에 따라 프로세스의 진행이 중단되는 상태는?

① Deadlock   ② Relocation
③ Spooling   ④ Swapping

해설
교착상태(Deadlock)
여러 프로세스들이 각자 자원을 점유하고 있으면서 다른 프로세스가 점유하고 있는 자원을 요청하면서 무한하게 대기하는 상태

40 연결 리스트(Linked List)를 기본 자료 구조로 하며 게임, 로봇, 자연어 처리 등 인공지능과 관계된 문제 처리에 가장 적합한 언어는?

① PL/1 ② LISP
③ APL ④ SNOBOL

해설
LISP(LIST Programming)
- 1958년 MIT에서 개발된 역사 깊은 함수형 언어
- 연결 리스트로 처리
- 컴파일 개념 없이 인터프리터상에서 동작
- 인공지능과 관계된 문제 처리에 적합

41 비동기식 6진 리플 카운터를 구성하려고 한다. T 플립플롭이 최소한 몇 개가 필요한가?

① 2 ② 3
③ 4 ④ 5

해설
비동기형 계수 회로
- 2진 리플 카운터 : 주로 T 플립플롭으로 구성되며, 계수 출력의 총 수는 2^n개가 된다(n은 사용된 플립플롭의 개수).
- 6진 리플 카운터를 구성하기 위해 $2^n = 8$ 계수 출력이 되므로, T 플립플롭은 최소한 n = 3이 필요하다.

42 다음 논리소자 중에서 소비전력이 가장 적은 것은?

① DTL ② ECL
③ MOS ④ CMOS

해설

게이트	소비전력
DTL	8[mW]
RTL	12[mW]
TTL	10[mW]
CMOS	0.01[mW]

43 다음 그림과 같이 구성된 회로에서 A의 값이 0011, B의 값은 0101이 입력되면 출력 F의 값은?

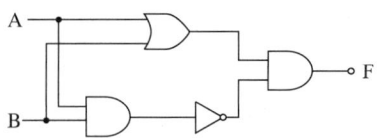

① 1100 ② 0110
③ 0011 ④ 1001

해설
$F = (A+B) \cdot (\overline{A \cdot B})$
$= (A+B) \cdot (\overline{A}+\overline{B})$
$= A\overline{A} + A\overline{B} + \overline{A}B + B\overline{B} \Rightarrow A\overline{A} = 0, B\overline{B} = 0$
$= A\overline{B} + \overline{A}B$
$= A \oplus B$

$F = A \oplus B$이므로,

A	0011
B	0101
EX-OR	0110

이 된다.

44 플립플롭 중 데이터의 일시적인 보존 또는 디지털 신호의 지연 작용에 많이 사용되는 것은?

① D-FF
② JK-FF
③ RST-FF
④ M/S-FF

해설
D 플립플롭
- 클록형 RS 플립플롭 또는 JK 플립플롭을 변형시킨 것
- 데이터 입력신호 D가 그대로 출력 Q에 전달되는 특성
- 데이터의 일시적인 보존이나 디지털 신호의 지연 등에 이용

45 디지털 계수기에서 계수기가 주로 사용되는 회로는?

① 비안정 멀티바이브레이터
② 쌍안정 멀티바이브레이터
③ 단안정 멀티바이브레이터
④ 슈미트 트리거 회로

해설
순차적인 수를 세는 회로를 계수회로(Counter)라 하며, 쌍안정 멀티바이브레이터가 디지털 계수기에서 계수기로 주로 사용된다.

46 다음과 같은 트랜지스터로 구성된 게이트는?

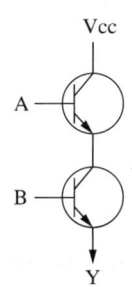

① OR 게이트
② AND 게이트
③ NOR 게이트
④ NAND 게이트

해설
A, B 입력이 모두 1일 때 트랜지스터가 도통되어 출력이 1이 되므로 AND회로이다.

47 다음 불 대수 기본법칙 중 분배법칙을 나타내는 것은?

① $A + B = B + A$
② $A + (A \cdot B) = A$
③ $A \cdot (B \cdot C) = (A \cdot B) \cdot C$
④ $A \cdot (B + C) = (A \cdot B) + (A \cdot C)$

해설
불 대수의 법칙
• 교환 법칙
  $A + B = B + A$, $A \cdot B = B \cdot A$
• 결합 법칙
  $(A + B) + C = A + (B + C)$, $(A \cdot B) \cdot C = A \cdot (B \cdot C)$
• 분배 법칙
  $A + (B \cdot C) = (A + B) \cdot (A + C)$
  $A \cdot (B + C) = A \cdot B + A \cdot C$

48 링 계수기(Ring Counter)의 회로 구성으로 옳은 것은?

① 최종 플립플롭의 출력을 최초 플립플롭의 J에 연결
② 최종 플립플롭의 출력을 최초 플립플롭의 K에 연결
③ 최초 플립플롭의 출력을 최종 플립플롭의 J에 연결
④ 최초 플립플롭의 출력을 최종 플립플롭의 K에 연결

해설
링 계수기(Ring Counter)
• 최종 플립플롭의 출력을 최초 플립플롭의 J에 연결
• 클록 펄스가 가해지는 한, 같은 2진수가 플립플롭 내부에서 순환하도록 만든 카운터 회로

49 안정된 상태가 없는 회로이며, 직사각형파 발생회로 또는 시간 발생기로 사용되는 회로는?

① 플립플롭
② 비안정 멀티바이브레이터
③ 쌍안정 멀티바이브레이터
④ 단안정 멀티바이브레이터

해설
비안정 멀티바이브레이터(Astable Multi Vibrator)
- 안정된 상태가 없는 회로
- 회로에 전원이 공급되면 구형파의 발진이 이루어지는 회로
- 세트(Set) 상태와 리셋(Reset) 상태를 번갈아 가면서 변환시키는 발진회로
- 직사각형파 발생회로 또는 시간 발생기로 사용

50 논리식 $Y = A + AB + \overline{A}B$를 최소화한 것은?

① $A + \overline{B}$
② $\overline{A} + B$
③ $A + B$
④ 0

해설
$Y = A + AB + \overline{A}B$
$= A + B(A + \overline{A})$
$= A + B(A + \overline{A} = 1$이므로$)$

51 다음 중 반가산기는 어떤 논리회로의 결합으로 구성되어 있는가?

① AND와 OR
② EX-OR와 AND
③ EX-OR와 OR
④ NAND와 NOR

해설
반가산기(Half-adder)
2개의 2진수와 A와 B를 더한 합(Sum) S와 자리올림 수(Carry) C를 얻는 회로로 배타 논리합 회로(EX-OR)와 논리곱(AND) 회로로 구성된다.

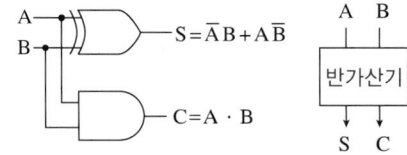

입력		출력	
A	B	S	C
0	0	0	0
0	1	1	0
1	0	1	0
1	1	0	1

52 2진수 10010011을 8진수로 변환하면?

① 223
② 243
③ 234
④ 443

해설
2진수를 우측에서 3자리씩 나누어 8진수로 표현한다.
$10010011_{(2)}$ = 010　　010　　011
　　　　　　= 1×2^1　1×2^1　$2^1 + 2^0$
　　　　　　=　2　　　2　　　3
　　　　　　= $223_{(8)}$

53 일반적인 디지털시스템에서 음수 표현의 방법이 아닌 것은?

① 부호와 절댓값　② "-"의 표시
③ 1의 보수　　　 ④ 2의 보수

해설
음수를 나타내는 표현방식
- 부호화 절댓값
- 1의 보수
- 2의 보수

54 다음 기호와 동일한 게이트 명칭은?

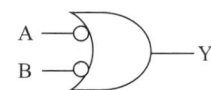

① OR　　　　② AND
③ NAND　　　④ NOR

해설

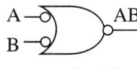

AB=(A′+B′)′
[AND 게이트]

A+B=(A′B′)′
[OR 게이트]

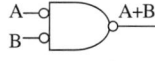

(AB)′=A′+B′
[NAND 게이트]

(A+B)′=A′B′
[NOR 게이트]

55 단안정 멀티바이브레이터에 관한 설명 중 옳은 것은?

① 플립플롭 회로를 사용한다.
② 디지털 파형 발생에 사용한다.
③ 두 가지 상태는 있으나 하나만 안정하다.
④ 안정 상태가 없으며, 시간 발생기로 사용한다.

해설
단안정 멀티바이브레이터
- 하나의 안정 상태와 하나의 준안정 상태를 가진다.
- 외부로부터 (-)의 트리거 펄스를 가하면 안정 상태에서 준안정 상태로 되었다가 일정 시간 경과 후 다시 안정 상태로 돌아오는 동작을 한다.

56 어떤 코드에 1인 비트의 수가 짝수나 홀수로 정해진 규칙에서 항상 그 규칙의 짝수나 홀수 개가 되도록 해 주기 위하여 더 첨가된 비트이며, 기계적인 오류를 검사하는 데 사용하는 것은?

① 패리티 비트(Parity Bit)
② 그레이 코드(Gray Code)
③ 3초과 코드(Excess-3 Code)
④ BCD(Binary Coded Decimal)

해설
패리티 비트(Parity Bit)
- 기계적인 에러를 검출하는 코드이다.
- 1인 비트의 수가 짝수인가, 홀수인가의 방법에 따른다.

57 플립플롭이 n개일 때 카운터가 셀 수 있는 최대의 수 N은?

① $N = 2^n$
② $N = 2^n + 1$
③ $N = 2^n - 1$
④ $N = 2n + 1$

해설
플립플롭이 n개일 때 카운터가 셀 수 있는 최대의 수를 N이라 하면, $N = 2^n - 1$개의 수를 셀 수 있다.

58 다음 그림과 같은 회로의 명칭은?

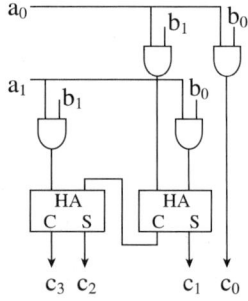

① 곱셈회로
② 가산회로
③ 감산회로
④ 나눗셈회로

해설
곱셈회로
- 두 입력단자에 입력된 두 신호의 곱에 비례하는 신호를 출력하는 회로
- 승수(곱하는 수)의 최소 유효 비트(마지막 자리)부터 피승수(곱해지는 수 ; 곱함수)를 곱하여 부분곱(Partial Product)을 생성하고, 이들 부분곱은 수행할 때 좌측으로 시프트되어 위치하게 되고, 이들을 합한 값이 최종 결과가 된다.

59 전가산기(Full-adder) 입력의 개수와 출력의 개수는?

① 입력 2개, 출력 3개
② 입력 2개, 출력 4개
③ 입력 3개, 출력 3개
④ 입력 3개, 출력 2개

해설
전가산기(Full-adder)
- 2진수 가산을 완전히 하기 위해 아래 자리로부터의 자리올림 입력도 함께 더할 수 있는 기능을 갖게 만든 가산기로 2개의 반가산기와 1개의 논리합 회로를 연결하여 구성한다.
- 두 개의 입력 이외에 한 개의 캐리를 3입력으로 1개의 캐리(C)와 1개의 합(S)을 출력하는 회로이다.

60 2진수 0.1011을 10진수로 변환하면?

① 0.1048
② 0.2048
③ 0.4875
④ 0.6875

해설
$(0.1011)_2 = 1 \times 2^{-1} + 1 \times 2^{-3} + 1 \times 2^{-4}$
$= 0.5 + 0.125 + 0.0625$
$= 0.6875$

2018년 제2회 과년도 기출복원문제

01 그림과 같은 회로에 대한 설명으로 옳은 것은?

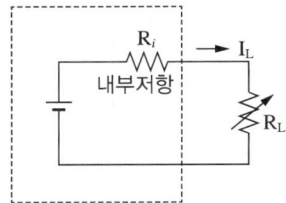

① 정전류원은 R_L의 값에 따라 일정한 전류를 공급하는 전원이다.
② 정전류원이 되려면 $R_L \gg R_i$이다.
③ 일반적으로 우리가 가지는 전압원은 정전압원이라기보다는 정전류원이다.
④ 이상적인 정전류원인 경우에는 내부저항 $R_i = \infty$ 이다.

해설
이상적인 정전류원(Ideal Constant Current Source)
- 내부저항이 무한대($R_i = \infty$)
- 부하의 크기에 상관없이 일정한 전류를 흘려주는 전원
- 정전류 회로는 직류는 흘리고 신호는 차단하고 싶은 경우에 매우 유용

02 RLC 공진회로에 대한 설명이다. 틀린 것은?

① 직렬공진 시 임피던스는 최소로 된다.
② 직렬공진 시 전류는 최소가 된다.
③ 병렬공진 시 임피던스는 최대로 된다.
④ 병렬공진 시 전류는 최소가 된다.

해설
RLC 공진회로에서 직렬공진 시 임피던스는 최소가 되어, 전류는 최대가 된다.

03 그림에서 펄스의 반복주기는?

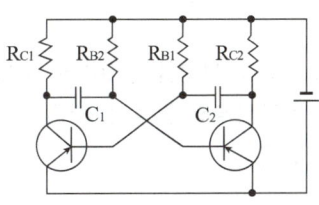

① $0.7(C_2R_{B1} + C_1R_{B2})$
② $0.7(C_1R_{B1} + C_2R_{B2})$
③ $C_2R_{B1} + C_1R_{B2}$
④ $C_1R_{B1} + C_2R_{B2}$

해설
비안정 멀티바이브레이터
발진주파수 $f = 0.7(C_2R_{B1} + C_1R_{B2})[Hz]$

정답 1 ④ 2 ② 3 ①

04 그림과 같은 트랜지스터회로의 동작설명 중 옳지 않은 것은?

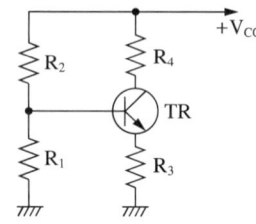

① R₁이 단선되면 베이스 전압이 상승하여 컬렉터 전류가 증가한다.
② R₂가 단선되면 베이스 전류가 흐르지 않게 되어 컬렉터 전압은 증가한다.
③ R₃가 단선되면 이미터 전류가 흐르지 않게 되어 컬렉터 전압은 저하한다.
④ TR의 베이스-이미터 간에는 R₁과 R₃의 단자전압의 차가 걸리게 된다.

해설
R₃가 단선되면 이미터 전류가 흐르지 않게 되어 컬렉터 전압은 전원전압과 같다.

05 전지 등의 기전력을 정확하게 측정하기 위하여 피측정 회로로부터 전류의 공급을 받지 않고 측정하는 방법은?

① 전압강하법
② 전위차계법
③ 검류계법
④ 브리지법

해설
직류 전위차계는 측정할 미지의 직류전압을 표준전지의 기전력과 비교하는 영위법을 이용하는 것으로 측정 확도가 높고, 평형상태에서 표준전지나 피측정 전원의 전류가 흐르지 않는 이점이 있다.

06 그림과 같은 회로의 입력측에 정현파를 가할 때 출력측에 나오는 파형은 어떻게 되는가?(단, $V_i = V_2 \sin\omega t$[V]이고 $V_m > V_R$이다)

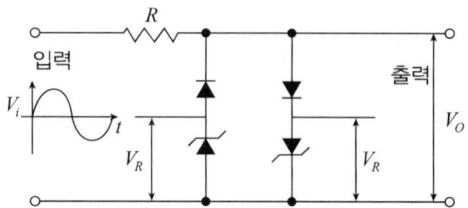

①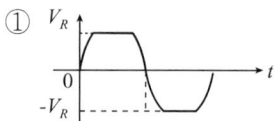

②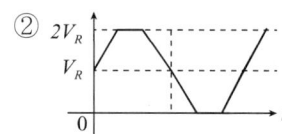

③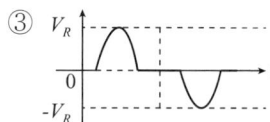

④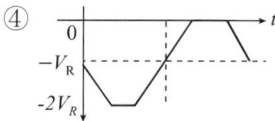

해설
진폭을 제한하는 회로로서 피크 클리퍼와 베이스 클리퍼를 결합한 리미터 회로

07 마이크로파대에서 광대역 증폭을 쉽게 할 수 있는 것은?

① 클라이스트론(Klystron)
② 에이컨관(Acorn Tube)
③ 판극관(Disk Seal Tube)
④ 진행파관(Traveling Wave Tube)

해설
진행파관(Traveling Wave Tube)
소비전력이 많으나 광대역 특성을 가지고 있어, 위성중계기(트랜스폰더) 등에 주로 사용되고 있는 증폭기의 일종

08 코일이나 도체의 저항을 고주파에서 측정하면, 직류인 경우에 측정한 것보다 대단히 높은 값을 표시한다. 그 이유에 해당하는 것은?

① 피에조효과
② 밀러효과
③ 전계효과
④ 표피효과

해설
주파수가 낮은 경우 맴돌이 전류밀도는 도체 단면 전체에 걸쳐 같지만, 주파수가 높으면 맴돌이 전류 밀도는 도체 표면에서 높아지게 된다. 이러한 현상을 표피효과라 한다. 표피효과에 의해 코일이나 도체의 저항을 고주파에서 측정하면 직류에서 측정한 것보다 높은 값을 표시한다.

09 발진기는 부하의 변동으로 인하여 주파수가 변화되는데 이것을 방지하기 위하여 발진기와 부하 사이에 넣는 회로는?

① 동조증폭기
② 직류증폭기
③ 결합증폭기
④ 완충증폭기

해설
발진 회로의 출력이 직접 부하와 결합되면 부하의 변동으로 인하여 발진 회로의 저항 또는 리액턴스의 변화가 일어나서 발진 주파수가 변동된다. 이에 대한 대책으로는 가능한 한 부하와 소결합으로 하거나 발진 회로와 부하 사이에 증폭기를 접속한다. 이러한 목적으로 사용되는 증폭기를 완충증폭기라고 한다.

10 저항 24[Ω], 리액턴스 7[Ω]의 부하에 100[V]를 가할 때 전류의 유효분은 몇 [A]인가?

① 1.51[A]
② 2.51[A]
③ 3.84[A]
④ 4.61[A]

해설
RL직렬회로의 임피던스 $(Z) = \sqrt{R^2 + X_L^2} = \sqrt{24^2 + 7^2} = 25[A]$
전류의 유효분 $I = \dfrac{V}{Z} \times \dfrac{R}{Z} = \dfrac{100}{25} \times \dfrac{24}{25} = 3.84[A]$

11 다음 중 2의 보수를 나타내는 산술 마이크로 동작은?

① $A \leftarrow \overline{A}$
② $A \leftarrow \overline{A} + 1$
③ $A \leftarrow A - B$
④ $A \leftarrow A + \overline{B}$

해설
2의 보수는 1의 보수로 변환한 뒤 1을 더해주면 되므로, 산술 마이크로 동작으로 표현하면 $A \leftarrow \overline{A} + 1$ 된다.

12 일반적인 컴퓨터의 내부구조를 설명할 때 사용하는 연산방식이 아닌 것은?

① 2진수 연산
② 6진수 연산
③ 8진수 연산
④ 16진수 연산

해설
연산방식에 사용되는 연산에는 2진수, 8진수, 10진수, 16진수 연산이 있다.

13 다음 중 LSI회로는?

① Decoder
② Multiplexer
③ 4 Bit Latch
④ PLA

해설
범용 대규모 집적회로(LSI)에는 ROM(Read Only Memory), PLA (Programmable Logic Array), 마이크로프로세서(Microprocessor)가 있다.

14 다음은 연산기의 구조이다. ( ) 안에 들어갈 용어는?

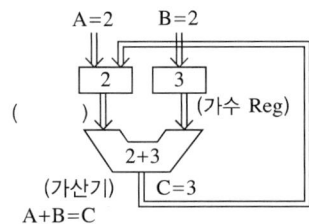

① Program Counter
② ROM
③ Instruction Register
④ Accumulator

해설
연산기(ALU)에서 처리된 연산 결과를 저장하거나, 처리하고자 하는 데이터를 일시적으로 저장하는 누산기(Accumulator)가 접속된다.

15 전가산기의 진리표이다. A, B, C, D의 값으로 옳은 것은?

X	Y	Z	S	C
0	0	0	0	0
0	0	1	1	0
0	1	0	1	0
0	1	1	0	(A)
1	0	0	1	0
1	0	1	(B)	1
1	1	0	0	1
1	1	1	(C)	(D)

① A = 0, B = 0, C = 1, D = 1
② A = 1, B = 0, C = 1, D = 0
③ A = 1, B = 0, C = 1, D = 1
④ A = 1, B = 0, C = 0, D = 1

해설
전가산기(Full-adder)
2진수 가산을 완전히 하기 위해 아랫자리로부터의 자리올림 입력도 함께 더할 수 있는 기능을 갖게 만든 가산기로 2개의 반가산기와 1개의 논리합 회로를 연결하여 구성한다.

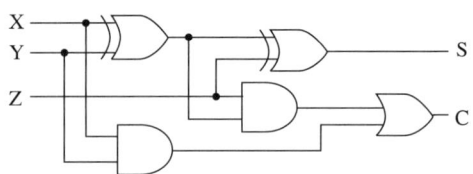

[전가산기 회로도]

[전가산기 진리표]

X	Y	Z	합 S	자리올림 C
0	0	0	0	0
0	0	1	1	0
0	1	0	1	0
0	1	1	0	1
1	0	0	1	0
1	0	1	0	1
1	1	0	0	1
1	1	1	1	1

16 카드 리더에서 카드를 읽기 전에 카드를 쌓아 두는 곳은?

① 호 퍼
② 스태커
③ 롤 러
④ 리젝트 스태커

해설
호퍼 : 카드를 처리하기 전에 쌓아 두는 곳
※ 스태커 : 카드를 처리한 후 쌓아 두는 곳

17 문자 자료의 표현방법에 해당하지 않는 것은?

① BCD 코드
② ASCII 코드
③ EBCDIC 코드
④ EX-OR 코드

해설
문자 자료의 표현 방법
• 2진화 10진 코드(BCD)
• 아스키 코드(ASCII-미국 표준화 코드)
• 확장 2진화 10진 코드(EBCDIC)

18 제한된 영역 내에 데이터를 어느 한쪽에서는 입력만 시키고, 그 반대쪽에서는 출력만 수행함으로써 가장 먼저 입력된 데이터가 가장 먼저 출력되는 선입선출형식의 구조는?

① 스택(Stack)
② 큐(Queue)
③ 버스(Bus)
④ 캐시(Cache)

해설
큐(Queue)
• 제한된 영역 내에 데이터를 어느 한쪽에서는 입력만 시키고, 그 반대쪽에서는 출력만 수행
• 가장 먼저 입력된 데이터가 가장 먼저 출력되는 선입선출(FIFO) 형식의 구조

19 다음 명령어 실행 주기는 무엇을 나타내는 것인가?

$$q_2C_2t_0 : MAR \leftarrow MBR(AD)$$
$$q_2C_2t_1 : MAR \leftarrow M, AC \leftarrow 0$$
$$q_2C_2t_2 : AC \leftarrow AC + MBR$$

① 덧셈(ADD)
② 로드(LOAD)
③ 스토어(STORE)
④ 분기(JUMP)

해설
메모리 버퍼 레지스터(MBR)의 내용을 불러와 AC와 더한 것을 AC에 적재하는 로드(LOAD) 명령어 실행주기이다.

20 중앙처리장치에서 마이크로 동작(Micro Operation)이 순서적으로 일어나게 하기 위하여 필요한 것은?

① 제어신호
② 스위치
③ 레지스터
④ 메모리

해설
중앙처리장치에서 마이크로 동작(Micro Operation)이 순서적으로 일어나게 하기 위해서는 제어신호가 필요하다.

21 다음 장치류 중 입출력장치를 겸할 수 있는 것은?

① OCR
② MICR
③ Card Reader
④ Console Typewriter

해설
④ 콘솔(Console Typewriter) : 전자계산기를 제어하기 위한 입출력 장치
① 광학 문자 판독기(OCR) : 입력 원표에 인쇄된 OCR 문자를 광학적으로 읽어 기계어로 변환시켜 직접 전자계산기에 입력하는 장치
② 자기잉크 문자 판독기(MICR) : 자성 물질이 포함된 특수 잉크로 인쇄된 문자나 기호를 자기 헤드로 읽어 들이는 장치
③ 카드 판독기(Card Reader) : 종이 카드에 기록되어 있는 정보를 판독하여, 중앙 처리 장치(CPU)로 전송하는 장치

22 다음 중 서브루틴의 실행 후 스택 포인터 값은 어떻게 변하는가?

① 0으로 변한다.
② 원상 복구된다.
③ 1 증가한다.
④ 1 감소한다.

해설
서브루틴의 실행 후 스택 포인터 값은 0으로 변한다.

23 플립플롭을 여러 개 종속 접속하여 펄스를 하나씩 공급할 때마다 순차적으로 다음 플립플롭에 데이터가 전송되도록 만들어진 레지스터는?

① 기억 레지스터(Buffer Register)
② 주소 레지스터(Address Register)
③ 시프트 레지스터(Shift Register)
④ 명령 레지스터(Instruction Register)

해설
시프트 레지스터(Shift Register)
플립플롭을 여러 개 종속 접속하여 시프트 펄스를 하나씩 공급할 때마다 순차적으로 다음 플립플롭에 데이터가 전송되도록 하는 레지스터이다.

24 PCM(Pulse Code Modulation) 전송 방식의 기본 과정으로 필요하지 않은 것은?

① 아날로그화
② 표본화
③ 양자화
④ 부호화

해설
PCM(Pulse Code Modulation) 전송 방식
아날로그 신호를 표본화 → 양자화 → 부호화의 단계를 거쳐 디지털 신호로 바꾸어 준다.
• 표본화(Sampling) : 아날로그 신호를 일정한 간격으로 샘플링하는 것
• 양자화(Quantization) : 간단한 수치로 고치는 것
• 부호화(Encoding) : 양자화 값을 2진 디지털 신호로 바꾸는 것

25 다음 IC의 분류 중 집적도가 가장 큰 것은?

① SSI
② MSI
③ LSI
④ VLSI

해설
- SSI(Small Scale Integration) : 10개 이하의 게이트로 구성
- MSI(Medium Scale Integration) : 10~200개 정도의 게이트로 구성
- LSI(Large Scale Integration) : 수백 개의 게이트로 구성
- VLSI(Very Large Scale Integration) : 수천 개의 게이트로 구성
- ULSI(Ultra Large Scale Integration) : 수만 개의 게이트로 구성
- 집적도가 높은 순 : VLSI > LSI > MSI > SSI

26 인터액티브 터미널(Interactive Terminal)에서 대표적으로 운용되는 업무는?

① 정기적으로 발생하는 봉급 계산, 금리 계산 같은 업무
② 사무 처리를 그때그때마다 해야 하는 은행창구 업무
③ 대량 업무로 장시간 계산기를 써야 하는 업무
④ 우주선의 궤도 수정 업무

해설
인터액티브 터미널(Interactive Terminal)
대화형 터미널로 사무 처리를 실시간으로 처리해야 하는 은행창구 업무에 적당

27 연산회로 중 시프트에 의하여 바깥으로 밀려나는 비트가 그 반대편의 빈 곳에 채워지는 형태의 직렬 이동과 관계되는 것은?

① Complement
② Rotate
③ OR
④ AND

해설
로테이트(Rotate)
시프트와 비슷한 연산으로 밀려나온 비트가 다시 반대편 끝으로 들어가 사용되는 연산으로서, 문자의 위치변환에 주로 사용된다.

28 통신을 원하는 두 개의 개체 간에 무엇을, 어떻게, 언제 통신할 것인가를 서로 약속한 규약으로 컴퓨터 간에 통신을 할 때 사용하는 규칙은?

① Operating System
② Domain
③ Protocol
④ DBMS

해설
프로토콜(Protocol)
통신 시스템이 데이터를 교환하기 위해 사용하는 통신 규칙

정답 25 ④ 26 ② 27 ② 28 ③

29 컴퓨터 내부에서 음수를 표현하는 방법이 아닌 것은?

① 부호와 2의 보수
② 부호와 상대값
③ 부호와 1의 보수
④ 부호와 절댓값

해설
음수를 표현하는 방법
• 부호화 절댓값
• 부호화 1의 보수
• 부호화 2의 보수

30 자기 디스크에서 기록 표면에 동심원을 이루고 있는 원형의 기록 위치를 트랙이라고 하는데 이 트랙의 모임을 무엇이라고 하는가?

① Cylinder
② Access Arm
③ Record
④ Field

해설
실린더(Cylinder)는 자기 디스크에서 기록 표면에 동심원을 이루고 있는 원형의 기록 위치를 트랙이라고 하는데 이 트랙의 모임을 말한다.

31 연상기호 코드를 사용하는 프로그래밍 언어는?

① C
② PASCAL
③ COBOL
④ ASSEMBLY

해설
어셈블리어(ASSEMBLY)
• 기계어와 1:1로 대응되는 기호 언어
• 사람이 기억하고 이해하기 쉬운 연상코드를 사용
• 기계어에 비해 융통성이 있는 언어
• 프로그램의 수정이 편리

32 대량의 정보를 관리하고 내용을 구조화하여 검색이나 갱신 작업을 효율적으로 실행하는 데이터베이스의 목적이 아닌 것은?

① 데이터 일관성 유지
② 데이터 중복의 최대화
③ 데이터 무결성 유지
④ 데이터 독립성 유지

해설
데이터베이스의 목적
• 데이터 일관성 유지
• 데이터 중복의 최소화
• 데이터 무결성 유지
• 데이터 독립성 유지

33 운영체제의 기능으로 옳지 않은 것은?

① 자원 보호 기능을 제공한다.
② 데이터 및 자원의 공유기능을 제공한다.
③ 원시 프로그램을 목적 프로그램으로 변환하는 기능을 제공한다.
④ 사용자와 시스템 간의 편리한 인터페이스를 제공한다.

해설
운영체제(OS ; Operating System)의 기능
• 자원을 효율적으로 관리하고, 응용 프로그램의 실행 제어
• 사용자와 컴퓨터 시스템 간의 인터페이스(Interface) 제공
• 데이터 및 자원의 공유기능을 제공
• 메모리 상태와 운영 관리
• 프로그램 수행을 제어하는 프로세서 관리

34 프로그램이 동작하는 동안 값이 수시로 변할 수 있으며, 기억장치의 한 장소를 추상화한 것은?

① 상 수 ② 주 석
③ 예약어 ④ 변 수

해설
변수란 값이 변하는 수로, 한순간에 하나의 데이터 값을 가질 수 있고 이 값을 다른 값으로 마음대로 바꿀 수 있는 것

35 언어 번역 단계 중 어휘 분석에서는 원시 프로그램을 하나의 긴 스트링으로 보고 원시 프로그램을 문자 단위로 스캐닝하여 문법적으로 의미 있는 일의 문자들로 분할해 내는 역할을 한다. 이때 분할된 문법적인 단위를 무엇이라고 하는가?

① 프리프로세서(Preprocessor)
② 주석(Comment)
③ 파스트리(Parse Tree)
④ 토큰(Token)

해설
프로그래밍 언어에서의 토큰(Token)
문법적으로 더 이상 나눌 수 없는 기본적인 언어요소를 말하는데, 예를 들어 하나의 키워드나 연산자 또는 구두점 등이 토큰이 될 수 있다.

36 다음 순서도에 대한 구조로 가장 적당한 것은?

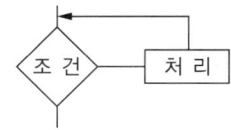

① 순차 구조 ② 반복 구조
③ 분기 구조 ④ 선택 구조

해설
반복 구조
비교 판단 결과 조건에 맞지 않을 경우 되돌아가는 루프(Loop)를 가지고 있는 구조

37 다음 운영체제 스케줄링 정책 중 가장 바람직한 것은?

① 대기시간을 늘리고 반환시간을 줄인다.
② 응답시간을 최소화하고 CPU 이용률을 늘린다.
③ 반환시간과 처리율을 늘린다.
④ CPU 이용률을 줄이고 반환시간을 늘린다.

해설
스케줄링 목적
• 공정한 스케줄링
• 처리량 극대화
• 응답 시간 최소화
• 반환 시간 예측 가능
• 균형 있는 자원 사용
• 응답 시간과 자원 이용 간의 조화
• 실행의 무한 연기 배제
• 우선순위제를 실시

38 순서도의 역할로 거리가 먼 것은?

① 프로그램 작성의 기초가 된다.
② 프로그램의 인수, 인계가 용이하다.
③ 계산기의 내부 조작과정을 쉽게 파악할 수 있다.
④ 프로그램의 정확성 여부와 오류를 쉽게 판단할 수 있다.

해설
순서도의 역할
• 처리 순서와 방법을 결정해서 이를 일정한 기호를 사용하여 일목요연하게 나타낸 그림
• 프로그램의 코딩의 직접적인 자료
• 프로그램의 인수, 인계가 용이
• 프로그램의 정확성 여부를 검증하는 자료
• 논리적인 체계 및 처리 내용을 쉽게 파악할 수 있으며, 문서화의 역할
• 오류 발생 시 그 원인을 찾아내는데 이용

39 객체지향 기법에서 하나 이상의 유사한 객체들을 묶어서 하나의 공통된 특성을 표현한 것은?

① 클래스 ② 메시지
③ 메소드 ④ 속성

> **해설**
> 객체지향 기법의 구성요소
> • 객체(Object)
> – 필요한 자료 구조와 이에 수행되는 함수들을 가진 하나의 소프트웨어 모듈
> – 객체(Object) = 애트리뷰트(Attribute) + 메소드(Method)
> • 애트리뷰트(Attribute)
> – 객체의 상태
> – 데이터, 속성
> • 메소드(Method)
> – 객체가 메시지를 받아 실행해야 할 객체의 구체적인 연산을 정의한 것
> – 객체의 상태를 참조하거나 변경
> – 함수나 프로시저에 해당
> • 클래스(Class)
> – 하나 이상의 유사한 객체들을 묶어 공통된 특성을 표현한 데이터 추상화를 의미
> – 객체의 타입을 말하며, 객체들이 갖는 속성과 적용 연산을 정의하고 있는 틀
> • 메시지(Message)
> – 객체들 간의 상호 작용은 메시지를 통해 이루어짐
> – 메시지는 객체에서 객체로 전달
> – 이 메시지(Message)를 주고받음으로써 원하는 결과를 얻음

40 하나의 시스템을 여러 명의 사용자가 시간을 분할하여 동시에 작업할 수 있도록 하는 방식은?

① Distributed System
② Batch Processing System
③ Time Sharing System
④ Real Time System

> **해설**
> 시분할 처리 시스템(Time Sharing System)
> CPU가 여러 작업들을 각 사용자에게 각각 짧은 시간으로 나누어 연속적으로 처리하는 시스템

41 다음 기호로 사용되는 논리게이트의 기능으로 옳지 않은 것은?

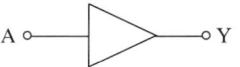

① 지연 시간(Delay Time) 기능
② 팬 아웃(Fan Out)의 확대
③ 고주파 발진 기능
④ 감쇠 신호의 회복 기능

> **해설**
> 버퍼(Buffer) 게이트
> • 입력된 신호 그대로 출력하는 게이트
> • 팬-아웃의 수를 증가
> • 감쇠 신호의 회복 기능
> • 지연 시간(Delay Time) 기능
>
> 진리표
>
> | 입력 | 출력 |
> |---|---|
> | A | F |
> | 0 | 0 |
> | 1 | 1 |
>
> 기호 A ─▷─ F 논리식 F = A

42 다음 레지스터 마이크로 명령에 대한 설명으로 옳은 것은?

$$A \leftarrow A + 1$$

① A 레지스터의 어드레스를 1 증가시킨 레지스터의 데이터 값을 전송하기
② A 레지스터의 어드레스를 1 증가시키고 어드레스를 A 레지스터에 저장하기
③ A 레지스터의 데이터 값을 1 증가시키고 A 레지스터에 저장하기
④ A 레지스터의 데이터 값을 1 증가시키고 A + 1 레지스터에 저장하기

> **해설**
> 레지스터 마이크로 명령
> A ← A+1
> A 레지스터의 데이터 값을 1증가시키고 A 레지스터에 저장하기

정답 39 ① 40 ③ 41 ③ 42 ③

43 플립플롭이 특정 현재 상태에서 원하는 다음 상태로 변화하는 동작을 하기 위한 입력을 표로 작성한 것은?

① 카르노표
② 여기표
③ 게이트표
④ 트리표

해설
여기표(Excitation Table)
플립플롭의 현재 상태와 다음 상태를 알 때 입력으로 어떤 값을 인가해주어야 하는지 알기 쉽도록 만든 표

44 불 대수의 정리에서 옳지 않은 것은?

① $A + 0 = A$
② $A + B = B + A$
③ $A \cdot (B \cdot C) = (A \cdot B) \cdot C$
④ $A \cdot 1 = 1$

해설
기본 정리
• $A + 0 = A$
• $A \cdot 1 = A$
• $A + \overline{A} = 1$
• $A \cdot \overline{A} = 0$
• $A + A = A$
• $A \cdot A = A$
• $A + 1 = 1$
• $A \cdot 0 = 0$

45 3 초과 코드에서 사용하지 않는 것은?

① 1100
② 0101
③ 0010
④ 0011

해설
3초과 Code(Excess-3)
• BCD 코드 + 3(0011)을 더하여 만든 코드이다.
• 비가중치(Unweighted Code), 자기보수 코드이다.
• 3초과 코드는 비트마다 일정한 값을 갖지 않는다.
• 연산동작이 쉽게 이루어지는 특징이 있는 코드이다.
• 0010은 3초과 코드보다 값이 작으므로 존재하지 않는다.

46 제어 입력이 "1"이면 버퍼와 동일하고, 제어 입력이 "0"이면 출력이 끊어지고, 고임피던스 상태가 되는 것은?

① Totem-pole 버퍼
② O.C Output 버퍼
③ Tri-state 버퍼
④ Inverted Output 버퍼

해설
3-상태(Tri-state) 버퍼
• 출력이 3가지 상태인 특수 기호의 게이트이다.
• S = 0일 경우 3-상태 버퍼 회로는 고임피던스가 되어 회로는 Off 상태가 된다.
• S = 1일 경우 3-상태 버퍼 회로는 On 상태가 되어, x = 0이면 0이 출력되고, x = 1이면 1이 출력된다.

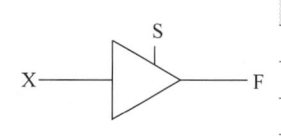

x	S	F
0	0	고임피던스
1	0	고임피던스
0	1	0
1	1	1

정답 43 ② 44 ④ 45 ③ 46 ③

47 다음 논리식의 결과값은?

$$\overline{(\overline{A+B})(\overline{\overline{A}+B})}$$

① 0
② 1
③ A
④ B

해설

$\overline{(\overline{A+B})}\,\overline{(\overline{\overline{A}+B})} = (\overline{\overline{A}} \cdot \overline{B})(\overline{\overline{\overline{A}}} \cdot \overline{B})$
$= (A \cdot \overline{B})(\overline{A} \cdot \overline{B})$
$= A\overline{A} \cdot AB \cdot A\overline{B} \cdot B\overline{B} \Rightarrow B\overline{B} = 0$
$= 0$

48 2의 보수 표기법에서 8비트로 표시되는 숫자의 범위는?

① −128~+127
② −128~+128
③ −127~+127
④ −127~+128

해설

음수의 경우, 절대값에 대한 2의 보수로 표시하므로
$-(2^{n-1}) \leq (2^{n-1}-1)$의 범위의 수에 해당하므로
$-(2^{8-1}) \leq (2^{8-1}-1)$의 수에 해당한다.
즉, −128~+127의 범위가 된다.

49 한 수에서 다음 수로 진행할 때 오직 한 비트만 변화하기 때문에, 연속적으로 변화하는 양을 부호화하는 데 가장 적합한 코드는?

① 3초과 코드
② BCD 코드
③ 그레이 코드
④ 패리티 코드

해설

그레이 코드(Gray Code)
• BCD 코드의 인접한 자리를 XOR 연산으로 만든 코드
• 이웃하는 코드가 한 비트만 다르기 때문에 코드 변환이 용이해서 A/D 변환에 주로 사용
• 입출력 장치, Hardware Error를 최소

50 다음 블록도의 명칭으로 적당한 것은?

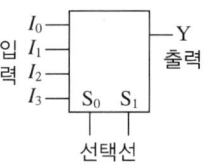

① 가산기
② 디멀티플렉서
③ 디코더
④ 멀티플렉서

해설

멀티플렉서(Multiplexer)
2^n개의 입력선과 입력 선택을 위한 n개의 선택선 및 하나의 출력선을 가지며, 이 선택선에 가하는 비트 조합에 따라 입력 중의 하나가 선택된다.

51 4개의 플립플롭으로 구성된 직렬 시프트 레지스터에서 MSB 레지스터에 기억된 내용이 출력으로 나오기 위하여 필요한 클록 펄스는 몇 개인가?

① 2개
② 4개
③ 6개
④ 8개

해설

직렬(Serial) 시프트 레지스터는 2진수의 1비트를 기억할 수 있는 플립플롭 여러 개를 직렬로 연결한 것이다. 그러므로 4개의 플립플롭으로 구성된 직렬 시프트 레지스터에서 MSB 레지스터에 기억된 내용이 출력으로 나오기 위해서는 4개의 클록 펄스가 필요하다.

52 동기식 9진 카운터를 만드는 데 필요한 플립플롭의 개수는?

① 1개 ② 2개
③ 3개 ④ 4개

해설
플립플롭이 n개일 때 카운터가 셀 수 있는 최대의 수를 N이라 하면, $N=2^n$개의 수를 셀 수 있고, 0에서 2^n-1의 수까지 표현한다. 즉, 9진 카운터를 만들기 위해서 플립플롭이 $2^4=16$이므로 4개의 플립플롭이 필요하다.

53 병렬 계수기(Parallel Counter)라고도 말하며 계수기의 각 플립플롭이 같은 시간에 트리거되는 계수기는?

① 링 계수기
② 10진 계수기
③ 동기형 계수기
④ 비동기형 계수기

해설
동기형(Synchronous Type) 카운터
- 클록펄스가 클록 입력 또는 트리거 입력에 직접 연결되어 계수기 플립플롭의 상태가 동시에 변한다.
- 동작속도가 고속으로 이루어진다.
- 설계가 쉽고 규칙적이다.
- 제어신호가 플립플롭의 입력으로 된다.
- 회로가 복잡하고 큰 시스템에 사용된다.
- 클록 발진기가 별도로 필요하고 지연시간에 관계없다.
- 병렬 계수기(Parallel Counter)라고도 한다.

54 디지털 신호를 아날로그 신호로 변환하는 장치는?

① A/D 변환기
② D/A 변환기
③ 해독기(디코더)
④ 비교기

해설
디지털 신호를 아날로그로 변환하는 장치는 D/A 변환기이다.

55 에러 검출뿐만 아니라 교정까지도 가능한 코드는?

① Biquinary Code
② Gray Code
③ ASCII Code
④ Hamming Code

해설
해밍 코드(Hamming Code)
- 오류 검출 후 자동적으로 정정해 주는 코드
- 1비트의 단일 오류를 정정하기 위해 3비트의 여유 비트가 필요

56 다음 중 배타적-OR(Exclusive-OR) 회로를 응용하는 회로가 아닌 것은?

① 보수기
② 패리티 체커
③ 2진 비교기
④ 슈미트 트리거

해설
배타적-OR(Exclusive-OR)회로를 이용해 그레이 코드 변환회로, 2진 코드 변환회로, 패리티 체커, 2진 비교기, 보수기 등을 구현할 수 있다.

정답 52 ④ 53 ③ 54 ② 55 ④ 56 ④

57 다음 중 조합논리회로는?

① 계수기
② 레지스터
③ 해독기
④ 플립플롭

> **해설**
> - 조합논리회로 : 멀티플렉서(Multiplexer), 해독기(Decoder), 부호기(Encoder), 반가산기, 전가산기 등이 이에 속한다.
> - 순서논리회로 : 레지스터, 플립플롭, 계수기 등이 이에 속한다.

58 플립플롭에 대한 다음 설명 중 ( ) 안에 알맞은 것은?

> 플립플롭의 출력은 입력 상태에 따라 가해지는 클록 펄스에 의해 변화한다. 이와 같은 변화를 플립플롭이 ( )되었다고 한다.

① 트리거 ② 셋 업
③ 상 승   ④ 하 강

> **해설**
> 플립플롭의 출력은 입력 상태에 따라 가해지는 클록 펄스에 의해 변화하는데 이를 플립플롭이 트리거되었다고 한다.

59 플립플롭의 종류가 아닌 것은?

① RS-FF
② JK-FF
③ CP-FF
④ T-FF

> **해설**
> 플립플롭의 종류
> RS 플립플롭, D 플립플롭, JK 플립플롭, T 플립플롭 등

60 플립플롭 회로 1개가 있다. 이것은 몇 [Bit]의 2진수를 기억하는가?

① 8[Bit]   ② 4[Bit]
③ 2[Bit]   ④ 1[Bit]

> **해설**
> 플립플롭(Flip-Flop)
> - 1비트의 정보를 보관, 유지할 수 있는 회로이며 순차 회로의 기본요소
> - 1 또는 0과 같이 하나의 입력에 대하여 항상 그에 대응하는 출력을 발생
> - 다음에 새로운 입력이 주어질 때까지 그 상태를 안정적으로 유지하는 회로

정답 57 ③ 58 ① 59 ③ 60 ④

2019년 제1회 과년도 기출복원문제

01 정류기의 평활회로는 어느 것에 속하는가?

① 고역 통과 여파기
② 저역 통과 여파기
③ 대역 통과 여파기
④ 대역 소거 여파기

해설
평활회로는 정류회로에 접속하여 정류전류 중의 맥동분을 경감하는 작용을 하는 회로로 저역 통과 여파기를 사용한다.

02 이미터 접지 고정 바이어스 증폭회로의 안정도 S는?

① $1+\alpha$
② $1-\alpha$
③ $1+\beta$
④ $1-\beta$

해설
$S = \dfrac{\Delta I_C}{\Delta I_{C0}} = 1+\beta$

03 수정발진기는 수정의 임피던스가 어떻게 될 때 가장 안정된 발진을 계속하는가?

① 저항성
② 용량성
③ 유도성
④ 무한대

해설
수정발진기의 직렬 공진 주파수(f_0)와 병렬 공진 주파수(f_∞) 사이는 주파수의 범위가 대단히 좁으며, 이 사이의 유도성을 이용하여 안정된 발진을 한다($f_0 < f < f_\infty$).

04 다음 (   ) 안에 들어갈 내용으로 가장 적합한 것은?

> 상승시간(Rise Time)이란 실제의 펄스가 이상적인 펄스진폭의 10[%]에서 (   )까지 상승하는 데 걸리는 시간을 말한다.

① 50[%]
② 64[%]
③ 90[%]
④ 100[%]

해설
상승시간(Rise Time)은 실제의 펄스가 이상적인 펄스진폭 V의 10[%]에서 90[%]까지 상승하는 데 걸리는 시간이다.

05 트랜지스터를 증폭기로 사용하는 영역은?

① 차단영역
② 포화영역
③ 활성영역
④ 차단영역 및 포화영역

해설
트랜지스터 동작 특성
• 포화영역 : 스위치 동작-ON
• 활성영역 : 트랜지스터 증폭
• 차단영역 : 스위치 동작-OFF
• 항복영역 : 트랜지스터 파괴

정답 1 ② 2 ③ 3 ③ 4 ③ 5 ③

06 다음 중 P형 반도체를 만드는 불순물 원소는?

① 붕소(B) ② 인(P)
③ 비소(As) ④ 안티모니(Sb)

해설
P형 반도체
- 순수한 반도체물질에 불순물을 첨가하여 정공(Hole)이 증가하게 만든 것
- P형 반도체를 만드는 불순물 : In(인듐), B(붕소), Al(알루미늄), Ga(갈륨)

07 다음 중 반도체의 재료로 가장 많이 사용되는 것은?

① He ② Fe
③ Cr ④ Si

해설
반도체의 재료는 실리콘(Si), 게르마늄(Ge), 갈륨-비소화합물(GaAs) 그리고 이외에도 여러 가지가 있으나 실리콘(Si)이 가장 많이 사용된다. 실리콘(Si)은 지구상에서 산소 다음으로 많이 존재하는 원소로서 모래의 주성분이다.

08 펄스의 상승 부분에서 진동의 정도를 말하는 링잉(Ringing)에 대한 설명으로 옳은 것은?

① RC회로의 시정수가 짧기 때문에 생긴다.
② 낮은 주파수 성분에서 공진하기 때문에 생기는 것이다.
③ 높은 주파수 성분에서 공진하기 때문에 생기는 것이다.
④ RL회로에서 그 시정수가 매우 짧기 때문에 생기는 것이다.

해설
링잉(Ringing)
펄스의 상승 부분에서 진동의 정도를 말하며, 높은 주파수 성분에서 공진하기 때문에 생긴다.

09 증폭기의 잡음지수가 어떤 값을 가질 때 가장 이상적인가?

① 0 ② 1
③ 100 ④ 무한대

해설
잡음지수(F)가 1이 되는 것이 이상적이다.

10 다음 중 콘덴서의 용량을 증가시키기 위한 방법으로 옳은 것은?

① 콘덴서 소자를 직렬로 연결한다.
② 콘덴서 소자를 병렬로 연결한다.
③ 평판 콘덴서에서 서로 마주 보는 간격을 크게 한다.
④ 평판 콘덴서에서 서로 마주 보는 면적을 좁게 한다.

해설
콘덴서 용량을 증가시키는 방법
- 서로 마주 보는 면적을 넓게 한다.
- 극판 간격을 작게 한다.
- 적층형이나 두루마리형으로 만든다.
- 콘덴서 소자를 병렬로 연결한다.
- 극판 간에 넣는 유전체를 비유전율이 큰 것으로 한다.

11 다음 설명과 가장 관련 깊은 것은?

> 한 폐회로 내에서 전압 상승과 전압 강하의 대수합은 영이다.

① 테브난의 정리
② 노턴의 정리
③ 키르히호프의 법칙
④ 패러데이의 법칙

해설

키르히호프의 법칙
- 키르히호프의 제1법칙 : 회로의 접속점(Node)에서 볼 때 접속점에 흘러 들어오는 전류의 합은 흘러 나가는 전류의 합과 같다(Σ유입 전류 = Σ유출 전류).
- 키르히호프의 제2법칙 : 임의의 폐회로에서 기전력의 총합은 회로소자에서 발생하는 전압 강하의 총합과 같다(Σ기전력 = Σ전압강하).

12 10진수 $(682)_{10}$을 8진수로 변환하면?

① $(1152)_8$
② $(1251)_8$
③ $(1252)_8$
④ $(1250)_8$

해설

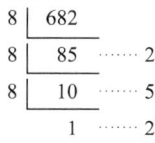

10진수 682를 8진수로 표현하면 1252이다.

13 주소의 개념이 거의 사용되지 않는 보조기억장치로서, 순서에 의해서만 접근하는 기억장치(SASD)라고도 하는 것은?

① 자기디스크
② 자기테이프
③ 자기코어
④ 램

해설
- 순차 접근 저장매체(SASD) : 자기테이프
- 임의 접근 저장매체(DASD) : 자기디스크, CD-ROM, 하드디스크, 자기코어, 자기드럼

14 네온, 아르곤 등의 혼합가스를 셀(Cell)에 채워 높은 전압을 가할 때 나오는 빛을 이용한 출력장치는?

① 음극선관(CRT)
② X-Y 플로터(X-Y Plotter)
③ 플라스마 디스플레이(Plasma Display)
④ 액정 디스플레이(Liquid Crystal Display)

해설

두 장의 유리판 사이에 네온과 아르곤의 혼합가스를 넣고 전압을 가하면 가스 방전으로 빛이 나게 되는 현상을 이용한 표시장치는 플라스마 디스플레이이다.

정답 11 ③ 12 ③ 13 ② 14 ③

15 자료를 일정시간 동안 모았다가 한번에 처리하는 시스템은?

① 일괄 처리 시스템
② 지연 처리 시스템
③ 실시간 처리 시스템
④ 시분할 처리 시스템

해설
① 일괄 처리 시스템 : 입력되는 자료를 일정기간 또는 일정량을 모아 두었다가 한꺼번에 처리하는 방식
② 지연 처리 시스템 : 처리를 행하지 않으면 필요 없는 데이터가 발생하는데, 이 데이터의 양이 적으면 데이터가 일정량 쌓일 때까지 기다리도록 하는 처리 방식
③ 실시간 처리 시스템 : 데이터 발생 즉시 처리하는 방식
④ 시분할 처리 시스템 : 하나의 시스템을 여러 명의 사용자가 단말기를 이용하여 여러 작업을 처리할 때 이용하는 처리방법. 즉, CPU의 이용시간을 잘게 분할하여 여러 사용자의 작업을 순환하며 수행하도록 하는 처리 방식

16 로드(Load)와 스토어(Store) 동작은 어느 기능에 속하는가?

① 매크로 기능 ② 제어기능
③ 연산기능 ④ 전달기능

해설
로드와 스토어 기능은 전달기능에 속한다.

17 전자계산기의 중앙처리장치에 속하지 않는 것은?

① 연산장치 ② 제어장치
③ 기억장치 ④ I/O장치

해설
전자계산기의 중앙처리장치는 제어장치, 기억장치, 연산장치로 구성된다.

18 다음 프로그램 언어 중 하드웨어의 이용을 가장 효율적으로 하고, 프로그램 수행시간이 가장 짧은 언어는?

① 기계어
② 어셈블리어
③ 포트란
④ C언어

해설
기계어(Machine Language)
• 컴퓨터가 직접 이해하기 쉬운 언어이다.
• 0과 1의 2진수 형태로 표현되어 수행시간이 빠르다.
• 컴퓨터 자원을 효율적으로 활용한다.
• 언어 자체가 복잡하고 어렵다.
• 기종마다 기계어가 달라 언어의 호환성이 없다.

19 비수치적 자료 중에서 필요 없는 부분을 지워버리고 남은 비트만 가지고 처리하기 위해 사용하는 연산은?

① OR 연산
② AND 연산
③ SHIFT 연산
④ COMPLEMENT 연산

해설
AND 연산은 비수치 데이터 중에서 필요 없는 일부의 비트 또는 문자를 지우고 나머지 비트만을 가지고 처리하기 위해 사용되는 연산이다.

20 해독기(Decoder)에서 입력이 4개일 때 최대 출력 수는?

① 8
② 16
③ 32
④ 64

해설
디코더(Decoder, 해독기)
디코더는 입력에 따라 $N = 2^n$개의 출력단자가 결정되므로 디코더 회로가 4개의 입력단자를 갖는다면, $N = 2^4 = 16$개의 출력단자를 갖는다.

21 DRAM의 설명으로 옳은 것은?

① 플립플롭을 집적한 것이다.
② 주로 캐시 메모리로 사용된다.
③ SRAM에 비해 속도가 빠르다.
④ 주기적으로 재충전이 필요하다.

해설
DRAM(동적 RAM)
• 단위 기억 비트당 가격이 저렴하다.
• 주기적으로 데이터의 재충전이 필요하다.

22 다음 중 입출력명령으로만 묶은 것은?

① INT, OUT
② JMP, ADD
③ LDA, ROL
④ CLA, ROR

해설
• 분기명령 : JMP
• 전송명령 : LDA
• 산술논리연산명령 : ADD
• 입출력명령 : INT, OUT

23 전원을 끄면 그 내용이 지워지는 메모리는?

① RAM
② ROM
③ PROM
④ EPROM

해설
① RAM(Random Access Memory) : 저장한 번지의 내용을 인출하거나 새로운 데이터를 저장할 수 있으나, 전원이 꺼지면 내용이 소멸된다.
② ROM(Read Only Memory) : 비소멸성의 기억소자로 저장되어 있는 내용을 꺼낼 수 있으나, 새로운 데이터를 저장할 수 없는 반도체 소자이다.
③ PROM(Programmable ROM) : 제조 후 사용자가 비교적 간단한 방법으로 ROM의 내용을 써넣을 수 있도록 제작된 반도체 소자이다.
④ EPROM(Erasable PROM) : PROM을 개량한 소자로서, 자외선이나 높은 전압으로 그 내용을 지워서 다시 사용할 수 있다.

24 중앙처리장치에서 사용하고 있는 버스의 형태에 해당되지 않는 것은?

① Data Bus
② System Bus
③ Address Bus
④ Control Bus

해설
버스의 종류
• 어드레스 버스(Address Bus) : CPU가 외부에 있는 메모리나 I/O들의 번지를 지정하는 데 사용하는 단방향 버스이다. 버스선의 수는 최대로 사용 가능한 메모리의 용량이나 입출력장치의 수로 결정한다.
• 데이터 버스(Data Bus) : CPU가 외부에 있는 메모리나 I/O들과 데이터를 주고받는 데 사용하는 양방향 버스이다. 버스선의 수는 마이크로프로세서의 워드 길이와 같으며 성능을 결정하는 중요한 요소이다.
• 제어버스(Control Bus) : CPU가 수행 중인 작업의 종류나 상태를 메모리나 입출력 기기에게 알려 주는 출력신호와 외부에서 마이크로프로세서 기능은 제어신호에 의해 크게 좌우된다.

정답 20 ② 21 ④ 22 ① 23 ① 24 ②

25 프로그램은 일의 처리 순서를 기술한 명령의 집합이다. 각 명령은 어떻게 구성되어 있는가?

① 연산자와 오퍼랜드
② 명령코드와 실행 프로그램
③ 오퍼랜드와 제어 프로그램
④ 오퍼랜드와 목적 프로그램

해설
인스트럭션(Instruction)
- 연산자(Operation Code, OP 코드)와 주소(Operand) 부분으로 구성
- 연산자(Operation Code, OP 코드) : 인스트럭션의 형식, 연산자 및 자료의 종류를 나타낸다.
- 주소(Operand) 부분 : 자료의 주소를 구하는 데 필요한 정보 및 명령의 순서를 나타낸다.

26 명령어의 번지와 프로그램 카운터의 번지가 더해져서 유효번지를 결정하는 방식은?

① 상대 번지 모드(Relative Addressing Mode)
② 간접 번지 모드(Indirect Addressing Mode)
③ 인덱스 어드레싱 모드(Indexed Addressing Mode)
④ 레지스터 어드레싱 모드(Register Addressing Mode)

해설
주소 지정 방식의 종류
- Relative Addressing Mode(상대 번지 지정) : 프로그램 카운터(PC)와 명령어의 Operand가 더해진 곳에 실제 데이터를 가지고 있는 명령어 형식이다.
- Indirect Addressing Mode(간접 번지 지정) : 명령어의 Operand가 가리키는 곳에 실제 데이터의 주소가 있는 명령어 형식이다.
- Indexed Addressing Mode(인덱스 번지 지정) : 명령어의 Operand 부분과 인덱스 레지스터(Index Register)의 값이 더해진 곳에 실제 데이터를 가지고 있는 명령어 형식이다.
- Register Addressing Mode(레지스터 주소 지정 방식) : 직접 주소 지정 방식과 유사하다. 차이점은 오퍼랜드 필드가 메인 메모리의 주소가 아닌 레지스터를 참조한다는 점만 다르다.
- Immediate Addressing Mode(즉시 주소 지정) : 명령어 내에 실제 데이터를 가지고 있는 명령어 형식이다.
- Direct Addressing Mode(직접 번지 지정) : 명령어의 Operand 부분이 실제 데이터의 주소인 명령어 형식이다.

27 내부 인터럽트에 해당하는 것은?

① 전원 이상 인터럽트
② 기계 착오 인터럽트
③ 입출력 인터럽트
④ 프로그램 검사 인터럽트

해설
인터럽트 종류
- 하드웨어 인터럽트
  - 정전·전원 이상 인터럽트
  - 기계 고장 인터럽트
  - 외부 인터럽트
  - 입출력 인터럽트
- 소프트웨어 인터럽트
  - 프로그램 인터럽트
  - SVC 인터럽트

28 누산기의 내용을 주기억장치에 기억시키는 것은?

① LOAD
② STORE
③ JUMP
④ ADD

해설
LOAD는 주기억장치에 기억된 내용을 읽어 오는 것이고, STORE는 누산기의 내용을 주기억장치에 기억시키는 것이다.

29 2진수 (1100)₂의 2의 보수는?

① 0100
② 1100
③ 0101
④ 1001

해설
2의 보수=1의 보수+1이므로, 2진수 1100을 1의 보수로 바꾸면 0011이고, 여기에 1을 더하면 0100이 된다.

30 부동 소수점으로 표현된 수가 기억장치 내에 저장되어 있을 때 비트를 필요로 하지 않는 것은?

① 부호(Sign)
② 지수(Exponent)
③ 소수(Mantissa)
④ 소수점(Decimal Point)

해설
부동 소수점(Floating Point) 표현방식
- 한 개의 부호 비트, 지수부(Exponent Part), 가수부(Mantissa Part)로 구성된다.
- 소수점을 포함한 실수도 표현 가능하다.
- 정규화(Normalization) : 소수점의 위치를 정해진 위치로 이동하는 과정
- 과학, 공학, 수학적인 응용면에서 주로 사용한다.
- 소수점은 비트를 필요로 하지 않는다.

31 송수신 단말장치 사이에서 데이터를 전송할 때마다 통신경로를 설정하여 데이터를 교환하는 방식은?

① 메시지 교환방식
② 패킷 교환방식
③ 회선 교환방식
④ 포인트 투 포인트 방식

해설
회선 교환방식(Circuit Switching)은 송수신 장치 간의 통신 시마다 고속, 고품질의 통신경로를 설정하여 데이터를 교환하는 교환방식이다.

32 어셈블리어에 대한 설명으로 옳은 것은?

① 고급 언어에 해당한다.
② 호환성이 좋은 언어이다.
③ 실행을 위해 기계어로 번역하는 과정이 필요하다.
④ 기호언어이다.

해설
어셈블리어(Assembly Language)
2진수로 작성된 기계어 프로그램의 동작코드부와 어드레스부를 각각 프로그래머가 이해하기 쉽고 사용하기 쉬운 기호로 바꾸어 프로그래밍할 수 있도록 한 언어로, 기호언어(Symbolic Language)라고도 한다.

33 기계어에 대한 설명으로 옳지 않은 것은?

① 컴퓨터가 직접 이해할 수 있는 숫자로 표기된 언어를 의미한다.
② 전자계산기 기종마다 명령부호가 다르다.
③ 인간에게 친숙한 영문 단어로 표현된다.
④ 작성된 프로그램의 수정, 보수가 어렵다.

해설
기계어(Machine Language)
- 초창기의 컴퓨터 프로그래밍은 기계어에 의해 작성되고 처리되었다.
- 컴퓨터의 전기적 회로에 의해 직접적으로 해석되어 실행되는 언어이다.
- 컴퓨터 자원을 효율적으로 활용한다.
- 언어 자체가 복잡하고 어렵다.
- 프로그래밍 시간이 오래 걸리고 에러가 많다.
- 호환성이 없다.
- 2진수를 사용하여 데이터를 표현한다.
- 프로그램의 실행 속도가 빠르다.

34 프로그래밍 언어의 해독 순서로 옳은 것은?

① 컴파일러 → 링커 → 로더
② 로더 → 링커 → 컴파일러
③ 컴파일러 → 로더 → 링커
④ 링커 → 컴파일러 → 로더

해설
프로그램 언어의 번역과정

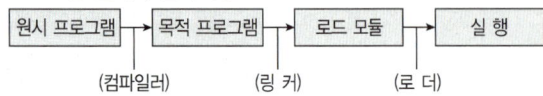

35 C언어에서 데이터 형식을 규정하는 서술자에 대한 설명으로 옳지 않은 것은?

① %e : 지수형
② %c : 문자열
③ %f : 소수점 표기형
④ %u : 부호 없는 10진 정수

해설
C언어에서 데이터 형식을 규정

서술자	기능
%o	octal : 8진수 정수
%d	decimal : 10진수 정수
%x	hexadecimal : 16진수 정수
%c	character : 문자
%s	string : 문자열
%e	지수형
%f	소수점 표기형
%u	부호 없는 10진 정수

36 운영체제를 기능상 분류할 경우 처리 프로그램에 해당하는 것은?

① 감시(Supervisor) 프로그램
② 작업 제어(Job Control) 프로그램
③ 데이터 관리(Data Management) 프로그램
④ 서비스(Service) 프로그램

해설
운영체제의 기능상 분류
• 제어 프로그램
 - 감시 프로그램
 - 데이터 관리 프로그램
 - 작업 제어 프로그램
• 처리 프로그램
 - 언어 번역 프로그램
 - 서비스 프로그램
 - 문제 프로그램

37 교착 상태의 해결기법 중 점유 및 대기 부정, 비선점 부정, 환형 대기 부정 등과 관계되는 것은?

① 예방(Prevention)
② 회피(Avoidance)
③ 발견(Detection)
④ 회복(Recovery)

해설
교착 상태(Deadlocks) 해결기법
• 교착 상태 예방(Deadlock Prevention) : 교착 상태 발생의 점유 및 대기 부정, 비선점 부정, 환형 대기 부정 방지 중에 하나를 허용하지 않는 방법이다.
• 교착 상태 회피(Deadlock Avoidance) : 자원 할당이 교착 상태를 발생시키는 자원에 대한 요청을 인정하지 않는 방법이다.
• 교착 상태 탐지(Deadlock Detection) : 항상 가능하면 자원 요청을 인정, 주기적으로 교착 상태 발생을 탐지하고 발생한 경우 회복하도록 한다.

38 C언어의 관계연산자 종류에 해당하지 않는 것은?

① < ② ≪
③ <= ④ >=

해설
① < : ~보다 작다.
③ <= : ~보다 작거나 같다.
④ >= : ~보다 크거나 같다.

39 구조적 프로그래밍에 대한 설명으로 거리가 먼 것은?

① 유지보수가 용이하다.
② 프로그램의 구조가 간결하다.
③ 모듈별 독립성과 처리의 효율성이 고려된다.
④ 실행 속도는 빠른 편이나 프로그램의 내용을 파악하기가 까다롭다.

해설
구조적 프로그래밍 특징
• 프로그램의 이해가 쉽고 디버깅 작업이 쉽다.
• 계층적 설계이다.
• 블록이라는 단위를 이용하여 프로그램을 작성한다.
• goto 문법의 사용을 금지한다.
• 제한된 제어구조만을 이용한다.
• 순차구조(Sequence), 반복구조(Repetition), 선택구조(Selection)
• 특정 프로그램 내에서 하나의 시작점을 갖는 함수는 반드시 하나의 종료점을 갖는다.

40 기계어로 번역된 목적 프로그램을 결합하여 실행 가능한 모듈로 만들어 주는 프로그램은?

① 라이브러리 프로그램(Library Program)
② 연계편집 프로그램(Linkage Editing Program)
③ 정렬/병합 프로그램(Sort/Merge Program)
④ 파일변환 프로그램(File Conversion Program)

해설
연계편집 프로그램은 기계어로 번역된 목적프로그램을 결합하여 실행 가능한 모듈로 만들어 주는 프로그램이다.

41 카운터를 구성하는 모든 플립플롭이 하나의 클록 신호에 의해 동시에 동작하는 방식을 무엇이라고 하는가?

① 리플 카운터
② 동기식 카운터
③ 비동기식 카운터
④ 링 카운터

해설
• 동기식(Synchronous Type) 카운터 : 계수회로에 쓰이는 모든 플립플롭에 클록펄스를 동시에 공급하며 출력 상태가 동시에 변화하고, 클록펄스가 없을 때 가해진 압력펄스에 대해서는 각각의 플립플롭이 동작하지 않는다.
• 비동기식(Asynchronous Type) 카운터 : 계수회로에 쓰이는 플립플롭이 종속 연결되어 있어 첫 플립플롭에만 입력클록을 가하고 다음 플립플롭부터는 바로 앞단 플립플롭의 출력에서 보내오는 클록펄스만으로 동작한다.

정답 38 ② 39 ④ 40 ② 41 ②

42 다음 그림과 같은 회로의 명칭은?

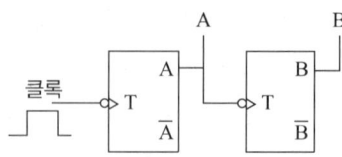

① 2진 리플 계수기
② 4진 리플 계수기
③ 동기형 2진 계수기
④ 동기형 4진 계수기

해설
전단의 출력을 입력으로 받아 계수하는 2단의 리플 계수기이다. 그러므로 $2^2 = 4$의 4진 리플 계수기 회로이다.

43 $\overline{A} + \overline{B} + C$ 함수의 부정은?

① $\overline{A+B+C}$
② $A \cdot \overline{B} \cdot \overline{C}$
③ $A \cdot B \cdot \overline{C}$
④ $\overline{A} \cdot \overline{B} \cdot C$

해설
$\overline{A} + \overline{B} + C$의 부정 $\overline{\overline{A}+\overline{B}+C}$는 드모르간의 정리에 의해,
$\overline{\overline{A}+\overline{B}+C} = \overline{\overline{A}} \cdot \overline{\overline{B}} \cdot \overline{C} = A \cdot B \cdot \overline{C}$가 된다.

44 플립플롭을 일반적으로 무엇이라고 하는가?

① 시프트 레지스터
② 쌍안정 멀티바이브레이터
③ 단안정 멀티바이브레이터
④ 비안정 멀티바이브레이터

해설
레지스터를 구성하는 기본소자가 플립플롭으로, 0과 1의 안정된 논리 상태를 갖는 쌍안정 멀티바이브레이터를 플립플롭이라고 한다.

45 출력기의 일부가 입력측에 궤환되어 유발되는 레이싱 현상을 없애기 위하여 고안된 플립플롭은?

① JK 플립플롭
② D 플립플롭
③ 마스터-슬레이브 플립플롭
④ RS 플립플롭

해설
레이싱(Racing) 현상이란 JK = FF에서 CP = 1일 때 출력쪽의 상태가 변화하면 입력쪽이 변하여 오동작을 발생하고, 이 오동작은 다른 오동작을 일으키는 현상이다. 레이싱 현상을 피하기 위한 것이 마스터-슬레이브 JK = FF이다.

46 불 대수의 결합법칙은?

① $A + B = B + A$
② $A \cdot (B + C) = A \cdot B + A \cdot C$
③ $A + (B \cdot C) = (A + B) \cdot (B + C)$
④ $A + (B + C) = (A + B) + C$

해설
불 대수의 법칙
• 교환법칙 : $A + B = B + A$, $A \cdot B = B \cdot A$
• 결합법칙 : $(A + B) + C = A + (B + C)$
$(A \cdot B) \cdot C = A \cdot (B \cdot C)$
• 분배법칙 : $A + (B \cdot C) = (A + B) \cdot (A + C)$
$A \cdot (B + C) = A \cdot B + A \cdot C$

47 비동기식 카운터에 대한 설명으로 틀린 것은?

① 직렬 카운터 또는 리플 카운터라고도 한다.
② 비트수가 많은 카운터에 적합하다.
③ 전단의 출력이 다음 단의 트리거 입력이 된다.
④ 지연시간으로 고속 카운팅에 부적합하다.

해설
비동기식(Asynchronous Type) 카운터
- 플립플롭의 입력으로는 클록펄스와 앞단의 출력이 차례로 연결되어 있어 상태가 동시에 변하지 않고 순차적으로 변한다. 리플계수기라고도 한다.
- 각 단을 통과할 때마다 지연시간이 누적되므로 고속 카운터에는 부적당하다.
- 매우 높은 주파수에는 부적당하고, 비트수가 많은 카운터에는 부적합하다.
- 회로가 간단해서 작은 규모의 계기회로에 적당하다.
- 플립플롭들은 동일 클록에 변하지 않고, 한 플립플롭의 출력이 다른 플립플롭의 클록으로 동작하기 때문에 지연시간이 길어진다.
- 시스템의 상태는 모든 플립플롭의 전이가 완료될 때까지 결정되지 않는다.

48 레지스터에 대한 설명 중 옳지 않은 것은?

① 직렬 시프트 레지스터는 입력된 데이터가 한 비트씩 직렬로 이동된다.
② 링 계수기는 시프트 레지스터의 출력을 입력쪽에 궤환시킴으로써, 클록펄스가 가해지는 한 같은 2진수 레지스터 내부에서 순환하도록 만든 것이다.
③ 시프트 계수기는 직렬 시프트 레지스터를 역궤환시켜 만든 것으로 존슨 계수기라고도 한다.
④ 병렬 시프트 레지스터는 모든 비트를 클록펄스에 의해 새로운 데이터로 순차적으로 바꾸어 주는 것이다.

해설
병렬(Parallel) 시프트 레지스터
- 레지스터의 모든 비트를 클록펄스에 의해 새로운 데이터(입력 데이터)로 동시에 바꾸어 로드해 주는 시프트 레지스터이다.
- 각 비트의 플립플롭은 완전히 독립되어 있으므로 입력신호가 동시에 들어가면 그에 따라 출력 상태가 동시에 나타난다.

49 다음 JK 플립플롭의 특성표에서 가, 나, 다, 라에 들어갈 항목으로 옳은 것은?

$Q_{(t)}$	J	K	$Q_{(t+1)}$
0	0	0	0
0	0	1	0
0	1	0	가
0	1	1	나
1	0	0	1
1	0	1	0
1	1	0	다
1	1	1	라

① 가 - 0 ② 나 - 1
③ 다 - 0 ④ 라 - 1

해설
JK 플립플롭의 특성표

$Q_{(t)}$	J	K	$Q_{(t+1)}$
0	0	0	0
0	0	1	0
0	1	0	1
0	1	1	1
1	0	0	1
1	0	1	0
1	1	0	1
1	1	1	0

50 다음 논리식을 카르노맵을 이용하여 간략화하면?

$$F = \overline{A}B\overline{C} + AB\overline{C}$$

① BC ② $\overline{B}C$
③ $B\overline{C}$ ④ $\overline{B}\overline{C}$

해설

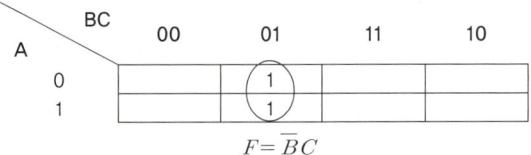

$F = B\overline{C}$

정답 47 ② 48 ④ 49 ② 50 ③

51 한 비트의 2진수를 더하여 합과 자리올림값을 계산하는 반가산기를 설계하고자 할 때 필요한 게이트는?

① 배타적 OR 2개, OR 1개
② 배타적 OR 1개, AND 1개
③ 배타적 NOR 1개, NAND 1개
④ 배타적 OR 1개, AND 1개, NOT 1개

해설
반가산기(Half-adder)
- 2개의 2진수와 A와 B를 더한 합(Sum) S와 자리올림 수(Carry) C를 얻는 회로이다.
- 배타논리합회로와 논리곱회로로 구성된다.

52 2진수 코드를 10진수로 변환하는 것은?

① 디코더
② 인코더
③ A/D 변환기
④ 카운터

해설
- 디코더(Decoder, 해독기) : 입력단자에 가해지는 부호화된 2진 데이터를 그에 해당하는 10진수로 변환시켜 해독하는 조합논리회로로, 출력은 AND 게이트로 구성된다.
- 인코더(Encoder, 부호기) : 숫자나 문자 등의 10진수 입력을 2진수로 변환하는 회로로, OR 게이트로 구성된다.

53 시프트 레지스터의 출력을 입력쪽에 되먹임시킴으로써 클록펄스가 가해지는 동안 같은 2진수가 레지스터 내부에서 순환하도록 만든 것으로서 환상 계수기라고도 하는 것은?

① 링 계수기
② 시프트 계수기
③ 2bit 시프트 레지스터
④ 직렬 시프트 레지스터

해설
링 계수기(Ring Counter)
시프트 레지스터의 출력을 입력쪽에 되먹임시킴으로써 펄스가 가해지는 동안 같은 2진수가 레지스터 내부에서 순환하도록 만든 것으로, 환상 카운터(Circulating Register, 순환 레지스터)라고도 한다.

54 8개의 입력펄스마다 계수주기가 반복되는 계수기를 8진 계수기 또는 모듈러스 8 계수기(Modulus 8 Counter)라고 한다. 6진 계수기를 만들려고 하면 최소 몇 개의 플립플롭이 필요한가?

① 2개
② 3개
③ 4개
④ 6개

해설
플립플롭이 n개일 때 카운터가 셀 수 있는 최대의 수를 N이라 하면, $N=2^n$개의 수를 셀 수 있고, 0에서 2^n-1의 수까지 표현한다. 즉, 6진 계수기를 만들기 위해서 플립플롭이 $2^3=8$이므로 3개의 플립플롭이 필요하다.

55 순서논리회로를 설계할 때 사용되는 상태표(State Table)의 구성요소가 아닌 것은?

① 현재 상태
② 다음 상태
③ 출력
④ 이전 상태

해설
순서논리회로의 상태표 구성요소
- 현재 상태
- 다음 상태
- 출력

56 논리식 $F=(A+B)(A+\overline{B})$를 최소화하면?

① $F=A+B$
② $F=A$
③ $F=B$
④ $F=A \cdot B$

해설
$F=(A+B)(A+\overline{B})$
$\quad =AA+A\overline{B}+AB+B\overline{B}$
$\quad =A+A(\overline{B}+B)$
$\quad =A$

57 플립플롭의 종류가 아닌 것은?

① RS-FF
② JK-FF
③ CP-FF
④ T-FF

해설
플립플롭의 종류
RS 플립플롭, D 플립플롭, JK 플립플롭, T 플립플롭 등

58 하나의 입력회선을 여러 개의 출력회선에 연결하여 선택신호에서 지정하는 하나의 회선에 출력하는 분배기라고도 하는 것은?

① 비교기(Comparator)
② 3초과 코드(Excess-3 Code)
③ 디멀티플렉서(Demultiplexer)
④ 코드변환기(Code Converter)

해설
디멀티플렉서(Demultiplexer)
- 한 신호원으로부터의 데이터를 제어 입력에 의해 여러 개의 출력단 중에서 선택된 출력단에 출력하는 회로이다.
- 1×2^n 디멀티플렉서는 하나의 입력과 2^n개의 출력선 중에서 하나를 선택하기 위한 n개의 선택선을 가진다.

59 논리식 $XY+\overline{X}Z+YZ$을 불 대수의 정리를 이용하여 간소화하면?

① XY
② $X+XYZ$
③ $\overline{X}Z+YZ$
④ $XY+\overline{X}Z$

해설
$XY+\overline{X}Z+YZ = XY+\overline{X}Z+(X+\overline{X})YZ$ ······ $X+\overline{X}=1$
$\quad = XY+\overline{X}Z+XYZ+\overline{X}YZ$
$\quad = (XY+XYZ)+(\overline{X}Z+\overline{X}YZ)$
$\quad = XY(1+Z)+\overline{X}Z(1+Y)$ ······ $1+X=1$
$\quad = XY+\overline{X}Z$

60 RS 플립플롭 회로에서 불확실한 상태를 없애기 위하여 출력을 입력으로 궤환(Feedback)시켜 반전 현상이 나타나도록 한 회로는?

① RST 플립플롭 회로
② D 플립플롭 회로
③ T 플립플롭 회로
④ JK 플립플롭 회로

해설
JK 플립플롭은 AND 논리회로를 이용하여 RS 플립플롭의 두 출력 상태(Q, $\overline{Q}$)를 입력측으로 궤환시켜서 구성한다.

2019년 제2회 과년도 기출복원문제

01 자체 인덕턴스가 20[mH]인 코일에 60[Hz]의 전압을 가하면 코일의 유도 리액턴스는 약 몇 [Ω]인가?

① 2.44
② 3.76
③ 5.48
④ 7.54

해설
$X_L = 2\pi f L = 2 \times \pi \times 60 \times 20 \times 10^{-3} ≒ 7.54[\Omega]$

02 다음과 같은 연산증폭기회로에서 입출력전압의 관계로 가장 적합한 것은?(단, $R_1 = R_2 = R_3 = R_4$ 이다)

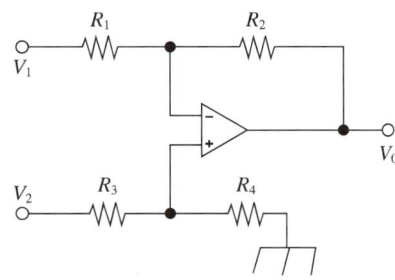

① $V_0 = \dfrac{V_2}{V_1}$
② $V_0 = V_1 \cdot V_2$
③ $V_0 = (V_1 - V_2)$
④ $V_0 = (V_2 - V_1)$

해설
차동증폭기 2개의 입력단자에 신호차를 증폭하여 출력한다. 그러므로 $V_0 = (V_2 - V_1)$이 된다.

03 제너 다이오드를 사용하는 회로는?

① 검파회로
② 고압 정류회로
③ 고주파 발진회로
④ 전압 안정회로

해설
제너(정전압) 다이오드
제너항복을 응용한 정전압소자로 합금 또는 확산법으로 만든 실리콘 접합 다이오드로 전압을 일정하게 유지하는 정전압회로에 사용

04 펄스폭이 2[μs]이고, 주기가 20[μs]인 펄스의 듀티 사이클은?

① 0.1   ② 0.2
③ 0.5   ④ 20

해설
듀티 사이클
펄스주기(T)에 대한 펄스폭(PW)의 비율
듀티 사이클 = $\dfrac{\text{펄스폭}}{\text{주기}} = \dfrac{2}{20} = 0.1$

정답 1 ④ 2 ④ 3 ④ 4 ①

05 트랜지스터가 ON, OFF 스위치로서의 역할로 사용될 때 가장 적합한 영역은?

① 차단영역
② 활성영역 및 차단영역
③ 포화영역
④ 차단영역 및 포화영역

해설
트랜지스터 동작 특성
- 포화영역 : 스위치 동작-ON
- 활성영역 : 트랜지스터 증폭
- 차단영역 : 스위치 동작-OFF
- 항복영역 : 트랜지스터 파괴

06 A급 증폭기에 대한 설명으로 가장 적합한 것은?

① 전력손실이 매우 작다.
② 최대 효율은 78.5이다.
③ 일그러짐이 매우 작다.
④ 타 발전기에 비해 주파수 안정도가 높다.

해설
A급 증폭기
- 특성곡선의 중앙에 동작점을 잡아 직선성이 가장 좋은 증폭기이다.
- 일그러짐이 매우 작다.
- 완충증폭기에 많이 사용한다.
- 효율은 50[%]이다.
- 비교적 작은 전력의 증폭회로에만 사용한다.

07 이상적인 연산증폭기의 특징에 대한 설명으로 틀린 것은?

① 주파수 대역폭이 무한대(∞)이다.
② 입력 임피던스가 무한대(∞)이다.
③ 동상 이득은 무한대(∞)이다.
④ 오픈 루프 전압 이득이 무한대(∞)이다.

해설
이상적인 연산증폭기의 특징
- 전압 이득 A_v가 무한대이다($A_v = \infty$).
- 입력 임피던스가 무한대이다.
- 입력저항 R_i이 무한대이다($R_i = \infty$).
- 출력저항 R_o이 0이고($R_o = 0$), 오프셋(Offset)이 0이다.
- 대역폭이 무한대($BW = \infty$)이고, 지연응답(Response Delay) =0이다.
- 동상 이득은 0이다.

08 B급 푸시풀 증폭기에서 트랜지스터의 부정합에 의한 찌그러짐을 무엇이라고 하는가?

① 위상 찌그러짐
② 바이어스 찌그러짐
③ 변조 찌그러짐
④ 크로스 오버 찌그러짐

해설
푸시풀 동작에서 트랜지스터가 교대로 동작할 때 생기므로 크로스 오버(Crossover) 찌그러짐이라고 한다.

정답 5 ④ 6 ③ 7 ③ 8 ④

09 피어스(Pierce) BE 수정발진기에 대한 설명으로 가장 옳은 것은?

① 컬렉터 회로의 임피던스가 유도성일 때 가장 안정된 발진을 한다.
② 컬렉터 회로의 임피던스가 용량성일 때 가장 안정된 발진을 한다.
③ 컬렉터 회로에 저항 성분만이 존재할 때 가장 안정된 발진을 한다.
④ 컬렉터 회로의 임피던스에 저항성 및 용량성이 동시에 존재할 때 가장 안정된 발진을 한다.

해설
피어스 BE(Pierce B-E) 발진기
• CE에 의한 궤환형 발진회로
• 공진 주파수를 발진 주파수보다 높게 하여 유도성이 되도록 조정
• 수정 진동자가 이미터와 베이스 사이에 존재
• 하틀리 발진회로와 유사

10 다음 그림의 회로에서 시상수가 $CR \ll \tau_\omega$인 경우, 출력파형은 어떻게 나타나는가?(단, τ_ω는 펄스 폭이다)

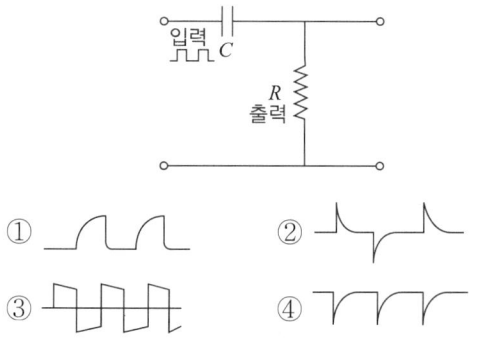

해설
콘덴서의 충전·방전, 즉 RC 직렬회로의 과도현상을 이용하여 출력단에서 입력전압의 미분파형을 얻을 수 있는 회로로 구형파의 입력신호로부터 펄스형태의 신호를 만들 때 사용한다.

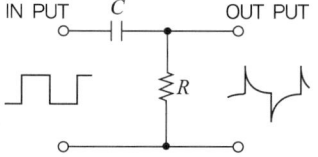

11 "0"과 "1"로 구성되며 정보를 나타내는 최소 단위는?

① file ② bit
③ word ④ byte

해설
비트(bit)는 binary digit의 약자이며, 기억 장소의 최소 단위로 0, 1로 표시한다.

12 다음 중 산술 및 논리연산을 행하는 장치는?

① 어큐뮬레이터(Accumulator)
② 스택 포인터(Stack Pointer)
③ 프로그램 카운터(Program Counter)
④ ALU(Arithmetic Logic Unit)

해설
산술논리연산장치(ALU)는 프로그램상의 명령에 의해 모든 연산을 수행하는 장치이다.

13 중앙처리장치와 주기억장치 사이에 존재하며, 수행 속도를 빠르게 하는 것은?

① 캐시기억장치
② 보조기억장치
③ ROM
④ RAM

해설
캐시기억장치는 중앙처리장치와 주기억장치 사이의 속도 차이가 크기 때문에 프로그램 실행속도를 중앙처리장치의 속도에 가깝도록 하기 위해 개발된 고속 버퍼 메모리이다.

14 EBCDIC 코드에 대한 설명으로 옳지 않은 것은?

① 최대 128문자까지 표현할 수 있다.
② 4개의 존 비트(Zone bit)를 가지고 있다.
③ 4개의 디지트 비트(Digit bit)를 가지고 있다.
④ 대문자, 소문자, 특수문자 및 제어신호를 구분할 수 있다.

해설
EBCDIC(Extended Binary Coded Decimal Interchange Code) 코드
- EBCDIC 코드(확장 2진화 10진 코드)는 1개의 체크 비트와 8개의 데이터 비트로 구성된다. 데이터 비트 8개는 존 비트(Zone bit) 4개와 디지트 비트 4개로, 256(2^8)가지의 문자를 표현하므로 영문자, 숫자, 특수문자 등의 사용이 가능한 코드이다.
- 일반적으로 EBCDIC 코드의 8비트를 1바이트(byte)라 하며 존 비트는 각각의 문자를 식별하는 데 사용되고, 디지트 비트는 숫자(Numeric) 비트로서 4비트의 2진수로 코드화된다.

15 하드디스크(HDD), 광학드라이브(ODD) 등이 PC 내부의 메인보드와 직접 연결되기 위한 인터페이스 방식이 아닌 것은?

① SATA ② EIDE
③ PATA ④ DVI

해설
PC 내부의 메인보드와 직접 연결되기 위한 인터페이스 방식
- SATA : 병렬 전송방식의 ATA를 직렬 전송방식으로 변환한 드라이브 표준 인터페이스이다.
- EIDE : 기존의 컨트롤러가 두 개의 장치만 연결할 수 있는 점을 보완한 것으로, 하나의 IDE에서 Primary, Secondary라는 개념을 통해 더 많은 장치들을 연결할 수 있도록 설계한 것이다.
- PATA : 병렬 ATA 인터페이스라고 한다.
- SCSI : ATA가 ANSI에 의해 처음 표준으로 제정되던 1986년에 함께 제정된 표준 인터페이스 형식으로 주로 서버 시스템에 많이 사용한다.
- ATA(IDE) : 하드디스크, CD-ROM 등 저장장치의 표준 인터페이스이다.

16 비동기 전송방식과 관계가 있는 것은?

① 스타트 비트와 스톱 비트
② 시작 플래그와 종료 플래그
③ 주소부와 제어부
④ 정보부와 오류검사

해설
비동기(Asynchronous) 전송
- 한 번에 한 문자 데이터씩 전송하는 방식이다.
- 조보식 또는 스타트 스톱(Start Stop) 방식이라고도 한다.

17 자료가 리스트에 첨가되는 순서에서 그 반대의 순서대로만 처리 가능한 것을 LIFO 리스트라고 하는데 이것을 무엇이라고 하는가?

① 큐(Queue) ② 스택(Stack)
③ 데큐(Deque) ④ 피포(FIFO)

해설
스택(Stack)의 자료는 마지막에 들어온 것이 제일 먼저 출력되는 LIFO의 동작을 한다.

18 출력장치 중에서 X축과 Y축을 움직여 종이에 그림을 그려 주는 장치는?

① 마우스 ② 모니터
③ 스피커 ④ 플로터

해설
CAD 시스템에서 사용하는 출력장치인 플로터는 X축과 Y축의 이동으로 데이터를 종이에 출력하는 장치이다.

19 이항(Binary)연산에 해당하는 것은?

① MOVE ② SHIFT
③ COMPLEMENT ④ XOR

해설
- 이항연산자 : 사칙연산, AND, OR, XOR(EX-OR), XNOR
- 단항연산자 : NOT, COMPLEMENT, SHIFT, ROTATE, MOVE

20 16bit의 주소버스는 메모리 지정을 얼마나 분리시킬 수 있는가?

① 16Kbit ② 64Kbit
③ 254Kbit ④ 1Mbit

해설
$2^{16} = 65,536$bit이므로 약 64Kbit이다.

21 연산기의 입력자료를 그대로 출력하는 것으로 컴퓨터 내부에 있는 하나의 레지스터에 기억된 자료를 다른 레지스터로 옮길 때 이용되는 논리연산은?

① MOVE 연산
② AND 연산
③ OR 연산
④ UNARY 연산

해설
MOVE 연산
- 하나의 입력 데이터를 갖는 연산으로서 연산기의 입력 데이터를 그대로 출력하므로 레지스터에 기억된 데이터를 다른 레지스터로 옮길 때 이용된다.
- CPU와 기억장치 사이에 있어, 기억장치로부터 데이터를 읽어 낼 때 CPU 내의 데이터를 기억장치에 기억시킬 경우에 데이터가 연산기를 통과하면, 연산기는 MOVE 연산을 실행한다.

22 전자계산기나 단말장치의 출력단에서 직류신호를 교류신호로 변환하거나 또는 거꾸로 전송되어 온 교류신호를 직류신호로 변환해 주는 장치는?

① DSU ② MODEM
③ BPS ④ PCM

해설
모뎀(MODEM ; MOdulator and DEModulator)은 정보 전달(주로 디지털 정보)을 위해 신호를 변조하여 송신하고 수신측에서 원래의 신호로 복구하기 위해 복조하는 장치를 말한다.

23 시프트(Shift) 회로란?

① 가산회로에 사용된다.
② 감산회로에 사용된다.
③ 1비트씩 삭제하거나 더해 주는 회로이다.
④ 왼쪽이나 오른쪽으로 1비트씩 이동시키는 회로이다.

해설
시프트(Shift) 회로는 입력 데이터의 모든 비트 자리로 시프트(이동)시키는 회로로서, 왼쪽 시프트와 오른쪽 시프트로 나누어진다.

24 AND 연산에서 레지스터 내의 어느 비트 또는 문자를 지울 것인지 결정할 때 사용하는 것은?

① Parity Bit
② Mask Bit
③ MSB(Most Significant Bit)
④ LSB(Least Significant Bit)

해설
마스크 비트(Mask Bit)
AND 연산을 이용하여 다른 비트 패턴 중에 있는 특정 비트의 정보를 변경하거나 리셋(Reset)하기 위한 문자나 비트 패턴을 의미한다.

25 짧은 길이의 명령으로 큰 기억 장소의 번지를 지정할 때 적합하며, 메모리 참조 횟수가 2회 이상인 주소 지정방식은?

① Direct Addressing Mode
② Indirect Addressing Mode
③ Register Addressing Mode
④ Relative Addressing Mode

해설
Indirect Addressing Mode(간접 어드레스 지정방식)
• 명령어의 오퍼랜드(Operand)가 가리키는 곳에 실제 데이터의 주소가 있는 명령어 형식이다.
• 기억장치를 두 번 읽어서 오퍼랜드(Operand)를 얻는다.

26 컴퓨터 내부에서 수치자료를 표현하는 방식이 아닌 것은?

① 부동 소수점 방식(Floating Point Format)
② 고정 소수점 방식(Fixed Point Format)
③ 팩 형식(Pack Format)
④ ASCII

해설
컴퓨터 내부에서 수치자료를 표현하는 방법
• 고정 소수점(Fixed Point) 표현방식
• 부동 소수점(Floating Point) 표현방식
• 언팩 10진(Unpacked Decimal) 형식
• 팩 10진(Packed Decimal) 형식

27 컴퓨터에서 사칙연산을 수행하는 장치는?

① 연산장치   ② 제어장치
③ 주기억장치   ④ 보조기억장치

해설
연산장치(ALU)는 기억된 프로그램이나 데이터를 꺼내어 산술연산이나 논리연산을 실행한다.

28 다음 일반적인 명령어 중 잘못 짝지어진 것은?

① ADD - 덧셈
② SUB - 뺄셈
③ SHIFT - 비교
④ OR - 논리합

해설
연산 명령어(Operation Instruction)
• 레지스터 또는 메모리에서 꺼낸 바이트와 누산기 내용 간의 연산을 실행하는 명령
• ADD(가산), SUB(감산), AND(논리곱), XOR(배타적 논리합), OR(논리합), CMP(비교), SHIFT(이동) 등이 있다.

정답 24 ② 25 ② 26 ④ 27 ① 28 ③

29 명령을 수행하는 연산기와 레지스터, 이들에 의해 명령이 수행되도록 제어하는 제어기, 장치 상호 간에 신호 전달을 위한 신호회선인 내부 버스로 구성되어 있으며, 기억장치에 있는 명령어를 해독하여 실행하는 것은?

① 모니터
② 어셈블러
③ CPU
④ 컴파일러

해설
중앙처리장치(CPU ; Central Processing Unit)
컴퓨터에서 데이터를 처리하는 가장 중요한 부분으로서 명령어의 인출과 해석, 데이터의 인출, 처리 및 저장 등을 수행한다.

30 중앙처리장치가 한 명령어의 실행을 끝내고 다음에 실행될 명령어를 기억장치에서 꺼내올 때까지의 동작 단계를 무엇이라고 하는가?

① 명령어 인출
② 명령어 저장
③ 명령어 해독
④ 명령어 실행

해설
중앙처리장치가 한 명령어의 실행을 끝내고 다음에 실행될 명령어를 기억장치에서 꺼내올 때까지의 동작단계를 명령어 인출(Instruction Fetch)이라고 한다.

31 유한 오토마타(Finite Automata)에 의해 수락된 집합을 무엇이라고 하는가?

① 문자열 집합
② 정규 집합
③ 알파벳 집합
④ 문법 집합

해설
유한 오토마타에 의해 수락된 집합을 정규 집합이라고 한다.

32 시스템 프로그램으로 거리가 먼 것은?

① 로더
② 컴파일러
③ 운영체제
④ 급여 계산 프로그램

해설
시스템 프로그램이란 운영체제, 언어처리계, 편집기, 디버깅 등 소프트웨어 작성을 지원하는 프로그램을 의미한다(운영체제(윈도우, 리눅스), 컴파일러, 링커, 로더 등).

33 운영체제의 성능 평가사항과 거리가 먼 것은?

① Availability
② Cost
③ Turn Around Time
④ Throughput

해설
운영체제의 평가 기준
- 처리능력(Throughput) : 일정 시간에 시스템이 처리하는 일의 양
- 반환시간(Turn Around Time) : 시스템에 작업을 의뢰한 시간부터 처리가 완료될 때까지 걸린 시간
- 사용 가능도(Availability) : 시스템의 자원을 사용할 필요가 있을 때 즉시 사용 가능한 정도
- 신뢰도(Reliability) : 시스템이 주어진 문제를 정확하게 해결하는 정도

34 BNF 표기법에서 "정의"를 의미하는 기호는?

① #
② &
③ |
④ ::=

해설
BNF 표기법 : 배커스-나우어 형식(Backus-Naur Form)의 약어로, 구문(Syntax) 형식을 정의하는 가장 보편적인 표기법

::=	정의 기호
		선택 기호
〈 〉	Non Terminal 기호(재정의될 기호)

35 원시 프로그램을 기계어 프로그램으로 번역하는 대신에 기존의 고수준 컴파일러 언어로 전환하는 역할을 수행하는 것은?

① Interpreter
② Assembler
③ Preprocessor
④ Linker

해설
선행 처리(Preprocessor)
• 주석의 제거, 상수 정의 치환, 매크로 확장 등 컴파일러가 처리하기 전에 먼저 처리하여 확장된 원시 프로그램을 생성한다.
• 원시 프로그램을 기계어로 된 목적 프로그램으로 번역하는 대신에 기존의 고수준 컴파일러 언어로 전환하는 역할을 수행한다.

36 프로그램이 수행되는 동안 변하지 않는 값을 의미하는 것은?

① Constant
② Pointer
③ Comment
④ Variable

해설
상수(Constant)
• 프로그램이 실행되는 도중에 값이 바뀌지 않는 변수
• 프로그램에서 자주 반복적으로 사용되는 값을 변수로 선언해 놓을 때 사용

37 스케줄링 기법 중 다음과 같은 우선순위 계산 공식을 이용하여 CPU를 할당하는 기법은?

> 우선순위 계산식 = (대기시간 + 서비스 시간) / 서비스 시간

① HRN
② SJF
③ FCFS
④ PRIORITY

해설
스케줄링의 알고리즘별 분류

종류	방법	특징
HRN	실행 시간이 긴 프로세스에 불리한 SJF 기법을 보완한 방법	우선순위=(대기시간+서비스 시간)/서비스 시간
SJF	수행시간이 짧은 작업을 우선적으로 처리하는 방법	작은 작업에 유리하고 큰 작업은 시간이 많이 걸림
FCFS	작업이 시스템에 들어온 순서대로 수행하는 방법	• 대화형에 부적합 • 간단하고 공평함 • 반응 속도를 예측 가능
PRIORITY	우선순위를 할당해 우선순위가 높은 순서대로 처리하는 방법	• 정적 우선순위 • 동적 우선순위

38 구문 분석기가 올바른 문장에 대해 그 문장의 구조를 트리로 표현한 것으로 루트, 중간, 단말 노드로 구성되는 트리를 무엇이라고 하는가?

① 개념 트리
② 파스 트리
③ 유도 트리
④ 정규 트리

해설
파스 트리(Parse Tree)
• 구문 분석기가 그 문장의 구조를 트리 형태로 나타낸 것
• 루트 노드, 중간 노드, 단말 노드로 구성
 - 루트 노드 : 정의된 문법의 시작 심벌
 - 중간 노드 : 비단말 심벌
 - 단말 노드 : 단말 심벌

39 운영체제의 역할과 거리가 먼 것은?

① 사용자와 시스템 간의 인터페이스 역할
② 데이터 공유 및 주변장치 관리
③ 자원의 효율적 운영 및 자원 스케줄링
④ 저급 언어를 고급 언어로 변환

해설
운영체제의 역할
- 사용자와 컴퓨터 시스템 간의 인터페이스(Interface) 정의
- 사용자들 간의 하드웨어의 공동 사용
- 여러 사용자 간의 자원 공유
- 자원의 효과적인 운영을 위한 스케줄링
- 입출력에 대한 보조역할

40 순서도에 대한 설명으로 거리가 먼 것은?

① 프로그램 개발 비용을 산출하는 역할을 한다.
② 프로그램 인수인계 시 문서 역할을 할 수 있다.
③ 프로그램의 오류 수정을 용이하게 해 준다.
④ 프로그램에 대한 이해를 도와준다.

해설
순서도의 역할
- 처리 순서와 방법을 결정해서 이를 일정한 기호를 사용하여 일목요연하게 나타낸 그림
- 프로그램의 코딩의 직접적인 자료
- 프로그램의 인수인계 용이
- 프로그램의 정확성 여부를 검증하는 자료
- 논리적인 체계 및 처리 내용을 쉽게 파악할 수 있으며, 문서화의 역할
- 오류 발생 시 그 원인을 찾아내는 데 이용

41 디지털 시스템에서 음수를 표현하는 방법으로 옳지 않은 것은?

① 6비트 BCD 부호
② 1의 보수(1 Complement)
③ 2의 보수(2 Complement)
④ 부호화 절댓값(Signed Magnitude)

해설
정수 표현에서 음수를 나타내는 표현방식
- 부호화 절댓값(Signed Magnitude)
- 1의 보수(1 Complement)
- 2의 보수(2 Complement)

42 불 대수의 기본 정리 중 옳지 않은 것은?

① $A \cdot 0 = 0$
② $A \cdot A = A$
③ $A + A = A$
④ $A + 1 = A$

해설
불 대수의 기본 정리 중 $A + 1 = 1$이다.

43 입력단자에 나타난 정보를 코드화하여 출력으로 내보내는 것으로 해독기와 정반대의 기능을 수행하는 조합논리회로는?

① 부호기(Encoder)
② 멀티플렉서(Multiplexer)
③ 플립플롭(Flip-Flop)
④ 가산기(Adder)

해설
인코더(Encoder, 부호기)
- 숫자나 문자 등의 10진수 입력을 2진수로 변환하는 회로로 OR 게이트로 구성된다.
- n개의 비트로 구성되는 코드는 최대 2^n개의 서로 다른 정보를 나타낼 수 있으므로 인코더는 2^n개 이하의 입력과 n개의 출력을 가진다.

44 논리식 $Y = \overline{A} \cdot \overline{B}$ 을 표현하는 논리도는?

① A
B ─[OR]─ Y

② A
B ─[AND with bubble]─ Y

③ A
B ─[NAND]─ Y

④ A─[NOT]─
B ─[NAND]─ Y

해설
① $Y = A + B$
② $Y = \overline{A \cdot B}$
③ $Y = \overline{A} \cdot B$
④ $Y = \overline{\overline{A} \cdot B} = A + \overline{B}$

45 다음 회로와 관계가 먼 것은?

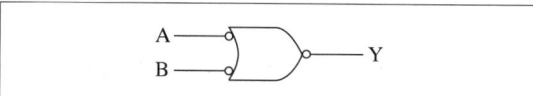

① $Y = \overline{(\overline{A} + \overline{B})}$
② $Y = A \cdot B$
③ A
B ─[NAND]─ Y
④ A
B ─[OR]─ Y

해설
$Y = \overline{(\overline{A} + \overline{B})} = A \cdot B$, 즉 AND 게이트와 등가회로이다.

46 동기형 16진수 계수기를 만들려면 JK 플립플롭이 최소 몇 개가 필요한가?

① 3　　② 4
③ 8　　④ 16

해설
JK 플립플롭이 n개일 때 카운터가 셀 수 있는 최대의 수를 N이라 하면 $N = 2^n$개의 수를 셀 수 있고, 0에서 $2^n - 1$의 수까지 표현한다. 즉, 최대의 수는 $2^4 = 16$까지이고 $2^4 - 1 = 15$까지 셀 수 있다. 그러므로 JK플립플롭이 최소 4개가 필요하다.

47 디지털 장치에 많이 쓰이는 회로로서 클록펄스의 수를 세거나 제어장치에서 중요한 기능을 수행하는 것은?

① 계수회로　　② 발진회로
③ 해독기　　　④ 부호기

해설
계수회로는 클록펄스의 수를 세어서 수치를 처리하기 위한 논리회로(디지털 회로)이다.

48 드모르간의 정리를 나타낸 것은?

① $\overline{\overline{X}} = X$
② $\overline{X \cdot Y} = \overline{X} + \overline{Y}$
③ $X + \overline{X} = 1$
④ $\overline{X + Y} = \overline{X} + \overline{Y}$

해설
드모르간의 정리
$\overline{X \cdot Y} = \overline{X} + \overline{Y}$
$\overline{X + Y} = \overline{X} \cdot \overline{Y}$

49 클록펄스가 들어올 때마다 플립플롭의 상태가 반전되는 회로는?

① RS FF ② D FF
③ T FF   ④ JK FF

해설
T 플립플롭
- JK 플립플롭의 입력 J 및 K를 서로 묶어서 하나의 데이터로 입력한다.
- 클록펄스가 가해질 때마다 출력 상태가 반전하는 토글(Toggle) 또는 스위칭 작용을 하므로 계수기(Counter)에 사용된다.

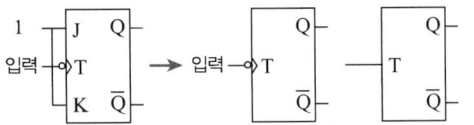

T	Q_{n+1}
0	Q_n
1	$\overline{Q_n}$

50 10진수 13을 Gray Code로 바꾸면?

① 1011 ② 0100
③ 1001 ④ 1101

해설
그레이 코드
- BCD 코드의 인접한 자리를 XOR 연산으로 만든 코드
- 10진수 13을 2진수로 바꾸면 1101이 된다.

```
         ⊕   ⊕   ⊕
2진수  1 → 1 → 0 → 1
       ↓   ↓   ↓   ↓
그레이
코드   1   0   1   1
```
2진수 1101을 그레이 코드로 변환하면 1011이 된다.

51 2진수 101011을 10진수로 변환하면 어떻게 되는가?

① 38 ② 43
③ 49 ④ 52

해설
$(101011)_2 = 1 \times 2^5 + 1 \times 2^3 + 1 \times 2^1 + 1 \times 2^0$
$= 32 + 8 + 2 + 1$
$= 43$

52 카운터와 같이 플립플롭을 사용하는 디지털 회로를 무엇이라고 하는가?

① 조합논리회로
② 아날로그 논리회로
③ 순서논리회로
④ 멀티플렉서 논리회로

해설
- 순서논리회로 : 레지스터, 플립플롭, 계수기 등이 속한다.
- 조합논리회로 : 멀티플렉서(Multiplexer), 해독기(Decoder), 부호기(Encoder), 반가산기, 전가산기 등이 이에 속한다.

53 조합논리회로를 다음과 같이 설계할 때 일반적인 순서로 옳은 것은?

> A. 간소화된 논리식을 구한다.
> B. 진리표에 대한 카르노도를 작성한다.
> C. 논리식을 기본 게이트로 구성한다.
> D. 입출력 조건에 따라 변수를 결정하여 진리표를 작성한다.

① D-B-A-C
② D-A-B-C
③ B-D-A-C
④ B-D-C-A

해설
조합논리회로 설계 순서
진리표 작성 → 카르노도표 표현 → 논리식의 간소화 → 논리회로도 작성

54 다음 그림에서 출력 X를 불 대수로 표시하면?

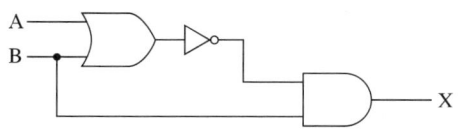

① $(\overline{A+B}) \cdot B$
② $(\overline{A \cdot B}) + B$
③ $Y \cdot B$
④ $A \cdot \overline{B}$

해설
$X = (\overline{A+B}) \cdot B$

55 반가산기 회로에서 두 입력이 A, B라고 하면 합 S와 자리올림 C의 논리식은?

① $S = A \oplus B$, $C = A \cdot B$
② $S = A + B$, $C = A \oplus B$
③ $S = A \cdot B$, $C = A + B$
④ $S = A + B$, $C = A \oplus B$

해설
반가산기(Half-adder)
• 2개의 2진수와 A와 B를 더한 합(Sum) S와 자리올림 수(Carry) C를 얻는 회로로 배타 논리합 회로와 논리곱 회로로 구성된다.
• 논리식
$S = \overline{A}B + A\overline{B} = A \oplus B$, $C = A \cdot B$
• 반가산기 회로도와 진리표

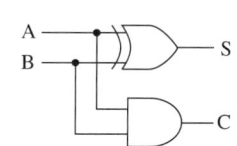

입력		출력	
A	B	S	C
0	0	0	0
0	1	1	0
1	0	1	0
1	1	0	1

56 논리식에서 최소 항의 개수를 16개 만들기 위한 변수의 개수는?

① 2
② 4
③ 8
④ 16

해설
논리식에서 최소 항의 개수는 AND연산의 결합으로 2^n개의 조합이므로, 16개의 변수의 개수는 $2^4 = 16$이므로 4개의 변수로 구성된다.

57 BCD 코드에 의한 수 0010 0101 0011을 10진수로 옳게 나타낸 것은?

① $(250)_{10}$ ② $(251)_{10}$
③ $(252)_{10}$ ④ $(253)_{10}$

해설
BCD(Binary Coded Decimal) 코드
BCD 코드는 0부터 9까지의 10진 숫자에 4비트 2진수를 대응시킨 것으로, 각 자리는 8, 4, 2, 1의 무게를 가지므로 8421 코드라고도 한다.

```
  7      8      4      5    ←10진수(Decimal Number)
8 4 2 1 8 4 2 1 8 4 2 1 8 4 2 1  ←자릿값(Weight)
0 1 1 1 1 0 0 0 0 1 0 0 0 1 0 1  ←BCD 코드
```
그러므로,

```
   9      5     ← 10진수
 1001   0101    ← BCD 코드
```

BCD코드 0010 0101 0011을 10진수로 변환하면 $(253)_{10}$이다.

58 반감산기 회로에서 차를 구하기 위해 사용되는 게이트는?

① AND
② OR
③ NAND
④ EX-OR

해설
반감산기(Half-subtractor)
• 피감수와 감수만 다루고, 아래 자리에서의 빌림수는 취급하지 않으므로 2진수 1자리의 감산에만 사용할 수 있다.
• 차를 구하기 위해 EX-OR 게이트가 사용된다.

59 다음 중 제일 큰 수는?

① 10진수 256
② 16진수 FE
③ 2진수 11111111
④ 8진수 377

해설
① 256_{10}
② $FE_{16} = 15 \times 16^1 + 14 \times 16^0 = 240 + 14 = 254_{10}$
③ $11111111_2 = 1 \times 2^7 + 1 \times 2^6 + 1 \times 2^5 + 1 \times 2^4 + 1 \times 2^3$
$\qquad + 1 \times 2^2 + 1 \times 2^1 + 1 \times 2^0$
$\qquad = 128 + 64 + 32 + 16 + 8 + 4 + 2 + 1$
$\qquad = 255_{10}$
④ $377_8 = 3 \times 8^2 + 7 \times 8^1 + 7 \times 8^0$
$\qquad = 192 + 56 + 7$
$\qquad = 255_{10}$

60 불 대수를 사용하는 목적으로 틀린 것은?

① 디지털 회로의 해석을 쉽게 한다.
② 같은 기능의 간단한 회로를 복잡한 다른 회로로 표시한다.
③ 변수 사이의 진리표 관계를 대수형식으로 표시한다.
④ 논리도의 입출력 관계를 표시한다.

해설
불 대수를 사용하는 목적
• 디지털 회로의 해석을 쉽게 표현
• 같은 기능을 보다 간단한 회로로 단순화
• 논리변수 사이의 진리표 관계를 대수형식으로 표현
• 논리도의 입출력 관계를 대수형식으로 표현

정답 57 ④ 58 ④ 59 ① 60 ②

2020년 제1회 과년도 기출복원문제

01 진폭 변조(Amplitude Modulation)란?

① 진폭은 일정하고 반송파의 주파수가 변하는 것
② 진폭은 일정하고 반송파의 위상이 변하는 것
③ 주파수는 일정하고 진폭이 변하는 것
④ 주파수는 일정하고 위상이 변하는 것

해설
진폭 변조(AM) : 주파수는 일정하고 신호파에 따라 반송파의 진폭을 변화시키는 것이다.

02 20[kΩ] 저항 양 단자에 100[V]를 인가했을 때 흐르는 전류는?

① 1[mA]
② 5[mA]
③ 10[mA]
④ 20[mA]

해설
$V = IR$, $I = \dfrac{V}{R} = \dfrac{100}{20} = 5[\text{mA}]$

03 전계효과 트랜지스터의 설명으로 옳지 않은 것은?

① 전압제어형 소자이다.
② 고주파 증폭 또는 고속 스위치로 사용한다.
③ 유니폴라 트랜지스터라고도 한다.
④ 오프셋 전압, 전류가 적어서 우수한 초퍼회로로 사용된다.

해설
전계효과 트랜지스터(FET)의 특징
- 전압제어 방식이다.
- 유니폴라(Uni-polar) 트랜지스터이다.
- 드레인 전류가 0에서 Offset 전압을 나타내지 않는다. 따라서 우수한 신호 초퍼(Chopper)로서 사용될 수 있다.
- 외부로부터 복사의 영향을 덜 받는다.
- 전류는 다수 캐리어에 의해서 운반된다.
- 입력 임피던스가 매우 높다.
- 잡음이 적다.
- 열적으로 안정하다.

04 반도체의 특성에 대한 설명으로 틀린 것은?

① 온도가 상승함에 따라 저항값이 감소하는 부(-)의 온도계수를 갖고 있다.
② 불순물이 증가하면 전기저항이 급격히 증가한다.
③ 매우 낮은 온도 0[K]에서는 절연체가 된다.
④ 광전효과와 자계효과 등을 갖고 있다.

해설
반도체의 특성
- 부(-)의 온도계수를 가지며, 광전효과가 크고 열운동을 한다.
- 불순물의 농도가 증가하면 도전율은 커지고 고유 저항은 감소한다.
- 절대온도 0[K]에서는 절연체이며, 상온에서는 절연물과 도체의 중간 성질이다.
- 자계에 의한 고유 저항의 변화가 크며 홀 효과가 있다.
- 반도체의 재료로는 실리콘(Si), 게르마늄(Ge), 갈륨-비소화합물(GaAs) 등 이외에도 여러 가지가 있으나 실리콘(Si)이 가장 많이 사용된다.

정답 1 ③ 2 ② 3 ④ 4 ②

05 A급 증폭기의 입력전압이 60[mA]이고, 출력전압이 6[V]일 때 전압이득은?

① 10[dB]　　② 20[dB]
③ 40[dB]　　④ 60[dB]

해설
$$G = 20\log_{10}A = 20\log_{10}\frac{6}{60\times 10^{-3}} = 20\log_{10}10^2$$
$$= 20\times 2 = 40[dB]$$

06 DSB변조에서 반송파의 주파수가 700[kHz]이고 변조파의 주파수가 5[kHz]일 때 주파수 대역폭은?

① 5[kHz]　　② 10[kHz]
③ 705[kHz]　　④ 710[kHz]

해설
- 상측파대 주파수 : $f_H = f_c + f_s = 700 + 5 = 705[kHz]$
- 하측파대 주파수 : $f_L = f_c - f_s = 700 - 5 = 695[kHz]$
점유 주파수대는 695~705[kHz]이므로, 대역폭은 10[kHz]이다.

07 자체 인덕턴스가 10[H]인 코일에 1[A]의 전류가 흐를 때 저장되는 에너지는?

① 1[J]　　② 5[J]
③ 10[J]　　④ 20[J]

해설
전자에너지
- 코일에 전류가 흐르면 코일 주위에 자기장을 발생시켜 전자에너지를 저장한다.
- $W = L\frac{1}{T}\times\frac{I}{2}\times T = \frac{1}{2}LI^2[J] = \frac{1}{2}\times 10\times 1^2 = 5[J]$

08 고주파 전력증폭기에 주로 사용되는 증폭방식은?

① A급　　② B급
③ C급　　④ AB급

해설
C급 증폭기
- 고주파 증폭기, 주파수 체배기, RF전력 증폭기 등에 사용한다.
- 바이어스점을 B급 증폭기의 경우보다 더 깊게, 즉 동작점을 차단점 이하로 설정하여 컬렉터 전류가 흐르는 시간이 1/2 주기보다 작게 되도록 동작 상태를 설정한다.
- 찌그러짐이 가장 크지만, 효율은 가장 높다.

09 발진기는 부하의 변동으로 인하여 주파수가 변화되는데 이것을 방지하기 위하여 발진기와 부하 사이에 넣는 회로는?

① 동조증폭기
② 직류증폭기
③ 결합증폭기
④ 완충증폭기

해설
발진회로의 출력이 직접 부하와 결합되면 부하의 변동으로 인하여 발진회로의 저항 또는 리액턴스의 변화가 일어나서 발진 주파수가 변동된다. 이에 대한 대책으로는 가능한 한 부하와 소 결합으로 하거나 발진회로와 부하 사이에 증폭기를 접속한다. 이러한 목적으로 사용되는 증폭기를 완충증폭기라고 한다.

10 다음 회로에서 베이스 전류 I_B는?(단, V_{CC} = 6[V], V_{BE} = 0.6[V], R_C = 2[kΩ], R_B = 100[kΩ]이다)

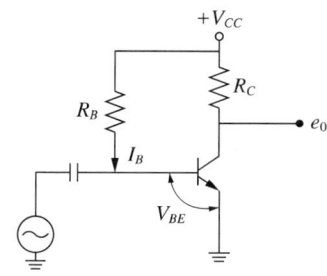

① 27[μA]　　② 36[μA]
③ 54[μA]　　④ 60[μA]

해설
베이스 전류
$I_B = \dfrac{V_{CC} - V_{BE}}{R_B} = \dfrac{6-0.6}{100} = 0.054[\text{mA}] = 54[\mu\text{A}]$

11 다음 3가지 연산자(Operator)가 혼합되어 나오는 식에서 시행(연산) 순서는?

　㉠ 관계연산자(Relative Operator)
　㉡ 논리연산자(Logical Operator)
　㉢ 산술연산자(Arithmetic Operator)

① ㉠ - ㉡ - ㉢
② ㉡ - ㉠ - ㉢
③ ㉢ - ㉠ - ㉡
④ ㉠ - ㉢ - ㉡

해설
일반적으로 연산은 산술연산 → 관계연산 → 논리연산 순으로 진행된다.

12 수치 자료에 대한 부동 소수점 표현(Floating Point Representation)의 특징이 아닌 것은?

① 고정 소수점 표현보다 정밀도를 높일 수 있다.
② 아주 작은 수보다는 아주 큰 수의 표현에 적합하다.
③ 수 표현에 필요한 자릿수에 있어서 효율적이다.
④ 과학이나 공학 또는 수학적인 응용이 주로 사용되는 수 표현이다.

해설
부동 소수점 표현(Floating Point Representation)
- 고정 소수점 표현 방식보다 수의 표현에 있어서 정밀도를 높일 수 있다.
- 정밀도를 필요로 하는 과학, 공학, 수학적인 응용에 적합하다.
- 매우 작은 수나 매우 큰 수를 나타내는 데 적합하다.

13 특정한 비트를 삭제하기 위하여 필요한 연산은?

① MOVE연산　　② AND연산
③ 보수연산　　④ XOR연산

해설
AND연산
비수치 데이터 중에서 필요 없는 일부의 비트 또는 문자를 지워 버리고 나머지 비트만 가지고 처리하기 위해 사용되는 연산이다.

14 중앙처리장치(CPU)가 기억장치에서 인스트럭션을 가져오는 것은?

① Indiret Cycle
② Fetch Cycle
③ Execute Cycle
④ Bus Request Cycle

해설
Fetch Cycle
기억장치에 있는 명령을 중앙처리장치로 읽어 오는 사이클이다.

15 컴퓨터의 입출력방식 중에서 가장 고성능인 것은?

① DMA제어기에 의한 입출력
② 채널(Channel)제어기에 의한 입출력
③ 중앙처리장치에 의한 입출력 중 프로그램 방식
④ 중앙처리장치에 의한 입출력 중 인터럽트 방식

해설
채널(Channel)
- 자료의 빠른 처리를 위해 주기억장치와 입출력장치 사이에 설치하는 장치이다.
- 처리 속도가 빠른 CPU와 속도가 느린 입출력장치 사이의 속도 차이로 인한 작업의 낭비를 줄여 준다.

17 하나의 시스템 내에 다수의 중앙처리장치(CPU)를 두어서 시스템을 제어하고, 다른 것들은 그것을 보조하는 기능을 수행하는 처리방식은?

① Multiprogramming
② Multitasking
③ Multiprocessing
④ Multiuser

해설
다중 처리 시스템(Multiprocessing System)
여러 개의 CPU를 설치하여 각각 해당 업무를 처리할 수 있는 시스템이다.

16 주기억장치의 크기가 4[KByte]일 때 번지(Address) 수는?

① 1번지에서 4000번지까지
② 0번지에서 3999번지까지
③ 1번지에서 4095번지까지
④ 0번지에서 4095번지까지

해설
$4[KByte] = 2^2 \times 2^{10} = 2^{12} = 4,096$이므로, 0번지에서 4095번지까지가 된다.

18 2진수 $(01101001)_2$이 1의 보수기를 통과하였다. 누산기에 보관된 내용은?

① 10010110
② 01101001
③ 00000000
④ 11111111

해설
2진수 01101001의 1의 보수는 0은 1로, 1은 0으로 부정을 취하면 되므로 10010110이 된다.

정답 15 ② 16 ④ 17 ③ 18 ①

19 다음 그림의 연산 결과를 올바르게 나타낸 것은?

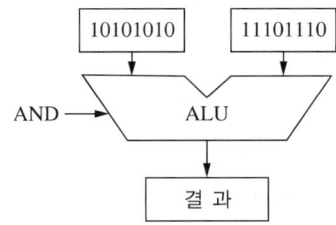

① 10011001
② 10101010
③ 10101110
④ 11101110

해설
AND 연산
모든 입력신호가 1일 때만 출력 상태가 1이 된다.

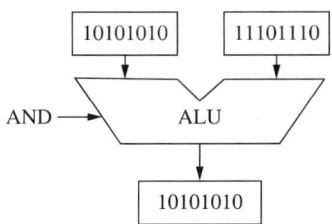

20 컴퓨터가 중간 변환과정 없이 직접 이해할 수 있는 것은?

① Machine Language
② Assembly Language
③ ALGOL
④ C Language

해설
기계어(Machine Language)
• 기계어는 0과 1로 표현한다.
• 컴퓨터가 직접 이해할 수 있는 유일한 언어이다.
• 연산코드(Operation Code)와 피연산자(Operand)로 구성된다.
• 프로그래밍하기 매우 어렵다.
• 처리속도가 빠르다.

21 입출력장치와 중앙처리장치 간의 데이터 전송방식으로 거리가 먼 것은?

① 스트로브 제어방식
② 핸드셰이킹 제어방식
③ 비동기 직렬 전송방식
④ 변복조 지정 전송방식

해설
④ 변복조 지정 전송방식은 정보전송 시스템의 신호 변환방식이다.
입출력장치와 중앙처리장치 간의 데이터 전송방식
• 스트로브 제어방식 : 데이터 전송을 알리는 방법
• 핸드셰이킹 제어방식 : 제어신호를 이용하는 방법
• 비동기 직렬 전송방식 : 원거리에 위치한 두 장치 간의 데이터 전송방식
• 동기식 병렬 전송방식 : 가까운 거리의 두 장치 간의 데이터 전송방식

22 사진이나 그림 등에 빛을 쪼여 반사되는 것을 판별하여 복사하는 것처럼 이미지를 입력하는 장치는?

① 플로터
② 마우스
③ 프린터
④ 스캐너

해설
스캐너(Scanner)
책이나 사진 등에 있는 이미지나 문자 자료를 컴퓨터가 처리할 수 있는 형태로 정보를 변환하여 입력하는 장치이다. 복사기처럼 평면 위에 스캔할 자료를 올려놓으면 아래 부분의 스캔장치가 작동하는 플랫베드(평판 스캔)방식의 컬러 스캐너가 대부분이다.

23 컴퓨터의 내부적 자료 표현에 해당하지 않는 것은?

① 정수의 표현
② 실수의 표현
③ 10진 데이터의 표현
④ 동영상의 표현

해설
컴퓨터의 내부적 수치 표현은 다음과 같다.

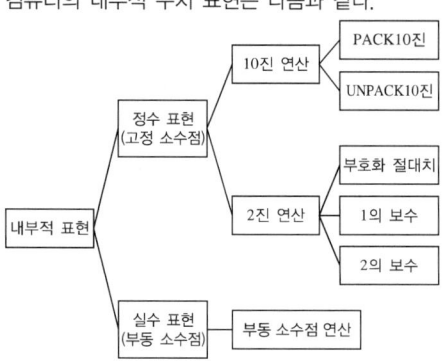

24 오버플로를 검출하기 위해서는 부호비트 전단에서 발생한 캐리(Carry)와 부호비트로부터 발생한 캐리를 비교하여 검출하는데 이때 필요한 Gate는?

① OR
② X-OR
③ NOT
④ AND

해설
오버플로 조건
부호비트 밑에서 부호비트로 올라온 비트와 부호비트로부터 생긴 캐리를 Exclusive-OR 게이트에 입력시켜서 출력이 1이 되는 것

25 특별한 조건이나 신호가 컴퓨터에 인터럽트되는 것을 방지하는 것은?

① 인터럽트 마스크
② 인터럽트 레벨
③ 인터럽트 카운터
④ 인터럽트 핸들러

해설
인터럽트 마스크
• 인터럽트가 발생하였을 때 요구를 받아들일지의 여부를 검토하고 실행을 지정하는 것
• 지정을 세트할 때 어떤 장치에서의 인터럽트도 받지 않는 것을 표시하는 것

26 게이트당 소비전력이 가장 낮은 것은?

① DTL
② TTL
③ MOS
④ CMOS

해설

게이트	소비전력
CMOS	0.01[mW]
DTL	8[mW]
TTL	10[mW]
RTL	12[mW]

27 ADD동작이 산술연산명령이라면 OR동작은?

① 제어명령
② 논리연산명령
③ 데이터 전송명령
④ 분기명령

해설
논리연산명령
- 명령의 연산부호가 논리연산을 지정하고 있는 명령
- 자리 옮김, 논리합(OR), 논리곱(AND), 기호 변환 등 주로 원시 프로그램을 목적 프로그램으로 편집하는 데 사용되는 명령

28 어큐뮬레이터에 있는 10진수 $(12)_{10}$를 왼쪽으로 두 번 시프트시킨 후의 값은?

① 12
② 24
③ 36
④ 48

해설
2진수를 직렬로 1비트씩 차례로 입력시키면 레지스터가 기억하고 있는 데이터를 오른쪽 또는 왼쪽으로 한 자리씩 이동(Shift)시킬 수 있는 레지스터는 시프트 레지스터(Shift Register)이다. 즉, 10진수 12를 2진수로 표현하면 1100_2이다. 왼쪽으로 두번 시프트하면 110000_2이 되므로, 10진수 48이 된다.

29 바코드를 대체할 수 있는 기술로 지금처럼 계산대에서 물품을 스캐너로 일일이 읽지 않아도 쇼핑 카트가 센서를 통과하면 구입물품의 명세와 가격이 산출되는 시스템을 실용화할 수 있으며 지폐나 유가증권의 위조 방지, 항공사의 수하물 관리 등 물류 혁명을 일으킬 수 있는 기술은?

① 태블릿(Tablet)
② 터치스크린(Touch Screen)
③ 광학 마크 판독기(OMR ; Optical Mark Reader)
④ 전자태그(RFID ; Radio Frequency Identification)

해설
④ 전자태그(RFID ; Radio Frequency Identification)
- 사람, 사물에 부착된 전자태그에 저장된 정보를 무선주파수를 이용하여 다량의 정보를 비접촉으로 자동 인식하는 기술
- Read/Write 기능의 대용량 데이터 저장
- 고속 이동하는 상품 인식, 수백 개의 상품 동시 인식
- 감지거리가 길고, 비금속 재료 통과 인식
- 주위 상황을 인지하여 상황에 맞는 통신
① 태블릿(Tablet) : 터치스크린을 주입력장치로 사용하는 소형의 휴대형 컴퓨터
② 터치스크린(Touch Screen) : 화면 일부분에 손을 접촉함으로써 이용자가 데이터 처리시스템과의 대화 처리를 할 수 있는 표시장치
③ 광학 마크 판독기(OMR ; Optical Mark Reader) : 카드 또는 카드 모양 용지의 미리 지정된 위치에 검은 연필이나 사인펜 등으로 그려진 마크를 광 인식에 의해 읽는 장치

30 3초과 코드에서 사용하지 않는 것은?

① 1100
② 0101
③ 0010
④ 0011

해설
0010은 3초과 코드보다 값이 작으므로 존재하지 않는다.
3초과 Code(Excess-3)
- BCD 코드 + 3(0011)을 더하여 만든 코드이다.
- 비가중치(Unweighted Code), 자기보수 코드이다.
- 3초과 코드는 비트마다 일정한 값을 갖지 않는다.
- 연산동작이 쉽게 이루어지는 특징이 있는 코드이다.

31 정해진 데이터를 입력하여 원하는 출력 정보를 얻기 위하여 적용할 처리방법과 순서를 기호로 설계하는 과정은?

① 문제 분석
② 순서도 작성
③ 프로그램의 코딩
④ 프로그램의 문서화

해설
순서도(Flowchart)
컴퓨터로 처리하고자 하는 문제를 분석하고, 그 처리 순서를 단계화하여 상호 간의 관계를 알기 쉽게 약속된 기호와 도형을 써서 나타낸 그림이다.

32 로더의 기능으로 거리가 먼 것은?

① Allocation
② Linking
③ Loading
④ Translation

해설
로더의 기능
• 할당(Allocation) : 목적 프로그램이 적재될 주기억 장소 내의 공간 확보
• 연결(Linking) : 필요할 경우 여러 목적 프로그램들 또는 라이브러리 루틴과의 링크 작업. 외부기호를 참조할 때, 이 주소값들을 연결
• 재배치(Relocation) : 목적 프로그램을 실제 주기억 장소에 맞추어 재배치. 상대주소들을 수정하여 절대주소로 변경
• 적재(Loading) : 실제 프로그램과 데이터를 주기억 장소에 적재. 적재할 모듈을 주기억장치로 읽어 들임

33 프로그래밍 절차 중 문제 분석 단계에서 이루어져야 할 작업으로 거리가 먼 것은?

① 프로그램 설계
② 전산화의 타당성 검사
③ 프로그래밍 작업의 문제 정의
④ 입출력 및 자료의 개괄적 검토

해설
문제 분석 단계
• 경제적 또는 능률적인 측면에서의 타당성 검토
• 프로그램에 의하여 해결해야 할 문제를 명확히 정의
• 입출력 및 자료의 개괄적 검토
• 문제를 해결하기 위한 여러 가지 방법 비교·분석

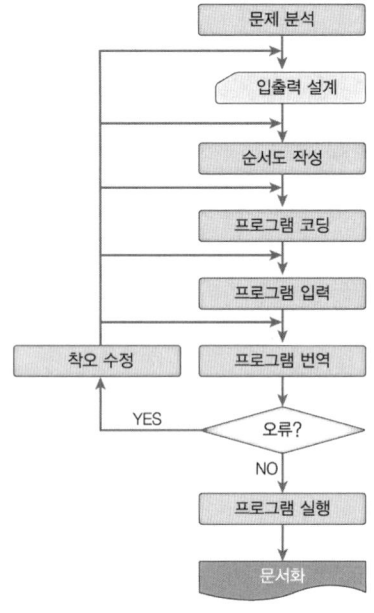

[프로그래밍 절차]

34 인터프리터 방식의 언어는?

① GWBASIC   ② COBOL
③ C   ④ FORTRAN

해설
인터프리터(Interpreter)
• 작성된 원시 프로그램을 한 줄씩 읽어 번역 및 실행하는 프로그램으로 실행속도가 느리지만 기억장소를 작게 차지한다.
• GWBASIC, LISP, JAVA, PL/I

35. 프로그래밍 언어의 선정기준으로 적당하지 않은 것은?

① 프로그래머 개인의 선호성은 고려 대상에 포함되지 않는다.
② 프로그래밍의 효율성이 고려되어야 한다.
③ 어떤 컴퓨터에서도 쉽게 설치될 수 있어야 한다.
④ 응용목적에 부합하는 언어이어야 한다.

해설
프로그래밍 언어의 선정 기준
- 프로그래머 개인의 선호에 적합해야 한다.
- 프로그래머가 그 언어를 이해하고 사용할 수 있어야 한다.
- 프로그래밍의 효율성이 고려되어야 한다.
- 어떤 컴퓨터에서도 쉽게 설치될 수 있는 언어이어야 한다.
- 응용목적에 맞는 언어이어야 한다.

36. 프로그래밍 언어의 구문 요소 중 프로그램의 이해를 돕기 위해 설명을 적어 두는 부분으로, 프로그램의 실행과 관계가 없고 프로그램의 판독성을 향상시키는 요소는?

① Reserved Word
② Operator
③ Key Word
④ Comment

해설
④ Comment(주석) : 소스코드에 어떠한 내용을 입력하지만 그 내용이 실제 프로그램에 영향을 끼치지 않으며, 프로그래밍 언어의 구문 요소 중 프로그램의 이해를 돕기 위해 설명을 적어 두는 부분으로 프로그램의 실행과는 관계가 없고 프로그램의 판독성을 향상시키는 요소
① Reserved Word(예약어) : 컴퓨터 프로그래밍 언어에서 이미 문법적인 용도로 사용되고 있기 때문에 식별자로 사용할 수 없는 단어
② Operator(연산자) : 프로그래밍이나 논리 설계에서 변수나 값의 연산을 위해 사용되는 부호
③ Key word(키워드) : 정보 검색 시스템 등에서 키워드를 포함하는 레코드가 검색되는 경우 등에 사용하며, 문장의 핵심내용을 정확히 표현한 중요한 단어

37. C언어의 기억 클래스의 종류가 아닌 것은?

① 정적 변수
② 자동 변수
③ 레지스터 변수
④ 내부 변수

해설
기억 클래스(Storage Class) 종류
- 자동 변수(Automatic Variable) : 함수나 그 함수 내의 블록 안에서 선언되는 변수
- 정적 변수(Static Variable) : 선언된 함수 또는 해당 블록 내에서만 사용 가능
- 외부 변수(External Variable) : 함수의 외부에 기억 클래스 없이 정의되고 어떤 함수라도 참조할 수 있는 전역 변수(Global Variable)
- 레지스터 변수(Register Variable) : 함수 내에서 정의되고 해당 함수 내에서만 사용 가능한 변수

38. C언어의 관계연산자 종류에 해당하지 않는 것은?

① <
② <<
③ <=
④ >=

해설
C언어의 관계연산자

연산자	사용 예	의미
>	a > b	크다.
<	a < b	작다.
>=	a >= b	크거나 같다.
<=	a <= b	작거나 같다.
!=	a != b	같지 않다.
==	a == b	같다.

정답 35 ① 36 ④ 37 ④ 38 ②

39 운영체제를 기능상 분류할 경우 처리 프로그램에 해당하는 것은?

① 감시(Supervisor) 프로그램
② 작업제어(Job Control) 프로그램
③ 데이터 관리(Data Management) 프로그램
④ 서비스(Service) 프로그램

해설
운영체제의 기능상 분류
- 제어 프로그램
  - 감시 프로그램
  - 데이터 관리 프로그램
  - 작업제어 프로그램
- 처리 프로그램
  - 언어 번역 프로그램
  - 서비스 프로그램
  - 문제 프로그램

40 프로그램의 처리과정 순서로 옳은 것은?

① 적재 → 실행 → 번역
② 적재 → 번역 → 실행
③ 번역 → 실행 → 적재
④ 번역 → 적재 → 실행

해설
프로그램의 처리과정은 번역 → 적재 → 실행 → 출력 순으로 진행된다.

41 다음과 같은 게이트회로에서 $A = B = C = 1$일 때 출력 Y는?

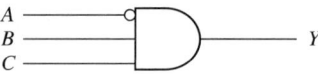

① 3
② 2
③ 1
④ 0

해설
$Y = \overline{A}BC = 0 \cdot 1 \cdot 1 = 0$

42 논리함수 $X = A(\overline{A} + B)$를 간소화한 것은?

① $A + B$
② AB
③ A
④ B

해설
$X = A(\overline{A} + B) = A \cdot \overline{A} + A \cdot B = AB$

43 다음 그림은 반가산기회로이다. 자리올림 단자는?

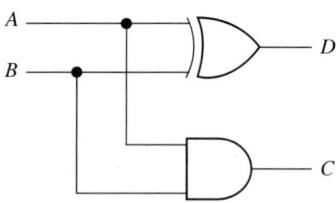

① A
② B
③ C
④ D

해설
반가산기 논리식
D(합) $= A \oplus B$
C(자리올림) $= AB$

44 2진수 11011₍₂₎를 10진수로 변환하면?

① 24 ② 25
③ 26 ④ 27

해설
$11011_{(2)} = 1 \times 2^4 + 1 \times 2^3 + 0 \times 2^2 + 1 \times 2^1 + 1 \times 2^0$
$= 16 + 8 + 2 + 1 = 27$

45 논리식을 최소화하는 방법으로 가장 적절한 것은?

① 가법 표준형
② 카르노맵
③ 승법 표준형
④ Venn Diagram

해설
카르노맵에 의한 최소화
- 논리회로의 논리식을 간소화하는 것을 최소화(Minimization)라고 한다.
- 불 대수의 정리 및 법칙을 이용하여 최소화하는 방법이다.
- 논리식이 비교적 단순할 때 사용한다.
- 논리식에 해당되는 부분을 카르노 도표에 '1'을 쓰고, 그 밖에는 '0'을 쓴다.
- 이웃된 '1'을 2, 4, 8, 16개로 가능한 한 크게 원을 만든다. 이때 이들 원은 중복되어도 된다.
- 다른 원과 중복된 '1'의 원이 있으면 이것은 삭제한다.
- 원으로 묶인 부분에서 변화되지 않은 변수만을 불 대수로 쓴다.
- 변수의 개수가 n일 경우 2^n개의 사각형들로 구성된다.

46 다음 그림과 같은 회로의 명칭은?

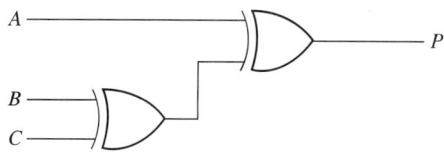

① 비교회로
② 다수결회로
③ 인코더회로
④ 패리티 발생회로

해설
3비트의 데이터 비트에 하나의 패리티 비트를 부가하기 위한 3비트 홀수 패리티 발생기를 설계한다.

47 레지스터에 대한 설명 중 옳지 않은 것은?

① 직렬 시프트 레지스터는 입력된 데이터가 한 비트씩 직렬로 이동된다.
② 링 계수기는 시프트 레지스터의 출력을 입력쪽에 궤환시킴으로써, 클록 펄스가 가해지는 한 같은 2진수 레지스터 내부에서 순환하도록 만든 것이다.
③ 시프트 계수기는 직렬 시프트 레지스터를 역궤환시켜 만든 것으로 존슨 계수기라고도 한다.
④ 병렬 시프트 레지스터는 모든 비트를 클록 펄스에 의해 새로운 데이터로 순차적으로 바꾸어 주는 것이다.

해설
병렬(Parallel) 시프트 레지스터
- 레지스터의 모든 비트를 클록 펄스에 의해 새로운 데이터(입력 데이터)로 동시에 바꾸어 로드해 주는 시프트 레지스터이다.
- 각 비트의 플립플롭은 완전히 독립되어 있으므로 입력신호가 동시에 들어가면 그에 따라 출력 상태가 동시에 나타난다.

48 다음 진리표와 관계가 먼 것은?

A	B	Y
0	0	1
0	1	0
1	0	0
1	1	0

① $Y = \overline{A+B}$

② NOR Gate

③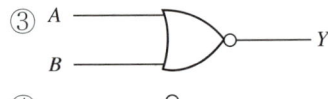

④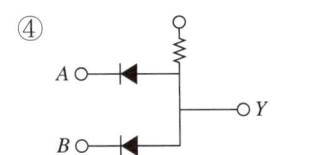

해설
진리표는 $Y = \overline{A+B}$의 NOR 게이트를 나타내고 있다.

49 JK 플립플롭에서 Q_n이 Reset 상태일 때, J = 0, K = 1 입력 신호를 인가하면 출력 Q_{n+1}의 상태는?

① 0 ② 1
③ 부 정 ④ 입력 금지

해설
JK 플립플롭
- RS 플립플롭에서 R = S = 1의 경우 동작이 불확실한 상태로 되는데, RS 플립플롭에서 Q를 R로 $\overline{Q}$를 S로 되먹임시켜 불확실한 상태가 없도록 한 회로이다.

J K	Q_{n+1}
0 0	Q_n
0 1	0
1 0	1
1 1	$\overline{Q_n}$

- J = 0, K = 1 입력신호를 인가하면 출력 Q_{n+1}의 상태는 0이다.

50 레지스터(Register)와 계수기(Counter)를 구성하는 기본소자는?

① 해독기 ② 감산기
③ 가산기 ④ 플립플롭

해설
레지스터를 구성하는 기본소자는 플립플롭(F/F)이다.

51 하나의 공통된 시간 펄스에 의해 플립플롭들이 트리거 되어 모든 플립플롭 상태가 동시에 변화하는 계수회로의 명칭은?

① 이동계수회로
② 상향 계수기회로
③ 비동기형 계수회로
④ 동기형 계수회로

해설
계수회로에 쓰이는 모든 플립플롭에 클록 펄스를 동시에 공급하며 출력 상태가 동시에 변화하고, 클록 펄스가 없을 때 가해진 압력 펄스에 대해서는 각각의 플립플롭이 동작하지 않는 회로는 동기형(Synchronous Type) 계수회로이다.

52 T 플립플롭회로 2개가 직렬로 연결되어 있을 때 500[Hz]의 사각형파를 입력시킬 경우 마지막 출력되는 주파수는?

① 100[Hz] ② 125[Hz]
③ 150[Hz] ④ 175[Hz]

해설
플립플롭은 직렬연결 시 $\frac{1}{2}$로 분주되므로 출력 주파수
$f_o = \frac{f}{4} = \frac{500}{4} = 125[\text{Hz}]$이다.

53
안정된 상태가 없는 회로이며, 직사각형파 발생회로 또는 시간발생기로 사용되는 회로는?

① 플립플롭
② 비안정 멀티바이브레이터
③ 쌍안정 멀티바이브레이터
④ 단안정 멀티바이브레이터

해설
비안정 멀티바이브레이터(Astable Multi Vibrator)
- 안정된 상태가 없는 회로
- 회로에 전원이 공급되면 구형파의 발진이 이루어지는 회로
- 세트(Set) 상태와 리셋(Reset) 상태를 번갈아 가면서 변환시키는 발진회로
- 직사각형파 발생회로 또는 시간발생기로 사용

54
팬 아웃(Fan Out)의 설명으로 가장 적합한 것은?

① 한 출력 단자에 접속하여 사용할 수 있는 입력 단자의 수
② 한 입력 단자에 접속하여 사용할 수 있는 출력 단자의 수
③ 최대 입력 전류에 대한 최대 출력 전류의 비
④ 최소 입력 전압 레벨과 전원 전압과의 비

해설
팬 아웃(Fan Out) : 한 게이트의 출력 단자에서 나오는 출력신호가 구동시킬 수 있는 회로의 수

55
마스터 슬레이브 플립플롭(M/S FF)의 장점으로 옳은 것은?

① 동기시킬 수 있다.
② 처리시간이 짧아진다.
③ 게이트 수를 줄일 수 있다.
④ 폭주(Race Around)를 막는다.

해설
레이싱(Racing) 현상
JK=FF에서 CP=1일 때 출력쪽 상태가 변화하면 입력쪽이 변하여 오동작이 발생하고, 이 오동작은 다른 오동작을 일으키는 현상이다. 레이싱 현상을 피하기 위한 것이 마스터-슬레이브 JK=FF이다.

56
RS 플립플롭의 작동 규칙에 대한 설명으로 옳지 않은 것은?

① $S=0$이고, $R=0$이면 Q는 현재 상태를 유지한다.
② $S=1$이고, $R=1$이면 $Q=0$이다.
③ $S=0$이고, $R=1$이면 $Q=0$이다.
④ $S=1$이고, $R=1$이면 다음 상태는 예측이 불가능하다.

해설
RS 플립플롭
- S(Set)와 R(Reset)의 2개의 입력과 2개의 출력 Q, $\overline{Q}$를 가진다.
- 2진 데이터를 저장하는 레지스터(Register)나 기억(Memory)소자로서 이용한다.

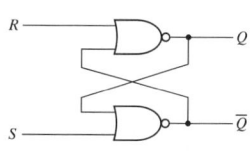

S	R	Q_{n+1}
0	0	Q_n
0	1	0
1	0	1
1	1	불확정

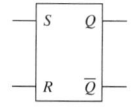

57 전감산기의 출력 D(차)와 결과가 같은 것은?

① 전가산기 S(합) 출력
② 반가산기 C(자리올림수)
③ 전감산기 B(자리내림수)
④ 전가산기 C(자리올림수)

해설
전감산기(Full Subtracter)
두 개의 비트 X, Y와 앞자리에서 꿔 주는 빌림수(Borrow) Z까지 고려하여 Y, Z의 두 비트를 감산하는 조합논리회로이다. 차 D는 전가산기의 합 S와 같으며 B는 빌림수로서, 전가산기의 캐리 C와 다른 점은 X를 보수로 취한다는 것이다.

58 논리 대수의 정리 중 옳지 않은 것은?

① $A + AB = A + B$
② $A(B+C) = AB + AC$
③ $A + BC = (A+B) \cdot (A+C)$
④ $A + (B+C) = (A+B) + C$

해설
불 대수의 법칙
- 교환법칙 : $A+B=B+A$, $A \cdot B=B \cdot A$
- 결합법칙 : $(A+B)+C=A+(B+C)$
  $(A \cdot B) \cdot C=A \cdot (B \cdot C)$
- 분배법칙 : $A+(B \cdot C)=(A+B) \cdot (A+C)$
  $A \cdot (B+C)=A \cdot B+A \cdot C$

기본 정리
- $A+0=A$
- $A \cdot 1=A$
- $A+\overline{A}=1$
- $A \cdot \overline{A}=0$
- $A+A=A$
- $A \cdot A=A$
- $A+1=1$
- $A \cdot 0=0$

59 다음 논리회로의 논리식은?

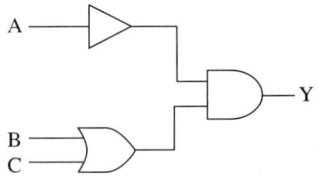

① $Y = \overline{A}(B+C)$
② $Y = A(B+C)$
③ $Y = \overline{A} + (B+C)$
④ $Y = \overline{A}BC$

해설
$Y = \overline{A}(B+C)$ 이다.

60 다음 논리회로를 논리식으로 바꿀 때 옳은 것은?

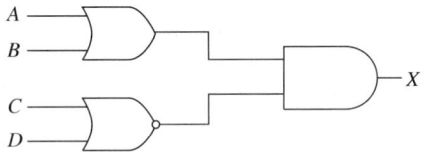

① $X = (A+B)(\overline{C \cdot D})$
② $X = (A+B)(\overline{C+D})$
③ $X = (A \cdot B)(\overline{C+D})$
④ $X = (A+B)(C \cdot D)$

해설
$X = (A+B)(\overline{C+D})$ 이다.

2020년 제2회 과년도 기출복원문제

01 Y결선의 전원에서 각 상의 전압이 100[V]일 때 선간전압은?

① 약 100[V] ② 약 141[V]
③ 약 173[V] ④ 약 200[V]

해설
선간전압 $V_l = \sqrt{3}\, V_p = \sqrt{3} \times 100 \fallingdotseq 173[\text{V}]$

02 다음 그림의 회로에서 제너다이오드와 직렬로 연결된 저항 680[Ω]에 흐르는 전류 I_s는?

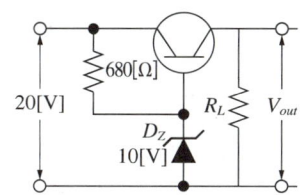

① 12.7[mA] ② 14.7[mA]
③ 16.7[mA] ④ 18.7[mA]

해설
$I_s = \dfrac{V}{R} = \dfrac{20-10}{680 \times 10^{-3}} = 14.7[\text{mA}]$

03 저역통과 RC회로에서 시정수가 의미하는 것은?

① 응답의 상승속도를 표시한다.
② 응답의 위치를 결정해 준다.
③ 입력의 진폭 크기를 표시한다.
④ 입력의 주기를 결정해 준다.

해설
시정수란 입력신호가 변화했을 때 출력신호가 정상 상태에 도달하기까지의 과도기간을 알기 위한 척도(최종값의 63.2[%])로서 입력신호에 대한 응답의 상승속도를 표시한다.

04 $V_C = 25\cos wct\,[\text{V}]$의 반송파를 $V_S = 20\cos wct\,[\text{V}]$의 신호파로 진폭 변조했을 때 변조도는?

① 80[%] ② 12[%]
③ 50[%] ④ 5[%]

해설
변조도 : 반송파의 진폭 V_c와 신호파의 진폭 V_s에 의해 정해지며, V_s와 V_c의 비
$\therefore m = \dfrac{V_s}{V_c} \times 100 = \dfrac{20}{25} \times 100 = 80[\%]$

정답 1 ③ 2 ② 3 ① 4 ①

05 그림 (a)의 회로를 그림 (b)와 같은 간단한 등가회로로 만들고자 한다. V와 R은 각각 얼마인가?

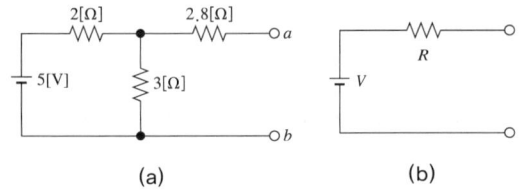

① 5[V], 4[Ω]
② 3[V], 2.8[Ω]
③ 5[V], 2.8[Ω]
④ 3[V], 4[Ω]

해설
$V = \dfrac{5}{2+3} \times 3 = 3[\mathrm{V}]$, $R = \dfrac{2 \times 3}{2+3} + 2.8 = 4[\Omega]$

06 증폭회로의 L, C에 의하여 생기는 일그러짐은?

① 진폭 일그러짐
② 주파수 일그러짐
③ 위상 일그러짐
④ 잡음 일그러짐

해설
공진주파수 $f = \dfrac{1}{2\pi\sqrt{LC}}[\mathrm{Hz}]$이고, L, C에 의해 주파수 일그러짐이 생긴다.

07 다음 그림은 펄스 파형을 나타낸 것이다. 그림에서 높이 a를 무엇이라고 하는가?

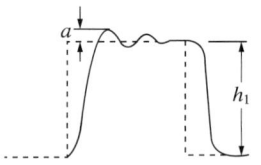

① 언더슈트
② 스파이크
③ 오버슈트
④ 새 그

해설
오버슈트(Overshoot)
상승 파형에서 이상적 펄스파의 진폭 V보다 높은 부분의 높이 a를 말한다.

08 다음과 같은 연산증폭기의 기능으로 가장 적합한 것은?(단, $R_i = R_f$이고, 연산증폭기는 이상적이다)

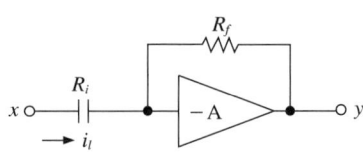

① 적분기
② 미분기
③ 배수기
④ 부호변환기

해설
$y = -\dfrac{R_f}{R_i} \times x$에서 $R_i = R_f$이므로 $y = -x$이다.
입력의 부호만 바뀌므로 부호변환기가 된다.

09 입력 임피던스가 높고 출력 임피던스가 낮아 주로 버퍼단으로 사용하는 것은?

① 베이스 접지 증폭회로
② 변압기 결합 증폭회로
③ 이미터 폴로어 증폭회로
④ 저항결합 증폭회로

해설
이미터 폴로어(Emitter Follower) 또는 공통 컬렉터 접지 증폭회로의 특징
• 입력 임피던스가 크고 출력 임피던스가 낮다.
• 낮은 입력 임피던스를 갖는 회로와 결합(임피던스 매칭)이 적합하다.
• 입출력 전압 위상이 동위상이고, 이득이 1 이하이다.
• 입출력 전류 위상이 역위상이고, 이득이 크다.
• 100% 부궤환증폭기로서 안정적이고 왜곡이 가장 크다.

10 일함수 100×10^{19}[eV]의 에너지는 몇 [J]인가?

① 1.602[J]
② 16.02[J]
③ 160.2[J]
④ 1,602[J]

해설
전자 1개의 전기량 1.602×10^{-19}[C]이므로,
$100 \times 10^{19} \times 1.602 \times 10^{-19} = 160.2$[J]이다.

11 위성통신의 장점에 속하지 않는 것은?

① 기후의 영향을 받지 않는다.
② 광대역 통신이 가능하다.
③ 통신망 구축이 용이하다.
④ 수명이 영구적이다.

해설
위성통신의 장점
• 지역에 관계없는 이동·무선통신 : 위성의 가시영역 이내에만 있으면 지구국을 이용하여 통신이 가능
• 광역성(Wide Area Coverage) : 국가, 대륙 또는 전 세계
• 넓은 주파수 대역의 사용으로 인한 고처리율
• 지상망 구조에 지배되지 않음
• 조속한 지상망의 구축
• 추가 Site에 대한 저비용
• 균일 서비스 특성 : 서비스 단절의 극복(동보성)
• 내재해성

12 자료 배열에 따른 구조 중 비선형 구조는?

① Tree   ② Stack
③ Queue   ④ Deque

해설
• 선형 구조 : 배열, 레코드, 스택, 큐, 연결 리스트
• 비선형 구조 : 트리, 그래프

13 System 상호 간에 On-line을 이용하여 정보를 교환하기 위해서 우선 고려해야 되는 것은?

① 프로토콜   ② I/O 속도
③ 인터페이스   ④ 비동기 RS-232

해설
인터페이스(Interface) : 장치 또는 두 부분 사이에서 정보 전달이 원활하게 이루어질 수 있도록 정보의 구성형태, 전송속도 등을 맞추는 것

14 다음의 마이크로 동작은 무슨 명령을 실행하고 있는가?

```
C₀ : MAR ← MBR(AD)
C₁ : MBR ← M, AC ← 0
C₂ : AC ← AC + MBR
```

① ADD(Add to AC)
② LDA(Load to AC)
③ STA(Store AC)
④ BUN(Branch UNconditional)

해설
LDA(Load to AC) 명령은 메모리 워드를 AC에 전송하는 명령문이다.

15 연산장치 중 모든 수치 연산이 직접 이루어지는 곳은?

① 레지스터 ② 누산기
③ 가산기   ④ 감산기

해설
일반적으로 수치 연산은 가산기(Adder)에서 행해진다.

16 접속한 두 장치 사이에서 데이터의 흐름 방향이 한 방향으로 한정되어 있는 통신방식은?

① Simplex 통신방식
② Half Duplex 통신방식
③ Full Duplex 통신방식
④ Multi Point 통신방식

해설
데이터 전송방식
- 단방향(Simplex) 통신방식 : 단지 한쪽 방향으로만 데이터를 전송할 수 있는 방식이다.
- 반이중(Half Duplex) 통신방식 : 데이터를 양쪽 방향으로 전송할 수 있으나 동시에 양쪽 방향으로 전송할 수는 없으며, 한 순간에 어느 한쪽 방향으로만 데이터를 전송할 수 있다.
- 전이중(Full Duplex) 통신방식 : 접속된 두 장치 사이에서 동시에 양방향으로 데이터의 흐름을 가능하게 하는 방식으로서, 상호의 데이터 전송이 자유롭다.

17 근거리 통신망의 구성 중 회선형태의 케이블에 송수신기를 통하여 스테이션을 접속하는 것으로 그림과 같은 형은?

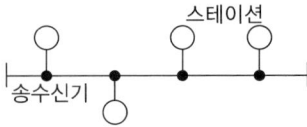

① 성(Star)형
② 루프(Loop)형
③ 버스(Bus)형
④ 그물(Mesh)형

해설
토폴로지(Topology) 형태
- 성(Star)형 : 중앙에 있는 주컴퓨터에 여러 대의 컴퓨터가 별모양(성형)으로 연결된 형태로 각 컴퓨터는 주컴퓨터를 통하여 다른 컴퓨터와 통신할 수 있는 형태
- 망(Mesh)형 : 모든 노드가 서로 일대일로 연결된 그물망형태로 다수의 노드 쌍이 동시에 통신 가능
- 버스(Bus)형 : 버스라는 공통 배선에 각 노드가 연결된 형태로, 특정 노드의 신호가 케이블 전체에 전달됨
- 링(Ring)형 : 각 노드가 좌우의 인접한 노드와 연결되어 원형을 이루고 있는 형태
- 트리(Tree)형 : 버스형과 성형 토폴로지의 확장형태로 백본(Backbone)과 같은 공통 배선에 적절한 분기 장치(허브, 스위치)를 사용하여 링크를 덧붙여 나갈 수 있는 구조

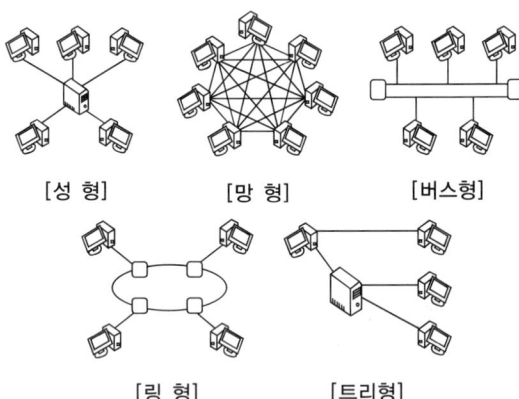

18 컴퓨터에서 명령을 실행할 때 마이크로 동작을 순서적으로 실행하기 위해서 필요한 회로는?

① 분기동작회로
② 인터럽트회로
③ 제어신호 발생회로
④ 인터페이스회로

해설
제어신호발생기
- 타이밍 발생회로와 제어회로로 구성
- 명령해독기로부터 온 제어신호에 따라 명령어를 실행하는 데 필요한 기계 사이클(제어함수)을 발생시켜 각 장치에 보내는 논리회로

19 입출력 제어방식인 DMA(Direct Memory Access) 방식의 설명으로 옳은 것은?

① 중앙처리장치의 많은 간섭을 받는다.
② 가장 원시적인 방법이며 작업효율이 낮다.
③ 입출력에 관한 동작을 자율적으로 수행한다.
④ 프로그램에 의한 방법과 인터럽트에 의한 방법을 갖고 있다.

해설
DMA(Direct Memory Access)에 의한 입출력
DMA 장치는 데이터를 전송할 때 CPU와 독립된 채널(Channel)을 구성하여 메모리와 입출력기들 사이에서 직접 데이터를 주고받을 수 있도록 제어하는 회로이다.

20 공유하고 있는 통신회선에 대한 제어신호를 각 노드 간에 순차적으로 옮겨 가면서 수행하는 방식은?

① CSMA 방식
② CD 방식
③ Token Passing 방식
④ ALOHA 방식

해설
토큰패싱(Tocken Passing)방식
공유하고 있는 통신회선에 대한 제어신호(토큰)를 각 노드에 순차적으로 옮겨 가면서 메시지를 전송하는 방식이다.

21 IC의 분류 중 집적도가 가장 큰 것은?

① SSI
② MSI
③ LSI
④ VLSI

해설
집적도가 높은 순서 : VLSI > LSI > MSI > SSI
- SSI(Small Scale Integration) : 10개 이하의 게이트로 구성
- MSI(Medium Scale Integration) : 10~200개 정도의 게이트로 구성
- LSI(Large Scale Integration) : 수백 개의 게이트로 구성
- VLSI(Very Large Scale Integration) : 수천 개의 게이트로 구성
- ULSI(Ultra Large Scale Integration) : 수만 개의 게이트로 구성

정답 18 ③ 19 ③ 20 ③ 21 ④

22 소프트웨어(Software)에 의한 우선순위(Priority) 체제에 관한 설명 중 옳지 않은 것은?

① 폴링방법이라고 한다.
② 별도의 하드웨어가 필요 없으므로 경제적이다.
③ 인터럽트 요청장치의 패널에 시간이 많이 걸리므로 반응속도가 느리다.
④ 하드웨어 우선순위 체제에 비해 우선순위의 변경이 매우 복잡하다.

해설
인터럽트 우선순위를 판별하는 방법
• 소프트웨어에 의한 우선순위
  - 폴링(Polling)방식이라고 한다.
  - 별도의 하드웨어가 필요 없으므로 경제적이다.
  - 인터럽트 요청장치의 패널에 시간이 많이 걸리므로 반응속도가 느리다.
  - 우선순위의 변경이 간단하다.
• 하드웨어에 의한 우선순위
  - 데이지 체인(Daisy-chain) 우선순위 : 인터럽트를 발생시키는 모든 장치들을 직렬로 연결하여 가장 가까이 연결된 장치가 가장 높은 우선순위를 가지며, 맨 마지막에 연결되어 있는 장치가 가장 낮은 우선순위를 가지고 동작하는 직렬 우선순위 방식이다.
  - 병렬(Parallel) 우선순위 : 각 장치의 인터럽트 요청에 따라 인터럽트를 발생한 것부터 체크하여 우선순위를 결정하는 방식으로 레지스터의 비트 위치에 따라 우선순위가 결정된다.

23 시스템 프로그램에 속하지 않는 것은?

① 로 더   ② 컴파일러
③ 엑 셀   ④ 운영체제

해설
프로그램의 종류
• 시스템 프로그램 : 컴퓨터 시스템과 하드웨어들을 스스로 제어 및 관리하는 프로그램(운영체제(윈도우, 리눅스), 컴파일러, 링커, 로더 등)
• 응용 프로그램 : 사용자가 원하는 기능을 제공하는 프로그램(워드, 엑셀, 포토샵, 게임 등)

24 컴퓨터 내부에서 정보(자료)를 처리할 때 사용되는 부호는?

① 2진법   ② 8진법
③ 10진법   ④ 16진법

해설
컴퓨터 내부에서 정보(자료)를 처리할 때 0과 1로 구성된 수의 체계로 2진법을 사용한다.

25 입출력장치를 선택하여 입출력 동작이 시작되면 전송이 종료될 때까지 하나의 입출력 장치를 사용하는 채널로서 디스크와 같은 고속장치에 사용되는 채널은?

① 멀티플렉서 채널(Multiplexer Channel)
② 블록 멀티플렉서 채널(Block Multiplexer Channel)
③ 실렉터 채널(Selector Channel)
④ 고정 채널(Fixed Channel)

해설
실렉터 채널(Selector Channel)
• 입출력 동작이 개시되어 종료까지 하나의 출력장치를 사용하는 채널이다.
• Block 단위의 전송이 이루어진다.
• 디스크와 같은 고속장치에서 사용한다.

26 입출력장치의 동작속도와 컴퓨터 내부의 동작속도를 맞추는 데 사용되는 레지스터는?

① 어드레스 레지스터
② 시퀀스 레지스터
③ 버퍼 레지스터
④ 시프트 레지스터

해설
버퍼 레지스터
서로 다른 입출력 속도로 자료를 받거나 전송하는 중앙처리장치(CPU) 또는 주변 장치의 임시 저장용 레지스터이다.

27 기억된 프로그램의 명령을 하나씩 읽고 해독하여 각 장치에 필요한 지시를 하는 기능은?

① 입력기능 ② 제어기능
③ 연산기능 ④ 기억기능

해설
② 제어기능 : 프로그램의 명령을 하나씩 읽고 해석하여, 모든 장치의 동작을 지시하고 감독·통제하는 기능이다.
① 입력기능 : 프로그램과 자료(Data)들이 입력장치를 통하여 컴퓨터 내에서 처리될 수 있도록 전달한다.
③ 연산기능 : 연산기능을 하는 장치(ALU)는 기억된 프로그램이나 데이터를 꺼내어 산술연산이나 논리연산을 실행한다.
④ 기억기능 : 기억장치는 입력장치로 읽어 들인 데이터나 프로그램, 중간 결과 및 처리된 결과를 기억하는 기능으로서 레지스터(Register)인 플립플롭(Flipflop)이나 래치(Latch)로 구성된다.

28 집적회로의 일반적인 특징에 대한 설명으로 옳은 것은?

① 수명이 짧다.
② 크기가 대형이다.
③ 동작속도가 빠르다.
④ 외부와의 연결이 복잡하다.

해설
집적회로의 특징
• 코일과 콘덴서가 거의 필요 없다.
• 저항값이 비교적 작다.
• 전력 출력이 작아도 된다.
• 신뢰성이 높다.
• 크기가 소형이다.
• 동작속도가 빠르다.
• 외부와의 연결이 간단하다.

29 자외선을 사용하여 저장된 내용을 지워서 다시 사용할 수 있는 반도체 소자는?

① UVEPROM
② Mask ROM
③ SRAM
④ DRAM

해설
UVEPROM(Ultra-Violet Erasable Programmable Read Only Memory)
• 필요할 때 기억된 내용을 지우고 다른 내용을 기록할 수 있는 ROM
• 지우는 방법에 따라 자외선으로 지울 수 있는 ROM

정답 26 ③ 27 ② 28 ③ 29 ①

30 연산회로에 해당되지 않는 것은?

① 메모리회로
② 산술연산회로
③ 논리연산회로
④ 시프트회로

> **해설**
> 연산회로는 산술연산, 논리연산, 시프트회로, 가산기, 누산기 등으로 구성된다.

31 프로그램이 동작하는 동안 값이 수시로 변할 수 있으며, 기억장치의 한 장소를 추상화한 것은?

① 상 수
② 주 석
③ 예약어
④ 변 수

> **해설**
> 변수 : 값이 변하는 수로, 한순간에 하나의 데이터 값을 가질 수 있고 이 값을 다른 값으로 마음대로 바꿀 수 있는 것

32 프로그램 개발과정에서 프로그램 안에 내재해 있는 논리적 오류를 발견하고 수정하는 작업은?

① Mapping
② Thrashing
③ Debugging
④ Paging

> **해설**
> ① Mapping(매핑) : 연관성을 관계하여 연결시켜 주는 의미
> ② Thrashing(스래싱) : 잦은 페이지 부재·교체로 지연이 심한 상태
> ④ Paging(페이징) : 가상기억장치를 모두 같은 크기의 블록으로 편성하여 운용하는 기법

33 매크로 프로세서의 기본 수행작업이 아닌 것은?

① 매크로 정의 인식
② 매크로 정의 저장
③ 매크로 호출 저장
④ 매크로 호출 인식

> **해설**
> **매크로 프로세서의 기본기능**
> • 매크로 정의 인식
> • 매크로 정의 저장
> • 매크로 호출 인식
> • 매크로 확장 및 인수 치환

34 C언어에서 사용되는 연산자에 대한 설명으로 옳지 않은 것은?

① 서로 같다는 것을 나타내는 관계연산자는 '=='이다.
② 논리곱을 나타내는 논리연산자는 '##'이다.
③ 나머지를 구할 때 사용하는 산술연산자는 '%'이다.
④ 논리부정을 나타내는 논리연산자는 '!'이다.

> **해설**
> C언어에서 논리곱을 나타내는 연산자는 '&&'이다.

35 C언어의 특징으로 거리가 먼 것은?

① 구조적 프로그램이 가능하다.
② 이식성이 뛰어나 기종에 관계없이 프로그램을 작성할 수 있다.
③ 기계어에 대하여 1 : 1로 대응된 기호화한 언어이다.
④ 주로 시스템 프로그래밍에 사용되는 언어이다.

해설
C언어의 특징
- 시스템 프로그래밍 언어
- 함수언어
- 강한 이식성
- 풍부한 자료형 지원
- 다양한 제어문 지원
- 표준 라이브러리 함수 지원
- 포인터 변수
- 시스템 프로그래밍 언어로 적합

36 고급언어의 특징으로 옳지 않은 것은?

① 기종에 관계없이 사용할 수 있어 호환성이 높다.
② 2진수 형태로 이루어진 언어로 전자계산기가 직접 이해할 수 있는 형태의 언어이다.
③ 하드웨어에 관한 전문지식이 없어도 프로그램 작성이 용이하다.
④ 프로그래밍 작업이 쉽고, 수정이 용이하다.

해설
2진수 형태로 이루어진 언어로 전자계산기가 직접 이해할 수 있는 형태의 언어는 기계어이다.
고급언어의 특징
- 사람이 이해하기 쉬운 자연어에 가깝게 만들어진 언어이다.
- 프로그래밍하기 쉽고, 수정이 용이하다.
- 컴퓨터와 관계없이 독립적으로 프로그램을 만들 수 있다.
- 기계어로 변환하기 위해 번역하는 과정을 거친다.
- 기종에 관계없이 공통적으로 사용한다.

37 유닉스(UNIX) 운영체제를 개발하는 데 사용되는 언어는?

① FORTRAN
② PASCAL
③ BASIC
④ C

해설
유닉스(UNIX) 운영체제를 개발하는 데 사용되는 언어는 C언어이다.

38 프로그램 작성 시 반복되는 일련의 명령어들을 하나의 명령으로 만들어 실행시키는 방법은?

① 매크로
② 디버깅
③ 스케줄링
④ 모니터

해설
자주 사용하는 여러 개의 명령어를 묶어서 하나의 명령으로 만든 것을 매크로라고 한다.

39 C언어에서 실수형 변수를 정의할 때 사용하는 것은?

① Int   ② Long
③ Float   ④ Char

해설
③ Float : 실수형
① Int : 정수형
② Long : 장 정수형
④ Char : 문자형

정답 35 ③ 36 ② 37 ④ 38 ① 39 ③

40 연상기호 코드를 사용하는 프로그래밍 언어는?

① C
② PASCAL
③ COBOL
④ Assembly

해설

어셈블리(Assembly)어
- 기계어와 1:1로 대응되는 기호언어이다.
- 사람이 기억하고 이해하기 쉬운 연상 코드를 사용한다.
- 기계어에 비해 융통성이 있는 언어이다.
- 프로그램의 수정이 편리하다.

41 다음 레지스터 마이크로 명령에 대한 설명으로 옳은 것은?

$$A \leftarrow A+1$$

① A 레지스터의 어드레스를 1 증가시킨 레지스터의 데이터값을 전송하기
② A 레지스터의 어드레스를 1 증가시키고, 어드레스를 A 레지스터에 저장하기
③ A 레지스터의 데이터값을 1 증가시키고, A 레지스터에 저장하기
④ A 레지스터의 데이터값을 1 증가시키고, $A+1$ 레지스터에 저장하기

해설

마이크로 명령 $A \leftarrow A+1$은 A 레지스터의 데이터 값을 1 증가시키고 A 레지스터에 저장을 한다는 의미이다.

42 논리식 $X = AB + ABC + \overline{A}B + A\overline{B}C$를 간소화하면?

① $X = A + B$
② $X = B + C$
③ $X = A + C$
④ $X = B + AC$

해설

$X = AB + ABC + \overline{A}B + A\overline{B}C$
$= (A + \overline{A})B + (B + \overline{B})AC$
$= B + AC$

43 펄스가 입력되면 현재와 반대의 상태로 바뀌게 하는 토글(Toggle) 상태를 만드는 것은?

① T 플립플롭
② D 플립플롭
③ JK 플립플롭
④ RS 플립플롭

해설

T 플립플롭
- JK 플립플롭의 입력 J 및 K를 서로 묶어서 하나의 데이터로 입력한다.
- 클록 펄스가 가해질 때마다 출력 상태가 반전하는 토글(Toggle) 또는 스위칭작용을 하므로 계수기(Counter)에 사용된다.

T	Q_{n+1}
0	Q_n
1	$\overline{Q_n}$

정답 40 ④ 41 ③ 42 ④ 43 ①

44 다음 그림과 같은 입출력 파형에 따른 출력으로 알맞은 게이트는?

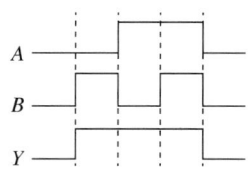

① AND　　② OR
③ NOT　　④ XOR

해설
OR(논리합)게이트
- 어떤 입력에도 '1'이 인가되면 출력 상태는 '1'
- 논리식 $Y = A + B$
- 진리표

입 력		출 력
A	B	Y
0	0	0
0	1	1
1	0	1
1	1	1

45 플립플롭을 4단 연결한 2진 하향 계수기를 리셋시킨 후 첫 번째 클록펄스가 인가되면 나타나는 출력은?

① 3　　② 5
③ 8　　④ 15

해설
플립플롭을 4단 연결한 2진 하향 계수기를 리셋시킨 후 첫 번째 클록 펄스가 인가되면 나타나는 출력은 1111이 되므로 15가 된다.
하향 계수기
- 계수기가 기억할 수 있는 최댓값인 플립플롭 전체가 1을 기억한 후 펄스가 하나씩 입력될 때마다 기억된 내용이 1씩 감소되는 계수기이다.
- 4단의 플립플롭이 모두 1인 1111 상태에서 시작하여 펄스가 하나씩 입력될 때마다 1110, 1101, ⋯, 0000의 순으로 하나씩 뺄셈을 수행한 것과 같은 결과이다.

46 불 대수 정리 중 다음 식으로 표현하는 정리는?

$$\overline{A+B} = \overline{A} \cdot \overline{B}, \quad \overline{AB} = \overline{A} + \overline{B}$$

① 드모르간의 정리
② 베이스 트리거의 정리
③ 카르노프의 정리
④ 베엔의 정리

해설
드모르간의 정리는 수리집합론이나 논리학에서 여집합, 합집합, 교집합의 관계를 기술하여 정리한 것이다.

47 플립플롭이 갖는 안정 상태는?

① 1개　　② 2개
③ 3개　　④ 4개

해설
플립플롭(Flip Flop)은 2개의 안정된 상태를 가지는 쌍안정 멀티바이브레이터이다.

48 병렬 가산기의 장점은?

① 기계가 복잡하다.
② 연산처리 속도가 직렬 가산기에 비해 빠르다.
③ 가격이 저렴하다.
④ 가산 자릿수만큼 가산회로가 사용된다.

해설
병렬 가산기(Parallel Adder)는 직렬 가산기(Serial Adder)보다 많은 전가산기가 소요되지만 연산처리의 속도는 빨라지는 장점이 있다.

정답　44 ②　45 ④　46 ①　47 ②　48 ②

49 8[bit]로 2의 보수 표현방법에 의해 10과 −10을 나타내면?

① 00001010, −00001010
② 00001010, 10001010
③ 00001010, 11110101
④ 00001010, 11110110

해설
8[bit]로 10을 표현하면 00001010이 되고, 2의 보수 표현방식에 의해 −10을 표현하면 11110110이 된다.

50 다음과 같은 SW회로에 대한 논리함수 Y는?

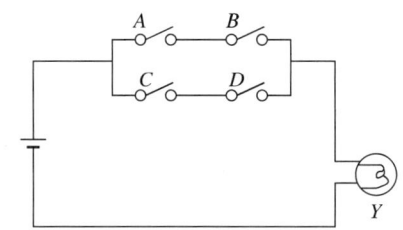

① $Y=(A+B)(C+D)$
② $Y=AC+BD$
③ $Y=ABCD$
④ $Y=AB+CD$

해설
직렬연결은 AND 논리이고, 병렬연결은 OR 논리이므로, $Y=AB+CD$이다.

51 부동 소수점 방식과 거리가 먼 것은?

① 지수부
② 소수부
③ 가수부
④ 보수부

해설
부동 소수점(Floating Point) 표현방식
• 한 개의 부호 비트, 지수부(Exponent Part), 가수부(Mantissa Part)로 구성되며, 소수점을 포함한 실수도 표현 가능하다. 소수점의 위치를 정해진 위치로 이동하는 과정을 정규화(Normalization) 라고 한다.
• 수의 표현 시 고정 소수점 방식보다 정밀도를 높일 수 있으므로 주로 과학, 공학, 수학적인 응용면에서 사용한다.

52 다음 그림과 같은 회로의 명칭은?

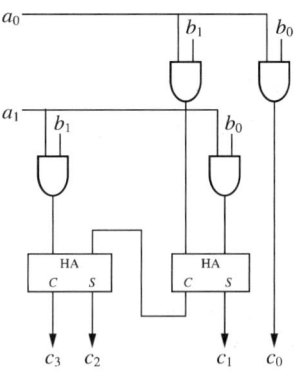

① 곱셈회로
② 가산회로
③ 감산회로
④ 나눗셈회로

해설
곱셈회로는 두 입력 단자에 입력된 두 신호의 곱에 비례하는 신호를 출력하는 회로이다.

53 다음 중 가장 큰 수는?

① 2진수 11101.011
② 8진수 457
③ 10진수 245
④ 16진수 FB

해설
각 수를 10진수로 변환하면
① 2진수 11101.011 : $1\times2^4+1\times2^3+1\times2^2+0\times2^1+1\times2^0+0\times2^{-1}+1\times2^{-2}+1\times2^{-3}=29.375$
② 8진수 457 : $4\times8^2+5\times8^1+7\times8^0=303$
④ 16진수 FB : $15\times16^1+11\times16^0=251$이므로,
따라서, 8진수 457이 제일 큰 수이다.

54 다음 논리회로 기호에서 입력 $a=1$, $b=0$일 때, 출력 S의 값은?

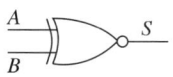

① $S=0$
② $S=1$
③ $S=$ 이전 상태
④ $S=$ 반대 상태

해설
EX-NOR는 입력이 같을 때 결과가 1이 되는 논리회로이다.
진리표

입력		출력
A	B	S
0	0	1
0	1	0
1	0	0
1	1	1

55 5개의 플립플롭으로 구성된 2진 계수기의 모듈러스(Modulus)는 몇 개인가?

① 5
② 8
③ 16
④ 32

해설
플립플롭이 n개일 때 카운터가 셀 수 있는 최대의 수를 N이라고 하면, $N=2^n$개의 수를 셀 수 있고, 0에서 2^n-1의 수까지 표현한다. 즉, 5개의 플립플롭으로 구성된 2진 계수기의 모듈러스는 $2^5=32$이므로 32개의 2진 모듈러스가 필요하다.

56 다음 그림에서 출력 F가 0이 되기 위한 조건은?

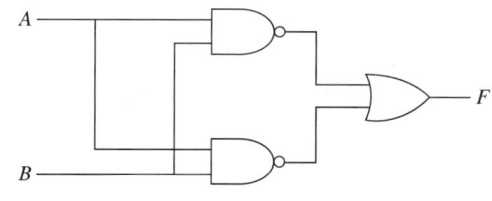

① $A=0$, $B=0$
② $A=0$, $B=1$
③ $A=1$, $B=0$
④ $A=1$, $B=1$

해설
$F=\overline{AB}+\overline{AB}=\overline{AB}$이므로, 출력 $F=0$이 되기 위한 조건은 $A=1$, $B=1$의 경우만 해당된다.

57 다음의 논리회로가 수행하는 기능으로 올바른 것은?

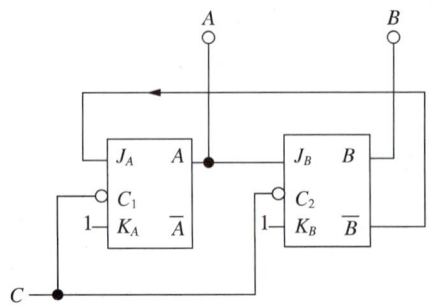

① 동기형 3진 카운터
② 비동기형 3진 카운터
③ 동기형 5진 카운터
④ 비동기형 5진 카운터

해설
동기형(Synchronous Type) 카운터
계수회로에 쓰이는 모든 플립플롭에 클록 펄스를 동시에 공급하며 출력 상태가 동시에 변화하고, 클록 펄스가 없을 때 가해진 압력 펄스에 대해서는 각각의 플립플롭이 동작하지 않는다.
• 클록 펄스가 클록 입력 또는 트리거 입력에 직접 연결되어 계수기 플립플롭의 상태가 동시에 변한다.
• 동작속도가 고속으로 이루어진다.
• 설계가 쉽고 규칙적이다.
• 제어신호가 플립플롭의 입력으로 된다.
• 회로가 복잡하고 큰 시스템에 사용된다.
• 별도로 클록발진기가 필요하고 지연시간에 관계없다.

58 다음 논리식을 최소화한 것은?

$$Z = X(\overline{X} + Y)$$

① $Z = X$
② $Z = Y$
③ $Z = XY$
④ $Z = \overline{X} \cdot \overline{Y}$

해설
$Z = X(\overline{X}+Y) = X\overline{X}+XY = XY$ (불 대수 식 $X \cdot \overline{X} = 0$)

59 잘못된 정보를 발견하고, 수정할 수 있도록 한 코드는?

① BCD 코드
② 해밍코드
③ 그레이코드
④ 3초과 코드

해설
해밍코드(Hamming Code)
• 오류 검출 후 자동적으로 정정해 주는 코드이다.
• 1비트의 단일 오류를 정정하기 위해 3비트의 여유 비트가 필요하다.

60 레지스터의 설명으로 옳지 않은 것은?

① 2진식 기억소자의 집단
② Flip Flop으로 구성
③ 타이밍 변수를 만드는 데 유용
④ 직렬 입력, 병렬 출력으로만 동작

해설
레지스터(Register)
2진 데이터를 일시 저장하는 데 적합한 2진 기억 소자들의 집합이다. 1개의 플립플롭은 2진 데이터의 1비트를 저장할 수 있는 기억소자의 역할을 하므로 레지스터는 플립플롭의 집합이라고 할 수 있다.

2021년 제1회 과년도 기출복원문제

01 다음 그림에서 전류 $I_a = 3+j4[A]$, $I_b = -3+j4[A]$, $I_c = 6+j8[A]$이면 I_d는 몇 [A]인가?

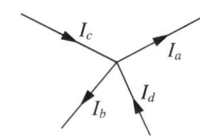

① -6
② $-j6$
③ $12+j8$
④ $8+j12$

해설
키르히호프의 제1법칙 : Σ유입전류 $=\Sigma$유출전류
$I_c + I_d = I_a + I_b$
$(6+j8) + I_d = (3+j4) + (-3+j4)$
$6+j8+I_d = j8$
$\therefore I_d = -6[A]$

02 1[Ω]의 저항 10개를 직렬로 접속할 때의 합성저항은 병렬로 접속할 때의 합성저항의 몇 배인가?

① 0.1
② 1
③ 10
④ 100

해설
- 1[Ω]의 저항 10개의 직렬 합성저항
  $nR = 1 \times 10 = 10[\Omega]$
- 1[Ω]의 저항 10개의 병렬 합성저항
  $\dfrac{R}{n} = \dfrac{1}{10} = 0.1[\Omega]$
$\therefore$ 직렬 합성저항은 병렬 합성저항의 100배이다.

03 수정발진기의 특징 중 가장 큰 장점은?

① 발진이 용이하다.
② 주파수 안정도가 높다.
③ 발진세력이 강하다.
④ 소형이며 잡음이 적다.

해설
수정발진회로의 특징
- 수정진동자의 Q가 높아 보통 1,000~10,000 정도이고, 안정도가 높다(10^{-5} 정도).
- 압전효과가 있다.
- 발진주파수는 수정편의 두께에 반비례한다.
- 수정진동자는 기계적, 물리적으로 강하다.
- 발진 조건을 만족하는 유도성 주파수 범위가 매우 좁다.
- 수정편에 항온조 등을 이용하므로 주위 온도의 영향이 작다.

04 트랜지스터를 증폭기로 사용하는 영역은?

① 차단영역
② 포화영역
③ 활성영역
④ 차단영역 및 포화영역

해설
트랜지스터 동작 특성
- 포화영역 : 스위치 동작-ON
- 활성영역 : 트랜지스터 증폭
- 차단영역 : 스위치 동작-OFF
- 항복영역 : 트랜지스터 파괴

정답 1 ① 2 ④ 3 ② 4 ③

05 다음 연산증폭회로에서 출력전압(V_o)은?

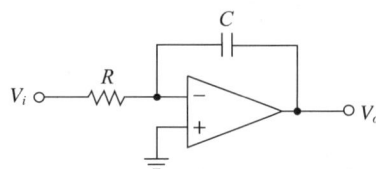

① $V_o = -\dfrac{1}{RC}\int V_i dt$

② $V_o = -RC\int V_i dt$

③ $V_o = -RC\dfrac{dV_i}{dt}$

④ $V_o = RC\dfrac{dV_i}{dt}$

해설
적분회로
- $V_o = -\dfrac{Z_f}{Z_i} = -\dfrac{\left(\dfrac{1}{j\omega C}\right)}{R_1}V_i = -\dfrac{1}{RC}\int V_i dt$
- 출력전압이 입력전압의 적분값에 비례한다.

06 이상적인 상태에서 100[%] 변조된 AM파는 무변조파에 비하여 출력이 몇 배로 되는가?

① 1 ② 1.5
③ 2 ④ 2.5

해설
전체 전력 P_m와 반송파 전력 P_c의 비
$\dfrac{P_m}{P_c} = 1 + \dfrac{m^2}{2}$ 이며, $m=1$일 때 AM파에서의 최대 전력은 $P_m = 1.5P_c$가 되며, 이것은 신호파가 변조기에서 일그러짐(Distortion) 없이 반송파에 실릴 때의 한계 최대 전력을 나타낸다.

07 증폭기의 출력에서 기본파 전압이 50[V], 제2고조파 전압이 4[V], 제3고조파 전압이 3[V]이면 이 증폭기의 왜율은?

① 5[%] ② 10[%]
③ 15[%] ④ 20[%]

해설
왜율
왜파가 정현파에 비해서 어느 정도 일그러져 있는가를 나타내는 것으로, 왜율 k는 기본파에 대하여 고조파가 포함되어 있는 비율에 따라서 다음 식과 같이 정한다.

$k = \dfrac{\sqrt{A_2^2 + A_3^2}}{A_1} \times 100[\%]$

여기서, A_1 : 기본파의 전압 또는 전류의 실횻값
A_2 : 제2고조파의 전압 또는 전류의 실횻값
A_3 : 제3고조파의 전압 또는 전류의 실횻값

∴ 왜율 $k = \dfrac{\sqrt{A_2^2+A_3^2}}{A_1}\times 100 = \dfrac{\sqrt{4^2+3^2}}{50}\times 100 = 10[\%]$

08 정류회로에서 직류전압이 100[V]이고 리플전압이 0.2[V]이었다. 이 회로의 맥동률은 몇 [%]인가?

① 0.2[%] ② 0.3[%]
③ 0.5[%] ④ 0.8[%]

해설
맥동률
- 직류(전압) 전류 속에 포함되는 교류 성분의 정도
- $\gamma = \dfrac{\text{출력 파형에 포함된 교류분의 실횻값}}{\text{출력 파형의 평균값(직류 성분)}}$
- ∴ $\gamma = \dfrac{\Delta V}{V_d}\times 100 = \dfrac{0.2}{100}\times 100 = 0.2[\%]$

정답 5 ① 6 ② 7 ② 8 ①

09
가정용 전등선의 전압이 실훗값으로 100[V]일 때 이 교류의 최댓값은?

① 약 110[V]
② 약 121[V]
③ 약 130[V]
④ 약 141[V]

해설

실훗값 $V = \dfrac{V_m}{\sqrt{2}}$

∴ 최댓값 $V_m = \sqrt{2} \cdot 100[V] ≒ 141.42[V]$

10
트랜지스터 증폭기회로에 부궤환이 걸렸을 때 나타나는 특성이 아닌 것은?

① 대역폭 확대
② 이득이 다소 저하
③ 일그러짐과 잡음 감소
④ 입력 및 출력 임피던스 감소

해설

부궤환 증폭기의 특징
- 주파수 특성이 양호하고 안정도가 좋다.
- 부하의 변동이나 전원전압의 변동에 증폭도가 안정하다.
- 증폭회로 내부에서 발생 출력에 나타나는 잡음과 왜곡은 $\dfrac{A_0}{1+\beta A_0}$ 로 감소한다.
- 입력 임피던스는 증가하고 출력 임피던스는 낮아진다.
- 대역폭을 넓힐 수 있다.
- 이득이 다소 저하된다.

11
PCM(Pulse Code Modulation)의 과정이 순서대로 옳은 것은?

① 신호 → 양자화 → 표본화 → 부호화 → 복호화
② 신호 → 표본화 → 양자화 → 부호화 → 복호화
③ 신호 → 표본화 → 양자화 → 복호화 → 부호화
④ 신호 → 복호화 → 양자화 → 부호화 → 표본화

해설

PCM(Pulse Code Modulation) 변조
아날로그 신호를 표본화 → 양자화 → 부호화의 단계를 거쳐 디지털 신호로 바꾸어 준다.

12
인터럽트 입출력 방식의 처리방법이 아닌 것은?

① 소프트웨어 폴링
② 데이지체인
③ 우선순위 인터럽트
④ 핸드셰이크

해설

인터럽트 입출력 방식의 처리방법
- 소프트웨어 폴링
- 하드웨어 데이지체인(Daisy-chain)
- 병렬(Parallel) 우선순위

13
다음에 해당하는 논리회로는?

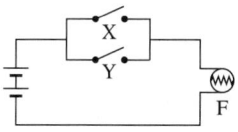

① OR
② AND
③ NOT
④ EX-OR

해설

입력 X, Y 중 최소한 어느 한쪽의 입력이 1이면, 출력이 1이 되는 회로는 OR 회로이다.

14 입출력장치의 역할로 가장 적합한 것은?

① 정보를 기억한다.
② 컴퓨터의 내·외부 사이에서 정보를 주고받는다.
③ 명령의 순서를 제어한다.
④ 기억 용량을 확대시킨다.

해설
입출력장치(I/O장치 ; Input/Output Device)는 중앙시스템과 외부 세계와의 효율적인 통신방법을 제공한다.

15 다음 논리도(Logic Diagram)에서 단자 A에 '0000', 단자 B에 '0101'이 입력된다고 할 때 그 출력은?

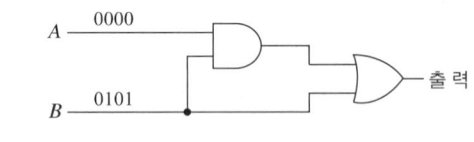

① 1111
② 0110
③ 1001
④ 0101

해설
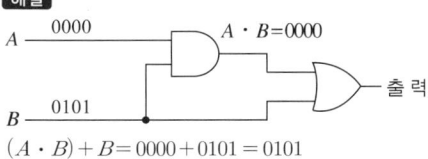
$(A \cdot B) + B = 0000 + 0101 = 0101$

16 0-9의 10진법의 수치는 2진법의 최저 몇 비트(bit)로 표현되는가?

① 3비트
② 4비트
③ 6비트
④ 8비트

해설
0-9의 10진법의 수치는 2진법의 4비트에 대응시켜 표현한다.

17 병렬전송에 대한 설명 중 틀린 것은?

① 하나의 통신회선을 사용하여 한 비트씩 순차적으로 전송하는 방식이다.
② 문자를 구성하는 비트수만큼 통신회선이 필요하다.
③ 한 번에 한 문자를 전송하므로 고속처리를 필요로 하는 경우와 근거리 데이터 전송에 유리하다.
④ 원거리 전송인 경우 여러 개의 통신회선이 필요하므로 회선비용이 많이 든다.

해설
하나의 통신회선을 사용하여 한 비트씩 순차적으로 전송하는 방식은 직렬전송방식이다.

18 컴퓨터에서 연산을 위한 수치를 표현하는 방법 중 부호, 지수(Exponent) 및 가수로 구성되는 것은?

① 부동 소수점 표현 형식
② 고정 소수점 표현 형식
③ 언팩 표현 형식
④ 팩 표현 형식

해설
부동 소수점(Floating Point) 표현 방식
• 한 개의 부호 비트, 지수부(Exponent Part), 가수부(Mantissa Part)로 구성되어 있다.
• 소수점을 포함한 실수도 표현 가능하다.
• 정규화(Normalization) : 소수점의 위치를 정해진 위치로 이동하는 과정
• 주로 과학, 공학, 수학적인 응용면에서 사용한다.

19 연산결과의 상태를 기록, 자리올림 및 오버플로 발생 등의 연산에 관계되는 상태와 인터럽트 신호까지 나타내어 주는 것은?

① 누산기
② 데이터 레지스터
③ 가산기
④ 상태 레지스터

해설
상태 레지스터(Status Register)
연산의 결과에서 자리올림(Carry)이나 오버플로(Overflow) 발생과 인터럽트 신호 등의 상태를 기억한다.

20 컴퓨터 내부에서 음수를 표현하는 방법이 아닌 것은?

① 부호와 절댓값
② 부호와 1의 보수
③ 부호와 상대값
④ 부호와 2의 보수

해설
정수 표현에서 음수를 나타내는 표현 방식
• 부호화 절댓값
• 부호화 1의 보수
• 부호화 2의 보수

21 2진수 1011을 그레이코드로 변환하면?

① $(1000)_G$
② $(0111)_G$
③ $(1010)_G$
④ $(1110)_G$

해설
그레이코드
BCD 코드의 인접한 자리를 XOR 연산으로 만든 코드

```
              ⊕      ⊕      ⊕
  2진수    1  →  0  →  1  →  1
           ↓      ↓      ↓      ↓
  그레이코드 1      1      1      0
```

2진수 1011을 그레이코드로 변환하면 11100이 된다.

22 제어장치의 PC(Program Counter)에 대한 설명으로 가장 적합한 것은?

① 기억레지스터의 명령코드를 기억한다.
② 다음에 실행될 명령어의 번지를 기억한다.
③ 주기억장치에 있는 명령어를 임시로 기억한다.
④ 명령코드를 해독하여 필요한 신호를 발생시킨다.

해설
프로그램 카운터(Program Counter)
다음에 실행될 명령어가 저장된 주기억장치의 주소를 저장한다.

23 8진수 62를 2진수로 옳게 변환한 것은?

① 110010
② 101101
③ 111010
④ 110101

해설
8진수 각 자리를 2진수 3자리로 변환한다.

6	2
110	010

∴ 8진수 62는 2진수 110010으로 변환된다.

24 다음 중 속도가 가장 빠른 주소지정방식은?

① 간접 주소방식(Indirect Addressing)
② 직접 주소방식(Direct Addressing)
③ 즉시 주소방식(Immediate Addressing)
④ 상대 주소방식(Relative Addressing)

해설
주소 지정 방식 중 속도가 가장 빠른 순
즉시(Immediate) > 직접(Direct) > 간접(Indirect) > 인덱스(Indexed)

25 어큐뮬레이터에 있는 10진수 12를 왼쪽으로 두 번 시프트시킨 후의 값은?

① 12
② 24
③ 36
④ 48

해설
2진수를 직렬로 1비트씩 차례로 입력시키면 레지스터가 기억하고 있는 데이터를 오른쪽 또는 왼쪽으로 한 자리씩 이동(Shift)시킬 수 있는 레지스터는 시프트 레지스터(Shift Register)이다. 즉, 10진수 12를 2진수로 표현하면 $(1100)_2$이다. 왼쪽으로 두 번 시프트하면 $(110000)_2$이 되므로, 10진수 48이 된다.

26 자료구조의 구성 단계를 옳게 표현한 것은?

① byte → bit → word → file → record
② bit → byte → word → record → file
③ bit → byte → word → file → record
④ bit → byte → record → file → word

해설
자료구조의 구성 단계는 bit → byte → word → record → file → database이다.

27 기억공간을 모아서 유용하게 능률적으로 사용하도록 하는 방법은?

① Garbage Collection
② Memory Collection
③ Multiprogramming
④ Relocation

해설
가비지 컬렉션(Garbage Collection)
프로그램이 더 이상 객체를 참조하지 않을 경우 기억공간을 모아서 유용하게 능률적으로 사용하도록 하는 방법

28 CPU가 어떤 작업을 수행하고 있는 중에 외부로부터 긴급 서비스 요청이 있으면 그 작업을 잠시 중단하고 요구된 일을 먼저 처리한 후에 다시 원래의 작업을 수행하는 것은?

① 시분할
② 인터럽트
③ 분산처리
④ 채 널

해설
인터럽트(Interrupt)
• 프로그램이 수행되고 있는 동안 어떤 조건이 발생하여 수행 중인 프로그램을 일시적으로 중지시키게 만드는 조건이나 사건의 발생
• 다른 프로그램이 수행되는 동안 여러 개의 사건을 처리할 수 있는 메커니즘
• 인터럽트가 발생하면 마이크로 컨트롤러는 현재 수행 중인 프로그램을 일시 중단하고, 인터럽트 처리를 위한 프로그램을 수행한 후에 다시 원래의 프로그램으로 복귀

29 문자 자료의 표현방법에 해당하지 않는 것은?

① BCD 코드
② ASCII 코드
③ EBCDIC 코드
④ EX-OR 코드

해설
문자 자료의 표현방법
• 2진화 10진 코드(BCD)
• 아스키코드(ASCII, 미국 표준화 코드)
• 확장 2진화 10진 코드(EBCDIC)

30 다음 그림의 비트구조로 알맞은 코드는?

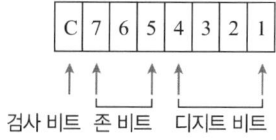

① BCD 코드
② EBCDIC 코드
③ ASCII 코드
④ 3초과 코드

해설
ASCII 코드
• BCD 코드와 EBCDIC의 중간 형태로 미국표준협회가 제안
• 7비트로 한 문자를 표현, 128문자까지 표현 가능
• 컴퓨터와 통신 터미널 사이의 정보 교환, 소형 컴퓨터에서 주로 사용, 대형 컴퓨터에서는 다른 코드를 함께 사용, 현재는 주로 확장된 ASCII 코드 사용
• 3비트의 존비트와 4비트의 디지트비트, 검사비트로 구성

31 운영체제의 역할과 거리가 먼 것은?

① 사용자와 시스템 간의 인터페이스 역할
② 데이터 공유 및 주변장치 관리
③ 자원의 효율적 운영 및 자원 스케줄링
④ 저급 언어를 고급 언어로 변환

해설
운영체제의 역할
• 사용자와 컴퓨터 시스템 간의 인터페이스(Interface) 정의
• 사용자들 간 하드웨어의 공동 사용
• 여러 사용자 간의 자원 공유
• 자원의 효과적인 운영을 위한 스케줄링
• 입출력에 대한 보조 역할

32 구문분석기가 올바른 문장에 대해 그 문장의 구조를 트리로 표현한 것으로 루트, 중간, 단말 노드로 구성되는 트리를 무엇이라고 하는가?

① 개념트리
② 파스트리
③ 유도트리
④ 정규트리

해설
파스트리(Parse Tree)
• 구문분석기가 그 문장의 구조를 트리 형태로 나타낸 것
• 루트 노드, 중간 노드, 단말 노드로 구성
 - 루트 노드 : 정의된 문법의 시작 심벌
 - 중간 노드 : 비단말 심벌
 - 단말 노드 : 단말 심벌

33 구조적 프로그램의 기본 구조가 아닌 것은?

① 순차 구조
② 그물 구조
③ 선택 구조
④ 반복 구조

해설
구조적 프로그래밍(Structured Programming)
- 순차 구조(Sequence) : 하나의 일이 수행된 후 다음이 순서적으로 수행된다.
- 선택 구조(If-then-else) : 어떤 조건(If)이 만족되면(Then) 다음의 일이 수행되고, 그렇지 않은 경우에는(Else) 다음의 일이 수행된다.
- 반복 구조(Repetition) : 어떤 조건이 만족될 때까지 특정 일이 반복 수행된다.

34 운영체제를 기능상 분류할 경우 제어 프로그램에 해당하는 것은?

① 감시 프로그램
② 언어 번역 프로그램
③ 문제 프로그램
④ 서비스 프로그램

해설
운영체제의 기능상 분류
- 제어 프로그램
  - 감시 프로그램
  - 데이터 관리 프로그램
  - 작업 제어 프로그램
- 처리 프로그램
  - 언어 번역 프로그램
  - 서비스 프로그램
  - 문제 프로그램

35 시분할 시스템을 위해 고안된 방식으로 FCFS 알고리즘을 선점 형태로 변형한 스케줄링 기법은?

① SRT
② SJF
③ Round Robin
④ HRN

해설
스케줄링의 알고리즘별 분류

종류	방법
SRT	수행 도중 나머지 수행 시간이 적은 작업을 우선적으로 처리하는 방법
SJF	수행 시간이 적은 작업을 우선적으로 처리하는 방법
Round Robin	FCFS 방식의 변형으로 일정한 시간을 부여하는 방법
HRN	실행 시간이 긴 프로세스에 불리한 SJF 기법을 보완한 방법

36 BNF 표기법에서 '선택'을 의미하는 기호는?

① #
② &
③ |
④ @

해설
BNF 표기법
배커스-나우어 형식(Backus-Naur Form)의 약어로, 구문(Syntax) 형식을 정의하는 가장 보편적인 표기법

::=	정의 기호
|	선택 기호
〈 〉	Non Terminal 기호(재정의될 기호)

37 C언어에서 데이터 형식을 규정하는 서술자에 대한 설명으로 옳지 않은 것은?

① %e : 지수형
② %x : 문자열
③ %f : 소수점 표기형
④ %u : 부호 없는 10진 정수

해설
C언어에서 데이터 형식을 규정

서술자	기능
%o	octal : 8진수 정수
%d	decimal : 10진수 정수
%x	hexadecimal : 16진수 정수
%c	character : 문자
%s	string : 문자열
%e	지수형
%f	소수점 표기형
%u	부호 없는 10진 정수

38 C언어에서 한 문자씩 출력하는 함수는?

① printf( )
② putchar( )
③ puts( )
④ gets( )

해설
C언어의 문자 출력 함수
- putchar( ) 함수 : 화면에 한 문자씩 출력하는 함수
- puts( ) 함수 : 문자열을 화면으로 출력하는 함수
- gets( ) 함수 : 키보드로부터 문자열을 읽어 들여 문자열 포인터가 가리키는 장소에 기억시키며, 그 포인터를 되돌려 주는 함수
- getchar( ) 함수 : 키보드로부터 한 번에 한 문자씩 읽어 들여 그 문자에 해당하는 ASCII 코드의 값을 정수형으로 선언된 변수에 할당하는 함수

39 순서도의 역할이 아닌 것은?

① 프로그램의 정확성 여부를 확인하는 자료가 된다.
② 오류 발생 시 원인 규명이 용이하다.
③ 논리적인 체계 및 처리 내용을 쉽게 파악할 수 있다.
④ 원시 프로그램을 목적 프로그램으로 번역한다.

해설
순서도의 역할
- 프로그램의 정확성 여부를 판단하는 자료가 되며, 오류가 발생하였을 때 그 원인을 찾아 수정하기 쉽다.
- 업무의 내용과 프로그램을 쉽게 이해할 수 있고, 다른 사람에게 전달이 쉽다.
- 프로그램의 논리적인 체계 및 처리 내용을 쉽게 파악할 수 있다.
- 프로그래밍 언어에 관계없이 공통으로 사용할 수 있다.
- 프로그램 작성의 직접적인 자료가 된다.

40 좋은 프로그래밍 언어가 갖추어야 할 요소와 거리가 먼 것은?

① 효율적인 언어이어야 한다.
② 언어의 확장이 용이하여야 한다.
③ 언어의 구조가 체계적이어야 한다.
④ 하드웨어에 의존적이어야 한다.

해설
프로그램 언어가 갖추어야 할 요건
- 효율적이어야 한다.
- 확장성이 있어야 한다.
- 프로그래밍 언어의 구조가 체계적이어야 한다.
- 프로그래밍 언어는 단순 명료하고 통일성을 가져야 한다.
- 응용 문제에 자연스럽게 적용할 수 있어야 한다.
- 외부적인 지원이 가능해야 한다.

정답 37 ② 38 ② 39 ④ 40 ④

41 시간 펄스나 제어를 위한 펄스의 수를 세는 회로는?

① 제어회로
② 명령회로
③ 계수회로
④ 펄스회로

해설
카운터(계수기)는 입력 펄스가 들어온 때마다 미리 정해진 순서대로 플립플롭의 상태가 변화하는 것을 이용한 것이다.

42 RS 플립플롭의 R선에 인버터를 추가하여 S선과 하나로 묶어서 입력선을 하나만 구성한 플립플롭은?

① JK 플립플롭
② T 플립플롭
③ 마스터-슬레이브 플립플롭
④ D 플립플롭

해설
D 플립플롭
- RS FF의 R선에 인버터(Inverter)를 추가하여 S선과 하나로 묶어서 입력선을 하나만 구성
- 클록형 RS 플립플롭 또는 JK 플립플롭을 변형시킨 것으로, 데이터 입력신호 D가 그대로 출력 Q에 전달되는 특성으로 데이터의 일시적인 보존이나 디지털 신호의 지연 등에 이용된다.

43 한 비트의 2진수를 더하여 합과 자리올림값을 계산하는 반가산기를 설계하고자 할 때 필요한 게이트는?

① 배타적 OR 2개, OR 1개
② 배타적 OR 1개, AND 1개
③ 배타적 NOR 1개, NAND 1개
④ 배타적 OR 1개, AND 1개, NOT 1개

해설
반가산기(Half-adder)
- 2개의 2진수와 A와 B를 더한 합(Sum) S와 자리올림 수(Carry) C를 얻는 회로
- 배타 논리합회로와 논리곱회로로 구성된다.

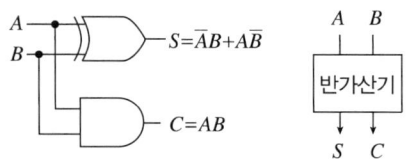

입력		출력	
A	B	S	C
0	0	0	0
0	1	1	0
1	0	1	0
1	1	0	1

44 다음 논리식의 결과값은?

$$\overline{(\overline{A}+B)}\,\overline{(\overline{A}+\overline{B})}$$

① 0
② 1
③ A
④ B

해설
$\overline{B}B = 0$이므로,
$\overline{(\overline{A}+B)}\,\overline{(\overline{A}+\overline{B})} = (\overline{\overline{A}}\cdot\overline{B})(\overline{\overline{A}}\cdot\overline{\overline{B}})$
$= (A\cdot\overline{B})(A\cdot B)$
$= AA\cdot AB\cdot\overline{B}A\cdot\overline{B}B$
$= 0$

정답 41 ③ 42 ④ 43 ② 44 ①

45 동기형 16진수 계수기를 만들려면 JK 플립플롭이 최소 몇 개 필요한가?

① 3 ② 4
③ 8 ④ 16

해설
JK 플립플롭이 n개일 때 카운터가 셀 수 있는 최대의 수를 N이라 하면 $N = 2^n$개의 수를 셀 수 있고, 0에서 $2^n - 1$의 수까지 표현한다. 즉, 최대의 수는 $2^4 = 16$이므로, JK 플립플롭이 최소 4개 필요하다.

46 다음 그림과 같이 A와 B에서 값이 입력될 때 출력값은?

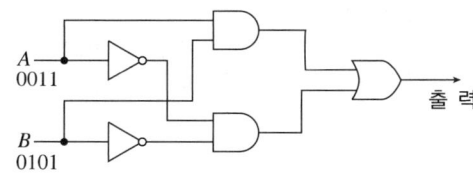

① 1001 ② 0101
③ 0100 ④ 0011

해설
$(A \cdot B) + (\overline{A} \cdot \overline{B})$이므로,
$(0011 \cdot 0101) + (1100 \cdot 1010) = 0001 + 1000 = 1001$이다.

47 시프트 레지스터(Shift Register)를 만들고자 할 경우 가장 적합한 플립플롭은?

① RS 플립플롭
② T 플립플롭
③ D 플립플롭
④ RST 플립플롭

해설
시프트 레지스터(Shift Register)의 구성에는 입력 데이터의 구성이 용이한 RS 플립플롭이 적합하다.

48 플립플롭에 기억된 정보에 대하여 시프트 펄스를 하나씩 공급할 때마다 순차적으로 다음 플립플롭에 옮기는 동작을 하는 레지스터는?

① 직렬 이동 레지스터
② 병렬 이동 레지스터
③ 공간 이동 레지스터
④ 상황 이동 레지스터

해설
시프트 레지스터(Shift Register) : 2진수를 직렬로 1비트씩 차례로 입력시키면 레지스터가 기억하고 있는 데이터를 오른쪽 또는 왼쪽으로 한 자리씩 이동(Shift)시킬 수 있는 레지스터

정답 45 ② 46 ① 47 ① 48 ①

49 다음 중 배타적-OR(Exclusive-OR)회로를 응용하는 회로가 아닌 것은?

① 보수기
② 패리티 체커
③ 2진 비교기
④ 슈미트 트리거

해설
배타적-OR(Exclusive-OR)회로를 이용해 그레이코드 변환회로, 2진 코드 변환회로, 패리티 체커, 2진 비교기, 보수기 등을 구현할 수 있다.

50 플립플롭의 종류가 아닌 것은?

① RS-FF
② JK-FF
③ CP-FF
④ T-FF

해설
플립플롭의 종류
RS 플립플롭, D 플립플롭, JK 플립플롭, T 플립플롭 등

51 전감산기의 출력 D(차)와 결과가 같은 것은?

① 전가산기 S(합) 출력
② 반가산기 C(자리올림수)
③ 전감산기 B(자리내림수)
④ 전가산기 C(자리올림수)

해설
전감산기(Full Subtracter)
두 개의 비트 X, Y와 앞자리에서 꿔 주는 빌림수(Borrow) Z까지 고려하여 Y, Z의 두 비트를 감산하는 조합 논리회로로서, 차 D는 전가산기의 합 S와 같으며 B는 빌림수(Borrow)로서 전가산기의 캐리 C와 다른 점은 X를 보수로 취하는 것이다.

52 제어 입력이 '1'이면 버퍼와 동일하고, 제어 입력이 '0'이면 출력이 끊어지고, 고임피던스 상태가 되는 것은?

① Totem-pole 버퍼
② O.C Output 버퍼
③ Tri-state 버퍼
④ Inverted Output 버퍼

해설
3-상태(Tri-state) 버퍼
- 출력이 3가지 상태인 특수 기호의 게이트
- $S=0$일 경우 3-상태 버퍼회로는 고임피던스가 되어 회로는 Off 상태가 된다.
- $S=1$일 경우 3-상태 버퍼회로는 On 상태가 되어 $x=0$이면 0이 출력되고, $x=1$이면 1이 출력된다.

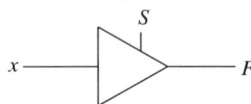

x	S	F
0	0	고임피던스
1	0	고임피던스
0	1	0
1	1	1

53 다음 블록도의 명칭으로 적당한 것은?

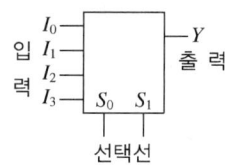

① 가산기
② 디멀티플렉서
③ 디코더
④ 멀티플렉서

해설
멀티플렉서(Multiplexer)
2^n개의 입력선과 입력 선택을 위한 n개의 선택선 및 하나의 출력선을 가지며, 이 선택선에 가하는 비트 조합에 따라 입력 중의 하나가 선택된다.

54 2진수 0.1011을 10진수로 변환하면?

① 0.1048
② 0.2048
③ 0.4875
④ 0.6875

해설
$(0.1011)_2 = 1 \times 2^{-1} + 1 \times 2^{-3} + 1 \times 2^{-4}$
$= 0.5 + 0.125 + 0.0625$
$= 0.6875$

55 단안정 멀티바이브레이터에 관한 설명 중 옳은 것은?

① 플립플롭 회로를 사용한다.
② 디지털 파형 발생에 사용한다.
③ 두 가지 상태는 있으나 하나만 안정하다.
④ 안정 상태가 없으며, 시간 발생기로 사용한다.

해설
단안정 멀티바이브레이터
• 하나의 안정 상태와 하나의 준안정 상태를 가진다.
• 외부로부터 (-)의 트리거 펄스를 가하면 안정 상태에서 준안정 상태로 되었다가 일정 시간 경과 후 다시 안정 상태로 돌아오는 동작을 한다.

56 10진수 8이 기억되어 있는 5비트 시프트 레지스터를 좌측으로 1비트 시프트했을 때 기억되는 값은?

① 2
② 4
③ 8
④ 16

해설
10진수 8을 5비트의 2진수로 표현하면 01000이 된다. 이를 좌측으로 1비트 시프트하면 10000이 되므로 10진수 16이 된다.

정답 53 ④ 54 ④ 55 ③ 56 ④

57 불 대수의 기본 법칙 중 다음과 같은 연산과 관계되는 법칙은?

$$A+(B \cdot C)=(A+B)(A+C)$$

① 교환 법칙 ② 결합 법칙
③ 분배 법칙 ④ 드모르간 법칙

해설
불 대수의 법칙
• 교환 법칙
  $A+B=B+A$, $A \cdot B=B \cdot A$
• 결합 법칙
  $(A+B)+C=A+(B+C)$
  $(A \cdot B) \cdot C=A \cdot (B \cdot C)$
• 분배 법칙
  $A+(B \cdot C)=(A+B) \cdot (A+C)$
  $A \cdot (B+C)=A \cdot B+A \cdot C$

58 다음 T 플립플롭의 특성표에서 ( ) 안에 알맞은 출력값은?

입력	출력
T	Q_{n+1}
0	( )
1	$\overline{Q_n}$

① 0 ② 1
③ Q_n ④ Q_{n+1}

해설
T 플립플롭
• JK 플립플롭의 입력 J 및 K를 서로 묶어서 하나의 데이터로 입력한다.
• 클록 펄스가 가해질 때마다 출력 상태가 반전하는 토글(Toggle) 또는 스위칭 작용을 하므로 계수기(Counter)에 사용된다.

T	Q_{n+1}
0	Q_n
1	$\overline{Q_n}$

59 동기식 5진 계수기에서 계수값이 순차적으로 변환하는 경우 ( ) 안에 들어갈 2진수를 10진수로 옳게 변환한 것은?

000 001 010 011 ( ) 000

① 1 ② 2
③ 3 ④ 4

해설
동기식 5진 계수기
계수값이 순차적으로 000 → 001 → 010 → 011 → 100으로 변환한 다음, 000에서부터 다시 순환되는 계수기
∴ 2진수 100은 10진수 4이다.

60 동기식 9진 카운터를 만드는 데 필요한 플립플롭의 개수는?

① 1개 ② 2개
③ 3개 ④ 4개

해설
플립플롭이 n개일 때 카운터가 셀 수 있는 최대의 수를 N이라 하면, $N=2^n$ 개의 수를 셀 수 있고, 0에서 2^n-1의 수까지 표현한다. 즉, 9진 카운터를 만들기 위해서 플립플롭이 $2^4=16$이므로 4개의 플립플롭이 필요하다.

57 ③ 58 ③ 59 ④ 60 ④

2021년 제2회 과년도 기출복원문제

01 단측파대(Single Side Band) 통신에 사용되는 변조회로는?

① 컬렉터 변조회로
② 베이스 변조회로
③ 주파수 변조회로
④ 링 변조회로

해설
진폭변조에서는 변조된 두 측파대의 상하 각 측파대 안에 변조파인 음성신호는 모두 포함되어 있다. 따라서 내용의 송수신은 어느 한쪽의 측파대만 사용하면 충분히 통신을 할 수 있다. 이와 같은 통신 방법을 단측파대 방식이라고 하며, 평형 변조기나 링 변조기가 이에 속한다.

02 FM 방식에서 변조를 깊게 했을 때 최대 주파수 편이가 Δf_m이라면 필요한 주파수 대역폭 B는?

① $B = 0.5\Delta f_m$
② $B = \Delta f_m$
③ $B = 2\Delta f_m$
④ $B = 4\Delta f_m$

해설
Δf_m는 최대 주파수 편이로 반송파 주파수를 기준으로 하여 주파수의 ± 최대 변화값을 나타내며 변조신호의 진폭 V_s에 비례하므로 대역폭 $B = \Delta f_m$이다.

03 다음 그림의 회로에서 시정수 τ는 몇 [ms]인가?

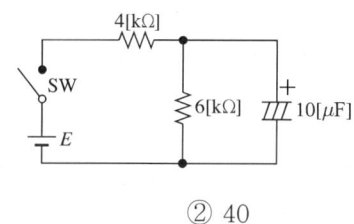

① 24
② 40
③ 60
④ 100

해설
시정수
- 시간의 변화에 대한 일정한 기준값이다.
- 이 값을 회로의 시정수 또는 시상수(Time Constant)라고 한다.
- 시정수의 정의는 지수함수의 지수부의 절댓값을 1로 만드는 값이다.

$\tau = RC = \dfrac{(4 \times 10^3) \times (6 \times 10^3)}{(4 \times 10^3) + (6 \times 10^3)} \times (10 \times 10^{-6}) = 0.024[\text{s}]$
$= 24[\text{ms}]$

04 다이오드를 사용한 정류회로에서 2개의 다이오드를 직렬로 연결했을 때 나타나는 현상은?

① 부하 출력의 리플전압이 커진다.
② 부하 출력의 리플전압이 줄어든다.
③ 다이오드는 과전류로부터 보호된다.
④ 다이오드는 과전압으로부터 보호된다.

해설
- 다이오드 직렬연결 : 내압 증가 → (과전압으로부터 보호)
- 다이오드 병렬연결 : 허용 전류 증가 → (과전류로부터 보호)

정답 1 ④ 2 ② 3 ① 4 ④

05 트랜지스터를 활성영역에서 사용하고자 할 때 E-B 접합부와 C-B 접합부의 바이어스는 어떻게 공급하여야 하는가?

① E-B : 순바이어스, C-B : 순바이어스
② E-B : 순바이어스, C-B : 역바이어스
③ E-B : 역바이어스, C-B : 순바이어스
④ E-B : 역바이어스, C-B : 역바이어스

해설
바이어스 모드

바이어스 모드	바이어스 극성 E-B 접합	바이어스 극성 C-B 접합
포화(Saturation)	정방향	정방향
활성(Active)	정방향	역방향
반전(Inverted)	역방향	정방향
차단(Cut-off)	역방향	역방향

06 저역통과 RC회로에서 시정수가 의미하는 것은?

① 응답의 상승속도를 표시한다.
② 응답의 위치를 결정해 준다.
③ 입력의 진폭 크기를 표시한다.
④ 입력의 주기를 결정해 준다.

해설
시정수란 입력신호가 변화했을 때 출력신호가 정상 상태에 도달하기까지의 과도기간을 알기 위한 척도(최종값의 63.2%)로서, 입력신호에 대한 응답의 상승속도를 표시한다.

07 어느 도체의 단면을 3분 동안 720[C]의 전기량이 지나갔다면 전류의 크기는 몇 [A]인가?

① 4[A]   ② 12[A]
③ 24[A] ④ 40[A]

해설
$I = \dfrac{Q}{t} = \dfrac{720}{3 \times 60} = 4[A]$

08 신호주파수가 4[kHz], 최대 주파수 편이가 16[kHz]이면 변조지수는?

① 0.25   ② 0.5
③ 4   ④ 16

해설
변조지수
주파수 편이(Δf_c)와 신호주파수(f_s)의 비
$m_f = \dfrac{\Delta f_c}{f_s} = \dfrac{16}{4} = 4$

09 정류회로의 종류로 옳지 않은 것은?

① 고역 정류회로
② 반파 정류회로
③ 전파 정류회로
④ 브리지 정류회로

해설
정류회로의 종류
• 반파 정류회로
• 전파 정류회로
• 브리지 정류회로
• 배전압회로

10 PN 접합 다이오드가 순방향 바이어스되었을 때 일어나는 현상으로 옳은 것은?

① 공핍층 폭이 증가한다.
② 접합의 정전용량이 감소한다.
③ 저항이 감소한다.
④ 다수캐리어의 전류가 증가하여 전류가 흐르지 않는다.

해설
PN 접합 다이오드가 순방향 바이어스되었을 때 다이오드는 낮은 저항값이 측정되고, 역방향으로 바이어스되었을 때는 매우 높은 저항값이 측정된다. 다이오드가 순방향과 역방향 모두 매우 낮은 저항값을 나타내면 그 다이오드는 단락되었을 가능성이 있고, 순방향 저항이 매우 높거나 무한대이면 개방된 다이오드를 나타낸다.

11 명령어 인출(Instruction Fetch)이란?

① 제어장치에 있는 명령을 해독하는 것
② 제어장치에서 해독된 명령을 실행하는 것
③ 주기억장치에 기억된 명령을 제어장치로 꺼내 오는 것
④ 보조기억장치에 기억된 명령을 주기억장치로 꺼내 오는 것

해설
명령어 인출(Instruction Fetch)
주기억장치(RAM)에 기억된 명령어를 중앙처리장치(CPU)로 가져오는 과정

12 주기억장치와 입출력장치 사이에 있는 임시 기억장치는?

① 스 택
② 버 스
③ 버 퍼
④ 블 록

해설
버퍼 레지스터는 서로 다른 입출력 속도로 자료를 받거나 전송하는 중앙처리장치(CPU) 또는 주변 장치의 임시 저장용 레지스터이다.

13 근거리 또는 동일 건물 내에서 다수의 컴퓨터를 통신회선을 이용하여 연결하고, 데이터를 공유하게 함으로써 종합적인 정보처리 능력을 갖게 하는 통신망은?

① WAN
② VAN
③ LAN
④ DAN

해설
• WAN(Wide Area Network) : 둘 이상의 LAN이 넓은 지역에 걸쳐 연결되어 있는 네트워크
• 부가가치 통신망(VAN ; Value Added Network) : 공중 전기통신 사업자로부터 통신망을 빌려서 컴퓨터와 접속시켜 구성
• 근거리 통신망(LAN ; Local Area Network) : 빌딩이나 공장, 학교 구내 등 일정 지역 내에 설치된 통신망으로, 약 10[km] 이내의 거리에서 100[Mbps] 이내의 빠른 속도로 데이터 전송이 수행되는 시스템

14 주소의 개념이 거의 사용되지 않는 보조기억장치로서 순서에 의해서만 접근하는 기억장치(SASD)라고도 하는 것은?

① 자기디스크
② 자기테이프
③ 자기코어
④ 램

해설
- 순차 접근 저장매체(SASD) : 자기테이프
- 임의 접근 저장매체(DASD) : 자기디스크, CD-ROM, 하드디스크, 자기코어, 자기드럼

15 어떤 회로의 입력을 A, B 출력을 Y라고 할 때 $Y = A + B$인 논리회로의 명칭은?

① AND
② OR
③ NOT
④ EX-OR

해설
OR 회로
두 개의 입력(A와 B)을 받아 A와 B 둘 중 하나라도 1이면 결과가 1이 되고, 둘 다 0이면 0이 된다.

논리식	기 호	진리표		
		입력		출력
		A	B	Y
$Y = A + B$		0	0	0
		0	1	1
		1	0	1
		1	1	1

16 다음과 같은 회로도는?

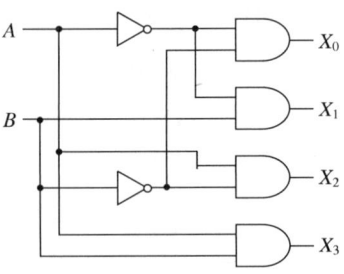

① 인코더
② 카운터
③ 가산기
④ 디코더

해설
디코더
- 디코더(Decoder, 해독기) : 입력 단자에 가해지는 부호화된 2진 데이터를 그에 해당하는 10진수로 변환하여 해독하는 조합논리 회로로 출력은 AND 게이트로 구성된다.
- n개의 입력과 m개의 출력을 가지는 $n \times m$ 디코더 : 입력에 가해지는 N비트 코드를 해독하여 그 값에 따라 m개의 출력 중에서 특정한 하나의 출력을 '1'로 하고 나머지 출력들은 '0'으로 만든다.
- 문제의 그림은 2×4 해독기이며 출력은 AND게이트로 이루어져 있다.
- 2×4 디코더

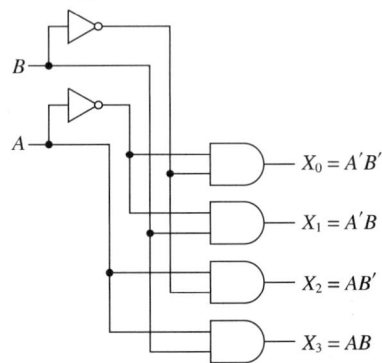

- 진리표

입력		출력			
A	B	X_0	X_1	X_2	X_3
0	0	1	0	0	0
0	1	0	1	0	0
1	0	0	0	1	0
1	1	0	0	0	1

17 다음 설명이 의미하는 입출력 방식은?

- 주기억장치의 일부를 입출력장치에 할당한다.
- 입출력장치의 번지와 주기억장치 번지의 구별이 없다.
- 주기억장치 이용효율이 낮다.

① 격리형 입출력 방식
② 메모리 맵 입출력 방식
③ 혼합형 입출력 방식
④ 버스형 입출력 방식

해설
메모리 맵 입출력 방식
마이크로프로세서(CPU)가 입출력장치를 액세스할 때 입출력과 메모리의 주소 공간을 분리하지 않고 하나의 메모리 공간에 취급하여 배치하는 방식이다.

18 8비트 컴퓨터의 레지스터에 관한 설명으로 옳지 않은 것은?

① Accumulator는 8비트 레지스터이다.
② 프로그램카운터(PC)는 16비트 레지스터이다.
③ 인터럽트 발생 시 복귀할 주소는 PC에 저장한다.
④ 명령코드는 Instruction Register에 저장된다.

해설
인터럽트 발생 시 복귀 주소는 PC에 저장하는 것이 아니라 스택에 저장한다.

19 다음 중 입출력 명령으로만 묶은 것은?

① INT, OUT
② JMP, ADD
③ LDA, ROL
④ CLA, ROR

해설
- 분기명령 : JMP
- 전송명령 : LDA
- 산술논리연산명령 : ADD
- 입출력 명령 : INT, OUT

20 최대 데이터 전송률을 결정하는 요인으로 전송시스템의 성능을 평가하는 가장 중요한 변수는?

① 지연왜곡
② 신호 대 잡음비
③ 감쇠현상
④ 증폭도

해설
신호 대 잡음비
신호는 여러 요인에 영향을 받으며 항상 잡음이 따라오게 되는데, 신호 대 잡음비는 어떤 신호에 들어 있는 원래 신호와 잡음의 비를 나타낸 것으로 $SNR = \dfrac{P_{signal}}{P_{noise}}$ 으로 표현한다. 통신시스템 성능을 평가하는 가장 중요한 변수이다.

21 컴퓨터의 중앙처리장치에 대한 설명으로 옳지 않은 것은?

① 마이크로프로세서는 중앙처리장치의 기능을 하나의 칩에 집적한 것이다.
② CPU라고 하며 사람의 두뇌에 해당한다.
③ 연산, 제어, 기억 기능으로 구성되어 있다.
④ 도스용과 윈도우용으로 구분하여 생산한다.

해설
중앙처리장치(CPU ; Central Processing Unit)
- 마이크로프로세서는 중앙처리장치의 기능을 하나의 칩에 집적한 것
- 컴퓨터에서 사람의 두뇌와 같은 역할
- 연산, 제어, 기억 기능으로 구성
- 컴퓨터 명령어를 해독하고 실행하는 장치

22 복수 개의 입력단자와 복수 개의 출력단자를 가진 다출력 조합회로로서 입력단자에 어떤 조합의 부호가 가해졌을 때 그 조합에 대응하여 출력단자에 변형된 조합신호가 나타나도록 하는 회로는?

① Complement
② Full Adder
③ Decoder
④ Parity Generator

해설
디코더(Decoder, 해독기)
- 복수 개의 입력단자와 복수 개의 출력단자를 갖는 장치로, 입력단자의 어느 조합에 신호가 가해졌을 때 그 조합에 대응하는 하나의 출력단자에 신호가 나타나는 것이다.
- 입력단자에 가해지는 부호화된 2진 데이터를 그에 해당하는 10진수로 변환하여 해독하는 조합논리회로로 출력은 AND 게이트로 구성된다.

23 명령 형식을 구분함에 있어 오퍼랜드를 구성하는 주소의 수에 따라 0주소 명령, 1주소 명령, 2주소 명령, 3주소 명령 등으로 구분할 수 있다. 이 중 스택 구조를 가지는 명령 형식은?

① 3주소 명령
② 2주소 명령
③ 1주소 명령
④ 0주소 명령

해설
스택(Stack)
- 임시 데이터의 저장이나 서브루틴의 호출에서 사용
- 연속되게 자료를 저장
- 한쪽 끝에서만 자료를 삽입하거나 삭제할 수 있는 구조
- 스택영역은 내부 데이터 메모리에 위치
- 후입선출방식(LIFO ; Last In First Out)
- 0-주소 지정에 이용된다.

24 운영체제의 페이지 교체 알고리즘 중 최근에 사용하지 않은 페이지를 교체하는 기법으로서, 최근의 사용 여부를 확인하기 위해서 각 페이지마다 2개의 비트가 사용되는 것은?

① NUR
② LFU
③ LRU
④ FIFO

해설
페이지 교체(Replacement) 알고리즘
- 페이지 부재(Page Fault)가 발생하였을 경우, 가상기억장치의 필요한 페이지를 주기억장치의 어떤 페이지 프레임을 선택, 교체해야 하는가를 결정하는 기법
- 종 류
  - NUR(Not Used Recently) : 최근에 사용하지 않은 페이지를 교체하는 기법으로, 각 페이지마다 2개의 하드웨어 비트(호출 비트, 변형 비트)가 사용됨
  - LFU(Least Frequently Used) : 사용 횟수가 가장 적은 페이지를 교체하는 기법
  - LRU(Least Recently Used) : 최근에 가장 오랫동안 사용하지 않은 페이지를 교체하는 기법으로, 각 페이지마다 계수기를 두어 현 시점에서 볼 때 가장 오래 전에 사용된 페이지를 교체
  - FIFO(First In First Out) : 가장 먼저 들여온 페이지를 먼저 교체시키는 방법(주기억장치 내에 가장 오래 있었던 페이지를 교체)
  - OPT(OPTimal replacement, 최적 교체) : 앞으로 가장 오랫동안 사용하지 않을 페이지를 교체하는 기법

25 FIFO와 관련되는 선형 자료 구조는?

① 큐
② 스택
③ 그래프
④ 트리

해설
- 큐(Queue) : 리스트에 첨가되는 순서대로 데이터가 먼저 나오는 FIFO(First In First Out) 구조
- 그래프 : 연결할 객체를 나타내는 정점과 객체를 연결하는 간선의 집합으로 구성
- 트리(Tree) : 그래프의 일종으로, 여러 노드가 한 노드를 가리킬 수 없는 구조

26 중앙처리장치의 제어 부분에 의해서 해독되어 현재 실행중인 명령어를 기억하는 레지스터는?

① PC(Program Counter)
② IR(Instruction Register)
③ MAR(Memory Address Register)
④ MBR(Memory Buffer Register)

해설
현재 실행 중인 명령어를 저장하는 것은 명령어 레지스터(Instruction Register)이다.

27 다음 중 자기보수적(Self Complement) 성질이 있는 코드는?

① 3초과 코드
② 해밍코드
③ 그레이코드
④ BCD코드

해설
3초과 코드(Excess-3)
• BCD코드 + 3(0011)을 더하여 만든 코드이다.
• 비가중치(Unweighted Code), 자기보수코드이다.
• 3초과 코드는 비트마다 일정한 값을 갖지 않는다.
• 연산동작이 쉽게 이루어지는 특징이 있다.

28 6비트 BCD 코드로 서로 다른 문자를 표현할 수 있는 수는 최대 몇 개인가?

① 16
② 32
③ 64
④ 128

해설
BCD코드(2진화 10진 코드)는 6비트로 구성되므로, $2^6 = 64$개의 서로 다른 문자의 표현이 가능하다.

29 사칙연산, 논리연산 등 중간 결과를 기억하는 기능을 가지고 있는 연산장치의 중심 레지스터는?

① 누산기(Accumulator)
② 데이터 레지스터(Data Register)
③ 가산기(Adder)
④ 상태 레지스터(Status Register)

해설
누산기(Accumulator)
CPU 내에서 계산의 중간 결과를 저장하는 레지스터

30 해밍코드의 대표적 특징은?

① 데이터 전송 시 신호가 없을 때를 구별하기 쉽다.
② 자기보수(Self Complement)적인 성질이 있다.
③ 기계적인 동작을 제어하는 데 사용하기 알맞은 코드이다.
④ 패리티 규칙으로 잘못된 비트를 찾아서 수정할 수 있다.

해설
해밍코드(Hamming Code)
오류 검출 후 자동적으로 정정해 주는 코드로 1비트의 단일 오류를 정정하기 위해 3비트의 여유 비트가 필요하다.

정답 26 ② 27 ① 28 ③ 29 ① 30 ④

31 UNIX 운영체제에 대한 설명으로 가장 거리가 먼 것은?

① 다중 프로세스 운영체제이다.
② Windows 기반 운영체제이다.
③ 다중 사용자 시스템이다.
④ 주로 C언어로 작성된 운영체제이다.

해설
UNIX 운영체제
- 멀티태스킹과 다중 사용자 방식이다.
- 대부분이 C언어로 구성되어 있다.
- 확장성, 이식성이 좋다.
- 네트워크 기능이 강하다.
- 계층적 파일 구조를 가진다.
- 대화식 시분할 운영체제이다.

32 두 개 이상의 프로세스들이 다른 프로세스가 차지하고 있는 자원을 무한정 기다림에 따라 프로세스의 진행이 중단되는 상태는?

① Deadlock
② Relocation
③ Spooling
④ Swapping

해설
교착상태(Deadlocks)
여러 프로세스들이 각자 자원을 점유하고 있음에도 다른 프로세스가 점유하고 있는 자원을 요청하면서 무한하게 대기하는 상태
교착상태(Deadlocks)의 발생원인
- 상호 배제 조건 : 한 번에 한 프로세스만이 자원을 사용
- 점유와 대기 조건 : 하나의 자원을 점유, 다른 프로세스에 의해 점유된 자원 요구
- 비선점(비중단) 조건 : 다른 프로세스가 수행 중에 있는 자원을 빼앗지 못함
- 환형 대기 조건 : 서로 다른 프로세스가 원하는 자원들을 가지며 또한 다른 프로세스가 가지고 있는 자원을 요구하는 형태의 맞물림

교착상태(Deadlocks) 해결기법
- 교착상태 예방(Deadlock Prevention) : 교착상태 발생의 4가지 조건 중에 하나를 허용하지 않는 방법
- 교착상태 회피(Deadlock Avoidance) : 자원 할당이 교착상태를 발생시키는 자원에 대한 요청을 인정하지 않는 방법
- 교착상태 탐지(Deadlock Detection) : 항상 가능하면 자원 요청을 인정, 주기적으로 교착상태 발생을 탐지하고 발생한 경우 회복하도록 함

33 명령 단위로 차례로 번역하여 즉시 실행하는 방식의 언어 번역 프로그램은?

① 컴파일러
② 링 커
③ 로 더
④ 인터프리터

해설
번역기의 종류
- 인터프리터(Interpreter) : 작성된 원시 프로그램을 한 줄씩 읽어 번역 및 실행하는 프로그램으로, 실행 속도가 느리지만 기억 장소를 적게 차지한다(BASIC, LISP, JAVA, PL/I).
- 컴파일러(Compiler) : 전체 프로그램을 한 번에 처리하여 목적 프로그램을 생성하는 번역기로 기억 장소를 차지하지만 실행 속도가 빠르다(ALGOL, PASCAL, FORTRAN, COBOL, C).
- 어셈블러(Assembler) : 어셈블리 언어로 작성된 원시 프로그램을 기계어로 번역하는 프로그램이다.

34 대량의 정보를 관리하고 내용을 구조화하여 검색이나 갱신 작업을 효율적으로 실행하는 데이터베이스의 목적이 아닌 것은?

① 데이터 일관성 유지
② 데이터 중복의 최대화
③ 데이터 무결성 유지
④ 데이터 독립성 유지

해설
데이터베이스의 목적
- 데이터 일관성 유지
- 데이터 중복의 최소화
- 데이터 무결성 유지
- 데이터 독립성 유지

35 C언어에서 나머지를 구할 때 사용하는 산술연산자는?

① %　　　　　② &&
③ ||　　　　　④ =

해설
산술 연산자
- +, -, *, / : 더하기, 빼기, 곱하기, 나누기(나누기에서 정수의 연산은 소수 이하 나머지를 버린다)
- % : 나머지 결과를 저장(정수 연산에서만 사용)
- ++, -- : 1 증가 또는 1 감소하는 연산자

36 프로그래밍 작업 시 문서화의 목적과 거리가 먼 것은?

① 개발과정에서의 추가 및 변경에 따르는 혼란을 감소시키기 위해서이다.
② 프로그램의 개발 목적 및 과정을 표준화하여 효율적인 작업이 되도록 한다.
③ 프로그램의 활용을 쉽게 한다.
④ 프로그래밍 작업 시 요식적 행위의 목적을 달성하기 위해서이다.

해설
프로그래밍 작업 시 문서화
- 개발과정에서의 추가 및 변경에 따른 혼란을 줄인다.
- 프로그램의 개발 목적 및 과정을 표준화한다.
- 프로그램의 활용을 쉽게 한다.
- 프로그램의 운영에 필요한 사항을 문서로 정리하여 기록한다.
- 프로그램의 유지 보수를 쉽게 한다.

37 독자적으로 번역된 여러 개의 목적 프로그램과 프로그램에서 사용되는 내장함수들을 하나로 모아서 컴퓨터에서 실행 가능하도록 하는 것은?

① 스프레드시트　　② 에디터
③ 디버거　　　　　④ 링 커

해설
링커(Linker)
언어 번역 프로그램이 생성한 목적 프로그램들과 라이브러리 또는 다른 실행 프로그램 등을 연결하여 실행 가능하도록 하는 것이다.

38 소프트웨어 개발 과정 중 가장 먼저 수행되는 단계는?

① 시스템 디자인
② 코딩 및 구현
③ 요구 분석
④ 테스팅 및 에러교정

해설
소프트웨어 개발 과정
① 요구사항 분석(Requirements Analysis)
② 시스템 명세
③ 설계(Design)
④ 프로그래밍(Programming)
⑤ 테스트(Testing)
⑥ 유지보수(Maintenance)

정답　35 ①　36 ④　37 ④　38 ③

39 다음 설명에 해당하는 것은?

- 원시 프로그램을 기계어 프로그램으로 번역하는 대신에 기존의 고수준 컴파일러 언어로 전환하는 역할을 수행
- 주석 삭제, 매크로 치환, C언어의 #include문 등의 역할 수행

① Decoder
② Translator
③ Cross Compiler
④ Preprocessor

해설
선행 처리(Preprocessor)
- 주석의 제거, 상수 정의 치환, 매크로 확장 등 컴파일러가 처리하기 전에 먼저 처리하여 확장된 원시 프로그램을 생성한다.
- 원시 프로그램을 기계어로 된 목적 프로그램으로 번역하는 대신에 기존의 고수준 컴파일러 언어로 전환하는 역할을 수행한다.

40 프로그래밍 언어의 수행 순서로 옳은 것은?

① 컴파일러 → 로더 → 링커
② 로더 → 컴파일러 → 링커
③ 링커 → 로더 → 컴파일러
④ 컴파일러 → 링커 → 로더

해설
프로그램 언어의 수행 순서
원시(Source) P/G → 번역(컴파일러) → 목적(Object) P/G 생성 → 링커 → 로더 → 실행

41 다음 기호로 사용되는 논리 게이트의 기능으로 옳지 않은 것은?

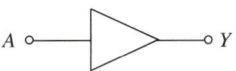

① 지연시간(Delay Time) 기능
② 팬 아웃(Fan Out)의 확대
③ 고주파 발진 기능
④ 감쇠신호의 회복 기능

해설
버퍼(Buffer) 게이트
- 지연시간(Delay Time) 기능
- 팬 아웃의 수를 증가
- 감쇠신호의 회복 기능
- 입력된 신호 그대로 출력하는 게이트

42 배타적-NOR의 출력이 0일 때는 언제인가?

① A, B 모두 0일 때
② A, B 모두 1일 때
③ A와 B가 다를 때
④ A와 B가 같을 때

해설
XNOR(Exclusive-NOR) 게이트
- 입력이 같을 경우에만 '1'의 출력이 나오는 소자
- 항등 게이트(Equivalence)라고도 함

기 호

- 논리식
  $Y = A \otimes B$ 또는 $Y = \overline{A \oplus B}$
- 진리표

입 력		출 력
A	B	Y
0	0	1
0	1	0
1	0	0
1	1	1

43 다음의 논리회로와 동일한 기능을 하는 논리회로는?

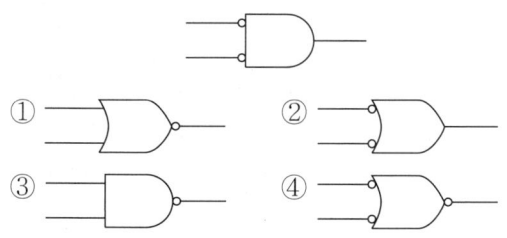

해설

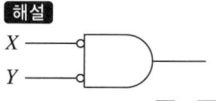

드모르간의 정리 $\overline{X} \cdot \overline{Y} = \overline{X+Y}$ 에 의해,

NOR 게이트 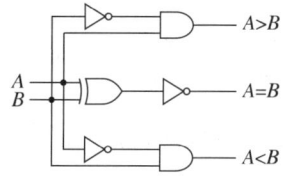 와 동일하다.

44 10진수 463을 16진수로 옳게 나타낸 것은?

① 1FC ② 1DA
③ 1CF ④ 1AD

해설

```
16 | 463
16 |  28   15(F)
   |   1   12(C)
```

10진수 463을 16진수로 표현하면 1CF이다.

45 다음 중 가장 큰 수는?

① $(109)_{10}$ ② $(156)_8$
③ $(1101110)_2$ ④ $(6F)_{16}$

해설

④ $(6F)_{16} = 6 \times 16^1 + 15 \times 16^0 = 96 + 15 = (111)_{10}$
① $(109)_{10}$
② $(156)_8 = 1 \times 8^2 + 5 \times 8^1 + 6 \times 8^0 = (110)_{10}$
③ $(1101110)_2 = 1 \times 2^6 + 1 \times 2^5 + 1 \times 2^3 + 1 \times 2^2 + 1 \times 2^1$
$= 64 + 32 + 8 + 4 + 2 = (110)_{10}$

46 두 수를 비교하여 그들의 상대적 크기를 결정하는 조합논리회로는?

① 가산기 ② 디코더
③ 비교기 ④ 모뎀

해설

비교기(Comparator) : 두 개의 2진수의 크기를 비교하는 회로

[2진 비교기와 진리표]

A	B	A > B	A = B	A < B
0	0	0	1	0
0	1	0	0	1
1	0	1	0	0
1	1	0	1	0

47 게이트 입력단자에 신호가 들어와 출력단자로 나오기까지 걸리는 시간을 나타내는 것은?

① 상승시간
② 하강시간
③ 전달지연시간
④ 팬 아웃

해설

③ 전달지연시간 : 입력 펄스 변화에 따른 출력 펄스 변화가 나타나기까지의 지연시간
① 상승시간(Rise Time) : 출력이 일정한 정상 상태 값의 작은 비율에서 큰 비율로 상승하여 도달할 때까지 소요시간
② 하강시간(Decay Time) : 최대 진폭 비율에서 정상 진폭 비율까지 소요시간
④ 팬 아웃 : 게이트 출력에 연결할 수 있는 최대 게이트 수

48 그레이코드 0111을 2진수로 변환하면?

① 0101
② 0100
③ 1010
④ 1011

해설

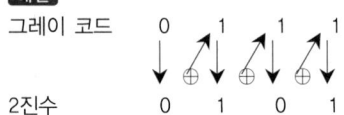

그레이코드 0111을 2진수로 변환하면 0101이 된다.

49 디코더는 일반적으로 무슨 회로의 집합인가?

① OR + AND
② NOT + AND
③ AND + NOR
④ NOR + NOT

해설
디코더(Decoder, 해독기): 입력단자에 가해지는 부호화된 2진 데이터를 그에 해당하는 10진수로 변환하여 해독하는 조합논리회로로 출력은 NOT + AND 게이트로 구성된다.

50 다음 그림과 같은 회로의 명칭은?

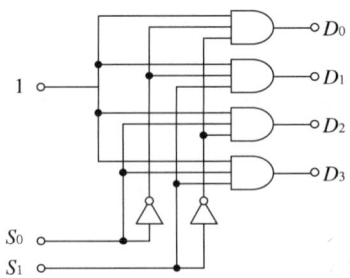

① Decoder
② Demultiplexer
③ Multiplexer
④ Encoder

해설
디멀티플렉서(Demultiplexer)
- 한 신호원으로부터의 데이터를 제어 입력에 의해 여러 개의 출력단 중에서 선택된 출력단에 출력하는 회로이다.
- 1×2^n 디멀티플렉서는 하나의 입력과 2^n 개의 출력선 중에서 하나를 선택하기 위한 n개의 선택선을 가진다.

51 다음 그림과 같은 동기적 RS 플립플롭회로에 $S=1$, $R=0$, $C=1$의 입력일 때 출력 Q와 $\overline{Q}$의 값은?

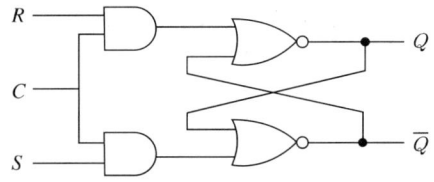

① $Q=0$, $\overline{Q}=1$
② $Q=1$, $\overline{Q}=0$
③ $Q=0$, $\overline{Q}=$ 이전 상태
④ $Q=$ 이전상태, $\overline{Q}=$ 이전 상태

해설
RS 플립플롭
- S(Set)와 R(Reset)의 2개의 입력과 2개의 출력 Q, $\overline{Q}$를 가진다.
- 2진 데이터를 저장하는 레지스터(Register)나 기억(Memory)소자로서 이용

52. 비동기식 카운터에 대한 설명으로 틀린 것은?

① 비트수가 많은 카운터에 적합하다.
② 지연시간으로 고속 카운팅에 부적합하다.
③ 전달의 출력이 다음 단의 트리거 입력이 된다.
④ 직렬 카운터 또는 리플 카운터라고도 한다.

해설
비동기형(Asynchronous Type) 카운터
- 회로가 간단해서 작은 규모의 계기회로에 적당하다.
- 클록신호는 첫 단에만 인가해 주면 되지만 지연시간이 문제가 된다.
- 계수회로에 쓰이는 플립플롭이 종속 연결되어 있어 첫 플립플롭에만 입력 클록을 가하고 다음 플립플롭부터는 바로 앞단 플립플롭의 출력에서 보내오는 클록 펄스만으로 동작한다.
- 플립플롭의 입력으로는 클록 펄스와 앞단의 출력이 차례로 연결되어 있어 상태가 동시에 변하지 않고 순차적으로 변한다. 리플계수기라고도 한다.

53. 플립플롭이 특정 현재 상태에서 원하는 다음 상태로 변화하는 동작을 하기 위한 입력을 표로 작성한 것은?

① 카르노표
② 게이트표
③ 트리표
④ 여기표

해설
여기표(Excitation Table)
플립플롭에서 현재의 상태와 다음 상태를 알 때 플립플롭에 어떤 입력을 주어야 하는가를 표로 나타낸 것이다.

54. 다음과 같은 카르노 도표를 보고 논리함수 f를 구하면?

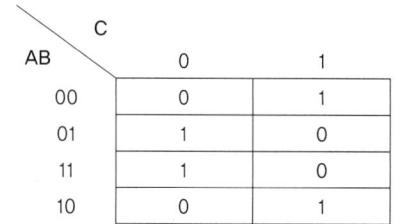

① $BC + \overline{B}\overline{C}$
② $B\overline{C} + \overline{B}C$
③ $AB + BC$
④ $A\overline{B} + \overline{B}C$

해설
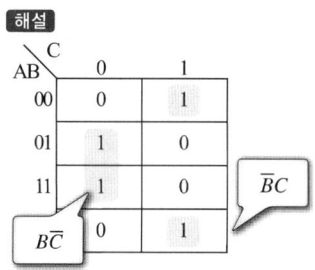

$B\overline{C} + \overline{B}C$ 이다.

55. 어떤 코드에 1인 비트의 수가 짝수나 홀수로 정해진 규칙에서 항상 그 규칙의 짝수나 홀수 개가 되도록 해 주기 위하여 더 첨가된 비트이며, 기계적인 오류를 검사하는 데 사용하는 것은?

① 패리티 비트(Parity Bit)
② 그레이코드(Gray Code)
③ 3-초과 코드(Excess-3 Code)
④ BCD(Binary Coded Decimal)

해설
패리티 비트(Parity Bit)
- 기계적인 에러를 검출하는 코드이다.
- 1인 비트의 수가 짝수인가, 홀수인가의 방법에 따른다.

정답 52 ① 53 ④ 54 ② 55 ①

56 다음 그림과 같은 논리도의 명칭은?

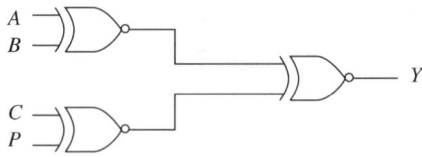

① 반가산기
② 전가산기
③ 4비트 홀수 패리티 검사기
④ 4비트 홀수 패리티 발생기

해설
- 홀수 패리티(Odd Parity Bit) : 전송하고자 하는 전체 2진 데이터에서 '1'의 개수가 홀수 개가 되도록 추가된 bit를 홀수 패리티 비트라 한다.
- 4비트 홀수 패리티에 대한 논리식 : $Y = (A \odot B) \odot (C \odot P)$ 이다.

57 다음 회로의 명칭은?

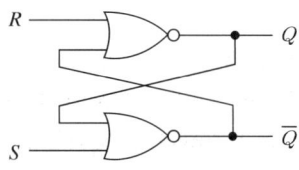

① 가산기   ② 감산기
③ 카운터   ④ 래 치

해설
래치(Latch)회로
- 순차회로에서 한 비트의 정보를 저장하는 회로
- 두 가지 상태의 입력(Set, Reset)에 따라 출력 상태(Q, Q')를 가진다.
- 외부의 신호가 들어오기 전까지 안정한 상태를 유지
- 래치(Latch)회로는 클록 펄스를 이용하지 않으므로 입력이 변할 때마다 출력값이 변한다.

58 다음 그림과 같은 회로의 출력은?

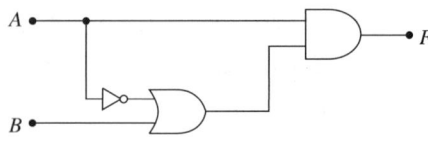

① $A(\overline{A} + \overline{B})$ ② $\overline{A}(\overline{A} + B)$
③ $A(\overline{A} + B)$ ④ $\overline{A}(A + B)$

해설
$F = A \cdot \overline{(A + B)}$ 이다.

59 조합논리회로가 아닌 것은?

① 가산기와 감산기
② 해독기와 부호기
③ 멀티플렉서와 디멀티플렉서
④ 동기식 계수기와 비동기식 계수기

해설
- 조합논리회로 : 출력값이 입력값에 의해 결정(가산기와 감산기, 해독기와 부호기, 멀티플렉서와 디멀티플렉서 등)
- 순서논리회로 : 입력값과 현재의 상태에 따라 출력값이 결정되는 논리회로(동기식-플립플롭, 카운터, 레지스터, RAM, CPU, 비동기, 래치 등)

60 8비트 기억 소자를 사용한 시스템에서 양수와 음수를 표현하려고 할 때 그 사용영역은 얼마인가?

① $+2^7 \sim +(2^7 - 1)$
② $-2^7 \sim +(2^7 - 1)$
③ $-2^8 \sim +(2^8 - 1)$
④ $-2^7 \sim +(2^7 + 1)$

해설
양수와 음수의 표현범위는 $-(2^{n-1}) \sim +(2^{n-1} - 1)$ 이므로 8비트의 기억소자를 사용한 시스템에서 양수와 음수를 표현하려 할 때 사용범위는 $-(2^{8-1}) \sim +(2^{8-1} - 1) = -(2^7) \sim +(2^7 - 1)$ 이다.

2022년 제1회 과년도 기출복원문제

01 다음 중 정현파 발진기가 아닌 것은?

① RC 발진회로　② LC 발진회로
③ 수정 발진회로　④ 멀티 바이브레이터

해설
정현파(사인파) 발진기(Sinusoidal Oscillator)
• RC 발진기
• LC 발진기
• 수정 발진기

02 다음 중 주파수 안정도가 가장 높은 발진회로는?

① 수정 발진회로　② 클랩 발진회로
③ 하틀리 발진회로　④ 콜피츠 발진회로

해설
수정 발진회로의 특징
• 안정도가 높다.
• 압전효과가 있다.
• 발진주파수는 수정편의 두께에 반비례한다.
• 수정 진동자는 기계적, 물리적으로 강하다.
• 발진조건을 만족하는 유도성 주파수 범위가 매우 좁다.
• 수정편에 항온조 등을 이용하므로 주위 온도의 영향이 작다.

03 진폭 변조에서 변조된 파형의 최댓값 전압이 35[V]이고, 최솟값 전압이 5[V]일 때 변조도는?

① 0.60　② 0.65
③ 0.70　④ 0.75

해설
변조도
반송파의 진폭 V_c와 신호파의 진폭 V_s에 의해 정해진다.
V_s와 V_c의 비는
$m = \dfrac{V_s}{V_c}$ 또는 $m = \dfrac{V_{\max} - V_{\min}}{V_{\max} + V_{\min}} = \dfrac{35-5}{35+5} = 0.75$

04 펄스폭이 10[μs]이고, 주파수가 1[kHz]일 때 충격계수(Duty Factor)는?

① 1　② 0.1
③ 0.01　④ 0.001

해설
충격계수(Duty Factor)
펄스파가 얼마나 날카로운가를 나타내는 수치
$D = \dfrac{\text{펄스폭}(\tau)}{\text{펄스 반복 주기}(T)}$, $T = \dfrac{1}{f}$ 이므로,
$D = \dfrac{10 \times 10^{-6}}{\dfrac{1}{1 \times 10^3}} = 10 \times 10^{-3} = 0.01$ 이다.

05 저항과 콘덴서로 구성된 RC 직렬회로의 시정수 τ는?

① $\tau = RC$　② $\tau = \dfrac{R}{C}$
③ $\tau = \dfrac{C}{R}$　④ $\tau = \dfrac{1}{RC}$

해설
시정수
• 시간의 변화에 대한 일정한 기준값이다.
• 이 값을 회로의 시정수 또는 시상수(Time Constant)라 한다.
• 시정수의 정의는 지수함수의 지수부의 절댓값을 1로 만드는 값이다.
• $\tau = RC$

정답 1 ④　2 ①　3 ④　4 ③　5 ①

06 차동증폭기의 동상신호제거비(CMRR)에 대한 설명으로 가장 적합한 것은?

① CMRR이 클수록 차동증폭기 성능이 좋다.
② 동상신호 이득이 클수록 CMRR이 증대한다.
③ 차동신호 이득이 작을수록 CMRR이 증대한다.
④ CMRR이 크면 차동증폭기의 잡음 출력이 크다.

해설

$$CMRR = \frac{차동 \ 이득}{동위상 \ 이득}$$

동상신호제거비(CMRR)가 클수록 우수한 차동 특성을 나타낸다.

07 이상적인 연산증폭기의 특징에 대한 설명으로 틀린 것은?

① 주파수 대역폭이 무한대(∞)이다.
② 입력 임피던스가 무한대(∞)이다.
③ 동상 이득은 무한대(∞)이다.
④ 오픈 루프 전압 이득이 무한대(∞)이다.

해설

이상적인 연산증폭기의 특징
- 전압 이득 A_v가 무한대이다($A_v = \infty$).
- 입력 임피던스가 무한대이다.
- 입력저항 R_i이 무한대이다($R_i = \infty$).
- 출력저항 R_0이 0이고($R_0 = 0$), 오프셋(Offset)이 0이다.
- 대역폭이 무한대(BW = ∞)이고, 지연응답(Response Delay)은 0이다.
- 동상 이득은 0이다.

08 저주파 증폭기에서 음되먹임을 걸면 되먹임을 걸지 않을 때에 비하여 어떻게 되는가?

① 전압 이득이 커진다.
② 주파수 통과대역이 좁아진다.
③ 주파수 통과대역이 넓어진다.
④ 파형이 일그러진다.

해설

저주파 증폭기의 부궤환 특징
- 주파수 특성이 양호하고 안정도가 좋다.
- 부하의 변동이나 전원 전압의 변동에도 증폭도가 안정하다.
- 증폭회로 내부에서 발생 출력에 나타나는 잡음과 왜곡은 $\frac{A_0}{1+\beta A_0}$로 감소한다.
- 입력 임피던스는 증가하고, 출력 임피던스는 낮아진다.
- 대역폭을 넓힐 수 있다.
- 이득이 다소 저하된다.

09 정류기의 평활회로는 어떤 종류의 여파기에 속하는가?

① 대역 통과 여파기
② 고역 통과 여파기
③ 저역 통과 여파기
④ 대역 소거 여파기

해설

평활회로는 정류회로에 접속하여 정류 전류 중의 맥동분을 경감시키는 작용을 하는 회로로, 저역 통과 여파기를 사용한다.

10 단상 전파정류회로의 이론상 최대 정류효율은?

① 12.1[%]
② 40.6[%]
③ 48.2[%]
④ 81.2[%]

해설

정류효율은 반파정류회로의 2배이며, 이론적으로 최대 81.2[%]이다.

11 다음 그림과 같은 형식은 어떤 주소지정형식인가?

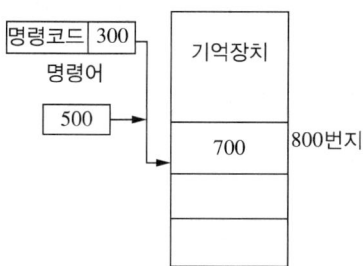

① 직접 데이터형식
② 상대 주소형식
③ 간접 주소형식
④ 직접 주소형식

해설
상대 주소지정방식(Relative Addressing)
프로그램 카운터(PC)와 명령어의 Operand가 더해진 곳에 실제 데이터를 가지고 있는 명령어 형식

12 마이크로프로세서에서 누산기의 용도는?

① 명령의 해독
② 명령의 저장
③ 연산 결과의 일시 저장
④ 다음 명령의 주소 저장

해설
누산기(Accumulator)
CPU 내에서 계산의 중간 결과를 저장하는 레지스터

13 기억장치에 기억된 명령(Instruction)이 기억된 순서대로 중앙처리장치에서 실행될 수 있도록 그 주소를 지정해 주는 레지스터는?

① 누산기(Accumulator)
② 스택 포인터(Stack Pointer)
③ 프로그램 카운터(Program Counter)
④ 명령 레지스터(Instruction Register)

해설
③ 프로그램 카운터(Program Counter) : 다음에 실행될 명령어가 저장된 주기억장치의 주소를 저장한다.
① 누산기(Accumulator) : CPU 내에서 계산의 중간 결과를 저장하는 레지스터이다.
② 스택 포인터(Stack Pointer) : 주기억장치 스택의 데이터 삽입과 삭제가 이루어지는 주소를 저장한다.
④ 명령어 레지스터(Instruction Register) : 현재 실행 중인 명령어를 저장한다.

14 주소의 개념이 거의 사용되지 않는 보조기억장치로서, 순서에 의해서만 접근하는 기억장치(SASD)는 무엇인가?

① Magnetic Tape
② Magnetic Core
③ Magnetic Disk
④ Random Access Memory

해설
자기테이프 장치(Magnetic Tape)는 순차 처리만 하는 보조기억장치로 중간 결과를 기록하거나 대량의 자료를 반영구적으로 보존할 때 사용하는 순차 접근 저장매체이다.
• 순차 접근 저장매체(SASD) : 자기테이프
• 임의 접근 저장매체(DASD) : 자기디스크, CD-ROM, 하드디스크, 자기코어, 자기드럼

15 다음 중 제어장치의 역할이 아닌 것은?

① 명령을 해독한다.
② 두 수의 크기를 비교한다.
③ 입출력을 제어한다.
④ 시스템 전체를 감시 제어한다.

해설
제어장치(Control Unit) : 프로그램의 명령을 하나씩 읽고 해석하여 모든 장치의 동작을 지시하고 감독·통제하는 기능을 한다.

16 중앙처리장치에서 사용하고 있는 버스의 형태에 해당되지 않는 것은?

① Data Bus   ② System Bus
③ Address Bus ④ Control Bus

해설
버스의 종류
- 데이터 버스(Data Bus) : CPU가 외부에 있는 메모리나 I/O와 데이터를 주고받는 데 사용하는 양방향 버스이다. 버스선의 수는 마이크로프로세서의 워드 길이와 같으며 성능을 결정하는 중요한 요소이다.
- 어드레스 버스(Address Bus) : CPU가 외부에 있는 메모리나 I/O의 번지를 지정하는 데 사용하는 단방향 버스이다. 버스선의 수는 최대로 사용 가능한 메모리의 용량이나 입출력장치의 수로 결정한다.
- 제어 버스(Control Bus) : CPU가 수행 중인 작업의 종류나 상태를 메모리나 입출력기기에 알려 주는 출력신호와 외부에서 마이크로프로세서 기능은 제어신호에 의해 크게 좌우된다.

17 주기억장치로 사용되는 반도체 기억소자 중에서 읽기, 쓰기를 자유롭게 할 수 있는 것은?

① RAM   ② ROM
③ EP-ROM   ④ PAL

해설
RAM(Random Access Memory)
사용자가 자유롭게 내용을 읽고 쓰고 지울 수 있는 기억장치이지만, 전원이 꺼지면 내용이 소멸된다.

18 레지스터에 저장된 데이터를 가지고 하나의 클록 펄스 동안에 실행되는 기본적인 동작을 마이크로 동작이라고 한다. 다음 중 마이크로 동작이 아닌 것은?

① 시프트(SHIFT)
② 카운트(COUNT)
③ 클리어(CLEAR)
④ 인터럽트(INTERRUPT)

해설
마이크로 동작
시프트(SHIFT), 카운트(COUNT), 클리어(CLEAR), 로드(LOAD)

19 데이터를 스택에 일시 저장하거나 스택으로부터 데이터를 불러내는 명령은?

① STORE/LOAD
② ENQUEUE/DEQUEUE
③ PUSH/POP
④ INPUT/OUTPUT

해설
스택(Stack)
- 임시 데이터의 저장이나 서브루틴의 호출에서 사용한다.
- 연속되게 자료를 저장한다.
- 입력 연산 명령은 푸시(PUSH), 출력 연산 명령은 팝(POP)이다.
- 스택 영역은 내부 데이터 메모리에 위치한다.
- 후입선출방식(LIFO ; Last In First Out)이다.
- 0-주소 지정에 이용된다.

20 하나의 채널이 고속 입출력장치를 하나씩 순차적으로 관리하며, 블록 단위로 전송하는 채널은?

① 사이클 채널(Cycle Channel)
② 실렉터 채널(Selector Channel)
③ 멀티플렉서 채널(Multiplexer Channel)
④ 블록 멀티플렉서 채널(Block Multiplexor Channel)

해설
실렉터 채널(Selector Channel)
- 입출력 동작이 개시되어 종료까지 하나의 입출력장치를 사용하는 채널이다.
- 블록(Block) 단위의 전송이 이루어진다.
- 디스크와 같은 고속장치에서 사용한다.

21 소프트웨어(Software)에 의한 우선순위(Priority) 체제에 관한 설명 중 옳지 않은 것은?

① 폴링방법이라고 한다.
② 별도의 하드웨어가 필요 없어 경제적이다.
③ 인터럽트 요청장치의 패널에 시간이 많이 걸려 반응속도가 느리다.
④ 하드웨어 우선순위 체제에 비해 우선순위의 변경이 매우 복잡하다.

해설
소프트웨어에 의한 우선순위
- 폴링(Polling)방식이라 한다.
- 별도의 하드웨어가 필요 없어 경제적이다.
- 인터럽트 요청장치의 패널에 시간이 많이 걸려 반응속도가 느리다.
- 우선순위의 변경이 간단하다.

22 다음 주소지정방법 중 처리속도가 가장 빠른 것은?

① Direct Address
② Indirect Address
③ Calculated Address
④ Immediate Address

해설
주소지정방식 중 속도가 가장 빠른 순서
즉시(Immediate) > 직접(Direct) > 간접(Indirect) > 인덱스(Indexed)

23 주소지정방식 중 명령어 내의 오퍼랜드부에 실제 데이터가 저장된 장소의 번지를 가진 기억장소의 번지를 표현하는 것은?

① 계산에 의한 주소지정방식
② 직접 주소지정방식
③ 간접 주소지정방식
④ 임시적 주소지정방식

해설
자료의 접근 방법에 따른 주소지정방식
- Immediate Addressing Mode(즉시주소지정) : 명령어 내에 실제 데이터를 가지고 있는 명령어 형식이다.
- Direct Addressing Mode(직접번지지정) : 명령어의 Operand 부분이 실제 데이터의 주소인 명령어 형식이다.
- Indirect Addressing Mode(간접번지지정) : 명령어의 Operand가 가리키는 곳에 실제 데이터의 주소가 있는 명령어 형식이다.
- Indexed Addressing Mode(인덱스번지지정) : 명령어의 Operand 부분과 Index Register의 값이 더해진 곳에 실제 데이터를 가지고 있는 명령어 형식이다.
- Relative Addressing Mode(상대번지지정) : 프로그램 카운터(PC)와 명령어의 Operand가 더해진 곳에 실제 데이터를 가지고 있는 명령어 형식이다.
- Register Addressing Mode(레지스터 주소 지정) : 직접 주소 지정 방식과 유사하다. 차이점은 Operand Field가 메인 메모리의 주소가 아닌 레지스터를 참조한다는 점만이 다르다.

정답 20 ② 21 ④ 22 ④ 23 ③

24 명령어 형식(Instruction Format)에서 첫 번째 바이트에 기억되는 것은?

① Operand
② Length
③ Question Mark
④ OP-code

해설
명령어 형식(Instruction Format)은 크게 OP-code부(명령부)와 Operand부(자료부)로 구성되어 있다. 첫 번째 바이트에 기억되는 것은 OP-code부(명령부)이다.

25 CPU의 내부 동작에서 실행하고자 하는 명령의 번지를 지정한 후 명령 레지스터에 불러오기까지의 기간은?

① 명령 사이클(Instruction Cycle)
② 기계 사이클(Machine Cycle)
③ 인출 사이클(Fetch Cycle)
④ 실행 사이클(Execution Cycle)

해설
인출 사이클(Fetch Cycle)
• 주기억장치로부터 수행할 명령어를 CPU로 가져오는 단계
• 하나의 명령을 수행한 후 다음 명령을 M/M에서 CPU로 꺼내오는 단계

26 중앙처리장치와 기억장치 간의 정보 교환을 위한 스트로브 제어방법의 결점을 보완한 것으로 입출력장치와 인터페이스 간의 비동기 데이터 전송을 위해 사용하는 제어방법은?

① 비동기 직렬 전송
② 입출력장치 제어
③ 핸드셰이킹 제어
④ 고정배선 제어

해설
핸드셰이킹(Hand-shaking)
• 스트로브(Strobe) 제어의 문제점을 해결하기 위한 방법이다.
• 두 장치가 모두 정상적으로 동작할 때만 데이터 전송이 성공한다.
• 입출력장치와 인터페이스 간의 비동기 데이터 전송을 위해 사용한다.
• 신뢰성이 높다.

27 데이터의 전송방식 중 병렬 전송방식에서 문자와 문자 사이의 간격을 식별하기 위해서 사용하는 신호로 가장 적합한 것은?

① 스트로브 신호
② 임팩트 신호
③ 시프트 신호
④ 로드 신호

해설
병렬 전송방식
• 복수의 비트를 합쳐 블록 버퍼를 이용하여 한 번에 전송한다.
• 스트로브(Strobe) 신호를 사용하여 문자와 문자 사이의 간격을 식별한다.
• 컴퓨터와 주변 기기 사이의 연결에 사용한다.

28 마이크로 컴퓨터의 MPU란?

① 기억장치
② 입력장치
③ 출력장치
④ 마이크로프로세서 장치

해설
MPU(Micro Processor Unit)
마이크로프로세서 장치

29 하나의 클록 펄스 동안에 실행되는 기본 동작을 의미하며, 명령을 수행하기 위하여 CPU 내의 레지스터 플래그의 상태 변화를 일으키는 동작을 의미하는 것은?

① 고정배선 제어
② 마이크로 오퍼레이션
③ 제어 메모리
④ 프로그램 카운터

해설
마이크로 오퍼레이션
- 명령을 수행하기 위해 CPU 내의 레지스터와 플래그의 상태 변환을 일으키는 작업이다.
- 레지스터에 저장된 데이터에 의해서 이루어지는 동작이다.
- 한 개의 클록(Clock) 펄스 동안 실행되는 기본 동작이다.
- 마이크로 오퍼레이션을 순차적으로 일어나게 하는 데 필요한 신호를 제어신호라고 한다.

30 $Y=(A+B)(A+C)$의 최소화로 옳은 것은?

① $Y=A+B+C$
② $Y=A+BC$
③ $Y=B+AC$
④ $Y=AB+C$

해설
$Y=(A+B)(A+C)$
$=AA+AC+AB+BC$
$=A+AC+AB+BC$
$=A(1+C)+AB+BC$
$=A+AB+BC$
$=A(1+B)+BC$
$=A+BC$

31 어셈블리어에 대한 설명으로 옳지 않은 것은?

① 기호 코드(Mnemonic Code)라고도 한다.
② 어셈블러라는 언어 번역 프로그램에 의해서 기계어로 번역된다.
③ 자연어에 가까운 고급언어이다.
④ 컴퓨터 기종마다 상이하여 호환성이 없다.

해설
어셈블리어(Assembly Language)
- 1950년대 컴퓨터가 최초로 상업화되어 사용되었을 때, 복잡한 기계어를 대체하는 프로그래밍 수단으로 사용한다.
- 기계어의 명령들을 알기 쉬운 기호로 표시하여 사용한다.
- 프로그램의 수행시간이 빠르다.
- 주기억장치를 매우 효율적으로 이용할 수 있다.
- 프로그래밍 언어 상호 간의 호환성이 없다.

32 프로그래밍 언어의 선정 기준으로 적당하지 않은 것은?

① 프로그래머 개인의 선호성은 고려 대상에 포함되지 않는다.
② 프로그래밍의 효율성이 고려되어야 한다.
③ 어느 컴퓨터에서 쉽게 설치될 수 있어야 한다.
④ 응용목적에 부합하는 언어이어야 한다.

해설
프로그래밍 언어의 선정 기준
- 프로그래머가 그 언어를 이해하고 사용할 수 있어야 한다.
- 어느 컴퓨터에나 쉽게 설치될 수 있는 언어이어야 한다.
- 프로그래밍의 효율성이 고려되어야 한다.
- 응용목적에 맞는 언어이어야 한다.
- 프로그래머 개인의 선호에 적합해야 한다.

정답 29 ② 30 ② 31 ③ 32 ①

33 BNF 표기법에서 '선택'을 의미하는 기호는?

① # ② &
③ | ④ ::=

해설
BNF 표기법
배커스-나우어 형식(Backus-Naur Form)의 약어로, 구문(Syntax) 형식을 정의하는 가장 보편적인 표기법이다.

::=	정의 기호
|	선택 기호
〈 〉	Non Terminal 기호(재정의될 기호)

34 운영체제의 평가 기준 중 단위시간 내에 처리할 수 있는 일의 양을 나타내는 것은?

① Availability
② Reliability
③ Turn Around Time
④ Throughput

해설
운영체제의 평가 기준
- 처리능력(Throughput) : 일정 시간애에 시스템이 처리하는 일의 양
- 반환시간(Turn Aroun Time) : 시스템에 작업을 의뢰한 시간부터 처리가 완료될 때까지 걸린 시간
- 사용가능도(Availability) : 시스템의 자원을 사용할 필요가 있을 때 즉시 사용 가능한 정도
- 신뢰도(Reliability) : 시스템이 주어진 문제를 정확하게 해결하는 정도

35 C언어에서 사용되는 문자열 출력함수는?

① printchar( ) ② puts( )
③ prints( ) ④ putchar( )

해설
C언어의 문자 출력함수
- getchar( ) 함수 : 키보드로부터 한 번에 한 문자씩 읽어 들여 그 문자에 해당하는 ASCII 코드의 값을 정수형으로 선언된 변수에 할당하는 함수
- putchar( ) 함수 : 화면에 한 문자씩 출력하는 함수
- gets( ) 함수 : 키보드로부터 문자열을 읽어 들여 문자열 포인터가 가리키는 장소에 기억시키며, 그 포인터를 되돌려 주는 함수
- puts( ) 함수 : 문자열을 화면으로 출력하는 함수

36 프로그램이 동작하는 동안 값이 수시로 변할 수 있으며, 기억장치의 한 장소를 추상화한 것은?

① 상 수 ② 주 석
③ 예약어 ④ 변 수

해설
변수란 값이 변하는 수로, 한순간에 하나의 데이터 값을 가질 수 있고 이 값을 다른 값으로 마음대로 바꿀 수 있는 것이다.

37 프로그래밍 언어의 해독 순서로 옳은 것은?

① 링커 → 로더 → 컴파일러
② 컴파일러 → 링커 → 로더
③ 로더 → 컴파일러 → 링커
④ 로더 → 링커 → 컴파일러

해설
프로그램 언어의 수행 순서
원시(Source) P/G → 번역(컴파일러) → 목적(Object) P/G 생성 → 링커 → 로더 → 실행

38 운영체제의 기억장치 배치 전략 중 프로그램이나 데이터가 들어갈 수 있는 크기의 빈 영역 중에서 단편화를 가장 많이 남기는 분할 영역에 배치시키는 방법은?

① Worst Fit ② First Fit
③ Best Fit   ④ Last Fit

해설
기억장치 배치 전략
새로 반입되는 프로그램이나 데이터를 주기억장치의 어디에 위치시킬 것인지를 결정하는 전략이다.
- 최초 적합 전략(First Fit Strategy) : 프로그램이나 데이터가 들어갈 수 있는 크기의 빈 영역 중에서 첫 번째 분할 영역에 배치시키는 방법
- 최적 적합 전략(Best Fit Strategy) : 프로그램이나 데이터가 들어갈 수 있는 크기의 빈 영역 중에서 단편화를 가장 작게 남기는 분할 영역에 배치시키는 방법
- 최악 적합 전략(Worst Fit Strategy) : 프로그램이나 데이터가 들어갈 수 있는 크기의 빈 영역 중에서 단편화를 가장 많이 남기는 분할 영역에 배치시키는 방법

40 CPU가 여러 작업을 각 사용자에게 각각 짧은 시간으로 나누어 연속적으로 처리하는 시스템은?

① 시분할 처리 시스템
② 실시간 처리 시스템
③ 일괄 처리 시스템
④ 다중 처리 시스템

해설
① 시분할 처리 시스템 : CPU가 여러 작업을 각 사용자에게 각각 짧은 시간으로 나누어 연속적으로 처리하는 시스템
② 실시간 처리 시스템 : 데이터 발생 지역에 설치된 단말기를 이용하여 데이터 발생과 동시에 입력시키며 중앙의 컴퓨터는 여러 단말기에서 전송되어 온 데이터를 즉시 처리 후 그 결과를 해당 단말기로 보내 주는 시스템
③ 일괄 처리 시스템 : 자료를 일정 기간 동안 또는 일정한 분량이 될 때까지 모아 두었다가 한꺼번에 처리하는 방식
④ 다중 처리 시스템 : 여러 개의 CPU를 설치하여 각각 해당 업무를 처리할 수 있는 시스템

39 프로그램 문서화에 대한 설명으로 거리가 먼 것은?

① 프로그램 개발과정의 요식적 절차이다.
② 프로그램의 유지·보수가 용이하다.
③ 개발 중간의 변경사항에 대하여 대처가 용이하다.
④ 프로그램의 개발 목적 및 과정을 표준화하여 효율적인 작업이 이루어지게 한다.

해설
프로그램 문서화 : 프로그램의 운영에 필요한 사항을 문서로 정리하여 기록하는 작업이다.
문서화를 통하여 얻어지는 효과
- 프로그램의 개발 목적 및 과정을 표준화한다.
- 효율적인 작업이 이루어지게 한다.
- 프로그램의 유지·보수를 쉽게 한다.
- 개발과정에서의 추가 및 변경에 따른 혼란을 줄일 수 있다.

41 다음 회로의 출력결과로 맞는 것은?(단, A, B는 입력, Y는 출력이다)

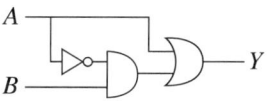

① $Y = \overline{A} + \overline{B}$
② $Y = A + (\overline{A} + B)$
③ $Y = \overline{A + B}$
④ $Y = A + B$

해설
$Y = (\overline{A} \cdot B) + A$
$ = (A + \overline{A}) \cdot (A + B)$
$ = A + B$

42 다음과 같은 논리식으로 구성되는 회로는?(단, S는 합(Sum), C는 자리올림(Carry)을 나타낸다)

$$S = \overline{A} \cdot B + A \cdot \overline{B},\ C = A \cdot B$$

① 반가산기(Half Adder)
② 전가산기(Full Adder)
③ 전감산기(Full Subtracter)
④ 부호기(Encoder)

해설
반가산기(Half Adder)
- 2개의 2진수와 A와 B를 더한 합(Sum) S와 자리올림 수(Carry) C를 얻는 회로로 배타논리합 회로와 논리곱 회로로 구성된다.
- 논리식
$S = \overline{A}B + A\overline{B} = A \oplus B,\ C = A \cdot B$

43 2진수 10010011을 8진수로 변환하면?

① 223   ② 243
③ 234   ④ 443

해설
2진수를 우측에서 3자리씩 나누어 8진수로 표현한다.
$10010011_{(2)}$ = 010　　010　　011
　　　　　　　= 1×2^1　1×2^1　$2^1 + 2^0$
　　　　　　　=　2　　　2　　　3
　　　　　　　= $223_{(8)}$

44 JK 플립플롭에서 $J = K = 1$일 때 출력 동작은?

① Set   ② Clear
③ No Change   ④ Complement

해설
JK 플립플롭의 특성표

J	K	$Q_{(t+1)}$	설 명
0	0	$Q_{(t)}$	현 상태가 그대로 출력
0	1	0	0을 출력(Reset)
1	0	1	1을 출력(Set)
1	1	$\overline{Q}_{(t)}$	Complement(보수)

45 16진수 D27을 2진수로 변환하면?

① 110101110010
② 110100100111
③ 011111010010
④ 011100101101

해설
16진수 D27을 2진수로 변환하면 $(110100100111)_2$이다.

16진수	D	2	7
	↓	↓	↓
2진수	1101	0010	0111

46 EBCDIC 코드는 몇 개의 Zone bit를 갖는가?

① 1   ② 2
③ 3   ④ 4

해설
EBCDIC 코드(확장 2진화 10진 코드)
- 1개의 체크 비트와 8개의 데이터 비트로 구성된다.
- 데이터 비트 8개는 존 비트(Zone bit) 4개와 디지트 비트 4개로 $256(2^8)$가지의 문자를 표현한다.

47 불 대수를 사용하는 목적으로 틀린 것은?

① 디지털 회로의 해석을 쉽게 한다.
② 같은 기능의 간단한 회로를 복잡한 다른 회로로 표시한다.
③ 변수 사이의 진리표 관계를 대수형식으로 표시한다.
④ 논리도의 입출력 관계를 표시한다.

해설
불 대수를 사용하는 목적
- 디지털 회로의 해석을 쉽게 표현한다.
- 같은 기능을 보다 간단한 회로로 단순화한다.
- 논리변수 사이의 진리표 관계를 대수형식으로 표현한다.
- 논리도의 입출력 관계를 대수형식으로 표현한다.

48 다음 진리표에 해당하는 논리식은?

입력		출력
A	B	
0	0	0
0	1	0
1	0	1
1	1	0

① $\overline{A}+B$ ② $\overline{A} \cdot B$
③ $A+\overline{B}$ ④ $A \cdot \overline{B}$

해설
진리표의 출력은 $A \cdot \overline{B}$이다.

49 전가산기의 입력의 개수와 출력의 개수는?

① 입력 2개, 출력 3개   ② 입력 2개, 출력 4개
③ 입력 3개, 출력 3개   ④ 입력 3개, 출력 2개

해설
전가산기(Full-adder)
- 두 개의 반가산기와 한 개의 논리합 회로를 연결하여 구성한다.
- 두 개의 입력 이외에 한 개의 캐리를 3입력으로 1개의 캐리(C)와 1개의 합(S)을 출력하는 회로이다.

50 출력기의 일부가 입력측에 궤환되어 유발되는 레이스 현상을 없애기 위하여 고안된 플립플롭은?

① JK 플립플롭
② D 플립플롭
③ 마스터-슬레이브 플립플롭
④ RS 플립플롭

해설
- 레이싱(Racing) 현상이란 JK = FF에서 CP = 1일 때 출력쪽으로 상태가 변화하면 입력쪽이 변하여 오동작을 발생하고, 이 오동작은 다른 오동작을 일으키는 현상이다.
- 레이싱 현상을 피하기 위한 것이 마스터-슬레이브 JK = FF이다.

51 다음 보기의 장치를 메모리 접근 및 처리속도가 빠른 순서대로 옳게 나열한 것은?

┤보기├
㉮ 레지스터
㉯ 하드디스크
㉰ RAM
㉱ 캐시 기억장치

① ㉮→㉯→㉰→㉱
② ㉮→㉱→㉰→㉯
③ ㉰→㉱→㉯→㉮
④ ㉰→㉯→㉱→㉮

해설
메모리 접근 및 처리속도가 빠른 순서
레지스터 > 캐시 기억장치 > RAM > 하드디스크

정답 47 ② 48 ④ 49 ④ 50 ③ 51 ②

52 회로의 안정 상태에 따른 멀티바이브레이터의 종류가 아닌 것은?

① 비안정 멀티바이브레이터
② 단안정 멀티바이브레이터
③ 쌍안정 멀티바이브레이터
④ 광안정 멀티바이브레이터

해설
멀티바이브레이터의 종류
- 비안정 멀티바이브레이터(Astable Multivibrator) : 회로에 전원이 공급되면 구형파의 발진이 이루어지는 회로이다.
- 단안정 멀티바이브레이터(Monostable Multivibrator) : 자체 발진의 능력은 없으나 외부의 트리거 펄스 입력이 공급될 때마다 하나의 구형파를 출력하는 회로이다.
- 쌍안정 멀티바이브레이터(Bistable Multivibrator) : 안정 상태를 유지하며 외부의 트리거 펄스 입력이 두 개 공급될 때마다 하나의 구형파를 출력하는 회로로, 일반적으로 플립플롭회로라고 한다.

53 순서논리회로에 기억소자로 쓰이는 것은?

① 고조파 발진기
② 비안정 멀티바이브레이터
③ 단안정 멀티바이브레이터
④ 쌍안정 멀티바이브레이터

해설
순서논리회로의 기억소자로 쓰이는 것은 쌍안정 멀티바이브레이터이다.

54 외부의 신호가 들어오기 전까지 안정한 상태를 유지하는 회로는?

① 래치회로
② 구형파 회로
③ 사인파 회로
④ 슈미트 트리거 회로

해설
래치(Latch)회로
- 순차회로에서 한 비트의 정보를 저장하는 회로이다.
- 두 가지 상태의 입력(Set, Reset)에 따라 출력 상태(Q, Q')를 가진다.
- 외부의 신호가 들어오기 전까지 안정한 상태를 유지한다.
- 래치회로는 클럭 펄스를 이용하지 않으므로 입력이 변할 때마다 출력값이 변한다.

55 플립플롭이 n 개일 때 카운터가 셀 수 있는 최대의 수 N은?

① $N = 2^n$
② $N = 2^n + 1$
③ $N = 2^n - 1$
④ $N = 2n + 1$

해설
플립플롭이 n개일 때 카운터가 셀 수 있는 최대의 수를 N이라 하면, $N = 2^n$ 개의 펄스를 계수할 수 있고, 0에서 $2^n - 1$까지는 계수할 수 있는 최대의 수이다.

56 2진수 10001001을 16진수로 바꾼 값은?

① 89
② 137
③ 178
④ 211

해설
$10001001_{(2)}$ = (1000 1001)$_2$
= 1×2^3 $1 \times 2^3 + 1 \times 2^0$
   8   9
= $89_{(16)}$

2진수 10001001을 16진수로 변환하면 89이다.

정답 52 ④ 53 ④ 54 ① 55 ③ 56 ①

57 입력 펄스의 적용에 따라 미리 정해진 상태의 순차를 밟아가는 순차회로는?

① 카운터
② 멀티플렉서
③ 디멀티플렉서
④ 비교기

해설
카운터(계수기)는 입력 펄스가 들어온 때마다 미리 정해진 순서대로 플립플롭의 상태가 변화하는 것을 이용한 것이다.

58 10진 카운터를 만들려면 플립플롭을 몇 단으로 해야 하는가?

① 1　② 2
③ 3　④ 4

해설
플립플롭이 n개일 때 카운터가 셀 수 있는 최대의 수를 N이라 하면, $N = 2^n$ 개의 수를 셀 수 있고, 0에서 $2^n - 1$의 수까지 표현한다. 즉, 10진 카운터를 만들기 위해서 플립플롭이 $2^4 = 16$이므로 4개의 플립플롭이 필요하다.

59 1×4 디멀티플렉서에 최소로 필요한 선택선의 개수는?

① 1개　② 2개
③ 3개　④ 4개

해설
디멀티플렉서(Demultiplexer)
- 한 신호원으로부터의 데이터를 제어 입력에 의해 여러 개의 출력단 중에서 선택된 출력단에 출력하는 회로이다.
- 1×2^n 디멀티렉서는 하나의 입력과 2^n 개의 출력선 중에서 하나를 선택하기 위한 n개의 선택선을 가진다.
- 1×4 디멀티플렉서는 출력선이 4개이므로, 출력선을 선택하기 위한 선택선은 2개($2^n = 4$)의 선택선을 가진다.

60 다음 중 시프트 레지스터를 이용하여 수행되는 연산은?

① 덧 셈
② 뺄 셈
③ 곱 셈
④ 비 교

해설
시프트 레지스터를 이용하는 연산
- 부호를 고려하여 자리를 이동시키는 연산으로 2^n 으로 곱하거나 나눌 때 사용한다.
- 왼쪽으로 n bit shift하면 원래 자료에 2^n 을 곱한 값과 같다.
- 오른쪽을 n bit shift하면 원래 자료에 2^n 으로 나눈 값과 같다.

2022년 제2회 과년도 기출복원문제

01 저항을 R이라고 하면 컨덕턴스 $G[℧]$는 어떻게 표현되는가?

① R^2
② R
③ $\dfrac{1}{R^2}$
④ $\dfrac{1}{R}$

해설
컨덕턴스 $G = \dfrac{1}{R}[℧]$

02 펄스 변조 중 정보 신호에 따라 펄스의 유무를 변화시키는 방식은?

① PCM
② PWM
③ PAM
④ PNM

해설
펄스 변조(Pulse Modulation)방식
- 펄스 진폭 변조(PAM) : 신호 레벨에 따라 펄스의 진폭을 변화시킨다.
- 펄스 폭 변조(PWM) : 신호 레벨에 따라 펄스 폭을 변화시킨다.
- 펄스 위상 변조(PPM) : 신호 레벨에 따라 펄스의 위상을 변화시킨다.
- 펄스 수 변조(PNM) : 신호 레벨에 따라 펄스 수를 변화시킨다.
- 펄스 부호 변조(PCM) : 신호 레벨에 따라 펄스 열의 유무를 변화시킨다.

03 접합 전계효과 트랜지스터(JFET)에서 3단자의 명칭으로 틀린 것은?

① 베이스
② 게이트
③ 드레인
④ 소스

해설
트랜지스터(JFET)에서 3단자의 명칭은 게이트, 드레인, 소스이다.
접합 전계효과 트랜지스터(JFET)
- N형 실리콘 반도체에 P층을 확산시키고 양단에 알루미늄 전극을 붙여 소스와 드레인, P층을 게이트 전극으로 구성한 것
- 접합 전계효과 트랜지스트(JFET) 회로 기호

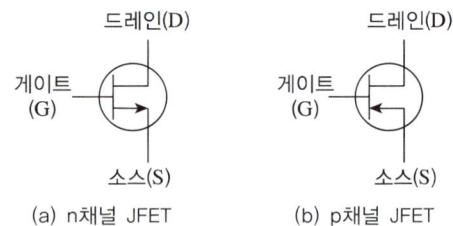

(a) n채널 JFET　　(b) p채널 JFET

04 트랜지스터가 정상적으로 증폭작용을 하는 영역은?

① 활성영역
② 포화영역
③ 차단영역
④ 역포화영역

해설
트랜지스터 동작 특성
- 포화영역 : 스위치 동작-ON
- 활성영역 : 트랜지스터 증폭
- 차단영역 : 스위치 동작-OFF
- 항복영역 : 트랜지스터 파괴

정답 1 ④　2 ①　3 ①　4 ①

05 위상천이(이상형) 발진회로의 발진 주파수는?(단, $R_1 = R_2 = R_3 = R$이고, $C_1 = C_2 = C_3 = C$이다)

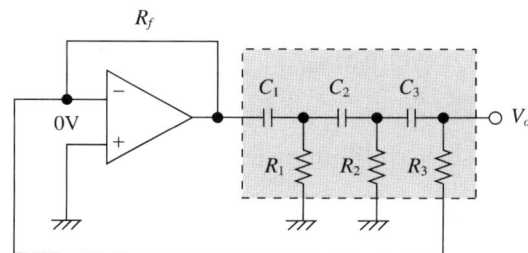

① $f_o = \dfrac{1}{2\pi\sqrt{6}\,RC}$

② $f_o = \dfrac{1}{2\pi\sqrt{6RC}}$

③ $f_o = \dfrac{1}{2\pi LC}$

④ $f_o = \dfrac{\sqrt{6}}{2\pi RC}$

해설
위상천이(이상형) 발진회로
- 이상형 CR 발진회로의 C와 R을 3계단형으로 조합한다.
- $f_o = \dfrac{1}{2\pi\sqrt{6}\,RC}[\text{Hz}]$

06 실효전압 $E[V]$를 다이오드로 반파정류하였을 때 다이오드의 역내전압은 몇 [V]인가?

① $\sqrt{2}\,E$ ② $2E$
③ $\dfrac{E}{\sqrt{2}}$ ④ $\dfrac{E}{2}$

해설
반파정류의 역내전압 $V = \sqrt{2}\,E$이다.

07 저항 24[Ω], 리액턴스 7[Ω]의 부하에 100[V]를 가할 때 전류의 유효분은 몇 [A]인가?

① 1.51[A] ② 2.51[A]
③ 3.84[A] ④ 4.61[A]

해설
- RL 직렬회로의 임피던스(Z)
  $= \sqrt{R^2 + X_L^2} = \sqrt{24^2 + 7^2} = 25[\text{A}]$
- 전류의 유효분 $I = \dfrac{V}{Z} \times \dfrac{R}{Z} = \dfrac{100}{25} \times \dfrac{24}{25} = 3.84[\text{A}]$

08 다음 회로에서 C_2가 방전 중이면 각 TR의 On, Off 상태는?

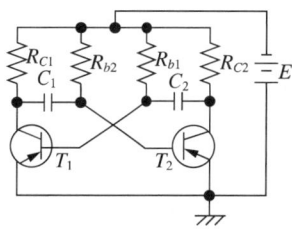

① T_1 : Off, T_2 : On
② T_1, T_2 동시 Off
③ T_1 : On, T_2 : Off
④ T_1, T_2 동시 On

해설
비안정 멀티바이브레이터(Astable Multi Vibrator)
- 2단 비동조 증폭회로를 100[%] 정궤환을 걸어 준 직사각형 발진기이다.
- 2개의 AC 결합 상태로 되어 있다.
- C_2가 방전 중이면 T_2는 On, C_1은 충전, T_1은 Off 상태가 된다.

09 다음 회로는 수정 발진기의 가장 기본적인 회로이다. 발진회로에 A에 들어갈 부품은?

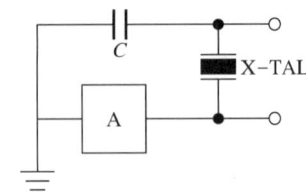

① 저항
② 코일
③ TR
④ 커패시터

해설
수정 발진회로
수정판의 압전효과를 이용한 발진회로이다.

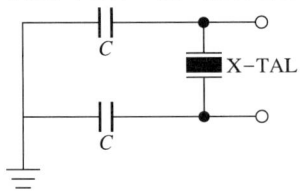

10 정전용량 100[μF]의 콘덴서에 1[C]의 전하가 축적되었다면 양단자의 전압은 몇 [V]인가?

① 10[V]
② 100[V]
③ 1,000[V]
④ 10,000[V]

해설
$Q = CV$, $V = \dfrac{Q}{C} = \dfrac{1}{100 \times 10^{-6}} = 10,000[V]$

11 7비트로 구성된 ASCII 코드가 나타낼 수 있는 문자의 가지 수는?

① 64개
② 128개
③ 256개
④ 512개

해설
ASCII코드는 7비트 코드이므로 $2^7 = 128$의 문자를 표현할 수 있다.

12 프로세서가 인터럽트의 요청을 받으면 소프트웨어에 의하여 접속된 장치 중에서 어떤 장치가 요청하였는지를 순차적으로 조사하는 것은?

① 플래그(Flag)
② 폴링(Polling)
③ 오퍼랜드(Operand)
④ 분기명령(Branch Instruction)

해설
② 폴링(Polling) : 한 프로그램이나 장치에서 다른 프로그램이나 장치들이 어떤 상태에 있는지를 지속적으로 체크하는 전송제어 방식이다.
① 플래그(Flag) : 디지털 콘텐츠 불법 복제 및 인터넷 파일 교환 방지를 위해 방송 전파에 함께 실려 전송되는 저작권 관련 정보이다.
③ 오퍼랜드(Operand) : 연산을 수행하는 데 필요한 데이터 또는 데이터 주소 각 연산은 한 개 또는 두 개의 입력 오퍼랜드와 한 개의 결과 오퍼랜드를 포함하는 것으로, 데이터는 CPU 레지스터이다.
④ 분기 명령(Branch Instruction) : 순서대로 실행되어 가는 프로그램의 흐름을 두 개의 값의 대소 관계 등으로 분기(Branch)시키기 위한 명령이다.

13 −10에 대한 1의 보수를 8[bit] 2진수로 나타내면?

① 11110101
② 11111010
③ 00000101
④ 00001010

해설
10을 8[bit]의 2진수로 표현하면 00001010이며, 1의 보수(0은 1로, 1은 0)로 바꾸면 11110101이 된다. 이때 맨 앞의 1이 부호 비트이다(양수 : 0, 음수 : 1)

14 다음 중 주소 일부를 접속하거나 계산하여 기억장치에 접근시킬 수 있는 주소의 일부분을 생략한 주소 표현방식은?

① 절대 주소
② 약식 주소
③ 생략 주소
④ 자료 자신

해설
약식 주소
주소의 일부를 생략한 주소로, 계산에 의한 주소지정방식에 속한다.

15 다음 중 대역확산기술을 이용한 다중접속방식에 해당되는 것은?

① TDMA   ② CDMA
③ FDMA   ④ WDMA

해설
코드 분할 다중 접속(CDMA ; Code Division Multiple Access)
• 다른 코드를 사용하는 여러 명의 사용자가 같은 주파수 대역을 사용하여 접속하는 방식이다.
• 데이터를 암호화한 후 그것을 가용한 전체 대역폭으로 전송한다.
• 수신측에서는 이를 복호화하여 수신한다.

16 통신을 원하는 두 개의 개체 간에 무엇을, 어떻게, 언제 통신할 것인가를 서로 약속한 규약으로 컴퓨터 간에 통신을 할 때 사용하는 규칙은?

① Operating System
② Domain
③ Protocol
④ DBMS

해설
프로토콜(Protocol)
통신시스템이 데이터를 교환하기 위해 사용하는 통신 규칙

17 다음 중 LSI 회로는?

① DECODER
② MULTIPLEXER
③ 4BIT LATCH
④ PLA

해설
범용 대규모 집적회로(LSI)에는 ROM, PLA, 마이크로프로세서(Microprocessor)가 있다.

18 송수신 단말장치 사이에서 데이터를 전송할 때마다 통신경로를 설정하여 데이터를 교환하는 방식은?

① 메시지 교환방식
② 패킷 교환방식
③ 회선 교환방식
④ 포인트 투 포인트 방식

해설
회선 교환의 형태
• 교환 회선 : 데이터 전송량이 적은 경우 단말장치들이 교환기에 접속되어 있어 광역 네트워크를 구성하여 경제적으로 통신을 수행하기 위한 방법으로 사용된다.
 – 회선교환방식(Circuit Switching) : 전화망을 이용하는 방식으로서 가입자가 직접 다이얼하여 상대방을 호출하여 데이터를 전송하는 방식이다.
 – 축적교환방식(Store and Forward Switching) : 교환기에 정보가 메시지 또는 패킷 단위로 저장되어 전송하는 데이터 전송방식으로서 부재 중 정보처리능력을 확산하기 위한 것이다.
• 비교환 회선 : 교환 회선을 사용하지 않고 사용자의 정보 전송량이 많을 경우 같은 단말장치에 있는 시스템을 유기적으로 결합하기 위해 특정 회선을 연결하여 직통 회선으로 사용하는 것을 의미하며, 비교환 회선 또는 임대 회선(Lease Line)이라고도 한다.

정답 14 ② 15 ② 16 ③ 17 ④ 18 ③

19 조합논리회로 중 두 개의 입력이 서로 같을 때만 출력이 '1'이 되는 논리게이트는?

① X-NOR
② X-OR
③ AND
④ OR

해설
X-NOR 회로는 두 개의 입력이 서로 같을 때 출력이 '1'이 되는 논리게이트이다.
• 기 호
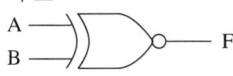
• 논리식
$F = A \otimes B$
또는
$F = \overline{A \oplus B}$

• 진리표

입력		출력
A	B	F
0	0	1
0	1	0
1	0	0
1	1	1

20 다음 중 시프트 레지스터로 이용할 수 있는 기능과 거리가 가장 먼 것은?

① 비교 기능
② 나눗셈 기능
③ 곱셈 기능
④ 직렬 전송 기능

해설
2진수를 레지스터에 직병렬로 입출력할 수 있게 플립플롭을 연결한 것을 시프트 레지스터(Shift Register)라고 하며 좌 방향 시프트는 곱셈 기능, 우 방향 시프트는 나눗셈 기능을 한다.

21 데이터를 중앙처리장치에서 기억장치로 저장하는 마이크로 명령어는?

① $\overline{LOAD}$
② $\overline{STORE}$
③ $\overline{FETCH}$
④ $\overline{TRANSFER}$

해설
• $\overline{LOAD}$: 주기억장치에 기억된 내용을 읽어 오는 것
• $\overline{STORE}$: 누산기의 내용을 주기억장치에 기억시키는 것

22 1초당 신호 변환이나 상태 변환수를 나타내는 전송 속도 단위는?

① bps
② kbps
③ Mbps
④ baud

해설
보(baud)
신호의 전송속도를 나타내는 단위로 1초 동안 보낼 수 있는 전신부호의 단위수(비트의 수)이다.

23 제한된 영역 내에 데이터를 어느 한쪽에서는 입력만 시키고, 그 반대쪽에서는 출력만 수행함으로써 가장 먼저 입력된 데이터가 가장 먼저 출력되는 선입선출형식의 구조는?

① 스택(Stack)
② 큐(Queue)
③ 버스(Bus)
④ 캐시(Cache)

해설
큐(Queue)
• 제한된 영역 내에 데이터를 어느 한쪽에서는 입력만 시키고, 그 반대쪽에서는 출력만 수행한다.
• 가장 먼저 입력된 데이터가 가장 먼저 출력되는 선입선출(LIFO) 형식의 구조이다.

24 다음 설명에 해당하는 것은?

> 입력과 출력회로를 모두 트랜지스터로 구성한 회로로서 동작속도가 빠르고 잡음에 강한 특징이 있으며, Fan-out을 크게 할 수 있고 출력 임피던스가 비교적 낮으며 응답속도가 빠르고 집적도가 높다.

① CMOS
② RTL
③ ECL
④ TTL

해설
TTL(Transistor Transistor Logic)
- 입력을 트랜지스터로 받아들이고, 출력 또한 트랜지스터인 소자이다.
- 속도가 빠른 반면에 소비전력이 크다.
- 잡음에 강하다.
- Fan-out을 크게 할 수 있다.
- 출력 임피던스가 비교적 낮다
- 집적도가 높다.

25 비가중치 코드이며 연산에는 부적합하지만 어떤 코드로부터 그다음의 코드로 증가하는데 하나의 비트만 바꾸면 되므로 데이터의 전송, 입출력장치 등에 많이 사용되는 코드는?

① BCD 코드
② Gray 코드
③ ASCII 코드
④ Excess-3 코드

해설
그레이코드(Gray Code)
- BCD 코드의 인접한 자리를 XOR 연산으로 만든 코드이다.
- 이웃하는 코드가 한 비트만 다르기 때문에 코드 변환이 용이해서 주로 A/D 변환에 사용한다.
- 입출력장치, Hardware Error를 최소화한다.

26 다음 기능에 대한 설명으로 알맞은 것은?

> - 하드웨어와 응용프로그램 간의 인터페이스 역할을 한다.
> - CPU, 주기억장치, 입출력장치 등의 컴퓨터 자원을 관리한다.
> - 프로그램의 실행을 제어하며 데이터와 파일의 저장을 관리하는 기능을 한다.

① 컴파일러(Compiler)
② 운영체제(Operating System)
③ 로더(Loader)
④ 그래픽 유저 인터페이스(GUI : Graphic User Interface)

해설
운영체제(Operating System)의 기능
- 프로세스 관리 : 컴퓨터 시스템에 존재하는 프로세스 중 어느 프로세서를 할당하고 실행시킬 것인지를 제어한다.
- 기억장치 관리 : 작업프로그램을 주기억장치에 할당하거나 회수하여 기억장치를 효율적으로 관리한다.
- 입출력 관리 : 입출력장치를 작동시켜 작업 순서에 맞게 처리한 후 완료되면 이를 운영체제에게 알리는 기능을 한다.
- 파일관리 : 파일의 이름과 보조기억장치의 저장영역을 기억하여 파일을 삭제, 이동, 복사, 유지, 관리하는 기능을 한다.

27 프로그램의 처리과정 순서로 옳은 것은?

① 적재 → 실행 → 번역
② 적재 → 번역 → 실행
③ 번역 → 실행 → 적재
④ 번역 → 적재 → 실행

해설
프로그램의 처리과정은 번역 → 적재 → 실행 → 출력 순으로 진행된다.

28 컴퓨터에서 명령을 실행할 때 마이크로 동작을 순서적으로 실행하기 위해서 필요한 회로는?

① 분기동작회로
② 인터럽트 회로
③ 제어신호 발생회로
④ 인터페이스 회로

해설
제어신호 발생기
- 타이밍 발생회로와 제어회로로 구성된다.
- 명령 해독기로부터 온 제어신호에 따라 명령어를 실행하는 데 필요한 기계 사이클(제어함수)을 발생시켜 각 장치에 보내는 논리회로이다.

29 기억장치 관리기법의 가변 분할 배치 전략이 아닌 것은?

① 최적 적합 배치 전략
② 최초 적합 배치 전략
③ 최고 적합 배치 전략
④ 최악 적합 배치 전략

해설
기억장치 배치 전략
새로 반입되는 프로그램이나 데이터를 주기억장치의 어디에 위치시킬 것인지를 결정하는 전략이다.
- 최악 적합 전략(Worst Fit Strategy) : 프로그램이나 데이터가 들어갈 수 있는 크기의 빈 영역 중에서 단편화를 가장 많이 남기는 분할 영역에 배치시키는 방법
- 최초 적합 전략(First Fit Strategy) : 프로그램이나 데이터가 들어갈 수 있는 크기의 빈 영역 중에서 첫번째 분할 영역에 배치시키는 방법
- 최적 적합 전략(Best Fit Strategy) : 프로그램이나 데이터가 들어갈 수 있는 크기의 빈 영역 중에서 단편화를 가장 작게 남기는 분할 영역에 배치시키는 방법

30 다음 중 2의 보수를 나타내는 산술 마이크로 동작은?

① $A \leftarrow \overline{A}$
② $A \leftarrow \overline{A}+1$
③ $A \leftarrow A - B$
④ $A \leftarrow A + \overline{B}$

해설
2의 보수는 1의 보수로 변환한 뒤 1을 더해 주면 되므로, 산술 마이크로 동작으로 표현하면 $A \leftarrow \overline{A}+1$ 된다.

31 C언어에서 데이터 형식을 규정하는 서술자에 대한 설명으로 옳지 않은 것은?

① %e : 정수형
② %c : 문자
③ %f : 소수점 표기형
④ %u : 부호 없는 10진 정수

해설
C언어에서 데이터 형식을 규정하는 서술자

서술자	기 능
%o	octal : 8진수 정수
%d	decimal : 10진수 정수
%x	hxadecimal : 16진수 정수
%c	character : 문자
%s	string : 문자열
%e	지수형
%f	소수점 표기형
%u	부호 없는 10진 정수

32 C언어에서 사용되는 자료형이 아닌 것은?

① Double
② Float
③ Char
④ Interger

해설
C언어에서는 Int(정수형), Double(배정도 실수형), Float(실수형), Char(문자형), Short(단정수형), Long(장 정수형) 등의 자료형이 사용된다.

33 프로그래밍 언어의 구문 요소 중 프로그램의 이해를 돕기 위해 설명을 적어 두는 부분으로, 프로그램의 실행과는 관계가 없고 프로그램의 판독성을 향상시키는 요소는?

① Reserved Word ② Operator
③ Keyword ④ Comment

해설
④ Comment(주석) : 소스코드에 어떠한 내용을 입력하지만 그 내용이 실제 프로그램에 영향을 끼치지 않으며, 프로그래밍 언어의 구문 요소 중 프로그램의 이해를 돕기 위해 설명을 적어 두는 부분이다. 프로그램의 실행과는 관계가 없고 프로그램의 판독성을 향상시키는 요소이다.
① Reserved Word(예약어) : 컴퓨터 프로그래밍 언어에서 이미 문법적인 용도로 사용되고 있기 때문에 식별자로 사용할 수 없는 단어이다.
② Operator(연산자) : 프로그래밍이나 논리 설계에서 변수나 값의 연산을 위해 사용되는 부호이다.
③ Keyword(키워드) : 정보검색시스템 등에서 키워드를 포함하는 레코드가 검색되는 경우 등에 사용하며, 문장의 핵심적인 내용을 정확히 표현한 중요한 단어이다.

34 예약어(Reserved Word)에 대한 설명으로 틀린 것은?

① 프로그래머가 변수 이름으로 사용할 수 없다.
② 새로운 언어에서는 예약어의 수가 줄어들고 있다.
③ 프로그램 판독성을 증가시킨다.
④ 프로그램의 신뢰성을 향상시켜 줄 수 있다.

해설
예약어(Reserved Word)
• 컴퓨터 프로그래밍 언어에서 이미 문법적인 용도로 사용된다.
• 변수명으로 사용할 수 없다.
• 프로그램 판독성을 증가시킨다.
• 프로그램의 신뢰성을 향상시켜 줄 수 있다.

35 프로세스가 일정 시간 동안 자주 참조하는 페이지들의 집합은?

① 워킹 셋
② 스래싱
③ 세그먼트
④ 세마포어

해설
① 워킹 셋(Working Set) : 실행 중인 프로세스가 일정 시간 동안에 참조하는 페이지들의 집합이다.
② 스래싱(Thrashing) : 페이지 교체가 자주 일어나는 현상으로, 어떤 프로세스가 계속적으로 페이지 부재가 발생하여 프로세스의 처리시간(프로그램 수행에 소요되는 시간)보다 페이지 교체시간이 더 많아지는 현상이다.
③ 세그먼트 : 프로그램을 세그먼트(또는 페이지)라고 하는 작은 조각으로 나누어서 보조기억장치와 주기억장치 사이에서 세그먼트를 교환하면서 프로그램을 수행한다.
④ 세마포어(Semaphore) : 어떠한 자원이 있을 때 프로세스들이 동시에 자원에 접속하면 문제가 발생하기 때문에 한 번에 한 개의 프로세스만이 자원을 사용할 수 있도록 하는 기능이다.

36 프로그램 작성 시 플로차트를 작성하는 이유로 거리가 먼 것은?

① 프로그램을 나누어 작성할 때 대화의 수단이 된다.
② 프로그램의 수정을 용이하게 한다.
③ 에러 발생 시 책임 구분을 명확히 한다.
④ 논리적인 단계를 쉽게 이해할 수 있다.

해설
순서도의 역할
• 프로그램 작성의 직접적인 자료가 된다.
• 업무의 내용과 프로그램을 쉽게 이해할 수 있고, 다른 사람에게 전달이 쉽다.
• 프로그램의 정확성 여부를 판단하는 자료가 되며, 오류가 발생하였을 때 그 원인을 찾아 수정하기 쉽다.
• 프로그램의 논리적인 체계 및 처리 내용을 쉽게 파악할 수 있다.
• 프로그래밍 언어에 관계없이 공통으로 사용할 수 있다.

정답 33 ④ 34 ② 35 ① 36 ③

37 프로그램 개발과정에서 프로그램 안에 내재해 있는 논리적 오류를 발견하고 수정하는 작업은?

① Linking ② Coding
③ Loading ④ Debugging

해설
Debugging
컴퓨터 프로그램 개발 단계 중에 발생하는 시스템의 논리적인 오류나 비정상적 연산(버그)을 찾아내고 그 원인을 밝히고 수정하는 작업과정이다.

38 프로그램이 수행되는 동안 변하지 않는 값을 의미하는 것은?

① Variable ② Comment
③ Constant ④ Pointer

해설
상수(Constant)는 프로그램의 실행 중에 값이 변하지 않는 지정된 값이다.

39 구조적 프로그래밍의 설명으로 틀린 것은?

① 프로그램의 수정 및 유지·보수가 용이하다.
② 순차, 조건, 반복구조를 기본구조로 사용한다.
③ GOTO문을 많이 사용하여 기능별로 모듈화시킨다.
④ 프로그램의 구조가 간결하여 흐름의 추적이 가능하다.

해설
구조적 프로그래밍
• 프로그램의 이해가 쉽고 디버깅 작업이 쉽다.
• 프로그램의 수정 및 유지·보수가 용이하다.
• 한 개의 입구와 한 개의 출구구조를 갖는다.
• 프로그램의 구조가 간결하여 흐름의 추적이 가능하다.
• 순차, 반복, 선택(조건, 다중 택일)을 기본구조로 사용한다.

40 고급언어의 특징으로 옳지 않은 것은?

① 기종에 관계없이 사용할 수 있어 호환성이 높다.
② 2진수 형태로 이루어진 언어로 전자계산기가 직접 이해할 수 있는 형태의 언어이다.
③ 하드웨어에 관한 전문적 지식이 없어도 프로그램 작성이 용이하다.
④ 프로그래밍 작업이 쉽고, 수정이 용이하다.

해설
2진수 형태로 이루어진 언어로 전자계산기가 직접 이해할 수 있는 형태의 언어는 기계어이다.
고급언어의 특징
• 사람이 이해하기 쉬운 자연어에 가깝게 만들어진 언어이다.
• 프로그래밍하기 쉽고, 수정이 용이하다.
• 컴퓨터와 관계없이 독립적으로 프로그램을 만들 수 있다.
• 기계어로 변환하기 위해 번역하는 과정을 거친다.
• 기종에 관계없이 공통적으로 사용한다.

41 다음과 같은 논리회로에서 A의 값이 1010, B의 값이 1110일 때 출력 Y의 값은?

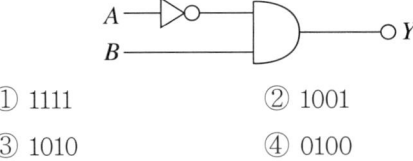

① 1111 ② 1001
③ 1010 ④ 0100

해설
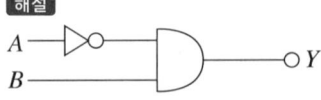

$Y = \overline{A} \cdot B$이므로,
$Y = (0101) \cdot (1110) = 0100$이다.

42
다음 그림과 같이 두 개의 게이트를 상호 접속할 때 결과로 얻어지는 논리게이트는?

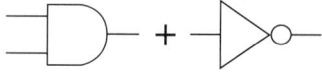

① OR
② NOT
③ NAND
④ NOR

해설
NAND 게이트
- NAND 회로는 AND 회로와 NOT 회로를 조합한 회로이다.
- AND 회로를 부정한다는 의미이다.
- 논리식은 $C = \overline{A \cdot B}$이다.

43
JK 플립플롭의 두 입력을 하나로 묶어서 만들며, 보수가 출력되는 플립플롭은?

① RS 플립플롭
② 마스터-슬레이브 플립플롭
③ D 플립플롭
④ T 플립플롭

해설
T 플립플롭
- JK 플립플롭의 입력 J 및 K를 서로 묶어서 하나의 데이터로 입력한다.
- 클록 펄스가 가해질 때마다 출력 상태가 반전하는 토글(Toggle) 또는 스위칭 작용을 하므로 계수기(Counter)에 사용된다.

44
디코더(Decoder)는 일반적으로 어떤 게이트를 사용하여 만드는가?

① NAND, NOR
② AND, NOT
③ OR, NOR
④ NOT, NAND

해설
디코더(Decoder, 해독기)
- 입력 단자에 가해지는 부호화된 2진 데이터를 그에 해당하는 10진수로 변환하여 해독하는 조합논리회로로, 출력은 AND 게이트로 구성된다.
- 디코더는 AND, NOT 게이트로 만들 수 있다.

45
불 대수에 관한 기본 정리 중 옳지 않은 것은?

① $A + 0 = A$
② $A + A = A$
③ $A \cdot \overline{A} = 1$
④ $A + \overline{A} = 1$

해설
불 대수 기본 정리
- $A + 0 = A$
- $A \cdot 1 = A$
- $A + \overline{A} = 1$
- $A \cdot \overline{A} = 0$
- $A + A = A$
- $A \cdot A = A$
- $A + 1 = 1$
- $A \cdot 0 = 0$

46
52×4 디코더에 사용되는 AND 게이트의 최소 수는?

① 1개
② 2개
③ 3개
④ 4개

해설
디코더(Decoder, 해독기)
2진 데이터를 그에 해당하는 10진수로 변환하여 해독하는 조합논리회로로, 출력은 AND 게이트로 구성된다. 52×4 디코더는 52개의 입력과 4개의 출력을 가지므로 최소한 4개의 AND 게이트로 이루어진다.

47 컴퓨터 내의 연산 시 숫자 자료를 보수로 표현하는 이유로 가장 타당한 것은?

① 덧셈과 뺄셈을 덧셈 회로로 처리할 수 있다.
② 수를 표현하는 데 저장장치를 절약할 수 있다.
③ 실수를 표현하기 쉽다.
④ 미국표준협회에서 개발되어 대중성을 확보하고 있다.

해설
컴퓨터 내의 연산 시 숫자 자료를 보수로 표현하는 이유는 음수를 표현하기 위해서이지만, 뺄셈 연산을 덧셈으로 처리하기 위해서도 사용한다.

48 순서논리회로를 설계할 때 사용되는 상태표(State Table)의 구성 요소가 아닌 것은?

① 현재 상태
② 다음 상태
③ 출 력
④ 이전 상태

해설
순서논리회로의 상태표(State Table) 구성 요소는 현재 상태, 다음 상태, 출력이다.

49 동기형 계수기로 사용할 수 없는 것은?

① BCD 계수기
② 존슨 계수기
③ 2진 계수기
④ 리플 계수기

해설
리플계수기는 비동기형 계수기이다.

50 다음 중 인코더의 반대 동작을 하는 장치는?

① 디코더
② 전가산기
③ 멀티플렉서
④ 디멀티플렉서

해설
인코더(Encoder)는 디코더(Decoder)의 반대 기능을 수행하는 장치이다.

51 반감산기에서 차를 얻기 위한 게이트는?

① OR
② AND
③ NAND
④ XOR

해설
반감산기(Half-subtracter)
- 피감수와 감수만 다루고, 아래 자리에서의 빌림수는 취급하지 않으므로 2진수 1자리의 감산에만 사용할 수 있다.
- 차를 구하기 위해 EX-OR 게이트가 사용된다.

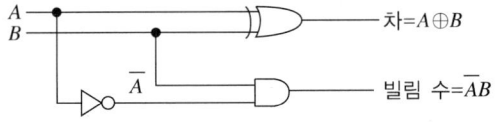

A	B	빌림수	차
0	0	0	0
0	1	1	1
1	0	0	1
1	1	0	0

52 다음 불 대수 기본법칙 중 분배법칙을 나타내는 것은?

① $A + B = B + A$
② $A + (A \cdot B) = A$
③ $A \cdot (B \cdot C) = (A \cdot B) \cdot C$
④ $A \cdot (B + C) = (A \cdot B) + (A \cdot C)$

해설
불 대수의 법칙
• 교환법칙 : $A + B = B + A$, $A \cdot B = B \cdot A$
• 결합법칙 : $(A + B) + C = A + (B + C)$,
$(A \cdot B) \cdot C = A \cdot (B \cdot C)$
• 분배법칙 : $A + (B \cdot C) = (A + B) \cdot (B + C)$,
$A \cdot (B + C) = A \cdot B + A \cdot C$

53 플립플롭 6개로 구성된 계수기가 가질 수 있는 최대 2진 상태는?

① 24　　② 32
③ 64　　④ 96

해설
출력상태 n개의 F/F을 사용하면 2^n개의 2진 상태를 얻을 수 있으므로 플립플롭 6개로 $2^6 = 64$개의 2진 상태를 얻을 수 있다.

54 논리식 $Y = \overline{A\overline{B} + \overline{A}B}$가 나타내는 게이트는?

① NAND　　② NOR
③ EX-OR　　④ EX-NOR

해설
XNOR(Exclusive-NOR) 게이트
• 입력이 같을 경우에만 '1'의 출력이 나오는 소자이다.
• 항등게이트(Equivalence)라고도 한다.
• 논리식
$Y = \overline{A\overline{B} + \overline{A}B} = \overline{A\overline{B}} \cdot \overline{\overline{A}B} = (\overline{A} + B) \cdot (A + \overline{B})$
$= \overline{A}A + \overline{A}\overline{B} + AB + B\overline{B} = AB + \overline{A}\overline{B} = \overline{A \oplus B}$

기호　　논리식
　　　　$F = A \otimes B$
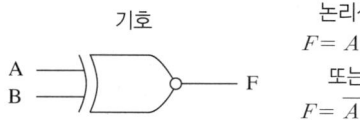　　또는
　　　　$F = \overline{A \oplus B}$

55 다음 그림과 같은 논리회로에서 출력 X에 알맞은 것은?

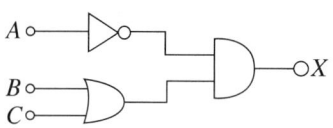

① $\overline{A} \cdot (B + C)$
② $\overline{A} \cdot \overline{(B + C)}$
③ $\overline{A} \cdot B \cdot C$
④ $\overline{A} + \overline{B + C}$

해설
$X = \overline{A} \cdot (B + C)$ 이다.

56 시프트 레지스터의 출력을 입력쪽에 되먹임시킨 계수기는?

① 비동기형 계수기
② 리플 계수기
③ 링 계수기
④ 상향 계수기

해설
링 계수기(Ring Counter)
시프트 레지스터의 출력을 입력쪽에 되먹임시킴으로써 펄스가 가해지는 한 같은 2진수가 레지스터 내부에서 순환하도록 만든 것으로, 환상 카운터(Circulating Register)라고도 한다.

57 다음 2진수를 10진수로 변환하면?

$$(0.1111)_2 \rightarrow (\quad)_{10}$$

① 0.9375
② 0.0625
③ 0.8125
④ 0.6250

해설
2진수를 10진수로 변환
2진수의 각 자릿수(가중치)를 곱한다.
$0.1111_{(2)} = 1 \times 2^{-1} + 1 \times 2^{-2} + 1 \times 2^{-3} + 1 \times 2^{-4}$
$= 0.5 + 0.25 + 0.125 + 0.0625$
$= 0.9375_{(10)}$

58 안정된 상태가 없는 회로이며, 직사각형파 발생회로 또는 시간 발생기로 사용되는 회로는?

① 플립플롭
② 비안정 멀티바이브레이터
③ 쌍안정 멀티바이브레이터
④ 단안정 멀티바이브레이터

해설
비안정 멀티바이브레이터(Astable Multi Vibrator)
• 안정된 상태가 없는 회로이다.
• 회로에 전원이 공급되면 구형파의 발진이 이루어지는 회로이다.
• 세트(Set) 상태와 리셋(Reset) 상태를 번갈아 가면서 변환시키는 발진회로이다.
• 직사각형파 발생회로 또는 시간 발생기로 사용한다.

59 다음 회로도에 ?=1을 가했을 때 해당하는 플립플롭은?

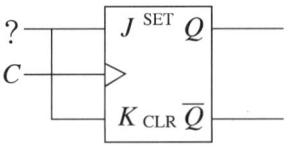

① D F/F
② T F/F
③ RS F/F
④ JK F/F

해설
T 플립플롭
• JK 플립플롭의 입력 J 및 K를 서로 묶어서 하나의 데이터로 입력한다.
• 클록 펄스가 가해질 때마다 출력 상태가 반전하는 토글(Toggle) 또는 스위칭 작용을 하므로 계수기(Counter)에 사용된다.

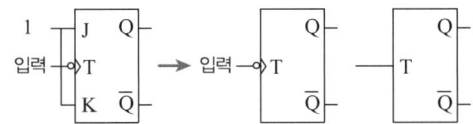

T	Q_{n+1}
0	Q_n
1	$\overline{Q_n}$

60 D형 Flip-flop에서 출력은 어떤 식으로 표시되는가?

① D
② $\overline{D}$
③ $D\overline{Q}$
④ $\overline{D}Q$

해설
D 플립플롭
클록형 RS 플립플롭 또는 JK 플립플롭을 변형시킨 것으로, 데이터 입력신호 D가 그대로 출력 Q에 전달되는 특성으로 데이터의 일시적인 보존이나 디지털신호의 지연 등에 이용된다.

2023년 제1회 과년도 기출복원문제

01 다음 중 맥동률이 가장 작은 정류방식은?

① 단상 전파정류 ② 3상 전파정류
③ 단상 반파정류 ④ 3상 반파정류

해설
맥동률
직류(전압) 전류 속에 포함되는 교류 성분의 정도

정류방식	맥동률
단상 반파정류	121[%]
단상 전파정류	48[%]
3상 반파정류	19[%]
3상 전파정류	4.2[%]

02 베이스 접지 시 전류증폭률이 0.89인 트랜지스터를 이미터 접지회로에 사용할 때 전류증폭률은?

① 8.1 ② 6.9
③ 0.99 ④ 0.89

해설
$\beta = \dfrac{\alpha}{1-\alpha} = \dfrac{0.89}{1-0.89} = 8.09$

03 100[Ω]의 저항에 10[A]의 전류를 1분간 흐르게 하였을 때의 발열량은?

① 35[kcal] ② 72[kcal]
③ 144[kcal] ④ 288[kcal]

해설
저항($R[\Omega]$)에 전류($I[A]$)가 $t[sec]$ 동안 흘렀을 때 발생하는 열량 $H[J]$은
$H = 0.24\, I^2 Rt$ [cal](1[J] = 0.24[cal])
$= 0.24 \times 10^2 \times 100 \times 60$
$= 144,000$[cal]
$= 144$[kcal]

04 다음 보기의 설명과 가장 관련 깊은 것은?

보기
한 폐회로 내에서 전압 상승과 전압 강하의 대수합은 영이다.

① 테브낭의 정리
② 노턴의 정리
③ 키르히호프의 법칙
④ 패러데이의 법칙

해설
키르히호프의 법칙
• 키르히호프의 제1법칙 : 회로의 접속점(Node)에서 볼 때 접속점에 흘러 들어오는 전류의 합은 흘러 나가는 전류의 합과 같다(Σ유입전류 = Σ유출전류).
• 키르히호프의 제2법칙 : 임의의 폐회로에서 기전력의 총합은 회로 소자에서 발생하는 전압 강하의 총합과 같다(Σ기전력 = Σ전압 강하).

05 어떤 증폭기에서 궤환이 없을 때 이득이 100이다. 궤환율 0.01의 부궤환을 걸면 이 증폭기의 이득은?

① 15 ② 20
③ 25 ④ 50

해설
되먹임 증폭도 $A_f = \dfrac{V_2}{V_1} = \dfrac{A}{1+A\beta} = \dfrac{100}{1+(100 \times 0.01)} = 50$

정답 1 ② 2 ① 3 ③ 4 ③ 5 ④

06 연산증폭기의 입력 오프셋 전압에 대한 설명으로 가장 옳은 것은?

① 차동출력을 0[V]가 되도록 하기 위하여 입력단자 사이에 걸어주는 전압이다.
② 출력전압이 무한대가 되게 하기 위하여 입력단자 사이에 걸어주는 전압이다.
③ 출력전압과 입력전압이 같게 될 때의 증폭기의 입력전압이다.
④ 두 입력단자가 접지되었을 때 두 출력단자 사이에 나타나는 직류전압의 차이다.

해설
연산증폭기 입력 오프셋 전압(Input Offset Current Drift)
이상적인 OP-AMP는 입력에 0[V]가 인가되면 출력에 0[V]가 나온다. 그러나 실제의 OP-AMP는 입력이 인가되지 않아도 출력에 직류전압이 나타난다. 차동출력을 0[V]가 되도록 하기 위하여 입력단자 사이에 걸어주는 전압이다.

07 피어스 BC형 발진회로와 구성이 비슷한 발진회로는?

① 이상형 발진회로
② 하틀레이 발진회로
③ 빈브리지 발진회로
④ 콜피츠 발진회로

해설
피어스 BC(Pierce B-C) 발진기
• 수정진동자가 컬렉터와 베이스 사이에 존재한다.
• 콜피츠 발진회로와 구성이 유사하다.

08 다음 중 저주파 정현파 발진기로 주로 사용되는 것은?

① 빈 브리지 발진회로
② LC 발진회로
③ 수정발진회로
④ 멀티바이브레이터

해설
빈 브리지(Wien-bridge) 발진기
발진 주파수가 안정하고, 파형의 일그러짐이 적으며 정현파에 가까운 발진 파형이 얻어지므로 저주파 발진기에 사용된다.

09 진폭 변조와 비교하여 주파수 변조에 대한 설명으로 가장 옳지 않은 것은?

① 신호대 잡음비가 좋다.
② 반향(Echo) 영향이 많아진다.
③ 초단파 통신에 적합하다.
④ 점유 주파수 대역폭이 넓다.

해설
진폭 변조(AM ; Amplitude Modulation)
• 전파의 진폭을 변화시키는 방법이다.
• 회로가 간단하다.
• 비용이 적게 드는 반면 전력효율이 떨어진다.
• 잡음에 약하다.
주파수 변조(FM ; Frequency Modulation)
• 진폭은 변하지 않고 필요에 따라 주파수만 변화시키는 방법이다.
• 피변조파의 진폭을 미리 일정하게 만들어 송신한다.
• 에코(Echo), 간섭, 페이딩의 영향이 작다.
• 잡음에 강하다.
• 광대역의 주파수대가 필요하다.
• 주로 음악이나 무선 마이크 등에 사용된다.
• 주로 초단파(VHF)대의 FM방송에 사용된다.

10 펄스폭이 15[μs]이고 주파수가 500[kHz]일 때 충격계수는?

① 1 ② 7.5
③ 10 ④ 0.1

해설
충격계수(Duty Factor)
- 펄스파가 얼마나 날카로운가를 나타내는 수치이다.
- $D = \dfrac{\text{펄스폭}(\tau)}{\text{펄스 반복주기}(T)}$, $T = \dfrac{1}{f}$ 이므로

$D = \dfrac{15 \times 10^{-6}}{\dfrac{1}{500 \times 10^3}} = 7,500 \times 10^{-3} = 7.5$

11 누를 때마다 ON, OFF가 교차되는 스위치를 만들 때 사용하는 플립플롭은?

① RS 플립플롭 ② D 플립플롭
③ JK 플립플롭 ④ T 플립플롭

해설
스위치로 사용되는 플립플롭은 T 플립플롭이다. ON, OFF로 교차되는 토글은 두 가지 안정 상태 중 어느 한 상태를 유지하는 회로이다.

12 다음 진리표에 대한 논리식으로 옳은 것은?

A	B	Y
0	0	1
0	1	0
1	0	0
1	1	0

① $Y = A \cdot B$ ② $Y = \overline{A \cdot B}$
③ $Y = A + B$ ④ $Y = \overline{A + B}$

해설
부정 논리합(NOR) 회로

13 레지스터의 사용에 대한 설명으로 옳지 않은 것은?

① 출력장치에 정보를 전송하기 위해 일시 기억하는 경우
② 사칙연산장치의 입력 부분에 장치하여 데이터를 일시 기억하는 경우
③ 기억장치 등으로부터 이송된 정보를 일시적으로 기억시켜 두는 경우
④ 일시 저장된 정보 내용을 영구히 고정시키는 경우

해설
레지스터(Register)
2진 데이터를 일시 저장하는 데 적합한 2진 기억 소자들의 집합이다. 1개의 플립플롭은 2진 데이터의 1비트를 저장할 수 있는 기억 소자의 역할을 하므로 레지스터는 플립플롭의 집합이다.

14 카운터와 같이 플립플롭을 사용하는 디지털회로는?

① 조합논리회로
② 아날로그 논리회로
③ 순서논리회로
④ 멀티플렉서 논리회로

해설
- 조합논리회로 : 출력신호가 현재의 입력신호의 조합만으로 결정되는 회로로서 논리게이트를 구성한다.
- 순서논리회로 : 출력신호가 현재의 입력신호와 과거의 입력신호에 의하여 결정되는 논리회로로서, 플립플롭(Flip-Flop)과 같은 기억 소자와 논리게이트로 구성된다.

15 플립플롭을 4단 연결한 2진 하향 계수기를 리셋시킨 후 첫번째 클록 펄스가 인가되면 나타나는 출력은?

① 3　　② 5
③ 8　　④ 15

해설
하향 계수기
- 계수기가 기억할 수 있는 최댓값인 플립플롭 전체가 1을 기억한 후 펄스가 하나씩 입력될 때마다 기억된 내용이 1씩 감소되는 계수기이다.
- 4단의 플립플롭이 모두 1인 1111상태에서 시작하여 펄스가 하나씩 입력될 때마다 1110, 1101,…, 0000의 순으로 하나씩 뺄셈을 수행할 것과 같은 결과이다.
- 플립플롭을 4단 연결한 2진 하향 계수기를 리셋시킨 후 첫번째 클록 펄스가 인가되면 나타나는 출력은 1111이 되므로 15가 된다.

16 플립플롭회로가 불확정한 상태가 되지 않도록 반전기(NOT Gate)를 설치한 회로는?

① JK-FF　　② RS-FF
③ T-FF　　④ D-FF

해설
D 플립플롭
- 클록형 RS 플립플롭 또는 JK 플립플롭을 변형시킨 것이다. 데이터 입력신호 D가 그대로 출력 Q에 전달되는 특성으로 데이터의 일시적인 보존이나 디지털 신호의 지연 등에 이용된다.
- 불확실한 상태가 되지 않도록 반전기(NOT Gate)를 설치한다.

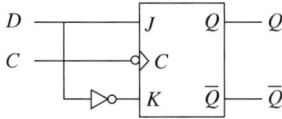

입력		출력
C	D	Q_{n+1}
0	X	Q_n
1	1	1
1	0	0

17 클록 펄스에 의해서 기억된 내용을 한 자리씩 우측이나 좌측으로 이동시키는 레지스터는?

① 시프트 레지스터　　② 범용 레지스터
③ 베이스 레지스터　　④ 인덱스 레지스터

해설
시프트 레지스터(Shift Register)
2진수를 직렬로 1비트씩 차례로 입력시키면 레지스터가 기억하는 데이터를 오른쪽 또는 왼쪽으로 한 자리씩 이동(Shift)시킬 수 있는 레지스터이다.

18 다음 논리회로 기호에서 입력 $A=1$, $B=0$일 때 출력 Y의 값은?

① $Y=0$　　② $Y=1$
③ $Y=$ 이전 상태　　④ $Y=$ 반대 상태

해설
XNOR(배타적 부정 논리합) 회로
- 게이트 구성
- 논리기호
- 논리식 $Y=\overline{A}B+A\overline{B}$
　　　　　$=\overline{A\oplus B}$
　　　　　$=A\odot B$
- 진리표

A	B	Y
0	0	1
0	1	0
1	0	0
1	1	1

- 입출력 파형

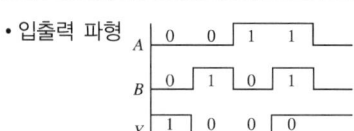

정답 15 ④　16 ④　17 ①　18 ①

19 다음 중 전감산기의 출력 D(차)와 결과가 같은 것은?

① 전가산기 S(합) 출력
② 반가산기 C(자리올림수)
③ 전감산기 B(자리내림수)
④ 전가산기 C(자리올림수)

해설
전감산기(Full-subtracter)
두 개의 비트 X, Y와 앞자리에서 꿔주는 빌림수(Borrow) Z까지 고려하여 Y, Z의 두 비트를 감산하는 조합논리회로로서, 차 D는 전가산기의 합 S와 같으며 B는 빌림수(Borrow) X를 보수로 취하는 것이 전가산기의 캐리 C와 다른 점이다.

20 다음을 논리식으로 옳게 나타낸 것은?

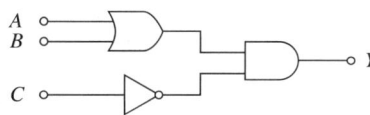

① $(A+B)+\overline{C}$
② $(A+B)\cdot\overline{C}$
③ $A+B+C$
④ $A\overline{C}+\overline{C}+A$

해설
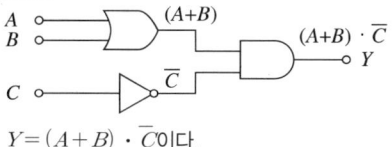
$Y=(A+B)\cdot\overline{C}$이다.

21 디지털시스템에서 사용되는 2진 코드를 우리가 쉽게 인지할 수 있는 숫자나 문자로 변환해 주는 회로는?

① 인코더 회로   ② 플립플롭 회로
③ 전가산기 회로   ④ 디코더 회로

해설
- 디코더(Decoder, 해독기)
  - 입력단자에 가해지는 부호화된 2진 데이터를 그에 해당하는 10진수로 변환하여 해독하는 조합논리회로로, 출력은 AND 게이트로 구성된다.
  - n개의 입력과 m개의 출력을 가지는 $n\times m$ 디코더 : 입력에 가해지는 N비트 코드를 해독하여 그 값에 따라 m개의 출력 중에서 특정한 하나의 출력을 '1'로 하고 나머지 출력들은 '0'으로 만든다.
- 인코더(Encoder, 부호기)
  - 숫자나 문자 등의 10진수 입력을 2진수로 변환하는 회로로, OR 게이트로 구성된다.
  - n개의 비트로 구성되는 코드는 최대 2^n 개의 서로 다른 정보를 나타낼 수 있으므로 인코더는 2^n 개 이하의 입력과 n개의 출력을 가진다.

22 한 수에서 다음 수로 진행할 때 오직 한 비트만 변화하기 때문에 연속적으로 변화하는 양을 부호화하는데 가장 적합한 코드는?

① 3초과 코드   ② BCD 코드
③ 그레이 코드   ④ 패리티 코드

해설
③ 그레이 코드(Gray Code) : BCD 코드의 인접한 자리를 XOR 연산으로 만든 코드로, 이웃하는 코드가 한 비트만 다르기 때문에 코드 변환이 용이해서 A/D 변환에 주로 사용한다.
① 3초과 코드(Excess-3 BCD Code) : BCD 코드에 $3_{(10)} = 0011_{(2)}$을 더해 얻는 코드로, 비가중치(Unweighted Code), 자기보수 코드이고, 3초과 코드는 비트마다 일정한 값을 갖지 않는다.
② BCD(Binary Coded Decimal) 코드 : '0'과 '1'을 사용하여 10진수를 나타내는 2진수의 10진법 표현 방식으로서 2진화 10진 코드라고도 한다.
④ 패리티 코드(Parity Code) : 정보 비트에 1비트 여유 비트를 부가하여 전체의 비트 중에서 1 또는 0을 홀수나 짝수로 하여 오류를 검출할 수 있도록 만든 코드이다.

23 다음 그림과 같은 논리회로는?

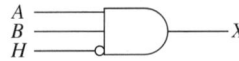

① Inhibit
② OR
③ AND
④ Flip-Flop

해설

금지회로(Inhibit Circuit)
- AND 게이트의 여러 입력 중 한 입력을 NOT 회로를 이용하여 금지 입력으로 사용하는 회로이다.
- 금지 입력값이 1인 경우 AND 게이트의 출력이 1이 될 수 없는 회로이다.

24 다음 중 가장 작은 수는?

① 2진수 101011000
② 8진수 531
③ 10진수 345
④ 16진수 159

해설

10진수로 나타내면
① $(101011000)_2 = 1 \times 2^8 + 1 \times 2^6 + 1 \times 2^4 + 1 \times 2^3$
$= 256 + 64 + 16 + 8$
$= 344$
② $(531)_8 = 5 \times 8^2 + 3 \times 8^1 + 1 \times 8^0$
$= 320 + 24 + 1$
$= 345$
③ 345
④ $(159)_{16} = 1 \times 16^2 + 5 \times 16^1 + 9 \times 16^0$
$= 256 + 80 + 9$
$= 345$

25 4변수 카르노맵에서 최소항(Minterm)의 개수는?

① 4
② 8
③ 12
④ 16

해설

4변수 카르노맵에서 최소항의 개수는 AND 연산의 결합으로 2^n 개의 조합이므로 $2^4 = 16$개의 변수항으로 구성된다.

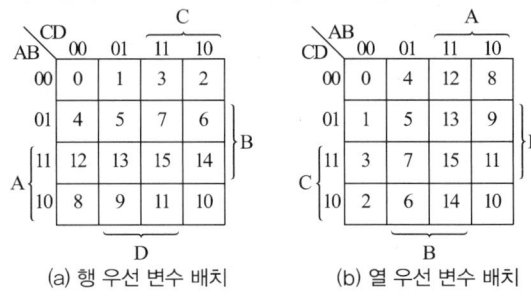

(a) 행 우선 변수 배치   (b) 열 우선 변수 배치

[4변수 카르노맵의 표현]

4변수 최소항의 조합

최소항	논리값	최소항 번호	최소항	논리값	최소항 번호
$\bar{A}\bar{B}\bar{C}\bar{D}$	0000	0	$A\bar{B}\bar{C}\bar{D}$	1000	8
$\bar{A}\bar{B}\bar{C}D$	0001	1	$A\bar{B}\bar{C}D$	1001	9
$\bar{A}\bar{B}C\bar{D}$	0010	2	$A\bar{B}C\bar{D}$	1010	10
$\bar{A}\bar{B}CD$	0011	3	$A\bar{B}CD$	1011	11
$\bar{A}B\bar{C}\bar{D}$	0100	4	$AB\bar{C}\bar{D}$	1100	12
$\bar{A}B\bar{C}D$	0101	5	$AB\bar{C}D$	1101	13
$\bar{A}BC\bar{D}$	0110	6	$ABC\bar{D}$	1110	14
$\bar{A}BCD$	0111	7	$ABCD$	1111	15

26 여러 회선의 입력이 한곳으로 집중될 때 회선을 선택하도록 하므로, 선택기라고도 하는 회로는?

① 멀티플렉서(Multiplexer)
② 리플 계수기(Ripple Counter)
③ 디멀티플렉서(Demultiplexer)
④ 병렬 계수기(Parallel Counter)

해설
멀티플렉서(Multiplexer)
• 2개 이상의 입력 중에서 필요로 하는 신호를 외부로부터의 선택 기호에 의해 1개만 선택하여 출력신호로 꺼낼 수 있는 기능을 가진 조합논리회로이다.
• 게이트를 사용하여 구성하는 멀티플렉서는 2^n 개의 입력선과 입력 선택을 위한 n개의 선택선 및 하나의 출력선을 가지며, 이 선택선에 가하는 비트 조합에 따라 입력 중의 하나가 선택된다.
디멀티플렉서(Demultiplexer)
• 한 신호원으로부터의 데이터를 제어 입력에 의해 여러 개의 출력단 중에서 선택된 출력단에 출력하는 회로이다.
• 1×2^n 디멀티플렉서는 하나의 입력과 2^n 개의 출력선 중에서 하나를 선택하기 위한 n개의 선택선을 가진다.

27 어떤 연산의 수행 후 연산결과를 일시적으로 보관하는 레지스터는?

① Address Register
② Buffer Register
③ Data Register
④ Accumulator

해설
누산기(Accumulator)
연산장치의 중심 레지스터로 산술 및 논리연산의 결과를 임시로 기억한다.

28 다음 논리식을 카르노맵을 이용하여 간략화하면?

$$F = \overline{A}\overline{B}C + A\overline{B}C$$

① BC
② $\overline{B}C$
③ $B\overline{C}$
④ $\overline{B}\overline{C}$

해설
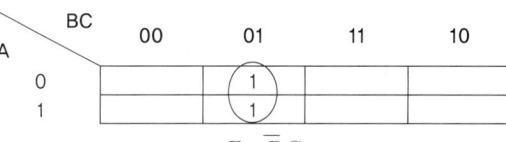

$F = \overline{B}C$

29 다음과 같은 트랜지스터로 구성된 게이트는?

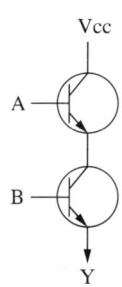

① OR 게이트
② AND 게이트
③ NOR 게이트
④ NAND 게이트

해설
A, B 입력이 모두 1일 때 트랜지스터가 도통되어 출력이 1이 되므로 AND 회로이다.

정답 26 ③ 27 ④ 28 ② 29 ②

30 논리 대수의 정리 중 옳지 않은 것은?

① $A + AB = A + B$
② $A(B + C) = AB + AC$
③ $A + BC = (A + B) \cdot (A + C)$
④ $A + (B + C) = (A + B) + C$

해설

$A + AB = A(1 + B) = A$가 된다.

불 대수의 법칙
- 교환법칙 : $A + B = B + A$, $A \cdot B = B \cdot A$
- 결합법칙 : $(A + B) + C = A + (B + C)$
  $(A \cdot B) \cdot C = A \cdot (B \cdot C)$
- 분배법칙 : $A + (B \cdot C) = (A + B) \cdot (A + C)$
  $A \cdot (B + C) = A \cdot B + A \cdot C$

기본 정리
- $A + 0 = A$
- $A \cdot 1 = A$
- $A + \overline{A} = 1$
- $A \cdot \overline{A} = 0$
- $A + A = A$
- $A \cdot A = A$
- $A + 1 = 1$
- $A \cdot 0 = 0$

31 스케줄링 기법 중 다음과 같은 우선순위 계산 공식을 이용하여 CPU를 할당하는 기법은?

우선순위 계산식 = (대기시간 + 서비스 시간) / 서비스 시간

① HRN
② SJF
③ FCFS
④ PRIORITY

해설

스케줄링의 알고리즘별 분류

종류	방법	특징	비고
HRN	실행시간이 긴 프로세스에 불리한 SJF 기법을 보완한 방법	우선순위 = (대기시간 + 서비스 시간)/서비스 시간	비선점
SJF	수행시간이 적은 작업을 우선적으로 처리하는 방법	작은 작업에 유리하고, 큰 작업은 시간이 많이 걸림	비선점
FCFS	작업이 시스템에 들어온 순서대로 수행하는 방법	대화형에 부적합 간단하고 공평함 반응 속도를 예측 가능	비선점
PRIORITY	우선순위를 할당해 우선순위가 높은 순서대로 처리하는 방법	정적 우선순위 동적 우선순위	비선점

32 고급언어로 작성된 프로그램을 한꺼번에 번역하여 목적프로그램을 생성하는 프로그램은?

① 어셈블리어
② 컴파일러
③ 인터프리터
④ 로더

해설

컴파일러(Compiler)
전체 프로그램을 한 번에 처리하여 목적프로그램을 생성하는 번역기로, 기억 장소를 차지하지만 실행속도가 빠르다.

33 C언어의 기억 클래스(Storage Class)에 해당하지 않는 것은?

① 내부 변수(Internal Variable)
② 자동 변수(Automatic Variable)
③ 정적 변수(Static Variable)
④ 레지스터 변수(Register Variable)

해설

기억 클래스(Storage Class)
- 기억 장소를 메모리에 확보할 때 해당 변수의 크기, 데이터를 저장하는 장소인 메모리(Memory)와 레지스터(Resister) 중 어느 곳에 저장시킬 것인가를 결정한다.
- 그 변수의 유효범위(Scope)를 결정한다.

기억 클래스(Storage Class) 종류
- 자동 변수(Automatic Variable) : 함수나 그 함수 내의 블록 안에서 선언되는 변수이다.
- 정적 변수(Static Variable) : 선언된 함수 또는 해당 블록 내에서만 사용 가능하다.
- 외부 변수(External Variable) : 함수의 외부에 기억 클래스 없이 정의되고 어떤 함수라도 참조할 수 있는 전역 변수(Global Variable)이다.
- 레지스터 변수(Register Variable) : 함수 내에서 정의되고 해당 함수 내에서만 사용이 가능한 변수이다.

34 순서도 사용에 대한 설명으로 옳지 않은 것은?

① 프로그램 코딩의 직접적인 기초 자료가 된다.
② 오류 발생 시 그 원인을 찾아 수정하기 쉽다.
③ 프로그램의 내용과 일 처리 순서를 파악하기 쉽다.
④ 프로그램 언어마다 다르게 표현되므로 공통적으로 사용할 수 없다.

해설
순서도의 역할
• 프로그램 작성의 직접적인 자료가 된다.
• 업무의 내용과 프로그램을 쉽게 이해할 수 있고, 다른 사람에게 전달하기 쉽다.
• 프로그램의 정확성 여부를 판단하는 자료가 되며, 오류가 발생하였을 때 그 원인을 찾아 수정하기 쉽다.
• 프로그램의 논리적인 체계 및 처리내용을 쉽게 파악할 수 있다.
• 프로그래밍 언어에 관계 없이 공통으로 사용할 수 있다.

35 어셈블리어(Assembly Language)의 설명으로 옳지 않은 것은?

① 기호언어(Symbolic Language)라고도 한다.
② 번역프로그램으로 컴파일러(Compiler)를 사용한다.
③ 기종 간에 호환성이 작아 주로 전문가들만 사용한다.
④ 기계어를 단순히 기호화한 기계중심 언어이다.

해설
어셈블리어(Assembly Language)는 번역프로그램로 어셈블러를 사용한다.

36 데이터 처리과정 및 프로그램 결과가 출력되는 전반적인 처리과정의 흐름을 일정한 기호를 사용하여 나타낸 것은?

① 순서도　　② 수식도
③ 로 그　　④ 분석도

해설
순서도(Flowchart)
컴퓨터로 처리하고자 하는 문제를 분석하고, 그 처리 순서를 단계화하여 상호 간의 관계를 알기 쉽게 약속된 기호와 도형을 써서 나타낸 그림이다.

37 다음 중 인코더의 반대동작을 하는 장치는?

① 디코더　　② 전가산기
③ 멀티플렉서　　④ 디멀티플렉서

38 다음 표준 C언어로 작성한 프로그램의 연산결과는?

```
#include <stdio.h>
void main()
printf("%d", 10^12);
}
```

① 6　　② 8
③ 24　　④ 14

해설
printf("%d",10^12)에서 ^는 비트논리연산자로 배타적 논리합(XOR) 연산이다. 10진수를 이진수로 바꾸어 XOR 연산을 하면,

```
     1010
XOR  1100
     ────
     0110
```
0110$_2$이므로, 10진수 6이 된다.

변 수		비트곱 (AND)	비트합 (OR)	부정(NOT)		배타적 논리합(XOR)
x	y	$x\&y$	$x|y$	$\sim x$	$\sim y$	$x \wedge y$
0	0	0	0	1	1	0
0	1	0	1	1	0	1
1	0	0	1	0	1	1
1	1	1	1	0	0	0

정답 34 ④　35 ②　36 ①　37 ①　38 ①

39 프로그래밍 언어가 갖추어야 할 요건이 아닌 것은?

① 프로그래밍 언어의 구조가 체계적이어야 한다.
② 언어의 확장이 용이하여야 한다.
③ 많은 기억 장소를 사용하여야 한다.
④ 효율적인 언어이어야 한다.

해설
프로그램 언어가 갖추어야 할 요건
- 프로그래밍 언어는 단순 명료하고 통일성을 가져야 한다.
- 프로그래밍 언어의 구조는 체계적이어야 한다.
- 응용 문제에 자연스럽게 적용할 수 있어야 한다.
- 확장성이 있어야 한다.
- 효율적이어야 한다.
- 외부적인 지원이 가능해야 한다.

40 프로그래밍 절차 중 문제 분석 단계에서 이루어져야 할 작업이 아닌 것은?

① 프로그램 설계
② 전산화의 타당성 검사
③ 프로그래밍 작업의 문제 정의
④ 입출력 및 자료의 개괄적 검토

해설
문제 분석 단계
- 경제적 또는 능률적인 측면에서의 타당성을 검토한다.
- 프로그램에 의하여 해결해야 할 문제를 명확히 정의한다.
- 입출력 및 자료를 개괄적으로 검토한다.
- 문제를 해결하기 위한 여러 가지 방법을 비교·분석한다.

41 다음에 수행될 명령어의 주소를 나타내는 것은?

① Accumulator   ② Instruction
③ Stack Pointer ④ Program Counter

해설
④ 프로그램 카운터(Program Counter) : 다음에 실행될 명령어가 저장된 주기억장치의 주소를 저장한다.
① 누산기(Accumulator) : CPU 내에서 계산의 중간 결과를 저장하는 레지스터이다.
② 명령어 레지스터(Instruction) : 현재 실행 중인 명령어를 저장한다.
③ 스택 포인터(Stack Pointer) : 주기억장치 스택의 데이터 삽입과 삭제가 이루어지는 주소를 저장한다.

42 중앙처리장치(CPU)에 해당하는 부분을 하나의 대규모 집적회로의 칩에 내장시켜 기능을 수행하는 것은?

① 마이크로프로세서   ② 컴파일러
③ 소프트웨어   ④ 레지스터

43 RISC(Reduced Instruction Set Computer)의 설명으로 옳은 것은?

① 메모리에 대한 액세스는 LOAD와 STORE만으로 한정되어 있다.
② 명령어마다 다른 수행 사이클을 가지므로 파이프라이닝이 효율적이다.
③ 마이크로 코드에 의해 해석 후 명령어를 수행한다.
④ 주소지정방식이 다양하게 존재한다.

해설
RISC(Reduced Instruction Set Computer)
- CPU에서 수행하는 모든 동작의 대부분이 몇 개의 명령어만으로 가능하다.
- 메모리에 대한 액세스는 LOAD와 STORE만으로 한정되어 있다.

44 명령의 오퍼랜드 부분의 주소값과 프로그램 카운터의 값이 더해져 실제 데이터가 저장된 기억 장소의 주소를 나타내는 주소지정방식은?

① 베이스 레지스터 주소지정방식
② 상대 주소지정방식
③ 인덱스 레지스터 주소지정방식
④ 간접 주소지정방식

해설
자료의 접근방법에 따른 주소지정방식
- 즉시 주소 지정(Immediate Addressing Mode) : 명령어 내에 실제 데이터를 가지고 있는 명령어 형식이다.
- 직접 주소 지정(Direct Addressing Mode) : 명령어의 Operand 부분이 실제 데이터의 주소인 명령어 형식이다.
- 간접 주소 지정(Indirect Addressing Mode) : 명령어의 Operand가 가리키는 곳에 실제 데이터의 주소가 있는 명령어 형식이다.
- 인덱스 주소 지정(Indexed Addressing Mode) : 명령어의 Operand 부분과 Index Register의 값이 더해진 곳에 실제 데이터를 가지고 있는 명령어 형식이다.
- 상대 주소 지정(Relative Addressing Mode) : 프로그램 카운터(PC)와 명령어의 Operand가 더해진 곳에 실제 데이터를 가지고 있는 명령어 형식이다.
- 레지스터 주소 지정(Register Addressing Mode) : 직접 주소 지정 방식과 유사하다. 차이점은 오퍼랜드 필드가 메인 메모리의 주소가 아닌 레지스터를 참조한다는 점이다.

45 다음과 같이 현재 번지부에 표현된 값이 실제 데이터가 기억된 번지가 아니라 그곳에 기억된 내용이 실제의 데이터 번지가 되도록 표시하는 주소지정 방식은?

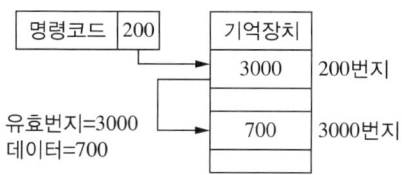

① 직접 주소(Direct Address)
② 간접 주소(Indirect Address)
③ 상대 주소(Relative Address)
④ 묵시 주소(Implied Address)

46 캐시 메모리에 대한 설명으로 가장 옳은 것은?

① 하드웨어나 마이크로 코드방식으로 구현한다.
② 전원이 꺼져도 내용은 그대로 유지된다.
③ 주로 컴퓨터의 주기억장치로 이용된다.
④ CPU와 주기억장치 사이의 속도 차이를 해결하기 위한 고속 메모리로 이용된다.

해설
캐시 메모리 : 중앙처리장치와 주기억장치 사이의 속도 차이가 크기 때문에 프로그램 실행속도를 중앙처리장치의 속도에 가깝도록 하기 위해 개발한 고속 버퍼 메모리이다.

47 주기억장치로부터 명령어를 읽어서 중앙처리장치로 가져오는 사이클은?

① Fetch Cycle
② Indirect Cycle
③ Execute Cycle
④ Interrupt Cycle

해설
메이저 스테이트(Major State) 4단계
- 인출 단계(Fetch Cycle) : 주기억장치(RAM)에 기억된 명령어를 중앙처리장치(CPU)로 가져오는 과정이다.
- 간접 단계(Indirect Cycle) : 오퍼랜드의 주소를 읽고 해독된 명령어가 간접 주소인 경우 유효 주소를 계산한다.
- 실행 단계(Execute Cycle) : 오퍼랜드를 읽고 명령을 실행한다.
- 인터럽트 단계(Interrupt Cycle) : 인터럽트 처리, 인터럽트 발생 시 복귀 주소 저장, 실행 후 Fetch 단계로 이동한다.

48 입출력 제어방식에 해당하지 않는 것은?

① 인터페이스 방식
② 채널에 의한 방식
③ DMA 방식
④ 중앙처리장치에 의한 방식

해설
입출력 시스템의 제어
- CPU에 의한 입출력
- 프로그램에 의한 입출력
- 인터럽트 처리방식에 의한 입출력
- DMA(Direct Memory Access)에 의한 입출력
- 채널에 의한 입출력

49 하나의 채널이 고속 입출력 장치를 하나씩 순차적으로 관리하며, 블록 단위로 전송하는 채널은?

① 사이클 채널(Cycle Channel)
② 실렉터 채널(Selector Channel)
③ 멀티플렉서 채널(Multiplexer Channel)
④ 블록 멀티플렉서 채널(Block Multiplexor Channel)

해설
실렉터 채널(Selector Channel)
- 입출력 동작이 개시되어 종료까지 하나의 입출력 장치를 사용하는 채널이다.
- 블록(Block) 단위의 전송이 이루어진다.
- 디스크와 같은 고속장치에서 사용한다.

50 프로그램을 실행하는 도중에 예기치 않은 상황이 발생할 경우, 현재 실행 중인 작업을 즉시 중단하고 발생된 상황을 우선 처리한 후 실행 중이던 작업으로 복귀하여 계속 처리하는 것은?

① 명령 실행
② 간접 단계
③ 명령 인출
④ 인터럽트

해설
인터럽트(Interrupt)
- 프로그램이 수행되고 있는 동안에 어떤 조건이 발생하여 수행 중인 프로그램을 일시적으로 중지시키게 만드는 조건이나 사건의 발생
- 다른 프로그램이 수행되는 동안 여러 개의 사건을 처리할 수 있는 메커니즘
- 인터럽트가 발생하면 마이크로 컨트롤러는 현재 수행 중인 프로그램을 일시 중단하고, 인터럽트 처리를 위한 프로그램을 수행한 후에 다시 원래의 프로그램으로 복귀

51 로더(Loader)의 수행기능으로 옳지 않은 것은?

① 재배치가 가능한 주소들을 할당된 기억장치에 맞게 변환한다.
② 로드 모듈은 주기억장치로 읽어 들인다.
③ 프로그램의 수행 순서를 결정한다.
④ 프로그램을 적재할 주기억장치 내의 공간을 할당한다.

해설
로더의 기능 : 할당, 연결, 재배치, 적재

52 컴퓨터 내에서 실행되는 명령어와 데이터가 이동되는 통로는?

① 라 인
② 버 스
③ 체 인
④ 드라이버

해설
버스 : 컴퓨터에서 모든 데이터가 이동하는 통로

53 주기억장치에서 기억장치의 지정은 무엇에 따라 행하는가?

① 레코드(Record)
② 블록(Block)
③ 어드레스(Address)
④ 필드(Field)

54 하나의 회선에 여러 대의 단말장치가 접속되어 있는 방식으로 공통 회선을 사용하며, 멀티드롭 방식이라고도 하는 것은?

① Point to Point 방식
② Multipoint 방식
③ Switching 방식
④ Broadband 방식

해설
② 다지점 방식(Multipoint) : 하나의 통신로에 복수의 단말장치가 구성되어 있는 경우와 하나의 단말장치에 복수의 단말장치가 구성되어 있는 회선의 접속방식으로 주로 조회 처리를 위한 방법으로 사용된다.
① 일지점 방식(Point to Point) : 2개의 정보처리장치가 하나의 통신 회선을 통해 1:1로 접속되어 있는 상태로 정보 전송에 대한 효율성을 증가시키는 목적으로 구성되어 있는 방식이다. 주로 전용 회선을 사용하며 계속적인 전송이 이루어지는 경우 응답속도가 빠르며, 처리능력 역시 고속으로 수행할 수 있다.
③ 교환 회선 방식(Switching) : 데이터 전송량이 적은 경우 단말장치들이 교환기에 접속되어 있어 광역 네트워크를 구성하여 경제적으로 통신을 수행하기 위한 방법으로 사용된다.
④ 광대역 방식(Broadband) : 부호화된 데이터를 변조기로 Analog 반송파로 변조하여 전송매체에 송출하는 방식으로 주파수 대역을 달리하여 케이블 1본을 다중화하여 사용할 수 있으나 Modem이 필요하여 비용이 높아진다. 전송거리는 수십 km까지 늘릴 수 있다.

55 위성통신의 다원 접속방법이 아닌 것은?

① 주파수 분할 다원 접속
② 코드 분할 다원 접속
③ 시간 분할 다원 접속
④ 신호 분할 다원 접속

해설
다원 접속방식
- 주파수 분할 다원 접속(FDMA)
- 시간 분할 다원 접속(TDMA)
- 공간 분할 다원 접속(SDMA)
- 코드 분할 다원 접속(CDMA)

56 3-주소 명령어의 설명으로 옳지 않은 것은?

① 오퍼랜드부가 3개로 구성된다.
② 레지스터가 많이 필요하다.
③ 원시자료를 파괴하지 않는다.
④ 스택을 이용하여 연산한다.

해설
3-주소 명령(3-Address Instruction)
- OP Code와 3개의 Operand로 구성되는 명령어 형식이다.
- 연산결과를 위한 Operand 1개와 입력자료를 위한 Operand 2개로 구성된다.

OP Code	Operand1	Operand2	Operand3

- 연산 후 입력자료의 값이 보존된다.
- Operand1은 연산 후 결과값이 저장되는 레지스터이다.
- Operand2와 Operand3은 연산을 위한 입력자료가 저장되는 레지스터이다.
- 명령어의 수행시간이 가장 길다.
- 프로그램의 길이는 가장 짧다.

57 정보통신에서 1초에 전송되는 비트(bit)의 수를 나타내는 전송속도의 단위는?

① bps
② baud
③ cycle
④ Hz

58 직렬전송에 대한 설명으로 옳지 않은 것은?

① 하나의 통신회선을 사용하여 한 비트씩 순차적으로 전송하는 방식이다.
② 하나의 문자를 구성하는 비트별로 각각 통신회선을 따로 두어 한꺼번에 전송하는 방식이다.
③ 원거리 전송인 경우에는 통신회선이 한 개만 필요하므로 경제적이다.
④ 병렬전송에 비하여 데이터 전송속도가 느리다.

해설
- 직렬(Serial)전송 : 하나의 문자 정보를 나타내는 데이터 비트를 직렬로 나열한 후 하나의 통신회선을 사용하여 1비트씩 순차적으로 전송하는 방식
- 병렬(Parallel)전송 : 하나의 데이터를 구성하는 다수 개의 비트별로 각각의 통신회선을 두어서 한꺼번에 전송하는 방식

59 인터럽트 입출력 방식의 처리방법이 아닌 것은?

① 소프트웨어 폴링
② 데이지체인
③ 우선순위 인터럽트
④ 핸드셰이크

해설
인터럽트 입출력 방식의 처리방법
- 소프트웨어 폴링
- 하드웨어 데이지체인(Daisy-chain)
- 병렬(Parallel) 우선순위

60 입출력장치의 동작속도와 전자계산기 내부의 동작속도를 맞추는 데 사용되는 레지스터는?

① 버퍼 레지스터
② 시프트 레지스터
③ 어드레스 레지스터
④ 상태 레지스터

해설
버퍼 레지스터는 서로 다른 입출력 속도로 자료를 받거나 전송하는 중앙처리장치(CPU) 또는 주변 장치의 임시 저장용 레지스터이다.

2023년 제2회 과년도 기출복원문제

01 기준 레벨보다 높은 부분을 평탄하게 하는 회로는?

① 게이트 회로
② 미분회로
③ 적분회로
④ 리미터 회로

해설
리미터(Limiter) 회로
진폭을 제한하는 회로로서 피크 클리퍼와 베이스 클리퍼를 결합하여 입력 파형의 위아래를 잘라 버린 회로이다.

02 다음 그림과 같은 회로는?(단, V_i는 직사각형파이다)

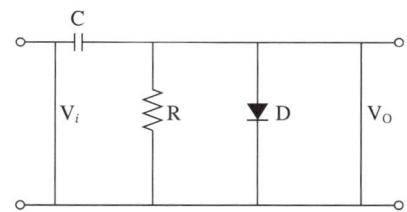

① 클리핑 회로
② 클램핑 회로
③ 콘덴서 입력형 필터회로
④ 반파 정류회로

해설
클램핑 회로(Clamping Circuit)
• 입력 신호의 (+) 또는 (-)의 피크를 어느 기준 레벨로 바꾸어 고정시키는 회로이다.
• 클램핑(Clamping) 회로 또는 클램퍼(Clamper)라고 한다.
• 직류분을 재생하는 목적에 쓰일 때에는 직류분 재생회로라고도 한다.

03 온도에 따라서 저항값이 변화하는 소자로서 소형이며 가격이 저렴하고, 일반적으로 120[℃] 정도 이하인 곳에서 널리 사용되는 것은?

① 열전대
② 포토다이오드
③ 서미스터
④ 포토트랜지스터

해설
서미스터
온도에 따라 저항값이 변화하는 소자로, 음(-)의 온도계수를 가진다.

04 이미터 접지 증폭회로와 비교한 컬렉터 접지 증폭회로의 특징에 대한 설명으로 옳지 않은 것은?

① 입력 임피던스가 크다.
② 출력 임피던스가 낮다.
③ 전압 이득이 크다.
④ 입력전압과 출력전압의 위상은 동상이다.

해설
컬렉터 접지 증폭회로의 특징
• 입력 임피던스가 크고, 출력 임피던스가 낮다.
• 낮은 입력 임피던스를 갖는 회로와 결합(임피던스 매칭)이 적합하다.
• 입출력 전압의 위상이 동위상이고, 이득이 1 이하이다.
• 입출력 전류의 위상이 역위상이고, 이득이 크다.
• 100% 부궤환증폭기로서 안정적이고, 왜곡이 가장 크다.

정답 1 ④ 2 ② 3 ③ 4 ③

05 베이스 접지 증폭기에서 전류증폭률이 0.98인 트랜지스터를 이미터 접지 증폭기로 사용할 때 전류증폭률은?

① 0.98　　② 9.5
③ 49　　　④ 100

해설
$\beta = \dfrac{\alpha}{1-\alpha} = \dfrac{0.98}{1-0.98} = 49$

06 쌍안정 멀티바이브레이터에 관한 설명으로 옳지 않은 것은?

① 부궤환을 하는 2단 비동조 증폭회로로 구성된다.
② 능동소자로 트랜지스터나 IC가 주로 이용된다.
③ 플립플롭 회로도 일종의 쌍안정 멀티바이브레이터이다.
④ 입력 트리거 펄스 두 개마다 하나의 출력 펄스가 얻어지는 회로이다.

해설
쌍안정 멀티바이브레이터(Bistable Multivibrator)
• 정궤환을 가진다.
• 안정 상태를 유지하며 외부의 트리거 펄스 입력이 두 개 공급될 때마다 하나의 구형파를 출력하는 회로, 일반적으로 플립플롭 회로라고 한다.

07 이미터 접지 고정 바이어스 증폭회로의 안정도 S는?

① $1+\alpha$　　② $1-\alpha$
③ $1+\beta$　　④ $1-\beta$

해설
$S = \dfrac{\Delta I_C}{\Delta I_{C0}} = 1+\beta$

08 부궤환 증폭회로의 일반적인 특징에 대한 설명으로 옳지 않은 것은?

① 이득이 증가한다.
② 안정도가 증가한다.
③ 왜율이 계산된다.
④ 주파수 특성이 개선된다.

해설
부궤환 증폭기의 특징
• 이득이 다소 저하된다.
• 주파수 특성이 양호하고 안정도가 좋다.
• 부하의 변동이나 전원 전압의 변동에 증폭도가 안정하다.
• 증폭회로 내부에서 발생 출력에 나타나는 잡음과 왜곡은 $\dfrac{A_0}{1+\beta A_0}$로 감소한다.
• 입력 임피던스는 증가하고, 출력 임피던스는 낮아진다.
• 대역폭을 넓힐 수 있다.

09 적분기 회로를 구성하는 회로는?

① 저역 통과 RC 회로
② 고역 통과 RC 회로
③ 대역 통과 RC 회로
④ 대역 소거 RC 회로

해설
적분기 회로
저항 R과 콘덴서 C의 순서로 $R-C$ 회로를 만들어 저역 통과 필터(Low Pass Filter)를 형성한 회로이다.

5 ③　6 ①　7 ③　8 ①　9 ①

10 Y결선의 전원에서 각 상의 전압이 100[V]일 때 선간전압은?

① 약 100[V] ② 약 141[V]
③ 약 173[V] ④ 약 200[V]

해설
선간전압 $V_l = \sqrt{3}\, V_p = \sqrt{3} \times 100 ≒ 173[V]$

11 2진수의 연산법칙으로 옳지 않은 것은?

① $0 + 1 = 1$
② $1 - 0 = 1$
③ $1 + 1 = 0$, C(자리올림) 발생
④ $1 - 1 = 1$

해설
2진수의 연산
- 덧셈의 법칙
  $0 + 0 = 0$
  $0 + 1 = 1$
  $1 + 0 = 1$
  $1 + 1 = 0$ ※ 자리올림(Carry)
- 뺄셈의 법칙
  $0 - 0 = 0$
  $1 - 0 = 1$
  $1 - 1 = 0$
  $0 - 1 = 1$ ※ 자리빌림(Borrow)

12 오류 검출뿐만 아니라 정정도 가능한 코드는?

① BCD 코드
② 그레이 코드
③ 패리티 코드
④ 해밍코드

해설
패리티 코드(Parity Code)는 오류 검출만 하고, 해밍코드는 오류 검출 후 오류 정정까지 가능하다.

13 조합논리회로 설계 시 가장 먼저 해야 할 일은?

① 진리표 작성
② 논리회로의 구현
③ 주어진 문제의 분석과 변수 정리
④ 각 출력에 대한 불 함수의 유도 및 간소화

해설
조합논리회로 설계 순서
- 조합논리회로 설계 전에 주어진 문제의 분석과 변수의 정리를 한다.
- 입력과 출력의 조건에 적합한 진리표를 작성한다.
- 진리표를 가지고 카르노 도표를 작성한다.
- 간소화된 논리식을 구한다.
- 논리식을 기본 게이트로 구성한다.

14 JK 플립플롭에서 반전 동작이 일어나는 경우는?

① J = 1, K = 1인 경우
② J = 0, K = 0인 경우
③ J와 K가 보수관계일 때
④ 반전 동작은 일어나지 않는다.

해설
JK 플립플롭

CP	J	K	$Q_{(n+1)}$
1	0	0	$Q_{(n)}$(불변)
1	0	1	0(리셋)
1	1	0	1(세트)
1	1	1	$\overline{Q}_{(n)}$(Toggle)

정답 10 ③ 11 ④ 12 ④ 13 ③ 14 ①

15 일반적으로 디지털 시스템과 아날로그 시스템을 비교할 때 디지털 시스템의 특징이 아닌 것은?

① 신뢰도가 높다.
② 측정오차가 없다.
③ 정보의 기억이 쉽다.
④ 신호의 형태가 연속적이다.

해설
디지털 시스템의 특징
- 신뢰도가 높다.
- 측정오차가 없어 정확도가 높다.
- 디지털 집적회로의 제작이 용이하고 다양하며 구성이 간단하여 경제성이 높다.
- 반도체 등의 기억장치가 발달되어 저렴한 비용으로 저장이 가능하다.
- 잡음에 강하고, 손실이 거의 없다.
- 판독하기 어렵다.

16 8개의 입력 펄스마다 계수 주기가 반복되는 계수기를 8진 계수기 또는 모듈러스 8 계수기(Modulus 8 Counter)라고 한다. 6진 계수기를 만들려고 하면 최소 몇 개의 플립플롭(F/F)이 필요한가?

① 2개
② 3개
③ 4개
④ 6개

해설
플립플롭이 n개일 때 카운터가 셀 수 있는 최대의 수를 N이라 하면, $N=2^n$ 개의 수를 셀 수 있고, 0에서 2^n-1의 수까지 표현한다. 즉, 6진 계수기를 만들기 위해서 플립플롭이 $2^3=8$이므로 3개의 플립플롭이 필요하다.

17 다음 중 조합논리회로가 아닌 것은?

① 가산기와 감산기
② 해독기와 부호기
③ 멀티플렉서와 디멀티플렉서
④ 동기식 계수기와 비동기식 계수기

해설
- 조합논리회로 : 출력값이 입력값에 의해 결정되는 회로이다(가산기와 감산기, 해독기와 부호기, 멀티플렉서와 디멀티플렉서 등).
- 순서논리회로 : 입력값과 현재의 상태에 따라 출력값이 결정되는 논리회로이다(동기식-플립플롭, 카운터, 레지스터, RAM, CPU, 비동기, 랫치 등).

18 RS 플립플롭 회로의 동작에서 $R=1$, $S=1$을 입력하였을 때 출력으로 옳은 것은?

① 1
② 부정(Not Allowed)
③ 0
④ 변화 없음(No Change)

해설
- S 부분에 1이 들어가면 Set, R 부분에 1이 들어가면 Reset
- $R=1$, $S=1$이면 부정

R	S	Q_{n+1}
0	0	Q_n
0	1	1
1	0	0
1	1	부정

정답 15 ④ 16 ② 17 ④ 18 ②

19 T 플립플롭 회로 2개가 직렬로 연결되어 있을 경우 500[Hz]의 사각형파를 입력시킬 경우 마지막 출력되는 주파수는?

① 100[Hz]   ② 125[Hz]
③ 150[Hz]   ④ 175[Hz]

해설
플립플롭은 직렬 연결 시 $\frac{1}{2}$로 분주되므로 출력 주파수 $f_o = \frac{f}{4} = \frac{500}{4} = 125[\text{Hz}]$이다.

20 2진수 $(1010)_2$의 1의 보수를 3초과 코드로 변환한 것은?

① 1000   ② 1001
③ 1100   ④ 1101

해설
2진수 1010의 1의 보수는 $(0101)_2$이므로, 0101 + 0011 = $(1000)_2$이다.

21 $A=1$, $B=0$, $C=1$일 때 논리식의 값이 0이 되는 것은?

① $AB+BC+CA$
② $A+\overline{B}(\overline{A}+C)$
③ $B+\overline{A}(B+C)$
④ $A\overline{B}C$

해설
③ $B+\overline{A}(B+C) = 0+0(0+1) = 0$
① $AB+BC+CA = 0+0+1 = 1$
② $A+\overline{B}(\overline{A}+C) = 1+1(0+1) = 2$
④ $A\overline{B}C = 1 \cdot 1 \cdot 1 = 1$

22 플립플롭에 대한 보기의 설명 중 ( ) 안에 들어갈 알맞은 내용은?

┌보기┐
플립플롭의 출력은 입력 상태에 따라 가해지는 클록 펄스에 의해 변화한다. 이와 같은 변화를 플립플롭이 ( )되었다고 한다.
└─────┘

① 트리거   ② 셋 업
③ 상 승   ④ 하 강

해설
플립플롭의 출력은 입력 상태에 따라 가해지는 클록 펄스에 의해 변화하는데, 이를 플립플롭이 트리거되었다고 한다.

23 다음 논리식을 최소화한 것은?

$$Z = X(\overline{X}+Y)$$

① $Z=X$ ② $Z=Y$
③ $Z=XY$ ④ $Z=\overline{X}\cdot\overline{Y}$

해설
$Z = X(\overline{X}+Y) = X\overline{X}+XY = XY$ (불 대수식 $X \cdot \overline{X} = 0$)

24 한 번에 1비트씩만 변화되기 때문에 기계적인 동작을 통하는 적합한 코드는?

① 해밍코드
② 그레이 코드
③ 3초과 코드
④ 가중코드

해설
그레이 코드(Gray Code)
• 한 수에서 다음의 수로 크기가 변할 때 인접 코드 간 오직 한 자리만 변화하도록 만든 코드이다.
• 숫자를 표기하는 2진 표기법 중 하나이다.
• 가중치가 없는 코드이다.
• 아날로그와 디지털 상호변환기계의 코드로 쓰인다.

25 다음 그림에서 A 값으로 1010, B의 값으로 0101이 입력되었다고 할 때, 그 결과값은?

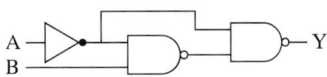

① 1000
② 0001
③ 1111
④ 0101

해설

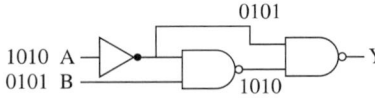

$A=1010$ NOT 게이트에서 $A=0101$이 되고, $B=0101$과 첫 번째 NAND 게이트에서 1010이 된다.
$A=0101$, $B=1010$ 두 번째 NAND 게이트에서 $Y=1111$이 출력된다.

26 두 개의 입력값이 모두 참일 때 출력값이 참이 되는 논리 게이트는?

① AND
② NAND
③ XOR
④ NOT

해설
AND 게이트는 2개의 입력값이 참이어야 출력값이 참이다.

27 2^n개의 입력 중에 선택 입력 n개를 이용하여 하나의 정보를 출력하는 조합회로는?

① 디코더
② 인코더
③ 멀티플렉서
④ 디멀티플렉서

해설
멀티플렉서(Multiplexer)
• 2개 이상의 입력 중에서 필요로 하는 신호를 외부로부터의 선택 기호에 의해 1개만 선택하여 출력신호로 꺼낼 수 있는 기능을 가진 조합논리회로이다.
• 게이트를 사용하여 구성하는 멀티플렉서는 2^n개의 입력선과 입력 선택을 위한 n개의 선택선 및 하나의 출력선을 가지며, 이 선택선에 가하는 비트 조합에 따라 입력 중의 하나가 선택된다.

28 일반적인 디지털 시스템에서 음수 표현의 방법이 아닌 것은?

① 부호화 절댓값
② '−'의 표시
③ 1의 보수
④ 2의 보수

해설
음수를 나타내는 표현방식
• 부호화 절댓값
• 1의 보수
• 2의 보수

29 다음 보기의 ( ) 안에 들어갈 내용으로 알맞은 것은?

> 보기
> D 플립플롭은 1개의 S-R 플립플롭과 1개의 ( ) 게이트로 수정할 수 있다.

① AND
② OR
③ NOT
④ NAND

해설
D 플립플롭
- RS FF의 R선에 인버터(Inverter)를 추가하여 S선과 하나로 묶어서 입력선을 하나만 구성한다.
- 클록형 RS 플립플롭 또는 JK 플립플롭을 변형시킨 것으로, 데이터 입력신호 D가 그대로 출력 Q에 전달되는 특성으로 데이터의 일시적인 보존이나 디지털 신호의 지연 등에 이용된다.

30 특별한 조건이나 신호가 컴퓨터에 인터럽트되는 것을 방지하는 것은?

① 인터럽트 마스크
② 인터럽트 레벨
③ 인터럽트 카운터
④ 인터럽트 핸들러

해설
인터럽트 마스크
- 인터럽트가 발생하였을 때 요구를 받아들일지의 여부를 검토하고 실행을 지정하는 것
- 지정을 세트할 때 어떤 장치에서의 인터럽트도 받지 않는 것을 표시하는 것

31 C언어의 기억 클래스의 종류가 아닌 것은?

① 정적 변수
② 자동 변수
③ 레지스터 변수
④ 내부 변수

해설
기억 클래스(Storage Class) 종류
- 자동 변수(Automatic Variable) : 함수나 그 함수 내의 블록 안에서 선언되는 변수
- 정적 변수(Static Variable) : 선언된 함수 또는 해당 블록 내에서만 사용 가능한 변수
- 외부 변수(External Variable) : 함수의 외부에 기억 클래스 없이 정의되고 어떤 함수라도 참조할 수 있는 전역 변수(Global Variable)
- 레지스터 변수(Register Variable) : 함수 내에서 정의되고 해당 함수 내에서만 사용이 가능한 변수

32 C언어에서 사용되는 이스케이프 시퀀스(Escape Sequence)에 대한 설명으로 옳지 않은 것은?

① ₩r : Carriage Return
② ₩t : Tab
③ ₩n : New Line
④ ₩b : Backup

해설
이스케이프 시퀀스(Escape Sequence)
C언어에서 표현이 곤란한 문자들을 표현하는 방법 중의 하나로, 특별한 연속기호를 사용하는 것이다.

시퀀스	의미
₩a	경보(ANSI C)
₩b	백스페이스
₩f	폼 피드(Form Feed)
₩n	개행(New Line)
₩r	캐리지 리턴(Carriage Return)
₩t	수평 탭
₩v	수직 탭
₩₩	백슬래시(₩)

33 프로세스가 일정 시간 동안 자주 참조하는 페이지들의 집합은?

① 워킹 셋　　② 스래싱
③ 세그먼트　　④ 세마포어

해설
① 워킹 셋(Working Set) : 실행 중인 프로세스가 일정 시간 동안에 참조하는 페이지들의 집합
② 스래싱(Thrashing) : 페이지 교체가 너무 자주 일어나는 현상으로, 어떤 프로세스가 계속적으로 페이지 부재가 발생하여 프로세스의 처리시간(프로그램 수행에 소요되는 시간)보다 페이지 교체시간이 더 많아지는 현상
③ 세그먼트(또는 페이지) : 프로그램을 세그먼트(또는 페이지)라고 하는 작은 조각으로 나누어서 보조기억장치와 주기억장치 사이에서 세그먼트를 교환하면서 프로그램을 수행
④ 세마포어(Semaphore) : 어떠한 자원이 있을 때 프로세스들이 동시에 자원에 접속하면 문제가 발생하기 때문에 한 번에 한 개의 프로세스만 자원을 사용할 수 있도록 하는 기능

34 교착 상태 발생의 필요충분조건으로 옳지 않은 것은?

① Mutual Exclusion
② Preemption
③ Hold and Wait
④ Circular Wait

해설
교착 상태 발생의 필요충분조건
• Mutual Exclusion(상호 배제) : 프로세스들은 자신이 필요로 하는 자원에 대해 배타적인 사용을 요구한다.
• No Preemption(비선점) : 자원을 점유하고 있는 프로세스는 그 작업의 수행이 끝날 때까지 해당 자원을 반환하지 않는다.
• Hold & Wait(점유와 대기) : 프로세스가 적어도 하나의 자원을 점유하면서 다른 프로세스에 의해 점유된 다른 자원을 요구하고, 할당받기를 기다린다.
• Circular Wait(환형 대기) : 프로세스들의 환형 대기가 존재하여야 하며, 이를 구성하는 각 프로세스는 환형 내의 이전 프로세스가 요청하는 자원을 점유하고, 다음 프로세스가 점유하고 있는 자원을 요구하고 있는 경우 교착 상태가 발생할 수 있다.

35 C언어 프로그램 형식과 관계 없는 것은?

① 인터프리터 방식을 사용한다.
② '/*'와 '*/'를 이용하여 주석을 나타낸다.
③ 프로그램 내의 명령은 ;(세미콜론)으로 구분된다.
④ 모든 프로그램은 main 함수로부터 실행이 시작된다.

해설
인터프리터(Interpreter) 방식의 언어는 BASIC, LISP, JAVA, PL/I이다. C언어는 컴파일러 방식의 언어이다.

36 C언어에서 문자형의 변수를 정의할 때 사용하는 것은?

① Int　　② Long
③ Float　　④ Char

해설
C언어의 자료형
• Char : 문자형
• Int : 정수형
• Float : 실수형
• Double : 배정도 실수형
• Short : 단 정수형
• Long : 장 정수형

37 프로그램의 처리과정 순서로 옳은 것은?

① 적재 → 실행 → 번역
② 적재 → 번역 → 실행
③ 번역 → 실행 → 적재
④ 번역 → 적재 → 실행

해설
프로그램 처리는 입력 → 번역 → 적재 → 실행 → 출력 순으로 진행한다.

정답 33 ① 34 ② 35 ① 36 ④ 37 ④

38 독자적으로 번역된 여러 개의 목적프로그램과 프로그램에서 사용되는 내장함수들을 하나로 모아서 컴퓨터에서 실행 가능하도록 하는 것은?

① 스프레드시트 ② 에디터
③ 디버거 ④ 링 커

해설
링커(Linker)
언어번역프로그램이 생성한 목적프로그램들과 라이브러리 또는 다른 실행프로그램 등을 연결하여 실행 가능하도록 하는 것이다.

39 다음 중 반복문에 해당하지 않는 것은?

① If문
② For문
③ While문
④ Do-while문

해설
- 반복구조 : 조건을 만족할 때까지 반복(For문, While문, Do-while문)
- 선택(조건, 다중 택일) 구조 : 두 가지 이상의 명령문 중에서 선택
  - 두 가지의 수행경로에 있는 일련의 문장들 중 하나를 선택 (If문)
  - 두 가지 이상 중에서 선택(Case문, 계산형 Goto문, Switch문)

40 프로그램 문서화의 목적으로 옳지 않은 것은?

① 프로그램의 개발방법과 순서의 비표준화로 효율적 작업환경을 구성한다.
② 프로그램의 유지보수가 용이하다.
③ 프로그램의 인수인계가 용이하다.
④ 프로그램의 변경, 추가에 따른 혼란을 방지할 수 있다.

해설
문서화의 목적
- 개발 후 유지·보수가 용이하다.
- 개발팀에서 운용팀으로 인수인계가 용이하다.
- 시스템의 변경에 따른 혼란을 방지할 수 있다.
- 문서의 표준화로 효율적인 작업과 관리가 가능하다.
- 문서화에 의한 운용자의 교육·훈련이 용이하다.
- 문서는 관련자들 사이의 의사소통의 도구가 된다.
- 같은 시스템 개발에 있어 여러 사람이 동시에 개발에 참여할 수 있다.
- 소프트웨어를 공유·자산화할 수 있다.

41 연산기의 입력자료를 그대로 출력하는 것으로, 컴퓨터 내부에 있는 하나의 레지스터에 기억된 자료를 다른 레지스터로 옮길 때 이용되는 논리 연산은?

① MOVE 연산 ② AND 연산
③ OR 연산 ④ UNARY 연산

해설
MOVE 연산
- 하나의 입력 데이터를 갖는 연산으로서 연산기의 입력 데이터를 그대로 출력하므로 레지스터에 기억된 데이터를 다른 레지스터로 옮길 때 이용된다.
- CPU와 기억장치 사이에 있어 기억장치로부터 데이터를 읽어 낼 때나 CPU 내의 데이터를 기억장치에 기억시킬 경우에 데이터가 연산기를 통과하면, 연산기는 MOVE 연산을 실행한다.

42 주소 접근방식 중 약식 주소 표현방식에 해당하는 것은?

① 직접 주소방식
② 간접 주소방식
③ 자료 자신
④ 계산에 의한 주소방식

해설
약식 주소 표현방식은 주소의 일부를 생략한 주소로, 계산에 의한 주소지정방식에 속한다.

43 n비트의 2진 코드 입력에 의해 최대 2^n개의 출력이 나오는 회로로, 2진 코드를 다른 부호로 바꾸고자 할 때 사용하는 회로는?

① 디코더(Decoder)
② 카운터(Counter)
③ 레지스터(Register)
④ Rs 플립플롭(Rs Flip-flop)

해설
- 디코더 : n개의 입력 2^n개의 출력
- 인코더 : 2^n개의 입력 n개의 출력

44 컴퓨터의 중앙처리장치에 대한 설명으로 옳지 않은 것은?

① 마이크로프로세서는 중앙처리장치의 기능을 하나의 칩에 집적한 것이다.
② CPU라고 하며, 사람의 두뇌에 해당한다.
③ 연산, 제어, 기억의 기능으로 구성되어 있다.
④ 도스용과 윈도우용으로 구분하여 생산한다.

해설
중앙처리장치(CPU ; Central Processing Unit)
- 마이크로프로세서는 중앙처리장치의 기능을 하나의 칩에 집적한 것이다.
- 컴퓨터에서 사람의 두뇌와 같은 역할을 한다.
- 연산, 제어, 기억의 기능으로 구성되어 있다.
- 컴퓨터 명령어를 해독하고, 실행하는 장치이다.

45 부동 소수점으로 표현된 수가 기억장치 내에 저장되어 있을 때 비트를 필요로 하지 않는 것은?

① 부호(Sign)
② 지수(Exponent)
③ 소수(Mantissa)
④ 소수점(Decimal Point)

해설
부동 소수점(Floating Point) 표현방식
- 한 개의 부호 비트, 지수부(Exponent Part), 가수부(Mantissa Part)로 구성된다.
- 소수점을 포함한 실수도 표현 가능하다.
- 정규화(Normalization) : 소수점의 위치를 정해진 위치로 이동하는 과정이다.
- 주로 과학, 공학, 수학적인 응용면에서 사용한다.
- 소수점은 비트를 필요로 하지 않는다.

46 기억장치로부터 전송된 메모리 워드나 기억될 메모리를 일시적으로 저장하는 레지스터는?

① PSW
② Queue
③ MBR
④ DMA

해설
메모리 버퍼 레지스터(MBR ; Memory Buffer Register)
- 메모리에 접근 시 해당 주소에 저장한다(적재할 데이터를 임시 저장).
- 데이터 버스에 연결한다.

47 이항(Binary) 연산에 해당하는 것은?

① ROTATE
② SHIFT
③ COMPLEMENT
④ OR

> **해설**
> • 이항 연산자 : 사칙연산, AND, OR, XOR(EX-OR), XNOR
> • 단항 연산자 : NOT, COMPLEMENT, SHIFT, ROTATE, MOVE

48 중앙처리장치로부터 입출력 지시를 받으면 직접 주기억장치에 접근하여 데이터를 꺼내어 출력하거나 입력한 데이터를 기억시킬 수 있고, 입출력에 관한 모든 동작을 자율적으로 수행하는 입출력 제어방식은?

① 프로그램 제어방식
② 인터럽트 방식
③ DMA 방식
④ 채널 방식

> **해설**
> DMA(Direct Memory Access)에 의한 입출력
> DMA 장치는 데이터를 전송할 때 CPU와 독립된 채널(Channel)을 구성하여 메모리와 입출력 기기들 사이에서 직접 데이터를 주고받을 수 있도록 제어하는 회로이다.

49 오퍼랜드(Operand) 자체가 연산 대상이 되는 주소지정방식은?

① 즉시 주소 지정(Immediate Addressing)
② 직접 주소 지정(Direct Addressing)
③ 간접 주소 지정(Indirect Addressing)
④ 묵시적 주소 지정(Implied Addressing)

> **해설**
> 자료의 접근방법에 따른 주소지정방식
> • 즉시 주소 지정(Immediate Addressing Mode) : 명령어 내에 실제 데이터를 가지고 있는 명령어 형식이다.
> • 직접 주소 지정(Direct Addressing Mode) : 명령어의 Operand 부분이 실제 데이터의 주소인 명령어 형식이다.
> • 간접 주소 지정(Indirect Addressing Mode) : 명령어의 Operand가 가리키는 곳에 실제 데이터의 주소가 있는 명령어 형식이다.
> • 인덱스 주소 지정(Indexed Addressing Mode) : 명령어의 Operand 부분과 Index Register의 값이 더해진 곳에 실제 데이터를 가지고 있는 명령어 형식이다.
> • 상대 주소 지정(Relative Addressing Mode) : 프로그램 카운터(PC)와 명령어의 Operand가 더해진 곳에 실제 데이터를 가지고 있는 명령어 형식이다.
> • 레지스터 주소 지정(Register Addressing Mode) : 직접 주소 지정 방식과 유사하다. 차이점은 오퍼랜드 필드가 메인 메모리의 주소가 아닌 레지스터를 참조한다는 점이다.

50 10진수 114를 16진수로 변환하면?

① 52 ② 62
③ 72 ④ 82

> **해설**
> $(114)_{10} = (72)_{16}$

정답 47 ④ 48 ③ 49 ① 50 ③

51 자외선을 사용하여 저장된 내용을 지워서 다시 사용할 수 있는 반도체 소자는?

① UVEPROM ② MASK ROM
③ SRAM   ④ DRAM

해설
UVEPROM(Ultra-Violet Erasable Programmable Read Only Memory)
- 필요할 때 기억된 내용을 지우고 다른 내용을 기록할 수 있는 ROM
- 지우는 방법에 따라 자외선으로 지울 수 있는 ROM

52 자료를 일정 시간(기간) 동안 모아 두었다가 한 번에 처리하는 시스템은?

① 지연(Delayed) 처리 시스템
② 실시간(Real Time) 처리 시스템
③ 일괄(Batch) 처리 시스템
④ 시분할(Time Sharing) 처리 시스템

해설
③ 일괄 처리 시스템 : 입력된 자료를 일정기간 또는 일정량을 모아 두었다가 한꺼번에 처리하는 방식
① 지연 처리 시스템 : 처리를 행하지 않으면 필요 없는 데이터가 발생했을 때, 이 데이터의 양이 적으면 데이터가 일정량 쌓일 때까지 기다리도록 하는 처리방식
② 실시간 처리 시스템 : 데이터 발생 즉시 처리하는 방식
④ 시분할 처리 시스템 : 하나의 시스템을 여러 명의 사용자가 단말기를 이용하여 여러 작업을 처리할 때 이용하는 처리 방법. 즉, CPU의 이용 시간을 잘게 분할하여 여러 사용자의 작업을 순환하며 수행하도록 함

53 양방향 데이터 전송은 가능하나 동시 전송이 불가능한 방식은?

① Simplex   ② Half Duplex
③ Full Duplex ④ Dual Duplex

해설
- 단방향(Simplex) 통신방식 : 단지 한쪽 방향으로만 데이터를 전송할 수 있는 방식을 말한다.
- 반이중(Half Duplex) 통신방식 : 데이터를 양쪽 방향으로 전송할 수 있으나 동시에 양쪽 방향으로 전송할 수는 없으며, 한 순간에 어느 한쪽 방향으로만 데이터를 전송할 수 있다.
- 전이중(Full Duplex) 통신방식 : 접속된 두 장치 사이에서 동시에 양방향으로 데이터의 흐름을 가능하게 하는 방식으로서, 상호 데이터 전송이 자유롭다.

54 레지스터(Register) 내로 새로운 자료를 읽어 들일 때 생기는 변화는?

① 현존하는 내용에 아무런 영향도 없다.
② 레지스터의 이전 내용이 지워진다.
③ 그 레지스터가 누산기일때만 새 자료가 읽어진다.
④ 그 레지스터가 누산기이거나 명령 레지스터일 때만 자료를 읽어 들일 수 있다.

해설
레지스터는 한 개의 정보만 기억할 수 있기 때문에 새로운 정보가 들어오면 레지스터의 이전 내용이 지워지고, 새로운 정보만 기억된다.

55 컴퓨터에서 사칙연산을 수행하는 장치는?

① 연산장치   ② 제어장치
③ 주기억장치 ④ 보조기억장치

해설
연산기능을 하는 장치(ALU)는 기억된 프로그램이나 데이터를 꺼내어 산술 연산이나 논리 연산을 실행한다.

정답 51 ① 52 ③ 53 ② 54 ② 55 ①

56 다음 보기의 설명이 의미하는 입출력 방식은?

┌ 보기 ┐
- 주기억장치의 일부를 입출력 장치에 할당한다.
- 입출력 장치의 번지와 주기억장치 번지의 구별이 없다.
- 주기억장치의 이용효율이 낮다.

① 격리형 입출력 방식
② 메모리 맵 입출력 방식
③ 혼합형 입출력 방식
④ 버스형 입출력 방식

해설
메모리 맵 입출력 방식
마이크로프로세서(CPU)가 입출력장치를 액세스할 때 입출력과 메모리의 주소 공간을 분리하지 않고 하나의 메모리 공간에 취급하여 배치하는 방식이다.

57 자기보수코드(Self Complement Code)가 아닌 것은?

① 2421 Code
② Gray Code
③ 51111 Code
④ Excess-3 Code

해설
자기보수코드(Self Complement Code) : 3초과 코드, 2421 코드, 51111 코드 등

58 오버플로를 검출하기 위해서는 부호비트 전단에서 발생한 캐리(Carry)와 부호비트로부터 발생한 캐리를 비교하여 검출하는데, 이때 필요한 게이트는?

① OR
② X-OR
③ NOT
④ AND

해설
오버플로 조건
부호비트 밑에서 부호비트로 올라온 비트와 부호비트로부터 생긴 캐리를 Exclusive-OR 게이트에 입력시켜서 출력이 1이 되는 것

59 다음 보기의 마이크로 동작은 무슨 명령을 실행하고 있는가?

┌ 보기 ┐
C_0 : MAR ← MBR(AD)
C_1 : MBR ← M, AC ← 0
C_2 : AC ← AC + MBR

① ADD(Add to AC)
② LDA(Load to AC)
③ STA(Store AC)
④ BUN(Branch UNconditional)

해설
LDA(Load to AC) 명령은 메모리 워드를 AC에 전송하는 명령문이다.

60 공유하고 있는 통신회선에 대한 제어신호를 각 노드 간에 순차적으로 옮겨가면서 수행하는 방식은?

① CSMA 방식
② CD 방식
③ Token Passing 방식
④ ALOHA 방식

해설
전송 매체의 접근방식에 따른 분류
- CSMA/CD(Carrier Sense Multiple Access with Collision Detect)
  - 다중 충돌 접근 기법
  - 데이터를 전송하기 전에 회선을 감시하다가 회선이 비어 있을 경우 전송하는 방식
- 토큰링(Token Ring)
  - 여러 장치들이 하나의 고리에 이어져 형성
  - 데이터가 하나의 장치에서 다음 장치로 차례차례 전달
- 코드 분할 다중 접속(CDMA ; Code Division Multiple Access)
  - 데이터를 암호화한 후 그것을 가용한 전체 대역폭으로 전송
  - 수신측에서는 이를 복호화하여 수신
- 주파수 분할 다중 접속(FDMA ; Frequency Division Multiple Access)
  - 통신을 위한 주파수 대역폭을 통신 기기 서로가 일정 대역폭만을 사용하도록 약속을 하고 서로 통신할 수 있도록 한 것
- 시간 분할 다중 접속(TDMA ; Time Division Multiple Access)
  - 통신 주파수 대역폭 전부를 사용하지만 시차를 두어 기기마다 주파수를 점유하여 사용할 수 있도록 한 것

정답 56 ② 57 ② 58 ② 59 ② 60 ③

2024년 제1회 최근 기출복원문제

01 90[kΩ]의 저항 R_1과 10[kΩ]의 저항 R_2가 직렬로 연결된 회로 양단에 3[V]의 전원을 인가했을 때 저항 R_2 양단의 전압은?

① 0.3[V] ② 0.9[V]
③ 1.8[V] ④ 2.7[V]

해설

$I = \dfrac{V}{R} = \dfrac{3[V]}{90[kΩ]+10[kΩ]} = 0.03[mA]$

$V = IR = 0.03[mA] \times 10[kΩ] = 0.3[V]$

02 2[Ω]의 저항 3개와 6[Ω]의 저항 2개를 모두 직렬로 연결하였을 때 합성저항은?

① 6[Ω] ② 18[Ω]
③ 30[Ω] ④ 38[Ω]

해설

직렬접속의 합성저항

$R_1 = R_2 = \cdots = R_n$일 때 $R_T = nR[Ω]$

여기서, n : 저항의 개수, R : 저항 하나의 값

$R_T = 2 \times 3 + 6 \times 2 = 18[Ω]$

03 전력에 대한 설명으로 옳은 것은?

① 전류에 의해서 단위시간에 이루어지는 힘의 양을 말한다.
② 전류에 의해서 단위시간에 이루어지는 열량의 양을 말한다.
③ 전류에 의해서 단위시간에 이루어지는 전하의 양을 말한다.
④ 전류에 의해서 단위시간에 이루어지는 일의 양, 즉 일의 공률을 말한다.

해설

전력이란 단위시간 동안에 전기가 한 일의 양을 말한다.

04 가정용 전등선의 전압이 실횻값으로 100[V]일 때, 이 교류의 최댓값은?

① 약 110[V] ② 약 121[V]
③ 약 130[V] ④ 약 141[V]

해설

실횻값 $V = \dfrac{V_m}{\sqrt{2}}$

최댓값 $V_m = \sqrt{2} \cdot V = \sqrt{2} \cdot 100[V] ≒ 141$

정답 1 ① 2 ② 3 ④ 4 ④

05 펄스폭이 0.2초, 반복 주기가 0.5초일 때 펄스의 반복 주파수는 몇 [Hz]인가?

① 0.5 ② 1
③ 2   ④ 4

해설
$f = \frac{1}{T}[\text{Hz}]$, T : 주기[sec]
$f = \frac{1}{0.5} = 2[\text{Hz}]$

06 정류회로에서 직류전압이 100[V]이고, 리플전압이 0.2[V]이었다. 이 회로의 맥동률은 몇 [%]인가?

① 0.2 ② 0.3
③ 0.5 ④ 0.8

해설
맥동률
직류(전압) 전류 속에 포함되는 교류 성분의 정도
$\gamma = \frac{\text{출력 파형에 포함된 교류분의 실횻값}}{\text{출력 파형의 평균값(직류 성분)}}$
$\therefore \gamma = \frac{\Delta V}{V_d} \times 100 = \frac{0.2}{100} \times 100 = 0.2[\%]$

07 정류기의 평활회로는 어느 것을 이용하는가?

① 저항 감쇠기
② 대역 여파기
③ 고역 여파기
④ 저역 여파기

해설
평활회로는 정류회로에 접속하여 정류전류 중의 맥동분을 경감하는 작용을 하는 회로로, 저역 통과 여파기를 사용한다.

08 자체 인덕턴스가 10[H]인 코일에 1[A]의 전류가 흐를 때 저장되는 에너지는 몇 [J]인가?

① 1   ② 5
③ 10 ④ 20

해설
전자에너지
- 코일에 전류가 흐르면 코일 주위에 자기장을 발생시켜 전자에너지를 저장한다.
- $W = L\frac{1}{T} \times \frac{I}{2} \times T = \frac{1}{2}LI^2[\text{J}] = \frac{1}{2} \times 10 \times 1^2 = 5[\text{J}]$

09 증폭기의 잡음지수가 가장 이상적인 값은?

① 0   ② 1
③ 100 ④ 무한대

해설
잡음지수(F)가 1이 되는 것이 이상적이다.

10 저주파 증폭기에서 음되먹임을 걸면 되먹임을 걸지 않을 때에 비하여 어떻게 되는가?

① 전압 이득이 커진다.
② 주파수 통과대역이 좁아진다.
③ 주파수 통과대역이 넓어진다.
④ 파형이 일그러진다.

해설
저주파 증폭기의 부궤환 특징
- 주파수 특성이 양호하고, 안정도가 좋다.
- 부하의 변동이나 전원 전압의 변동에도 증폭도가 안정하다.
- 증폭회로 내부에서 발생 출력에 나타나는 잡음과 왜곡은 $\frac{A_0}{1+\beta A_0}$ 로 감소한다.
- 입력 임피던스는 증가하고, 출력 임피던스는 낮아진다.
- 대역폭을 넓힐 수 있다.
- 이득이 다소 저하된다.

11 특정 위치의 비트(Bit)를 시험하고, 문자의 위치를 교환하는 경우에 이용되는 것은?

① 오버랩(Overlap)
② 로테이트(Rotate)
③ 디코더(Decoder)
④ 무브(Move)

해설
- 시프트(Shift) : 입력 데이터의 모든 비트를 각각 서로 이웃의 비트 자리로 옮기는 것이다.
- 로테이트(Rotate) : 한쪽 끝에서 밀려 나가는 비트가 반대편 끝으로 다시 들어오는 연산으로 시프트와 유사하다. 주로 문자의 위치 변환에 사용된다.

12 어큐뮬레이터에 있는 10진수 $(12)_{10}$를 왼쪽으로 두 번 시프트시킨 후의 값은?

① 12
② 24
③ 36
④ 48

해설
2진수를 직렬로 1비트씩 차례로 입력시키면 레지스터가 기억하고 있는 데이터를 오른쪽 또는 왼쪽으로 한 자리씩 이동(Shift)시킬 수 있는 레지스터는 시프트 레지스터(Shift Register)이다. 즉, 10진수 12를 2진수로 표현하면 1100_2이다. 왼쪽으로 두번 시프트하면 110000_2이 되므로, 10진수 48이 된다.

13 다음 중 연산회로에 해당하지 않는 것은?

① 메모리회로
② 산술연산회로
③ 논리연산회로
④ 시프트회로

해설
연산회로는 산술연산, 논리연산, 시프트회로, 가산기, 누산기 등으로 구성된다.

14 컴퓨터에서 명령을 실행할 때 마이크로 동작을 순서적으로 실행하기 위해서 필요한 회로는?

① 분기동작 회로
② 인터럽트 회로
③ 제어신호 발생회로
④ 인터페이스 회로

해설
제어신호 발생기
- 타이밍 발생회로와 제어회로로 구성된다.
- 명령 해독기로부터 온 제어신호에 따라 명령어를 실행하는 데 필요한 기계 사이클(제어함수)을 발생시켜 각 장치에 보내는 논리회로이다.

15 다음 중 최대 클록 주파수가 가장 높은 논리 소자는?

① TTL
② ECL
③ MOS
④ CMOS

해설

게이트	지연시간
ECL	2[nsec]
TTL	10[nsec]
MOS	100[nsec]
CMOS	500[nsec]

최대 클록 주파수가 가장 높은 순서는 ECL - TTL - MOS - CMOS이다.

16 하드디스크(HDD), 광학드라이브(ODD) 등이 PC 내부의 메인보드와 직접 연결되기 위한 인터페이스 방식이 아닌 것은?

① SATA
② EIDE
③ PATA
④ DVI

해설
PC 내부의 메인보드와 직접 연결되기 위한 인터페이스 방식
- SATA : 병렬 전송방식의 ATA를 직렬 전송방식으로 변환한 드라이브 표준 인터페이스이다.
- EIDE : 기존의 컨트롤러가 두 개의 장치만 연결할 수 있는 점을 보완한 것으로, 하나의 IDE에서 Primary, Secondary라는 개념을 통해 더 많은 장치들을 연결할 수 있도록 설계한 것이다.
- PATA : 병렬 ATA 인터페이스라고 한다.
- SCSI : ATA가 ANSI에 의해 처음 표준으로 제정되던 1986년에 함께 제정된 표준 인터페이스 형식으로 주로 서버 시스템에 많이 사용한다.
- ATA(IDE) : 하드디스크, CD-ROM 등 저장장치의 표준 인터페이스이다.

17 중앙처리장치와 주기억장치 사이에 존재하며, 수행속도를 빠르게 하는 것은?

① 캐시기억장치
② 보조기억장치
③ ROM
④ RAM

해설
① 캐시기억장치 : 주기억장치와 중앙처리장치(CPU) 사이에서 데이터와 명령어를 일시적으로 저장하는 소형의 고속기억장치이다.
② 보조기억장치 : 외부 기억장치로, 주기억장치의 용량 부족을 보충하기 위해 사용한다.
③ ROM : 비소멸성의 기억소자로 저장되어 있는 내용을 꺼낼 수는 있으나, 새로운 데이터를 저장할 수 없는 반도체 소자이다.
④ RAM : 저장한 번지의 내용을 인출하거나 새로운 데이터를 저장할 수 있으나, 전원이 꺼지면 내용이 소멸된다.

18 비동기 전송방식과 관계가 있는 것은?

① 스타트 비트와 스톱 비트
② 시작 플래그와 종료 플래그
③ 주소부와 제어부
④ 정보부와 오류검사

해설
비동기(Asynchronous) 전송
- 한 번에 한 문자 데이터씩 전송하는 방식
- 조보식 또는 스타트 스톱(Start Stop) 방식이라고도 한다.

19 주소 지정 방식 중에서 명령어가 현재 오퍼랜드에 표현된 값이 실제 데이터의 주소가 아니라 그곳에 기억된 내용이 실제 데이터 주소인 방식은?

① 간접 주소 지정 방식(Indirect Addressing)
② 즉시 주소 지정 방식(Immediate Addressing)
③ 상대 주소 지정 방식(Relative Addressing)
④ 직접 주소 지정 방식(Direct Addressing)

해설
자료의 접근 방법에 따른 주소 지정 방식
- 즉시 주소 지정(Immediate Addressing Mode) : 명령어 내에 실제 데이터를 가지고 있는 명령어 형식이다.
- 직접 주소 지정(Direct Addressing Mode) : 명령어의 Operand 부분이 실제 데이터의 주소인 명령어 형식이다.
- 간접 주소 지정(Indirect Addressing Mode) : 명령어의 Operand가 가리키는 곳에 실제 데이터의 주소가 있는 명령어 형식이다.
- 상대 주소 지정 방식(Relative Addressing Mode) : 프로그램 카운터(PC)와 명령어의 Operand가 더해진 곳에 실제 데이터를 가지고 있는 명령어 형식이다.
- 상대 주소 지정(Relative Addressing Mode) : 프로그램 카운터(PC)와 명령어의 Operand가 더해진 곳에 실제 데이터를 가지고 있는 명령어 형식이다.
- 레지스터 주소 지정(Register Addressing Mode) : 직접 주소 지정 방식과 유사하다. 오퍼랜드 필드가 메인 메모리의 주소가 아닌 레지스터를 참조한다는 점이 다르다.

정답 16 ④ 17 ① 18 ① 19 ①

20 입출력장치의 동작속도와 컴퓨터 내부의 동작속도를 맞추는 데 사용되는 레지스터는?

① 어드레스 레지스터
② 시퀀스 레지스터
③ 버퍼 레지스터
④ 시프트 레지스터

해설
버퍼 레지스터
서로 다른 입출력 속도로 자료를 받거나 전송하는 중앙처리장치(CPU) 또는 주변 장치의 임시 저장용 레지스터이다.

21 바코드를 대체할 수 있는 기술로, 지금처럼 계산대에서 물품을 스캐너로 일일이 읽지 않아도 쇼핑 카트가 센서를 통과하면 구입 물품의 명세와 가격이 산출되는 시스템을 실용화할 수 있으며 지폐나 유가증권의 위조 방지, 항공사의 수하물 관리 등 물류혁명을 일으킬 수 있는 기술은?

① 태블릿(Tablet)
② 터치스크린(Touch Screen)
③ 광학 마크 판독기(OMR ; Optical Mark Reader)
④ 전자태그(RFID ; Radio Frequency Identification)

해설
④ 전자태그(RFID ; Radio Frequency Identification)
  • 사람, 사물에 부착된 전자태그에 저장된 정보를 무선주파수를 이용하여 다량의 정보를 비접촉식으로 자동 인식하는 기술
  • Read/Write 기능의 대용량 데이터 저장
  • 고속 이동하는 상품 인식, 수백 개의 상품 동시 인식
  • 감지거리가 길고, 비금속 재료 통과 인식
  • 주위 상황을 인지하여 상황에 맞는 통신
① 태블릿(Tablet) : 터치스크린을 주입력장치로 사용하는 소형의 휴대형 컴퓨터
② 터치스크린(Touch Screen) : 화면 일부분에 손을 접촉함으로써 이용자가 데이터 처리시스템과의 대화 처리를 할 수 있는 표시장치
③ 광학 마크 판독기(OMR ; Optical Mark Reader) : 카드 또는 카드 모양 용지의 미리 지정된 위치에 검은 연필이나 사인펜 등으로 그려진 마크를 광 인식에 의해 읽는 장치

22 다음 그림의 비트구조로 알맞은 코드는?

① BCD 코드
② EBCDIC 코드
③ ASCII 코드
④ 3초과 코드

해설
ASCII 코드
• BCD 코드와 EBCDIC의 중간 형태로 미국표준협회가 개발
• 7비트로 한 문자를 표현, 128문자까지 표현 가능
• 컴퓨터와 통신 터미널 사이의 정보 교환, 소형 컴퓨터에서 주로 사용, 대형 컴퓨터에서는 다른 코드를 함께 사용, 현재는 주로 확장된 ASCII 코드 사용
• 3비트의 존비트와 4비트의 디지트비트, 검사비트로 구성

23 명령어의 번지와 프로그램 카운터의 번지가 더해져서 유효번지를 결정하는 방식은?

① 상대 번지 모드(Realative Addressing Mode)
② 간접 번지 모드(Indirect Addressing Mode)
③ 인덱스 어드레싱 모드(Indexed Address Mode)
④ 레지스터 어드레싱 모드(Register Addressing Mode)

해설
주소 지정 방식의 종류
• 상대 번지 지정(Relative Addressing Mode) : 프로그램 카운터(PC)와 명령어의 Operand가 더해진 곳에 실제 데이터를 가지고 있는 명령어 형식이다.
• 간접 번지 지정(Indirect Addressing Mode) : 명령어의 Operand가 가리키는 곳에 실제 데이터의 주소가 있는 명령어 형식이다.
• 인덱스 번지 지정(Indexed Addressing Mode) : 명령어의 Operand 부분과 인덱스 레지스터(Index Register)의 값이 더해진 곳에 실제 데이터를 가지고 있는 명령어 형식이다.
• 레지스터 주소 지정(Register Addressing Mode) : 직접 주소 지정 방식과 유사하다. 오퍼랜드 필드가 메인 메모리의 주소가 아닌 레지스터를 참조한다는 점이 다르다.
• 즉시 주소 지정(Immediate Addressing Mode) : 명령어 내에 실제 데이터를 가지고 있는 명령어 형식이다.
• 직접 번지 지정(Direct Addressing Mode) : 명령어의 Operand 부분이 실제 데이터의 주소인 명령어 형식이다.

24 ADD동작이 산술연산명령이라면 OR동작은?

① 제어명령
② 논리연산명령
③ 데이터 전송명령
④ 분기명령

해설
논리연산명령
- 명령의 연산부호가 논리연산을 지정하고 있는 명령이다.
- 자리 옮김, 논리합(OR), 논리곱(AND), 기호 변환 등 주로 원시 프로그램을 목적 프로그램으로 편집하는 데 사용되는 명령이다.

25 다음 중 입출력 명령으로만 묶은 것은?

① INT, OUT
② JMP, ADD
③ LDA, ROL
④ CLA, ROR

해설
- 분기명령 : JMP
- 전송명령 : LDA
- 산술논리연산명령 : ADD
- 입출력 명령 : INT, OUT

26 다음의 논리도와 진리표는 어떤 회로인가?

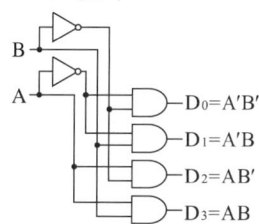

A	B	X_0	X_1	X_2	X_3
0	0	1	0	0	0
0	1	0	1	0	0
1	0	0	0	1	0
1	1	0	0	0	1

① 가산기
② 해독기
③ 부호기
④ 비교기

해설
디코더
- 디코더(Decoder, 해독기) : 입력 단자에 가해지는 부호화된 2진 데이터를 그에 해당하는 10진수로 변환하여 해독하는 조합논리 회로로 출력은 AND 게이트로 구성된다.
- n개의 입력과 m개의 출력을 가지는 $n \times m$ 디코더 : 입력에 가해지는 N비트 코드를 해독하여 그 값에 따라 m개의 출력 중에서 특정한 하나의 출력을 '1'로 하고, 나머지 출력은 '0'으로 만든다.
- 2×4 디코더

$D_0 = A'B'$
$D_1 = A'B$
$D_2 = AB'$
$D_3 = AB$

- 진리표

입력		출력			
A	B	X_0	X_1	X_2	X_3
0	0	1	0	0	0
0	1	0	1	0	0
1	0	0	0	1	0
1	1	0	0	0	1

27 Stack의 용어와 관련없는 것은?

① LIFO
② Pop-Up
③ Push-Down
④ Front

해설
Front는 큐(Queue)에서 삭제가 일어나는 한쪽 끝(앞쪽)을 말한다.

28 점프(Jump)동작은 어떤 것의 내용에 영향을 주는가?

① 프로그램 카운터
② 명령 레지스터
③ 스택 포인터
④ 누산기

해설
Jump 또는 Branch명령을 수행할 경우 현재 수행 중인 프로그램의 순서가 바뀌게 되므로 프로그램 카운터(PC)의 값에 영향을 미친다.

29 명령을 수행하는 연산기와 레지스터, 이들에 의해 명령이 수행되도록 제어하는 제어기, 장치 상호 간에 신호 전달을 위한 신호회선인 내부 버스로 구성되어 있으며, 기억장치에 있는 명령어를 해독하여 실행하는 것은?

① 모니터
② 어셈블러
③ CPU
④ 컴파일러

해설
중앙처리장치(CPU ; Central Processing Unit)
컴퓨터에서 데이터를 처리하는 가장 중요한 부분으로서 명령어의 인출과 해석, 데이터의 인출, 처리 및 저장 등을 수행한다.

30 프로그램은 일의 처리 순서를 기술한 명령의 집합이다. 각 명령은 어떻게 구성되어 있는가?

① 연산자와 오퍼랜드
② 명령코드와 실행 프로그램
③ 오퍼랜드와 제어 프로그램
④ 오퍼랜드와 목적 프로그램

해설
인스트럭션(Instruction)
연산자(Operation Code, OP 코드)와 주소(Operand) 부분으로 구성된다.
• 연산자(Operation Code, OP 코드) : 인스트럭션의 형식, 연산자 및 자료의 종류를 나타낸다.
• 주소(Operand) 부분 : 자료의 주소를 구하는 데 필요한 정보 및 명령의 순서를 나타낸다.

31 다음 중 로더의 기능이 아닌 것은?

① Allocation
② Linking
③ Loading
④ Translation

해설
로더의 기능
• 할당(Allocation) : 목적 프로그램이 적재될 주기억 장소 내의 공간을 확보한다.
• 연결(Linking) : 필요할 경우 여러 목적 프로그램들 또는 라이브러리 루틴과의 링크 작업이다. 외부기호를 참조할 때, 이 주소 값들을 연결한다.
• 재배치(Relocation) : 목적 프로그램을 실제 주기억 장소에 맞추어 재배치한다. 상대주소들을 수정하여 절대주소로 변경한다.
• 적재(Loading) : 실제 프로그램과 데이터를 주기억 장소에 적재한다. 적재할 모듈을 주기억장치로 읽어 들인다.

32 순서도에 대한 설명으로 옳지 않은 것은?

① 작업의 순서, 데이터의 흐름을 나타낸다.
② 처리 순서를 그림으로 나타낸 것이다.
③ 의사전달 수단으로도 사용된다.
④ 사용자의 성향 및 의도에 따라 기호가 상이하다.

해설
순서도의 역할
- 처리 순서와 방법을 결정해서 일정한 기호를 사용하여 뚜렷하게 나타낸 그림이다.
- 프로그램 코딩의 직접적인 자료이다.
- 프로그램의 인수인계가 용이하다.
- 프로그램의 정확성 여부를 검증하는 자료로 사용한다.
- 논리적인 체계 및 처리 내용을 쉽게 파악할수 있으며, 문서화의 역할을 한다.
- 오류 발생 시 그 원인을 찾아내는 데 이용한다.

33 다음 중 좋은 프로그래밍 언어가 갖추어야 할 요소가 아닌 것은?

① 효율적인 언어이어야 한다.
② 언어의 확장이 용이하여야 한다.
③ 언어의 구조가 체계적이어야 한다.
④ 하드웨어에 의존적이어야 한다.

해설
프로그램 언어가 갖추어야 할 요건
- 프로그래밍 언어는 단순 명료하고 통일성을 가져야 한다.
- 프로그래밍 언어의 구조가 체계적이어야 한다.
- 응용문제에 자연스럽게 적용할 수 있어야 한다.
- 확장성이 있어야 한다.
- 효율적이어야 한다.
- 외부적인 지원이 가능해야 한다.

34 프로그래밍 언어의 구문 요소 중 프로그램의 이해를 돕기 위해 설명을 적어 두는 부분으로 프로그램의 실행과는 관계가 없고, 프로그램의 판독성을 향상시키는 요소는?

① Comment
② Reserved Word
③ Operator
④ Keyword

해설
프로그래밍 언어의 구문 요소
- Comment(주석) : 소스코드에 어떠한 내용을 입력하지만 그 내용이 실제 프로그램에 영향을 끼치지 않으며, 프로그래밍 언어의 구문 요소 중 프로그램의 이해를 돕기 위해 설명을 적어 두는 부분으로 프로그램의 실행과는 관계가 없고 프로그램의 판독성을 향상시키는 요소
- Reserved Word(예약어)
  - 컴퓨터 프로그래밍 언어에서 이미 문법적인 용도로 사용한다.
  - 식별자로 사용할 수 없는 단어이다.
  - 번역과정에서 속도를 높여 준다.
  - 프로그램의 신뢰성을 향상시킨다.
- Operator(연산자) : 프로그래밍이나 논리 설계에서 변수나 값의 연산을 위해 사용되는 부호이다.
- Keyword(키워드)
  - 키워드를 포함하는 레코드가 검색되는 경우
  - 문장의 핵심적인 내용을 정확히 표현

35 구조적 프로그래밍에 대한 설명으로 거리가 먼 것은?

① 유지보수가 용이하다.
② 프로그램의 구조가 간결하다.
③ 모듈별 독립성과 처리의 효율성이 고려된다.
④ 실행 속도는 빠른 편이나 프로그램의 내용을 파악하기가 까다롭다.

해설
구조적 프로그래밍의 특징
- 프로그램을 이해하기 쉽고, 디버깅 작업이 쉽다.
- 계층적 설계이다.
- 블록이라는 단위를 이용하여 프로그램을 작성한다.
- Goto 문법의 사용을 금지한다.
- 제한된 제어구조만을 이용한다.
- 순차구조(Sequence), 반복구조(Repetition), 선택구조(Selection)가 있다.
- 특정 프로그램 내에서 하나의 시작점을 갖는 함수는 반드시 하나의 종료점을 갖는다.
- 프로그램을 읽기 쉽고, 수정이 용이하다.

정답 32 ④ 33 ④ 34 ① 35 ④

36 객체지향기법에서 하나 이상의 유사한 객체들을 묶어서 하나의 공통된 특성을 표현한 것은?

① 클래스 ② 메시지
③ 메소드 ④ 속 성

해설
클래스(Class)
- 하나 이상의 유사한 객체들을 묶어 공통된 특성을 표현한 데이터 추상화를 의미한다.
- 객체의 타입을 말하며, 객체들이 갖는 속성과 적용 연산을 정의하는 틀이다.

37 BNF 기호 중 정의를 의미하는 것은?

① 〈 〉 ② |
③ ::=   ④ $

해설
BNF 표기법 : 배커스-나우어 형식(Backus-Naur Form)의 약어로, 구문(Syntax) 형식을 정의하는 가장 보편적인 표기법이다.

기호	의미
::=	정의 기호
|	선택 기호
〈 〉	Non Terminal 기호(재정의될 기호)

38 기계어에 대한 설명으로 옳지 않은 것은?

① 컴퓨터가 직접 이해할 수 있는 숫자로 표기된 언어를 의미한다.
② 전자계산기 기종마다 명령부호가 다르다.
③ 인간에게 친숙한 영문 단어로 표현된다.
④ 작성된 프로그램의 수정, 보수가 어렵다.

해설
기계어(Machine Language)
- 초창기의 컴퓨터 프로그래밍은 기계어에 의해 작성되고 처리되었다.
- 컴퓨터의 전기적 회로에 의해 직접적으로 해석되어 실행되는 언어이다.
- 컴퓨터 자원을 효율적으로 활용한다.
- 언어 자체가 복잡하고 어렵다.
- 프로그래밍 시간이 오래 걸리고 에러가 많다.
- 호환성이 없다.
- 2진수를 사용하여 데이터를 표현한다.
- 프로그램의 실행 속도가 빠르다.

39 다음 중 언어번역 프로그램에 해당하지 않는 것은?

① 컴파일러
② 로 더
③ 인터프리터
④ 어셈블러

해설
번역기의 종류
- 어셈블러(Assembler) : 어셈블리 언어로 작성된 원시 프로그램을 기계어로 번역하는 프로그램이다.
- 컴파일러(Compiler) : 전체 프로그램을 한 번에 처리하여 목적 프로그램을 생성하는 번역기로, 기억 장소를 차지하지만 실행 속도가 빠르다(ALGOL, PASCAL, FORTRAN, COBOL, C).
- 인터프리터(Interpreter) : 작성된 원시 프로그램을 한 줄씩 읽어 번역 및 실행하는 프로그램으로, 실행 속도가 느리지만 기억장소를 적게 차지한다(BASIC, LISP, JAVA, PL/I).

40 어셈블리어에 대한 설명으로 옳은 것은?

① 고급언어에 해당한다.
② 호환성이 좋은 언어이다.
③ 실행을 위하여 기계어로 번역하는 과정이 필요 없다.
④ 기호언어이다.

해설
어셈블리어(Assembly Language)
2진수로 작성된 기계어 프로그램의 동작 코드부와 어드레스부를 각각 프로그래머가 이해하기 쉽고 사용하기 쉬운 기호로 바꾸어 프로그래밍을 할 수 있도록 한 언어로, 기호언어(Symbolic Language)라고도 한다.

41 다음 진리표에 해당하는 논리게이트는?

입력		출력
A	B	X
0	0	1
0	1	1
1	0	1
1	1	0

① AND
② OR
③ NAND
④ NOT

해설
NAND 게이트는 모든 입력이 참(1)일 때만 거짓(0)인 출력을 내보내는 논리게이트이다.

42 마스터 슬레이브 플립플롭(M/S FF)의 장점으로 옳은 것은?

① 동기시킬 수 있다.
② 처리 시간이 짧아진다.
③ 게이트 수를 줄일 수 있다.
④ 폭주(Race Around)를 막는다.

해설
- 레이싱(Racing) 현상이란 JK = FF에서 CP = 1일 때 출력 쪽의 상태가 변화하면 입력 쪽이 변하여 오동작을 발생하고, 이 오동작은 다른 오동작을 일으키는 현상이다.
- 레이싱(Racing) 현상을 피하기 위한 것이 마스터 – 슬레이브 JK = FF이다.

43 순서논리회로를 설계할 때 사용되는 상태표(State Table)의 구성요소가 아닌 것은?

① 현재 상태
② 다음 상태
③ 출 력
④ 이전 상태

해설
순서 논리회로의 상태표 구성요소
- 현재 상태
- 다음 상태
- 출 력

44 논리식 $F = (A+B)(A+\overline{B})$를 최소화하면?

① $F = A + B$
② $F = A + \overline{B}$
③ $F = A$
④ $F = 0$

해설
$F = (A+B)(A+\overline{B})$
$= AA + A\overline{B} + AB + B\overline{B}$
$= A + A\overline{B} + AB$
$= A + A(\overline{B}+B)$
$= A$

불 대수의 기본정리
- $A \cdot A = A$
- $B \cdot \overline{B} = 0$
- $\overline{B} + B = 1$
- $A + A = A$

정답 40 ④ 41 ③ 42 ④ 43 ④ 44 ③

45 한 비트의 2진수를 더하여 합과 자리올림값을 계산하는 반가산기를 설계하고자 할 때 필요한 게이트는?

① 배타적 OR 2개, OR 1개
② 배타적 OR 1개, AND 1개
③ 배타적 NOR 1개, NAND 1개
④ 배타적 OR 1개, AND 1개, NOT 1개

해설
반가산기(Half-adder)
- 2개의 2진수와 A와 B를 더한 합(Sum) S와 자리올림 수(Carry) C를 얻는 회로이다.
- 배타논리합회로와 논리곱회로로 구성된다.

46 동기식 5진 계수기에서 계수값이 순차적으로 변환하는 경우 ( ) 안에 들어갈 2진수를 10진수로 옳게 변환한 것은?

000 001 010 011 ( ) 000

① 1
② 2
③ 3
④ 4

해설
동기식 5진 계수기
계수값이 순차적으로 000 → 001 → 010 → 011 → 100으로 변환한 다음, 000에서부터 다시 순환되는 계수기
∴ $100_{(2)} = 4_{(10)}$

47 플립플롭의 종류가 아닌 것은?

① RS-FF
② JK-FF
③ CP-FF
④ T-FF

해설
플립플롭의 종류
RS 플립플롭, D 플립플롭, JK 플립플롭, T 플립플롭 등

48 컴퓨터를 포함한 디지털 시스템에서 여러 가지 연산동작을 위하여 1비트 이상의 2진 정보를 임시로 저장하기 위해 사용하는 기억장치는?

① 가산기
② 감산기
③ 레지스터
④ 해독기

해설
레지스터(Register)
2진 데이터를 임시 저장하는 데 적합한 2진 기억소자들의 집합이며, 1개의 플립플롭은 2진 데이터의 1비트를 저장할 수 있는 기억소자의 역할을 하므로 레지스터는 플립플롭의 집합이다.

49 동기형 16진수 계수기를 만들려면 JK 플립플롭이 최소 몇 개가 필요한가?

① 3
② 4
③ 8
④ 16

해설
JK 플립플롭이 n개일 때 카운터가 셀 수 있는 최대의 수를 N이라 하면 $N = 2^n$ 개의 수를 셀 수 있고, 0에서 $2^n - 1$의 수까지 표현한다. 즉, 최대의 수는 $2^4 = 16$개까지이고, $2^4 - 1 = 15$까지 셀 수 있다. 그러므로, JK 플립플롭이 최소 4개가 필요하다.

50 JK 플립플롭에서 J = K = 1일 때 출력동작은?

① Set
② Clear
③ No Change
④ Complement

해설
JK 플립플롭의 특성표

J	K	$Q_{(t+1)}$	설 명
0	0	$Q_{(t)}$	현 상태가 그대로 출력
0	1	0	0을 출력(Reset)
1	0	1	1을 출력(Set)
1	1	$\overline{Q}_{(t)}$	Complement(보수)

정답 45 ② 46 ④ 47 ③ 48 ③ 49 ② 50 ④

51 논리식에서 최소항의 개수를 16개 만들기 위한 변수의 개수는?

① 2
② 4
③ 8
④ 16

해설
논리식에서 최소항의 개수는 AND연산의 결합으로 2^n개의 조합이다. 16개의 변수의 개수는 $2^4 = 16$이므로, 4개의 변수로 구성된다.

52 비동기형 리플 카운터에 대한 설명으로 옳지 않은 것은?

① 모든 플립플롭 상태가 동시에 변한다.
② 회로가 간단하다.
③ 동작시간이 길다.
④ 주로 T형이나 JK 플립플롭을 사용한다.

해설
비동기식(Asynchronous Type) 카운터
- 플립플롭의 입력으로는 클록 펄스와 앞단의 출력이 차례로 연결되어 있어 상태가 동시에 변하지 않고 순차적으로 변한다. 리플 계수기라고도 한다.
- 각 단을 통과할 때마다 지연시간이 누적되므로 고속 카운터에는 적합하지 않다.
- 매우 높은 주파수와 비트수가 많은 카운터에는 적합하지 않다.
- 회로가 간단해서 작은 규모의 계기 회로에 적당하다.
- 플립플롭들은 동일 클록에 변하지 않고, 한 플립플롭의 출력이 다른 플립플롭의 클록으로 동작하기 때문에 지연시간이 길어진다.
- 시스템의 상태는 모든 플립플롭의 전이가 완료될 때까지 결정되지 않는다.

53 10진수 13을 Gray Code로 바꾸면?

① 1011
② 0100
③ 1001
④ 1101

해설
그레이 코드
BCD 코드의 인접한 자리를 XOR 연산으로 만든 코드로, 10진수 13을 2진수로 바꾸면 1101이 된다.

2진수	1	→	1	→	0	→	1
그레이 코드	1		0		1		1

2진수 1101을 그레이 코드로 변환하면 1011이 된다.

54 플립플롭을 일반적으로 무엇이라고 하는가?

① 시프트 레지스터
② 쌍안정 멀티바이브레이터
③ 단안정 멀티바이브레이터
④ 비안정 멀티바이브레이터

해설
레지스터를 구성하는 기본소자가 플립플롭으로, 0과 1의 안정된 논리 상태를 갖는 쌍안정 멀티바이브레이터를 플립플롭이라고 한다.

55 플립플롭이 특정 현재 상태에서 원하는 다음 상태로 변화하는 동작을 하기 위한 입력을 표로 작성한 것은?

① 카르노표
② 게이트표
③ 트리표
④ 여기표

해설
여기표(Excitation Table)
플립플롭에서 현재의 상태와 다음 상태를 알 때 플립플롭에 어떤 입력을 주어야 하는가를 표로 나타낸 것이다.

56 2진수 0.1011을 10진수로 변환하면?

① 0.1048
② 0.2048
③ 0.4875
④ 0.6875

해설
$(0.1011)_2 = 1 \times 2^{-1} + 1 \times 2^{-3} + 1 \times 2^{-4}$
$= 0.5 + 0.125 + 0.0625$
$= 0.6875$

57 RS 플립플롭의 R선에 인버터를 추가하여 S선과 하나로 묶어서 입력선을 하나만 구성한 플립플롭은?

① JK 플립플롭
② T 플립플롭
③ 마스터-슬레이브 플립플롭
④ D 플립플롭

해설
D 플립플롭
클록형 RS 플립플롭 또는 JK 플립플롭을 변형시킨 것이다. 데이터 입력신호 D가 그대로 출력 Q에 전달되는 특성으로 데이터의 일시적인 보존이나 디지털 신호의 지연 등에 이용된다.

58 어떤 입력상태에 대해 출력이 무엇이 되든지 상관없는 경우 출력 상태를 임의 상태라고 하는데 진리표나 카르노 도에서는 임의 상태를 일반적으로 어떻게 표시하는가?

① X
② 0
③ 1
④ Y

해설
진리표나 카르노 도에서 어떤 입력 상태에 대해 출력이 무엇이 되든지 상관없는 경우 출력 상태를 임의 상태(Don't Care Condition)라고 하며, X로 표시한다.

59 다음 불 대수식 중 드모르간의 정리를 옳게 나타낸 것은?

① $\overline{A+B} = \overline{A} \cdot \overline{B}$
② $\overline{A \cdot B} = \overline{\overline{A} \cdot \overline{B}}$
③ $\overline{A+B} = \overline{A} + \overline{B}$
④ $\overline{A \cdot B} = A \cdot B$

해설
드모르간의 정리
$\overline{X \cdot Y} = \overline{X} + \overline{Y}$
$\overline{X+Y} = \overline{X} \cdot \overline{Y}$

60 배타적-NOR의 출력이 0일 때는 언제인가?

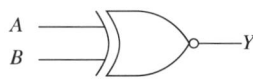

① A, B 모두 0일 때
② A, B 모두 1일 때
③ A와 B가 다를 때
④ A와 B가 같을 때

해설
XNOR(Exclusive-NOR) 게이트
• 입력이 같을 경우에만 '1'의 출력이 나오는 소자
• 항등 게이트(Equivalence)라고도 한다.

기 호

• 논리식
$Y = A \otimes B$ 또는 $Y = \overline{A \oplus B}$

• 진리표

입 력		출 력
A	B	Y
0	0	1
0	1	0
1	0	0
1	1	1

56 ④ 57 ④ 58 ① 59 ① 60 ③

2024년 제2회 최근 기출복원문제

01 이상적인 연산증폭기의 특징에 대한 설명으로 틀린 것은?

① 주파수 대역폭이 무한대(∞)이다.
② 입력 임피던스가 무한대(∞)이다.
③ 동상 이득은 무한대(∞)이다.
④ 오픈 루프 전압 이득이 무한대(∞)이다.

해설
이상적인 연산증폭기의 특징
- 전압 이득 A_v가 무한대이다($A_v = \infty$).
- 입력 임피던스가 무한대이다.
- 입력저항 R_i이 무한대이다($R_i = \infty$).
- 출력저항 R_0이 0이고($R_0 = 0$), 오프셋(Offset)이 0이다.
- 대역폭이 무한대(BW = ∞)이고, 지연응답(Response Delay)은 0이다.
- 동상 이득은 0이다.

02 어떤 도선의 단면을 1분 동안에 30[C]의 전하가 이동하였다면, 이때 흐른 전류는 몇 [A]인가?

① 0.1　② 0.3
③ 0.5　④ 3

해설
$I = \dfrac{Q}{T} = \dfrac{30}{1 \times 60} = 0.5[A]$

03 저항을 R이라고 하면 컨덕턴스 G[℧]는 어떻게 표현되는가?

① R^2　② R
③ $\dfrac{1}{R^2}$　④ $\dfrac{1}{R}$

해설
컨덕턴스 $G = \dfrac{1}{R}[℧]$

04 다음 그림과 같은 회로의 명칭은?

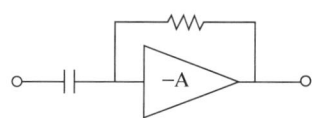

① 슈미트 트리거 회로
② 미분회로
③ 적분회로
④ 비교회로

해설
출력 전압이 입력 전압의 미분값에 비례한다.

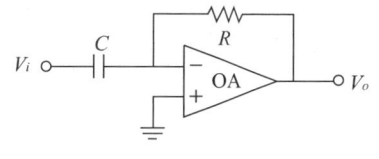

[미분회로]

정답　1 ③　2 ③　3 ④　4 ②

05 다음 중 압전 효과를 이용한 발진기는?

① LC 발진기
② RC 발진기
③ 수정발진기
④ 레이저 발진기

해설
수정발진기
압전 현상을 이용한 것으로, 직렬 공진 주파수(f_0)와 병렬 공진 주파수(f_∞) 사이는 주파수의 범위가 매우 좁다. 이 사이의 유도성을 이용하여 안정된 발진을 한다($f_0 < f < f_\infty$).

06 적분회로의 입력에 구형파를 가할 때 출력파형은?(단, 시정수(CR)는 입력 구형파의 펄스폭(τ)에 비해 매우 크다)

① 정현파　　② 삼각파
③ 구형파　　④ 톱니파

해설
적분회로는 시간에 비례하는 전압(또는 전류) 파형, 즉 톱니 모양의 삼각파 신호를 발생하거나 지연시키는 회로에 쓰인다.

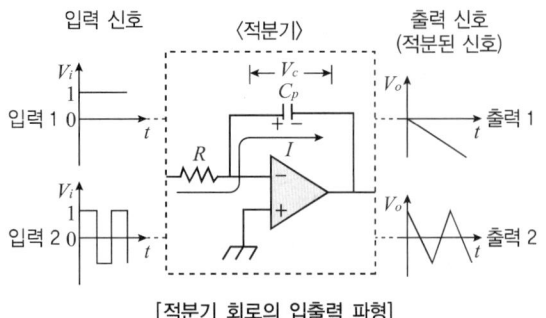

[적분기 회로의 입출력 파형]

07 단상 전파정류회로의 이론상 최대 정류 효율은?

① 12.1[%]
② 40.6[%]
③ 48.2[%]
④ 81.2[%]

해설
정류 효율은 반파 정류 회로의 2배이며, 이론적으로 최대 81.2[%]이다.

08 입력신호의 정(+), 부(-)의 피크(Peak)를 어느 기준레벨로 바꾸어 고정시키는 회로는?

① 클리핑 회로(Clipping Circuit)
② 비교 회로(Comparing Circuit)
③ 클램핑 회로(Clamping Circuit)
④ 리미터 회로(Limiter Circuit)

해설
클램핑 회로(Clamping Circuit)
클램퍼(Clamper)라고도 하며 입력 신호의 (+) 또는 (-)의 피크를 어느 기준 레벨로 바꾸어 고정시키는 회로이다. 직류분을 재생하는 목적에 쓰일 때에는 직류분 재생회로라고도 한다.

09 다음 중 제너 다이오드를 사용하는 회로는?

① 검파회로
② 고압 정류회로
③ 고주파 발진회로
④ 전압 안정회로

해설
제너(정전압) 다이오드
제너 항복을 응용한 정전압 소자로 합금 또는 확산법으로 만든 실리콘 접합 다이오드로 전압을 일정하게 유지하는 정전압회로에 사용한다.

10 다음 중 전계효과 트랜지스터의 설명으로 옳지 않은 것은?

① 전압제어형 소자이다.
② 고주파 증폭 또는 고속 스위치로 사용한다.
③ 유니폴라 트랜지스터라고도 한다.
④ 오프셋(Offset) 전압, 전류가 적어서 우수한 초퍼(Chopper)회로로 사용된다.

해설
전계효과 트랜지스터(FET)의 특징
• 외부로부터의 복사의 영향을 덜 받는다.
• 전류는 다수 캐리어에 의해서 운반된다.
• 입력 임피던스가 매우 높다.
• 잡음이 적다.
• 열적으로 안정하다.
• 유니폴라 트랜지스터이다.
• 드레인 전류가 0에서 Offset 전압을 나타내지 않는다. 따라서 우수한 신호 초퍼(Chopper)로서 사용될 수 있다.
• 전압제어방식이다.

11 연산 후 입력 자료가 보존되고 프로그램의 길이를 짧게 할 수 있다는 장점은 있으나, 명령 수행시간이 많이 걸리는 주소 지정 방식은?

① 0주소 명령 형식
② 1주소 명령 형식
③ 2주소 명령 형식
④ 3주소 명령 형식

해설
3-주소 명령(3-Address Instruction)
• OP Code와 3개의 Operand로 구성되는 명령어 형식이다.
• 연산결과를 위한 Operand 1개와 입력 자료를 위한 Operand 2개로 구성된다.

| OP Code | Operand 1 | Operand 2 | Operand 3 |

• 연산 후 입력 자료의 값이 보존된다.
• Operand1은 연산 후 결과값이 저장되는 레지스터이다.
• Operand2와 Operand3은 연산을 위한 입력 자료가 저장되는 레지스터이다.
• 명령어의 수행시간이 가장 길다.
• 프로그램의 길이는 가장 짧다.

12 프로그램 수행 중 서브루틴으로 돌입할 때 프로그램의 리턴 번지(Return Address)의 수를 LIFO(Last-In First-Out) 기술로 메모리의 일부에 저장한다. 이 메모리와 가장 밀접한 자료 구조는?

① 큐
② 트리
③ 스택
④ 그래프

해설
스택(Stack)
• 임시 데이터의 저장이나 서브루틴의 호출에서 사용
• 연속되게 자료를 저장
• 한쪽 끝에서만 자료를 삽입하거나 삭제할 수 있는 구조
• 스택영역은 내부 데이터 메모리에 위치
• 후입선출방식(LIFO ; Last-In First-Out)
• 0-주소 지정에 이용

13 다음 그림과 같이 컴퓨터 내부에서 2진수 자료를 표현하는 방식은?

| 부호 | 지수 | 가수 |

① 팩 형식(Pack Format)
② 부동 소수점 형식(Floating Point Format)
③ 고정 소수점 형식(Fixed Point Format)
④ 언팩 형식(Unpack Format)

해설
부동 소수점(Floating Point)의 표현 방식
• 한 개의 부호 비트, 지수부(Exponent Part), 가수부(Mantissa Part)로 구성되며, 소수점을 포함한 실수도 표현 가능하다.
• 수의 표현 시 고정 소수점 방식보다 정밀도를 높일 수 있으므로 주로 과학, 공학, 수학적인 응용면에서 사용한다.

14 다음 중 산술연산에 해당하지 않는 것은?

① AND
② ADD
③ SUBTRACT
④ DIVIDE

해설
• 산술연산 : ADD, SUBTRACT, MUL, DIVIDE
• 논리연산 : AND, OR, NOT, XOR

정답 10 ② 11 ④ 12 ③ 13 ② 14 ①

15 패리티 규칙으로 코드의 내용을 검사하며, 잘못된 비트를 찾아서 수정할 수 있는 코드는?

① Gray Code
② Excess-3 Code
③ Biquinary Code
④ Hamming Code

해설
해밍 코드(Hamming Code)
• 오류 검출 후 자동적으로 정정해 주는 코드이다.
• 1비트의 단일 오류만 정정한다.
• 데이터비트 외에 오류 검출 및 교정을 위한 잉여비트가 많이 필요하다.

16 2진수 0111을 그레이 코드로 올바르게 변환한 것은?

① 0111
② 0101
③ 0100
④ 1100

해설
그레이 코드
BCD 코드의 인접한 자리를 XOR 연산으로 만든 코드

2진수   0 → 1 → 1 → 1
         ↓   ↓   ↓   ↓
그레이 코드 0   1   0   0

2진수 0111을 그레이 코드로 변환하면 0100이 된다.

17 주기억장치의 크기가 4[kbyte]일 때 번지(Address) 수는?

① 1번지에서 4,000번지까지
② 0번지에서 3,999번지까지
③ 1번지에서 4,095번지까지
④ 0번지에서 4,095번지까지

해설
$4[KB] = 2^2 \times 2^{10} = 2^{12} = 4,096$이므로, 0번지에서 4,095번지까지가 된다.

18 하나의 시스템 내에 다수의 중앙처리장치(CPU)를 두어서 시스템을 제어하고, 다른 것들은 그것을 보조하는 기능을 수행하는 처리방식은?

① Multiprogramming
② Multitasking
③ Multiprocessing
④ Multiuser

해설
다중 처리 시스템(Multiprocessing System)
여러 개의 CPU를 설치하여 각각 해당 업무를 처리할 수 있는 시스템이다.

19 집적회로의 일반적인 특징에 대한 설명으로 옳은 것은?

① 수명이 짧다.
② 크기가 대형이다.
③ 동작속도가 빠르다.
④ 외부와의 연결이 복잡하다.

해설
집적회로의 특징
• 코일과 콘덴서가 거의 필요 없다.
• 저항값이 비교적 작다.
• 전력 출력이 작아도 된다.
• 신뢰성이 높다.
• 크기가 소형이다.
• 동작속도가 빠르다.
• 외부와의 연결이 간단하다.

20 8진수 62를 2진수로 변환하면?

① 110101　② 110010
③ 111010　④ 101101

해설
8진수를 2진수로 변환할 때 각 자리를 3[Bit]의 2진수로 변환한다.

| 6 | 2 | ← | 8진수 |
| 110 | 010 | ← | 2진수 |

$62_{(8)} = 110010_{(2)}$

21 다음의 레지스터 전송 언어는 어떤 연산을 실행하고 있는가?

- $T_1 : B \leftarrow \overline{B}$
- $T_2 : B \leftarrow B+1$
- $T_3 : A \leftarrow A+B$

① 증가(INCREMENT)
② 가산(ADD)
③ 보수(COMPLEMENT)
④ 2의 보수

해설
- $T_1 : B \leftarrow \overline{B}$ ⇒ B의 값을 보수로 변환한 뒤 B로 전송한다(1의 보수).
- $T_2 : B \leftarrow B+1$ ⇒ 보수로 변환된 B에 1을 더해 다시 B로 전송한다(2의 보수).
- $T_3 : A \leftarrow A+B$ ⇒ A+B값을 A에 전송한다.

22 다음 중 주소 변환을 위한 레지스터는?

① 베이스 레지스터(Base Register)
② 데이터 레지스터(Data Register)
③ 메모리 어드레스 레지스터(Memory Address Register)
④ 인덱스 레지스터(Index Register)

해설
인덱스 레지스터(Index Register)
이 레지스터 속에 기억되어 있는 내용에 의해서 실행하는 명령의 어드레스를 변경하기 위해서 사용되는 참조용 레지스터이다.

23 오퍼랜드부에 표현된 주소를 이용하여 실제 데이터가 기억된 기억장소에 직접 사상시킬 수 있는 지정 방식은?

① Direct Addressing
② Indirect Addressing
③ Immediate Addressing
④ Register Addressing

해설
자료의 접근 방법에 따른 주소 지정 방식
- Immediate Addressing Mode(즉시 주소 지정) : 명령어 내에 실제 데이터를 가지고 있는 명령어 형식이다.
- Direct Addressing Mode(직접 주소 지정) : 명령어의 Operand 부분이 실제 데이터의 주소인 명령어 형식이다.
- Indirect Addressing Mode(간접 주소 지정) : 명령어의 Operand가 가리키는 곳에 실제 데이터의 주소가 있는 명령어 형식이다.
- Indexed Addressing Mode(인덱스 주소 지정) : 명령어의 Operand 부분과 Index Register의 값이 더해진 곳에 실제 데이터를 가지고 있는 명령어 형식이다.
- Relative Addressing Mode(상대 주소 지정) : 프로그램 카운터(PC)와 명령어의 Operand가 더해진 곳에 실제 데이터를 가지고 있는 명령어 형식이다.
- Register Addressing Mode(레지스터 주소 지정) : 직접 주소 지정 방식과 유사하다. 오퍼랜드 필드가 메인 메모리의 주소가 아닌 레지스터를 참조한다는 점이 다르다.

정답 20 ② 21 ④ 22 ④ 23 ①

24 다음 그림의 연산 결과를 옳게 나타낸 것은?

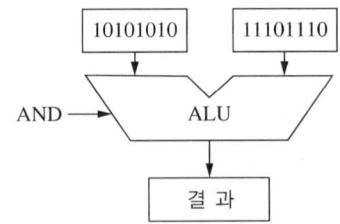

① 10011001
② 10101010
③ 10101110
④ 11101110

해설
AND 연산
모든 입력신호가 1일 때만 출력 상태가 1이 된다.

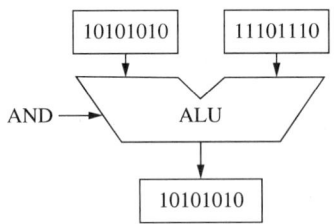

25 10진수 946에 대한 BCD 코드는?

① 1001 0101 0110
② 1001 0100 0110
③ 1100 0101 0110
④ 1100 0011 0110

해설

10진수	9	4	6
	↓	↓	↓
BCD 코드	1001	0100	0110

26 해독기(Decoder)에 대한 설명으로 옳지 않은 것은?

① 2진수를 10진수로 변환하는 조합논리회로이다.
② n개의 입력으로부터 코드화된 2진 정보를 최대 2^n개의 출력을 얻는다.
③ 2×4 해독기란 2개의 입력과 4개의 출력을 가지는 해독기이다.
④ 해독기는 주로 OR논리 게이트로 구성된다.

해설
디코더(Decoder, 해독기)
• 입력 단자에 가해지는 부호화된 2진 데이터를 그에 해당하는 10진수로 변환하여 해독하는 조합논리회로로 출력은 AND 게이트로 구성된다.
• n개의 입력과 m개의 출력을 가지는 $n \times m$ 디코더 : 입력에 가해지는 N비트 코드를 해독하여 그 값에 따라 m개의 출력 중에서 특정한 하나의 출력을 '1'로 하고 나머지 출력들은 '0'으로 만든다.

27 여러 개의 입력 중에서 하나만 선택하여 출력에 연결시키는 멀티플렉서는 선택선이 3개일 때 입력선은 최대 몇 개까지 가능한가?

① 3개 ② 6개
③ 8개 ④ 12개

해설
$2^3 = 8$이므로 8개의 입력선을 가진다.
멀티플렉서(Multiplexer)
• 2개 이상의 입력 중에서 필요로 하는 신호를 외부로부터의 선택 기호에 의해 1개만 선택하여, 출력 신호로 꺼낼 수 있는 기능을 가진 조합논리회로이다.
• 게이트를 사용하여 구성하는 멀티플렉서는 2^n개의 입력선과 입력 선택을 위한 n개의 선택선 및 하나의 출력선을 가지며, 이 선택선에 가하는 비트 조합에 따라 입력 중의 하나가 선택된다.

28 마이크로 컴퓨터의 MPU란?

① 기억장치
② 입력장치
③ 출력장치
④ 마이크로프로세서 장치

해설
MPU(Micro Processor Unit)
마이크로프로세서 장치

29 데이터의 전송방식 중 병렬 전송방식에서 문자와 문자 사이의 간격을 식별하기 위해서 사용하는 신호로 가장 적합한 것은?

① 스트로브 신호   ② 임팩트 신호
③ 시프트 신호   ④ 로드 신호

해설
병렬 전송방식
- 복수의 비트를 합쳐 블록 버퍼를 이용하여 한 번에 전송한다.
- 스트로브(Strobe) 신호를 사용하여 문자와 문자 사이의 간격을 식별한다.
- 컴퓨터와 주변 기기 사이의 연결에 사용한다.

30 프로그램 개발 과정에서 프로그램 안에 내재하여 있는 논리적 오류를 발견하고 수정하는 작업은?

① Mapping
② Thrashing
③ Debugging
④ Paging

해설
① Mapping(매핑) : 연관성을 관계하여 연결시켜 주는 의미
② Thrashing(스래싱) : 잦은 페이지 부재·교체로 지연이 심한 상태
④ Paging(페이징) : 가상기억장치를 모두 같은 크기의 블록으로 편성하여 운용하는 기법

31 고급언어의 특징으로 옳지 않은 것은?

① 하드웨어에 관한 전문지식 없이도 프로그램 작성이 용이하다.
② 번역과정 없이 실행 가능하다.
③ 일상생활에서 사용하는 자연어와 유사한 형태의 언어 이다.
④ 프로그램 작성이 쉽고, 수정이 용이하다.

해설
고급언어
- 사람이 이해하기 쉬운 자연어에 가깝게 만들어진 언어이다.
- 프로그래밍하기 쉽고, 생산성이 높다.
- 컴퓨터와 관계없이 독립적으로 프로그램을 만들 수 있다.
- 기계어로 변환하기 위해 번역하는 과정을 거친다.
- 기종에 관계없이 공통적으로 사용한다.

32 프로그래밍 언어의 해독 순서로 옳은 것은?

① 링커 → 로더 → 컴파일러
② 컴파일러 → 링커 → 로더
③ 로더 → 컴파일러 → 링커
④ 로더 → 링커 → 컴파일러

해설
프로그램 언어의 수행순서
원시(Source) P/G → 번역(컴파일러) → 목적(Object) P/G 생성 → 링커 → 로더 → 실행

33 다음 중 원시 프로그램을 다른 컴퓨터의 기계어로 번역하는 것은?

① 인터프리터
② 크로스 컴파일러
③ 어셈블러
④ 텍스트 편집기

34 시스템 프로그래밍 언어로 가장 적합한 것은?

① COBOL
② C
③ BASIC
④ FORTRAN

해설
시스템 프로그래밍 언어
- 시스템 프로그램이란 운영체제, 언어처리계, 편집기, 디버깅 등 소프트웨어 작성을 지원하는 프로그램이다.
- C언어는 뛰어난 이식성과 작은 언어 사양, 비트 조작, 포인터 사용, 자유로운 형 변환, 분할 컴파일 기능 등의 특징을 갖고 있기 때문에 시스템 프로그래밍 언어로 적합하다.

35 운영체제의 목적으로 옳지 않은 것은?

① 사용 가능도 향상
② 반환 시간 연장
③ 신뢰성 향상
④ 처리 능력 향상

해설
운영체제의 목적
- 처리능력(Throughput) 향상
- 반환 시간(Turn Aroun Time)의 단축
- 사용 가능도(Availability) 향상
- 신뢰도(Realability) 향상

36 다음 운영체제 스케줄링 정책 중 가장 바람직한 것은?

① 대기시간을 늘리고 반환시간을 줄인다.
② 응답시간을 최소화하고 CPU 이용률을 늘린다.
③ 반환시간과 처리율을 늘린다.
④ CPU 이용률을 줄이고 반환시간을 늘린다.

해설
스케줄링 목적
- 공정한 스케줄링
- 처리량 극대화
- 응답시간 최소화
- 반환시간 예측 가능
- 균형 있는 자원 사용
- 응답시간과 자원 이용 간의 조화
- 실행의 무한 연기 배제
- 우선순위제 실시
- 바람직한 동작을 보이는 프로세스에 더 좋은 서비스 제공

37 고급언어로 작성된 프로그램 구문을 분석하여 작성된 표현식이 BNF의 정의에 의해 바르게 작성되었는지를 확인하기 위해 만든 트리는?

① Parse Tree
② Binary Tree
③ Shift Tree
④ Lexical Tree

해설
Parse Tree
- 원시 프로그램의 문법 검사과정에서 내부적으로 생성되는 트리 형태의 자료구조이다.
- 문장 표현이 BNF에 의해 작성될 수 있는지의 여부를 나타낸다.
- 대상을 Root로 하고, 단말노드를 왼쪽에서 오른쪽 방향으로 한다.

38 프로그래밍 절차가 옳은 것은?

① 문제 분석 – 입출력 설계 – 순서도 작성 – 프로그램 코딩 – 실행
② 문제 분석 – 입출력 설계 – 프로그램 코딩 – 실행 – 순서도 작성
③ 문제 분석 – 입출력 설계 – 프로그램 코딩 – 순서도 작성 – 실행
④ 문제 분석 – 순서도 작성 – 프로그램 코딩 – 입출력 설계 – 실행

해설
프로그래밍 절차

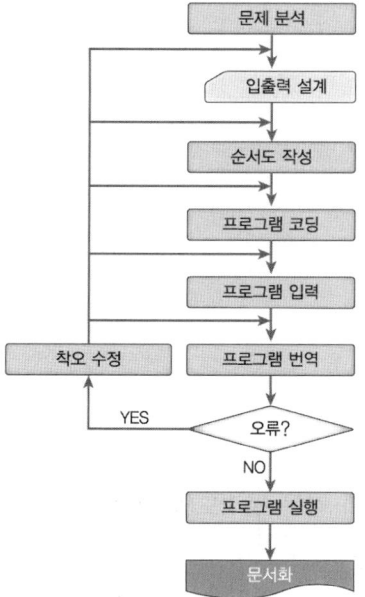

39 C언어에서 데이터 형식을 규정하는 서술자에 대한 설명으로 옳지 않은 것은?

① %e : 지수형
② %c : 문자열
③ %f : 소수점 표기형
④ %u : 부호 없는 10진 정수

해설
C언어에서 데이터 형식을 규정

서술자	기 능
%o	octal : 8진수 정수
%d	decimal : 10진수 정수
%x	hexadecimal : 16진수 정수
%c	character : 문자
%s	string : 문자열
%e	지수형
%f	소수점 표기형
%u	부호 없는 10진 정수

40 교착상태의 해결기법 중 점유 및 대기 부정, 비선점 부정, 환형 대기 부정 등과 관계되는 것은?

① 예방(Prevention)
② 회피(Avoidance)
③ 발견(Detection)
④ 회복(Recovery)

해설
교착상태(Deadlocks) 해결기법
- 교착상태 예방(Deadlock Prevention) : 교착상태 발생의 점유 및 대기 부정, 비선점 부정, 환형 대기 부정 방지 중에 하나를 허용하지 않는 방법
- 교착상태 회피(Deadlock Avoidance) : 자원 할당이 교착상태를 발생시키는 자원에 대한 요청을 인정하지 않는 방법
- 교착상태 탐지(Deadlock Detection) : 항상 가능하면 자원 요청을 인정, 주기적으로 교착상태 발생을 탐지하고 발생한 경우 회복하도록 함

41 두 수를 비교하여 그들의 상대적 크기를 결정하는 조합논리회로는?

① 가산기   ② 디코더
③ 비교기   ④ 모 뎀

해설

비교기(Comparator)
두 개의 2진수의 크기를 비교하는 회로

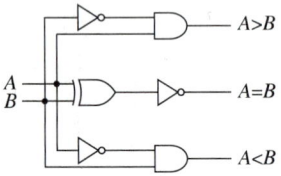

[2진 비교기와 진리표]

A	B	$A>B$	$A=B$	$A<B$
0	0	0	1	0
0	1	0	0	1
1	0	1	0	0
1	1	0	1	0

42 동기식 9진 카운터를 만드는 데 필요한 플립플롭의 개수는?

① 1   ② 2
③ 3   ④ 4

해설

플립플롭이 n개일 때 카운터가 셀 수 있는 최대의 수를 N이라 하면, $N=2^n$개의 수를 셀 수 있고, 0에서 2^n-1의 수까지 표현된다. 즉, 9진 카운터를 만들기 위해서 플립플롭이 $2^4=16$이므로 4개의 플립플롭이 필요하다.

43 다음 논리식의 결과값은?

$$(\overline{\overline{A}+B})(\overline{\overline{A}+\overline{B}})$$

① 0   ② 1
③ A   ④ B

해설

$(\overline{\overline{A}+B})(\overline{\overline{A}+\overline{B}}) = (\overline{\overline{A}} \cdot \overline{B})(\overline{\overline{A}} \cdot \overline{\overline{B}})$
$= (A \cdot \overline{B})(A \cdot B)$
$= AA \cdot AB \cdot A\overline{B} \cdot B\overline{B} \Rightarrow B\overline{B}=0$
$= 0$

44 다음 그림과 같은 논리도의 명칭은?

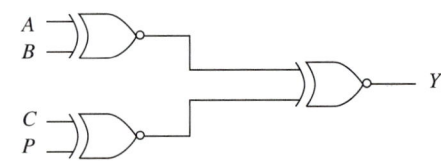

① 반가산기
② 전가산기
③ 4비트 홀수 패리티 검사기
④ 4비트 홀수 패리티 발생기

해설

- 홀수 패리티(Odd Parity Bit) : 전송하고자 하는 전체 2진 데이터에서 '1'의 개수가 홀수가 되도록 추가된 bit를 홀수 패리티 비트라 한다.
- 4비트 홀수 패리티에 대한 논리식 : $Y=(A\odot B)\odot(C\odot P)$이다.

45 다음 회로의 출력결과로 옳은 것은?(단, A, B는 입력, Y는 출력이다)

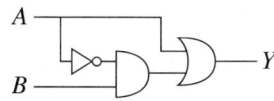

① $Y = \overline{A} + \overline{B}$
② $Y = A + (\overline{A} + B)$
③ $Y = \overline{A + B}$
④ $Y = A + B$

해설
$Y = (\overline{A} \cdot B) + A$
$\quad = (A + \overline{A}) \cdot (A + B)$
$\quad = A + B$

46 다음 보기의 장치를 메모리 접근 및 처리 속도가 빠른 순서대로 옳게 나열한 것은?

┌보기┐
㉮ 레지스터
㉯ 하드디스크
㉰ RAM
㉱ 캐시 기억장치

① ㉮ → ㉯ → ㉰ → ㉱
② ㉮ → ㉱ → ㉰ → ㉯
③ ㉰ → ㉱ → ㉯ → ㉮
④ ㉰ → ㉯ → ㉱ → ㉮

해설
메모리 접근 및 처리 속도가 빠른 순서
레지스터 > 캐시 기억장치 > RAM > 하드디스크 순이다.

47 다음 중 시프트 레지스터에 대한 설명으로 옳은 것은?(단, FF는 Flip-flop이다)

① FF에 기억되는 것을 방해시키는 레지스터를 말한다.
② FF에 기억된 정보를 소거시키는 레지스터를 말한다.
③ FF에 Clock 입력을 기억시키기만 하는 레지스터를 말한다.
④ FF에 기억된 정보를 다른 FF에 옮기는 동작을 하는 레지스터를 말한다.

해설
시프트 레지스터(Shift Register)
2진수를 직렬로 1비트씩 차례로 입력시키면 레지스터가 기억하고 있는 데이터를 오른쪽 또는 왼쪽으로 한 자리씩 이동(Shift)시킬 수 있는 레지스터이다.

48 32개의 입력단자를 가진 인코더(Encoder)는 몇 개의 출력단자를 가지는가?

① 5개
② 8개
③ 32개
④ 64개

해설
인코더(Encoder, 부호기)
• 숫자나 문자 등의 10진수 입력을 2진수로 변환하는 회로로 OR 게이트로 구성된다.
• n개의 비트로 구성되는 코드는 최대 2^n개의 서로 다른 정보를 나타낼 수 있으므로 인코더는 2^n개 이하의 입력과 n개의 출력을 가진다.
• $2^5 = 32$이므로 5개의 출력단자를 가진다.

정답 45 ④ 46 ② 47 ④ 48 ①

49 다음 중 회로도가 다른 것은?

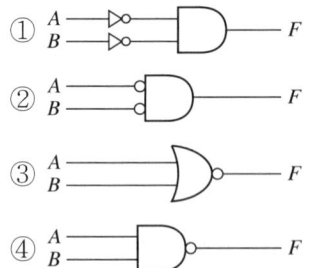

해설
④ $\overline{(A \cdot B)} = \overline{A} + \overline{B} = F$
① $\overline{A} \cdot \overline{B} = F$
② $\overline{A} \cdot \overline{B} = F$
③ $\overline{(A+B)} = \overline{A} \cdot \overline{B} = F$

50 RS 플립플롭 회로에서 불확실한 상태를 없애기 위하여 출력을 입력으로 궤환(Feedback)시켜 반전현상이 나타나도록 한 회로는?

① RST 플립플롭 회로
② D 플립플롭 회로
③ T 플립플롭 회로
④ JK 플립플롭 회로

해설
JK 플립플롭
• RS 플립플롭에서 R=S=1의 경우 동작이 불확실한 상태로 되는데, RS 플립플롭에서 Q를 R로 $\overline{Q}$를 S로 되먹임시켜 불확실한 상태가 없도록 한 회로이다.

J	K	Q_{n+1}
0	0	Q_n
0	1	0
1	0	1
1	1	$\overline{Q_n}$

• J=0, K=1 입력 신호를 인가하면 출력 Q_{n+1}의 상태는 0이다.

51 카운터를 구성하는 모든 플립플롭이 하나의 클록 신호에 의해 동시에 동작하는 방식은?

① 리플 카운터
② 동기식 카운터
③ 비동기식 카운터
④ 링 카운터

해설
• 동기식(Synchronous Type) 카운터 : 계수회로에 쓰이는 모든 플립플롭에 클록펄스를 동시에 공급하며 출력 상태가 동시에 변화하고, 클록펄스가 없을 때 가해진 압력펄스에 대해서는 각각의 플립플롭이 동작하지 않는다.
• 비동기식(Asynchronous Type) 카운터 : 계수회로에 쓰이는 플립플롭이 종속 연결되어 있어 첫 플립플롭에만 입력클록을 가하고 다음 플립플롭부터는 바로 앞단 플립플롭의 출력에서 보내오는 클록펄스만으로 동작한다.

52 다음 그림과 같은 회로의 명칭은?

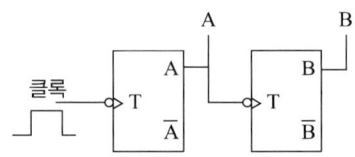

① 2진 리플 계수기
② 4진 리플 계수기
③ 동기형 2진 계수기
④ 동기형 4진 계수기

해설
전단의 출력을 입력으로 받아 계수하는 2단의 리플 계수기이다. 그러므로 $2^2=4$의 4진 리플 계수기 회로이다.

53 10진 카운터를 만들려면 플립플롭을 몇 단으로 해야 하는가?

① 1
② 2
③ 3
④ 4

해설
플립플롭이 n개일 때 카운터가 셀 수 있는 최대의 수를 N이라 하면, $N=2^n$ 개의 수를 셀 수 있고, 0에서 2^n-1의 수까지 표현한다. 즉, 10진 카운터를 만들기 위해서 플립플롭이 $2^4=16$이므로 4개의 플립플롭이 필요하다.

54
전가산기의 진리표이다. A, B, C, D의 값으로 옳은 것은?

X	Y	Z	S	C
0	0	0	0	0
0	0	1	1	0
0	1	0	1	0
0	1	1	0	(A)
1	0	0	1	0
1	0	1	(B)	1
1	1	0	0	1
1	1	1	(C)	(D)

① A = 0, B = 0, C = 1, D = 1
② A = 1, B = 0, C = 1, D = 0
③ A = 1, B = 0, C = 1, D = 1
④ A = 1, B = 0, C = 0, D = 1

해설
전가산기(Full-adder)
2진수 가산을 완전히 하기 위해 아랫자리로부터의 자리올림 입력도 함께 더할 수 있는 기능을 갖게 만든 가산기로, 2개의 반가산기와 1개의 논리합 회로를 연결하여 구성한다.

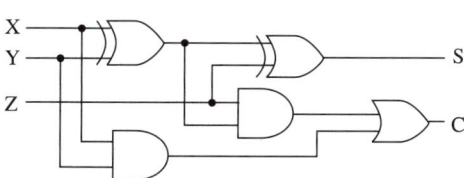

[전가산기 회로도]

[전가산기 진리표]

X	Y	Z	합 S	자리올림 C
0	0	0	0	0
0	0	1	1	0
0	1	0	1	0
0	1	1	0	1
1	0	0	1	0
1	0	1	0	1
1	1	0	0	1
1	1	1	1	1

55
다음과 같은 카르노 도표를 보고 논리함수 f를 구하면?

C AB	0	1
00	0	1
01	1	0
11	1	0
10	0	1

① $BC + \overline{B}\overline{C}$
② $B\overline{C} + \overline{B}C$
③ $AB + BC$
④ $A\overline{B} + \overline{B}C$

해설

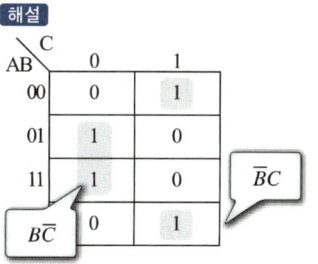

56
BCD 코드에 의한 수 0100 0101 0010을 10진수로 나타낸 것은?

① 542
② 452
③ 442
④ 432

해설

BCD 코드	0100	0101	0010
10진수	4	5	2

57 다음 레지스터 마이크로 명령에 대한 설명으로 옳은 것은?

> A ← A + 1

① A 레지스터의 어드레스를 1 증가시킨 레지스터의 데이터 값을 전송하기
② A 레지스터의 어드레스를 1 증가시키고, 어드레스를 A 레지스터에 저장하기
③ A 레지스터의 데이터 값을 1 증가시키고, A 레지스터에 저장하기
④ A 레지스터의 데이터 값을 1 증가시키고, A + 1 레지스터에 저장하기

해설
레지스터 마이크로 명령
A ← A + 1
A 레지스터의 데이터 값을 1증가시키고, A 레지스터에 저장하기

58 다음 그림과 같은 입출력 파형에 따른 출력으로 알맞은 게이트는?

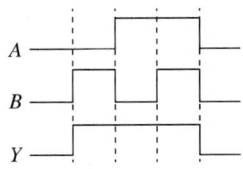

① AND　　② OR
③ NOT　　④ XOR

해설
OR(논리합)게이트
- 어떤 입력에도 '1'이 인가되면 출력 상태는 '1'
- 논리식 $Y = A + B$
- 진리표

입력		출력
A	B	Y
0	0	0
0	1	1
1	0	1
1	1	1

59 논리식 $X = AB + ABC + \overline{A}B + A\overline{B}C$를 간소화 하면?

① $X = A + B$　　② $X = B + C$
③ $X = A + C$　　④ $X = B + AC$

해설
$X = AB + ABC + \overline{A}B + A\overline{B}C$
$= (A + \overline{A})B + (B + \overline{B})AC$
$= B + AC$

60 병렬 가산기의 장점은?

① 기계가 복잡하다.
② 연산처리 속도가 직렬 가산기에 비해 빠르다.
③ 가격이 저렴하다.
④ 가산 자릿수만큼 가산회로가 사용된다.

해설
병렬 가산기(Parallel Adder)는 직렬 가산기(Serial Adder)보다 많은 전가산기가 소요되지만 연산처리의 속도는 빨라지는 장점이 있다.

교육이란 사람이 학교에서 배운 것을 잊어버린 후에 남은 것을 말한다.

– 알버트 아인슈타인 –

우리 인생의 가장 큰 영광은 결코 넘어지지 않는 데 있는 것이 아니라 넘어질 때마다 일어서는 데 있다.

– 넬슨 만델라 –

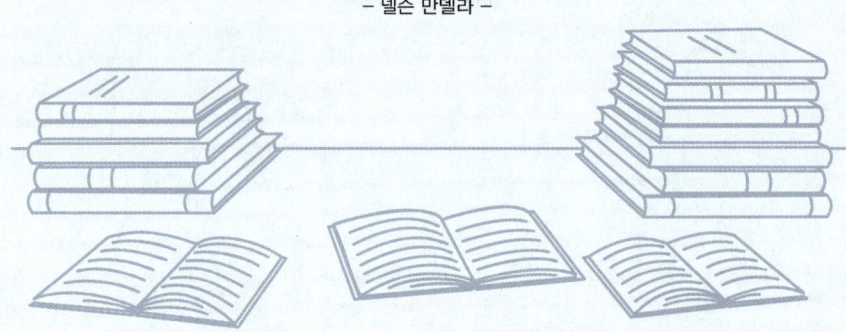

얼마나 많은 사람들이 책 한권을 읽음으로써

인생에 새로운 전기를 맞이했던가.

– 헨리 데이비드 소로 –

참 / 고 / 문 / 헌

- 전기기기, 교육과학기술부, 2009년

- 운영체제, 한빛아카데미, 2013년

- 전자계산기구조, 양서각, 2013년

- 데이터통신, 생능출판사, 2014년

- 전자계산기기능사 과년도 문제해설, 엔플북스, 2014년

- 전자기기기능사 필기, 엔플북스, 2015년

- Win-Q 전기기능사 필기, 시대고시기획, 2016년

- 전기기능사 초스피드 끝내기, 시대고시기획, 2016년

- Win-Q 전자캐드기능사, 시대고시기획, 2016년

- 전자회로, 서울특별시교육청

- 회로이론, 한국산업인력공단

- 전자기초, 한국산업인력공단

- 기초실습, 부산광역시교육청

- 전자회로, 씨마스

Win-Q 전자계산기기능사 필기

개정9판1쇄 발행	2025년 01월 10일 (인쇄 2024년 11월 20일)
초 판 발 행	2016년 01월 15일 (인쇄 2015년 11월 04일)
발 행 인	박영일
책 임 편 집	이해욱
편 저	이복자
편 집 진 행	윤진영 · 최 영 · 천명근
표지디자인	권은경 · 길전홍선
편집디자인	정경일 · 이현진
발 행 처	(주)시대고시기획
출 판 등 록	제10-1521호
주 소	서울시 마포구 큰우물로 75 [도화동 538 성지 B/D] 9F
전 화	1600-3600
팩 스	02-701-8823
홈 페 이 지	www.sdedu.co.kr
I S B N	979-11-383-8384-4(13560)
정 가	24,000원

※ 저자와의 협의에 의해 인지를 생략합니다.
※ 이 책은 저작권법의 보호를 받는 저작물이므로 동영상 제작 및 무단전재와 배포를 금합니다.
※ 잘못된 책은 구입하신 서점에서 바꾸어 드립니다.

시대에듀가 만든
기술직 공무원 합격 대비서

테크 바이블 시리즈!
TECH BIBLE SERIES

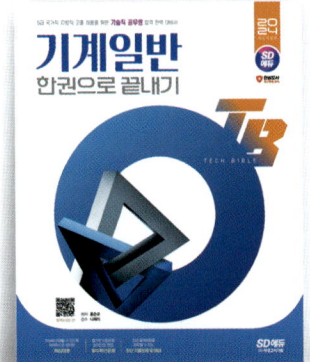

기술직 공무원 기계일반
별판 | 24,000원

기술직 공무원 기계설계
별판 | 24,000원

기술직 공무원 물리
별판 | 23,000원

기술직 공무원 화학
별판 | 21,000원

기술직 공무원 재배학개론+식용작물
별판 | 35,000원

기술직 공무원 환경공학개론
별판 | 21,000원

www.sdedu.co.kr

한눈에 이해할 수 있도록 체계적으로 정리한 **핵심이론**

철저한 시험유형 파악으로 만든 **필수확인문제**

국가직·지방직 등 **최신 기출문제와 상세 해설**

기술직 공무원 건축계획
별판 | 30,000원

기술직 공무원 전기이론
별판 | 23,000원

기술직 공무원 전기기기
별판 | 23,000원

기술직 공무원 생물
별판 | 20,000원

기술직 공무원 임업경영
별판 | 20,000원

기술직 공무원 조림
별판 | 20,000원

※도서의 이미지와 가격은 변경될 수 있습니다.